中国国家标准汇编

2010年修订-25

中国标准出版社　编

中国质检出版社
中国标准出版社
北　京

238 部分:应用协议:计算机数控装置的应用解释模型;
501 部分:应用解释构造:基于边的线框;
502 部分:应用解释构造:基于壳的线框;
503 部分:应用解释构造:几何有界的二维线框;
504 部分:应用解释构造:绘图注释;
505 部分:应用解释构造:图纸结构与管理;
506 部分:应用解释构造:制图元素;
507 部分:应用解释构造:几何有界曲面;
508 部分:应用解释构造:非流形曲面;
509 部分:应用解释构造:流形曲面;
513 部分:应用解释构造:基本边界表达;
520 部分:应用解释构造:相关绘图元素;
1001 部分:应用模块:外观赋值;
1002 部分:应用模块:颜色;
1003 部分:应用模块:曲线外观;
1004 部分:应用模块:基本几何形状;
1005 部分:应用模块:基本拓扑;
1006 部分:应用模块:基础表达;
1007 部分:应用模块:通用曲面外观;
1008 部分:应用模块:层赋值;
1009 部分:应用模块:形状外观和层。
为 GB/T 16656 的第 105 部分。
是根据国际标准 ISO 10303-105:1996《工业自动化系统与集成 产品数据表达与交换 第
成应用资源:运动学》及其技术勘误 ISO 10303-105:1996/Cor.2:2000 和 ISO 10303-105:
2000(英文版)采用等同翻译法制定的。
在技术上与 ISO 10303-105:1996 等同,并纳入了其技术勘误 1 和 2 的内容,同时在勘误的
以垂直双线标出。
结构上与 ISO 10303-105:1996 等同,在编写格式上符合 GB/T 1.1—2000 的基本规定。本
10303-105:1996 相比,做了以下编辑性修改:
除了 ISO 10303-105 的前言,按照我国国家标准编写规定重新起草了前言。
ISO 10303-105:1996"或"本国际标准"改为本部分或 GB/T 16656—2010 的本部分"。
SO 10303-105:1996 第 2 章"规范性引用文件"中的引导语改为 GB/T 1.1—2000 中的
.3 规定的引导语。
除了第 2 章"规范性引用文件"中的一个引用标准 ISO 10303-21:1994《工业自动化系统与
成 产品数据表达与交换 第 21 部分:实现方法:交换文件结构的纯正文编码》,因为本部
正文中未见引用。
GB/T 16656 第 105 部分中出现的已转化为我国国家标准的国际标准改为相应的国家标
未转化的国际标准保留。
了让标准使用者了解 ISO 10303 的总体结构,将 ISO 网站上给出的 ISO 10303 各部分的目
纳入了本部分的附录 NA。
了使读者便于理解本部分黑体词的含义,增加了附录 NB。
除了 ISO 10303-105 的资料性附录 G 文献目录,并按照我国国家标准编写要求增设了参考
代。

ICS 25.040.40
L 67

中华人民共和国国家标准

GB/T 16656.105—2010/ISO 10303-105:1996
代替 GB/T 16656.105—1999

工业自动化系统与集成 产品数据表达与交换 第 105 部分:集成应用资源:运动学

Industrial automation systems and integration—Product data representation and exchange—Part 105:Integrated application resource:Kinematics

(ISO 10303-105:1996,IDT)

2010-12-01 发布 2011-05-01 实施

中华人民共和国国家质量监督检验检疫总局
中国国家标准化管理委员会 发布

前　言

GB/T 16656(ISO 10303)《工业自动化系统与集成　产品数据
准,各部分单独出版。GB/T 16656 的所属各部分又组成多个子系

——第 1 至第 19 部分规定了描述方法;

——第 20 至第 29 部分规定了实现方法;

——第 30 至第 39 部分规定了一致性测试方法与框架;

——第 40 至第 59 部分规定了集成通用资源;

——第 100 至第 199 部分规定了集成应用资源;

——第 200 至第 299 部分规定了应用协议;

——第 300 至第 399 部分规定了抽象测试套件;

——第 400 至第 499 部分规定了应用模块;

——第 500 至第 599 部分规定了应用解释构造;

——第 1000 至第 1999 部分规定了应用模块。

GB/T 16656《工业自动化系统与集成　产品数据表达与交换
部分:

——第 1 部分:概述与基本原理;

——第 11 部分:描述方法:EXPRESS 语言参考手册;

——第 21 部分:实现方法:交换文件结构的纯正文编码;

——第 28 部分:实现方法:EXPRESS 模式与数据的 XML 表

——第 31 部分:一致性测试方法论与框架:基本概念;

——第 32 部分:一致性测试方法论与框架:对测试实验室与客

——第 34 部分:一致性测试方法论与框架:应用协议实现的

——第 41 部分:集成通用资源:产品描述与支持原理;

——第 42 部分:集成通用资源:几何与拓扑表达;

——第 43 部分:集成通用资源:表达结构;

——第 44 部分:集成通用资源:产品结构配置;

——第 45 部分:集成通用资源:材料;

——第 46 部分:集成通用资源:可视化显示;

——第 47 部分:集成通用资源:形状变化公差;

——第 49 部分:集成通用资源:工艺过程结构和特性;

——第 51 部分:集成通用资源:数学表达;

——第 54 部分:集成通用资源:分类和集合论;

——第 55 部分:集成通用资源:过程与混合表达;

——第 56 部分:集成通用资源:状态;

——第 101 部分:集成应用资源:绘图;

——第 105 部分:集成应用资源:运动学;

——第 201 部分:应用协议:显式绘图;

——第 202 部分:应用协议:相关绘图;

——第 203 部分:应用协议:配置控制设计;

本部分代替GB/T 16656.105—1999《工业自动化系统与集成　产品数据表达与交换　第105部分:集成应用资源:运动学》。

本部分与GB/T 16656.105—1999相比,除了对一些翻译不当、措辞不准、漏字之处进行了修改与补充外,主要变化包括修正EXPRESS描述中的错误,修正非形式限制和形式限制中的错误,在附录中将计算机可识EXPRESS的引用方式替换为URL引用,并替换文档和模式的对象标识符,主要涉及以下章条:

——第5章　运动结构
——5.4.4　kinematic_ground_representation
——5.4.6　mechanism_base_placement
——5.4.12　kinematic_link_representation
——5.4.15　kinematic_frame_based_transformation
——5.4.16　kinematic_frame_background_representation_association
——5.4.17　su_parameters
——5.4.37　universal_pair
——5.4.68　rack_and_pinion_pair_value
——5.4.73　kinematic_loop
——5.5.1　ypr_index
——5.5.3　suitably_based_mechanism
——5.5.6　frame_associated_to_background
——5.5.8　convert_plane_angle_for_pair_from_radian
——5.5.11　connected_in_simple_loop
——7.4.3　founded_kinematic_path
——7.4.4　motion_link_relationship
——7.4.8　kinematic_analysis_result
——附录B　对本部分的对象标识符、模式标识符等进行了替换
——附录C　EXPRESS列表引用方式更改
——附录D　图D.2和图D.3进行了更改

本部分的附录A、附录B为规范性附录;附录C、附录D、附录E、附录F、附录NA和附录NB为资料性附录。

本部分由中国机械工业联合会提出。

本部分由全国自动化系统与集成标准化技术委员会(SAC/TC 159)归口。

本部分主要起草单位:北京机械工业自动化研究所、北京航空航天大学。

本部分主要起草人:高雪芹、宁涛。

本部分所代替标准的历次版本发布情况:

——GB/T 16656.105—1999。

引　言

GB/T 16656 是计算机可编译的产品数据表达与交换的系列标准。目的是提供一种与任何特定系统无关的中性机制以描述整个产品生命周期的产品数据，该描述的特性不但使它适用于中性文件的交换，而且适用于作为实现、共享产品数据库及归档的基础。

GB/T 16656 的系列中的每一项标准都构成它的一个部分并单独出版。这些部分可分为以下几类：描述方法、集成资源、应用解释构造、应用协议、抽象测试组、实现方法和一致性测试。GB/T 16656 对每一类作了描述。本部分是集成资源的组成部分。本部分有以下几个主要部分：

——运动结构；

——运动学的运动表达；

——运动分析控制和结果。

本部分描述了机械产品运动特性的信息模型，该信息模型用于 CAD 系统和运动分析系统之间的信息交换，也用于不同运动分析系统之间的信息交换。运动信息在 GB/T 16656 本部分中可用于：

——部件的细节形状尚未确定的早期设计阶段。在这一阶段进行运动描述的目的是通过建立机械产品的一个概念模型来理解它的运动特性。

——部件的细节形状已经确定的细节设计阶段。在这一阶段进行运动描述的目的是用机械产品部件的最终形状来证实机械产品的运动特性，例如，干涉检测。

本部分的运动结构由沿曲面、曲线或在一点运动的运动副连接起来的刚体组成。

运动结构模式用构件、副和关节来定义刚体的运动结构。构件是运动物体的刚体部分，副表示这些刚体之间运动约束的几何特性，而关节表示这些约束的拓扑特性。一个运动结构可以通过这样的图来表示：图中顶点代表构件，边代表关节。

运动学的运动表达模式通过参数化轨迹的定义来说明一个机械结构的运动。

运动分析控制和结果模式说明了运动结构的构型以及构型之间的插补。该模式为运动分析描述预定轨迹以及从该运动分析中得出的轨迹。

图 1 表示了这三个模式和在一个模式中定义并被其他模式引用的类型和实体。

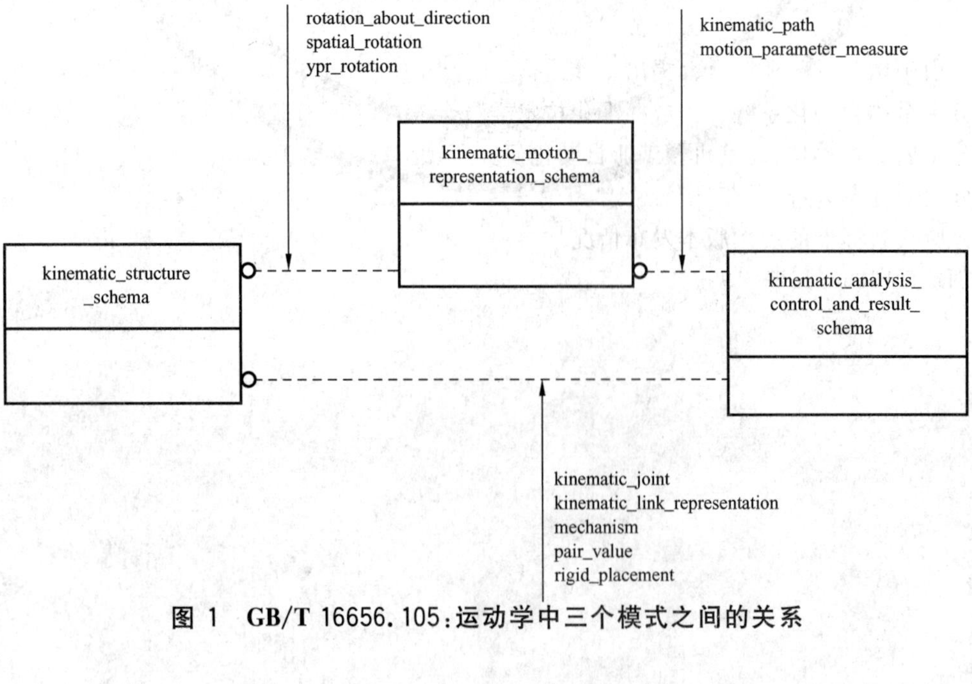

图 1　GB/T 16656.105：运动学中三个模式之间的关系

工业自动化系统与集成　产品数据表达与交换　第105部分:集成应用资源:运动学

1　范围

本部分规定了一个机械产品运动特性表示的资源结构。

下述内容属于GB/T 16656的第105部分的范畴:

——刚体(即构件)之间运动关系的定义;

——运动结构的拓扑表示;

——用一系列离散的位置和方向来表示的运动的定义;

——运动分析的输入及结果的表示。

下述内容超出了本部分的范畴:

——运动结构的公差和间隙的描述;

——以连续时间为变量的运动参数的描述;

——有可变运动约束的间歇关节的表示;

——动态机械装配的表示;

——力、质量、摩擦的表示。

2　规范性引用文件

下列文件中的条款通过GB/T 16656的本部分的引用而成为本部分的条款。凡是注日期的引用文件,其随后所有的修改单(不包括勘误的内容)或修订版均不适用于本部分,然而,鼓励根据本部分达成协议的各方研究是否可使用这些文件的最新版本。凡是不注日期的引用文件,其最新版本适用于本部分。

GB/T 16262.1　信息技术　抽象语法记法一(ASN.1)　第1部分:基本记法规范(GB/T 16262.1—2006,ISO/IEC 8824-1:2002,IDT)

GB/T 16656.1　工业自动化系统与集成　产品数据表达与交换　第1部分:概述与基本原理(GB/T 16656.1—2008,ISO 10303-1:1994,MOD)

GB/T 16656.11　工业自动化系统与集成　产品数据表达与交换　第11部分:描述方法:EXPRESS语言参考手册(GB/T 16656.11—2010, ISO 10303-11:2004, IDT)

GB/T 16656.41　工业自动化系统与集成　产品数据表达与交换　第41部分:集成通用资源:产品描述与支持原理(GB/T 16656.41—2010,ISO 10303-41:2005,IDT)

GB/T 16656.42—2010　工业自动化系统与集成　产品数据表达与交换　第42部分:集成通用资源:几何与拓扑表达(ISO 10303-42:2003,IDT)

GB/T 16656.43　工业自动化系统与集成　产品数据表达与交换　第43部分:集成通用资源:表达结构(GB/T 16656.43—2008,ISO 10303-43:2000,IDT)

ISO 8855:1991　道路车辆　汽车动态和抓地能力　词汇(Road vehicles—Vehicle dynamics and road-holding ability—Vocabulary)

3　术语和定义

3.1　在GB/T 16656.1中定义的术语

GB/T 16656.1中定义的下列术语适用于GB/T 16656的本部分。

——应用资源　application resource;

——数据　data;

——通用资源　generic resource;

——信息　information;

——集成资源　integrated resource;

——产品　product。

3.2　在 GB/T 16656.42 中定义的术语

GB/T 16656.42 中定义的下列术语适用于 GB/T 16656 的本部分:

——几何坐标系　geometric coordinate system;

——几何被创建　geometrically founded;

——图　graph。

3.3　在 ISO 8855 中定义的术语

ISO 8855:1991 中定义的下列术语适用于 GB/T 16656 的本部分:

——俯仰角度　pitch;

——侧倾角度　roll;

——偏转角度　yaw。

3.4　其他术语和定义

下列术语和定义适用 GB/T 16656 的本部分。

3.4.1

机架　base

一个固定于机座或沿确定路径移动的构件。

3.4.2

运动坐标系　frame

用来表示运动的坐标系。

3.4.3

机座　ground

机械产品在世界坐标系中固定不动的部分。

3.4.4

关节　joint

拓扑概念中表示两个构件之间的有序连接或运动约束。

3.4.5

运动学　kinematics

对由关节和构件(包括数量、位置和关节的方向)组成的可运动机械结构的描述。

3.4.6

运动链　kinematic chain

一系列由关节连接起来的运动构件。

3.4.7

构件　link

运动学中的刚体,它的运动受到一个或多个关节的约束。

3.4.8

构件坐标系　link frame

构件的本地坐标,隐含定义为构件的几何相对环境,根据几何相对环境可以定义构件的所有几何定义。

3.4.9

环 loop

机械结构的一部分,其关节和构件共同组成封闭的运动链。

3.4.10

机构 mechanism

一种运动受到关节约束的机械产品。

3.4.11

运动 motion

刚体位置和方向的改变。

3.4.12

副 pair

从几何属性角度看,两个构件之间的有序连接或运动约束。

3.4.13

副约束 pair actuation

由应用将一个运动副的参数值赋与一个运动副。

3.4.14

定位 placement

一个坐标系的位置和方向。

3.4.15

坐标变换 transform

表示在一个独立参考坐标系的定位。

3.4.16

SU-参数 SU-parameters

表示两个坐标系的定位关系的参数。

3.4.17

世界坐标系 world coordinate system

一个初始坐标系,在它之上定义了其他所有的坐标系。

4 符号和缩略语

下列符号和缩略语适用于 GB/T 16656 的本部分。

4.1 数学符号

GB/T 16656 本部分使用的数学符号见表 1。

4.2 用来表示矩阵的图形约定

在数学公式中,坐标变换(三个位置值和三个向量值)用黑体大写字母表示。

4.3 缩略语

SU Sheth-Uicker

ypr 三个旋转角度,分别是:偏转角度(yaw),俯仰角度(pitch),侧倾角度(roll)

表 1 数学符号

符 号	定 义
a	标量 a
$\bar{a}$	向量 $\bar{a}$
x,y,z	坐标轴

表 1(续)

符　　号	定　　义
$\bar{x},\bar{y},\bar{z}$	沿坐标轴方向的单位向量
F	矩阵 F
F^{-1}	矩阵 F 的逆
$\times$	向量积
$\cdot$	标量积
$f(u)$	参数曲线 f
$f(u)\|_{u=u_p}=f(u_p)$	$f(u)$在以 p 表示的点的值
$\frac{\mathrm{d}f(u)}{\mathrm{d}u}$	$f(u)$对于 u 的导数
$f(u,v)$	参数曲面 f
$f(u,v)\|_{u=u_p,v=v_p}$	$f(u,v)$在以 p 表示的点的值
$\frac{\partial f(u,v)}{\partial u}$	$f(u)$对于 u 的偏微分
$x\in(a,b)$	x 是在 a(不包含)和 b(包含)之间的元素
$\mathrm{sign}(x)$	返回自变量 x 的正符号的函数
$\|\|$	绝对值,或是量值或是行列式
R^m	m 维实空间

5　运动结构

下面的 EXPRESS 声明了 kinematic_structure_schema,并标出了必要的外部引用。

EXPRESS 描述:

```
*)
SCHEMA kinematic_structure_schema;

REFERENCE FROM geometry_schema
    (axis2_placement_3d,
    cartesian_transformation_operator_3d,
    curve,
    direction,
    geometric_representation_context,
    geometric_representation_item,
    normalise,
    point,
    point_on_curve,
    point_on_surface,
    surface,
    rectangular_trimmed_surface,
    trimmed_curve);
```

```
REFERENCE FROM measure_schema
    (conversion_based_unit,
    global_unit_assigned_context,
    length_measure,
    plane_angle_measure,
    si_prefix,
    si_unit,
    si_unit_name,
    unit);

REFERENCE FROM product_property_definition_schema
    (characterized_definition,
    property_definition);

REFERENCE FROM product_property_representation_schema
    (property_definition_representation);

REFERENCE FROM representation_schema
    (functionally_defined_transformation,
    item_defined_transformation,
    representation,
    representation_context,
    representation_item,
    representation_relationship,
    representation_relationship_with_transformation);

REFERENCE FROM support_resource_schema
    (bag_to_set,
    label);
(*
```

注 1：上面所引用的模式(schema)可以在 GB/T 16656 的以下部分中找到：

geometry_schema	GB/T 16656.42
measure_schema	GB/T 16656.41
product_property_definition_schema	GB/T 16656.41
product_property_representation_schema	GB/T 16656.41
representation_schema	GB/T 16656.43
support_resource_schema	GB/T 16656.41

注 2：用 EXPRESS_G 表示的这个模式的图示化描述见附录 D。

5.1 引言

kinematic_structure_schema 描述了定义机械产品运动能力的运动信息。

在 GB/T 16656 的本部分中定义的运动包括在笛卡尔坐标系中的自由无约束运动和受到副和关节约束的运动。

在 GB/T 16656 的本部分中包括了下面这些类型的副：

1) 旋转副(revolute pair);
2) 移动副(prismatic pair);
3) 螺旋副(screw pair);
4) 圆柱副(cylindrical pair);
5) 球面副(spherical pair);
6) 万向副(universal pair);
7) 平面副(planar pair);
8) 齿轮副(gear pair);
9) 齿条齿轮副(rack and pinion pair);
10) 无约束副(unconstrained pair);
11) 全约束副(fully constrained pair);
12) 点面副(point on surface pair);
13) 滑动曲面副(sliding surface pair);
14) 滚动曲面副(rolling surface pair);
15) 点平面曲线副(point on planar curve pair);
16) 滑动曲线副(sliding curve pair);
17) 滚动曲线副(rolling curve pair)。

副 1～副 11 称为低副,其余称为高副。

注:副 1～副 11 不需要明确的几何信息来描述其运动特性。副 12～副 17 需要引用一个曲面或曲线,进行运动学定义。

曲面副和曲线副又可分为两大类:滑动类和滚动类。滚动副在两个曲面或曲线之间的相对运动中不能有相互滑动。

示例 1:两个曲面或曲线之间的摩擦阻力足够大时,可能使它们之间的相对运动被限制为滚动。

对于滑动副来说,不存在这样的限制。

滑动高副可以用几个低副表示。如果一个副可以被表示成为低副,那它就应该被表示成低副,而不表示成高副。

5.2 基本概念与假设

5.2.1 运动模型结构

用运动学的方法来表示的机械产品可能有任意的拓扑结构。这些拓扑结构并不局限于简单的链(也就是没有分枝的运动开链)或树形结构,还可能包括环或网络结构。

注:每一种运动结构都可用它的构件和关节来表示。关节限制了两个称为构件的刚体之间的运动。构件和关节足以用来表示运动结构的拓扑特性,但是对于计算,还必须引入基于图论的结构的其他层次。在 5.4.70 中给出了运动结构的图形表达的相关信息。

示例 2:简单链是一种适合工业机器人或起重机的运动结构,树形结构用来表示多臂操纵器。

示例 3:网络结构出现在工业产品中,一个例子就是用作汽车前窗刮水器的机构。

在 GB/T 16656 的本部分中,运动结构用图来表示,其中顶点代表构件,边代表关节。当用运动学的方法来表示刚体时,其运动特性通过构件来表示,其几何特性通过相关的形状来表示。所有的与运动构件相关的坐标系都建立在构件坐标系上,它们是相关构件表示的几何环境。在 GB/T 16656 的本部分中,这些坐标系被称为运动坐标系(frame)。为了表示一个机构的运动特征,构件的形状用其所有的副坐标系在构件坐标系中的相对位置和相对方向来表示。

5.2.2 定位

对于两个运动构件之间相对运动的约束,在拓扑描述中采用关节来表示。从几何角度来说,这种约束通过相应的运动副来描述。

定位(placement)描述了一个坐标系对于另一个坐标系的相对位置和方向。定位可以用不同的方法来表示。在 GB/T 16656 的本部分中使用了八种不同的方法:

——rigid homogenous matrix(刚体齐次矩阵);

——axis2_placement_3d(三维空间轴 2 方位);

——transform(坐标变换)(见 6.4.2);

——su_parameters(SU_参数);

——poim_on_curve(曲线上的点);

——poim_on_surface(曲面上的点);

——a pair type with its initial_state(有 initial_state 的副类型);

——cartesian_transformation_operator_3d(3 维笛卡尔变换运算符)。

刚体齐次矩阵仅作为数学公式中的符号来使用。它定义了一个坐标系在另一个坐标系中的相对位置和方向。矩阵定义如下:

$$ {}^{k}P_{i}=\begin{bmatrix} & & & \delta x \\ & 3\times3 & & \delta y \\ & (\text{旋转矩阵}) & & \delta z \\ 0 & 0 & 0 & 1 \end{bmatrix} $$

这里用符号${}^{k}P_{i}$表示坐标系i在坐标系k中的位置矩阵,其中:

k——引用参考坐标系的标识,在这个坐标系中定义了坐标系i的位置;

i——坐标系的标识,它的位置根据坐标系k来确定;

$\delta x,\delta y,\delta z$——平移向量的分量。

${}^{0}P_{i}$代表相对于世界坐标系的定位。

坐标变换包括三个旋转和三个移动分量。坐标变换是唯一适合于通过权值函数进行插入和近似的定位表示方法。

其他表示方法在模式中进行定义。

5.2.3 正旋转方向的含义

对于在 kinematic_structure_schema 中定义的所有旋转,正的旋转角度意味着沿着旋转轴的相反方向看过去,旋转是逆时针的。

5.2.4 形状表示

运动结构中的单个部件在不同细节层次上的表示经常同形状表示相联系。在 GB/T 16656 本部分中,有三种不同的形状表示:

——运动结构中不动部件的形状表示,称为机座形状(ground shape);

——运动结构中构件的形状表示,称为构件形状(link shape);

——运动副的形状表示,称为副形状(pair shape)。

geometric_representation_items 用来描述机座形状,它们或是在运动结构的 kinematic_ground_representation 的 items 组中(在这种情况下,kinematic_ground_representation 必须同时是 shape_representation),或者是通过任何方法与运动结构的 kinematic_ground_representation 相联系的 shape_representation 的 items 组中。GB/T 16656 本部分不对机座形状的表示方法进行任何明确的约束。

geometric_representation_items 描述构件形状,它们不能在相应的 kinematic_link_representation 的 items 组中;它们应该在 shape_representation 的 items 组中,而且这个 shape_representation 通过 kinematic_link_representation_association 与 kinematic_link_representation 相联系。任意数量的 shape_representation 都可以通过这种方法与指定的 kinematic_link_representation 建立联系。

只有 kinematic_fame_background 类型的 geometric_representation_items,如 point,curve 或 surface 才被允许用来表示副的形状。它们应该属于 kinematic_fame_background 的 items 组。并且,kinematic_fame_background 通过 kinematic_fame_background_representation_association 与副中的一个 kinematic_link_representations 建立联系。kinematic_fame_background_representation 中的 items 组可能包含多个项。一般情况下,任意数量的 kinematic_Lame_background_representations 都可以与 kinematic_link_repesentation 建立联系,也可和在 items 组中的任意一个坐标系建立联系。对于需要明确指出几何特征才能确定其运动特性的高副来说,每一个被引用的 curve 或 surface,都需要引用至少一个 kinematic_frame_background_representation 来加以说明。

5.2.5 单位一致

尽管一个运动结构可以存在多个 representations 以及与之相对应的 representation_contexts,但在此运动结构中必须保持单位的一致。为了保持单位的一致,必须进一步要求通过 representation_ context 的子类 global_unit_assigned_context 把运动结构中所要使用的单位综合分配给相应 representations 中的项(见 GB/T 16656.41)。类型相同的 measure_values 的单位在所有运动结构的 representation 中要保持一致。

示例 4:kinematic_pair 中副的定位在两个不同的 kinematic_link_representations 中同时创立。要在这两个 kinematic_link_representations 中保持单位的一致,它们必须通过 global_unit_assigned_contexts 来共享单位。

5.3 运动结构模式(kinematic_structure_schema)类型定义

5.3.1 rigid_placement

rigid_placement 类型是对 axis2_placement 或 su_parameters 定位方法的一种引用。

EXPRESS 描述:

```
*)
TYPE rigid_placement = SELECT
    (axis2_placement_3d,
    su_parameters);
END_TYPE;
(*
```

5.3.2 rotational_range_measure

rotational_range_measure 类型是对 plane_angle_measure 或 unlimited_range 计量方法的一种引用。

EXPRESS 描述:

```
*)
TYPE rotational_range_measure = SELECT
    (plane_angle_measure,
    unlimited_range);
END_TYPE;
(*
```

5.3.3 translational_range_measure

translational_range_measure 类型是对 length_measure 或 unlimited_range 计量方法的一种引用。

EXPRESS 描述:

```
*)
TYPE translational_range_measure = SELECT
    (length_measure,
    unlimited_range);
END_TYPE;
(*
```

5.3.4 unlimited_range

unlimited_range 类型是一种将极大值赋给运动副边界值的方法。

EXPRESS 描述:

```
*)
TYPE unlimited_range = ENUMERATION OF
    (unlimited);
END_TYPE;
(*
```

ICS 25.040.40
L 67

中华人民共和国国家标准

GB/T 16656.105—2010/ISO 10303-105:1996
代替 GB/T 16656.105—1999

工业自动化系统与集成　产品数据表达与交换　第105部分：集成应用资源：运动学

Industrial automation systems and integration—Product data representation and exchange—Part 105: Integrated application resource: Kinematics

(ISO 10303-105:1996, IDT)

2010-12-01 发布　　　　2011-05-01 实施

中华人民共和国国家质量监督检验检疫总局
中国国家标准化管理委员会　发布

枚举类型定义:

unlimited:意味着边界值是无限的。

5.3.5 spatial_rotation

spatial_rotation 类型能够将 3D 空间中的任意旋转定义为 ypr_rotation 或 rotation_about_direction。

EXPRESS 描述:

```
*)
TYPE spatial_rotation = SELECT
    (ypr_rotation,
    rotation_about_direction);
END_TYPE;
(*
```

5.3.6 ypr_enumeration

ypr_enumeration 用来表达绕笛卡尔坐标空间 R^3 原点旋转的角度。yaw 表示以 z 轴为轴线旋转，将初始坐标系(x_0,y_0,z_0)转为过渡坐标系(x',y',z')的旋转角度。pitch 表示以 y'轴为轴线，将过渡坐标系(x',y',z')旋转为另一个过渡坐标系(x'',y'',z'')的旋转角度。roll 表示以 x''轴为轴线，将(x'',y'',z'')旋转到目标坐标系(x,y,z)的旋转角度。

注：若需要更详细地了解 yaw,pitch,和 roll,参见 ISO 8855:1991(2.2)。

EXPRESS 描述:

```
*)
TYPE ypr_enumeration = ENUMERATION OF
    (yaw,
    pitch,
    roll);
END_TYPE
(*
```

枚举类型定义:

yaw:绕 z 轴旋转角度;

pitch:绕 y'轴旋转角度;

roll:绕 x''轴旋转角度。

5.3.7 ypr_rotation

ypr_rotation 类型定义了旋转角度序列。yaw 最先，pitch 次之，roll 最后。就是说，先旋转 yaw，再旋转 pitch，roll 的旋转必须是 ypr_rotation 中的最后一个操作。

注：附录 E 给出了一个 EXPRESS 函数，它根据输入的 ypr_rotation，返回旋转矩阵。它把旋转变换表示为旋转矩阵，而不是旋转角度的一个序列。

EXPRESS 描述:

```
*)
TYPE ypr_rotation = ARRAY[ypr_index(yaw):ypr_index(roll)]
                    OF plane_angle_measure;
END_TYPE;
(*
```

非形式限制:

angle bound(角度区间):yaw，pitch，roll 的角度值所在区间必须与下列区间等价(角度用弧度

表示):

yaw angle ∈ $(-\pi,\pi]$

pitch angle ∈ $[-\pi/2,\pi/2]$;

roll angle ∈ $(-\pi,\pi)$。

rectangular pitch angle(正交转角):如果 pitch 的绝对值与 $\pi/2$ 等价,那么 roll 的值应为零。

5.3.8 kinematic_frame_background

kinematic_frame_background 用来引用一个点(point),一条曲线(curve)或一个曲面(surface)。

EXPRESS 描述:

```
*)
TYPE kinematic_frame_background = SELECT
   (point,
   curve,
   surface);
END_TYPE;
(*
```

5.4 运动结构模式(kinematic_structure_schema)实体定义

5.4.1 rotation_about_direction

rotation_about_direction 定义了在笛卡尔坐标空间 R^3 的一个旋转。旋转轴通过相应坐标系的原点,它的方向由 direction_of_axis 给出。旋转的角度由 rotation_angle 给出,它可以是任何有限值,也就是说弧度的绝对值并不限制小于 π。一个正的 rotation_angle 的含意是沿着由 direction_of_axis 指出的旋转轴的逆向看过去,旋转为逆时针。

EXPRESS 描述:

```
*)
ENTITY rotation_about_direction;
  direction_of_axis:direction;
  rotation_angle    :plane_angle_measure;
WHERE
  WR1:SIZEOF(direction_of_axis.direction_ratios) = 3;
END_ENTITY;
(*
```

属性定义:

direction_of_axis:旋转轴的三维方向;

rotation_angle:绕旋转轴旋转的角度。

形式限制:

WR1:direction_of_axis 应该是一个三维方向。

5.4.2 kinematic_property_definition

kinematic_property_definition 定义了一个产品的运动特性。

EXPRESS 描述:

```
*)
ENTITY kinematic_property_definition
    SUBTYPE OF(property_definition);
    ground_definition:characterized_definition;
END_ENTITY;
```

(*

属性定义:

ground_definition:与 kinematic_ground_representation 相关联的 characterized_object、characterized_product_definition 或 shape_definition。该 kinematic_ground_representation 与 kinematic_property_definition 相关联。

注:如果 ground_definition 不需要与某个产品定义相联系,它可以是一个 characterized_object。

5.4.3 kinematic_property_representation_relation

kinematic_property_representation_relation 是将 kinematic_ground_representation 与 kinematic_property_definition 联系起来的 property_definition_representation。

EXPRESS 描述:

*)

```
ENTITY kinematic_property_representation_relation
  SUBTYPE OF(property_definition_representation);
UNIQUE
  UR1:SELF\property_definition_representation.definition;
WHERE
  WR1:'KINEMATIC_STRUCTURE_SCHEMA.KINEMATIC_PROPERTY_DEFTNITION'
       IN TYPEOF(SELF\property_definition_representation.definition);
  WR2:'KINEMATIC_STRUCTURE_SCHEMA.KINEMATIC_GROUND_REPRESENTATION'
       IN TYPEOF(SELF\property_definition_representation.used_representation);
END_ENTITY;
```

(*

形式限制:

UR1:kinematic_property_definition 最多只能通过一个 kinematic_property_representation_relation 与 kinematic_ground_represention 相连。

WR1:kinematic_property_representation_relation 的 definition 必须是 kinematic_property_definition。

WR2:kinematic_property_representation_relation 的 used_representation 应该是一个 kinematic_ground_representation。

5.4.4 kinematic_ground_representation

kinematic_ground_representation 定义了世界坐标系。

注:shape_representation 可以和 kinematic_ground_representation 同时给出,用来确定 kinematic_ground_representation 中那些固定不动部件的形状。

EXPRESS 描述:

*)

```
ENTITY kinematic_ground_representation
  SUBTYPE OF(representation);
INVERSE
  property:kinematic_property_representation_relation FOR used_representation;
WHERE
  WR1:'GEOMETRY_SCHEMA.GEOMETRIC_REPRESENTATION_CONTEXT'IN
       TYPEOF(SELT\representation.context_of_items);
END_ENTITY;
```

(*

属性定义：

SELF\representation.items：用 context_of_items 描述的一组相互关联的 representation_item。

ground_context：世界坐标系的标识，所有在 kinematic_property_definition 中的定位都直接或间接地由它来确定。

property：联系 kinematic_ground_representation 和 kinematic_property_definition 的 kinematic_property_representation_relation。

形式限制：

WR1：kinematic_ground_representation 中 context_of_items 表示的相关环境必须是 geometric_representation_context。

非形式限制：

ground_definition：kinematic_ground_representation 应该与 property\property_definition_representation.definition\-kinematic_property_definition.ground_definition 相联系。

5.4.5 **mechanism**

mechanism 确定了在关节的约束下，构件之间相对运动的能力。它是将一个构件固定于机座或其他 mechanism 上的运动结构。整个 mechanism 可能受控于其机架(base)上的刚体运动。

注：一个机构可能在不同的时候有不同的机架。在空间应用中，类似蠕虫的机构用一端抓住一个空间结构，另一端向前移动，用端点受动器抓住新的机架从而来固定自身，然后把原先的机架松开。

EXPRESS 描述：

*)

```
ENTITY mechanism;
    structure_definition :kinematic_structure;
    base                 :kinematic_link;
    containing_property  :kinematic_property_definition;
WHERE
    WR1:SIZEOF(QUERY(joint<*structure_definition.joints|
                (base: = :joint.first_link) OR
                (base: = :joint.second_link)))>0;
END_ENTITY;
```

(*

属性定义：

structure_definition：mechanism 的拓扑结构。

base：mechanism 的初始构件。

containing_property：mechanism 所属的 kinematic_property_definition。

形式限制：

WR1：在 structure_definition.joints 的关节(joint)中，至少有一个关节，它的第一个或第二个构件是机架。这样就保证了在运动结构中必然包含机架。

5.4.6 **mechanism_base_placement**

mechanism_base_placement 定义了一个机构中机架(base)的构件坐标系在世界坐标系中的定位，或是在其他机构构件的局部坐标系中的定位。

注1：如果这个定位是定义在其他机构构件之上的，那么称这个机构(机架)是安装于其他机构之上的。

如果定位是相对于世界坐标系的，mechanism_base_placement 在 kinematic_ground_representation 的 context_of_item 中描述 base 的构件坐标系。若定位是定义在其他构件局部坐标系

之上的,那么,mechanism_base_placement 在联系其他 kinematic_link_representation 的 link_frame 中描述 base 的构件坐标系。

EXPRESS 描述:

```
*)
ENTITY mechanism_base_placement
  SUBTYPE OF(representation_relationship_with_transformation);
  base_of_mechanism          :mechanism;
  SELF\representation_relationship_with_transformation.
    transformation_operator: cartesian_transformation_operator_3d;
DERIVE
  SELF\representation_relationship.rep_2
              :kinematic_link_representation
              := representation_of_link (base_of_mechanism.base);
UNIQUE
  UR1: base_of_mechanism;
WHERE
  WR1:('KINEMATIC_STRUCTURE_SCHEMA.KINEMATIC_GROUND_REPRESENTATION'IN
        TYPEOF (SELF\representation_relationship.rep_1))
        OR
        ('KINEMATIC_STRUCTURE_SCHEMA.KINEMATIC_LINK_REPRESENTATION'IN
        TYPEOF (SELF\representation_relationship.rep_1));
  WR2: suitably_based_mechanism (SELF,base_of_mechanism);
  WR3: SELF\representation_relationship_with_transformation.
         transformation_operator IN
        SELF\representation_relationship.rep_1.items;
END_ENTITY;
(*
```

属性定义:

base_of_mechanism:mechanism,该机构的 base 位置用 mechanism_base_placement 来表示。

SELF\representation_relationship_with_transformation. transformation_operator:相关环境 rep_1 与 rep_2 之间的坐标变换。

注 2:用作 transformation_operator 的 cartesian_transformation_operator_3d 的合法值需定义在使用这个实体的应用协议之中。

SELF\representation_relationship. rep_2:与 base_of_mechanism 中的 base 相关联的 kinematic_link_representation。它是通过函数 representation_of_link 从 base_of_mechanism. base 派生出来的。

形式限制:

URI:mechanism 作为 base_of_mechanism 最多只能在一个 mechanism_base_placement 中使用。

WR1:mechanism_base_placement 的 rep_1 应该是 kinematic_ground_representation 或 kinematic_link_ representation。

WR2:mechanism_base_placement 或是根据与 containing_property 相连的 kinematic_ground_representation 来确定 base_of_mechanism 中 base 的定位,或是根据属于另一个 mechanism 的 kinematic_link_representation 来确定 base 的定位。这另一个 mechanism 应该在 containing_property 中的 mechanisms 组中。在这个情况下,base_of_mechanism 中 base 的定位是直接

或间接的由 kinematic_ground_representation 确定的。如果定位是间接确定的，该 mechanism 不应该参与它自己的 base 定位的确定。这些条件是由 suitably_base_mechanism 函数来检测的。

WR3:在 mechanism_base_placement 中作为 transformation_operator 使用的 cartesian_transformation_operator_3d 应该在 rep_1 的 items 组中。

5.4.7 initial_state

initial_state 指定了 mechanism 的副参数的初始值。

注：一些类型的运动结构，比如四杆机构，如果除了有形状参数(如杆长)外，还提供了配置结构信息，那么就只能以唯一结构进行组装。在这种情况下，initial_state 提供了足够的副参数信息，从而使得构型具有唯一性。

EXPRESS 描述：

```
*)
ENTITY initial_state;
  applies_to_mechanism   :mechanism;
  pair_values            :SET[1:?]OF pair_value;
WHERE
  WR1:SIZEOF(QUERY(joint<*applies_to_mechanism.structure_definition.joints |
           SIZEOF (QUERY (init_val<*pair_values |
                init_val.applies_to_pair.joint: = :joint))<>1)) = 0;
END_ENTITY;
(*
```

属性定义：

applies_to_mechanism:应用 initial_state 的 mechanism。

pair_values:mechanism 中每一对副的副参数。

形式限制：

WR1:initial_state 从它的 pair_values 组中提供给它所应用的 mechanism 中每一个 kinematic_pair 恰好一个 pair_value。

5.4.8 kinematic_structure

kinematic_structure 描述了运动结构的拓扑特性。一个 kinematic_structure 的拓扑性质是通过 kinematic_joint 来表示的。kinematic_joint 的作用是建立起 kinematic_link 的运动副之间的关联。

注：任何一个运动结构都可以用构件和关节来表示。关节限制了称为构件的两个刚体之间的运动。关节和构件足以用来表示一个运动结构的拓扑特性，但是，为了计算，还需要引入其他一些建立在图论基础上的结构层次。关于运动结构的图形表示，见 5.4.70。

EXPRESS 描述：

```
*)
ENTITY kinematic_structure
    joints:SET[1:?]OF kinematic_joint;
END_ENTITY;
(*
```

属性定义：

joints:一组 kinematic_joint，它们组成了一个 mechanism 的 kinematic_structure。

5.4.9 kinematic_joint

kinematic_joint 描述了两个且仅两个构件之间次序连接的拓扑特性。一个连接一般都有一个拓扑方向。这个方向定义为从第一个构件指向第二个构件。对于一个和 kinematic_joint 相对应的

kinematic_pair，第一个 pair_placement_in_first_link_context 应该是 kinematic_joint 中 first_link 的 kinematic_link_representation 中的一个项。

依此类推，pair_placement_in_second_link_context 是 kinematic_joint 中 second_link 的 kinematic_link_representation 中的一个项。

注 1：拥有关节作为它的 joint 属性的 kinematic_pair 定义了相对运动的约束类型。在拓扑的图形表示中，kinematic_joint 代表连接两个顶点的有向边。除了在 rack_and_pinion_pair、point_on_surface_pair、point_on_planar_curve_pair 中，kinematic_joint 的方向都是任意的。

注 2：如果 first_link 和 second_link 的次序互换，那么副的值和副的范围值都要使用相反的符号，另外在 simple_pair_range 的子类中那些给出下限的属性值应与给出相应上限的属性值互换。

EXPRESS 描述：

```
*)
ENTITY kinematic_joint;
  first_link      :kinematic_link;
  second_link     :kinematic_link;
INVERSE
  structure       :kinematic_structure FOR joints;
WHERE
  WR1:first_link:<>:second_link;
END_ENTITY;
(*
```

属性定义：

first_link：进入关节的构件。

second_link：离开关节的构件。

structure：kinematic_structure，它的 joint 组中包含 kinematic_joint。

形式限制：

WR1：first_link 和 second_link 不可以是同一个构件。

5.4.10 kinematic_link

kinematic_link 表示 mechanism 刚体部分的拓扑特性。

EXPRESS 描述：

```
*)
ENTITY kinematic_link;
WHERE
  WR1:SIZEOF(USEDIN(SELF,
            'KINEMATIC_STRUCTURE_SCHEMA.KINEMATIC_JOINT.FIRST_LINK') +
          USEDIN(SELF,
            'KINEMATIC_STRUCTURE_SCHEMA.KINEMATIC_JOINT.SECOND_LINK'))>0;
   WR2:unique_link_usage(SELF);
END_ENTITY;
(*
```

形式限制：

WR1：kinematic_link 至少是一个 kinematic_joint 的 first_link 或 second_link。

WR2：kinematic_link 作为一个 mechanism 的组成部分，在该机构的运动结构中必须且只能出现一次。

5.4.11 kinematic_link_representation_relation

kinematic_link_representation_relation 将 kinematic_link 的几何特性与拓扑特性联系起来。

EXPRESS 描述：

```
*)
ENTITY kinematic_link_representation_relation;
    topological_aspects   :kinematic_link;
    geometric_aspects     :kinematic_link_representation;
UNIQUE
    UR1:topological_aspects;
END_ENTITY;
(*
```

属性定义：

topological_aspects：几何特性用 kinematic_link_representation 表示的 kinematic_link。

geometric_aspects：一个机械产品刚体部分的相关环境的表示，以及它的 kinematic_link 的坐标系统的表示。

形式限制：

UR1：一个 kinematic_link 最多只能通过一个 kinematic_link_representation_relation 与kinematic_link_representation 相连。

5.4.12 kinematic_link_representation

kinematic_link_representation 描述了 kinematic_link 的几何特性。link_frame 的属性由相关环境来表示。

EXPRESS 描述：

```
*)
ENTITY kinematic_link_representation
  SUBTYPE OF (representation);
  SELF\representation.context_of_items:
            geometric_representation_context;
DERIVE
  link_frame              :geometric_representation_context
                          := SELF\representation.context_of_items;
INVERSE
  link_representation_relation :
       kinematic_link_representation_relation FOR geometric_aspects;
WHERE
  WR1:SIZEOF(QUERY (item <* SELF\representation.items |
            NOT (('KINEMATIC_STRUCTURE_SCHEMA.RIGID_PLACEMENT' IN
                TYPEOF (item))
                OR
     ('GEOMETRY_SCHEMA.CARTESIAN_TRANSFORMATION_OPERATOR_3D' IN
                     TYPEOF (item))) )) = 0;
END_ENTITY;
(*
```

属性定义：

SELF\representation. items：一组在 link_frame 中描述的 representation_items。它至少包含一个副坐标系，该坐标系在 kinematic_pair 中作为 pair_placement_in_first_link_context 或 pair_placement_in_second_link_context 使用。它可以包含任意数量的 catesian_transformation_operator_3ds，它们作为 mechanism_base_placement 的 transformation_operator 使用。另外，它还可以包含属于构件的附加坐标系。

注：kinematic_link_representation 中的 item 组不包含定义构件形状的 geometric_representation_items

SELF\representation. context_of_items：geometric_representation_context（几何表示相关环境），它提供 items 的相关环境。

link_frame：与 kinematic_link 相连的构件坐标系。

link_representation_relation：将 kinematic_link_representation 和 kinematic_link 联系起来的 kinematic_link_representation_relation。

形式限制：

WR1：kinematic_link_representation 的 items 组中所有元素或是 rigid_placement 类型或是 cartesian_transformation_operator_3d 类型。

5.4.13 kinematic_link_representation_association

kinematic_link_representation_association 是将 kinematic_link_representation 与 repesentation 联系起来的 representation_relationship。

注：kinematic_link_representation_association 是通过将 shape_representation 与和它对应的 kinematic_link_representation 联系起来的方法来定义构件形状的。

EXPRESS 描述：

```
*)
ENTITY kinematic_link_representation_association
  SUBTYPE OF(representation_relationship);
  SELF\representation_relationship.rep_1:kinematic_link_representation;
WHERE
  WR1:SELF\representation_relationship.rep_2.context_of_items: = :
      SELF\representation_relationship.rep_1\representation.context_of_items;
  WR2:SIZEOF(['KINEMATIC_STRUCTURE_SCHEMA.KINEMATIC_GROUND_REPRESENTATION',
              'KINEMATIC_STRUCTURE_SCHEMA.KINEMATIC_LINK_REPRESENTATION'] *
              TYPEOF(SELF\representation_relationship.rep_2)) = 0;
END_ENTITY;
(*
```

属性定义：

SELF\representation_relationship. rep_1：与 rep_2 相连的 kinematic_link_representation。

形式限制：

WR1：rep_2 的 context_of_items 必须和与 rep_2 相连的 kinematic_link_representation 的 link_frame 相同。

WR2：不论是 kinematic_ground_representation 还是 kinematic_link_representation 都不能通过这个实体与 kinematic_link_representation 建立联系。

5.4.14 kinematic_frame_background_representation

kinematic_frame_background_representation 描述了与 kinematic_pair 相关的形状特性。

EXPRESS 描述：

```
*)
ENTITY kinematic_frame_background_representation
  SUBTYPE OF(representation);
  SELF\representation.items                :SET[1:?]OF
                                            k1nematic_frame_background;
  SELF\representation.context_of_items:geometric_representation_context;
WHERE
  WR1:SELF\representation.context_of_items\
        geometric_representation_context.coordinate_space_dimension = 3;
END_ENTITY;
(*
```

属性定义：

SELF\representation_items：一组 kinematic_frame_background 的实例，它们定义了与 kinematic_pair 相关的形状。

SELF\representation. context_of_items：建立 items 的相关环境。

形式限制：

WR1：kinematic_frame_background_representation 的 context_of_items 应是三维的。

5.4.15 kinematic_frame_based_transformation

kinematic_frame_based_transformation 是使用 rigid_placement 作为变换函数的 functionally_defined_transformation。

EXPRESS 描述：

```
*)
ENTITY kinematic_frame_based_transformation
    SUBTYPE OF(geometric_representation_item,
        functionally_defined_transformation);
    transformator:rigid_placement;
WHERE
   WA1:SELF\geometric_representation_item.dim = 3;
END_ENTITY;
(*
```

属性定义：

transformer_frame：kinematic_frame_based_transformation 中的变换函数 rigid_placement。

形式限制：

WR1：维数应该等于 3。

非形式限制：

一个 kinematic_frame_based_transformation 实例等价于一个不带比例放缩和镜像的 cartesian_transformation_operator_3d 实例，定义见 GB/T 16656.42—2010 的 4.4.21。

如果 kinematic_frame_based_transformation. transformer_frame 是指 axis2_placement_3d 的一个实例，按下面所示得到相应的 cartesian_transformation_operator_3d：

cartesian_transformation_operator_3d 的属性 local_origin 和 u 应该分别等于 axis2_placement_3d 的属性 location 和 p。cartesian_transformation_operator_3d 的属性 scale 应该等于 1.0。

如果 kinematic_frame_based_transformation. transformer_frame 是指 su_parameters 的一个实例，使用 5.4.17 su_parameters 给定的等式计算等价的 axis2_placement_3d。

5.4.16 **kinematic_frame_background_representation_association**

kinematic_frame_background_representation_association 是以 kinematic_frame_based_ transformation 作为 transformation_operator 的一个 representation_relationship_with_transformation。这个操作符的 transformer_frame 建立在 kinematic_link_representation 中,在那里它作为 rep_1 使用;变换后的结果是被 rep_2 引用的 kinematic_frame_background_representation。

EXPRESS 描述:

```
*)
ENTITY kinematic_frame_background_representation_association
   SUBTYPE OF (representation_relationship_with_transformation);
   SELF\representation_relationship_with_transformation.
     transformation_operator : kinematic_frame_based_transformation;
WHERE
   WR1:'KINEMATIC_STRUCTURE_SCHEMA.KINEMATIC_LINK_REPRESENTATION' IN
          TYPEOF (SELF\representation_relationship.rep_1);
   WR2:
'KINEMATIC_STRUCTURE_SCHEMA.KINEMATIC_FRAME_BACKGROUND_REPRESENTATION'
           IN TYPEOF (SELF\representation_relationship.rep_2);
   WR3:SELF\representation_relationship_with_transformation.
transformation_operator\kinematic_frame_based_transformation.
          transformator IN
         SELF\representation_relationship.rep_1.items;
END_ENTITY;
(*
```

属性定义:

SELF\representation_relationship_with_transformation.transformation_operator: kinematic_frame_background_representation_association 的变换操作符。

形式限制:

WR1:在 kinematic_frame_background_representation_association 中描述的第一个 representation 必须是 kinematic_link_representation。

WR2:在 kinematic_frame_background_representation_association 中描述的第二个 representation 必须是 kinematic_frame_background_representation。

WR3:在 kinematic_frame_background_representation 的 transformation_operator 中作为 transformer_frame 使用的 rigid_placement 应该在 kinematic_link_representation 中的 items 组中作为 rep_1 使用。

5.4.17 **su_parameters**

su_parameters 是除了 axis2_placement_3d 以外的另一种定义副在构件上定位的方法。

要描述运动特性,只需要知道从构件坐标系到所有副的坐标系的转化,就足以将构件的特性全部表达出来,并不需要构件的全部形状;这个形状信息是通过一组称为 Sheth-Uicker-Parameters 的特性参数来获得的,简写为“SU-parameters”(SU-参数)。

注 1:见图 2。图中是一个有两个副的 kinematic_link,构件坐标系和其中一个副的坐标系重合,这个图可以解释为将构件一头的坐标系转化为在另一头的坐标系。

坐标系的定义使用下面这些符号:

x_k^r, y_k^r, z_k^r——构件坐标系的坐标轴；

$\bar{o}_k^r$——构件坐标系的原点；

x_k, y_k, z_k——构件上运动副坐标系的坐标轴；

$\bar{o}_k$——副坐标系原点；

引入了下列辅助向量：

$\bar{t}_k$——轴 z_k^r, z_k 之间的公垂线上的单位向量，由 z_k^r 指向 z_k，公垂线由 t_k 表示；

$\bar{s}_k^r$ 公垂线 t_k 与 z_k^r 的交点；

$\bar{s}_k$ 公垂线 t_k 与 z_k 的交点。

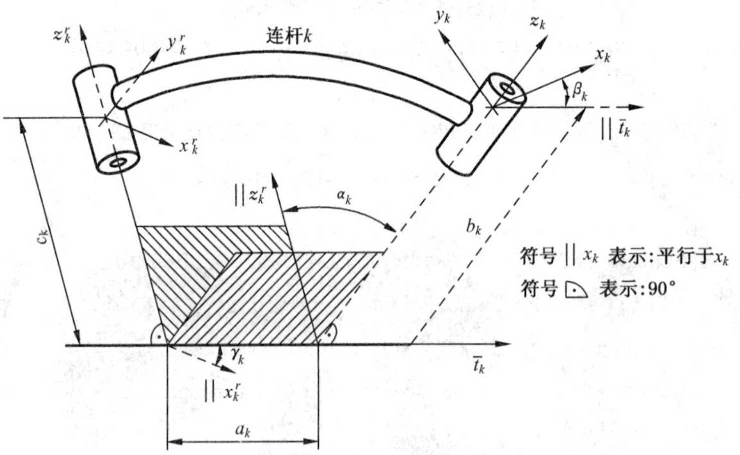

图 2　SU_参数定义

下面这些参数在 SU-parameters 中使用：

a_k —— z_k^r 到 z_k 的绝对距离，$a_k = |\bar{s}_k - \bar{s}_k^r|$；

α_k ——从 z_k^r 正向到 z_k 正向的角度，根据 $\bar{t}_k$ 来确定正负；

$$\sin\alpha_k = (\bar{z}_k^r \times \bar{z}_k) \cdot \bar{t}_k, \qquad \cos\alpha_k = \bar{z}_k^r \cdot \bar{z}_k;$$

b_k —— $\bar{o}_k$ 和 $\bar{s}_k$ 在 z_k 上投影的距离，由下式给出：

$$b_k = (\bar{o}_k - \bar{s}_k) \cdot \bar{z}_k;$$

β_k ——从 $\bar{t}_k$ 正向到 x_k 正向的角度，根据 z_k 来确定正负；

$$\sin\beta_k = (\bar{t}_k \times \bar{x}_k) \cdot \bar{z}_k, \cos\beta_k = \bar{t}_k \cdot \bar{x}_k;$$

c_k —— $\bar{s}_k^r$ 和 $\bar{o}_k^r$ 在 z_k^r 上投影的距离，由下式给出；

$$c_k = (\bar{s}_k^r - \bar{o}_k^r) \cdot \bar{z}_k^r;$$

γ_k —— x_k^r 正向到 $\bar{t}_k$ 正向的角度，根据 z_k^r 来确定正负，

$$\sin\gamma_k = (\bar{x}_k^r \times \bar{t}_k) \cdot \bar{z}_k^r, \qquad \cos\gamma_k = \bar{x}_k^r \cdot \bar{t}_k;$$

注 2：如需详细地了解 Sketh-Uicker 参数，见参考文献[1]。

注 3：在工业机器人技术中，Denavit-Hartenberg 参数(DH-parameters)被广泛使用。见参考文献[2]。对于有环的运动结构，分别表达构件的各坐标轴相对于副的当前状态的相对位置是十分重要的。与 DH-参数相反，SU-参数能分清每个坐标轴。

注 4：附录 F 说明了如何将 DH-参数转化为 SU-参数。

注 5：拥有如上定义的一个 SU-参数的 su_parameter 实例与拥有下面属性值的 axis2_placement_3d 的实例是等价的。

SELF\placement. location:cartesian_point([($a_k\cos\gamma_k + b_k\sin\gamma_k\sin\alpha_k$),
($a_k\sin\gamma_k - b_k\cos\gamma_k\sin\alpha_k$),
($c_k + b_k\cos\alpha_k$)]);

axis: direction([($\sin\gamma_k\sin\alpha_k$),($-\cos\gamma_k\sin\alpha_k$), $\cos\alpha_k$]);

ref_direction: direction ([($\cos\gamma_k\cos\beta_k - \sin\gamma_k\cos\alpha_k\sin\beta_k$),
($\sin\gamma_k\cos\beta_k + \cos\gamma_k\cos\alpha_k\sin\beta_k$),
($\sin\alpha_k\sin\beta_k$)])。

EXPRESS 描述:

```
*)
ENTITY su_parameters
    SUBTYPE OF (geometric_representation_item);
    a       :length_measure;
    alpha   :plane_angle_measure;
    b       :length_measure;
    beta    :plane_angle_measure;
    c       :length_measure;
    gamma   :plane_angle_measure;
WHERE
    WR1:SELF\geometric_representation_item.dim = 3;
END_ENTITY;
(*
```

属性定义:

a:SU-参数 a_k ;

alpha:SU-参数 α_k ;

b:SU-参数 b_k ;

beta:SU-参数 β_k ;

c:SU-参数 c_k ;

gamma:SU-参数 γ_k 。

5.4.18 kinematic_pair

kinematic_pair 定义了在关节处相交的两个相邻构件的运动约束。

EXPRESS 描述:

```
*)
ENTITY kinematic_pair
    SUBTYPE OF(item_defined_transformation);
    joint    :kinematic_joint;
DERIVE
    pair_placement_in_first_1ink_context
            :rigid_placement
            := SELF\item_defined_transformation.transform_item_1;
    pair_placement_in_second_1ink_context
            :rigid_placement
            := SELF\item_defined_transformation.transform_item_2;
UNIQUE
```

```
    UR1:joint;
WHERE
    WR1:coordinated_pair_link_representation
            (joint.first_link,pair_placement_in_first_link_context);
    WR2:coordinated_pair_link_representation
          (joint.second_link,pair_placement_in_second_link_context);
END_ENTITY;
(*
```

属性定义：

joint：运动受到 kinematic_pair 约束的关节。

pair_placement_in_first_link_context：副坐标系在第一个构件的相关环境（也就是构件坐标系）中的定位。

pair_placement_in_second_link_context：副坐标系在第二个构件的相关环境（也就是如构件坐标系）中的定位。

形式限制：

UR1：每个 kinematic_pair 必须应用于不同的关节。

WR1：必须有一个 kinematic_link_representation 与 joint. first_link 相连，而且它必须在 items 组中包含 pair_placement_in_first_link_context。这个条件是通过 coordinated_pair_link_representation 函数来检测的。

WR2：必须有一个与 joint. second_link 相连的 kinematic_link_representation，而且必须在其 items 组中包含 pair_placement_in_second_link_context。这个条件是通过 coordinated_pair_link_representation 函数来检测的。

注 1：第二个构件相对于第一个构件的相对定位，以如下三个坐标系为基础定义：

——其中一个坐标系，与第一个构件固接，而且设置在第一个构件的相关环境中（也就是构件的坐标系）。

——另一个坐标系，与第二个构件固接，而且设置在第二个构件的相关环境中（也就是构件的坐标系）。

——接触坐标系，定义了两个构件之间的点和面的接触。这个接触坐标系可以与其中的一个构件有物理连接，也可以没有物理连接。

副的类型和副参数一起定义了接触坐标系相对于第一个副坐标系和第二个坐副标系的定位。于是，两个副坐标系相对于对方的定位也被间接地定义了。见图 3。

注 2：对机构进行运动分析的目的是确定机构中所有构件上的构件坐标系，使它们和实际的副参数保持一致。一致性条件如下：

设一个副连接了两个构件，并且：

j 代表该副的第一个构件；

k 代表该副的第二个构件；

p 代表从第一个构件的角度看到的副；

q 代表从第二个构件的角度看到的副；

c 代表公共接触点（可能与两个构件都有物理连接，也可能没有这种连接）；

${}^0LF_j$，${}^0LF_k$ 代表在这些构件上的坐标系和刚体齐次矩阵（相对于世界坐标系）；

${}^jPF_p$，${}^kPF_q$ 是副 p 分别相对于该副的第一构件和第二个构件的定位。

于是

${}^0PF_p = {}^0LF_j\,{}^jPF_p$ 是第一个副坐标系相对于世界坐标系定位的刚体齐次矩阵。

${}^pPF_c$ 是接触坐标系相对于第一个副坐标系的定位。这个定位是由副的类型和副的实际参数决定的。

${}^qPF_c$ 是接触坐标系相对于第二个副坐标系的定位。这个定位是由副的类型和副的实际参数决定的。

一致性要求：

$${}^0LF_j\,{}^jPF_p\,{}^pPF_c = {}^0LF_k\,{}^kPF_q\,{}^qPF_c$$

或者,可由以下公式获得第二个构件的相对于世界坐标系的定位:

$$^{0}LF_{k}={}^{0}LF_{j}\,{}^{j}PF_{p}\,{}^{p}PF_{c}\,{}^{p}PF_{c}^{-1}\,{}^{k}PF_{q}^{-1}$$

注 3:对于低副,接触坐标系和第二个副坐标系应被认为是相同的。所以,对于低副,刚体齐次矩阵 ${}^{q}PF_{c}$ 是一个单位矩阵。

5.4.19 pair_actuator

pair_actuator 标识了被驱动的 kinematic_pair。一个由 pair_actuator 标识的 kinematic_pair 的所有自由度视为被驱动。

注 1:对于逆运动学分析,被驱动的副用来获得预定的路径或位置。对于正运动学分析,仅规定被驱动的副的运动副值。

注 2:GB/T 16656 的本部分不支持只对副中的单个自由度驱动。需要建立运动系统的模型,以使一个运动副或者被完全驱动,或者完全没有被驱动。

对于混和的情况,例如,一个圆柱副,可以分别用一个旋转副和一个移动副来表示。

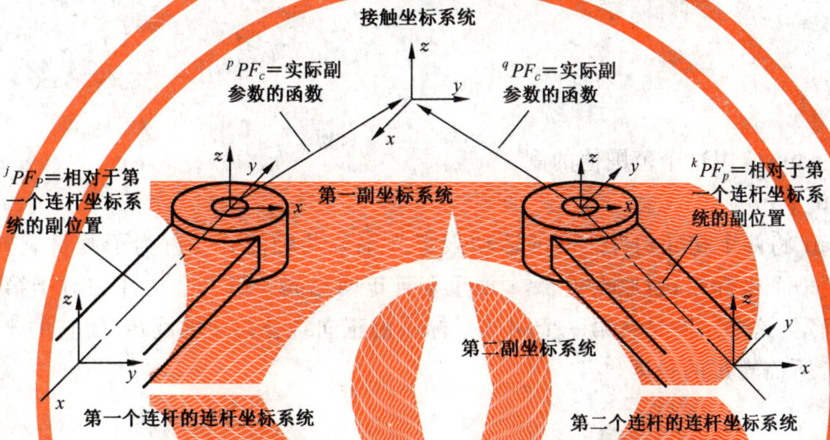

图 3 两个相连构件上副坐标系的定位关系

EXPRESS 描述:

```
*)
ENTITY pair_actuator;
    actuated_pair    :kinematic_pair;
    name             :lable;
UNIQUE
    UR1:actuated_pair;
END_ENTITY;
(*
```

属性定义:

actuated_pair:一个被动的运动副。

name:一个或一组被 pair_actuator 引用的单词。

形式定义:

UR1:每一个 pair_actuator 可以应用于不同的 actuated_pair。

5.4.20 pair_value

pair_value 说明了组成 kinematic_pair 的两个构件的构型。

EXPRESS 描述:

```
*)
ENTITY pair_value;
```

```
    applies_to_pair:kinematic_pair;
END_ENTITY;
(*
```

属性定义:

applies_to_pair:应用 pair_value 的 kinematic_pair。

5.4.21 **simple_pair_range**

simple_pair_range 定义了副连接的两个构件的构型的允许范围。

注:每一个副的参数范围的定义只允许是“下限—上限”形式的简单范围定义。

EXPRESS 描述:

```
*)
ENTITY simple_pair_range;
    applies_to_pair:kinematic_pair;
END_ENTITY;
(*
```

属性定义:

applies_to_pair:应用这个范围值的副。

5.4.22 **revolute_pair**

revolute_pair 将两个相邻构件之间的运动限定为绕公共轴的旋转。为了测量旋转的角度,在每个构件上都定义了一个坐标系,使原点重合,z 轴重合且正向相同。第二个构件相对于第一个构件的转动用一个角度来确定,这个角度是将第一个副的坐标系沿正向绕公共 z 轴旋转,使它的 x 轴与第二个副坐标系的 x 轴重合所需转过的角度。

注:见图 4。

EXPRESS 描述:

```
*)
ENTITY revolute_pair
    SUBTYPE OF(kinematic_pair);
END_ENTITY;
(*
```

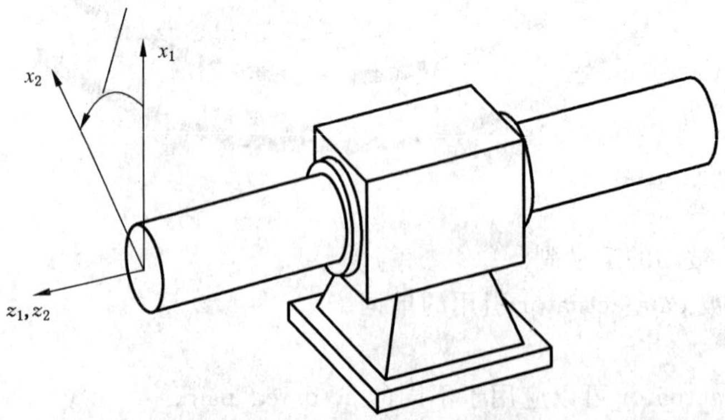

图 4 一个代表旋转副的关节

5.4.23 **revolute_pair_value**

revolute_pair_value 定义了 revolute_pair 副参数的值。

EXPRESS 描述:

```
*)
ENTITY revolute_pair_value
    SUBTYPE OF(pair_value);
    SELF\pair_value.applies_to_pair:revolute_pair;
    actual_rotation                  :plane_angle_measure;
END_ENTITY;
(*
```

属性定义：

SELF\pair_value.applies_to_pair：应用 revolute_pair_value 的 revolute_pair。

actual_rotation：副参数的值。

5.4.24 revolute_pair_range

revolute_pair_range 定义了 revolute_pair 参数的上下限。

EXPRESS 描述：

```
*)
ENTITY revolute_pair_range
    SUBTYPE OF(simple_pair_range);
    SELF\simple_pair_range.applies_to_pair:revolute_pair;
    lower_limit_actual_rotation          :rotational_range_measure;
    upper_limit_actual_rotation          :rotational_range_measure;
WHERE
    WR1:(('KINEMATIC_STRUCTURE_SCHEMA.UNLIMITED_RANGE'IN
            TYPE OF(lower_ limit_actual_rotation))
          OR
         ('KINEMATIC_STRUCTURE_SCHEMA.UNLIMITED_RANGE'IN
            TYPE OF(upper_limit_actual_rotation)))
           XOR
         (lower_limit_actual_rotation<upper_limit_actual_rotation);
END_ENTITY;
(*
```

属性定义：

SELF\simple_pair_range.applies_to_pair：应用 revolute_pair_range 的 revolute_pair。

lower_limit_actual_rotation：副参数的最小值。

upper_limit_actual_rotation：副参数的最大值。

形式定义：

WR1：当两个边界值都不是无穷大时，revolute_pair 的边界必须是正向的。

5.4.25 prismatic_pair

prismatic_pair 将两个相邻构件之间的运动限定为沿公共轴的平移运动。为了测量这种平移的距离，在两个构件上各定义了一个坐标系，且它们的相应坐标轴重合，正向相同。第二个构件相对第一个构件的运动，是将第一个副坐标系的 xy 平面沿公共 z 轴的正向平移，直至它与第二个副坐标系的 xy 平面重合时所走过的距离。

注：见图 5。

EXPRESS 描述：

```
*)
```

```
ENTITY prismatic_pair
    SUBTYPE OF(kinematic_pair);
END_ENTITY;
(*
```

5.4.26 **prismatic_pair_value**

prismatic_pair_value 是 prismatic_pair 副参数的值。

EXPRESS 描述:

```
*)
ENTITY prismatic_pair_value
    SUBTYPE OF(pair_value);
    SELF\pair_value.applies_to_pair:prismatic_pair;
    actual_translation              :length_measure;
END_ENTITY;
(*
```

属性定义:

SELF\pair_value.applies_to_pair:应用 prismatic_pair_value 的 prismatic_pair。

actual_translation:副参数的值。

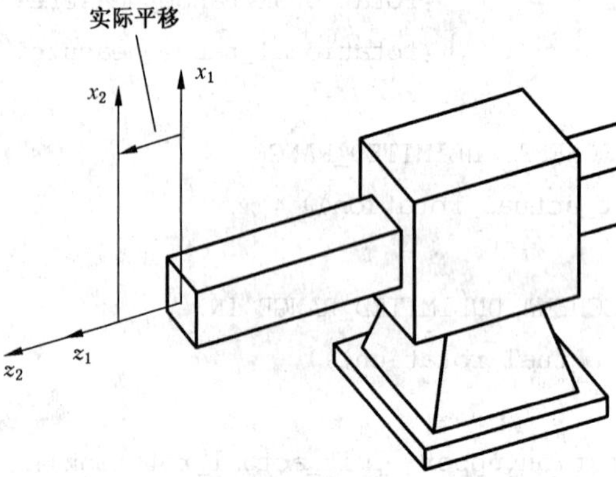

图 5 一个代表移动副的关节

5.4.27 **prismatic_pair_range**

prismatic_pair_range 定义了 prismatic_pair 参数值的上下限。

EXPRESS 描述:

```
*)
ENTITY prismatic_pair_range
    SUBTYPE OF(simple_pair_range);
    SELF\simple_pair_range.applies_to_pair:prismatic_pair;
    lower_limit_actual_translation          :translational_range_measure;
    upper_limit_actual_translation          :translational_range_measure;
WHERE
    WR1:(('KINEMATIC_STRUCTURE_SCHEMA.UNLIMITED_RANGE'IN
          TYPEOF(lower_limit_actual_translation))
        OR
       ('KINEMATIC_STRUCTURE_SCHEMA.UNLIMITED_RANGE'IN
```

```
        TYPEOF(upper_limit_actual_translation)))
      XOR
      (lower_limit_actual_translation<upper_limit_actual_translation);
END_ENTITY;
(*
```

属性定义：

SELF\simple_pair_range.applies_to_pair：应用 prismatic_pair_range 的 prismatic_pair。

lower_limit_actual_translation：副参数的最小值。

upper_limit_actual_translation：副参数的最大值。

形式限制：

WR1：当两个边界值都不是无穷大时，prismatic_pair 的范围一定要是正向的。

5.4.28 screw_pair

screw_pair 将两个相邻构件之间运动限定为绕公共轴的旋转和沿公共轴的平移，且平移与旋转有比例关系。这个比例因子称为螺距(pitch)，定义为每旋转一圈螺旋副的平移距离。定义在两个构件上的坐标系 z 轴重合且方向相同。(见图 6)

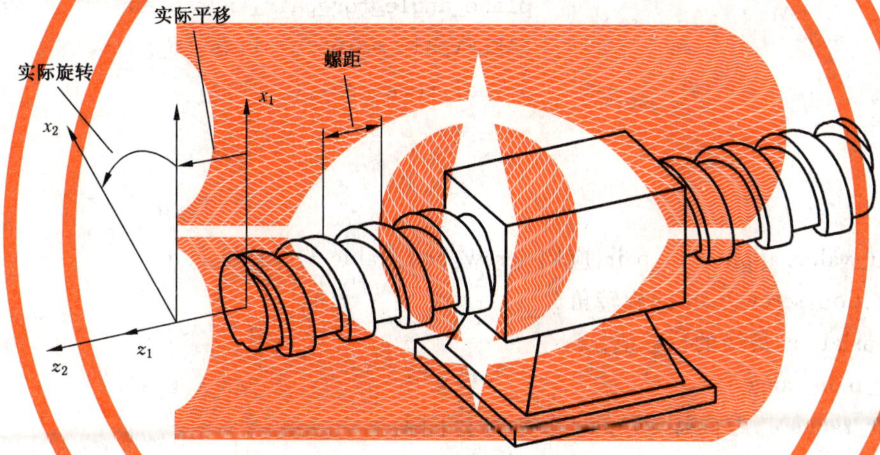

图 6　一个代表螺旋副的关节

第二个构件相对于第一个构件的运动是通过一个角度来定义的，这个角度就是将第一个副坐标系的 x 轴沿正向绕公共轴 z 轴旋转，直至它的方向与第二个副坐标系 x 轴的方向重合时所需转过的角度。第二个构件沿 z 轴的平移是由旋转角度经以下公式推出的：

$$translation = \frac{pitch \cdot actual\_rotation}{2\pi}$$

其中 actual_rotation 的单位是弧度。

于是，旋转一周(actual_rotation＝ 2π)，将使第二个副坐标系的 xy 平面相对于第一个副坐标系沿 z 轴正向前进一个螺距。

注：screw_pair 并不区分它的哪一个构件是主动件还是被动件。

EXPRESS 描述：

```
*)
ENTITY screw_pair
    SUBTYPE OF(kinematic_pair);
    Pitch:length_measure;
END_ENTITY;
```

(*

属性定义:

pitch:螺纹的螺距。

5.4.29 **screw_pair_value**

screw_pair_value 定义了 screw_pair 副参数的值。

EXPRESS 描述:

*)

```
ENTITY screw_pair_value
    SUBTYPE OF(pair_value);
    SELF\pair_value.applies_to_pair :screw_pair;
    actual_rotation                 :plane_angle_measure;
DERIVE
    actual_translation              :length_measure
                                    := SELF\pair_value.applies_to_pair\
                                       screw_pair.pitch *
                                       plane_angle_for_pair_in_radian
                                       (SELF\pair_value.applies_to_pair,
                                       actual_rotation)/(2 * PI);
END_ENTITY;
```

(*

属性定义:

SELF\pair_value.applies_to_pair:应用 screw_pair_value 的 screw_pair。

actual_rotation:screw_pair 的旋转角。

actual_translation:最终的位移值。

5.4.30 **screw_pair_range**

screw_pair_range 定义了 screw_pair 参数的上下限。

EXPRESS 描述:

*)

```
ENTITY screw_pair_range
    SUBTYPE OF(simple_pair_range);
    SELF\simple_pair_range.applies_to_pair :screw_pair;
    lower_limit_actual_rotation            :rotational_range_measure;
    upper_limit_actual_rotation            :rotational_range_measure;
WHERE
    WR1:(('KINEMATIC_STRUCTURE_SCHEMA.UNLIMITED_RANGE'IN
           TYPEOF(lower_limit_actual_rotation))
           OR
         ('KINEMATIC_STRUCTURE_SCHEMA.UNLIMITED_RANGE'IN
           TYPEOF(upper_limit_actual_rotation)))
         XOR
         (lower_limit_actual_rotation<upper_limit_actual_rotation);
END_ENTITY;
```

(*

属性定义：

SELF\simple_pair_range.applies_to_pair：应用 screw_pair_range 的 screw_pair。

low_limit_actual_rotation：副参数的最小值。

upper_limit_actual_rotation：副参数的最大值。

形式限制：

WR1：当两个边界值都不是无穷大时，screw_pair 的范围一定要是正向的（最大值大于最小值）。

5.4.31 cylindrical_pair

cylindrical_pair 将两个相邻构件之间的运动限制为沿公共轴的平移和绕公共轴的旋转。

注：见图 7。

为了测量位移和旋转的角度，在每个构件上都定义了一个坐标系，且它们的 z 轴重合，方向相同。第二个构件相对于第一个构件的移动距离，是由将第一个副坐标系的 xy 平面沿公共轴 z 轴的正向平移，直至它与第二个副坐标系的 xy 平面重合时所走过的距离来确定的。旋转的角度定义为将第一个副坐标系的 x 轴沿正向绕公共轴 z 轴旋转，直至它的方向与第二个副坐标系 x 轴的方向重合时所需转过的角度。

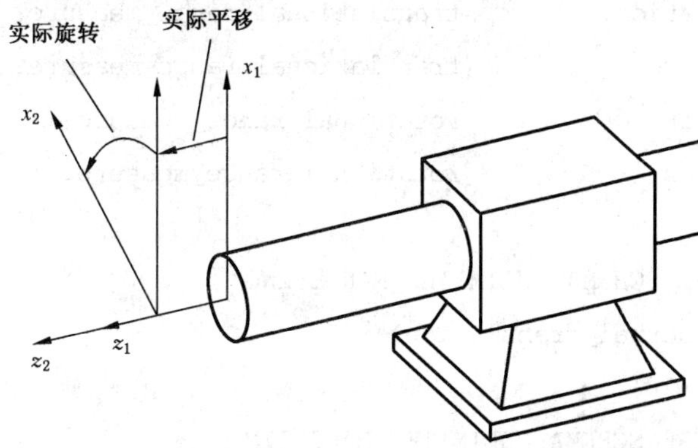

图 7　一个代表圆柱副的关节

EXPRESS 描述：

```
*)
ENTITY cylindrical_pair
    SUBTYPE OF(kinematic_pair);
END_ENTITY;
(*
```

5.4.32 cylindrical_pair_value

cylindrical_pair_value 定义了 cylindrical_pair 副的参数集。

EXPRESS 描述：

```
*)
ENTITY cylindrical_pair_value
    SUBTYPE OF(pair_value);
    SELF\pair_value.applies_to_pair:cylindrical_pair;
    actual_translation              :length_measure;
```

```
    actual_rotation                    :plane_angle_measure;
END_ENTITY;
(*
```

属性定义:

SELF\pair_value.applies_to_pair:应用 cylindrical_pair_value 的 cylindrical_pair。

actual_translation:平移值。

actual_rotation:旋转角度。

5.4.33 **cylindrical_pair_range**

cylindrical_pair_range 定义了 cylindrical_pair 参数范围的上下限。

EXPRESS 描述:

```
*)
ENTITY cylindrical_pair_range
    SUBTYPE OF(simple_pair_range);
    SELF\simple_pair_range.applies_to_pair :cylindrical_pair;
    lower_limit_actual_translation         :translational_range_measure;
    upper_imit_actual_translation          :translational_range_measure;
    lower_limit_actual_rotation            :rotational_range_measure;
    upper_limit_actual_rotation            :rotational_range_measure;
WHFRE
    WR1:(('KINEMATIC_STRUCTURE_SCHEMA.UNLIMITED_RANGE'IN
          TYPEOF(lower_limit_actual_translation))
          OR
          ('KINEMATIC_STRUCTURE_SCHEMA.UNLIMITED_RANGE'IN
          TYPEOF(upper_limit_actual_translation)))
          XOR
          (lower_limit_actual_translation<upper_limit_actual_translation);
    WR2:(('KINEMATIC_STRUCTURE_SCHEMA.UNLIMITED_RANGE'IN
         TYPEOF(lower_limit_actual_rotation))
         OR
         ('KINEMATIC_STRUCTURE_SCHEMA.UNLIMITED_RANGE'IN
         TYPEOF(upper_limit_actual_rotation)))
         XOR
         (lower_limit_actual_rotation<upper_limit_actual_rotation);
END_ENTITY;
(*
```

属性定义:

SELF\simple_pair_range.applies_to_pair:应用 cylindrical_pair_range 的 cylindrical_pair。

lower_limit_actual_translation:副的平移最小值。

upper_limit_actual_translation:副的平移最大值。

lower_limit_actual_rotation:副的旋转最小值。

upper_limit_actual_rotation:副的旋转最大值。

形式限制:

WR1:当两个边界值都不是无穷大时,cylindrical_pair 的平移范围一定要是正向的。

WR2:当两个边界值都不是无穷大时,cylindrical_pair 的旋转范围一定要是正向的。

5.4.34 spherical_pair

spherical_pair 将两个相邻构件的运动限定为绕汇合于空间一点的三根独立轴的旋转。为了测量三个旋转角度,在每一个构件上都定义一个坐标系,且它们的原点重合。这三个角度分别定义为偏转角度(yaw),俯仰角度(pitch),侧倾角度(roll),见 5.3.6。它们是将第一个坐标系绕 x,y,z 轴旋转,直到第一个副坐标系的三根轴与第二个副坐标系的轴重合得到的。

注:见图 8。

EXPRESS 描述:

```
*)
ENTITY spherical_pair
    SUBTYPE OF(kinematic_pair);
END_ENTITY;
(*
```

5.4.35 spherical_pair_value

spherical_pair_value 定义了 spherical_pair 的副参数集。

EXPRESS 描述:

```
*)
ENTITY spherical_pair_value
    SUBTYPE OF(pair_value);
    SELF\pair_value.applies_to_pair  :spherical_pair;
    input_orientation                :spatial_rotation;
DERIVE
    actual_orientation               :ypr_rotation
                                     := convert_spatial_to_ypr_rotation
                                          (SELF\pair_value.applies_to_pair,
                                          input_orientation);
END_ENTITY;
(*
```

属性定义:

SELF\pair_value.applies_to_pair:应用 spherical_pair_value 的 spherical_pair。

input_orientation:指定副参数的输入类型,actual_orientation 是从它派生出来的。input_orientation 是 ypr_rotation 或 rotation_about_direction。

actual_orientation:根据 ypr 旋转得出的 spherical_pair 的副参数值集合。它是通过 convert_spatial_to_ypr_rotation 函数从 input_orientation 派生出来的。

注:(x_1,y_1,z_1)是第一个副坐标系,(x_2,y_2,z_2)是第二个副坐标系。绕(x_1,y_1,z_1)坐标系的 z_1 轴进行 yaw 旋转产生(x',y',z')坐标系。绕(x',y',z')坐标系的 y' 轴进行 pitch 旋转产生(x'',y'',z'')坐标系。最后,绕(x'',y'',z'')坐标系的 x'' 轴进行 roll 旋转将产生(x_2,y_2,z_2)坐标系。

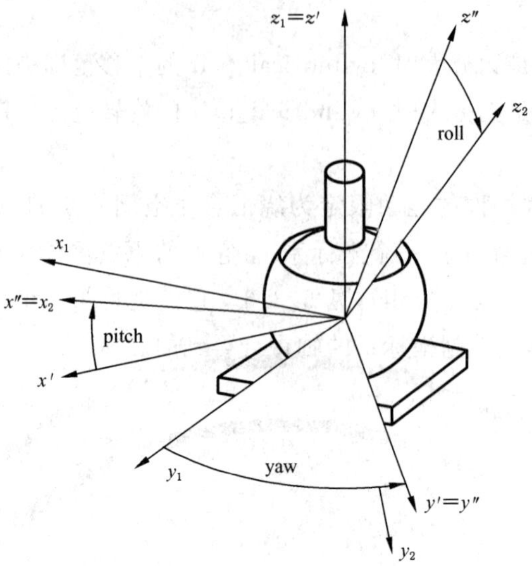

图 8　一个代表球面副的关节

5.4.36　spherical_pair_range

spherical_pair_range 指定了 spherical_pair 副参数的上下限。

EXPRESS 描述：

```
*)
ENTITY spherical_pair_range
    SUBTYPE OF(simple_pair_range);
    SELF\simple_pair_range.applies_to_pair :spherical_pair;
    lower_limit_yaw                        :rotational_range_measure;
    upper_limit_yaw                        :rotational_range_measure;
    Lower_limit_pitch                      :rotational_range_measure;
    upper_limit_pitch                      :rotational_range_measure;
    lower_limit_roll                       :rotational_range_measure;
    upper_limit_roll                       :rotational_range_measure;
WHERE
    WR1:(('KINEMATIC_STRUCTURE_SCHEMA.UNLIMITED_RANGE'IN
            TYPEOF(lower_limit_yaw))
           OR
          ('KINEMATIC_STRUCTURE_SCHEMA.UNLIMITED_RANGE'IN
            TYPEOF(upper_limit_yaw)))
           XOR
          (lower_limit_yaw<upper_limit_yaw);
    WR2:(('KINEMATIC_STRUCTURE_SCHEMA.UNLIMITED_RANGE'IN
            TYPEOF(lower_limit_pitch))
           OR
```

```
        ('KINEMATIC_STRUCTURE_SCHEMA.UNLIMITED_RANGE'IN
          TYPEOF(upper_limit_pitch)))
          XOR
          (lower_limit_pitch<upper_limit_pitch);
    WR3:(('KINEMATIC_STRUCTURE_SCHEMA.UNLIMITED_RANGE'IN
          TYPEOF(lower_limit_roll))
         OR
        ('KINEMATIC_STRUCTURE_SCHEMA.UNLIMITED_RANGE'IN
         TYPEOF (upper_limit_roll)))
        XOR
        (lower_limit_roll<upper_limit_roll);
END_ENTITY;
(*
```

属性定义：

SELF\simple_pair_range.applies_to_pair:应用 spherical_pair_range 的 spherical_pair

lower_limit_yaw:spherical_pair 的 yaw 的最小值。

upper_limit_yaw:spherical_pair 的 yaw 的最大值。

lower_limit_pitch:spherical_pair 的 pitch 的最小值。

upper_limit_pitch:spherical_pair 的 pitch 的最大值。

lower_limit_roll:spherical_pair 的 roll 的最小值。

upper_limit_roll:spherical_pair 的 roll 的最大值。

形式定义：

WR1:如果 spherical_pair 绕 z 轴旋转的角度的上下限都不是无穷大，那么这个区域的方向应该是正向的(即上限大于下限)。

WR2:如果 spherical_pair 绕 y 轴旋转的角度的上下限都不是无穷大，那么这个区域的方向应该是正向的(即上限大于下限)。

WR3:如果 spherical_pair 绕 z 轴旋转的角度的上下限都不是无穷大，那么这个区域的方向应该是正向的(即上限大于下限)。

5.4.37 universal_pair

universal_pair 将两个相邻构件之间的运动限定为绕汇合于一点的两根轴的旋转。

注：见图 9。

为了测量这两个旋转角度，在每个构件上都定义一个坐标系，它们的原点与轴的汇合点重合，且第一个坐标系的 z 轴与第一根旋转轴重合，第二个坐标系的 x 轴与第二根旋转轴重合。除了这两个变化的旋转外，还有一个恒定的旋转。为了从第一个副坐标系转化到第二个副坐标系，需经以下几步变换：

1) 根据第一个角度，将 x_1，y_1 轴绕 z_1 轴旋转，产生一个过渡坐标系，记为(x'，y'，$z'=z_1$)；

2) 根据恒定偏移角度(consant_skew_angle)，将 z'，x' 轴绕 y' 轴旋转，得第二个过渡坐标系，记为(x''，$y''=y'$，z'')；

3) 根据第二个角度，将 y''，z'' 轴绕 x'' 轴旋转，产生最终的坐标系，记为($x_2=x''$，y_2，z_2)；

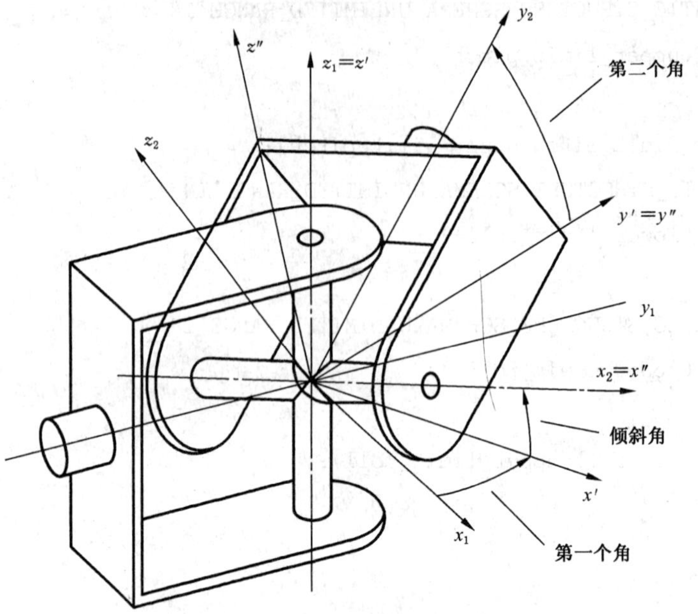

图 9　一个代表万向副的关节

EXPRESS 描述：

```
*)
ENTITY universal_pair
    SUBTYPE OF (kinematic_pair);
    input_skew_angle:OPTIONAL plane_angle_measure;
DERIVE
    skew_angle:plane_angle_measure: = NVL(input_skew_angle,0.0);
WHERE
    WR1:COS(plane_angle_for_pair_in_radian(SELF,skew_angle))
        >0.0;
END_ENTITY;
(*
```

属性定义：

input_skew_angle：一个可选属性，如果存在，定义了两根旋转轴之间夹角相对于直角的偏移量。

skew_angle：两根旋转轴之间夹角相对于直角的偏移量。如果 input_skew_angle 存在，skew_angle 就是 input_skew_angle；否则它是零。

形式定义：

WR1：skew_angle 的绝对值应该是锐角。

5.4.38 universal_pair_value

universal_pair_value 定义了 universal_pair 副的参数集。

EXPRESS 描述：

```
*)
ENTITY universal_pair_value
    SUBTYPE OF(pair_value);
    SELF\pair_value.applies_to_pair :universal_pair;
    first_rotation_angle            :plane_angle_measure;
```

```
    second_rotation_angle                  :plane_angle_measure;
END_ENTITY;
(*
```

属性定义:

SELF\pair_value. applies_to_pair:universal_pair_value 应用的 universal_pair。

first_rotation_angle:绕第一个轴的旋转角度。

second_rotation_angle:绕第二个轴的旋转角度。

5.4.39 universal_pair_range

universal_pair_range 定义了 universal_pair 副参数的上下限。

EXPRESS 描述:

```
*)
ENTITY universal_pair_range
    SUBTYPE OF(simple_pair_range);
    SELF\simple_pair_range.applies_to_pair :universal_pair;
    lower_limit_first_rotation              :rotational_range_measure;
    upper_limit_first_rotation              :rotational_range_measure;
    lower_limit_second_rotation             :rotational_range_measure;
    upper_limit_second_rotation             :rotational_range_measure;
WHERE
    WR1:(('KINEMATIC_STRUCTURE_SCHEMA.UNLIMITED_RANGE'IN
         TYPEOF(lower_limit_first_rotation))
         OR
         ('KINEMATIC_STRUCTURE_SCHEMA.UNLIMITED_RANGE'IN
         TYPEOF(upper_limit_first_rotation)))
         XOR
         (lower_limit_first_rotation<upper_limit_first_rotation);
    WR2:(('KINEMATIC_STRUCTURE_SCHEMA.UNLIMITED_RANGE'IN
         TYPEOF(lower_limit_second_rotation))
         OR
         ('KINEMATIC_STRUCTURE_SCHEMA.UNLIMITED_RANGE'IN
         TYPEOF(upper_limit_second_rotation)))
        XOR
        (lower_limit_second_rotation<upper_limit_second_rotation);
END_ENTITY;
(*
```

属性定义:

SELF\simple_pair_range. applies_to_pair:应用 universal_pair_range 的 universal_pair。

lower_limit_first_rotation:绕 universal_pair 的第一根轴旋转的角度的最小值。

upper_limit_first_rotation:绕 universal_pair 的第一根轴旋转的角度的最大值。

lower_limit_second_rotation:绕 universal_pair 的第二根轴旋转的角度的最小值。

upper_limit_second_rotation:绕 universal_pair 的第二根轴旋转的角度的最大值。

形式限制:

WR1:当绕 universal_pair 的第一根轴旋转的旋转角度的上下限不是无穷大时,旋转角度区域的方向是正向的(即上限大于下限)。

WR2:当绕 universal_pair 的第二根轴旋转的旋转角度的上下限不是无穷大时,旋转角度区域的方向是正向的(即上限大于下限)。

5.4.40 planar_pair

planar_pair 将两个相邻构件之间的运动限定为沿 x 轴, y 轴的平移和绕 z 轴的旋转。为了测量平移和旋转,在每一个构件上都定义了一个坐标系,且 x,y,z 轴重合,方向相同。在 x,y 方向上的平移定义为将第一个副坐标系的原点沿 x,y 正向移动直至它们与第二个副坐标系的原点重合所需的移动的距离。转动的角度定义为沿正向绕公共轴 z 轴旋转第一个副坐标系的 x 轴,直至它的方向与第二个副坐标系的 x 轴相同所需转过的角度。

注:见图 10。

EXPRESS 描述:

```
*)
ENTITY planar_pair
    SUBTYPE OF(kinematic_pair);
END_ENTITY;
(*
```

5.4.41 planar_pair_value

planar_pair_value 定义了一组 planar_pair 的副参数。

EXPRESS 描述:

```
*)
ENTITY planar_pair_value
    SUBTYPE OF(pair_value);
    SELF\pair_value.applies_to_pair : planar_pair;
    actual_rotation                 : planar_angle_measure;
    actual_translation_x            : length_measure;
    actual_translation_y            : length_measure;
END_ENTITY;
(*
```

属性定义:

SELF\pair_value.applies_to_pair:应用 planar_pair_value 的 planar_pair。

actual_rotation:planar_pair 的旋转角度值。

actual_translation_x:planar_pair 在 x 轴方向上的平移量。

actual_translation_y:planar_pair 在 y 轴方向上的平移量。

5.4.42 planar_pair_range

planar_pair_range 定义了 planar_pair 副参数的上下限值。

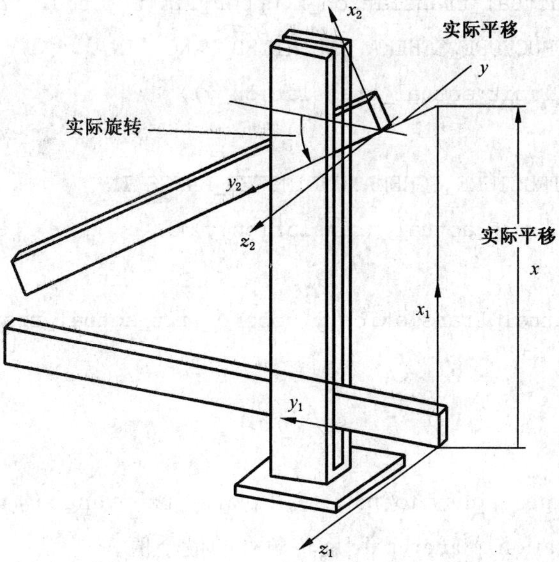

图 10 一个代表平面副的关节

EXPRESS 描述:

```
*)
ENTITY planar_pair_range
    SUBTYPE OF(simple_pair_range);
    SELF\simple_pair_range.applies_to_pair : planar pair;
    lower_limit_actual_rotation            : rotational_range_measure;
    upper_limit_actual_rotation            : rotational_range_measure;
    lower_limit_actual_translation_x       : translational_range_measure;
    upper_limit_actual_translation_x       : translational_range_measure;
    lower_limit_actual_translation_y       : translational_range_measure;
    upper_limit_actual_translation_y       : translational_range_measure;
WHFRF
    WR1:(('KINEMATIC_STRUCTURE_SCHEMA.UNLIMITED_RANGE'IN
          TYPEOF(lower_limit_actual_rotation))
         OR
         ('KINEMATIC_STRUCTURE_SCHEMA.UNLIMITED_RANGE'IN
        TYPEOF (upper_limit_actual_rotation)))
         XOR
         (lower_limit_actual_rotation<upper_limit_actual_rotation);
    WR2:(('KINEMATIC_STRUCTURE_SCHEMA.UNLIMITED_RANGE'IN
         TYPEOF (lower_limit_actual_translation_x))
         OR
         ('KINEMATIC_STRUCTURE_SCHEMA.UNLIMITED_RANGE'IN
         TYPEOF (upper_limit_actual_translation_x)))
         XOR
```

```
        (lower_limit_actual_translation_x〈upper_limit_actual_translation_x);
    WR3:(('KINEMATIC_STRUCTURE_SCHEMA.UNLIMITED_RANGE'IN
         TYPEOF (lower_limit_actual_translation_y))
         OR
         ('KINEMATIC_STRUCTURE_SCHEMA.UNLIMITED_RANGE'IN
         TYPEOF (upper_limit_actual_translation_y)))
        XOR
        (lower_limit_actual_translation_y〈upper_limit_actual_translation_y);
END_ENTITY;
(*
```

属性定义：

SELF\simple_pair_range. applies_to_pair：应用 planar_pair_range 的 planar_pair。

lower_limit_actual_rotation：planar_pair 旋转角度的最小值。

upper_limit_actual_rotation：planar_pair 旋转角度的最大值。

lower_limit_actual_translational_x：planar_pair 沿 x 方向平移的最小值。

upper_limit_actual_translational_x：planar_pair 沿 x 方向平移的最大值。

lower_limit_actual_translational_y：planar_pair 沿 y 方向平移的最小值。

upper_limit_actual_translational_Y：planar_pair 沿 y 方向平移的最大值。

形式限制：

WR1：如果 planar_pair 旋转范围的上下限值都不是无穷大，那么这个范围是正向的（即最大值大于最小值）。

WR2：如果 planar_pair 沿 x 方向平移值范围的上下限值都不是无穷大，那么这个范围是正向的（即最大值大于最小值）。

WR3：如果 planar_pair 沿 y 方向平移值范围的上下限值都不是无穷大，那么这个范围是正向的（即最大值大于最小值）。

5.4.43 unconstrained_pair

unconstrained_pair 并不约束两个相邻构件之间的相对运动。

注 1：unconstrained_pair 可能在设计的早期阶段或在运动分析系统中是有用的，因为它可以在不改变拓扑结构的前提下取消两个构件之间的约束。

注 2：pair_range 的概念不适用于 unconstrained_pair。

EXPRESS 描述：

```
*)
ENTITY unconstrained_pair
    SUBTYPE OF(kinematic_pair);
END_ENTITY;
(*
```

5.4.44 unconstrained_pair_value

unconstrained_pair_value 说明了 unconstrained_pair 的副参数。

EXPRESS 描述：

```
*)
```

```
ENTITY unconstrained_pair_value
    SUBTYPE OF (pair_value);
    SELF\pair_value.applies to pair: unconstrained pair;
    actual_placement:axis2_placement_3d;
END_NTITY;
(*
```

属性定义：

SELF\pair_value. applies_to_pair:应用 unconstrained_pair_value 的 unconstrained_pair actual_placement:unconstrained_pair 中的第一个副坐标系相对于第二个副坐标系的定位。

5.4.45 fully_constrained_pair

fully_constrained_pair 禁止两个相邻构件之间的任何相对运动。两个副坐标系被强迫保持一致。

EXPRESS 描述：

```
*)
ENTITY fully_constrained_pair
    SUBTYPE OF (kinematic_pair);
END_ENTITY;
(*
```

5.4.46 point_on_surface_pair

point_on_surface_pair 定义了两个构件之间这样的一个约束：第二个构件中的一个点总是在第一个构件的曲面上。这个在曲面上的点的实际位置称为接触点。以这个接触点为原点的坐标系称为接触坐标系。曲面在这个点的法线与接触坐标系的 z 轴重合。接触坐标系的 x 轴平行于曲面的第一曲面参数的等参数曲线的切线，它通过接触点，并且指向第一曲面参数增加的方向。

注 1：第二个构件的平移运动被约束在曲面的两维参数空间中，而它相对于接触点的旋转运动并不受到约束。因此，point_on_surface_pair 类似于又可沿第一个构件曲面移动的 spherical_pair。

注 2：见图 11。

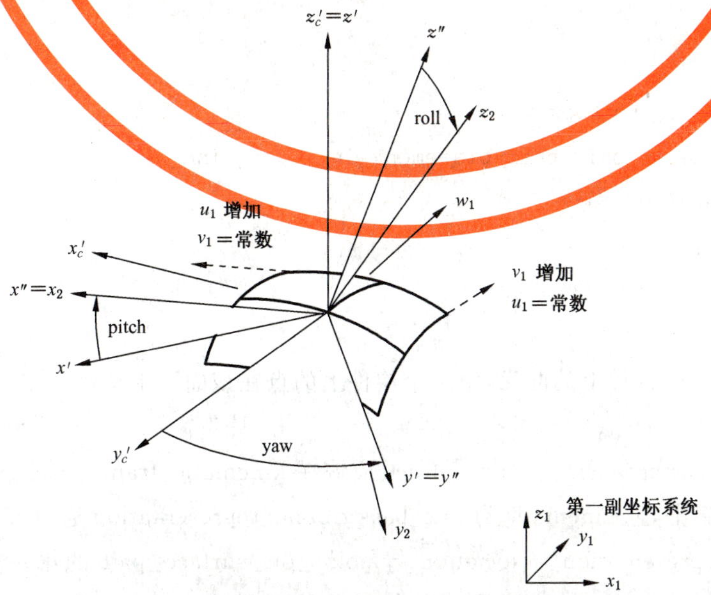

图 11 点曲面副的一个例子

为了对运动进行测量,在每一个构件上都定义了一个副坐标系。$f_1(u,v)$ 表示的曲面定义在第一个构件的副坐标系中。平移运动由接触点的实际的曲面参数 u_1,v_1 给出。三个旋转角度分别定义为 yaw,pitch,roll,见 5.3.6。它们是将接触坐标系的 x,y,z 轴进行旋转,直到这些轴的方向与第二个副坐标系的轴的方向相同所需旋转的角度。第二个构件的副坐标系的原点与接触坐标系的原点重合。为了能从第一个副坐标系转移到第二个副坐标系,必须进行以下变换:

1) 建立相对于第一个副坐标系的接触坐标系 ${}^1PF_c$

$$\overline{origin_c^1} = f_1(u_1, v_1)$$

$$\overline{x\_vector_c^1} = \left.\frac{\partial f_1(u,v)}{\partial u}\right|_{u=u_1, v=v_1}; \qquad \bar{x}_c^1 = \frac{\overline{x\_vector_c^1}}{\left|\overline{x\_vector_c^1}\right|}$$

$$\overline{\omega\_vector_c^1} = \frac{\partial f_1(u,v)}{\partial v}{}_{u=u_1, v=v_1}; \qquad \bar{\omega}_c^1 = \frac{\overline{w\_vector_c^1}}{\left|\overline{w\_vector_c^1}\right|}$$

$$\overline{z\_vector_c^1} = \bar{\omega}_c^1 \times \bar{x}_c^1; \qquad \bar{z}_c^1 = \frac{\overline{z\_vector_c^1}}{\left|\overline{z\_vector_c^1}\right|}$$

$$\overline{y\_vector_c^1} = \bar{z}_c^1 \times \bar{x}_c^1; \qquad \bar{y}_c^1 = \frac{\overline{y\_vector_c^1}}{\left|\overline{y\_vector_c^1}\right|}$$

可以用 $\overline{origin_c^1}$ 和三个方向向量 $\bar{x}_c^1, \bar{y}_c^1$ 和 $\bar{z}_c^1$ 来建立一个刚体齐次矩阵,用这个矩阵来表示接触坐标系 ${}^1PF_c$ 相对于第一个副坐标系的定位。

2) 根据 yaw 的值,绕 z_c^1 轴旋转 x_c^1, y_c^1 轴。这会产生第一个过渡坐标系,由 $(x', y', z'=z_c^1)$ 表示。

3) 根据 pitch 的值,绕 y' 轴旋转 x', z' 轴。这会产生第二个过渡坐标系,由 $(x'', y''=y', z'')$ 表示。

4) 最后,根据 roll 的值,绕 x'' 轴旋转 y'', z'' 轴。现在产生的这个坐标系 $(x_2=x'' y_2, z_2)$ 和第二个构件上的副坐标系重合。

EXPRESS 描述:

```
*)
ENTITY point_on_surface_pair
  SUBTYPE OF(kinematic_pair);
  pair_surface: surface;
WHERE
  WR1:frame_associated_to_background
        (SELF\kinematic_pair.pair_placement_in_first_link_context,
         pair_surface);
END_ENTITY;
(*
```

属性定义:

pair_surface:第一个构件上的曲面,第二个构件上的点在该曲面上滑动。

形式限制:

WR1:point_on_surface_pair 的 pair_surface 应该在 kinematic_frame_background_ representation 的 items 集中,且 kinematic_frame_background_representation 通过 kinematic_frame_background_representation_association 与 point_on_surface_pair 的第一个构件的 kinematic_link_representation 建立联系。这个联系的 transformation_operator 中的 transformer_frame 应该是 point_on_surface_pair 的 pair_placement_in_first_link_context。这些要求通

过 frame_associated_to_background 函数来检测。

非形式限制：

continuous surface：被用作 pair_surface 的曲面在它的域中应该是光滑的，且向量方向的变化是连续的，而不论该曲面是否由多个曲面构成。

注 3：这等于要求 pair_surface 全部是 G1 连续的，并且在 rectangular_composite_surface(矩形组合曲面)的情况下，transition_code(过渡代码)在每段连接曲线上至少应是 cont_same_gradient(见 GB/T 16656.42)。

5.4.47 point_on_surface_pair_value

point_on_surface_pair_value 定义了 point_on_surface_pair 的副参数值。

EXPRESS 描述：

```
*)
ENTITY point_on_surface_pair_value
    SUBTYPE OF(pair_value);
    SELF\pair_value.applies_to_pair : point_on_surface_pair;
    actual_point_on_surface         : point_on_surface;
    input_orientation               : spatial_rotation;
DERIVE
    actual_orientation : ypr_rotation
                       := convert_spatial_to_ypr_rotation
                          (SELF\pair_value.applies_to_pair,
                          input_oientation);
WHERE
    WR1:SELF\pair_value.applies_to_pair\point_on_surface_pair.pair_surface:=:
          actual_point_on_surface.basis_surface;
END_ENTITY;
(*
```

属性定义：

SELF\pair_value.applies_to_pair：应用 point_on_surface_pair_value 的 point_on_surface_pair。

actual_point_on_surface：曲面上点的位置。

input_orientation：定义了旋转副参数值的输入类型，auctual_orientation 从它派生出来。input_orientation 要么是一个 ypr_rotation，要么是 rotation_about_direction。

actual_orientation：一组 ypr 格式的 point_on_surface_pair 的旋转副参数值。它是通过函数 convert_ spatial_to_ypr_rotation 从 input_orientation 派生出来的。

形式限制：

WR1：actual_point_on_surface 应该定义为 point_on_surface_pair 中 pair_surface 上的一个点。该点为应用副(applies_to_pair)所引用。

5.4.48 point_on_surface_pair_range

point_on_surface_pair_range 定义了 point_on_surface_pair 参数范围的上下限。

EXPRESS 描述：

```
*)
ENTITY point_on_surface_pair_range
```

```
    SUBTYPE OF(simple_pair_range);
    SELF\simple_pair_range.applies_to_pair : point_on_surface_pair;
    range_on_pair_surface                  : rectangular_trimmed_surface;
    lower_limit_yaw                        : rectangular_range_measure;
    upper_limit_yaw                        : rectangular_range_measure;
    lower_limit_pitch                      : rectangular_range_measure;
    upper_limit_pitch                      : rectangular_range_measure;
    lower_limit_roll                       : rectangular_range_measure;
    upper_limit_roll                       : rectangular_range_measure;
WHERE
    WR1:SELF\simple_pair_range.applies_to_pair\point_on_surface_pair.pair_surface
        :=:range_on_pair_surface.basis_surface;
    WR2:(('KINEMATIC_STRUCTURE_SCHEMA.UNLIMITED_RANGE'IN
          TYPEOF (lower_limit_yaw))
          OR
          ('KINEMATIC_STRUCTURE_SCHEMA.UNLIMITED_RANGE'IN
          TYPEOF (upper_limit_yaw)))
         XOR
          (lower_limit_yaw<upper_limit_yaw);
    WR3:(('KINEMATIC_STRUCTURE_SCHEMA.UNLIMITED_RANGE'IN
          TYPEOF (lower_limit_pitch))
          OR
          ('KINEMATIC_STRUCTURE_SCHEMA.UNLIMITED_RANGE'IN
          TYPEOF (upper_limit_pitch)))
          XOR
          (lower_limit_pitch<upper_limit_pitch);
    WR4:(('KINEMATIC_STRUCTURE_SCHEMA.UNLIMITED_RANGE'IN
          TYPEOF(lower_limit_roll))
          OR
          ('KINEMATIC_STRUCTURE_SCHEMA.UNLIMITED_RANGE'IN
          TYPEOF(upper_limit_roll)))
           XOR
          lower_limit_roll<upper_limit_roll));
END_ENTITY;
(*
```

属性定义:

SELF\simple_pair_range.applies_to_pair:应用 point_on_surface_pair_range 的 point_on_surface_pair。

range_on_pair_surface:第一个构件接触表面上位置参数值的允许范围。

lower_limit_yaw:point_on_surface 的侧倾角(yaw)的最小值。

upper_limit_yaw:point_on_surface 的侧倾角(yaw)的最大值。

lower_limit_pitch:point_on_surface 的俯仰角(pitch)的最小值。

upper_limit_pitch:point_on_surface 的俯仰角(pitch)的最大值。

lower_limit_roll:point_on_surface 的偏转角(roll)的最小值。

upper_limit_roll:point_on_surface 的偏转角(roll)的最大值。

形式限制:

WR1:用 range_on_pair_surface 指定的范围的基础曲面(underlying surface)必须与 point_on_surface_pair 的 pair_surface 相同。

WR2:如果 point_on_surface 绕 z 轴的旋转范围的上下限都不是无限大,那么这个范围必须是正向的(即最大值大于最小值)。

WR3:如果 point_on_surface 绕 z 轴的旋转范围的上下限都不是无限大,那么这个范围必须是正向的(即最大值大于最小值)。

WR4:如果 point_on_surface 绕 z 轴的旋转范围的上下限都不是无限大,那么这个范围必须是正向的(即最大值大于最小值)。

5.4.49 surface_pair

surface_pair 对两个构件之间的运动作了这样的限制:两个构件沿其中每一个构件曲面运动时,它们之间始终在至少一个公共点接触。这个点必须在构件的曲面上。这个点被称为接触坐标系的原点。曲面的公共切面是接触坐标系的 x,y 平面。为了测量运动,在每一个构件上都定义了一个副坐标系。每一个曲面的函数 $f(u,v)$ 都在相应的副坐标系中给出。在下面的定义中,这两种曲面表示都必须在一个公共的坐标系中给出。为此,使用世界坐标系。

下面这些符号被定义为:

u_p, v_p ——第一个构件曲面的参数;

u_q, v_q ——第二个构件曲面的参数;

${}^{o}f_p(u_p, v_p,)$ ——相对于世界坐标系的第一个构件的曲面表示;

${}^{o}f_q(u_q, v_q,)$ ——相对于世界坐标系的第二个构件的曲面表示;

x_p, y_p, z_p ——第一个副坐标系的三根坐标轴;

x_q, y_q, z_q ——第二个副坐标系的三根坐标轴;

x_c^p, y_c^p, z_c^p ——接触坐标系的坐标轴,定义在第一个副坐标系中,但是不考虑曲面的方向和相应的旋转;

x_c^q, y_c^q, z_c^q ——接触坐标系的坐标轴,定义在第二个副坐标系中;

x_c, y_c, z_c ——接触坐标系的坐标轴,定义在第一个副坐标系中,需考虑曲面的方向和相应的旋转;

注 1:图 12 为一个曲面副的分解图。在 x_c^p 和 x_c^q 之间的旋转角度为 $-15°$,且 orientation 为假。

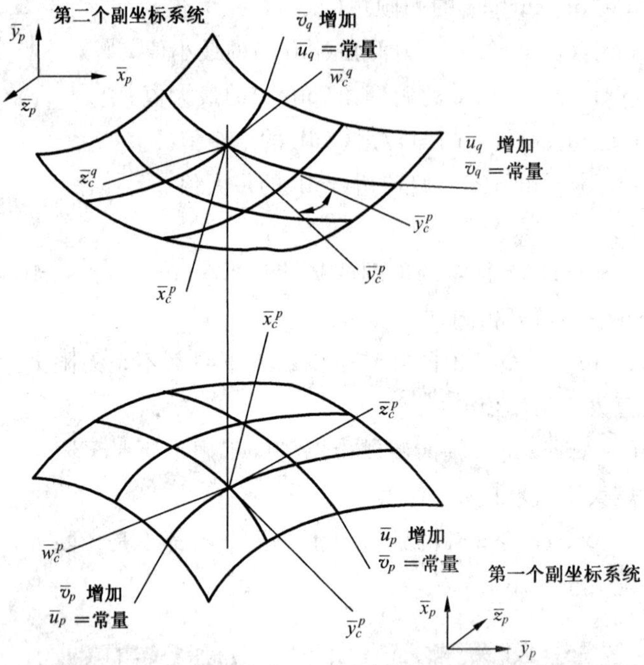

图 12　曲面副的一个例子

下面的方程应用于 sliding_surface_pair(见 5.4.52)和 rolling_surface_pair(见 5.4.54)。接触坐标系是由副的双方如下决定的,从第二个构件的坐标系开始。

$$\overline{origin_c^q} = {}^o f_q(u_q, v_q)$$

$$\overline{x\_vector_c^q} = \frac{\partial^0 f_q(u,v)}{\partial u}\Big|_{u=u_q, v=v_q}; \qquad \bar{x}_c^q = \frac{\overline{x\_vector_c^q}}{|\overline{x\_vector_c^q}|}$$

$$\overline{\omega\_vector_c^q} = \frac{\partial^0 f_q(u,v)}{\partial v}\Big|_{u=u_q, v=v_q}; \qquad \bar{\omega}_c^q = \frac{\overline{\omega\_vector_c^q}}{|\overline{\omega\_vector_c^q}|}$$

$$\overline{z\_vector_c^q} = \bar{\omega}_c^q \times \bar{x}_c^q; \qquad \bar{z}_c^q = \frac{\overline{z\_vector_c^q}}{|\overline{z\_vector_c^q}|}$$

$$\overline{y\_vector_c^q} = \bar{z}_c^q \times \bar{x}_c^q \qquad \bar{y}_c^q = \frac{\overline{y\_vector_c^q}}{|\overline{y\_vector_c^q}|}$$

可以用 $\overline{origin_c^q}$ 和三个方向向量 $\bar{x}_c^q$,$\bar{y}_c^q$ 和 $\bar{z}_c^q$ 来建立一个刚体齐次矩阵,用这个矩阵来表示接触坐标系 ${}^qPF_c$ 相对于第二个副坐标系的定位。

注 2:两个坐标系关系的图解见图 3。

对第一个构件进行同样的分析:

$$\overline{origin_c^p} = {}^o f_p(u_p, v_p)$$

$$\overline{x\_vector_c^p} = \frac{\partial^0 f_p(u,v)}{\partial u}\Big|_{u=u_p, v=v_p}; \qquad \bar{x}_c^p = \frac{\overline{x\_vector_c^p}}{|\overline{x\_vector_c^p}|}$$

$$\overline{\omega\_vector_c^p} = \frac{\partial^0 f_p(u,v)}{\partial u}\Big|_{u=u_q, v=v_q}; \qquad \bar{\omega}_c^p = \frac{\overline{\omega\_vector_c^p}}{|\overline{\omega\_vector_c^p}|}$$

$$\overline{z\_vector_c^p} = \bar{\omega}_c^p \times \bar{x}_c^p; \qquad \bar{z}_c^p = \frac{\overline{z\_vector_c^p}}{|\overline{z\_vector_c^p}|}$$

$$\overline{y\_vector_c^p} = \bar{z}_c^p \times \bar{x}_c^p; \qquad \bar{y}_c^p = \frac{\overline{y\_vector_c^p}}{|\overline{y\_vector_c^p}|}$$

不论是根据第一个构件还是根据第二个构件计算，得出的接触点在世界坐标系中的位置必须是相同的。

$$\overline{oringin_c} = \overline{origin_c^p} = \overline{origin_c^q}$$

并且，无论是从第一还是第二个构件出发，接触点的 z 方向相对于世界坐标系必须是相同的。

无论怎样，由上述公式求出的方向向量 $\bar{z}_c^q$，$\bar{z}_c^p$，为下面两者之一：

1) $\bar{z}_c = \bar{z}_c^q = \bar{z}_c^q$；

2) $\bar{z}_c = \bar{z}_c^q = -\bar{z}_c^p$

在第一种情况中，orientation 为 TRUE，且两个 z 方向相同。

在第二种情况中，orientation 为 FALSE，且 z_c^p（和 y_c^p）绕 x_c^p 旋转了 π。

最后，x_c^p 必须绕 z_c 旋转直至它与 x_c 重合。

注 3：所需旋转的角度分别定义在 sliding_surface_pair_value 和 rolling_surface_ pair_value 的 actual_rotation 属性中。

EXPRESS 描述：

```
*)
ENTITY surface_pair
    SUBTYPE OF(kinematic_pair);
    surface_1   : surface;
    surface_2   : surface;
    orientation: BOOLEAN;
WHERE
    WR1:frame_associated_to_background
          (SELF\kinematic_pair.pair_placement_in_first_link_context,surface_1);
    WR2:frame_associated_to_background
          (SELF\kinematic_pair.pair_placement_in_second_link_context,surface_2);
END_ENTITY;
(*
```

属性定义：

surface_1：第一个构件的接触曲面，定义在由 SELF\kinematic_pair. pair_placement_in_first_link_context 指定的坐标系中。

surface_2：第二个构件的接触曲面，定义在由 SELF\kinematic_pair. pair_placement_in_second_link_context 指定的坐标系中。

orientation：指示第一个曲面的 z 方向是否与第二个曲面的 z 方向相同。

形式限制：

WR1：surface_pair 的 surface_1 应该在 kinematic_frame_background_representation 的 items 组中，且 kinematic_frame_background_representation 通过 kinematic_frame_background_representation_association 与第一个构件的 kinematic_link_representation 建立联系。这个联系的 transformation_operator 中的 transform_frame 应该是 surface_pair 的 pair_placement_in_first_link_context。这些要求由函数 frame_associated_to_background 来检验。

WR2：surface_pair 的 surface_2 应该在 kinematic_frame_background_representation 的 items 组中，且 kinematic_frame_background_representation 通过 kinematic_frame_background_representation_association 与第二个构件的 kinematic_link_representation 建立联系。这个联系的 transformation_operator 中的 transform_frame 应该是 surface_pair 的 pair_placement_in_second_link_context。这些要求由函数 frame_associated_to_background 来检验。

非形式限制:

continuous surfaces:surface_1 和 surface_2 的曲面在它们的整个域中都是平滑的,而且无论该曲面是由多个曲面组成的还是由单一曲面构成,它们的切线向量方向的变化必须是连续的。

注 4:这等于要求 surface_1 和 surface_2 都必须是 G1 连续的,在 rectangular_composite_surface 的情况下,每段连接曲线的过渡码(transition_code)至少是一阶连续(cont_same_gradient)。

orientation:如果 z_q 和 z_c^p 方向是相同的,orientation 被设为 TRUE。如果 z_q 和 z_c^p 方向正好相反,orientation则被设为 FALSE。

5.4.50 **surface_pair_range**

surface_pair_range 定义了 surface_pair 副参数值的上下限。

EXPRESS 描述:

```
*)
ENTITY surface_pair_range
    SUBTYPE OF(simple_pair_range);
    SELF\simple_pair_range.applies_to_pair : surface_pair;
    range_on_surface_1                     : rectangular_trimmed_surface;
    range_on_surface_2                     : rectangular_trimmed_surface;
    lower_limit_actual_rotation            : rotational_range_measure;
    upper_limit_actual_rotation            : rotational_range_measure;
WHERE
    WR1:SELF\simple_pair_range.applies_to_pair\surface_pair.surface_1: = :
         range_on_surface_1.basis_surface;
    WR2:SELF\simple_pair_range.applies_to_pair\surface_pair.surface_2: = :
         range_on_surface_2.basis_surface;
    WR3:(('KINEMATIC_STRUCTURE_SCHEMA.UNLIMITED_RANGE'IN
          TYPEOF (lower_limit_actual_rotation))
          OR
          ('KINEMATIC_STRUCTURE_SCHEMA.UNLIMITED_RANGE'IN
          TYPEOF (upper_limit_actual_rotation)))
          XOR
          (lower_limit_actual_rotation<upper_limit_actual_rotation);
END_ENTITY;
(*
```

属性定义:

SFLF\simple_pair_range.applies_to_pair:应用 surface_pair_range 的 surface_pair。

range_on_surface_1:第一个接触表面的位置参数值的允许范围。

range_on_surface_2:第二个接触表面的位置参数值的允许范围。

lower_limit_actual_rotation:旋转参数的最小值。

upper_limit_actual_rotation:旋转参数的最大值。

形式限制:

WR1:用 range_on_surface_1 限定范围的基础曲面必须与在 surface_pair 中的指定曲面 surface_1 相同。

WR2:用 range_on_surface_2 限定范围的基础曲面必须与在 surface_pair 中的指定曲面 surface_2 相同。

WR3:surface_pair 旋转范围的上下限如果都不是无穷大,那么旋转范围是正向的(最大值大于最小值)。

5.4.51 sliding_surface_pair

sliding_surface_pair 定义了 surface_pair 两个接触面的滑移运动,见 5.4.49。

EXPRESS 描述:

```
*)
ENTITY sliding_surface_pair
  SUBTYPE OF(surface_pair);
END_ENTITY;
(*
```

5.4.52 sliding_surface_pair_value

sliding_surface_pair_value 定义了 sliding_surface_pair 的一组副参数,见 5.4.49。

EXPRESS 描述:

```
*)
ENTITY sliding_surface_pair_value
  SUBTYPE OF(pair_value);
  SELF\pair_value.applies_to_pair : sliding_surface_pair;
  actual_point_on_surface_1       : point_on_surface;
  actual_point_on_surface_2       : point_on_surface;
  actual_rotation                 : plane_angle_measure;
WHERE
  WR1:SELF\pair_value.applies_to_pair\surface_pair.surface_1: =:
      actual_point_on_surface_1.basis_surface;
  WR2:SELF\pair_value.applies_to_pair\surface_pair.surface_2: =:
      actual_point_on_surface_2.basis_surface;
END_ENTITY;
(*
```

属性定义:

SELF\pair_value.applies_to_pair:应用 sliding_surface_pair_value 的 sliding_surface_pair。

actual_point_on_surface_1:第一个构件接触曲面(surface_1)的接触点。

actual_point_on_surface_2:第二个构件接触曲面(surface_2)的接触点。

actual_rotation:第一个构件曲面 x_c^p 方向绕该曲面的 z_c 方向旋转,直至它与第二个曲面的 x_c 方向重合,所需转过的角度。

形式限制:

WR1:actual_point_on_surface_1 被定义为通过 applies_to_pair 引用的 surface_pair 的 surface_1 上的一个点。

WR2:actual_point_on_surface_2 被定义为通过 applies_to_pair 引用的 surface_pair 的 surface_2 上的一个点。

5.4.53 rolling_surface_pair

rolling_surface_pair 定义了 surface_pair 的两个接触面之间的滚动运动。

EXPRESS 描述:

```
*)
ENTITY rolling_surface_pair
```

```
  SUBTYPE OF (surface_pari);
END_ENTITY;
(*
```

5.4.54 **rolling_surface_pair_value**

rolling_surface_pair_value 定义了 rolling_surface_pair 的一组副参数，见 5.4.49。

EXPRESS 描述：

```
*)
ENTITY rolling_surface_pair_value
  SUBTYPE OF (pair_value);
  SELF\pair_value.applies_to_pair : rolling_surface_pair;
  actual_point_on_surface         : point_on_surface;
  actual_rotation                 : plane_angle_measure;
WHERE
  WR1:SELF\pair_value.applies_to_pair\surface_pair.surface_1:=:
      actual_point_on_surface.basis_surface;
END_ENTITY;
(*
```

属性定义：

SELF\pair_value.applies_to_pair:应用 rolling_surface_pair_value 的 rolling_surface_pair。

actual_point_on_surface:第一个构件的接触表面(surface_1)上的接触点。

actual_rotation:第一个构件曲面 x_c^p 方向绕该曲面的 z_c 方向旋转，直至它与第二个曲面的 x_c 方向重合，所需转过的角度。

形式限制：

WR1:actual_point_on_surface 应该被定义为通过 applies_to_pair 引用的 surface_pair 的 surface_1 上的一个点。

5.4.55 **point_on_planar_curve_pair**

point_on_planar_curve_pair 这样限定了两个构件之间的运动:在第二个构件上有一个点总是在第一个构件的平面曲线上。这个点在曲线上的实际位置称为接触点。

注 1：第二个构件的平移运动被限定在曲线的一维参数空间中，而绕接触点的旋转运动并不受到限制。因此，poimt_on_planar_curve_pair 就好像是 spherical_pair，并且还可以沿第一个构件的曲线运动。

接触点定义了接触坐标系的原点。接触坐标系的 x 轴平行于曲线在接触点的切线，且指向曲线参数增加的方向。接触坐标系的 y 轴就是曲线所在平面的法线。所以，接触坐标系的 z 轴与曲线在接触点的法线重合，该法线在曲线所在的平面内，且通过接触点。

注 2：见图 13。当 y_c^1 轴与 z_1 轴有相同的方向时，orientation 为 TRUE。

为了测量运动，在每一个构件上都定义了一个副坐标系。两维曲线 $f(u)$ 定义在第一个构件的副坐标系的 xy 平面上。因此，该坐标系的 z 轴总是这个曲线所在平面的法线。

注 3：当曲线是直线时，这里具体说明的曲线所在的平面和其法线的定义将会十分重要。

平移运动由接触点的实曲线参数 u_1 给出。三个旋转角度分别定义为 yaw，pitch，roll。见 5.3.6。它们是通过旋转接触坐标系的 x,y,z 轴，直至它们的方向与第二个副坐标系的方向重合而得出的。

第二个构件的副坐标系的原点与接触点重合，且当进行三次旋转后，它的轴与接触坐标系的轴重合。

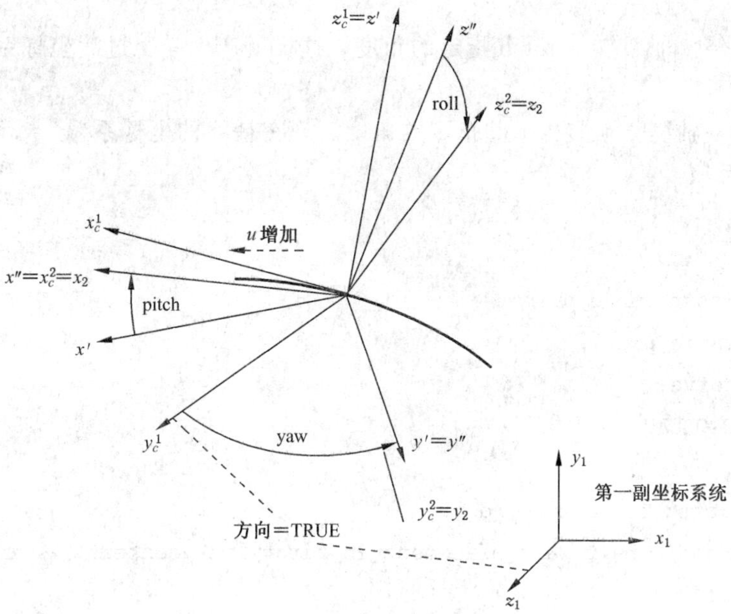

图 13　平面曲线副上的点的一个例子

以下的定义中使用了这些符号：

u——在第一个构件上的曲线的参数；

u_1——接触点的参数，接触点在第一个构件的曲线上；

$f(u)$——表示在第一个副坐标系中的第一个构件的曲线；

x_1, y_1, z_1——第一个副坐标系的坐标轴；

x_2, y_2, z_2——第二个副坐标系的坐标轴；

x_c^1, y_c^1, z_c^1——接触坐标系的轴，它们是相对于第一个副坐标系定义的，但并不考虑旋转运动；

x', y', z'——接触坐标系的轴，它们是相对于第一个副坐标系定义的，且考虑了 yaw 的旋转。

x'', y'', z''——接触坐标系的轴，它们是相对于第一个副坐标系定义的，且考虑了 yaw 和 pitch 的旋转。

x_c^2, y_c^2, z_c^2——接触坐标系的轴，它们是相对于第一个副坐标系定义的，且考虑了所有的旋转运动。

为了能从第一个副坐标系到第二个副坐标系进行变换，必须进行以下这些变换操作：

1)　建立相对于第一个副坐标系的接触坐标系 ^1PF_c：

$$\overline{origin_c^1} = f(u_1)$$

$$\overline{x\_vector_c^1} = \frac{df(u)}{du}\Big|_{u=u_1}; \qquad \overline{x_c^1} = \frac{\overline{x\_vector_c^1}}{|\overline{x\_vector_c^1}|}$$

由于 y_c^1 应和 z_1 平行；因此，要求：

$$\overline{y_c^1} = \overline{z_1}$$

或

$$\overline{y_c^1} = -\overline{z_1}$$

在第一种情况下，orientation 为真，并且 y_c^1 方向与 z_1 相同。在第二种情况下，orientation 为假，且 y_c^1 方向与 z_1 相反。

$$\overline{z\_vector_c^1} = \overline{x_c^1} \times \overline{y_c^1}; \qquad \overline{z_c^1} = \frac{\overline{z\_vector_c^1}}{|\overline{z\_vector_c^1}|}$$

可以用$\overline{origin_c^1}$和三个方向向量$\overline{x_c^1}$，$\overline{y_c^1}$ 和$\overline{z_c^1}$ 来建立刚体齐次矩阵，用它表示接触坐标系相对于第一个副坐标系的定位。

2)　将 x_c^1, y_c^1 轴绕 z_c^1 轴旋转由 yaw 指定的角度。这样就产生一个过渡坐标系，它的轴由(x', y',

$z'=z_c^1$)表示。

3) 将 z',x'轴绕 y'轴旋转由 pitch 指定的角度。这样就产生一个过渡坐标系,它的轴由(x'',$y''=y'$,z'')表示。

4) 最后将 z'',y''轴绕 x''旋转由 roll 指定的角度。现在最终的坐标系($x_c^2=x''$,y_c^2,z_c^2)正好与第二个构件上的副坐标系(x_2,y_2,z_2)重合。

EXPRESS 描述:

```
*)
ENTITY point_on_planar_curve_pair
  SUBTYPE OF(kinematic_pair);
  pair_curve     :curve;
  orientation    :BOOLEAN;
WHERE
  WR1:frame_associated_to_background
        (SELF\kinematic_pair.pair_placement_in_first_link_context,
         pair_curve);
END_ENTITY;
(*
```

属性定义:

pair_curve:副的第一个构件上的平面曲线,第二个构件上的点在该曲线上滑动。

orientation:一个标志,它用来指示尚未旋转过的接触坐标系的 y 轴是否与第一个构件副坐标系的 z 轴重合。

形式限制:

WR1:point_on_planar_curve_pair 的 pair_curve 应该在 kinematic_frame_background_ representation 的 items 组中,且 kinematic_frame_background_representation 通过 kinematic_link_representation_association 与第一个构件的 point_on_planar_curve_pair 的 kinematic_link_representation 建立联系。这个联系的 transformation_operator 中的 transformer_frame 必须是 point_on_planar_surface_surface 的 pair_placement_in_first_link_context。这些要求通过 frame_associated_to_background 函数来检验的。

非形式限制:

planar curve:pair_curve 使用的曲线必须是平面的。

continuous curve:pair_curve 使用的曲线在它的整个域中都必须是平滑的,且它的切线向量方向的改变也必须是连续的,而不论这个曲线是否是由多个曲线组成。

注 4:这等于要求 pair_curve 在整个范围中是 G1 连续的,且在复合曲线(composite_curve)的情况下,每段曲线接点处的 transition_code 至少是 cont_same_gradient(见 GB/T 16656.42)。

orientation:如果 y_c^1 方向与 z_1 是相同的,orientation 为 TRUE。如果 y_c^1 方向与 z_1 是相反的,orientation 是 FALSE。

5.4.56 point_on_planar_curve_pair_value

point_on_planar_curve_pair_value 定义了 point_on_planar_curve_pair 的副参数。

EXPRESS 描述:

```
*)
ENTITY point_on_planar_curve_pair_value
    SUBTYPE OF(pair_value);
    SELF\pair_value.applies_to_pair :point_on_planar_curve_pair;
```

```
    actual_point_on_curve              :point_on_curve;
    input_orientation                  :spatial_rotation;
DERIVE
    actual_orientation                 :ypr_rotation
                                       := convert_spatial_to_ypr_rotation
                                          (SELF\pair_value.applies_to_pair,
                                           input_orientation);
WHERE
    WR1:SELF\pair_value.applies_to_pair\point_on_planar_curve_pair.pair_curve
        :=:actual_point_on_curve.basis_curve;
END_ENTITY;
(*
```

属性定义：

SELF\pair_value.applies_to_pair：应用 point_on_planar_curve_pair_value 的 point_on_planar_curve_pair。

actual_point_on_curve：点在曲线上的位置值。

input_orientation：指出旋转副参数值的输入类型，actual_orientation 从它派生而来。input_orientation 是 ypr_rotation 或 rotation_about_direction。

actual_orientation：point_on_planar_curve_pair 的一组 ypr 格式的旋转副参数。它是通过函数 convert_spatial_to_ypr_rotation 从 input_orientation 派生出来的。

形式限制：

WR1：actual_point_on_curve 应该被定义为通过 applies_to_pair 引用的 point_on_planar_curve_pair 的 pair_curve 上的一个点。

5.4.57 point_on_planar_curve_pair_range

point_on_planar_curve_pair_range 定义了 point_on_planar_curve_pair 的参数范围的上下限。

EXPRESS 描述：

```
*)
ENTITY point_on_planar_curve_pair_range
    SUBTYPE OF(simple_pair_range);
    SELF\simple_pair_range.applies_to_pair :point_on_planar_curve_pair;
    range_on_pair_curve                    :trimmed_curve;
    lower_limit_yaw                        :rotational_range_measure;
    upper_limit_yaw                        :rotational_range_measure;
    lower_limit_pitch                      :rotational_range_measure;
    upper_limit_pitch                      :rotational_range_measure;
    lower_limit_roll                       :rotational_range_measure;
    upper_limit_roll                       :rotational_range_measure;
WHERE
    WR1:SELF\simple_pair_range.applies_to_pair\
            point_on_planar_curve_pair.pair_curve
        :=:range_on_pair_curve.basis_curve;
    WR2:(('KINEMATIC_STRUCTURE_SCHEMA.UNLIMITED_RANGE' IN
          TYPEOF(lower_limit_yaw))
```

```
        OR
      ('KINEMATIC_STRUCTURE_SCHEMA.UNLIMITED_RANGE'IN
        TYPEOF(upper_limit_yaw)))
      XOR
        (lower_limit_yaw<upper_limit_yaw);
  WR3:(('KINEMATIC_STRUCTURE_SCHEMA.UNLIMITED_RANGE'IN
       TYPEOF(lower_limit_pitch))
       OR
      ('KINEMATIC_STRUCTURE_SCHEMA.UNLIMITED_RANGE'IN
       TYPEOF(upper_limit_pitch)))
       XOR
      (lower_limit_pitch<upper_limit_pitch);
  WR4:(('KINEMATIC_STRUCTURE_SCHEMA.UNLIMITED_RANGE'IN
       TYPEOF(lower_limit_roll))
       OR
      ('KINEMATIC_STRUCTURE_SCHEMA.UNLIMITED_RANGE'IN
       TYPEOF(upper_limit_roll)))
       XOR
      (lower_limit_roll<upper_limit_roll);
END_ENTITY;
(*
```

属性定义：

SELF \ simple_pair_range. applies_to_pair：应用 point_on_planar_curve_pair_range 的 point_on_planar_pair。

range_on_pair_curve：第一个构件的接触曲线上的位置副参数值的允许范围。

lower_limit_yaw：point_on_planar_pair 的 yaw 的最小值。

upper_limit_yaw：point_on_planar_pair 的 yaw 的最大值。

lower_limit_pitch：point_on_planar_pair 的 pitch 的最小值。

upper_limit_pitch：point_on_planar_pair 的 pitch 的最大值。

lower_limit_roll：point_on_planar_pair 的 roll 的最小值。

upper_limit_roll：point_on_planar_pair 的 roll 的最大值。

形式限制：

WR1：由 range_on_pair_curve 指定范围的基曲线应该与在 point_on_planar_curve_pair 中指定的 pair_curve 曲线相同。

WR2：range_on_pair_curve 绕 z 轴旋转的上下限如果都不是无穷大，那么旋转范围是正向的（最大值大于最小值）。

WR3：range_on_pair_curve 绕 y 轴旋转的上下限如果都不是无穷大，那么旋转范围是正向的（最大值大于最小值）。

WR4：range_on_pair_curve 绕 x 轴旋转的上下限如果都不是无穷大，那么旋转范围是正向的（最大值大于最小值）。

5.4.58 planar_curve_pair

planar_curve_pair 将两个构件之间的运动限定为沿每一个构件上的平面曲线的运动。两条曲线都在法线为 $\bar{z}_c$ 的公共平面内。接触点就在曲线上。接触点定义了接触坐标系的原点。接触坐标系的 xy

平面为公共平面。为了测量运动，在每一个构件上都定义了一个副坐标系。两维曲线 $f(u)$ 定义在相应的副坐标系的 xy 平面内。为了以后的规范，两条曲线都需要在公共坐标系中表示。为此，采用世界坐标系。

使用了以下符号：

u_p——在第一个构件上的曲线的参数；

u_q——在第二个构件上的曲线的参数；

${}^{o}f_p(u_p)$——在世界坐标系中，第一个构件的曲线表示；

${}^{o}f_q(u_q)$——在世界坐标系中，第二个构件的曲线表示；

x_p, y_p, z_p——第一个副坐标系的三根坐标轴；

x_q, y_q, z_q——第二个副坐标系的三根坐标轴；

x_c^p, y_c^p, z_c^p——接触坐标系的坐标轴，定义在第一个副坐标系中，但是不考虑到曲线的方向；

x_c^q, y_c^q, z_c^q——定义在第二个副坐标系中的接触坐标系的坐标轴；

x_c, y_c, z_c——在考虑了曲线的方向后，定义在第一个副坐标系中的接触坐标系的坐标轴。

注 1：见图 14。在 x 轴有相反的方向的情况下，orientation 为 FALSE。

下面这些等式应用于 sliding_curve_pair 和 rolling_curve_pair。

接触坐标系可以从副的两部分推出，先从第二个构件开始：

$\overline{origin_c^q} = {}^{o}f_q(u_q)$

$\overline{z_c^q} = \overline{z_c}$（公共平面的法线）

$\overline{y\_vector_c^q} = \frac{d\,{}^{o}f_q(u)}{du}\Big|_{u=u_q}$；　　$\overline{y_c^q} = \frac{\overline{y\_vector_c^q}}{|\overline{y\_vector_c^q}|}$

$\overline{x\_vector_c^q} = \overline{y_c^q} \times \overline{z_c^q}$；　　$\overline{x_c^q} = \frac{\overline{x\_vector_c^q}}{|\overline{x\_vector_c^q}|}$

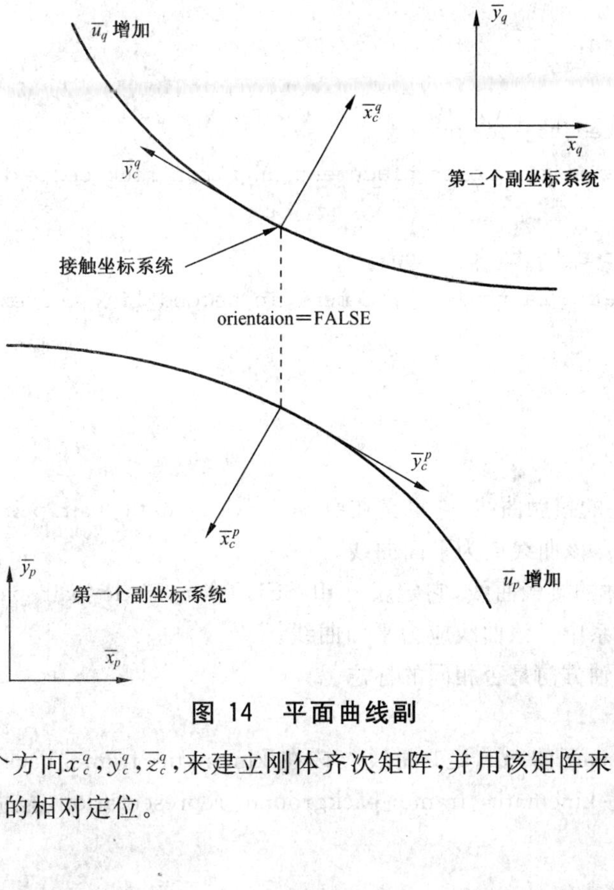

图 14　平面曲线副

可以用 $\overline{origin_c^q}$ 和三个方向 $\overline{x_c^q}, \overline{y_c^q}, \overline{z_c^q}$，来建立刚体齐次矩阵，并用该矩阵来表示接触坐标系 ${}^{q}PF_c$ 相对于第二个构件副坐标系的相对定位。

注 2:两个坐标系关系图解见图 3。

对第一个构件进行同样的分析:

$\overline{origin_c^p} = {}^{o}f_{\ p}(u_p)$

$\overline{z_c^p} = \overline{z_c}$(公共平面的法线)

$$\overline{y\_vector_c^p} = \frac{d^o f_p(u)}{du}\bigg|_{u=u_p}; \qquad \overline{y_c^p} = \frac{\overline{y\_vector_c^p}}{|\overline{y\_vector_c^p}|}$$

$$\overline{x\_vector_c^p} = \overline{y_c^p} \times \overline{z_c^p}; \qquad \overline{x_c^p} = \frac{\overline{x\_vector_c^p}}{|\overline{x\_vector_c^p}|}$$

不论接触点是从第一个构件还是从第二个构件计算得出的,它相对于世界坐标系的位置必须一致。

$$\overline{origin_c} = \overline{origin_c^p} = \overline{origin_c^q}$$

由于 z 方向都是同一平面的法线方向,所以

$$\overline{z_c} = \overline{z_c^p} = \overline{z_c^q}$$

在这里,方向向量$\overline{x_c^q}$ 和$\overline{x_c^p}$ 满足

1) $\overline{x_c} = \overline{x_c^q} = \overline{x_c^p}$ 或满足

2) $\overline{x_c} = \overline{x_c^q} = -\overline{x_c^p}$。

在第一种情况下,orientation 为 TRUE,x 方向相同;在第二种情况下,orientation 为 FALSE,x_c^p(和 y_c^p)绕 z_c 旋转了 π。

EXPRESS 描述:

```
*)
ENTITY planar_curve_pair
  SUBTYPE OF(kinematic_pair);
  curve_1       :curve;
  curve_2       :curve;
  orientation   :BOOLEAN;
WHERE
    WR1:frame_associated_to_background
        (SELF\kinematic_pair.pair_placement_in_first_link_context,
         curve_1);
    WR2:frame_associated_to_background
        (SELF\kinematic_pair.pair_placement_in_second_link_context,
         curve_2);
END_ENTITY;
(*
```

属性定义:

curve_1:第一个构件的接触曲线,它定义在由 SELF\kinematic_pair.pair_placement_in_first_link_context 指定的坐标系中。该曲线应为平面曲线。

Curve_2:第二个构件的接触曲线,它定义在由 SELF\kinematic_pair.pair_placement_in_second_link_centext 指定的坐标系中。该曲线应为平面曲线。

Orientation:指示 x 轴方向是否相同的标志。

形式限制:

WR1:planar_curve_pair 的 curve_1 曲线应该在 kinematic_frame_background_representation 的 items 组中,且 kinematic_frame_background_representation 通过 kinematic_frame_background_ representation_association 与第一个构件的 kinematic_frame_background_representation 建立联系。这个联系的 transformation_operator 中的 transformer_frame 应该是 planar_curve_pair 的 pair_placement_in_first_link_context。这些要求由函数 frame_associated_to_background 来检验。

WR2:planar_curve_pair 的 curve_2 曲线应该在 kinematic_frame_background_ representation 的 items 组中,且 kinematic_frame_background_representation 通过 kinematic_frame_background_representation_association 与第二个构件的 kinematic_frame_background_representation 建立联系。这个联系的 transforamtion_operator 中的 transformer_frame 应该是 planar_curve_pair 副的 pair_placement_in_second_link_context。这些要求由函数 frame_associated_to_ background 来检验。

非形式限制:

planar curves:curve_1 曲线和 curve_2 曲线必须是平面曲线。

continuous curves:curve_1 曲线和 curve_2 曲线在整个域中必须是平滑的,它们切向量方向的改变也必须是连续的而不论曲线是否复合而成。

注 3:这等于要求 curve_1 和 curve_2 是 G1 连续的,且曲线为 composite_curve 时,每个曲线段关节的 transition_code 都至少是 cont_same_gradient(见 GB/T 16656.42)。

orientation:如果方向 x_q 和 x_c^p 相同,orientation 为 TRUE。如果方向 x_q 和 x_c^p 相反,orientation 为假。

5.4.59 **planar_curve_pair_range**

planar_curve_pair_range 定义了 planar_curve_pair 的参数范围的上下限。

EXPRESS 描述:

```
*)
ENTITY planar_curve_pair_range
    SUBTYPE OF(simple_pair_range);
    SELF\simple_pair_range.applies_to_pair :planar_curve_pair;
    range_on_curve_1                       :trimmed_curve;
    range_on_curve_2                       :trimmed_curve;
WHERE
    WR1:SELF\simple_pair_range.applies_to_pair\planar_curve_pair.curve_1:=:
        range_on_curve_1.basis_curve;
    WR2:SELF\simple_pair_range.applies_to_pair\planar_curve_pair.curve_2:=:
        range_on_curve_2.basis_curve;
END_ENTITY;
(*
```

属性定义:

SELF\simple_pair_range.applies_to_pair:应用 planar_curve_pair_range 的 planar_curve_pair。

range_on_curve_1:副位置参数值的允许范围,它在副的第一个构件的曲线上。

range_on_curve_2:副位置参数值的允许范围,它在副的第二个构件的曲线上。

形式限制:

WR1:由 range_on_curve_1 指定范围的基曲线必须与 planar_curve_pair 的 curve_1 曲线相同。

WR2:由 range_on_curve_2 指定范围的基曲线必须与 planar_curve_pair 的 curve_2 曲线相同。

5.4.60 **sliding_curve_pair**

sliding_curve_pair 定义了 planar_curve_pair 中两条构件曲线之间的滑移运动。

EXPRESS 描述:

```
*)
ENTITY sliding_curve_pair
  SUBTYPE OF(planar_curve_pair);
END_ENTITY;
(*
```

5.4.61 **sliding_curve_pair_value**

sliding_curve_pair_value 定义了 sliding_curve_pair 的副参数。

EXPRESS 描述:

```
*)
ENTITY sliding_curve_pair_value
  SUBTYPE OF(pair_value);
  SELF\pair_value.applies_to_pair :sliding_curve_pair;
  actual_point_on_curve_1         :point_on_curve;
  actual_point_on_curve_2         :point_on_curve;
WHERE
  WR1:SELF\pair_value.applies_to_pair\planar_curve_pair.curve_1:=:
      actual_point_on_curve_1.basis_curve;
  WR2:SELF\pair_value.applies_to_pair\planar_curve_pair.curve_2:=:
      actual_point_on_curve_2.basis_curve;
END_ENTITY;
(*
```

属性定义:

SELF\pair_value.applies_to_pair:应用 sliding_curve_pair_value 的 sliding_curve_pair。

actual_point_on_curve_1:接触点,定义在第一个构件曲线的参数空间中。

actual_point_on_curve_2:接触点,定义在第二个构件曲线的参数空间中。

形式限制:

WR1:actual_point_on_curve_1 应该定义为通过 applies_to_pair 引用的 planar_curve_pair 的 curve_1 曲线上的一个点。

WR2:actual_point_on_curve_2 应该定义为通过 applies_to_pair 引用的 planar_curve_pair 的 curve_2 曲线上的一个点。

5.4.62 **rolling_curve_pair**

rolling_curve_pair 定义了 planar_curve_pair 的两个构件曲线之间的滚动运动。

EXPRESS 描述:

```
*)
ENTITY rolling_curve_pair
    SUBTYPE OF(planar_curve_pair);
END_ENTITY;
(*
```

5.4.63 **rolling_curve_pair_value**

rolling_curve_pair_value 定义了 rolling_curve_pair 的副参数。

EXPRESS 描述:

```
*)
```

```
ENTITY rolling_curve_pair_value
    SUBTYPE OF(pair_value);
    SELF\pair_value.applies_to_pair :rolling_curve_pair;
    actual_point_on_curve_1          :point_on_curve;
WHERE
    WR1:SELF\pair_value.applies_to_pair\planar_curve_pair.curve_1:=:
        actual_point_on_curve_1.basis_curve;
END_ENTITY;
(*
```

属性定义:

SELF\pair_value.applies_to_pair:应用 rolling_curve_pair_value 的 rolling_curve_pair。

actual_point_on_curve_1:接触点,定义在第一个构件曲线的参数空间中。

形式限制:

WR1:actual_point_on_curve_1 应该定义为通过 applies_to_pair 引用的 planar_curve_pair 的 curve_1 上的一个点。

5.4.64 gear_pair

gear_pair 将两个构件之间的运动限定为第二个构件沿第一个构件的滚动(还包含潜在的滑动)。

为了测量第二个构件相对于第一个构件的运动,在每个构件上都定义了一个坐标系,原点设在相应的构件的基圆的中心。

注 1:图 15 显示了具有不同"bevel(两个 x 轴的夹角)","helical angle(两个 y 轴的夹角)","gear ratio(传动比)"值的齿轮对。下面的齿轮代表第一个构件,上面的齿轮代表第二个构件。

z 轴的方向垂直于圆所在的平面。在参考状态下(两个齿轮都不旋转),第一个构件的 x 轴从原点出发,指向它与第二个构件的接触点,而在第二个构件上的 x 轴指向远离接触点的方向。

z 运动是通过接触点绕第一个构件的 z 轴的旋转量来测量的。第二个构件的运动可以通过对旋转运动的分析得到。第二个构件的任何运动情况都可看成是第二个齿轮轴绕第一个齿轮轴的旋转,且同时保持中心距(半径之和)不变,bevel 角不变和 helical 角加上第二个齿轮绕自轴旋转角度之和不变,这个角度根据下式得出的:

$$\text{actual\_rotation\_2} = -\text{gear\_ratio} \cdot \text{actual\_rotation\_1}$$

bevel 角的绝对值在 $0 \sim \pi/2$ 之间代表外啮合,绝对值在 $\pi/2 \sim \pi$ 之间代表内啮合。

两个 x 轴之间的夹角由 bevel 角给出:

$$\overline{x}_p \cdot \overline{x}_q = \cos(bevel)$$

$bevel \in (-\pi, \pi]$,

当 $\cos(bevel)=0$ 时,bevel 的符号由下式给出:

$$\overline{y}_p \cdot (\overline{x}_p \times \overline{x}_q) = \text{sign}(bevel)$$

两个 y 轴之间的夹角由 helical 角给出:

$$\overline{y}_p \cdot \overline{y}_q = \cos(helical\_angle)$$

$helical\_angle \in (-\pi, \pi]$,

当 $\cos(helical\_angle)=0$ 时,helical 角的符号由下式给出:

$$\overline{x}_q \cdot (\overline{y}_p \times \overline{y}_q) = \text{sign}(helical\_angle)$$

注 2:在有些情况下,齿轮的传动比既依赖于基圆半径,也依赖于齿轮齿的特性,比如蜗轮蜗杆。由于这种原因,齿轮的传动比并不用两个基圆半径之比来定义。因此,两个齿轮相互之间的几何位置是由齿轮的两个基圆半径与 bevel(x 轴夹角)和 helical(y 轴夹角)一起来决定的,而第二个齿轮的转速与接触点绕第一个齿轮轴线的转速的比值由传动比来决定。

一种根据第一个齿轮来确定第二个齿轮的几何位置的方法如下：

在接触点处引入一个附加坐标系，它的坐标轴 $x_a y_a$ 和 z_a 与第一个构件坐标系相应的坐标轴平行。将这个附加坐标系绕它的 y_a 轴转 bevel 角度，再绕 x_a（已经旋转过）轴旋转 helical 角度。现在得到的这个 $x_a y_a$ 平面代表了第二个齿轮所在的平面。

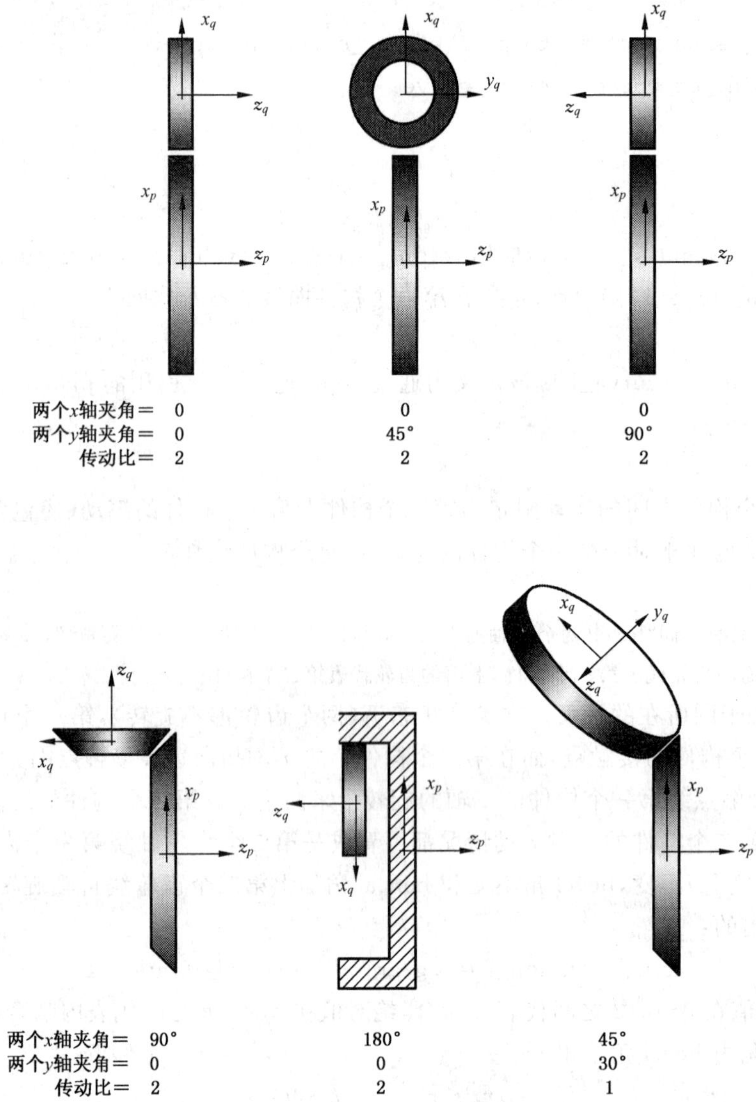

图 15 不同情况下的齿轮副例子

EXPRESS 描述：

```
*)
ENTITY gear_pair
   SUBTYPE OF(kinematic_pair);
   radius_first_link   :length_measure;
   radius_second_link  :length_measure;
   bevel               :plane_angle_measure;
   helical_angle       :plane_angle_measure;
   gear_ratio          :REAL;
END_ENTITY;
```

(*

属性定义:

radius_first_link:第一个构件的基圆半径。

radius_second_link:第二个构件的基圆半径。

bevel:两个 x 轴之间的夹角。

helical_angle:两个 y 轴之间的夹角。

gear_ratio:齿轮的传动比。

5.4.65 **gear_pair_value**

gear_pair_value 定义了 gear_pair 的副参数。

注:如果齿轮副是一个更为复杂的齿轮装置中的一部分,这里定义的齿轮副的值可能不是设计的主要目标。例如,在行星齿轮的情况下,知道行星齿轮相对于静止坐标系的旋转角度,要比知道行星齿轮与它们所在的坐标系之间的旋转角度重要得多。参考文献[1]详细描述了这个特定的例子。

一般来说,如果给出一个机构中副的构型,可以从单个副的参数中推出更多的全局运动参数来,反过来也成立。然而如果没有构型信息,通常是不可能做到的。因此,进行这些推导的函数的定义是由一个需要这些结果的应用协议给出的。

EXPRESS 描述:

```
*)
ENTITY gear_pair_value
    SUBTYPE OF(pair_value);
    SELF\pair_value.applies_to_pair :gear_pair;
    actual_rotation_1               :plane_angle_measure;
DERIVE
    actual_rotation_2               :plane_angle_measure
                                    := - actual_rotation_1 *
                                       SELF\pair_value.applies_to_pair\
                                       gear_pair.gear_ratio;
END_ENTITY;
(*
```

属性定义:

SELF\gair_value.applies_to_pair:应用 gear_pair_value 的 gear_pair。

actual_rotation_1:第一个构件的副参数值。

actual_rotation_2:第二个构件的副参数值。

5.4.66 **gear_pair_range**

gear_pair_range 定义了 gear_pair 副参数的上下限。

EXPRESS 描述:

```
*)
ENTITY gear_pair_range
  SUBTYPE OF(simple_pair_range);
  SSLF\simple_pair_range.applies_to_pair :gear_pair;
  lower_limit_actual_rotation_1          :rotation_range_measure;
  upper_limit_actual_rotation_1          :rotation_range_measure;
WHERE
   WR1:(('KINEMATIC_STRUCTURE_SCHEMA.UNLIMITED_RANGE'IN
```

```
      TYPEOF(lower_limit_actual_rotation_1))
    OR
    ('KINEMATIC_STRUCTURE_SCHEMA.UNLIMITED_RANGE'IN
      TYPEOF(upper_limit_actual_rotation_1)))
    XOR
    (lower_limit_rotation_1<
    upper_limit_rotation_1);
END_ENTITY;
(*
```

属性定义：

SSLF\simple_pair_range.applies_to_pair：应用 gear_pair_range 的 gear_pair。

lower_limit_actual_rotation_1：第一个构件副参数的最小值。

upper_limit_actual_rotation_1：第二个构件副参数的最小值。

形式限制：

WR1：当 gear_pair 副参数的上下限都不是无穷大时，gear_pair 的旋转值的范围是正向的(即最大值大于最小值)。

5.4.67 rack_and_pinion_pair

rack_and_pinion_pair 定义了齿轮沿齿条的滚动，齿轮的轴线与齿条的方向垂直。

注：见图 16。齿轮齿条副可以看成是 rolling_curve_pair 的特例，在这里一条曲线变成了直线，一条曲线变成了圆。

齿条总是第一个构件；齿轮是第二个构件。rack_and_pinion_pair 将两个相邻构件之间的运动限定为两个运动，一个是沿公共轴的平移，另一个是绕与公共轴垂直的轴线的旋转。

为了测量第二个构件相对于第一个构件的运动，在每一个构件上都定义了一个坐标系。齿轮坐标系的原点是基圆的圆心。齿轮和齿条的 z 轴都垂直于基圆所在的平面。

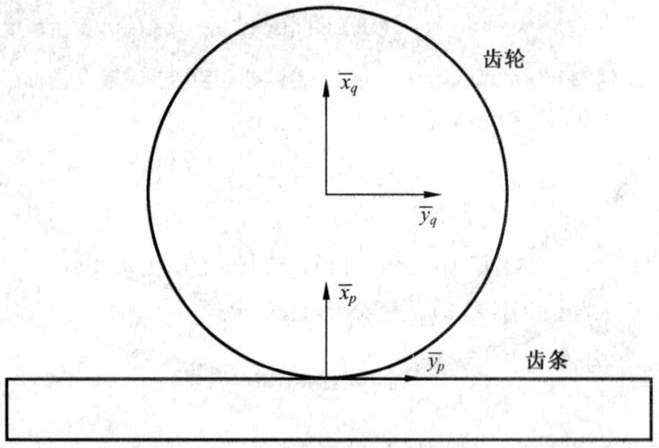

图 16 在参考情况下的齿轮齿条副

在参考情况下(两个副参数都为零)，齿轮的 x 轴从原点出发，指向远离齿轮与齿条接触点的方向。在同样的参考情况下，齿条的 x 轴从接触点出发，指向齿轮的中心。运动是根据接触点沿齿条(第一个构件)的 y 轴的位移来测量的。第二个构件的运动可以通过对旋转的分析得出。在任何情况下，第二个构件的运动都由一个平移运动和一个旋转运动组成，旋转部分可由下式计算得出：

$$actual\_rotation = \frac{actual\_displacement}{pinion\_radius}$$

EXPRESS 描述：

```
*)
```

```
ENTITY rack_and_pinion_pair
  SUBTYPE OF(kinematic_pair);
  pinion_radius:length_measure;
END_ENTITY;
(*
```

属性定义:

pinion_radius:齿轮的基圆半径。

5.4.68 **rack_and_pinion_pair_value**

rack_and_pinion_pair_value 定义了 rack_and_pinion_pair 的副参数。

EXPRESS 描述:

```
*)
ENTITY rack_and_pinion_pair_value
    SUBTYPE OF(pair_value);
    SELF\pair_value.applies_to_pair :rack_and_pinion_pair;
    actual_displacement             :length_measure;
DERIVE
    actual_rotation :plane_angle_measure
                   := convert_plane_angle_for_pair_from_radian
                     (SELF\pair_value.applies_to_pair,
                   (-actual_displacement/
                   SELF\pair_value.applies_to_pair\
                   rack_and_pinion_pair.pinion_radius));
END_ENTITY;
(*
```

属性定义:

SELF\pair_value.applies_to_pair:应用 rack_and_pinion_pair_value 的 rack_and_pinion_pair。

actual_displacement:齿条的副参数值。

actual_rotation:最终的齿轮旋转结果。

5.4.69 **rack_and_pinion_pair_range**

rack_and_pinion_pair_range 定义了 rack_and_pinion_pair 副参数的上下限。

EXPRESS 描述:

```
*)
ENTITY rack_and_pinion_pair_range
    SUBTYPE OF(simple_pair_range);
    SELF\simple_pair_range.applies_to_pair :rack_and_pinion_pair;
    lower_limit_rack_displacement          :translational_range_measure;
    upper_limit_rack_displacement          :translational_range_measure;
WHERE
    WR1:(('KINEMATIC_STRUCTURE_SCHEMA.UNLIMITED RANGE' IN
           TYPEOF(lower_limit_rack_displacement))
           OR
         ('KINEMATIC_STRUCTURE_SCHEMA.UNLIMITED_RANGE' IN
           TYPEOF(upper_limit_rack_displacement)))
```

```
        XOR
      (lower_limit_rack_displacement < upper_limit_rack_displacement);
END_ENTITY;
(*
```

属性定义:

SELF\simple_pair_range.applies_to_pair:应用 rack_and_pinion_pair_range 的 rack_and_ pinion_pair。

lower_limit_rack_displacement:齿条副参数的最小值。

upper_limit_rack_displacement:齿条副参数的最大值。

形式限制:

WR1:rack_and_pinion_pair 的上下限如果都不是无穷大,那么 rack_and_pinion_pair 副参数范围是正向的(最大值大于最小值)。

5.4.70 kinematic_substructure

kinematic_substructure 说明了一个机构的拓扑特性,用树状或网状结构表示。

注 1:在图论中,机构的拓扑结构用有向图来表示,图中点表示构件,边代表连接。这张图可以从构件和连接的定义推出。如果一个机构的拓扑结构可以仅仅利用这些最少量的信息来定义,那么它在 GB/T 16656 的本部分中被称为"低级拓扑结构"。

图论提供了一种描述连接信息的方法,可以用它来表达一个机构的拓扑结构。但它并不表达几何和机械特性。如果它明确地提供了包括连接信息在内的全部拓扑结构,那么它在 GB/T 16656 的本部分中称为"高级拓扑结构"。一般一个图可以包括两种基本子图:

——树;

——网络。

如果除了低级拓扑结构外,在运动模型中还给出了高级拓扑结构,这个高级拓扑结构用运动子结构来表达。这些运动子结构是:

——运动树结构,它的图形表示是一棵有向树,仅包含用有向的关节连起来的运动构件;

——运动网络结构,它的图形表示由有向运动环组成。

注 2:参考文献[3]中提供了可以用来分析 kinematic_substructure 的方法。

EXPRESS 描述:

```
*)
ENTITY kinematic_substructure
  SUPERTYPE OF(ONEOF(kinematic_tree_structure,
                     kinematic_network_structure));
  parent_structure:kinematic_structure;
END_ENTITY;
(*
```

5.4.71 kinematic_network_structure

kinematic_network_structure 表示网络类型的一个子图;也就是由运动闭链组成的机构。

注 1:图 17 是一个网络结构的图例。

注 2:只有运动结构是用有向图来表示时,这个实体才在运动模型的实例中出现。

EXPRESS 描述:

```
*)
ENTITY kinematic_network_structure
  SUBTYPE OF(kinematic_substructure);
END_ENTITY;
(*
```

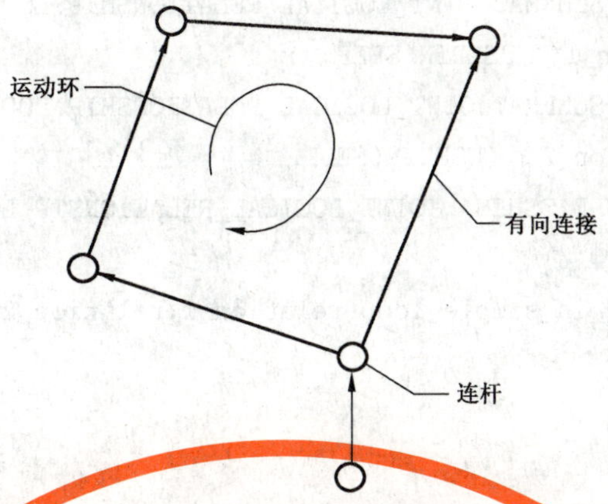

图 17　运动网络结构

5.4.72　**kinematic_tree_structure**

kinematic_tree_structure 表示树状类型的一个子图；也就是由运动开链组成的机构。

注 1：图 18 是一个树状结构的图例。

注 2：只有运动结构是用有向图来表示时，这个实体才在运动模型的实例中出现。

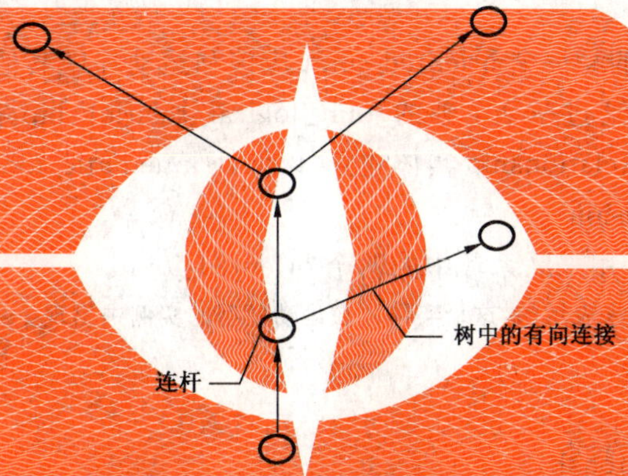

图 18　运动树结构

EXPRESS 描述：

```
*)
ENTITY kinematic_tree_structure
    SUBTYPE OF(kinematic_substructure);
END_ENTITY;
(*
```

5.4.73　**kinematic_loop**

kinematic_loop 表示子图中的一个环。它表示机构中的一个闭运动链，这个链中最后一个构件通过关节再次和第一个构件连接起来。kinematic_loop 与拓扑模型中的环类似，关节对应于拓扑模型中的边，构件对应于拓扑模型中的顶点。这个环至少要由一个 joint_logical_relationship 标出。

kinematic_joint 都是有向的，以保证环中的每个 kinematic_joint 都有共同的方向。

注：只有当运动结构用有向图来表示时，这个实体才在运动模型的实例中出现。

EXPRESS 描述

```
*)
ENTITY kinematic_loop;
    network:kinematic_network_structure;
WHERE
  WR1 :SIZEOF(USEDIN (SELF,
```

```
      'KINEMATIC_STRUCTURE_SCHEMA.JOINT_LOGICAL_RELATIONSHIP.LOOP')))0;
  WR2:SIZEOF(QUERY(relation_1<* USEDIN(SELF,
      'KINEMATIC_STRUCTURE_SCHEMA.JOINT_LOGICAL_RELATIONSHIP.LOOP')|
        SIZEOF(QUERY(relation_2<*(USEDIN(SELF,
         'KIMEMATIC_STRUCTURE_SCHEMA.JOINT_LOGICAL_RELATIONSIP.LOOP')
              - relation_1)|
              NOT(connected_in_simple_loop(relation_1,relation_2))
         )))0
        )) = 0;
END_ENTITY;
(*
```

属性定义:

network:包含环的网状结构。

形式限制:

WR1:一个环至少包含一个关节的逻辑联系(joint_logical_relationship),也就是它至少包含两个关节。

WR2:kinematic_loop 中的每一个 oriented_joint 应该和运动环中其他所有的 oriented_joint 相连,这种联系或者直接通过一个单独的 joint_logical_relationship 实体来建立,或是间接地通过许多 joint_logical_relationship 实体建立,以保证 kinematic_loop 恰好包含一个环。

5.4.74 joint_logical_relationship

joint_logical_relationship 用来联系环中的两个 oriented_joint。

注:只有运动结构是用有向图来表示的,这个实体才在运动模型的实例中出现。

EXPRESS 描述:

```
*)
ENTITY joint_logical_relationship;
    loop                                :kinematic_loop;
    previous_joint_logical_structure :oriented_joint;
    next_joint_logical_structure      :oriented_joint;
UNIQUE
    UR1:loop, previous_joint_logical_structure;
    UR2:loop, next_joint_logical_structure;
WHERE
    WR1:previous_joint_logical_structure.exit_link: = :
          next_joint_logical_structure.advent_link;
END_ENTITY;
(*
```

属性定义:

loop:由 previous_joint_logical_logical_structure 和 next_ joint_logical_structure 组成的 kinematic_loop。

previous_joint_logical_structure:环中两个相邻 oriented_joint 中的第一个 oriented_joint。

next_joint_logical_structure:环中两个相邻 oriented_joint 中的第二个 oriented_joint。

形式限制:

UR1:oriented_joint 在 kinematic_loop 中作为 previous_joint_logical_structure 只能使用一次。

UR2:oriented_joint 在 kinematic_loop 中作为 next_joint_logical_structure 只能使用一次。

WR1:前一个 oriented_joint 的输出构件应该是下一个 oriented_joint 的输入构件。

5.4.75 **oriented_joint**

oriented_joint 指示穿越一个连接的方向。

注:只有运动结构是用有向图表示时,这个实体才在运动模型的实例中出现。

EXPRESS 描述:

```
*)
ENTITY orented_joint;
    joint       :kinematic_joint;
    orientation:BOOLEAN;
DERIVE
    advent_link:kinematic_link
               := assign_directed_link(joint,orientaion);
    exit_link  :kinematic_link
               := assign_directed_link(joint,NOT(orientation));
END_ENTITY;
(*
```

属性定义:

joint:有方向(orentation)指示的 joint。

orientation:表示穿越连接的方向。如果 orientation 为 TRUE,则从第一个构件进入关节,再从第二个构件离开。如果 oricntation 为 FALSE,则穿越的方向相反。

advent_link:进入关节的构件。由 orientation 决定它是第一个构件还是第二个构件。orientation 的值由确定构件方向的(assigned_directed_link)函数确定。

exit_link:退出关节的构件。由 orientation 决定它是第一个构件还是第二个构件 orientation 的值由函数 assigned_directed_link 给出。

5.4.76 **oriented_joint_in_tree**

oriented_joint_in_tree 用来标识包含 oriented_joint 的 kinematic_tree_structrue。

注:只有当运动结构用有向图来表示时,这个实体在运动模型的实例中出现。

EXPRESS 描述:

```
*)
ENTITY oriented_joint_in_tree
    SUBTYPE OF(oriented_joint);
    parent_structure:kinematic_tree_structure;
END_ENTITY;
(*
```

属性定义:

parent_structure:具有要素 oriented_joint 的 kinematic_tree_structrue。

5.4.77 **advent_oriented_joint**

advent_oriented_joint 用来指出 oriented_joint 究竟是从一个子结构中退出来,还是进入下一个子结构。advent_oriented_joint 区分出哪些 oriented_joint 在 kinematic_substructure 中,哪些 oriented_joint 用来连接子结构。

注:只有当运动结构用有向图表示时,这个实体才在运动模型的实例中出现。

EXPRESS 描述:

```
*)
ENTITY advent_oriented_joint
    SUBTYPE OF(oriented_joint);
END_ENTITY;
(*
```

5.5 运动结构模式(kinematic_structure_schema)函数定义

5.5.1 ypr_index

ypr_index 函数建立了一个用于线性变换的旋转角度序列。如果旋转角是 yaw 类型,函数返回 1。如是旋转角是 pitch 类型,函数返回 2。如是旋转角是 roll 类型,函数返回 3。函数的类型为 INTEGER。

EXPRESS 描述:

```
*)
FUNCTION ypr_index(ypr:ypr_enumeration):INTEGER;
    CASE ypr OF
      yaw   :RETURN(1);
      pitch :RETURN(2);
      roll  :RETURN(3);
    END_CASE;
    RETURN(?);
END_FUNCTION;
(*
```

参数定义:

ypr:由 ypr_enumeration 指定的旋转轴。

5.5.2 representation_of_link

representation_of_link 这个函数返回通过 kinematic_link_representation_relation 与 link 建立联系的 kinematic_link_representation。如果没有这种联系,则返回不确定值(?)。

EXPRESS 描述:

```
*)
FUNCTION representation_of_link(link:kinematic_link)
      :kinematic_link_representation;
   LOCAL
     link_rep_rel:BAG OF kinmatic_link_representation_relation;
   END_LOCAL;

   link_rep_rel:= USEDIN(link,'KINEMATIC_STRUCTURE_SCHEMA.' +
                          'KINEMTIC_LINK_REPRESENTATION_RELATION.' +
                          'TOPOLOGICAL_ASPECTS');
   IF(SIZEOF(link_rep_rel) = 0) THEN
     RETURN(?);
   ELSE
     RETURN(link_rep_rel[1].geometric_aspects);
   END_IF;
END_FUNCTION;
(*
```

参数定义：

link:需要返回 kinmatic_link_representation 的 kinmatic_link。

5.5.3 suitably_based_mechanism

suitably_based_mechanism 函数用来检测 mechanism 的 base 是否与 kinmatic_ground_representation 的相关环境有联系，其中 kinmatic_ground_representation 与 mechanism 的 containing_property 有联系。如果由 mbp 标识的 mechanism_base_placement 将 mech 的 base 与相应的相关环境通过非循环的方式直接或间接联系起来，那么这个函数返回 TRUE。否则返回 FALSE。函数的类型为 BOOLEAN。

EXPRESS 描述

```
*)
FUNCTION suitably_based_mechanism(mbp:mechanism_base_placement;
                                   mech:mechanism):BOOLEAN;
  LOCAL
    kprop   :kinematic_property_definition;
    kgrep   :kinematic_ground_representation;
    klrep   :kinematic_link_representation;
    klnk    :kinematic_link;
    kjnts   :BAG OF kinematic_joint;
    nmechs  :BAG OF mechanism;
    nmbps   :BAG OF mechanism_base_placement;
  END_LOCAL;

  kprop:= mech.containing_property;

  IF('KINEMATIC_STRUCTURE_SCHEMA.KINEMATIC_GROUND_REPRESENTATION'IN
     TYPEOF(mbp\representation_relationship.rpe_1)) THEN
     kgrep:= mbp\representation_relationship.rpe_1;

    IF(kgrep.property\property_definition_representation.definition
      := :kprop) THEN
      RETURN(TRUE);
    ELSE
      RETURN(FALSE);
    END_IF;
  ELSE
    klrep:= mbp\representation_relationship.rep_1;
    klnk:= klrep.link_representation_relation.topological_axpects;
    kjnts:= USEDIN(klnk,
          'KINEMATIC_STRUCTURE_SCHEMA.KINEMATIC_JOINT.FIRST_LINK') +
            USEDIN(klnk,
          'KINEMATIC_STRUCTURE_SCHEMA.KINEMATIC_JOINT.SECOND_LINK');
    nmechs := USEDIN(kjnts[1].structure,
           'KINEMATIC_STRUCTURE_SCHEMA.MECHANISM.STRUCTURE_DEFINITION');
```

```
    IF(nmechs[1]:=:mech) THEN
      RETURN(FALSE);
    ELSE
      IF(nmechs[1].containing_property:<>:kprop)THEN
        RETURE(FALSE);
      ELSE
        nmbps:=USECIN (nmechs[1],'KINEMATIC_STRUCTURE_SCHEMA.' +
                       'MECHANISM_BASE_PLACEMENT.BASE_OF_MECHANISM');
        IF(SIZEOF(nmbps) = 0) THEN
          RETURN(FALSE);
        ELSE
          RETURN(suitably_based_mechanism(nmbps[1],mech));
        END_IF;
      END_IF;
    END_IF;
  END_IF;
END_FUNCTION;
(*
```

属性定义：

mbp：定义 mech 的 base 定位的 mechanism_base_placement。

mech：即 mechanism，其 base 放置于 mbp 上。

5.5.4 **unique_link_usage**

unique_link_usage 这个函数检测 link 是否只属于一个 mechanism。如果所有使用 link 作为它们的 first_link 或 second_link 的 kinematic_joint 在同一 kinematic_structure 的 joints 中，且这个 kinematic_structure 只作为一个 mechanism 的 structure_definition，那么函数返回 TRUE。反之，返回 FALSE。函数的类型为 BOOLEAN。

EXPRESS 描述：

```
*)
FUNCTION unique_link_usage(link:kinematic_link):BOOLEAN;
    LOCAL
      mechs   :SET OF mechanism;
      joints  :SET OF kinematic_joints;
      struct  :kinematic_structure;
    END_LOCAL;

    Joints:=bag_to_set
               (USEDIN(link,
                 'kINEMATIC_STRUCTURE_SCHEMA.KINEMATIC_JOINT.FIRST_LINK') +
               USEDIN(link,
                 'KINEMATIC_STRUCTURE_SCHEMA.KINEMATIC_JOINT.SECOND_LINK'));
    struct:=joints[1].structure;

    REPEAT I:=2 TO SIZEOF(joints);
```

```
      IF(joints[i].structure:<>:struct) THEN
        RETURN(FALSE);
      END_IF;
    END_REPEAT;

    mechs:= bag_to_set
            (USEDIN(struct,
            'KINEMATIC_STRUCTURE_SCHEMA.MECHANISM.STRUCTURE_DEFINITION'));
    IF(SIZEOF(mechs) <>1) THEN
      RETURN(FALSE);
    END_IF;

    RETURN(TRUE);
END_FUNCTION;
(*
```

参数定义:

link:被函数检测的 kinematic_link。

5.5.5 coordinated_pair_link_representation

coordinated_pair_link_representation 函数用来检测 kinematic_pair 的定义是否与由 link 标识的特定 kinematic_link 的现有 kinematic_link_representation 保持一致。如果 link 与 kinematic_link_representation 相关联,且 pair_placement 在 kinematic_link_reoresentation 的 item 组中,该函数返回 TRUE。反之返回 FALSE。函数的类型为 BOOLEAN。

EXPRESS 描述:

```
*)
FUNCTION coordinated_pair_link_representation
    (link           :kinematic_link;
     pair_placement :tigid_placement):BOOLEAN;
  LOCAL
     link_rep       :kinematic_link_representation;
  END_LOCAL;

  link_rep:= representation_of_link(link);

  IF(link_rep = ?)THEN
     RETURN(FALSE);
  ELSE
       IF NOT(pair_piacement IN link_rep\representaiton.items) THEN
         RETURN(FALSE);
       ELSE
         RETURN(TRUE);
       END_IF;
  END_IF;
END_FUNCTION;
```

(*
参数定义:

link:kinematic_link,它的表示与使用 pair_placement 的副定义相一致。

pair_placement:在 kinematic_pair 中作为 pair_placement_in_first_link_context_或 pair_placement_in_second_link_context 使用的 rigid_placement.

5.5.6 **frame_associated_to_background**

frame_associated_to_background 函数检测由 background 标识的 kinematic_frame_background 是否在 kinematic_frame_background_representation 的 items 组中。frame_associated_to_background 也检测 kinematic_frame_background_representation 是否与 kinematic_link_representaition 有联系,其中这个 kinrmatic_link_representation 在 items 组含有用 frame 标识的 rigid_placement. 这个关系是用 kinematic_frame_background_representaion_association 来表达的,它的 transformation_operator 用 frame 作为 transformer_frame. 如果 frame 和 background 符合这些条件,函数返回 TRUE。否则返回 FALSE。函数的类型为 BOOLEAN。

EXPRESS 描述:
*)

```
FUNCTION frame_associated_to_background
  (frame      :rigid_placement;
   background :kinematic_frame_background):BOOLEAN;
  LOCAL
    rep_bag :BAG OF kinematic_frame_background_representation;
    trf_bag :BAG OF kinematic_frame_based_transformation;
    trm_bag :BAG OF kinematic_frame_based_transformation;
    ass_bag :BAG OF kinematic_frame_background_representation_association;
    rep     :kinematic_frame_background_representation;
    ass     :kinematic_frame_background_representation_association;
  END_LOCAL;

  rep_bag:=QUERY(bg <* USEDIN(background,
                 'KINEMATIC_STRUCTURE_SCHEMA.'+
                 'REPRESENTATION.ITEMS') |
                 'KINEMATIC_STRUCTURE_SCHEMA.'+
                 'KINEMATIC_FRAME_BACKGROUN_REPRESENTATION'
                  IN TYPEOF(bg));
  IF SIZEOF(rep_bag) = 0 THEN
    RETURN(FALSE);
  END_IF;

  trf_bag:=USEDIN(frame,
                'KINEMATIC_STRUCTURE_SCHEMA.'+
                'KINEMATIC_FRAME_BASED_TRANSFORMATION.'+
                'TRANSFORMATOR');
  IF SIZEOF(trf_bag)  = 0 THEN
    RETURN(FALSE);
```

```
  END_IF;

  REPEAT i: = 1 TO HIINDEX(rep_bag);
    rep: = rep_bag[i];

ass_bag: = QUERY(kfbra < * USEDIN rep,
          'KINEMATIC_STRUCTURE_SCHEMA.' +
          'REPRESENTATION_RELATIONSHIP.REP_2') |
          'KINEMATIC_STRUCTURE_SCHEMA.' +
          'KINEMATIC_FRAME_BACKGROUND_REPRESENTAION_ASSOCIATION'
          IN TYTEOF(kfbra));

    IF SIZEOF(ass_bag)>0 THEN
      REPEAT j: = 1 TO HINDEX(ass_bag);
        ass: = ass_bag[j];

        trm_bag: = QUERY(trm< * trf_bag |
              (trm: = :
              ass\representation_relationship_with_transfomation.
              transformation_operator));

            IF SIZEOF(trm_bag)>0 THEN
              RETURN(TRUE);
            END_IF;

        END_REPEAT;
      END_IF;
    END_REPEAT;

    RETURN(FALSE);

END_FUNCTION;
(*
```

参数定义：

frame:是 rigid_placement,函数检测它在 kinematic_link_representation(它的 items 组包含 flame)和 kinematic_frame_background_representation(它的 items 组中包含 background)的关系中作为 transformer_frame 的作用。

background:是 kinematic_frame_background,函数检测它是否在 kinematic_frame_ background_representation 的 items 组中,其中 kinematic_frame_background_representation 与 frame(作为 transformer_frame)的 kinematic_link_representation 相关联。

5.5.7 plane_angle_for_pair_in_radian

plane_angle_for_pair_in_radian 函数将指定的 angle 转换成以弧度为单位的等价的 plane_angle_measure。转换因子根据 global_unit_assigned_context 的 unit 组中的 plane_angle_unit 推出,其中

global_unit_assigned_context 是 pair 的 joint 的 first_link 中的 context_of_items。函数类型为 plane_angle_measure。如果找到了合适的单位，该函数返回转换后的 plane_angle_measure；否则返回不确定值(?)。

EXPRESS 描述：

```
*)
FUNCTION plane_angle_for_pair_in_radian
        (pair   :kinematic_pair;
         angle  :plane_angle_measure):plane_angle_measure;
  LOCAL
      converted_angle :plane_angle_measure: = angle;
      link_rep        :kinematic_link_representation
                      : = representation_of_link(pair.joint.first_link);
      link_cntxt      :representation_context;
    pa_units          :SET OF unit: = [];
    pau               :unit;
  END_LOCAL;

  link_cntxt: = link_rep\representation.context_of_items;
    IF NOT('MEASURE_SCHEMA.GLOBAL_UNIT_ASSIGNED_CONTEXT'
         IN TYPE OF(1ink_cntxt)) THEN
      RETURN(?);
    END IF;

    pa_units: = QUERY (unit< * link_cntxt\global_unit_assigned_context.units |
                     'MEASURE_SCHEMA.PLANE_ANGLE_UNIT'IN TYPE OF(unit));
    IF SIZEOF(pa_units)<>1 THEN
      RETURN(?);
    END_IF;

    pau: = pa_units [1];

    IF (NOT('MEASURE_SCHEMA.SI_UNIT'IN TYPEOF(pau)) AND
       NOT('MEASURE_SCHEMA.CONVERSION_BASED_UNIT'IN TYPEOF(pau))) THEN
      RETURN(?);
    END_IF;

    REPEAT WHILE('MEASURE_SCHEMA.CONVERSION_BASED_UNIT'IN TYPEOF(pau));
      converted_angle: = converted_angle *
                        pau\conversion_based_unit.conversion_factor.
                        value_component;
      pau: = pau\conversion_based_unit.conversion_factor.unit_component;

      IF ((NOT('MEASURE_SCHEMA.SI_UNIT'IN TYPEOF(pau)) AND
```

```
        NOT('MEASURE_SCHEMA.CONVERSION_BASED_UNIT'IN TYPE OF(pau))) OR
       (NOT('MEASURE_SCHEMA.PLANE_ANGLE_UNIT'IN TYPEOF(pau)))) THEN
      RETURN(?);
    END_IF;
  END_REPEAT;

  IF(pau\si_unit.name<>si_unit_name.radian) THEN
    RETURN(?);
  END_IF;

  CASE pau\si_unit.prefix OF
      si_prefix.exa     :RETURN(1.E18 * converted_angle);
      si_prefix.peta    :RETURN(1.E15 * converted_angle);
      si_prefix.tera    :RETURN(1.E12 * converted_angle);
      si_prefix.giga    :RETURN(1.E9 * converted_angle);
      si_prefix.mega    :RETURN(1.E6 * converted_angle);
      si_prefix.kilo    :RETURN(1.E3 * converted_angle);
      si_prefix.hecto   :RETURN(1.E2 * converted_angle);
      si_prefix.deca    :RETURN(1.E1 * converted_angle);
      si_prefix.deci    :RETURN(1.E-1 * converted_angle);
      si_prefix.centi   :RETURN(1.E-2 * converted_angle);
      si_prefix.milli   :RETURN(1.E-3 * converted_angle);
      si_prefix.micro   :RETURN(1.E-6 * converted_angle);
      si_prefix.nano    :RETURN(1.E-9 * converted_angle);
      si_prefix.pico    :RETURN(1.E-12 * converted_angle);
      si_prefix.femto   :RETURN(1.E-15 * converted_angle);
      si_prefix.atto    :RETURN(1.E-18 * converted_angle);
  OTHERWISE             :RETURN(converted_angle);
  END_CASE;

END_FUNCTION;
(*
```

参数定义：

pair:kinematic_pair,用它的 pair_placement_in_first_link_context 的相关环境来计算转换因子。

angle:转化成用弧度表示的角。

5.5.8 convert_plane_angle_for_pair_from_radian

convert_plane_angle_for_pair_from_radian 函数将由 angle_expr 定义的单位是弧度的角度表达式转换到一个等价的 plane_angle_measure,它的单位由相应的相关环境给出。转换因子根据 global_unit_assigned_context 的 unit 组中的 plane_angle_unit 推出,其中 global_unit_assigned_context 是 pair 的 joint 的 first_link 中的 context_of_items。函数的类型是 plane_angle_measure。如果找到了合适的单位,该函数返回转换后的 plane_angle_measure;反之,返回不确定值(?)。

EXPRESS 描述:

```
*)
```

```
FUNCTION convert_plane_angle_for_pair_from_radian
        (pair        :kinematic_pair;
         angle_expr  :REAL):plane_angle_measure;
    LOCAL
      link_rep      :kinematic_link_representation
                    := representation_of_link(pair.joint.first_link);
      link_cntxt    :representation_context;
      pa_units      :SET OF unit:= [];
      pau           :unit;
      conv_factor   :REAL:= 1.0;
      result        :plane_angle_measure;
    END_LOCAL;

    link_cntxt:= link_rep\representation.context_of_items;

    IF NOT ('MEASURE_SCHEMA.CLOBAL_UNIT_ASSIGNED_CONTEXT'
         IN TYPEOF(link_cntxt)) THEN
      RETURN(?)
    END_IF
    pa_units:= QUERY(unit< * link_cntxt\global_unit_assigned_context.units |
                    'MEASURE_SCHEMA.PLANE_ANGLE_UNIT'IN TYPEOF (unit));
    IF SIZEOF (pa_units) <> 1 THEN
       RETURN(?);
    END_IF;

    pau:= pa_units[1];

    IF (NOT ('MEASURE_SCHEMA.SI_UNIT'IN TYPEOF(pau)) AND
        NOT ('MEASURE_SCHEMA.CONVERSION_BASED_UNIT'IN TYPEOF(pau))) THEN
      RETURN(?);
    END_IF;

    REPEAT WHILE ('MEASURE_SCHEMA.CONVERSION_BASED_UNIT'IN TYPEOF (pau));
      conv_factor:= conv_factor *
                    pau\conversion_based_unit.conversion_factor.
                    value_component;
      pau:= pau\conversion_based_unit.conversion_factor.unit_component;

      IF ((NOT ('MEASURE_SCHEMA.SI_UNIT'IN TYPEOF(pau)) AND
           NOT ('MEASURE_SCHEMA.CONVERSION_BASED_UNIT'IN TYPEOF(pau))) OR
          (NOT ('MEASURE_SCHEMA.PLANE_ANGLE_UNIT'IN TYPEOF(pau)))) THEN
        RETURN (?);
    END_IF;
```

```
  END_REPEAT;

  IF (pau\si_unit.name<>si_unit_name.radian) THEN
    RETURN(?);
  END_IF;

  CASE pau\si_unit.prefix OF
    si_prefix.exa     : conv_factor: = 1.E18 * conv_factor;
    si_prefix.peta    : conv_factor: = 1.E15 * conv_factor;
    si_prefix.tera    : conv_factor: = 1.E12 * conv_factor;
    si_prefix.giga    : conv_factor: = 1.E9 * conv_factor;
    si_prefix.mega    : conv_factor: = 1.E6 * conv_factor;
    si_prefix.kilo    : conv_factor: = 1.E3 * conv_factor;
    si_prefix.hecto   : conv_factor: = 1.E2 * conv_factor;
    si_prefix.deca    : conv_factor: = 1.E1 * conv_factor;
    si_prefix.deci    : conv_factor: = 1.E-1 * conv_factor;
    si_prefix.centi   : conv_factor: = 1.E-2 * conv_factor;
    si_prefix.milli   : conv_factor: = 1.E-3 * conv_factor;
    si_prefix.micro   : conv_factor: = 1.E-6 * conv_factor;
    si_prefix.nano    : conv_factor: = 1.E-9 * conv_factor;
    si_prefix.pico    : conv_factor: = 1.E-12 * conv_factor;
    si_prefix.femto   : conv_factor: = 1.E-15 * conv_factor;
    si_prefix.atto    : conv_factor: = 1.E-18 * conv_factor;
  END_CASE;

  result: = angle_expr/conv_factor;
  RETURN(result);
END_FUNCTION;
(*
```

参数定义:

pair:kinematic_pair,用它的 pair_placement_in_first_link_context 的相关环境来计算转换因子。

angle_expr:以弧度为单位的角度表达式,它将被转化为 pair 的相关环境所要求单位的角度。

5.5.9 convert_spatial_to_ypr_rotation

convert_spatial_to_ypr_rotation 函数将给定的 rotation(ypr_rotation 或 rotation_about_direction)转化为等价的 ypr_rotation 表达方法。ypr_rotation 的 yaw、pitch 和 roll 角度的单位从 global_unit_assigned_context 的 units 组中的 plane_angle_unit 中推出,其中 global_unit_ assigned_context 是指定 pair 的 joint 的 first_link 中的 context_of_items。这个推导过程是通过调用 plane_angle_for_pair_in_radian 函数来实现的。

如果 rotation 已经是 ypr_rotation 类型,那么它就被立即返回。否则,convert_spatial_to_ypr_rotation 或者返回一个等价于 rotation_about_direction(作为参数 rotation)的 ypr_rotation,或由于找不到单位,而返回不确定值(?)。函数类型为 ypr_rotation。

EXPRESS 描述:

```
*)
```

```
FUNCTION convert_spatial_to_ypr_rotation(pair     : kinematic_pair;
                                         rotation : spatial_rotation)
                                                  : ypr_rotation;
  LOCAL
    axis       : direction;
    angle      : plane_angle_measure;--rotation angle in application
                                     --specific units
    conv_angle: plane_angle_measure;--rotation angle in radians
   ya, pa, ra  : plane_angle_measure;--yaw, pitch, and roll angle
   ucf         : REAL;               --unit conversion factor
   dx, dy, dz  : REAL;               --components of direction vector
   s_a, c_a    : REAL;               --sine and cosine of rotation angle
   rotmat      : ARRAY[1:3]OF
                 ARRAY[1:3]OF REAL;  --rotation matrix
   cm1         : REAL;
   s_y, c_y    : REAL;
   s_r, c_r    : REAL;
 END_LOCAL;
 --If rotation is already a ypr_rotation,return it immediately.
 IF'KINEMATIC_STRUCTURE_SCHEMA.YPR_ROTATION'IN TYPEOF (rotation) THEN
   RETURN (rotation);
 END_IF;

 --rotation is a rotation about direction

 axis:= normalize (rotation\rotation_about_direction.direction_of_axis);
 angle:= rotation\rotation_about_direction.rotation_angle;

 --a zero rotation is converted trivially
 IF (angle = 0.0) THEN
   RETURN ([0.0,0.0,0.0]);
 END_IF;

 dx:=axis.direction_ratios[1];
 dy:=axis.direction_ratios[2];
 dz:=axis.direction_ratios[3];

 --provide angle measured in radian

 conv_angle := plane_angle_for_pair_in_radian(pair, angle);

 IF(conv_angle = ?) THEN
   RETURN (?);
```

```
END_IF;

ucf:= angle/conv_angle;
s_a:= SIN(conv_angle);
c_a:= COS(conv_angle);

--axis parallel either to x-axis or to z-axis?
IF (dy = 0.0) AND (dx * dz = 0.0) THEN
  REPEAT WHILE(conv_angle <= - PI);
    conv_angle:= con_angle + 2.0 * PI;
  END_REPEAT;
  REPEAT WHILE(conv_angle>PI);
    conv_angle:= con_angle - 2.0 * PI;
  END_REPEAT;

    ya:= ucf * conv_angle;
    IF(conv_angle <> PI)THEN
      ra:= -ya;
    ELSE
      ra:= ya;
    END_IF;

    IF (dx <> 0.0) THEN
      --axis parallel to x-axis - use x-axis as roll axis
      IF (dx > 0.0) THEN
         RETURN ([0.0,0.0,ya]);
      ELSE
         RETURN ([0.0,0.0,ra]);
      END_IF;
    ELSE
      --axis parallel to z-axis-use z-axis as roll axis
      IF (dz > 0.0) THEN
        RETURN ([ya,0.0,0.0]);
      ELSE
        RETURN ([ra,0.0,0.0]);
      END_IF;
    END_IF;
  END_IF;

  --axis parallel to y-axis - use y-axis as pitch axis
  IF ((dy <> 0.0.) AND (dx = 0.0) AND (dz = 0.0)) THEN
    IF(c_a >= 0.0)THEN
        ya := 0.0;
```

```
        ra := 0.0;
    ELSE
        ya:= ucf * PI;
        ra:= ya;
    END_IF;

    pa:= ucf * ATAN (s_a,ABS (c_a));
    IF (dy <0.0) THEN
        pa:= -pa;
    END_IF;

    RETURN ([ya,pa,ra]);
  END_IF;

  --axis not parallel to any axis of coordinate system
  --compute rotation matrix

  cml:= 1.0 - c_a;
  rotmat:= [[dx * dx * cml + c_a,
             dx * dy * cml - dz * s_a,
             dx * dz * cml + dy * s_a],
            [dx * dy * cml + dz * s_a,
             dy * dy * cml + c_a,
             dy * dz * cml - dx * s_a],
            [dx * dz * cml - dy * s_a,
             dy * dz * cml + dx * s_a,
             dz * d z* cml + c_a]];

  --rotmat[1][3] equals SIN (pitch_angle)
  IF (ABS (rotmat[1][3]) = 1.0) THEN
    --|pa| = PI/2
    BEGIN
      IF (rotmat[1][3] = 1.0) THEN
        pa := 0.5 * PI;
      ELSE
        pa := -0.5 * PI;
      END_IF;

      --In this case, only the sum or difference of roll and yaw angles
      --is relevant and can be evaluated from the matrix.
      --According to IP 'rectangular pitch angle'for ypr_rotation,
      --the roll angle is set to zero.
```

```
        ra:= 0.0;
        ya:= ATAN (rotmat[2][1], rotmat[2][2]);

        --result of ATAN is in the range[-PI/2,PI/2].
        --Here all four quadrants are needed.

        IF (rotmat[2][2] < 0.0) THEN
          IF ya <= 0.0 THEN
            ya := ya + PI;
          ELSE
            ya := ya - PI;
          END_IF;
        END_IF;
      END;
    ELSE
      --COS (pitch_angle) not equal to zero
      BEGIN
        ya:= ATAN (- rotmat[1][2], rotmat[1][1]);

        IF (rotmat[1][1] < 0.0) THEN
        IF (ya <= 0.0) THEN
          ya:= ya + PI;
        ELSE
          ya:= ya - PI;
        END_IF;
      END_IF;

      ra:= ATAN (-rotmat[2][3], rotmat[3][3]);

      IF (rotmat[3][3] < 0.0) THEN
        IF (ra <= 0.0) THEN
          ra:= ra + PI;
        ELSE
          ra:= ra - PI;
        END_IF;
      END_IF;

      s_y := SIN(ya);
      c_y := COS(ya);
      s_r := SIN(ra);
      c_r := COS(ra);

      IF ((ABS(s_y) > ABS (c_y)) AND
```

```
        (ABS(s_y)〉ABS (s_r)) AND
        (ABS(s_y)〉ABS (c_r))) THEN
       cml:= - rotmat[1][2]/s_y;
     ELSE
       IF ((ABS(c_y) 〉ABS (s_r)) AND (ABS (c_y) 〉ABS (c_r))) THEN
        cml:= rotmat[1][1]/c_y;
       ELSE
        IF (ABS (s_r) 〉ABS (c_r)) THEN
          cml:= - rotmat[2][3]/s_r;
       ELSE
        cm1:= rotmat[3][3]/c_r;
       END_IF;
    END_IF;
  END_IF;

  pa:= ATAN (rotmat[1][3], cm1);

 END;
END_IF;

  ya:= ya * ucf;
  pa:= pa * ucf;
  ra:= ra * ucf;

  RETURN ([ya, pa, ra]);
END_FUNCTION;
(*
```

参数定义:

pair:kinematic_pair,根据 plane_angle_unit 来计算它的 pair_placement_in_first_link_context 的相关环境。

rotation:用函数进行转化的 spatial_rotation。

5.5.10 assign_directed_link

assign_directed_link 函数检测 kinematic_joint 的 orientation。如果 orientation 为 TRUE,函数返回 joint.first_link,否则返回 joint.second_link。函数的类型为 kinematic_link。

EXPRESS 描述:

```
*)
FUNCTION assign_directed_1ink
    (joint: kinematic_joint; orientation: BOOLEAN): kinematic_link;
    IF (orientation) THEN
        RETURN (joint.first_link);
    ELSE
        RETURN (joint.second_link);
    END_IF;
```

```
END_FUNCTION;
(*
```

参数定义：

joint：kinematic_joint，根据它来确定 kinematic_link。

orientation：指示穿过连接方向的布尔值。

5.5.11 **connected_in_simple_loop**

connected_in_simple_loop 函数检验两个给定的 joint_logical_relationship 是否涉及同一个环，以及与它们相关的 oriented_joint 的 orientation 是否一致。如果 relation_1 和 relation_2 符合这些条件，函数返回 TRUE，否则返回 FALSE。函数的类型为 BOOLEAN。

EXPRESS 描述：

```
*)
FUNCTION connected_in_simple_loop
      (relation_1: joint_logical_relationship;
       relation_2: joint_logical_relationship): BOOLEAN;
    LOCAL
      next_jlr_in_loop_set: SET [1:?] OF joint_logical_relationship;
    END_LOCAL;
      IF((relation_1.loop:<>:relation_2.loop) OR
         (relation_1 :=: relation_2)) THEN
          RETURN(FALSE);
      ELSE
        IF (relation_2.next_joint_logical_structure:=:
      relation_2.previous_joint_logical_structure) THEN
      RETURN (TRUE);
    ELSE
      next_jlr_in_loop_set:=
        QUERY (relation <*
        bag_to_set(USEDIN(relation_1.next_joint_logical_structure,
        'KINEMATIC_STRUCTURE_SCHEMA.JOINT_LOGICAL_RELATIONSHIP.' +
        'PREVIOUS_JOINT_LOGICAL_STRUCTURE'))
         | relation.loop :=: relation_1.loop);
      IF (SIZEOF (next_jlr_in_loop_set)<>1) THEN
        RETURN(FALSE);
      ELSE
        RETURN(connected_in_simple_loop(next_jlr_in_loop_set[1],
                relation_2));
      END_IF;
    END_IF;
  END_IF;
END_FUNCTION;
(*
```

参数定义：

relation_1：joint_logical_structure_relationship，它被检测是否与 relation_2 相连。

relation_2:第二个 joint_logical_structure_relationship,它被检测是否与 relation_1 相连。

```
*)
END_SCHEMA; —end kinematic_structure_schema
(*
```

6 运动学的运动表达

下面的 EXPRESS 声明是 kinematic_motion_representation_schema 的开始,并且在其中对必要的外部引用作了说明。

EXPRESS 描述:

```
*)
SCHEMA kinematic_motion_representation_schema;

REFERENCE FROM geometry_schema
    (cartesian_point,
    curve);

REFERENCE FROM measure_schema
    (1ength_measure,
    measure_with_unit,
    parameter_value,
    plane_angle_measure);

REFERENCE FROM representation_schema
    (functionally_defined_transformation,
    representation_item);

REFERENCE FROM kinematic_structure_schema
    (rotation_about_direction,
    spatial_rotation,
    ypr_rotatlon);
(*
```

注 1:上面引用的模式可以在 GB/T 16656 的以下部分找到:

kinematic_structure_schema	GB/T 16656 本部分的第 5 章
geometry_schema	GB/T 16656.42
measure_schema	GB/T 16656.41
representation_schema	GB/T 16656.43

注 2:这个 schema 的图形表达见附录 D,其图形表达使用了 EXPRESS_G 符号。

6.1 引言

kinematic_motion_representation_schema 的目标是描述运动。它对组成运动模型的运动的不同路径进行了明确的说明。

6.2 基本概念和假设

在 GB/T 16656 的本部分,用参数 t 来表示所定义的运动。t 是运动进行过程中的非递减参数。由于运动模型中的所有运动的实际状态都由这个作为 kinematic_control 和 kinematic_result 属性的唯一

参数 t 来控制,因此可能要求一些运动保持同步。

6.3 运动学的运动表示模式(kinematic_motion_representation_schema)类型定义:运动参数测量(motion_parameter_measure)

motion_parameter_measure 是一种用来区分一个运动过程中的不同姿态的方法。运动参数可以被定义为有单位,也可以是无单位的。

EXPRESS 描述:

```
*)
TYPE motion_parameter_measure = SELECT
    (parameter_value,
    measure_with_unit);
END_TYPE;
(*
```

6.4 运动学的运动表示模式(kinematic_motion_representation_schema)实体定义

6.4.1 translation

translation 定义了一个笛卡尔坐标空间 R^3 中的位移。

EXPRESS 描述:

```
*)
ENTITY translation;
    x: length_measure;
    y: length_measure;
    z: length_measure;
END_ENTITY;
(*
```

属性定义:

x:x 方向的位移。

y:y 方向的位移。

z:z 方向的位移。

6.4.2 transform

transform 定义了一个坐标系沿一条包括旋转和 translation 的路径的线性变换。首先进行旋转,然后再平移。

EXPRESS 描述:

```
*)
ENTITY transform
    SUBTYPE OF (functionally_defined_transformation);
    rotation_component      : spatial_rotation;
    translation_component   : translation;
END_ENTITY;
(*
```

属性定义:

rotation_component:transform 的旋转部分。

translation_component:transform 的平移部分。

6.4.3 path_node

path_node 描述了路径定义中的一个组成部分。它由一个线性变换和与它相关的运动参数组成。

EXPRESS 描述:

```
*)
ENTITY path_node;
    control_transform : transform;
    t_parameter       : motion_parameter_measure;
END_ENTITY;
(*
```

属性定义:

control_transformation:一个线性变换,它定义了一条路径上的一个局部坐标系。

t_parameter:与控制变换相对应的一条路径的参数 t。

6.4.4 kinematic_path

kinematic_path 描述运动的一条路径或路径的一部分。

EXPRESS 描述:

```
*)
ENTITY kinematic_path
    SUPERTYPE OF (ONEOF (path_element, composite_path))
    SUBTYPE OF (representation_item);
END_ENTITY;
(*
```

6.4.5 path_element_connection

path_element_connection 是两个相邻 path_element 的连接。前一个 path_element 结束时的参数 t 的值与下一个 path_element 开始时的 t 值相同。

EXPRESS 描述:

```
*)
ENTITY path_element_connection;
    previous_element : path_element;
    next_element     : path_element;
WHERE
    WR1: previous_element.node_to = next_element.node_from;
    WR2: compare_unit_components (previous_element.node_to.t_parameter,
                                  next_element.node_from.t_paraemter);
END_ENTITY;
(*
```

属性定义:

previous_element:两个 path_element 序列的第一个元素。

second_element:两个 path_element 序列的第二个元素。

形式限制:

WR1:前一个 path_element 终点处的 path_node 应该与后一个 path_element 起始处的 path_node 相同。

WR2:两个 path_element 的参数值的 unit_component 应该相同。

6.4.6 composite_path

composite_path 是将 path_element 头尾相接而组成的。composite_path 有自己的 t 参数范围;要对 path_element 重新进行参数化,使它们各自的 t 参数范围长度之和与 composite_path 的 t 参数范围长度相同,且它们各自的参数范围长度之间的比值保持不变。

EXPRESS 描述:

```
*)
ENTITY composite_path
    SUBTYPE OF (kinematic_path);
    elements : SET[1:?] OF path_element_connection;
    t_start  : motion_parameter_measure;
    t_end    : motion_parameter_measure;
WHERE
    WR1: increasing_measure_value (t_start, t_end);
    WR2: compare_unit_components (t_start, t_end);
    WR3: connected_in_simple_path (elements);
END_ENTITY;
(*
```

属性定义:

elements:path_element_connection,定义了 path_element 以及它们的顺序和连接性。

t_start:composite_path 起始处的参数值。

t_end:composite_path 终止处的参数值。

形式限制:

WR1:所有的参数只能增加。

WR2:composite_path 起始和终止处的参数值的 unit_component 必须相同。

WR3:不论是直接通过一个单独的 path_element_connection 还是间接通过一系列的 path_element_connection,composite_path 中的每一个 path_element 必须与 composite_path 中的所有其他的 path_element 相连通,这样就使得 path_element 形成了一条没有缺口或分枝的单一连续开链。这一点通过 connected_in_simple_path 函数来检测。

6.4.7 path_element

path_element 是一种 kinematic_path,它用来描述点到点、线状、圆或是一般曲线类型的运动。

EXPRESS 描述:

```
*)
ENTITY path_element
    SUPERTYPE OF (ONE OF (point_to_point_path,
                          circular_path,
                          linear_path,
                          curve_based_path));
    SUBTYPE OF (kinematic_path);
    node_from : path_node;
    node_to   : path_node;
WHERE
    WR1: compare_unit_components(node_from.t_parameter,
                                 node_to.t_parameter);
    WR2:increasing_measure_value(node_from.t_parameter,
                                 node_to.t_parameter);
END_ENTITY;
```

(*

属性定义:

node_from:path_element 开始处的坐标系。

node_to:path_element 终止处的坐标系。

形式限制:

WR1:两个 path_node 的参数值的 unit_component 应该相同。

WR2:从 path_element 的开始到终止点,参数 t 应该是增加的。

6.4.8 point_to_point_path

point_to_point_path 定义了被穿过的坐标系。它不规定插补。

注:插补留给使用这些数据的软件。

EXPRESS 描述:

```
*)
ENTITY point_to_point_path
    SUBTYPE OF(path_element);
END_ENTITY;
(*
```

6.4.9 circular_path

circular_path 描述了一个完整的 kinematic_path 中的一段,使得对 kinematic_link 的坐标系原点的运动中的平移部分进行插补后,会产生一个圆。定向插补与平移插补是同步进行的。

EXPRESS 描述:

```
*)
ENTITY circular_path
    SUBTYPE OF (path_element);
    via_point: cartesian_point;
WHERE
    WR1: SELF\path_element.node_to.control_transform.translation_component<>
           SELF\path_element.node_from.control_transform.translation_component;
    WR2:non_coincident_coordinates(via_point,
           SELF\path_element.node_from.control_transform.translation_component)
        AND
        non_coincident_coordinates(via_point,
           SELF\path_element.node_to.control_transform.translation_component);
END_ENTITY;
(*
```

属性定义:

via_point:circular_path 通过的一个中间点。

形式限制:

WR1:circular_path 的终止点不能和它的起始点重合。

WR2:circular_path 的 via_point 既不能和它的起始点重合,也不能和它的终止点重合。

6.4.10 linear_path

linear_path 是一个连接有界线性路径元素的圆弧,它是在 path_element 的起始点和终止点用 path_node 的两个 transform 来定义的。在 path_node 中给出的运动参数值之间的 transform 是通过对 linear_path 的 node_from 和 node_to 中指定的 transform 之间进行线性插补得到。

EXPRESS 描述：

```
*)
ENTITY linear_path
    SUBTYPE OF(path_element);
END_ENTITY;
(*
```

6.4.11 curve_based_path

curve_based_path 描述了一个完整的 kinematic_path 中的一段，使得当对 kinematic_link 的坐标系原点的运动中的平移部分进行插补后，会产生一条曲线。定向插补与平移插补是同步进行的。

EXPRESS 描述：

```
*)
ENTITY curve_based_path
    SUBTYPE OF(path_element);
    path_curve_curve;
WHERE
    WR1: SELF\path_element.node_to.control_transform.translation_component<>
        SELF\path_element.node_from.control_transform.translation_component;
END_ENTITY;
(*
```

属性定义：

path_curve:这条曲线定义了由 curve_based_path 连接起来的 path_nodes 之间的平移插补。

形式限制：

WR1:curve_based_path 的终止点不应该与它的起始点重合。

非形式限制：

startpoint on curve:curve_based_path 的起始点应该处于被引用为 path_curve 的曲线上。

endpoint on curve:curve_based_path 的终止点应该处于被引用为 path_curve 的曲线上。

6.5 运动学的运动表示模式(kinematic_motion_representation_schema)函数定义

6.5.1 connected_in_simple_path

connected_in_simple_path 函数检测 composite_path 是否简单地连接。如果 connections(连接)用这样的方式连接路径的所有 path_element，使得它们形成一个没有缺口也没有分枝的连续开链(也就是非环)，那么函数返回 TRUE，否则，返回 FALSE。该函数的类型是 BOOLEAN。

EXPRESS 描述：

```
*)
FUNCTION connected_in_simple_path(connections : SET OF path_element_connection)
                                             : BOOLEAN;
    LOCAL
        connection_set : SET [0:?]OF path_element_connection;
        nec0           : INTEGER;
        pec0           : INTEGER;
        necbranch      : INTEGER;
        pecbranch      : INTEGER;
    END_LOCAL;
```

```
    IF SIZE OF(connections)>1 THEN
        connection_set: = QUERY(pecl< * connections|
                          SIZE OF(QUERY(pec2< * connections-pec1 |
                            pecl.next_element: = : pec2.previous_element)) = 0);
        nec0: = SIZE OF (connection_set);

        connection_set: = QUERY(pecl< * connections|
                          SIZE OF(QUERY(pec2< * connections - pecl |
                            pec2.next_element : = : pecl.previous_element)) = 0);
        pec0: = SIZE OF(connection_set);

        connection_set: = QUERY (pecl < * connections|
                          SIZE OF (QUERY(pec2 < * connections - pec1|
                            pec1.next_element: = : pec2.previous_element))>1);
        necbranch: = SIZE OF (connection_set);

        connection_set: = QUERY (pecl < * connections|
                          SIZE OF(QUERY(pec2< * connections - pecl|
                            pec2.next_element: = :pec1.previous_element))>1);
        pecbranch: = SIZE OF(connection_set);

        IF((nec0<>1)OR(pec0<>1)OR(necbranch>0)OR(pecbranch>0))THEN
            RETURN (FALSE);
        ELSE
            RETURN (TRUE);
        END_IF;
    ELSE
        RETURN(TRUE);
    END_IF;
END_FUNCTION;
(*
```

参数定义:

connections:一组要检测的 path_element_connection。

6.5.2 **compare_unit_components**

compare_unit_components 函数检查 motion_parameter_measure 类型的两个给定路径参数的单位。如果单位相同,函数返回 TRUE。如果单位不同,返回 FALSE。函数的类型为 BOOLEAN。

EXPRESS 描述:

```
*)
FUNCTION compare_unit_components(parml:motion_parameter_measure;
                                 parm2:motion_parameter_measure): BOOLEAN;
    IF (('MEASURE_SCHEMA.PARAMETER_VALUE'IN TYPE OF (parm1)) AND
       ('MEASURE_SCHEMA.PARAMETER_VALUE'IN TYPE OF (parm2))) THEN
        RETURN(TRUE);
```

```
    ELSE
      IF (('MEASURE_SCHEMA.MEASURE_WITH_UNIT'IN TYPE OF (parml)) AND
         ('MEASURE_SCHEMA.MEASURE_WITH_UNIT'IN TYPE OF (parm2))) THEN
       IF (parm1.unit_component = parm2.unit_component) THEN
             RETURN(TRUE);
       ELSE
             RETURN(FALSE);
       END_IF;
      ELSE
       RETURN(FALSE);
      END_IF;
    END_IF;
END_FUNCTION;
(*
```

参数定义:

parml:第一个路径参数,检查此路径参数的单位是否与第二个路径参数相同。

parm2:第二个路径参数,检查此路径参数的单位是否与第一个路径参数相同。

6.5.3 **increasing_measure_value**

increasing_measure_value 函数比较 motion_parameter_measure 类型的两个给定路径参数值。如果第一个参数值小于第二个参数值,函数返回 TRUE,如果第二个参数值小于或等于第一个参数值,函数返回 FALSE。函数的类型是 BOOLEAN。该函数假设两个参数要么都是 parameter_value,要么有相同的单位。

EXPRESS 描述:

```
*)
FUNCTION increasing_measure_value(parml:motion_parameter_measure;
                                  parm2:motion_parameter_measure):BOOLEAN;
    IF('MEASURE_SCHEMA.PARAMETER_VALUE'IN TYPE OF(parm1))THEN
      IF (parml<parm2) THEN
          RETUN(TRUE);
      ELSE
          RETURN(FALSE);
        END_IF;
      ELSE
        IF('MEASURE_SCHEMA.MEASURE_WITH_UNIT'INTYPE OF(parml)) THEN
          IF(parml.value_component<parm2.value_component) THEN
             RETURN (TRUE);
          ELSE
             RETURN (FALSE);
          END_IF;
       ELSE
          RETURN (FALSE);
       END_IF;
   END_IF;
```

```
END_FUNCTION;
(*
```

参数定义：

parm1:第一个路径参数,它的值与第二个路径参数的值相比较。

parm2:第二个路径参数,它的值与第一个路径参数的值相比较。

6.5.4 non_coincident_coordinates

non_coincident_coordinates 函数检测一个给定的 translation 是否与一个给定的 cartesian_point 重合。如果 trltn 与 crtpt 不同,返回 TRUE,否则,返回 FALSE。函数的类型为 BOOLEAN。

EXPRESS 描述:

```
*)
FUNCTION non_coincident_coordinates (crtpt : cartesian_point;
                                     trltn : translation): BOOLEAN;
  IF ((crtpt.coordinates[1] = trltn.x) AND
      (crtpt.coordinates[2] = trltn.y) AND
      (crtpt.coordinates[3] = trltn.z)) THEN
    RETURN(FALSE);
  ELSE
    RETURN(TRUE);
  END_IF;
END_FUNCTION;
(*
```

参数定义：

crtpt:cartesian_point,其与 trltn 的不一致性必须受到检测。

trltn:translation,其与 crtpt 的不一致性必须受到检测。

```
*)
END_SCHEMA; -- end kinematic_motion_representation_schema
(*
```

7 运动分析控制和结果

下面的 EXPRESS 声明是 kinematic_analysis_control_and_result_schema 的开始,并且标识了必要的外部引用。

EXPRESS 描述:

```
*)
SCHEMA kinematic_analysis_control_and_result_schema;

REFERENCE FROM kinematic_motion_representation_schema
  (kinematic_path,
  motion_parameter_measure);

REFERENCE FROM kinematic_structure_schema
  (kinematic_joint,
  kinematic_link_representation,
  mechanism,
```

```
    pair_value,
    rigid_placement);

REFERENCE FROM geometry_schema
    (geometric_representation_context);

REFERENCE FROM representation_schema
    (representation,
    representation_relationship);
(*
```

注 1：上面引用的模式可以在 GB/T 16656 的下列部分找到。

kinematic_motion_representation_schema	GB/T 16656 本部分的第 6 章
kinematic_structure_schema	GB/T 16656 本部分的第 5 章
geometry_schema	GB/T 16656.42
representation_schema	GB/T 16656.43

注 2：这个 schema 的图形表示见附录 D，图形表示使用 EXPRESS_G 符号。

7.1 引言

kinematic_analysis_control_and_result_schema 的目的就是标识、分析 kinematic_structure 的构型和在构型中进行插补。这个 schema 既包括预先设定的路径，也包括从分析中得出的路径。

7.2 基本概念和假设

运动分析是对机械产品运动行为的一种特定的表现。有两个方法可以用来检测运动结构的运动行为。

——正向分析；

——逆向分析。

正向分析是根据一系列的构型和构型之间的插补来说明一个运动结构的运动。这种分析可以得到构件上坐标系的运动路径

逆向分析是根据坐标系预先规定的路径来说明一个结构的运动。这种分析可以得到构型定义的顺序，对于用来控制运动的足够多的副，以副参数值的形式体现。

运动结构的构型是通过运动结构中一组运动副的副值来定义的。

7.3 运动分析控制和结果模式（kinematic_analysis_control_and_result_schema）类型定义

7.3.1 interpolation_type

interpolation_type 定义了运动结构的两个构型定义之间的插补方法。

EXPRESS 描述：

```
*)
TYPE interpolation_type = ENUMERATION OF
        (undefined,
        synchronous,
        linear);
END_TYPE;
(*
```

<u>枚举项定义：</u>

undefined：在这个插补中，所有的插补的副参数应该与在下一个构型定义中详细说明的副参数值相匹配。

synchronous:在这个插补中,所有副参数的插补都应使副参数值按同一比率变化。这个比值在副之间可以按比例变化。

linear:在这个插补中,所有副参数的插补都应使副参数值按同一比率变化。这个比率在副之间保持恒定。

7.3.2 kinematic_analysis_definition

kinematic_analysis_definition 允许引用一个 interpolated_configuration 或是一个 prescribed_path。如果引用的是 interpolated_configuration,则根据 kinematic_structure 的副参数来对运动进行描述。如果引用的是 prescribbed_path,则在笛卡尔空间中对运动进行描述。

EXPRESS 描述:

```
*)
TYPE kinematic_analysis_definition = SELECT
    (interpolated_configuration_sequence,
    prescribed_path);
END_TYPE;
(*
```

7.3.3 kinematic_result

kinematic_result 允许引用一个 interpolated_configuration_sequence 或是 resulting_path。如果引用的是 interpolated_configuration_sequence,则根据 kinematic_structure 的副参数来对运动进行描述,这时,所有在这个序列中构型定义之间的插补都是未定义的。如果引用的是 resulting_path,则在笛卡尔空间中对运动进行描述。

EXPRESS 描述:

```
*)
TYPE kinematic_result = SELECT
    (interpolated_configuration_sequence,
    resulting_path);
END_TYPE;
(*
```

7.4 运动分析控制和结果模式(kinematic_analysis_control_and_result_schema)实体定义

7.4.1 configuration_interpolation

configuration_interpolation 详细说明了两个构型定义之间的构型的插补。

EXPRESS 描述:

```
*)
ENTITY configuration_interpolation;
    previous_configuration_definition :configuration_definition;
    next_configuration_definition     :configuration_definition;
    interpolation                     :interpolation_type;
END_ENTITY;
(*
```

属性定义:

previous_configuration_definition:configuration_definition,插补的起始点。

next_configuration_definition:configuration_definition, 插补的终止点。

interpolation:两个构型定义之间的插补类型。

7.4.2 kinematic_control

kinematic_control 确定了一个 mechanism 正向分析或逆向分析所必要的控制信息。prescribed_path 用于逆向分析。interpolated_configuration_sequence 用于正向分析。

EXPRESS 描述：

```
*)
ENTITY kinematic_control;
    controlled_mechanism          :mechanism;
    contained_kinematic_programs:SET[1:?] OF kinematic_analysis_definition;
END_ENTITY;
(*
```

属性定义：

controlled_mechanism:应用控制信息的 mechanism。

conta ined_kinematic_programes:一组运动定义。

7.4.3 founded_kinematic_path

founded_kinematic_path 说明了在 representation 的相关环境中用几何方法来建立 kinematic_path。

EXPRESS 描述：

```
*)
ENTITY founded_kinematic_path
    SUBTYPE OF (representation);
    SELF\representation.items:SET [1:?] OF kinematic_path;
    SELF\representation.context_of_items:
        geometric_representation_context;
DERIVE
    paths:SET [1:?]OF kinematic_path:= SELF\representation.items;
    founding:geometric_representation_context
            := SELF\representation.context_of_items;
END_ENTITY;
(*
```

属性定义：

SELF\representation.items:一组需要建立的 kinematic_path。

SELF\representation.context_of_items:建立 items 所需的 geometric_representation_context。

paths:建立的 kinematic_path 集合。

founding:路径的相关环境。

7.4.4 motion_link_relationship

motion_link_relationship 描述了 founded_kinematic_path 与在 kinematic_link_ representation 上的坐标系的关系。

EXPRESS 描述：

```
*)
ENTITY motion_link_relationship
    SUPERTYPE OF (ONE OF (prescribed_path,resulting_path))
    SUBTYPE OF (representation_relationship);
    SELF\representation_relationship.rep_1:founded_kinematic_path;
```

```
    SELF\representation_relationship.rep_2:
        kinematic_link_representation;
        related_frame                         :rigid_placement;
DERIVE
    motion      : founded_kinematic_path
                : = SELF\representation_relationship.rep_1;
    frame_link:kinematic_link_representation
                : = SELF\representation_relationship.rep_2;
WHERE
    WR1:related_frame IN frame_link\representation.items;
END_ENTITY;
(*
```

属性定义:

SELF\representation_relationship.rep_1:描述运动的 founded_kinematic_path。

SELF\representation_relationship.rep_2:kinematic_link_representation,它代表运动体。

related_frame:沿 founded_kinematic_path 运动的构件上的坐标系。

motion:描述运动的 founded_kinematic_path。motion 是从继承的 rep_1 属性中派生出来的。

frame_link:kinematic_link_representation,在它的相关环境中用几何方法建立了沿 motion 运动的 related_frlame。frame_link 是从继承的 rep_2 属性中派生出来的。

形式限制:

WR1:related_frame 应该在 frame_link 的 items 组中。

7.4.5 configuration_definition

configuration_definition 根据副参数组说明 kinematic_structure 的构型。

EXPRESS 描述:

```
*)
ENTITY configuration_definition;
    pair_values :SET[1:?]OF pair_value;
    t_parameter :motion_parameter_measure;
END_ENTITY;
(*
```

属性定义:

pair_value:一组副参数的值,它们说明了 configuration_definition。

t_parameter:与 configuration_definition 相关的参数。

7.4.6 interpolated_configuration_sequence

interpolated_configuration_sequence 根据一组 configuration_interpolation 说明了 kinematic_structure 的运动(正向分析)。这些 configuration_interpolation 定义了 configuration_interpolation 的顺序和 configuration_interpolation 之间的插补。

EXPRESS 描述:

```
*)
ENTITY interpolated_configuration_sequence;
    interpolation :SET [1:?]OF configuration_interpolation;
END_ENTITY;
(*
```

属性定义:

interpolation:构型之间的插补。

7.4.7 prescribed_path

prescribed_path 详述了一个定义在 kinematic_link 上的 control_frame 的连续运动。prescribed_path 用于逆向分析。属于这条路径(prescribed_path)的所有 transform 均在一个坐标系内,该坐标系就是几何学中建立 motion 的相关环境。

如果由于种种原因没有确切的路径,关节的任意组合用于实现与预订路径的平均距离最小的路径。如果没有给出控制关节,那么可以用任意关节来实现预定路径(prescribed path)。

EXPRESS 描述:

```
*)
ENTITY prescribed_path
    SUBTYPE OF(motion_link_relationship);
    controlling_joints :OPTIONAL SET[1:6]OF kinematic_joint;
END_ENTITY;
(*
```

属性定义:

controlling_joints:一个可选的 kinematic_joints 集,用它来获得沿预定路径的运动。

注:一个关节的自由度取决于引用该关节的副的类型。自由度的值由 pair_value 的恰当子类赋与(pair_values 始终给副的所有自由度赋值)。另一方面,在 controlling_joints 集中的各关节的自由度数目不能超过 6,以免逆向分析将得到不确定的结果。由于这个原因,如果一个自由度大于 1 的副(例如,cylindrical_pair)与 controlling_joint 集合中的任何一个连接有关联,那么该集合的数目小于 6。

7.4.8 kinematic_analysis_result

kinematic_analysis_result 从 mechanism 的运动模拟中得出结果信息。

EXPRESS 描述:

```
*)
ENTITY kinematic_analysis_result;
    analysed_mechanism          :mechanism;
    contained_kinematic_results :SET[1:?] OF kinematic_result;
WHERE
WR1:(SIZEOF (QUERY(result < * contained_kinematic_results |
        'KINEMATIC_ANALYSIS_CONTROL_AND_RESULT_SCHEMA.RESULTING_PATH'
       IN TYPEOF(result)))
       >0)
     XOR
     (SIZEOF(QUERY(result< *contained_kinematic_results |
     (('KINEMATIC_ANALYSIS_CONTROL_AND_RESULT_SCHEMA.' +
       'INTERPOLATED_CONFIGURATION_SEQUENCE'IN TYPEOF (result))
          AND
     (SIZEOF(QUERY(sequence< * result\
          interpolated_configuration_sequence.interpolation |
          (sequence.interpolation<>undefined)))>0)))) = 0);
END_ENTITY;
(*
```

属性定义:

analysed_mechanism:与分析结果相对应的 mechanism。

contained_kinematic_results:一组运动,称为结果。

形式限制:

WR1:如果在类型为 resulting_path 的 contained_kinematic_results 的集合中没有 kinematic_results,那么 interpolated_configuration_sequence 实例中的所有 configuration_interpolation 实例的 interpolation 属性都是 undefined 类型,其中 interpolated_configuration_sequence 在 contained_kinematic_result 集合中。

7.4.9 kinematic_analysis_consistency

kinematic_analysis_consistency 将运动分析的结果与输入联系起来。它认为结果(result)是通过将控制(control)作为输入来分析得到的。

EXPRESS 描述:

```
*)
ENTITY kinematic_analysis_consistency;
    control :kinematic_control;
    result  :kinematic_analysis_result;
WHERE
    WR1:control.controlled_mechanism:= :result.analysed_mechanism;
END_ENTITY;
(*
```

属性定义:

control:kinematic_control,作为分析的输入。

result:kinematic_analysis_result,包含了分析的结果。

形式限制:

WR1:输入和输出数据应该与同一个 mechanism 相关。

7.4.10 resulting_path

resulting_path 可以从正向分析中获得,它描述了建立在 kinematic_link 上的控制坐标系的连续刚体运动。所有属于这条 prescribed_path 的 tramsform 都是相对于这个控制坐标系的,这些由几何方法建立的运动就是通过这个坐标系定义的。

EXPRESS 描述:

```
*)
ENTITY resulting_path
    SUBTYPE OF(motion_link_relationship);
    controlling_joints:SET[1:?]OF kinematic_joint;
END_ENTITY;
(*
```

属性定义:

controlling_joints:kinematic_joints,用它来获得运动的最终路径结果。

非形式限制:

controlling_pair_requirement:所有用来得出 resulting_path 的副都必须给出。

```
*)
END_SCHEMA; —end kinematic_analysis_control_and_result_schema
(*
```

附 录 A
（规范性附录）
实体短名

表 A.1 提供了在 GB/T 16656 本部分中使用的实体名短名。使用短名的要求见 GB/T 16656 的实现方法。

表 A.1 实体短名

实体名	短名
ADVENT_ORIENTED_JOINT	ADORJN
CIRCULAR_PATH	CRCPTH
COMPOSITE_PATH	CMPPTH
CONFIGURATION_DEFINITION	CNFDFN
CONFIGURATION_INTERPOLATION	CNFINT
CURVE_BASED_PATH	CRBSPT
CYLINDRICAL_PAIR	CYLPR
CYLINDRICAL_PAIR_RANGE	CYPRRN
CYLINDRICAL_PAIR_VALUE	CYPRVL
FOUNDED_KINEMATIC_PATH	FNKNPT
FULLY_CONSTRAINED_PAIR	FLCNPR
GEAR_PAIR	GRPR
GEAR_PAIR_RANGE	GRPRRN
GEAR_PAIR_VALUE	GRPRVL
INITIAL_STATE	INTSTT
INTERPOLATED_CONFIGURATION_SEQUENCE	INCNSQ
JOINT_LOGICAL_RELATIONSHIP	JNLGRL
KINEMATIC_ANALYSIS_CONSISTENCY	KNANCN
KINEMATIC_ANALYSIS_RESULT	KNANRS
KINEMATIC_CONTROL	KNMCNT
KINEMATIC_FRAME_BACKGROUND_REPRESENTATION	KFBR
KINEMATIC_FRAME_BACKGROUND_REPRESENTATION_ASSOCIATION	KFBRA
KINEMATIC_FRAME_BASED_TRANSFORMATION	KFBT
KINEMATIC_GROUND_REPRESENTATION	KNGRRP
KINEMATIC_JOINT	KNMJNT
KINEMATIC_LINK	KNMLNK
KINEMATIC_LINK_REPRESENTATION	KNLNRP
KINEMATIC_LINK_REPRESENTATION_ASSOCIATION	KLRA
KINEMATIC_LINK_REPRESENTATION_RELATION	KLRR

表 A.1(续)

实体名	短名
KINEMATIC_LOOP	KNMLP
KINEMATIC_NETWORK_STRUCTURE	KNNTST
KINEMATIC_PAIR	KNMPR
KINEMATIC_PATH	KNMPTH
KINEMATIC_PROPERTY_DEFINITION	KRPR
KINEMATIC_PROPERTY_REPRESENTATION_RELATION	KRPR
KINEMATIC_STRUCTURE	KNMSTR
KINEMATIC_SUBSTRUCTURE	KNMSBS
KINEMATIC_TREE_STRUCTURE	KNTRST
LINEAR_PATH	LNRPTH
MECHANISM	MCHNSM
MECHANISM_BASE_PLACEMENT	MCBSPL
MOTION_LINK_RELATIONSHIP	MTLNRL
ORIENTED_JOINT	ORNJNT
ORIENTED_JOINT_IN_TREE	OJIT
PAIR_ACTUATOR	PRACT
PAIR_VALUE	PRVL
PATH_ELEMENT	PTHELM
PATH_EL EMENT_CONNECTION	PTELCN
PATH_NODE	PTHND
PLANAR_CURVE_PAIR	PLCRPR
PL ANAR_CURVE_PAIR_RANGE	PCPR
PL ANAR_CURVE_PAIR_RANGE	PCPR
PLANAR_PAIR	PLNPR
PL ANAR_PAIR_RANGE	PLPRRN
PLANAR_PAIR_VALUE	PLPRVL
POINT_ON_PLANAR_CURVE_PAIR	POPCP
POINT_ON_PLANAR_CURVE_PAIR_RANGE	POPCPR
POINT_ON_PLANAR_CURVE_PAIR_VALUE	POPCPV
POINT_ON_SURFACE_PAIR	POSP
POINT_ON_SURFACE_PAIR_RANGE	POSPR
POINT_ON_SURFACE_PAIR_VALUE	POSPV
POINT_TO_POINT_PATH	PTPP
PRESCRIBED_PATH	PRSPTH
PRISMATIC_PAIR	PRSPR

表 A.1（续）

实体名	短名
PRISMATIC_PAIR_RANGE	PRPRRN
PRISMATIC_PAIR_VALUE	PRPRVL
RACK_AND_PINION_PAIR	RAPP
RACK_AND_PINION_PAIR_RANGE	RAPPR
RACK_AND_PINION_PAIR _VALUE	RAPPV
RESULTING_PATH	RSLPTH
REVOLUTE_PAIR	RVLPR
REVOLUTE_PAIR_RANGE	RVPRRN
REVOLUTE_PAIR_VALUE	RVPRVL
ROLLING_CURVE_PAIR	RLCRPR
ROLLING_CURVE_PAIR_VALUE	RCPV
ROLLING_SURFACE_PAIR	RLSRPR
ROLLING_SURFACE_PAIR_VALUE	RSPV
ROTATION_ABOUT_DIRECTION	RTABDR
SCREW_PAIR_VALUE	SCPRVL
SCREW_PAIR	SCRPR
SCREW_PAIR_RANGE	SCPRRN
SIMPLE_PAIR_RANGE	SMPRRN
SLIDING_CURVE_PAIR	SLCRPR
SLIDING_CURVE_PAIR_VALUE	SCPV
SLIDING_SURFACE_PAIR	SLSRPR
SLIDING_SURFACE_PAIR_VALUE	SSPV
SPHERICAL_PAIR	SPHPR
SPHERICAL_PAIR_RANGE	SPPRRN
SPHERICAL_PAIR_VALUE	SPPRVL
SURFACE_PAIR	SRFPR
SURFACE_PAIR_RANGE	SRPRRN
SU-PARAMETERS	SPRM
TRANSFORM	TRNSFR
TRANSLATION	TRNSLT
UNCONSTRAINED_PAIR	UNCPR
UNCONSTRAINED_PAIR_VALUE	UNPRV
UNIVERSAL_PAIR	UNVPR
UNIVERSAL_PAIR_RANGE	UNPRRN
UNIVERSAL_PAIR_VALUE	NPRVL

附 录 B
（规范性附录）
信息对象注册

B.1 文件标识

为了给在开放系统中的信息对象提供独一无二的标识，对象标识符

{iso standard 10303 part(105)version(3)}

被分配给 GB/T 16656 的本部分。这个值的含义在 GB/T 16262.1 中定义，在 GB/T 16656.1 中描述。

B.2 模式标识

B.2.1 kinematic_structure_schema 标识

为了给在开放系统中的 kinematic_structure_schema 提供独一无二的标识，对象标识符

{iso standard 10303 part(105)version(3)object(1)kinematic_structure_schema(1)}被分配给 kinematic_structure_schema 模式（见第 5 章）。这个值的含义在 GB/T 16262.1 中定义，在GB/T 16656.1中描述。

B.2.2 kinematic_motion_representation_schema 标识

为了给在开放系统中的 kinematic_motion_representation_schema 提供独一无二的标识，对象标识符

{iso standard 10303 part(105)version(1)(object 1)

kinematic_motion_representation_schema(2))

被分配给 kinematic_motion_representation_schema 模式（见第 6 章）。这个值的含义在GB/T 16262.1 中定义，在 GB/T 16656.1 中描述。

B.2.3 kinematic_analysis_control_and_result_schema 标识

为了给在开放系统中的 kinematic_motion_representation_schema 提供独一无二的标识，对象标识符

{iso standard 10303 part(105)version(3)object(1)

kinematic_analysis_control_and_result_schema(3)}

被分配给 kinematic_analysis_control_and_result_schema 模式（见第 7 章）。这个值的含义在 GB/T 16262.1中定义，在 GB/T 16656.1 中描述。

附　录　C
(资料性附录)
EXPRESS 列表

附录C提供了GB/T 16656本部分规定的EXPRESS实体的名称及相应的缩写名称列表。本附录同样提供了一个GB/T 16656本部分规定的完整的EXPRESS模式列表,不包括注释或说明文本。本附录采用计算机可编译的形式,并可在以下URL获取:

Short names:http://www.mel.nist.gov/div826/subject/apde/snr/

EXPRESS:http://www.mel.nist.gov/step/parts/part105/is/tc2/

若无法连接到这些网站,请联系ISO中央秘书处或直接通过电子邮件与ISO TC 184/SC 4秘书处联系,邮箱为:sc4sec@cme.nist.gov。

注:以上网址中以计算机可翻译的形式提供的信息是资料性的。GB/T 16656本部分中的信息是规范性的。

附　录　D
（资料性附录）
EXPRESS-G 图

图 D.1～图 D.9 与附录 C 中的 EXPRESS 列表相对应。图中使用了 EXPRESS 语言的 EXPRESS_G 图形符号。GB/T 16656.11 的附录 D 对 EXPRESS_G 进行了定义。

注：在图 D.5 和图 D.6 中，kinematic_pair_value 和 simple_pair_range 的所有子类实际上都重新定义了它们继承的属性 applies_to_pair。为了能清晰地表达，这些重新声明关系在图中被省略了。

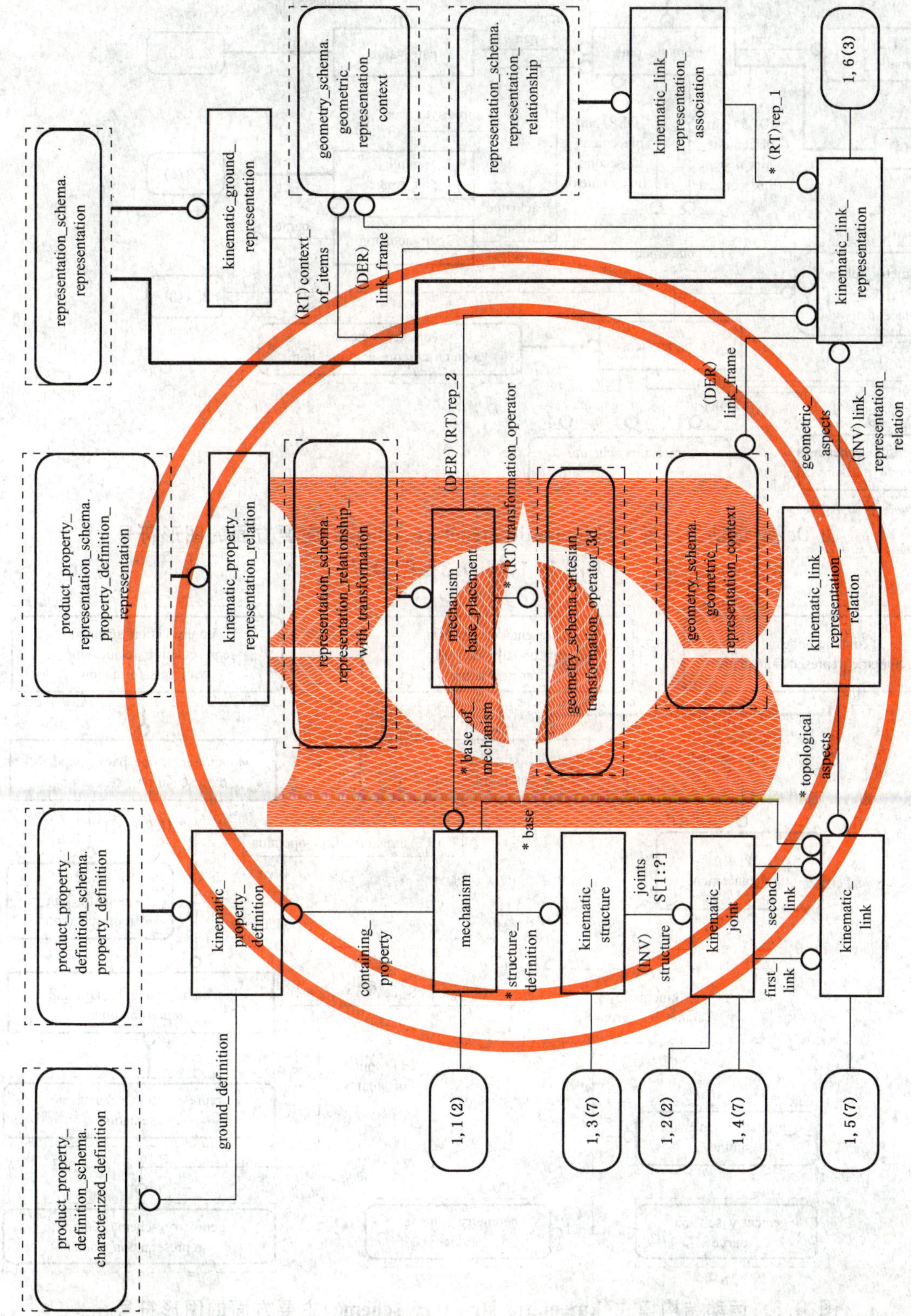

图 D.1 运动结构模式(kinematic_structure_schema)主要方面的图形符号(见图 D.2～图 D.7)

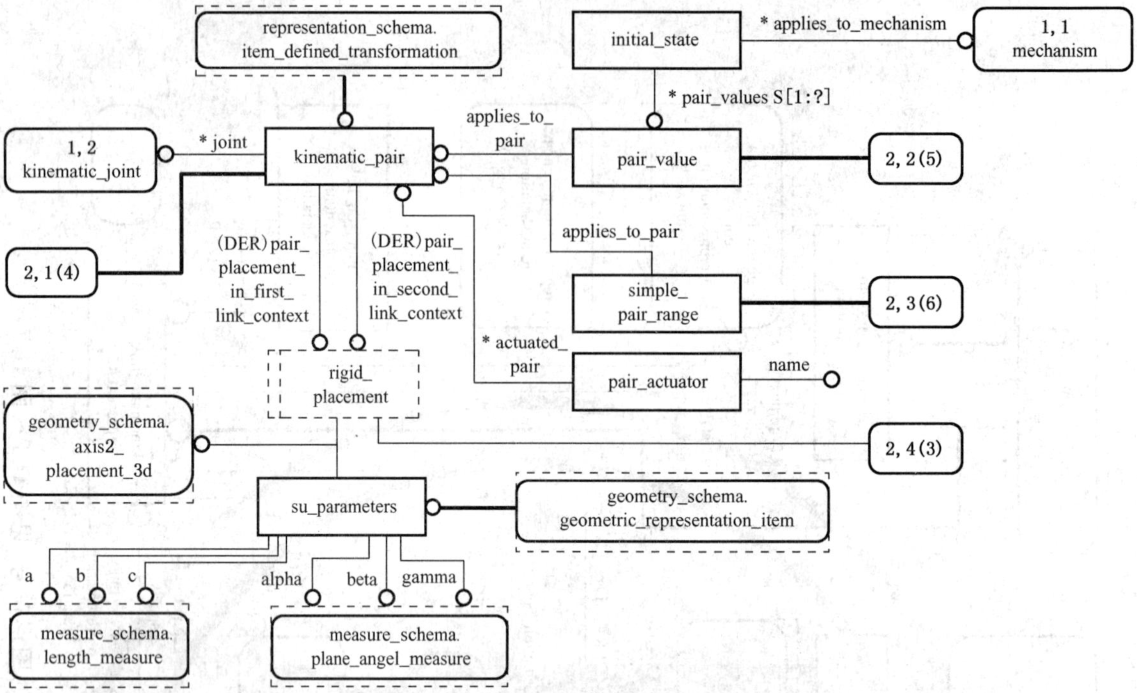

图 D.2 运动结构模式(**kinematic_structure_schema**)主要方面的图形符号

(见图 D.1,图 D.3～图 D.7)

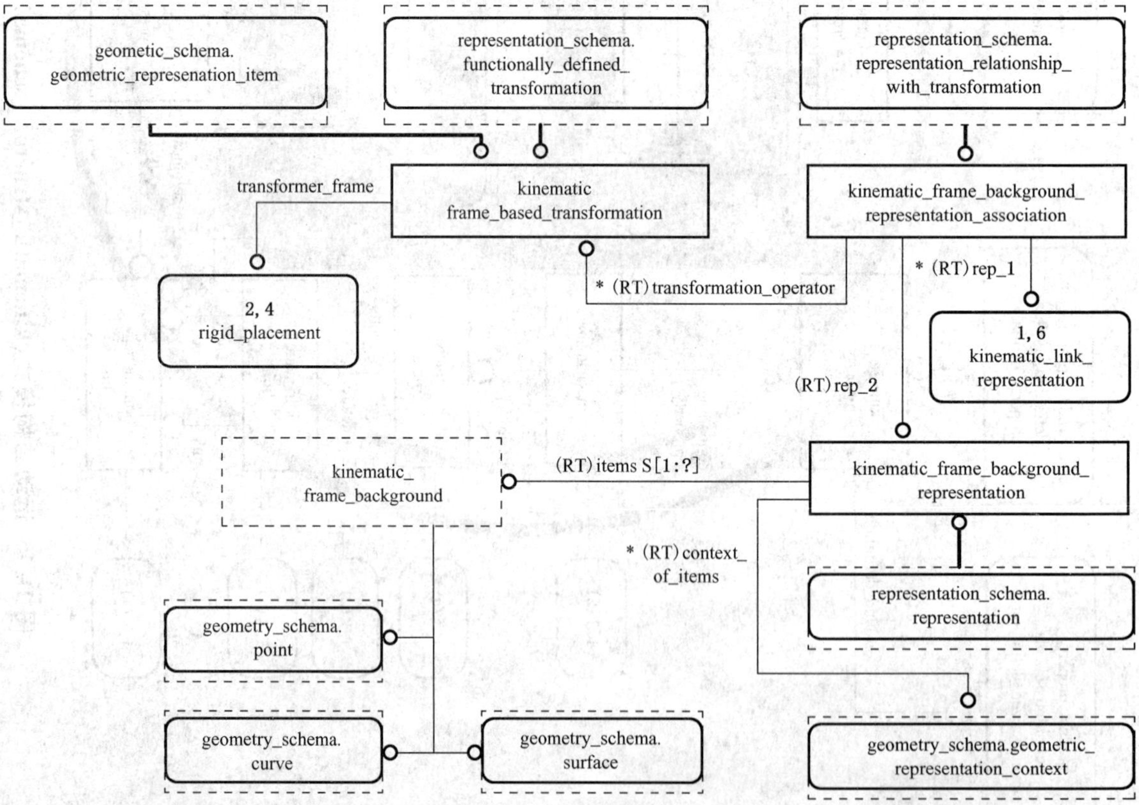

图 D.3 运动结构模式(**kinematic_structure_schema**)主要方面的图形符号

(见图 D.1,图 D.2,图 D.4～图 D.7)

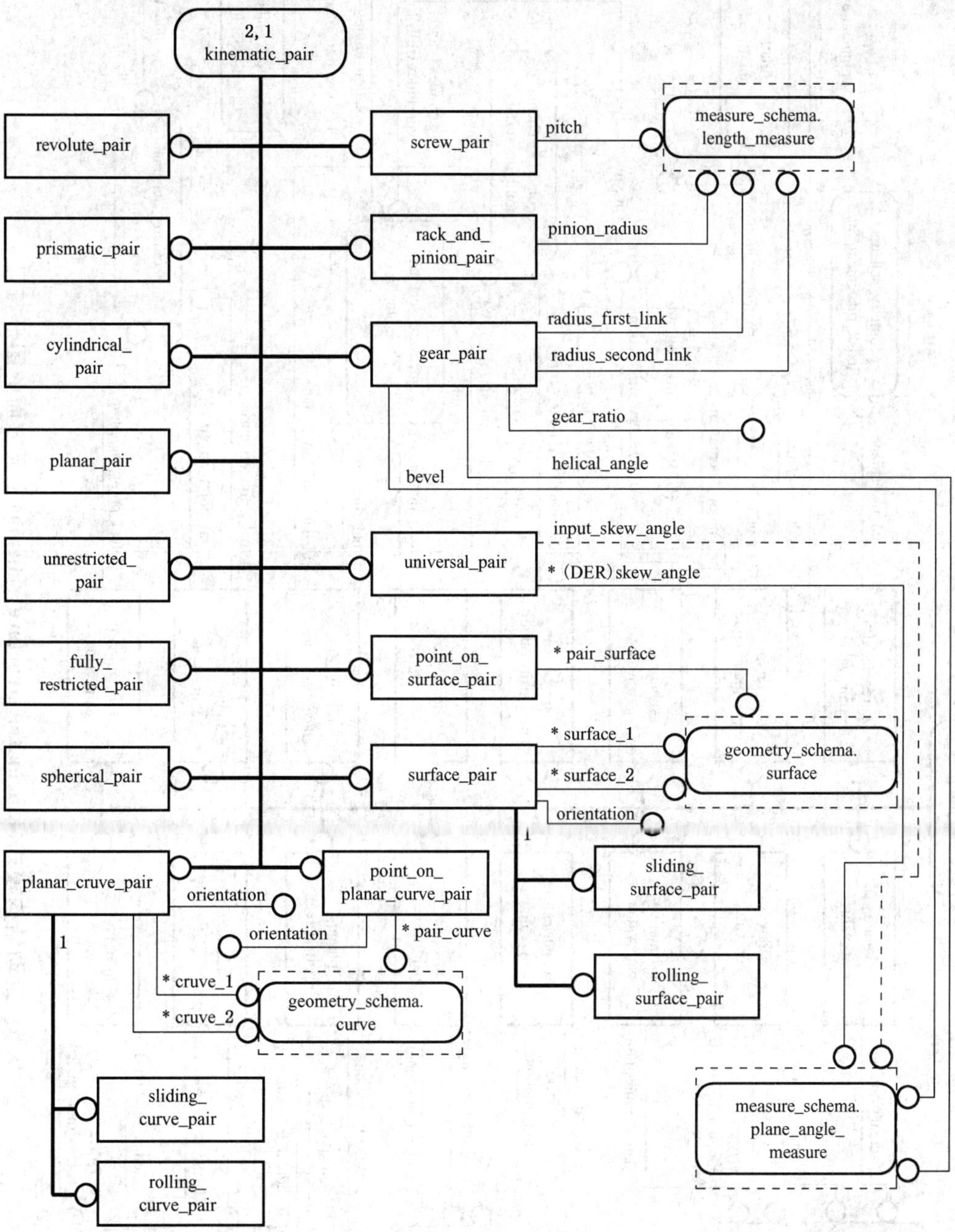

图 D.4 运动结构模式(kinematic_structure_schema)主要方面的图形符号
(见图 D.1～图 D.3,图 D.5～图 D.7)

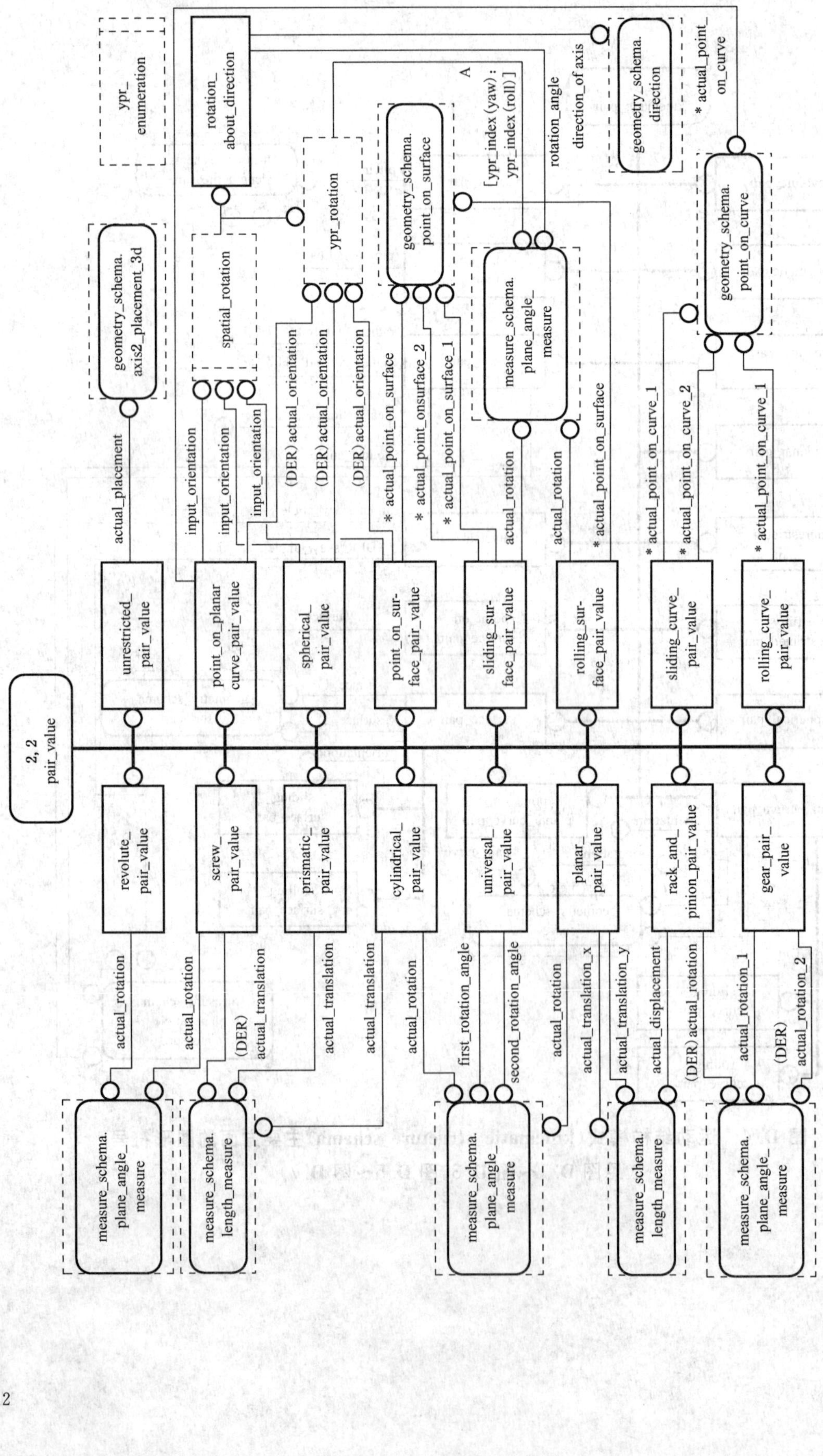

图 D.5 运动结构模式(kinematic_structure_schema)主要方面的图形符号

(见图 D.1～图 D.4,图 D.6～图 D.7)

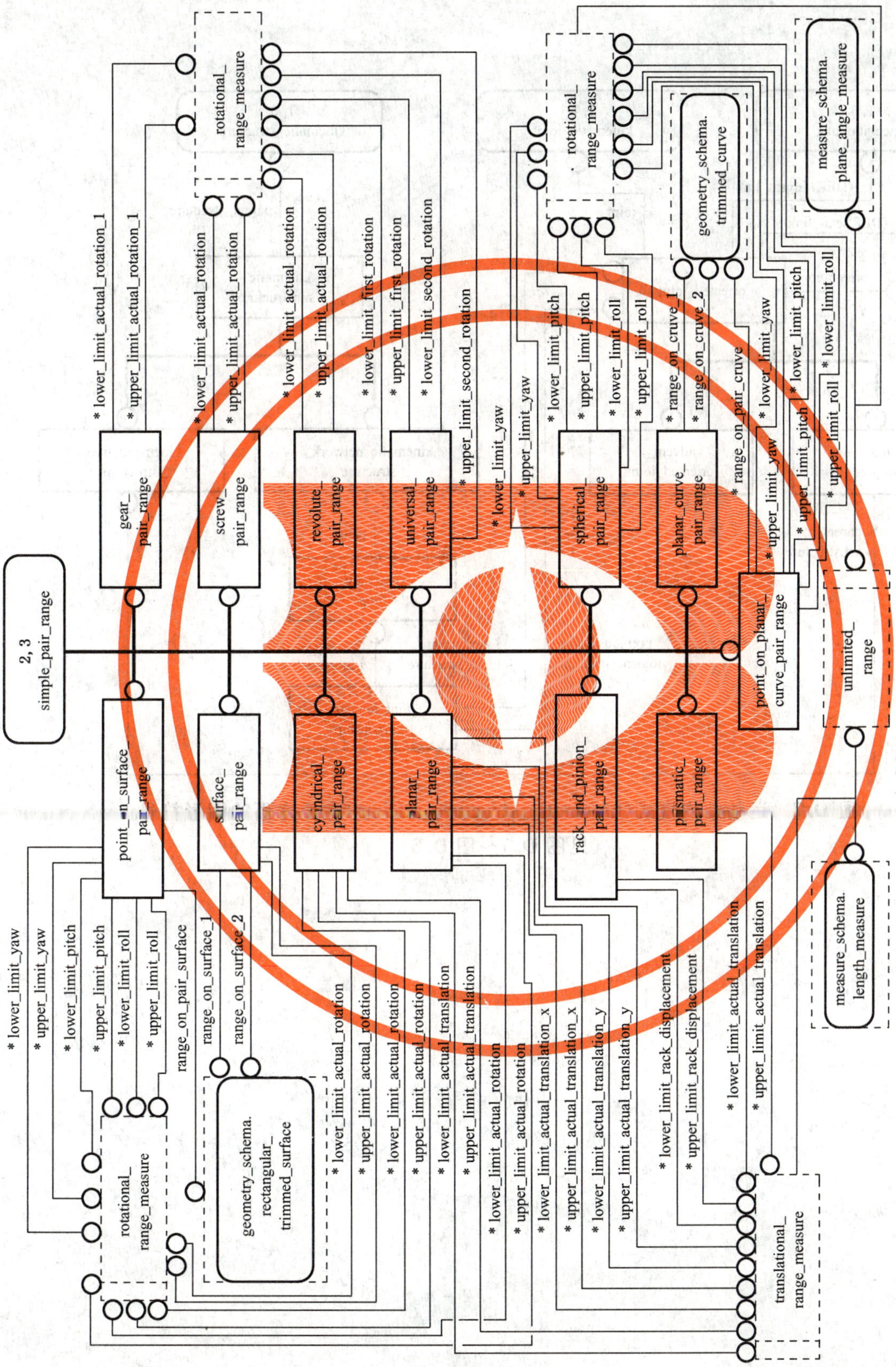

图 D.6 运动结构模式（kinematic_structure_schema）主要方面的图形符号

（见图 D.1，图 D.5～图 D.7）

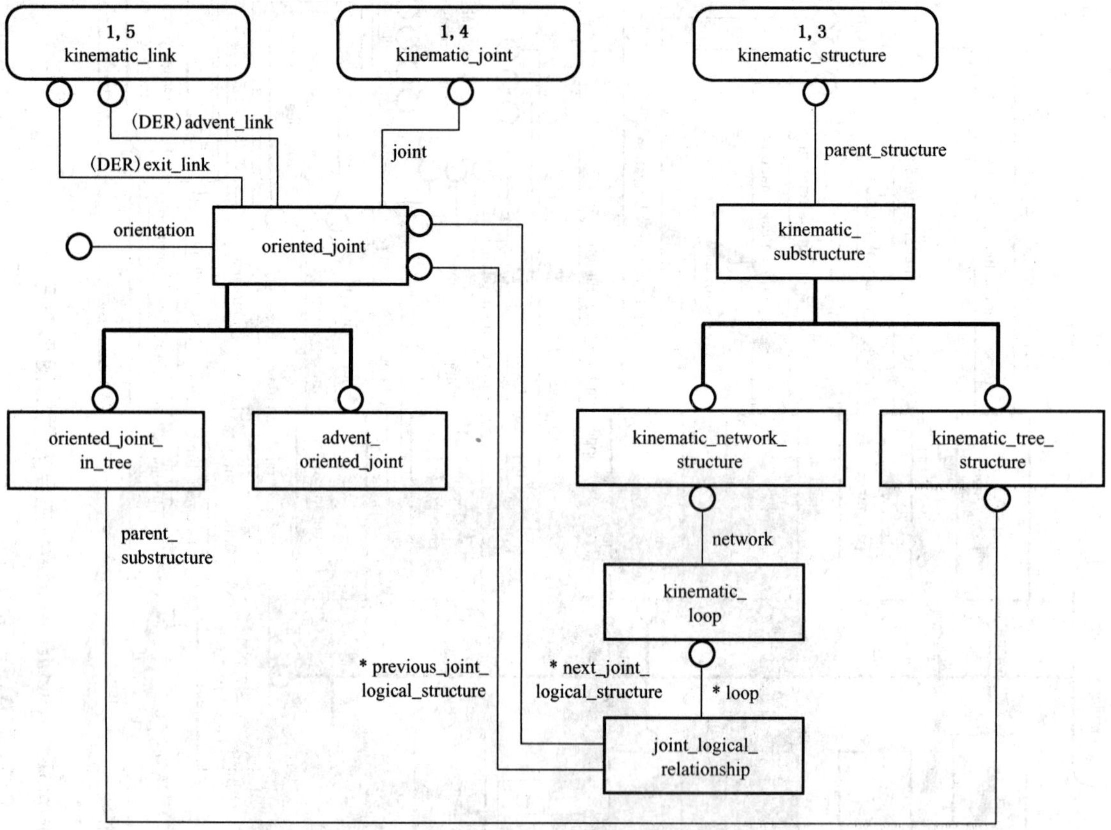

图 D.7 运动结构模式(kinematic_structure_schema)主要方面的图形符号
(见图 D.1～图 D.6)

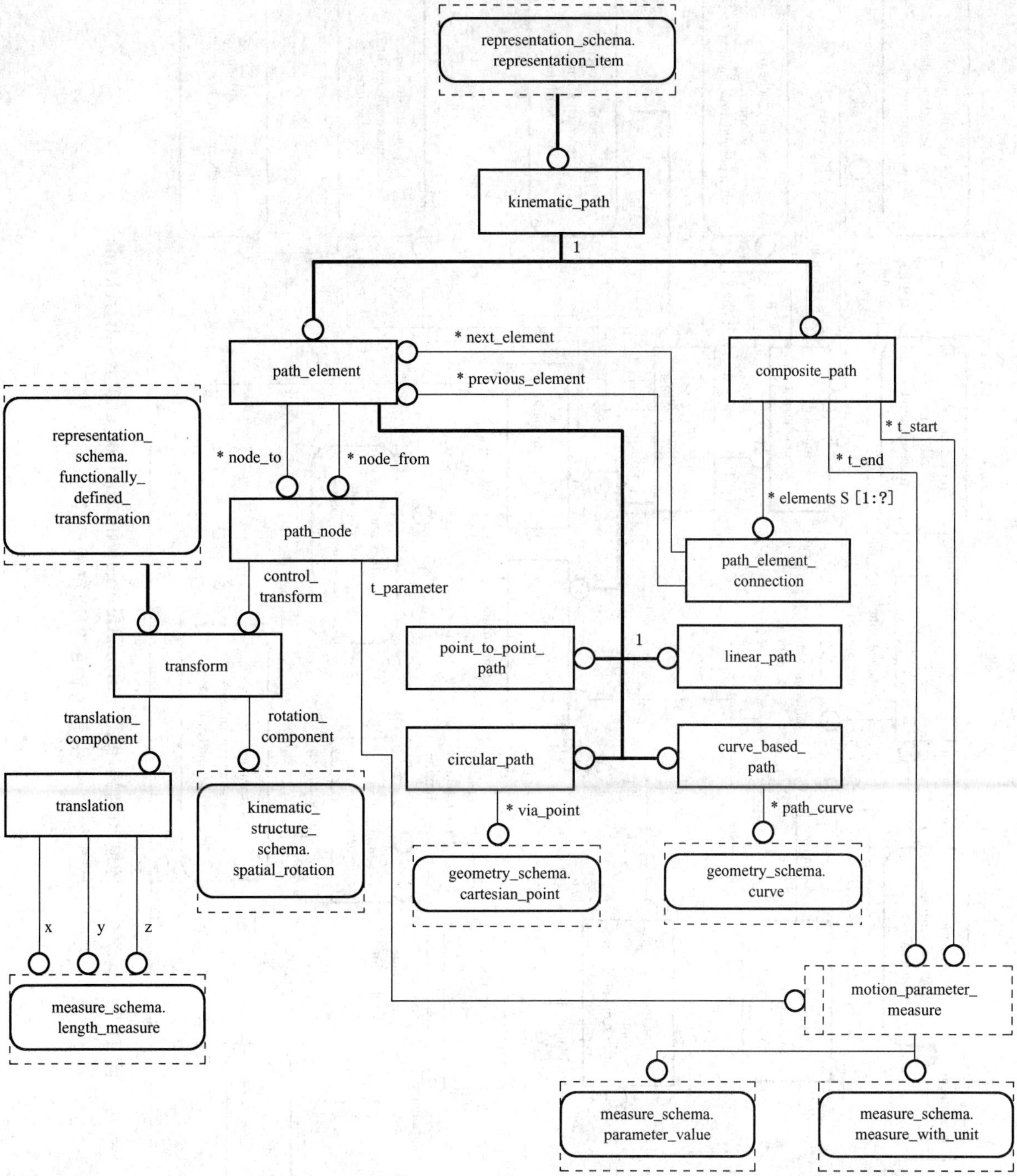

图 D.8 运动学的运动表示模式(kinematic_motion_representation_schema)主要方面的图形符号

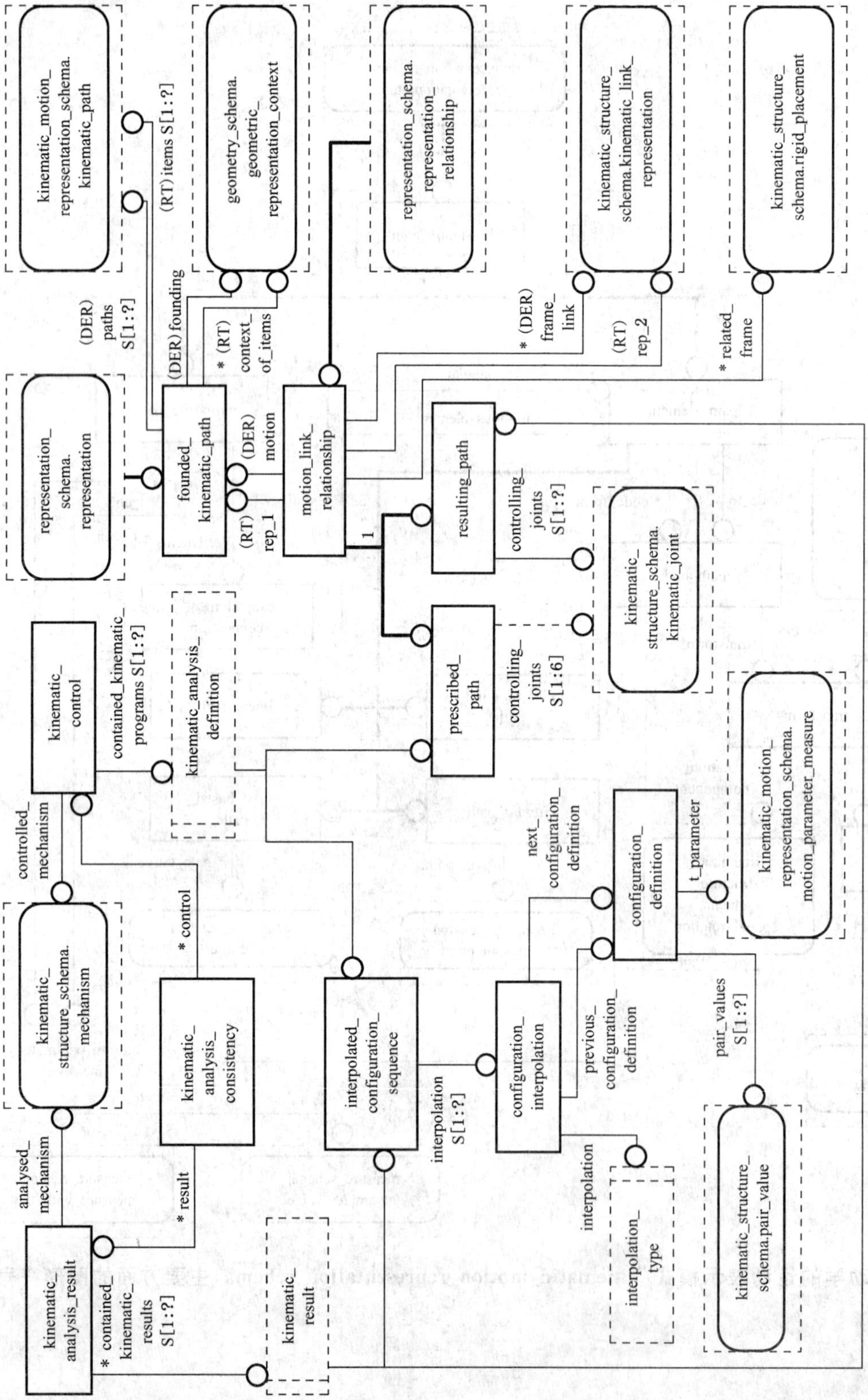

图 D.9 运动分析控制和结果模式(kinematic_analysis_control_and_result_schema)主要方面的图形符号

附 录 E
（资料性附录）
附加信息

本附录提供了一些附加信息来理解 ypr_rotation 的语义（见 5.3.7）。

ypr_rotation 定义了绕偏转轴、俯仰轴和侧倾轴的三个旋转角度序列。在 GB/T 16656 的本部分中，这个旋转角度序列主要应用于坐标系；例如在 spherical_pair_value 的情况下，它将在 spherical_pair 的第二个构件上的副坐标系的坐标轴方向与在第一个构件上的副坐标系的坐标轴方向联系起来。它可被应用于 R^3 中的任何向量值。

E.1 ypr_rotation 的矩阵表示

设 $\bar{\nu}$ 为应用 ypr_rotation 的 3D 向量，设 $\bar{\omega}$ 为同一个向量，但它是相对于非旋转坐标系（也就是性坐标系）测量的。于是从 $\bar{\nu}$ 到 $\bar{\omega}$ 的坐标变换写成矩阵符号如下：

$$\bar{w}=T_{ypr}\bar{\nu}=T_{roll}T_{pitch}T_{yaw}\bar{\nu}$$

其中

$$T_{ypr}=T_{roll}T_{pitch}T_{yaw}$$

（先进行最右面的变换）。由于偏转、俯仰和侧倾旋转分别是绕临时坐标系的 z,y,x 轴的旋转，很容易得到下式：

$$T_{yaw}=\begin{bmatrix}\text{coa}\alpha & -\sin\alpha & 0\\ \sin\alpha & \cos\alpha & 0\\ 0 & 0 & 1\end{bmatrix}$$

其中 α 是偏转角，

$$T_{pitch}=\begin{bmatrix}\text{coa}\beta & 0 & \sin\beta\\ 0 & 1 & 0\\ -\sin\beta & 0 & \cos\beta\end{bmatrix}$$

其中 β 是俯仰角，

$$T_{roll}=\begin{bmatrix}1 & 0 & 0\\ 0 & \cos\gamma & -\sin\gamma\\ 0 & \sin\gamma & \cos\gamma\end{bmatrix}$$

其中 γ 是侧倾角。于是整个 ypr_rotation 的旋转矩阵变为：

$$T_{ypr}=\begin{bmatrix}\cos\alpha\cos\beta & -\sin\alpha\cos\beta & \sin\beta\\ (\sin\alpha\cos\gamma+\cos\alpha\sin\beta\sin\gamma) & (\cos\alpha\cos\gamma-\sin\alpha\sin\beta\sin\gamma) & -\cos\beta\sin\gamma\\ (\sin\alpha\sin\gamma-\cos\alpha\sin\beta\cos\gamma) & (\cos\alpha\sin\gamma+\sin\alpha\sin\beta\cos\gamma) & -\cos\beta\cos\gamma\end{bmatrix}$$

E.2 EXPRESS 函数 compute_rotation_matrix_from_ypr_rotation

函数 compute_rotation_matrix_from_ypr_rotation 计算与 ypr_rotation 相应的旋转矩阵，其中 ypr_rotation 由根据 E1 给出的偏转角，俯仰角，和侧倾角来确定。函数返回一个 ARRAY[1:3]OF ARRAY[1:3] OF REAL。

注 1：这个函数作为一个例子提供给那些需要把旋转表示成为矩阵形式而不是 ypr 角度的应用程序。它应适用于 USES（使用）或 REFERENCES（引用）kinematic_structure_schema 的模式。

注 2：术语“旋转矩阵”并不只在科学界使用。compute_rotation_matrix_from_ypr_rotation 的结果只对 E1 中的符号有效。

EXPRESS 描述:

```
FUNCTION compute_rotation_matrix_from_ypr_rotation
        (yaw    : REAL;
         pitch  : REAL;
         roll   : REAL;
         factor: REAL)
               :ARRAY[1:3] OF ARRAY [1:3] OF REAL;
    LOCAL
      y,p,r   : REAL;
      result  : ARRAY[1:3] OF ARRAY[1:3] OF REAL;
    END_LOCAL;

    y: = factor * yaw;
    p: = factor * pitch;
    r: = factor * roll;

    result: = [[COS(y) * COS(p),
               - SIN(y) * COS(p),
                 SIN(p)],
               [SIN(y) * COS(r) + COS(y) * SIN(p) * SIN(r),
                 COS(y) * COS(r) - SIN(y) * SIN(p) * SIN(r),
               - COS(p) * SIN(r)],
               [SIN(y) * SIN(r) - COS(y) * SIN(p) * COS(r),
                 COS(y) * SIN(r) + SIN(y) * SIN(p) * COS(r),
                 COS(p) * COS(r)]];
    RETURN(result);
END_FUNCTION;
```

参数定义:

yaw:需计算的 ypr_rotation 的偏转角。

注 3:对于一个在实体 e 中的 ypr_rotation 类型的一个 ypr 属性,实际的 yaw 参数可以是 e. ypr[yor_index (ypr_enumeration. yaw)]或是 e. ypr [1]。

pitch:需计算的 ypr_rotation 的俯仰角。

注 4:对于一个在实体 e 中的 ypr_rotation 类型的一个 ypr 属性,实际的 pitch 参数可以是 e. ypr[yor_index (ypr_enumeration. pitch)]或是 e. ypr[2]。

roll:需计算的 ypr_rotation 的侧倾角。

注 5:对于一个在实体 e 中的 ypr_rotation 类型的一个 ypr 属性,实际的 roll 参数可以是 e. ypr[ypr_index (ypr_enumeration. roll)]或是 e. ypr[3]。

factor:将偏转角、俯仰角和侧倾角转换为以弧度为平面角度单位的等效角度的转换因子。

注 6:GB/T 16656.11 要求 SIN 和 COS 函数的参数用弧度来表示。

附 录 F
(资料性附录)
用 SU-参数来代替 DH-参数

本附录提供的是附加信息。

DH-标示法的原则是将一个构件(记为 k)上的目标坐标系与运动链中的前一个构件(记为 k-1)上的副坐标系联系起来,其中该运动链属于将构件 k 与构件 k-1 连接起来的副。目标坐标系可以是构件 k 上的另一个副的副坐标系,也可以是构件 k 上的任意其他坐标系,例如,工具中心点坐标系。四个 DH-参数 a_k^{DH}、α_k^{DH}、θ_k^{DH}和 s_k^{DH}定义了从构件 k-1 上的相关副坐标系到构件 k 上的目标坐标系的坐标变换,它包括运动副中由两个构件共享的运动。DH-标示法的详细内容参见参考文献[2]。

DH-参数一般仅限于在与它们的前任通过旋转副或是移动副连接起来的构件上使用。也可以想象它在圆柱副和螺旋副中使用。

当使用 SU-参数时,共享副的副坐标系之间的联系与运动构件的描述是分开的。副通过包含副参数的坐标变换来表示,这些副参数对于每一种副类型都是特定的,而与运动相关的构件数据则用任意选择的、固定的构件坐标系到同一构件上的多个副坐标系之间的恒定坐标转换来表示。见 5.4.17。

一个用 DH-标示法来描述的副和构件可以很方便地用 SU-标示法来重新定义。得出的坐标系定义可能不能充分利用 SU-标示法灵活性的优势,但它却是一个合法的定义。下面的篇章将指导如何进行这种重定义。按照 DH-标示法隐含的常用做法,将 DH-标示法的目标坐标系选为构件 k 的坐标系。与相关的构件 k-1 上的坐标系相匹配的构件 k 上的坐标系的 SU-参数可以这样得到:将没有副参数的 DH-参数的转换矩阵求逆。角度用弧度来表示。在有些情况下,给出的值必须转换到角度,以符合应用程序的实际使用。

旋转副:对于通过旋转副与前一个构件 k-1 连接的构件 k,副的坐标转换与 E1 中的偏转旋转相对应,将 α 替换成为 θ_k^{DH}。正如在 5.4.17 中的定义,构件 k 上的旋转副的副坐标系的 SU-参数由下列设置给出:$a_k=a_k^{DH}$、$\alpha_k=\alpha_k^{DH}$、$b_k=-s_k^{DH}$、$\beta_k=\pi$、$c_k=0$、$\gamma_k=\pi$。

移动副:对于通过移动副与前一个构件 k-1 连接的构件 k,副的坐标转换是沿 z 轴的纯平移转换,用 s_k^{DH}作为副参数。构件 k 上的移动副的副坐标系的 SU-参数由下列设置给出:$a_k=a_k^{DH}$,$\alpha_k=\alpha_k^{DH}$,$b_k=0$,$\beta_k=\pi-\theta_k^{DH}$,$c_k=0$,$\gamma_k=\pi$。

圆柱副和螺旋副:对于通过圆柱副或螺旋副与前一个构件 k-1 连接的构件 k,副的坐标转换由沿 z 轴的平移转换(副参数 s_k^{DH})和偏转旋转变换(副参数 θ_k^{DH})组成。在圆柱副的情况下,副参数 s_k^{DH}和 θ_k^{DH}是相互独立的,而在螺旋副中,它们中的一个函数依赖于另一个(见 5.4.29)。构件 k 上的圆柱副或螺旋副的副坐标系的 SU_参数由下列设置给出:$a_k=a_k^{DH}$,$\alpha_k=\alpha_k^{DH}$,$b_k=0$,$\beta_k=\pi$,$c_k=0$,$\gamma_k=\pi$。在此作以下假设:如果两个参数 s_k^{DH}和 θ_k^{DH}都等于零,那么圆柱副或螺旋副上的两个副坐标系重合。

附 录 NA
(资料性附录)
ISO 10303 各部分的目录

ISO 10303 是一个由不同部分组成的标准,各部分单独出版。ISO 10303 将各部分分为 8 个系列:描述方法、集成资源、应用解释构造、应用协议、抽象测试套件、实现方法、一致性测试和应用模型。ISO 10303-1 对这些系列进行了描述。

ISO 10303 的总标题为《工业自动化系统与集成　产品数据表达与交换》,它包括以下部分:

——第 1 部分:概述与基本原理;

——第 11 部分:描述方法:EXPRESS 语言参考手册;

——第 12 部分:描述方法:EXPRESS-I 语言参考手册;

——第 14 部分:描述方法:EXPRESS-X 语言参考手册;

——第 21 部分:实现方法:交换文件结构的纯正文编码;

——第 22 部分:实现方法:标准数据访问接口规范;

——第 23 部分:实现方法:C++语言联编的标准数据访问接口;

——第 24 部分:实现方法:C 语言联编的标准数据访问接口;

——第 25 部分:实现方法:FORTRAN 语言联编的标准数据访问接口;

——第 26 部分:实现方法:接口定义语言联编的标准数据访问接口;

——第 27 部分:实现方法:JAVA 编程语言联编的标准数据访问接口 Internet/Intranet 扩展;

——第 28 部分:实现方法:EXPRESS 驱动数据的 XML 表达;

——第 29 部分:实现方法:简化 JAVA 编程语言联编的标准数据访问接口 Internet/Intranet 扩展;

——第 31 部分:一致性测试方法论与框架:基本概念;

——第 32 部分:一致性测试方法论与框架:测试实验室与顾客的要求;

——第 34 部分:一致性测试方法论与框架:应用协议实现的抽象测试方法;

——第 35 部分:一致性测试方法论与框架:SDAI 实现的抽象测试方法;

——第 41 部分:集成通用资源:产品描述与支持原理;

——第 42 部分:集成通用资源:几何与拓扑表达;

——第 43 部分:集成通用资源:表达结构;

——第 44 部分:集成通用资源:产品结构配置;

——第 45 部分:集成通用资源:材料;

——第 46 部分:集成通用资源:可视化显示;

——第 47 部分:集成通用资源:形状变化公差;

——第 49 部分:集成通用资源:工艺过程结构与特性;

——第 50 部分:集成通用资源:数学构造;

——第 101 部分:集成应用资源:绘图;

——第 104 部分:集成应用资源:有限元分析;

——第 105 部分:集成应用资源:运动学;

——第 106 部分:集成应用资源:建筑结构核心模型;

——第 107 部分:集成应用资源:工程分析核心参考模型;

——第 108 部分:集成应用资源:显式几何产品模型参数和约束;

——第 201 部分:应用协议:显式绘图;

——第 202 部分:应用协议:相关绘图;

——第 203 部分:应用协议:配置控制设计;
——第 204 部分:应用协议:使用边界表达的机械设计;
——第 205 部分:应用协议:使用曲面表达的机械设计;
——第 207 部分:应用协议:钣金模具的规划与设计;
——第 208 部分:应用协议:生命周期管理—更改过程;
——第 209 部分:应用协议:复合材料和金属结构分析以及相关的设计;
——第 210 部分:应用协议:印刷电路部件产品的设计数据;
——第 212 部分:应用协议:电子技术设计和安装;
——第 213 部分:应用协议:加工零件的数控工艺规程;
——第 214 部分:应用协议:自动化机械设计过程的核心数据;
——第 215 部分:应用协议:船舶布置;
——第 216 部分:应用协议:船舶模型;
——第 217 部分:应用协议:船舶管道系统;
——第 218 部分:应用协议:船舶结构;
——第 220 部分:应用协议:分层电子产品的工艺计划、制造和装配;
——第 221 部分:应用协议:加工厂的功能数据及其模式表达;
——第 223 部分:应用协议:铸造件设计制造产品信息交换;
——第 224 部分:应用协议:采用加工特征定义机械产品的加工规划;
——第 225 部分:应用协议:用显式形状表达的建筑元素;
——第 226 部分:应用协议:船舶机械系统;
——第 227 部分:应用协议:工厂空间配置;
——第 230 部分:应用协议:建筑结构框架:钢结构;
——第 231 部分:应用协议:工艺工程数据:关键设备的工艺设计和工艺规范;
——第 232 部分:应用协议:技术数据封装核心信息与交换;
——第 233 部分:应用协议:系统工程数据的表达;
——第 234 部分:应用协议:船舶操作日志、记录和报文;
——第 235 部分:应用协议:产品设计和检验的材料信息;
——第 236 部分:应用协议:家具产品数据和投影数据;
——第 301 部分:抽象测试套件:显式绘图;
——第 302 部分:抽象测试套件:相关绘图;
——第 303 部分:抽象测试套件:配置控制设计;
——第 304 部分:抽象测试套件:使用边界表达的机械设计;
——第 305 部分:抽象测试套件:使用曲面表达的机械设计;
——第 307 部分:抽象测试套件:钣金模具的规划与设计;
——第 308 部分:抽象测试套件:生命周期管理—更改过程;
——第 309 部分:抽象测试套件:复合材料和金属结构分析以及相关设计;
——第 310 部分:抽象测试套件:印刷电路部件产品的设计数据;
——第 312 部分:抽象测试套件:电子技术设计和安装;
——第 313 部分:抽象测试套件:加工零件的数控工艺计划;
——第 314 部分:抽象测试套件:自动化机械设计过程的核心数据;
——第 315 部分:抽象测试套件:船舶布置;
——第 316 部分:抽象测试套件:船舶模型;
——第 317 部分:抽象测试套件:船舶管道系统;

——第 318 部分:抽象测试套件:船舶结构;
——第 321 部分:抽象测试套件:加工厂的功能数据及其模式表达;
——第 322 部分:抽象测试套件:复合结构的产品数据交换;
——第 323 部分:抽象测试套件:铸造件设计制造产品信息交换;
——第 324 部分:抽象测试套件:采用加工特征定义机械产品的加工规划;
——第 325 部分:抽象测试套件:用显式形状表达的建筑元素;
——第 326 部分:抽象测试套件:船舶机械系统;
——第 327 部分:抽象测试套件:工厂空间配置;
——第 329 部分:抽象测试套件:锻造件设计制造产品信息交换;
——第 330 部分:抽象测试套件:建筑结构框架:钢结构;
——第 331 部分:抽象测试套件:工艺工程数据:关键设备的工艺设计和工艺规范;
——第 332 部分:抽象测试套件:技术数据封装核心信息与交换;
——第 333 部分:抽象测试套件:系统工程数据的表达;
——第 334 部分:抽象测试套件:船舶操作日志、记录和报文;
——第 335 部分:抽象测试套件:产品设计和检验的材料信息;
——第 336 部分:抽象测试套件:家具产品数据和投影数据;
——第 501 部分:应用解释构造:基于边的线框;
——第 502 部分:应用解释构造:基于壳的线框;
——第 503 部分:应用解释构造:几何边界的二维线框;
——第 504 部分:应用解释构造:绘图标注;
——第 505 部分:应用解释构造:图纸结构与管理;
——第 506 部分:应用解释构造:绘图元素;
——第 507 部分:应用解释构造:几何边界曲面;
——第 508 部分:应用解释构造:非流形曲面;
——第 509 部分:应用解释构造:流形曲面;
——第 510 部分:应用解释构造:几何有界的线框;
——第 511 部分:应用解释构造:拓扑边界的曲面;
——第 512 部分:应用解释构造:小平面边界表达;
——第 513 部分:应用解释构造:基本边界表达;
——第 514 部分:应用解释构造:高级边界表达;
——第 515 部分:应用解释构造:构造实体几何;
——第 517 部分:应用解释构造:机械设计几何表达;
——第 518 部分:应用解释构造:机械设计渲染表达;
——第 519 部分:应用解释构造:几何拓扑;
——第 520 部分:应用解释构造:相关绘图元素;
——第 1001 部分:应用模块:表象分配;
——第 1002 部分:应用模块:颜色;
——第 1003 部分:应用模块:曲线表象;
——第 1004 部分:应用模块:基本形状;
——第 1005 部分:应用模块:基本拓扑形状;
——第 1006 部分:应用模块:基础表达;
——第 1007 部分:应用模块:一般表面表象;
——第 1008 部分:应用模块:层分配;

——第1009部分:应用模块:形状表象和层。

ISO 10303各部分的编号反映了它的结构:

——第11至第14部分规定了描述方法;

——第21至第29部分规定了实现方法;

——第31至第35部分规定了一致性测试方法与框架;

——第41至第50部分规定了集成通用资源;

——第101至第108部分规定了集成应用资源;

——第201至第236部分规定了应用协议;

——第301至第336部分规定了抽象测试套件;

——第501至第520部分规定了应用解释构造;

——第1001至第1009部分规定了应用模块。

ISO 10303标准各部分的完整清单可以从因特网得到:

http://www.nist.gov/sc4/editing/step/titles/。

附 录 NB
（资料性附录）
本部分英文黑体词的含义

advent_oriented_joint	关节进入方向
assign_directed_link	分配指定构件
circular_path	环形路径
compare_unit_components	比较单位
composite_path	组合路径
configuration_definition	构型定义
configuration_interpolation	插补构型
connected_in_simple_loop	简单环形连接
connected_in_simple_path	简单路径连接
convert_plane_angle_for_pair_from_radian	弧度到角度的转换
convert_spatial_to_ypr_rotation	空间旋转转化为 ypr 旋转
coordinated_pair_link_representation	副构件表示一致性
curve_based_path	曲线路径
cylindrical_pair	圆柱副
cylindrical_pair_range	圆柱副范围
cylindrical_pair_value	圆柱副值
DH-parameter	DH 参数
founded_kinematic_path	建立运动路径
frame_associated_to_background	坐标系与背景相关性
fully_constrained_pair	全约束副
gear_pair	齿轮副
gear_pair_range	齿轮副范围
gear_pair_value	齿轮副值
increasing_measure_value	增量比较
initial_state	初始状态
interpolated_configuration_sequence	插补构型序列
interpolation_type	插补类型
joint_logical_relationship	关节的逻辑联系
kinematic analysis control and result schema	运动分析控制和结果模式
kinematic analysis control and result schema entity definitions	运动分析控制和结果模式实体定义
kinematic analysis control and result schema type definitions	运动分析控制和结果模式类型定义
kinematic motion representation schema	运动学的运动表示模式
kinematic motion representation schema entity definitions	运动学的运动表示模式实体定义

表（续）

kinematic motion representation schema function definitions	运动学的运动表示模式函数定义
kinematic motion representation schema type definition	运动学的运动表示模式类型定义
kinematic structure schema	运动结构模式
kinematic structure schema entity defintions	运动结构模式实体定义
kinematic structure schema function definitions	运动结构模式函数定义
kinematic structure schema type definitions	运动结构模式类型定义
kinematic_analysis_consistency	运动分析一致性
kinematic_analysis_definition	运动分析定义
kinematic_analysis_result	运动分析结果
kinematic_control	运动控制
kinematic_frame_background	运动坐标系背景
kinematic_frame_background_representation	运动坐标系背景表示
kinematic_frame_background_representation_association	运动坐标系背景表示联系
kinematic_frame_based_transformation	基于运动坐标系的变换
kinematic_ground_representation	运动连地点表示
kinematic_joint	运动关节
kinematic_link	运动构件
kinematic_link_representation	运动构件表示
kinematic_link_representation_association	运动构件表示的联系
kinematic_link_representation_relation	运动构件不同表示法之间的关系
kinematic_loop	运动环
kinematic_network_structure	运动网络结构
kinematic_pair	运动副
kinematic_path	运动路径
kinematic_property_definition	运动特性定义
kinematic_property_representation_relation	运动属性表示关系
kinematic_result	运动结果
kinematic_structure	运动结构
kinematic_substructure	运动子结构
kinematic_tree_structure	运动树结构
linear_path	线状路径
mechanism	机构
mechanism_base_placement	机构机架定位
motion_link_relationship	运动构件关系
motion_parameter_measure	运动参数测量
non_coincident_coordinates	非重合坐标

表(续)

oriented_joint	有向关节
oriented_joint_in_tree	树中的有向关节
pair_actuator	副约束
pair_value	副值
path_element	路径元素
path_element_connection	路径元素连接
path_node	路径结点
planar_curve_pair	平面曲线副
planar_curve_pair_range	平面曲线副范围
planar_pair	平面副
planar_pair_range	平面副范围
planar_pair_value	平面副值
plane_angle_for_pair_in_radian	副的角度到弧度的转换
point_on_planar_curve_pair	点平面曲线副
point_on_planar_curve_pair_range	点平面曲线副范围
point_on_planar_curve_pair_value	点平面曲线副值
point_on_surface_pair	点曲面副
point_on_surface_pair_range	点曲面副范围
point_on_surface_pair_value	点曲面副值
point_to_point_path	点到点路径
prescribed_path	预定路径
prismatic_pair	移动副
prismatic_pair_range	移动副范围
prismatic_pair_value	移动副值
rack_and_pinion_pair	齿轮齿条副
rack_and_pinion_pair_range	齿轮齿条副范围
rack_and_pinion_pair_value	齿轮齿条副值
representation_of_link	构件表示
resulting_path	导出路径
revolute_pair	旋转副
revolute_pair_range	旋转副范围
revolute_pair_value	旋转副值
rigid_placement	刚体定位
rolling_curve_pair	滚动曲线副
rolling_curve_pair_value	滚动曲线副值
rolling_surface_pair	滚动曲面副

表（续）

rolling_surface_pair_value	滚动曲面副值
rotation_about_direction	绕轴旋转
rotational_range_measure	旋转范围计量
screw_pair	螺旋副
screw_pair_range	螺旋副范围
screw_pair_value	螺旋副值
simple_pair_range	简单副范围
sliding_curve_pair	滑动曲线副
sliding_curve_pair_value	滑动曲线副值
sliding_surface_pair	滑动曲面副
sliding_surface_pair_value	滑动曲面副值
spatial_rotation	空间旋转
spherical_pair	球面副
spherical_pair_range	球面副范围
spherical_pair_value	球面副值
su_parameters	SU_参数
suitably_based_mechanism	有合适机架的机构
surface_pair	曲面副
surface_pair_range	曲面副范围
transform	坐标变换
translation	平移
translational_range_measure	平移范围计量
unconstrained_pair	无约束副
unconstrained_pair_value	无约束副值
unique_link_usage	构件使用唯一性
universal_pair	万向副
universal_pair_range	万向副范围
universal_pair_value	万向副值
unlimited_range	无限范围
ypr_enumeration	ypr 枚举
ypr_index	ypr 序列
ypr_rotation	ypr 旋转

参考文献

[1] SHETH U. N. &UICKER J. J. ,A genetalized symbolic notation for mechanisms,Journal of Engineering for Industry,Trans. Asme. Feb. 1971.

[2] DENAVIT J. &HARTENBERG R. S. , A kinematic notation for lower air mechanisms based on matrices,Journal of Applied Mechanics,Vol. 22,Trans. ASME,Vol. 77,Series E,1955.

[3] HARTESFIELD N. &RINGELG. ,Pearls in Graph Theory:a Comprehensive Introduction, Academic Press,Inc. ,San Diego,1990.

索　引

ICS 25.040.40
L 67

中华人民共和国国家标准

GB/T 16656.504—2010/ISO 10303-504:2000

工业自动化系统与集成 产品数据表达与交换 第504部分:应用解释构造:绘图注释

Industrial automation systems and integration—Product data representation and exchange—Part 504:Application interpreted construct:Draughting annotation

(ISO 10303-504:2000,IDT)

2011-01-14 发布　　2011-05-01 实施

中华人民共和国国家质量监督检验检疫总局
中国国家标准化管理委员会　发布

前言

GB/T 16656《工业自动化系统与集成 产品数据表达与交换》是由多个部分组成的标准，各部分单独出版。GB/T 16656 的所属各部分又组成多个子系列，即：

——第 1 部分至第 19 部分规定了描述方法；

——第 20 部分至第 29 部分规定了实现方法；

——第 30 部分至第 39 部分规定了一致性测试方法与框架；

——第 40 部分至第 59 部分规定了集成通用资源；

——第 100 部分至第 199 部分规定了集成应用资源；

——第 200 部分至第 299 部分规定了应用协议；

——第 300 部分至第 399 部分规定了抽象测试套件；

——第 400 部分至第 499 部分规定了应用模块；

——第 500 部分至第 599 部分规定了应用解释构造；

——第 1000 部分至第 1999 部分规定了应用模块。

GB/T 16656《工业自动化系统与集成 产品数据表达与交换》现已发布和即将发布的包括以下部分：

——第 1 部分：概述与基本原理；

——第 11 部分：描述方法：EXPRESS 语言参考手册；

——第 21 部分：实现方法：交换文件结构的纯正文编码；

——第 28 部分：实现方法：EXPRESS 模式与数据的 XML 表达(使用 XML 模式)；

——第 31 部分：一致性测试方法论与框架：基本概念；

——第 32 部分：一致性测试方法论与框架：对测试实验室与客户的要求；

——第 34 部分：一致性测试方法论与框架：应用协议实现的抽象测试方法；

——第 41 部分：集成通用资源：产品描述与支持原理；

——第 42 部分：集成通用资源：几何与拓扑表达；

——第 43 部分：集成通用资源：表达结构；

——第 44 部分：集成通用资源：产品结构配置；

——第 45 部分：集成通用资源：材料；

——第 46 部分：集成通用资源：可视化显示；

——第 47 部分：集成通用资源：形状变化公差；

——第 49 部分：集成通用资源：工艺过程结构和特性；

——第 51 部分：集成通用资源：数学表达；

——第 54 部分：集成通用资源：分类和集合论；

——第 55 部分：集成通用资源：过程与混合表达；

——第 56 部分：集成通用资源：状态；

——第 101 部分：集成应用资源：绘图；

——第 105 部分：集成应用资源：运动学；

——第 201 部分：应用协议：显式绘图；

——第 202 部分：应用协议：相关绘图；

——第 203 部分：应用协议：配置控制设计；

——第238部分:应用协议:计算机数值控制器用的应用解释模型;

——第501部分:应用解释构造:基于边的线框;

——第502部分:应用解释构造:基于壳的线框;

——第503部分:应用解释构造:几何有界二维线框;

——第504部分:应用解释构造:绘图注释;

——第505部分:应用解释构造:图样结构与管理;

——第506部分:应用解释构造:绘图元素;

——第507部分:应用解释构造:几何有界曲面;

——第508部分:应用解释构造:非流形曲面;

——第509部分:应用解释构造:流形曲面;

——第513部分:应用解释构造:基本边界表达;

——第520部分:应用解释构造:相关绘图元素;

——第1001部分:应用模块:外观赋值;

——第1002部分:应用模块:颜色;

——第1003部分:应用模块:曲线外观;

——第1004部分:应用模块:基本几何形状;

——第1005部分:应用模块:基本拓扑;

——第1006部分:应用模块:基础表达;

——第1007部分:应用模块:通用曲面外观;

——第1008部分:应用模块:层赋值;

——第1009部分:应用模块:形状外观和层。

本部分为GB/T 16656的第504部分。

本部分等同采用ISO 10303-504:2000《工业自动化系统与集成 产品数据表达与交换 第504部分:应用解释构造:绘图注释》,其技术内容和结构与ISO 10303-504:2000保持一致,为便于使用,做了如下编辑性修改:

a) 删去了ISO前言;

b) 对于带下划线的用于EXPRESS语言描述的各黑体英文实体名、属性名和函数名等,为了维护其英文原意,在本部分中,都使用其英文原名,仅当其作为标题时,我们在该英文名前增加了其归属的类型说明。

本部分的附录A、附录B为规范性附录;附录C、附录D为资料性附录。

本部分由中国机械工业联合会提出。

本部分由全国自动化系统与集成标准化技术委员会(SAC/TC 159)归口。

本部分主要起草单位:中国标准化研究院。

本部分主要起草人:洪岩、周歆华、杨青海、刘守华、王志强、李文武、柳青。

引　言

GB/T 16656 是一个计算机可解释的用于产品信息表达和产品数据交换的技术标准。其目的是对产品全生命周期提供一种独立于任何特定系统、能够描述产品数据的中性机制。其描述功能不仅适合于中性文件的交换,而且也是实现和共享产品数据库及存档的基础。

GB/T 16656 由一系列部分组成,每个部分单独发布。GB/T 16656 的各个部分都分属以下系列之一:描述方法、集成资源、应用解释构造、应用协议、抽象测试套件、实现方法及一致性测试。在 ISO 10303-1 中对上述类别进行了说明。本部分(即第 504 部分)属于应用解释构造类。

应用解释构造(AIC)给出了解释构造的逻辑组合以支持在多个应用相关环境中使用产品数据的特定功能。解释构造是集成资源的公共解释以支持应用协议中共享信息的需求。

GB/T 16656 的本部分规定的应用解释构造用于图纸中的有特定含义或目的的注释表达的描述。以文本和符号形式给出的注释等附加产品数据是全面定义和理解图纸时必要的信息。

工业自动化系统与集成 产品数据表达与交换 第504部分:应用解释构造:绘图注释

1 范围

GB/T 16656 的本部分规定了满足注释定义需求的集成资源的解释,其目的是用于交换产品数据和图样解释信息。

本部分适用于:

——由二维或三维注释描述的非产品形状数据的表达;

——表达注释字符的表示结构;

——表达子图或符号的结构;

——表达外部定义的符号及表达特征的结构;

——预定义符号和特征的表达。

本部分不适用于:

——表示尺寸或绘图标注的注释。

2 规范性引用文件

下列文件中的条款通过 GB/T 16656 的本部分的引用而成为本部分的条款。凡是注日期的引用文件,其随后所有的修改单(不包括勘误的内容)或修订版均不适用于本部分,然而,鼓励根据本部分达成协议的各方研究是否可使用这些文件的最新版本。凡是不注日期的引用文件,其最新版本适用于本部分。

GB/T 16262.1 信息技术 抽象语法记法一(ASN.1) 第1部分:基本记法规范(GB/T 16262.1—2006,ISO/IEC 8824-1:2002,IDT)

GB/T 16656.41—1999 工业自动化系统与集成 产品数据表达与交换 第41部分:集成通用资源:产品描述与支持原理(idt ISO 10303-41:1994)

GB/T 16656.42—1998 工业自动化系统与集成 产品数据表达与交换 第42部分:集成通用资源:几何与拓扑表达(idt ISO 10303-42:1994)

GB/T 16656.43—1999 工业自动化系统与集成 产品数据表达与交换 第43部分:集成通用资源:表达结构(idt ISO 10303-43:1994)

GB/T 16656.46—1998 工业自动化系统与集成 产品数据表达与交换 第46部分:集成通用资源:可视化显示(idt ISO 10303-46:1994)

GB/T 16656.101—1998 工业自动化系统与集成 产品数据表达与交换 第101部分:集成应用资源:绘图(idt ISO 10303-101:1994)

GB/T 16656.202—2000 工业自动化系统与集成 产品数据表达与交换 第202部分:应用协议:相关绘图(eqv ISO 10303-202:1996)

ISO 10209-1:1992 技术产品文件 词汇 第1部分:与技术制图相关的术语:总则和制图种类

ISO 10303-1:1994 工业自动化系统与集成 产品数据表达与交换 第1部分:概述与基本原理

ISO 10303-11:1994 工业自动化系统与集成 产品数据表达与交换 第11部分:描述方法:EXPRESS语言参考手册

3 术语、定义和缩略语

3.1 ISO 10209-1 所定义的术语

ISO 10209-1 所定义的以下术语适用于 GB/T 16656 的本部分：

——图样 drawing。

3.2 ISO 10303-1 所定义的术语

ISO 10303-1 所定义的以下术语适用于 GB/T 16656 的本部分：

——应用 application；

——应用相关环境 application context；

——应用协议 application protocol(AP)；

——实现方法 implementation method；

——集成资源 integrated resource；

——解释 interpretation；

——产品 product；

——产品数据 product data。

3.3 GB/T 16656.46 所定义的术语

GB/T 16656.46 所定义的以下术语适用于 GB/T 16656 本部分：

——注释 annotation；

——表示 presentation。

3.4 GB/T 16656.101 所定义的术语

GB/T 16656.101 所定义的以下术语适用于 GB/T 16656 本部分：

——标注 callout；

——绘图 draughting。

3.5 GB/T 16656.202 所定义的术语

GB/T 16656.202 所定义的以下术语适用于 GB/T 16656 本部分：

——基线 baseline；

——绘图形状模型 draughting shape model；

——外部定义的 externally defined；

——预定义 predefined；

——子图 subfigure；

——符号 symbol。

3.5.1

应用解释构造 application interpreted construct；AIC

解释结构的一种逻辑组，它支持横跨多种应用相关环境的使用产品数据的规定功能。

[GB/T 16656.202—2000]

3.6 缩略语

以下缩略语适用于 GB/T 16656 的本部分：

AIC：应用解释构造（Application Interpreted Construct）

AP：应用协议（Application Protocol）

4 EXPRESS 短表

本章规定了 EXPRESS 模式，所采用的元素取自集成资源，包含类、实体专门化和本部分规定的函数。

注 1：在集成资源中出现的一些子类和选择列表项不被输入到 AIC 中。通过使用 ISO 10303-11 规定的隐含接口规则从子类树和选择列表中删除了一些构造。引用这些被删除的构造超出了 AIC 的范围。在某些情况下，所有的选择列表项都被删除。因为 AIC 要在应用协议相关环境内实现，因此选择列表项在应用协议中定义。

EXPRESS 描述：

```
*)
   SCHEMA aic_draughting_annotation;
   USE FROM draughting_element_schema             --GB/T 16656.101
      (draughting_callout,terminator_symbol);
   USE FROM geometry_schema                       --GB/T 16656.42
      (axis2_placement_2d,geometric_representation_context);
   USE FROM measure_schema                        --GB/T 16656.41
      (conversion_based_unit,
      derived_unit,
      global_unit_assigned_context,
      length_measure_with_unit,
      length_unit,
      measure_with_unit,named_unit,
      plane_angle_unit,
      plane_angle_measure_with_unit,
      si_unit);
   USE FROM presentation_appearance_schema          --GB/T 16656.46
      (box_height,
      box_rotate_angle,
      box_slant_angle,
      box_width,
      context_dependent_invisibility,
      curve_style,
      curve_style_font,
      externally_defined_curve_font,
      externally_defined_hatch_style,
      externally_defined_tile_style,
      fill_area_style,
      fill_area_style_colour,
      fill_area_style_hatching,
      fill_area_style_tile_symbol_with_style,
      fill_area_style_tiles,
      null_style,
      pre_defined_curve_font,
      presentation_style_by_context,
      symbol_colour,
      symbol_style,
      text_style,
      text_style_for_defined_font,
      text_style_with_box_characteristics,
```

```
    text_style_with_mirror,
    text_style_with_spacing);
  USE FROM presentation_definition_schema          --GB/T 16656.46
    (annotation_curve_occurrence,
     annotation_fill_area,
     annotation_fill_area_occurrence,
     annotation_occurrence,
     annotation_symbol,
     annotation_symbol_occurrence,
     annotation_text_occurrence,
     composite_text,
     composite_text_with_associated_curves,
     composite_text_with_blanking_box,
     composite_text_with_extent,
     defined_symbol,
     externally_defined_symbol,
     pre_defined_symbol,
     symbol_representation,
     symbol_representation_map,
     text_alignment,
     text_literal,
     text_literal_with_associated_curves,
     text_literal_with_blanking_box,
     text_literal_with_delineation,
     text_literal_with_extent);
  USE FROM presentation_resource_schema            --GB/T 16656.46
    (colour_rgb,
     externally_defined_text_font,
     font_select,
     pre_defined_colour,
     pre_defined_text_font);
  USE FROM representation_schema                   --GB/T 16656.43
    (mapped_item,
     representation,
     representation_item);
(*
```

注2：以上引用的模式可在以下部分中查到：

draughting_element_schema	GB/T 16656.101
geometry_schema	GB/T 16656.42
measure_schema	GB/T 16656.41
presentation_appearance_schema	GB/T 16656.46
presentation_definition_schema	GB/T 16656.46
presentation_resource_schema	GB/T 16656.46

representation_schema　　　　　　GB/T 16656.43

4.1 基本概念和假设

在应用协议模式中使用 AIC 时，以下实体将被独立实例化：

——colour_rgb；

——curve_style；

——derived_unit；

——externally_defined_symbol；

——fill_area_style_colour；

——fill_area_style；

——measure_with_unit；

——named_unit；

——pre_defined_colour；

——pre_defined_symbol；

——presentation_style_by_context；

——representation；

——symbol_colour；

——text_style_for_defined_font；

——text_style。

4.2 aic_draughting_annotation 实体定义

4.2.1 实体 annotation_subfigure_occurrence

annotation_subfigure_occurrence 是作为子图的注释组。

EXPRESS 描述：

```
*)
ENTITY annotation_subfigure_occurrence
  SUBTYPE OF (annotation_symbol_occurrence);
WHERE
    WR1:SIZEOF (QUERY (sty <* SELF.styles |
      NOT (SIZEOF (sty.styles) = 1)
      )) = 0;
    WR2:SIZEOF (QUERY (sty <* SELF.styles |
      NOT ('AIC_DRAUGHTING_ANNOTATION.NULL_STYLE'
          IN TYPEOF (sty.styles[1])) )) = 0;
    WR3:('AIC_DRAUGHTING_ANNOTATION.ANNOTATION_SYMBOL'
         IN TYPEOF (SELF.item));
    WR4:('AIC_DRAUGHTING_ANNOTATION.DRAUGHTING_SUBFIGURE_REPRESENTATION'
         IN TYPEOF
         (SELF.item\mapped_item.mapping_source.mapped_representation));
END_ENTITY;
(*
```

形式限制：

WR1:annotation_subfigure_occurrence 是一种确定的式样。

WR2:式样类型是 null_style。

WR3：annotation_subfigure_occurrence 的项是 annotation_symbol。

WR4：annotation_subfigure_occurrence 的资源是 draughting_subfigure_representation。

4.2.2 实体 draughting_annotation_occurrence

draughting_annotation_occurrence 是一种在绘图相关环境中规定约束的 annotation_occurrence。

注：采用这个 AIC 的应用协议可以保证 annotation_occurrence 实体被实例化为 draughting_annotation_occurrence。

EXPRESS 描述：

```
*)
ENTITY draughting_annotation_occurrence
SUBTYPE OF (annotation_occurrence);
    WHERE
    WR1:--curve_has_curve_style:
       (NOT ('AIC_DRAUGHTING_ANNOTATION.ANNOTATION_CURVE_OCCURRENCE'
            IN TYPEOF (SELF))) OR
            (SIZEOF (QUERY (sty <* SELF.styles |
            NOT ((SIZEOF (sty.styles) = 1)
            AND ('AIC_DRAUGHTING_ANNOTATION.CURVE_STYLE'
            IN TYPEOF (sty.styles[1])))) )) = 0);
    WR2:--fill_area_has_fill_style:
       (NOT ('AIC_DRAUGHTING_ANNOTATION.ANNOTATION_FILL_AREA_OCCURRENCE'
       IN TYPEOF (SELF))) OR (SIZEOF (QUERY (sty <* SELF.styles |
       NOT ((SIZEOF (sty.styles) = 1)
       AND ('AIC_DRAUGHTING_ANNOTATION.FILL_AREA_STYLE'
       IN TYPEOF (sty.styles[1])))) )) = 0);
    WR3:--styled_fill_boundaries:
       (NOT ('AIC_DRAUGHTING_ANNOTATION.ANNOTATION_FILL_AREA_OCCURRENCE'
            IN TYPEOF (SELF))) OR (SIZEOF (QUERY (bound<*
            SELF.item\annotation_fill_area.boundaries |
        NOT (SIZEOF (QUERY (si <*
            USEDIN (bound, 'PRESENTATION_APPEARANCE_SCHEMA.' +
            'STYLED_ITEM.ITEM') |
            ('AIC_DRAUGHTING_ANNOTATION.' +
        'ANNOTATION_CURVE_OCCURRENCE' IN TYPEOF (si)))) >0))) = 0);
    WR4:--symbol_has_symbol_style:
       (NOT ('AIC_DRAUGHTING_ANNOTATION.ANNOTATION_SYMBOL_OCCURRENCE'
            IN TYPEOF (SELF))) OR (SIZEOF (QUERY (sty <* SELF.styles |
        NOT ((SIZEOF (sty.styles) = 1) AND
            (SIZEOF (TYPEOF (sty.styles[1]) *
            ['AIC_DRAUGHTING_ANNOTATION.SYMBOL_STYLE',
            'AIC_DRAUGHTING_ANNOTATION.NULL_STYLE']) = 1)) )) = 0);
    WR5:--allowable_symbol_representations:
       (NOT (('AIC_DRAUGHTING_ANNOTATION.ANNOTATION_SYMBOL_OCCURRENCE'
            IN TYPEOF (SELF)) AND
            ('AIC_DRAUGHTING_ANNOTATION.ANNOTATION_SYMBOL'
```

```
        IN TYPEOF(SELF.item)))) OR
        (SIZEOF (['AIC_DRAUGHTING_ANNOTATION.' +
        'DRAUGHTING_SYMBOL_REPRESENTATION',
        'AIC_DRAUGHTING_ANNOTATION.' +
        'DRAUGHTING_SUBFIGURE_REPRESENTATION'] *
      TYPEOF (SELF.item\mapped_item.mapping_source.
        mapped_representation)) = 1);
WR6:--text_has_text_style:
   (NOT ('AIC_DRAUGHTING_ANNOTATION.ANNOTATION_TEXT_OCCURRENCE'
      IN TYPEOF (SELF))) OR
        (SIZEOF (QUERY (sty <* SELF.styles |
       NOT ((SIZEOF (sty.styles) = 1)
       AND ('AIC_DRAUGHTING_ANNOTATION.TEXT_STYLE'
       IN TYPEOF (sty.styles[1]))) )) = 0);
WR7:--allowable_text:
   (('AIC_DRAUGHTING_ANNOTATION.ANNOTATION_TEXT_OCCURRENCE'
      IN TYPEOF (SELF))) OR
        (SIZEOF (TYPEOF(SELF.item) *
        ['AIC_DRAUGHTING_ANNOTATION.COMPOSITE_TEXT',
        'AIC_DRAUGHTING_ANNOTATION.TEXT_LITERAL']) = 1);
WR8:--text_not_nested:
   (NOT (('AIC_DRAUGHTING_ANNOTATION.ANNOTATION_TEXT_OCCURRENCE'
      IN TYPEOF (SELF)) AND
        ('AIC_DRAUGHTING_ANNOTATION.COMPOSITE_TEXT'
       IN TYPEOF (SELF.item)))) OR (SIZEOF (QUERY (tl<*
         SELF.item\composite_text.collected_text |
       NOT ('AIC_DRAUGHTING_ANNOTATION.TEXT_LITERAL'
       IN TYPEOF (tl)) )) = 0);
WR9:--text_alignment_literals:
   (NOT (('AIC_DRAUGHTING_ANNOTATION.ANNOTATION_TEXT_OCCURRENCE'
      IN TYPEOF (SELF)) AND
        ('AIC_DRAUGHTING_ANNOTATION.TEXT_LITERAL'
       IN TYPEOF (SELF.item)))) OR (SELF.item\text_literal.alignment
       IN ['baseline left', 'baseline centre', 'baseline right']);
WR10:--text_alignment_composites:
    (NOT (('AIC_DRAUGHTING_ANNOTATION.ANNOTATION_TEXT_OCCURRENCE'
       IN TYPEOF (SELF)) AND
         ('AIC_DRAUGHTING_ANNOTATION.COMPOSITE_TEXT'
       IN TYPEOF (SELF.item)))) OR
          (SIZEOF (QUERY (tl <* QUERY (text <* SELF.
          item\composite_text.collected_text
          |('AIC_DRAUGHTING_ANNOTATION.TEXT_LITERAL' IN TYPEOF(text))) |
       NOT (tl\text_literal.alignment IN
```

```
        ['baseline left', 'baseline centre', 'baseline right']) )) = 0);
WR11:--single_text_alignment:
    NOT (('AIC_DRAUGHTING_ANNOTATION.ANNOTATION_TEXT_OCCURRENCE'
      IN TYPEOF(SELF)) AND
         ('AIC_DRAUGHTING_ANNOTATION.COMPOSITE_TEXT'
      IN TYPEOF (SELF.item))) OR check_text_alignment(SELF.item);
WR12:--single_text_font:
    NOT (('AIC_DRAUGHTING_ANNOTATION.ANNOTATION_TEXT_OCCURRENCE'
       IN TYPEOF(SELF)) AND
          ('AIC_DRAUGHTING_ANNOTATION.COMPOSITE_TEXT'
       IN TYPEOF (SELF.item))) OR check_text_font(SELF.item);
WR13:--allowable_text_literals:
    (NOT (('AIC_DRAUGHTING_ANNOTATION.ANNOTATION_TEXT_OCCURRENCE'
       IN TYPEOF(SELF)) AND
          ('AIC_DRAUGHTING_ANNOTATION.COMPOSITE_TEXT'
       IN TYPEOF (SELF.item)))) OR
          (SIZEOF (QUERY (tl<* QUERY (text <*
            SELF.item\composite_text.collected_text |
            ('AIC_DRAUGHTING_ANNOTATION.TEXT_LITERAL' IN TYPEOF (text))) |
       NOT (SIZEOF (TYPEOF(tl) *
           ['AIC_DRAUGHTING_ANNOTATION.' +
           'TEXT_LITERAL_WITH_BLANKING_BOX',
           'AIC_DRAUGHTING_ANNOTATION.' +
           'TEXT_LITERAL_WITH_ASSOCIATED_CURVES']) = 0) )) = 0);
WR14:--styled_text_literal_curves:
    (NOT (('AIC_DRAUGHTING_ANNOTATION.ANNOTATION_TEXT_OCCURRENCE'
       IN TYPEOF (SELF)) AND
          ('AIC_DRAUGHTING_ANNOTATION.TEXT_LITERAL_WITH_ASSOCIATED_CURVES'
       IN TYPEOF (SELF.item)))) OR
          (SIZEOF (QUERY (crv <*
          SELF.item\text_literal_with_associated_curves.
          associated_curves |
       NOT (SIZEOF (QUERY (si <* USEDIN (crv,
           'PRESENTATION_APPEARANCE_SCHEMA.STYLED_ITEM.ITEM') |
           ('AIC_DRAUGHTING_ANNOTATION.ANNOTATION_CURVE_OCCURRENCE'
        IN TYPEOF (si)) ))>0) )) = 0);
WR15:--styled_composite_text_curves:
    (NOT (('AIC_DRAUGHTING_ANNOTATION.ANNOTATION_TEXT_OCCURRENCE'
    IN TYPEOF (SELF)) AND
        ('AIC_DRAUGHTING_ANNOTATION.COMPOSITE_TEXT_WITH_ASSOCIATED_CURVES'
    IN TYPEOF (SELF.item)))) OR
        (SIZEOF (QUERY (crv <*
        SELF.item\composite_text_with_associated_curves.
```

```
        associated_curves |
    NOT (SIZEOF (QUERY (si <* USEDIN (crv,
        'PRESENTATION_APPEARANCE_SCHEMA.STYLED_ITEM.ITEM') |
        ('AIC_DRAUGHTING_ANNOTATION.ANNOTATION_CURVE_OCCURRENCE'
    IN TYPEOF (si)) )) >0) )) = 0);
WR16:--curve_style_has_width:
    SIZEOF (QUERY (cs <* QUERY (sty<* SELF.styles |
    ('AIC_DRAUGHTING_ANNOTATION.CURVE_STYLE' IN TYPEOF (sty.styles[1])))
      | NOT (('AIC_DRAUGHTING_ANNOTATION.LENGTH_MEASURE_WITH_UNIT'
    IN TYPEOF (cs.styles[1]\curve_style.curve_width)) AND
      ('MEASURE_SCHEMA.POSITIVE_LENGTH_MEASURE'
    IN TYPEOF (cs.styles[1]\curve_style.
      curve_width\measure_with_unit.value_component))))) = 0;
WR17:--tiling_constraints:
    SIZEOF (QUERY (fas <* QUERY (sty <* SELF.styles |
        ('AIC_DRAUGHTING_ANNOTATION.FILL_AREA_STYLE'
        IN TYPEOF (sty.styles[1]))) |
        NOT ((SIZEOF (QUERY (fs <* fas.styles[1]\fill_area_style.fill_styles
        | ('AIC_DRAUGHTING_ANNOTATION.FILL_AREA_STYLE_TILES'
        IN TPEOF (fs)))) <= 1)
    AND (SIZEOF (QUERY (fst <* QUERY (fs <*
        fas.styles[1]\fill_area_style.fill_styles |
        ('AIC_DRAUGHTING_ANNOTATION.FILL_AREA_STYLE_TILES'
    IN TYPEOF (fs))) |
    NOT (SIZEOF (fst\fill_area_style_tiles.tiles) = 1)
        )) = 0))
    )) = 0;
WR18:--hatching_constraints:
    SIZEOF (QUERY (fas <* QUERY (sty <* SELF.styles |
        ('AIC_DRAUGHTING_ANNOTATION.FILL_AREA_STYLE'
        IN TYPEOF (sty.styles[1]))) |
        NOT (SIZEOF (QUERY (fsh <* QUERY (fs <*
        fas.styles[1]\fill_area_style.fill_styles |
        ('AIC_DRAUGHTING_ANNOTATION.FILL_AREA_STYLE_HATCHING'
        IN TYPEOF (fs))) |
    NOT (fsh\fill_area_style_hatching.point_of_reference_hatch_line :=:
        fsh\fill_area_style_hatching.pattern_start) )) = 0) )) = 0;
WR19:--text_style_constraint:
    SIZEOF (QUERY (ts <* QUERY (sty <* SELF.styles |
        ('AIC_DRAUGHTING_ANNOTATION.TEXT_STYLE'
        IN TYPEOF(sty.styles[1]))) |
        NOT ('AIC_DRAUGHTING_ANNOTATION.' +
        'TEXT_STYLE_WITH_BOX_CHARACTERISTICS'
```

```
        IN TYPEOF (ts.styles[1])))) = 0;
    WR20: --text_style_characteristics:
        SIZEOF (QUERY (ts <* QUERY (sty <* SELF.styles |
            ('AIC_DRAUGHTING_ANNOTATION.TEXT_STYLE_WITH_BOX_CHARACTERISTICS'
            IN TYPEOF (sty.styles[1]))) |
        NOT (SIZEOF (ts.styles[1]\text_style_with_box_characteristics.
            characteristics) = 4) )) = 0;
END_ENTITY;
(*
```

形式限制：

WR1：每个 daughting_annotation_occurrence 是一个有确切式样为 curve_style 的 annotation_curve_occurrence。

WR2：每个 draughting_annotation_occurrence 是一个有确切式样为 fill_area_style 的 annotation_fill_area_occurrence。

WR3：如果 draughting_annotation_occurrence 是一个 annotation_fill_area_occurrence，那么 annotation_fill_area 的每个边界是 annotation_curve_occurrence 中的 item。

WR4：每个 draughting_annotation_occurrence 是一个有确切式样(可以是 symbol_style 或 null_style)的 annotation_symbol_occurrence。

WR5：如果 draughting_annotation_occurrence 是项为 annotation_symbol 的 annotation_symbol_occurrence，那么 symbol_representation 是 draughting_symbol_representation 或 draughting_subfigure_representation。

WR6：每个 draughting_annotation_occurrence 是一个有确切式样为 text_style 的 annotation_text_occurrence。

WR7：如果 draughting_annotation_occurrence 是一个 annotation_text_occurrence，那么它的项既可以是 composite_text 又可以是 text_literal。

WR8：如果 draughting_annotation_occurrence 是一个 annotation_text_occurrence，那么每个 composite_text 仅能是 text_literal 的集合。

WR9：如果 draughting_annotation_occurrence 是项为 text_literal 的 annotation_text_occurrence，那么 text_literal 的 alignment 可以取"baseline left"、"baseline centre"或"baseline right"值。

WR10：如果 draughting_annotation_occurrence 是项为 composite_text 的 annotation_text_occurrence，那么包括在 composite_text 内的每个 text_literal 的 alignment 可取"baseline left"、"baseline centre"或"baseline right"值。

WR11：如果 draughting_annotation_occurrence 是一个 annotation_text_occurrence，那么每个 text_literal 采用同样的 alignment 方式。

WR12：如果 draughting_annotation_occurrence 是一个 annotation_text_occurrence，那么每个 text_literal 都采用同样的 font。

WR13：如果 draughting_annotation_occurrence 是一个 annotation_text_occurrence，那么每个 composite_text 都不能包含 text_literal_with_blanking_box 和 text_literal_with_associated_curves。

WR14：如果 draughting_annotation_occurrence 是项为 text_literal_with_associated_curves 的 annotation_text_occurrence，那么每个与文本关联的曲线都是 annotation_curve_occurrence 的 item。

WR15：如果 draughting_annotation_occurrence 是项为 composite_text_with_associated_curves 的 annotation_text_occurrence，那么每个与文本关联的曲线都是 annotation_curve_occurrence 的 item。

WR16：如果 draughting_annotation_occurrence 的式样是 curve_style，那么这个式样将规定与 curve_width 关联的度量单位。

WR17:如果 draughting_annotation_occurrence 的式样是 fill_area_style,那么在 fill_styles 集合中这个式样不能包含多个 fill_area_style_tiles,并且 fill_area_style_tiles 应该有一个准确的名称。

WR18:如果 draughting_annotation_occurrence 的式样是 fill_area_style,那么 fill_style 集合中的每个 fill_area_style_hatching 的 point_of_reference_hatch_line 是相同的 pattern_start。

WR19:如果 draughting_annotation_occurrence 的式样是 text_style,那么这个式样是 text_style_with_box_characteristics。

WR20:如果 draughting_annotation_occurrence 的式样是 text_style_with_box_characteristics,那么这个式样有 characteristics 集合中规定的四个元素。

4.2.3 实体 draughting_subfigure_representation

draughting_subfigure_representation 是收集 annotation_occurrence 作为子图定义的 symbol_representation。

EXPRESS 描述:

```
*)
ENTITY draughting_subfigure_representation
SUBTYPE OF (symbol_representation);
   WHERE
   WR1:SIZEOF (QUERY (item <* SELF\representation.items |
      NOT (SIZEOF (['AIC_DRAUGHTING_ANNOTATION.ANNOTATION_OCCURRENCE',
         'AIC_DRAUGHTING_ANNOTATION.DRAUGHTING_CALLOUT',
         'GEOMETRY_SCHEMA.AXIS2_PLACEMENT']
          * TYPEOF (item)) = 1))) = 0;
    WR2:SIZEOF (QUERY (item <* SELF\representation.items |
       SIZEOF (['AIC_DRAUGHTING_ANNOTATION.ANNOTATION_OCCURRENCE',
       'AIC_DRAUGHTING_ANNOTATION.DRAUGHTING_CALLOUT'] *
       TYPEOF (item)) = 1)) >= 1;
    WR3:SIZEOF (QUERY (srm <* QUERY (rm <*
       USEDIN (SELF, 'REPRESENTATION_SCHEMA.' +
       'REPRESENTATION_MAP.MAPPED_REPRESENTATION') |
       ('AIC_DRAUGHTING_ANNOTATION.SYMBOL_REPRESENTATION_MAP'
       IN TYPEOF(rm))) |
       NOT (SIZEOF (QUERY (a_s <* QUERY (mi <* srm.map_usage |
       ('AIC_DRAUGHTING_ANNOTATION.ANNOTATION_SYMBOL' IN TYPEOF(mi)))
       | NOT (SIZEOF (QUERY (aso<*
       USEDIN (a_s, 'PRESENTATION_APPEARANCE_SCHEMA.' +
       'STYLED_ITEM.ITEM') |
       NOT ('AIC_DRAUGHTING_ANNOTATION.ANNOTATION_SUBFIGURE_OCCURRENCE'
       IN TYPEOF(aso)))) = 0))) = 0)))>0;
    WR4:NOT (acyclic_mapped_item_usage (SELF));
    WR5:SIZEOF (SELF.context_of_items.representations_in_context) = 1;
END_ENTITY;
(*
```

形式限制:

WR1:draughting_subfigure_representation 的 item 可以是 annotation_occurrence、draughting_callout

或 axis2_placement。

WR2:在 draughting_subfigure_representation 中至少有一个 item 是 annotation_occurrence 或 draughting_callout。

WR3:draughting_subfigure_representation 是至少一个 annotation_subfigure_occurrence 的定义。

WR4:draughting_subfigure_representation 不能是定义中任何 mapped_item 的源。

WR5:draughting_subfigure_representation 的 representation_context 不是任何其他 representation 的相关环境。

4.2.4 实体 draughting_symbol_representation

draughting_symbol_representation 是收集 annotation_curve_occurrences、annotation_symbol_occurrences、annotation_text_occurrences 和 annotation_fill_area_occurrence 作为符号定义的 symbol_representation。

EXPRESS 描述:

```
*)
ENTITY draughting_symbol_representation
SUBTYPE of (symbol_representation);
  UNIQUE
    UR1: SELF\representation.name;
   WHERE
   WR1:
      SIZEOF (QUERY (item <* SELF\representation.items |
   NOT (SIZEOF (TYPEOF (item) *
       ['AIC_DRAUGHTING_ANNOTATION.ANNOTATION_CURVE_OCCURRENCE',
       'AIC_DRAUGHTING_ANNOTATION.ANNOTATION_SYMBOL_OCCURRENCE',
       'AIC_DRAUGHTING_ANNOTATION.ANNOTATION_FILL_AREA_OCCURRENCE',
       'AIC_DRAUGHTING_ANNOTATION.ANNOTATION_TEXT_OCCURRENCE',
       'GEOMETRY_SCHEMA.AXIS2_PLACEMENT']) = 1)
   )) = 0;
   WR2:
      SIZEOF (QUERY (item <* SELF\representation.items |
        (SIZEOF (TYPEOF (item) *
        ['AIC_DRAUGHTING_ANNOTATION.ANNOTATION_CURVE_OCCURRENCE',
        'AIC_DRAUGHTING_ANNOTATION.ANNOTATION_SYMBOL_OCCURRENCE',
        'AIC_DRAUGHTING_ANNOTATION.ANNOTATION_FILL_AREA_OCCURRENCE',
        'AIC_DRAUGHTING_ANNOTATION.ANNOTATION_TEXT_OCCURRENCE']) = 1)
   )) >= 1;
   WR3:
      SIZEOF (QUERY (item <* SELF\representation.items |
      'AIC_DRAUGHTING_ANNOTATION.ANNOTATION_SUBFIGURE_OCCURRENCE'
      IN TYPEOF (item))) = 0;
   WR4:
      SIZEOF (QUERY (srm<* QUERY (rm<*
        USEDIN (SELF, 'REPRESENTATION_SCHEMA.' +
        'REPRESENTATION_MAP.MAPPED_REPRESENTATION') |
```

```
        ('REPRESENTATION_SCHEMA.SYMBOL_REPRESENTATION_MAP'
        IN TYPEOF(rm))) |
        NOT (SIZEOF (QUERY (a_s <* QUERY (mi <* srm.map_usage |
        ('AIC_DRAUGHTING_ANNOTATION.ANNOTATION_SYMBOL' IN TYPEOF(mi))) |
        NOT (SIZEOF (QUERY(aso <*
        USEDIN(a_s, 'PRESENTATION_APPEARANCE_SCHEMA.' +
        'STYLED_ITEM.ITEM') |
        NOT ('AIC_DRAUGHTING_ANNOTATION.ANNOTATION_SYMBOL_OCCURRENCE'
        IN TYPEOF(aso))
        )) = 0) )) = 0) )))>0;
  WR5:
    NOT (acyclic_mapped_item_usage (SELF));
  WR6:
    SIZEOF (SELF.context_of_items.representations_in_context) = 1;
END_ENTITY;
(*
```

形式限制：

UR1：draughting_symbol_representation 的名称必须唯一。

WR1：在 draughting_symbol_representation 中的 item 可以是 annotation_curve_occurrence、annotation_text_occurrence、annotation_symbol_occurrence、annotation_fill_area_occurrence 或 axis2_placement。

WR2：在 draughting_symbol_representation 中的至少一个 item 是 annotation_curve_occurrence、annotation_text_occurrence、annotation_symbol_occurrence 或 annotation_fill_area_occurrence。

WR3：draughting_symbol_representation 中的 item 不可以是 annotation_subfigure_occurrence。

WR4：draughting_symbol_representation 应是至少一个 annotation_symbol_occurrence 的定义。

WR5：draughting_symbol_representation 不能是定义中任何 mapped_item 的源。

WR6：draughting_symbol_representation 的 representation_context 不能是任何其他 representation 的相关环境。

4.2.5 实体 draughting_text_literal_with_delineation

draughting_text_literal_with_delineation 给出使用线上(overline)或线下(underline)描述文本的 text_literal。

EXPRESS 描述：

```
*)
ENTITY draughting_text_literal_with_delineation
SUBTYPE OF (text_literal_with_delineation);
WHERE
  WR1: SELF.delineation IN ['underline', 'overline'];
END_ENTITY;
(*
```

形式限制：

WR1：每个 draughting_text_literal_with_delineation 既可以是'underline'又可以是“'overline'”的文本描述。

4.3 aic_draughting_annotation 函数定义

4.3.1 函数 acyclic_mapped_item_usage

如果给定的 representation 包含一个或多个 representation 自身的 mapped_items，那么 acyclic_mapped_item_usage 布尔函数返回真。

EXPRESS 描述：

```
*)
FUNCTION acyclic_mapped_item_usage (rep: representation) : BOOLEAN;
  --returns TRUE if the representation contains one or more mapped_items
  --that are a mapping of the representation itself
  LOCAL
    items : SET OF representation_item;
  END_LOCAL;
    items := QUERY (item <* rep.items |
      'AIC_DRAUGHTING_ANNOTATION.MAPPED_ITEM' IN TYPEOF (item));
  IF SIZEOF (items) = 0
    THEN
      RETURN (FALSE);
  ELSE
    REPEAT i := 1 TO HIINDEX (items);
      IF items[i]\mapped_item.mapping_source.mapped_representation :=: rep
        THEN
          RETURN (TRUE);
        ELSE
          RETURN (acyclic_mapped_item_usage(items[i]\
          mapped_item.mapping_source.mapped_representation));
      END_IF;
    END_REPEAT;
    RETURN (FALSE);
  END_IF;
END_FUNCTION;
(*
```

参数定义：

rep：输入要被检查的 representation。

4.3.2 函数 check_text_alignment

对于 collected_text 集合内的每个 text_literal，如果给定的 composite_text 有公共的 alignment 值，那么 check_text_alignment 布尔函数返回真。

EXPRESS 描述：

```
*)
FUNCTION check_text_alignment (ct : composite_text) : BOOLEAN;
  LOCAL
    a:SET OF text_alignment := [];
  END_LOCAL;
    --create a set of all the alignments
```

```
    REPEAT i := 1 TO HIINDEX (ct.collected_text);
      a:= a + [ct.collected_text[i]\text_literal.alignment];
    END_REPEAT;
      --if there is more than one element in the set
      --then not all alignments were the same
    RETURN (SIZEOF(a) = 1);
END_FUNCTION;
(*
```

参数定义：

ct:输入要被检查的 composite_text。

注：由于参数“ct”是一种 composite_text,“collected_text”是 composite_text 的属性,因此尽管没有进行成组引用,函数 check_text_alignment 中的属性引用“ct. collected_text”是正确的。

4.3.3 函数 check_text_font

对于 collected_text 集合内的每个 text_literal,如果给定的 composite_text 有公共的 font 值 check_text_font 布尔函数返回真。

EXPRESS 描述：

```
*)
FUNCTION check_text_font (ct : composite_text) : BOOLEAN;
    LOCAL
      f : SET OF font_select := [];
    END_LOCAL;
      --build a set of all the fonts
    REPEAT i := 1 TO HIINDEX (ct.collected_text);
      f:= f +[ct.collected_text[i]\text_literal.font];
    END_REPEAT;
      --if there is more than one element in the set
      --then not all fonts were the same
    RETURN (SIZEOF(f) <= 1);
END_FUNCTION;
(*
```

注：由于参数“ct”是 一种 composite_text,“collected_text”是 composite_text 的属性,因此尽管没有进行成组引用,函数 check_text_font 中的属性引用“ct. collected_text”是正确的。

参数定义：

ct:输入要被检查的 composite_text。

```
*)
END_SCHEMA; --aic_draughting_annotation
(*
```

附 录 A
（规范性附录）
实 体 短 名

表 A.1 给出了 GB/T 16656 的本部分规定的实体短名。使用短名的要求见 GB/T 16656 的实现方法。

表 A.1 实体短名

实 体 名	短 名
ANNOTATION_SUBFIGURE_OCCURRENCE	ANSBOC
DRAUGHTING_ANNOTATION_OCCURRENCE	DRANOC
DRAUGHTING_SUBFIGURE_REPRESENTATION	DRSBRP
DRAUGHTING_SYMBOL_REPRESENTATION	DRSYRP

附　录　B
（规范性附录）
信息对象注册

B.1　文档对象标识

在开放系统中，为确定信息对象的无二义性标识，规定本部分的对象标识符为：

{iso standard 10303 part(504) version(1)}

本标识符的含义在 GB/T 16262.1 中进行了定义，并且在 ISO 10303-1 中进行了描述。

B.2　模式标识

在开放系统中，为确定 aic_shell_based_wireframe_shema 的无二义性标识，规定对象标识符：

{iso standard 10303 part(504) version(1) object(1) aic-draughting-annotation (1)}

分配给 aic_draughting_annotation 模式（见第 4 章）。本标识符的含义在 GB/T 16262.1 中进行了定义，并且在 ISO 10303-1 中进行了描述。

附 录 C
(资料性附录)
EXPRESS-G 图

本附录中的图 C.1～图 C.13 对应于 GB/T 16656 本部分第 4 章中的 ARM EXPRESS 短表。图中使用了 EXPRESS 语言的 EXPRESS-G 图解形式。EXPRESS-G 在 ISO 10303-11:1994 的附录 D 中定义。

注：根据符合 ISO 10303-11 隐式接口规则，这些选择类型 curve_on_surface、founded_item_select、geometric_set_select、measure_value、reversible_topology、reversible_topology_item、transformation、trimming_select、vector_or_direction 放入 AIC 扩展列表。本部分的其他实体不使用这些选择类型。

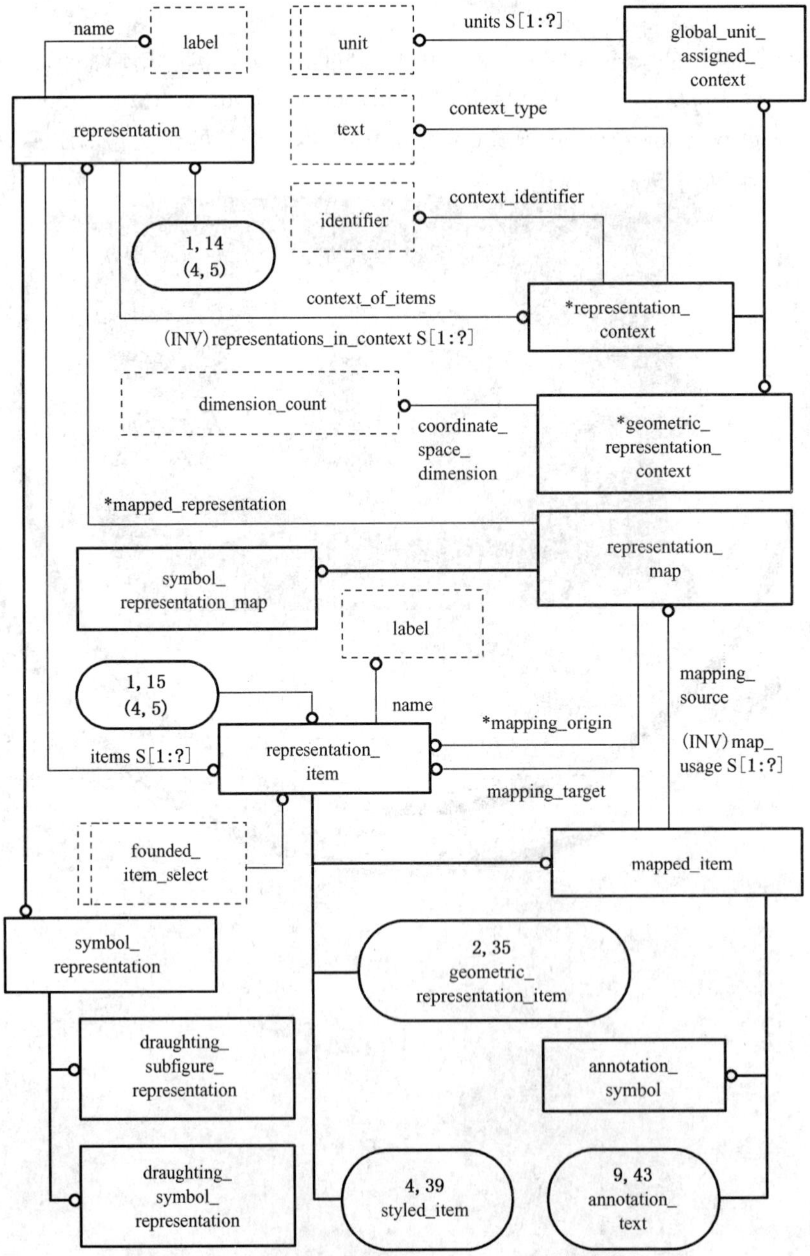

图 C.1 EXPRESS-G 中的 AIC 扩展列表图 13-1

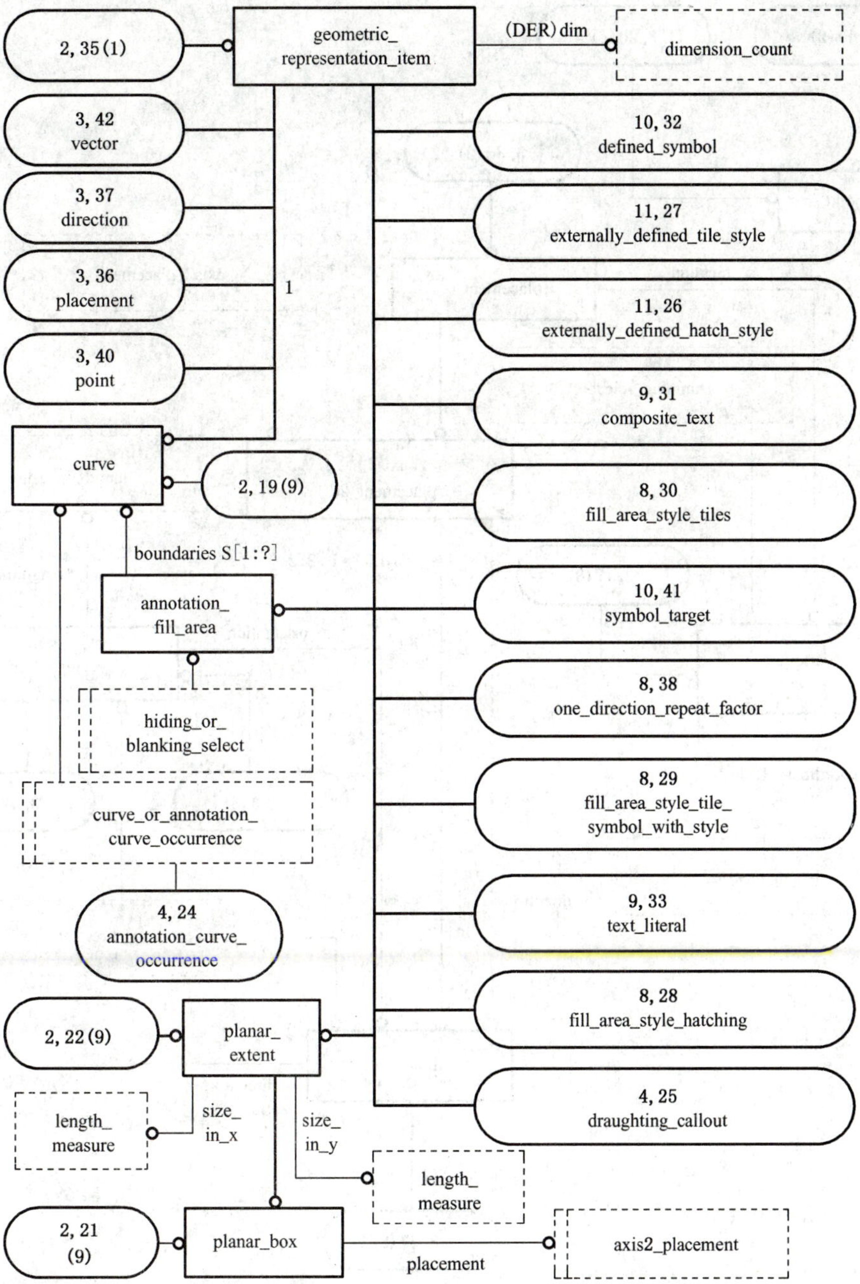

图 C.2 EXPRESS-G 中的 AIC 扩展列表图 13-2

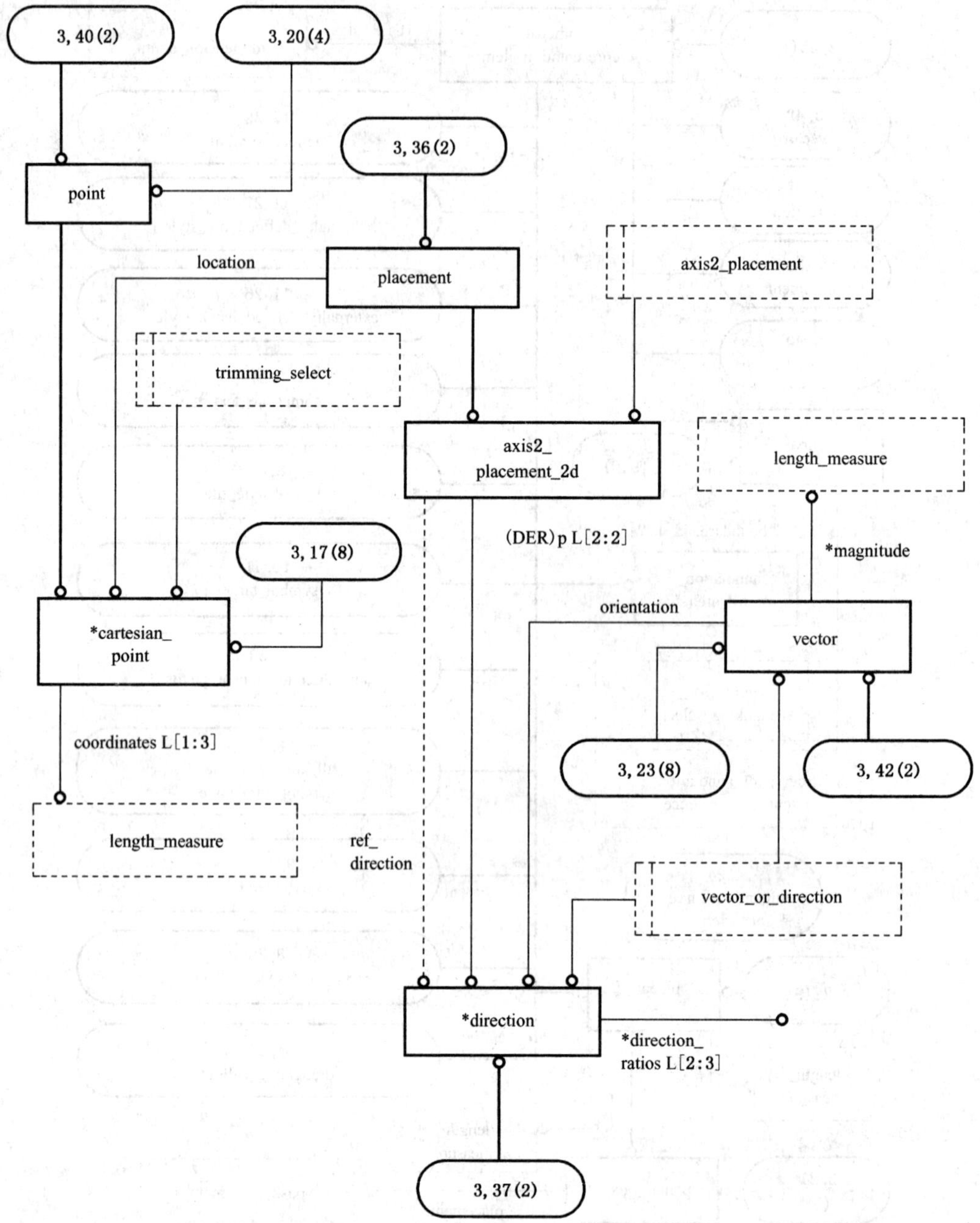

图 C.3 EXPRESS-G 中的 AIC 扩展列表图 13-3

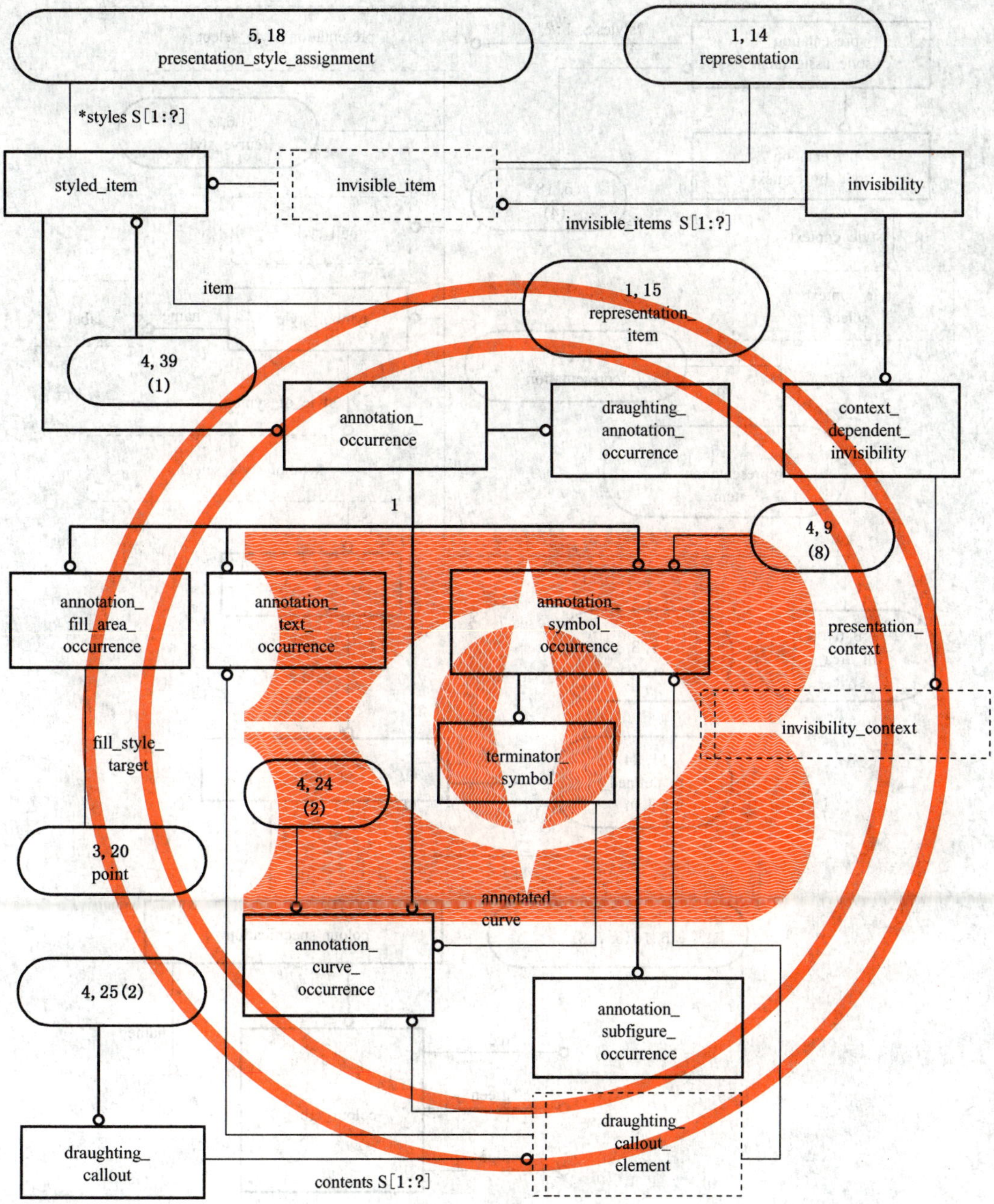

图 C.4 EXPRESS-G 中的 AIC 扩展列表图 13-4

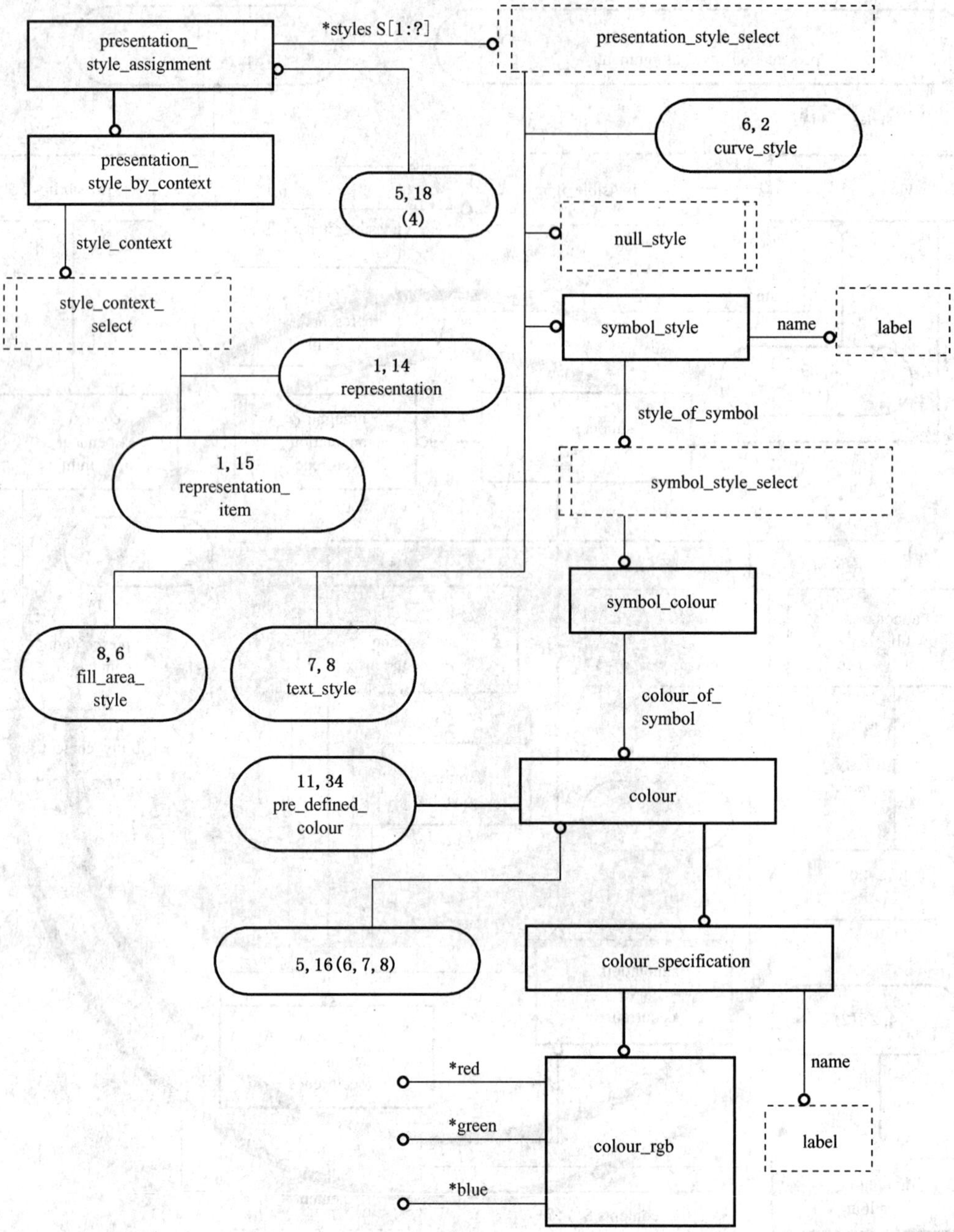

图 C.5 EXPRESS-G 中的 AIC 扩展列表图 13-5

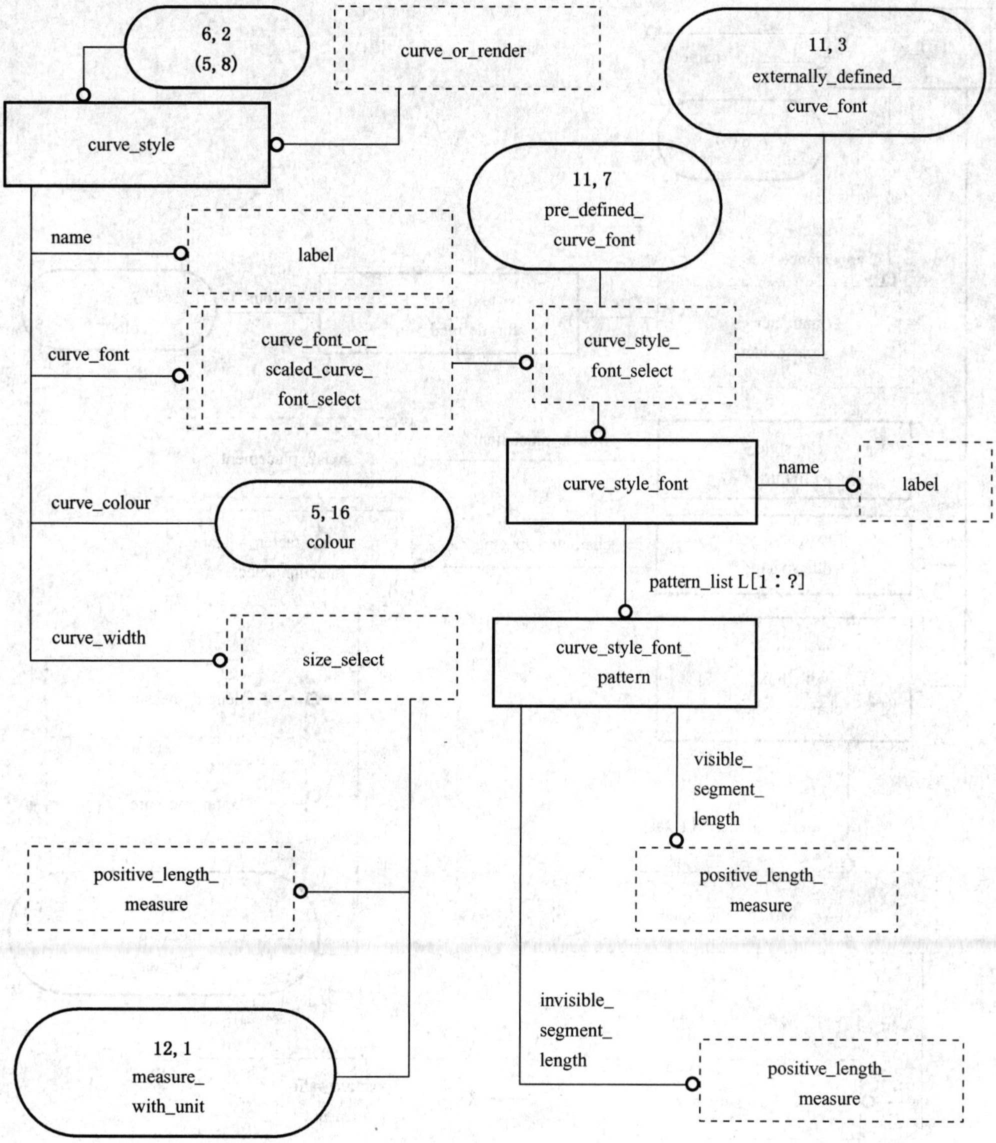

图 C.6 EXPRESS-G 中的 AIC 扩展列表图 13-6

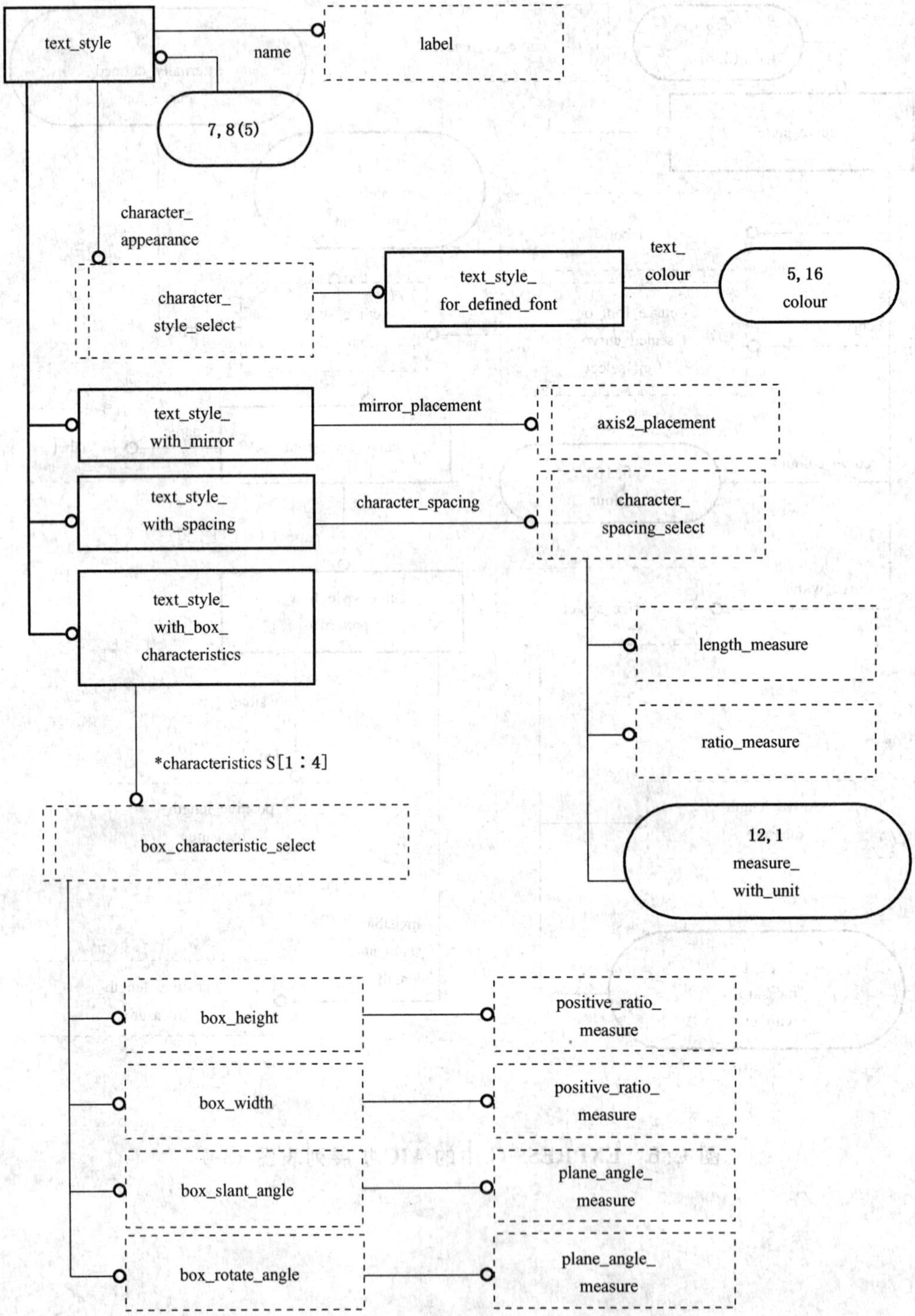

图 C.7 EXPRESS-G 中的 AIC 扩展列表图 13-7

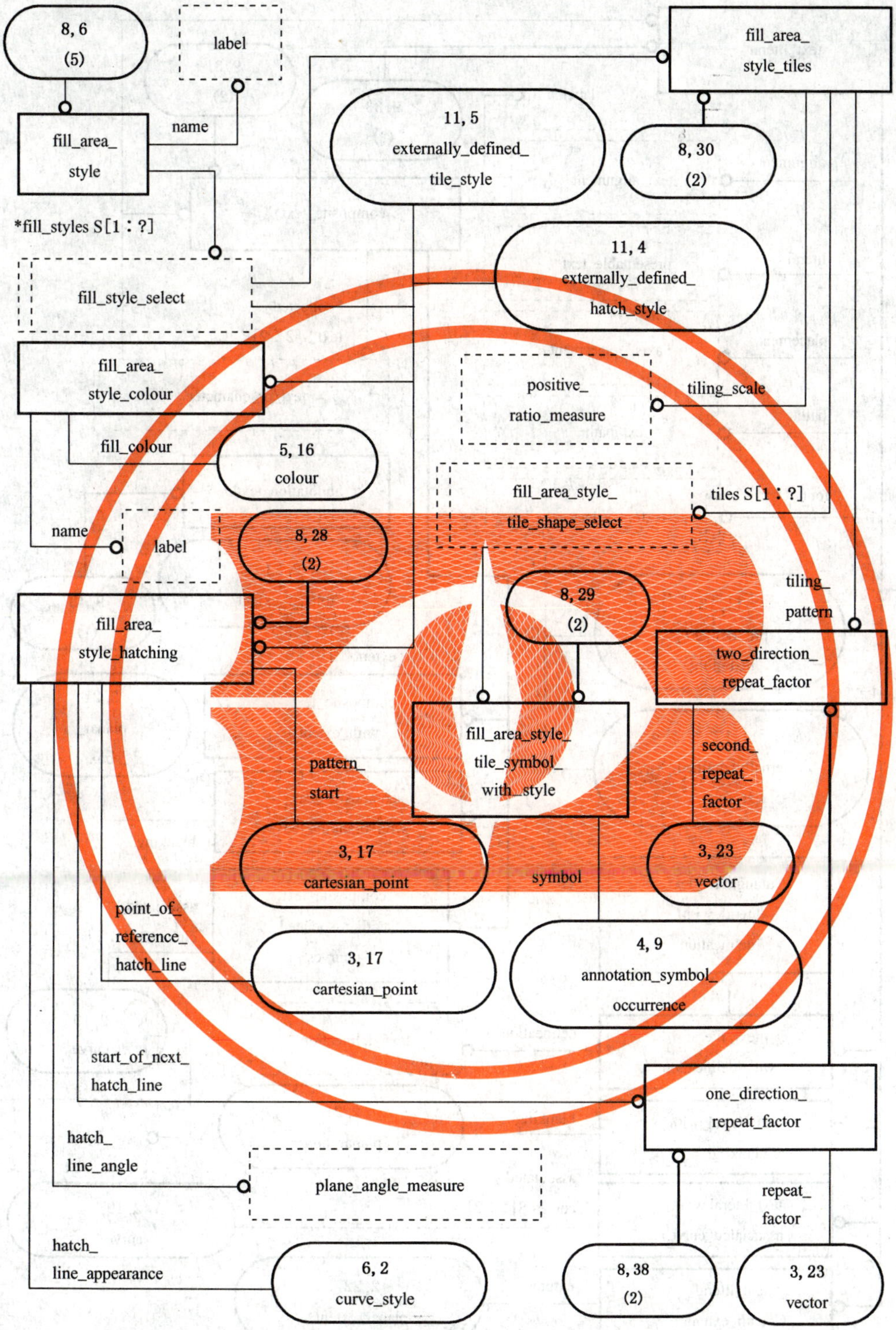

图 C.8 EXPRESS-G 中的 AIC 扩展列表图 13-8

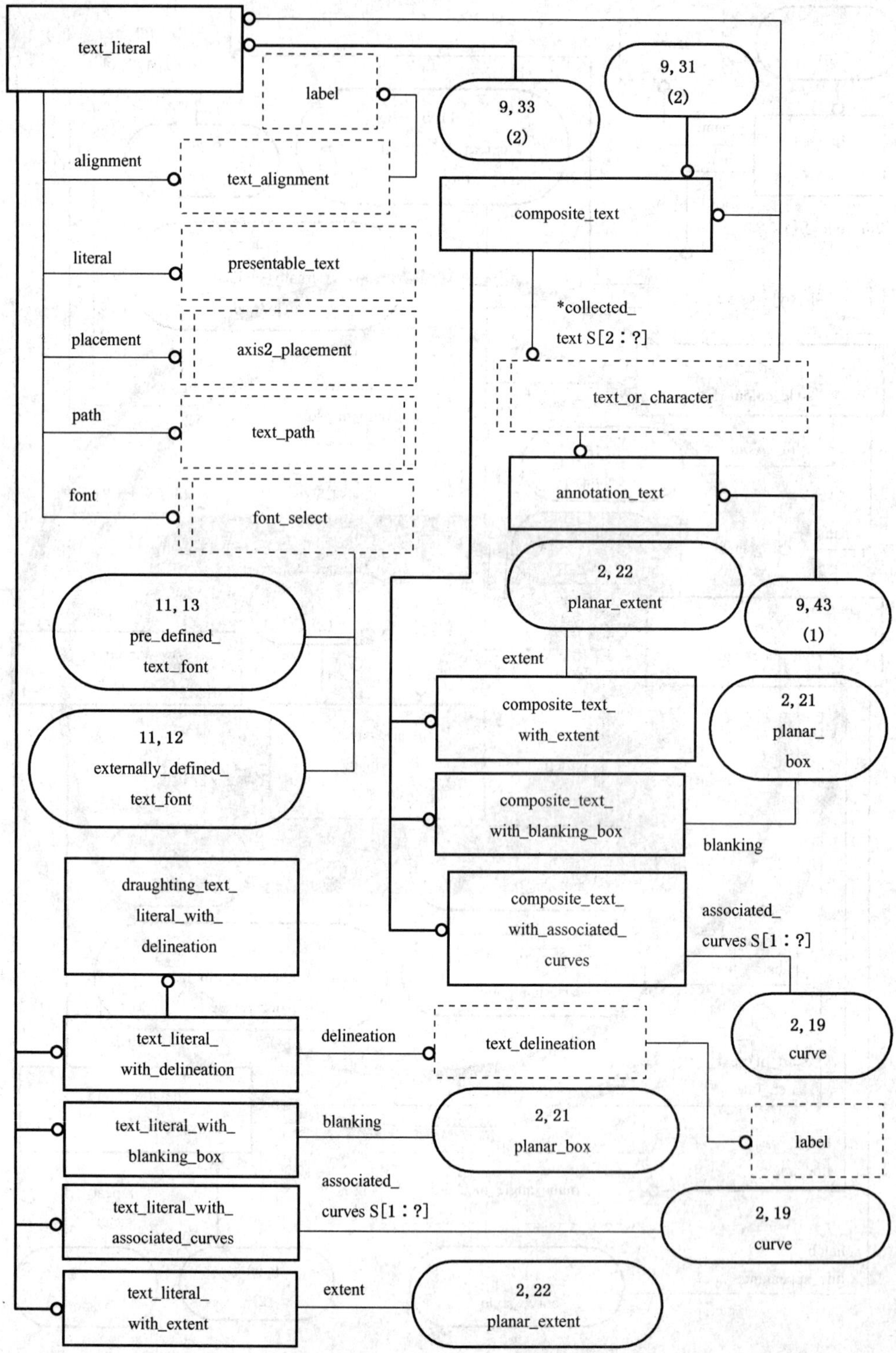

图 C.9 EXPRESS-G 中的 AIC 扩展列表图 13-9

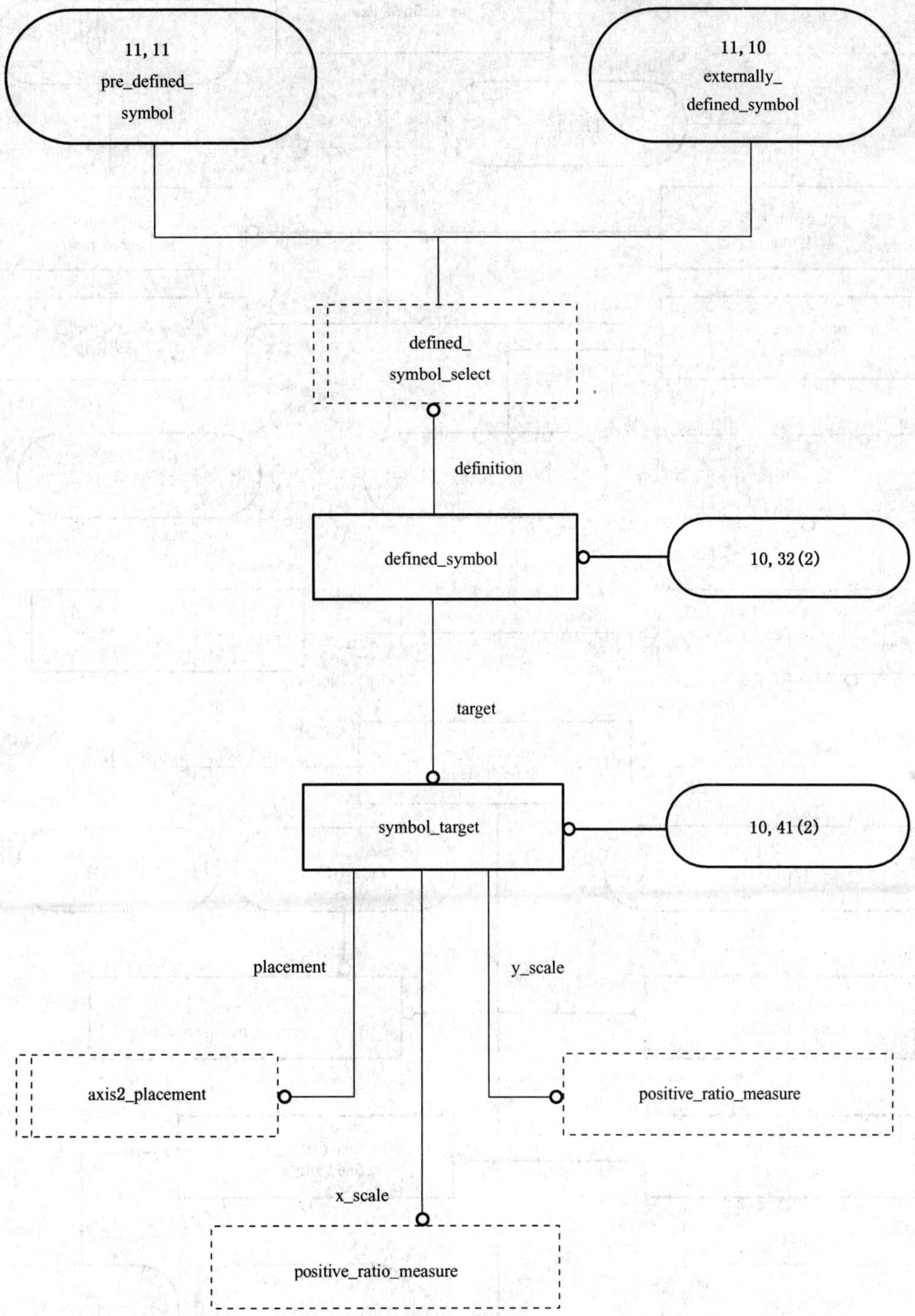

图 C.10 EXPRESS-G 中的 AIC 扩展列表图 13-10

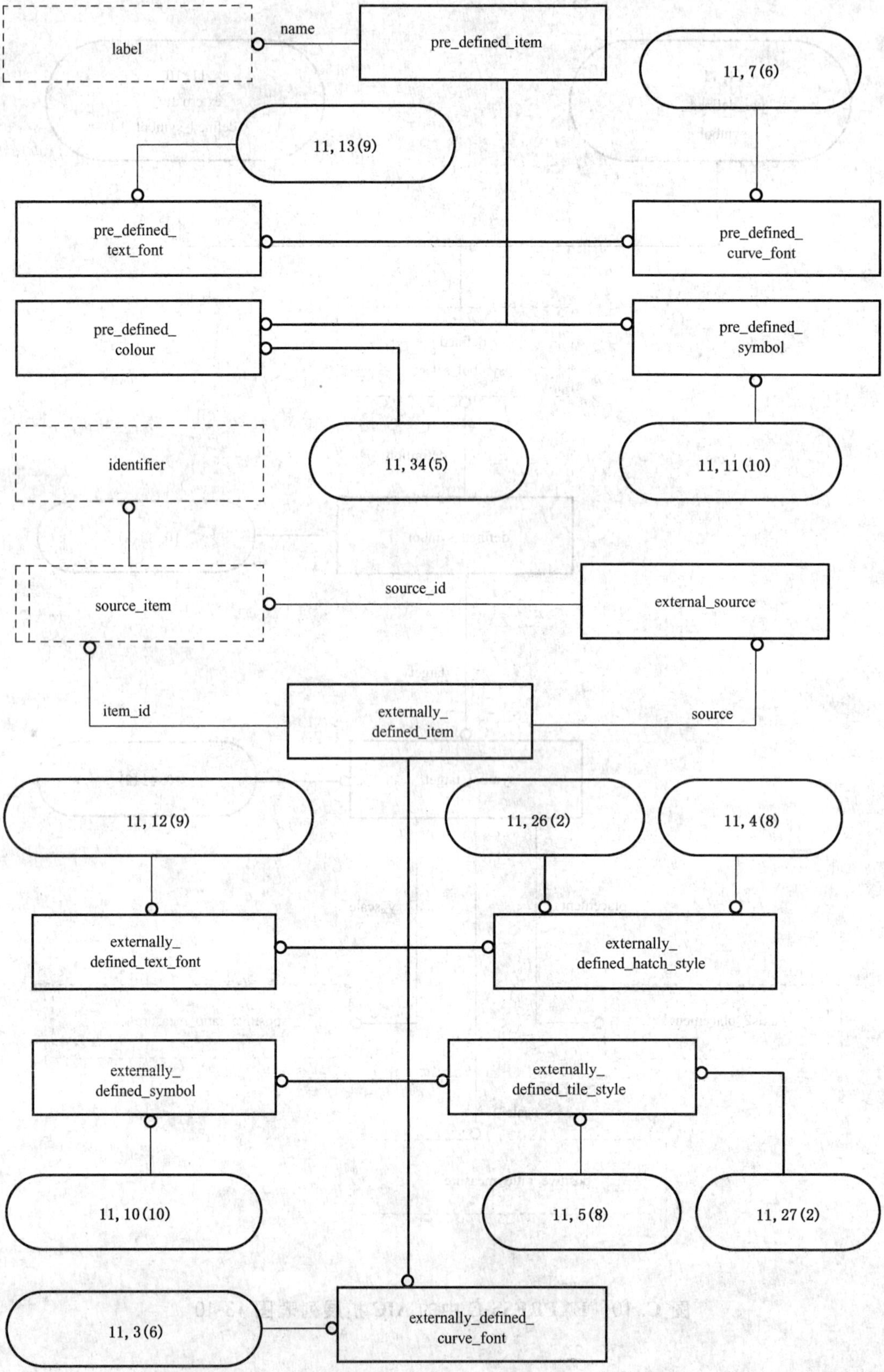

图 C.11　EXPRESS-G 中的 AIC 扩展列表图 13-11

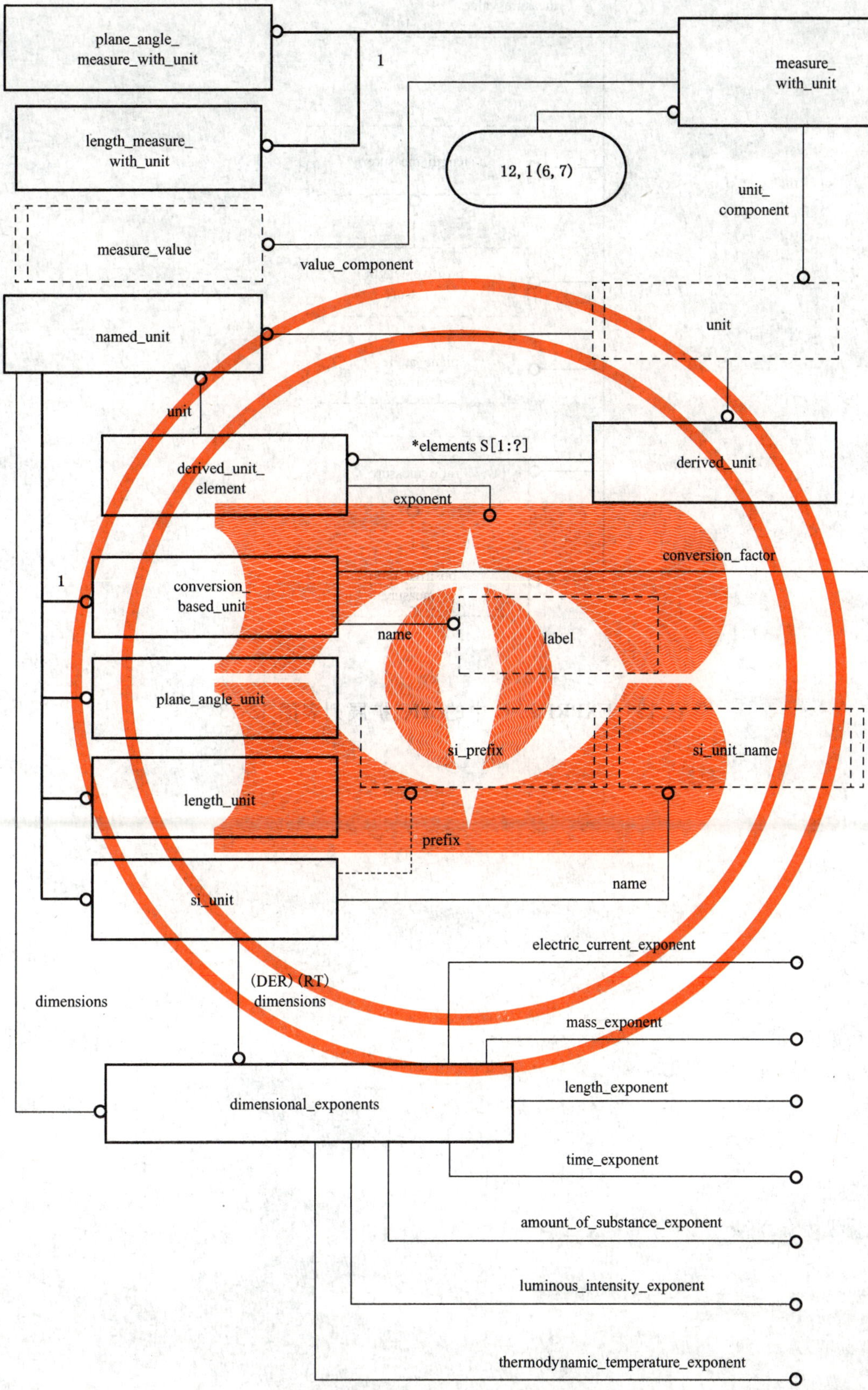

图 C. 12 EXPRESS-G 中的 AIC 扩展列表图 13-12

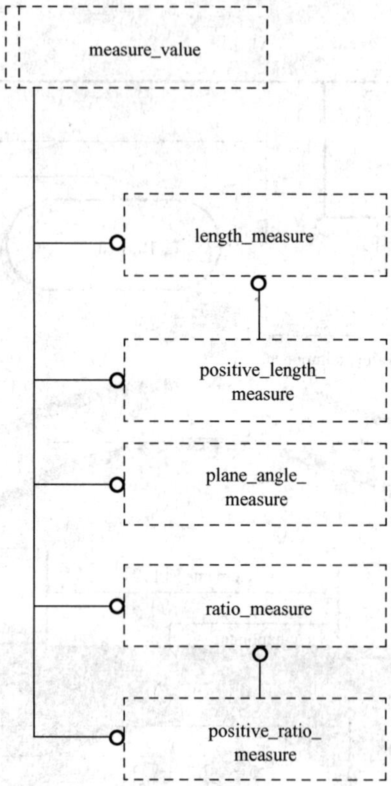

图 C.13 EXPRESS-G 中的 AIC 扩展列表图 13-13

附 录 D
（资料性附录）
计算机可解释的列表

本附录引用了 GB/T 16656 本部分规定的 EXPRESS 实体名和与实体名对应的短名列表，也提供了本部分规定的没有注解和其他说明文本的每一个 EXPRESS 模式的列表。这些列表以计算机可解释的格式给出并可从以下 URL 查到：

短名：http://www.mel.nist.gov/div826/subject/apde/snr/。

EXPRESS：http://www.mel.nist.gov/step/parts/part504/is/。

如果不能访问以上网址，请联系 ISO TC 184/SC 4 秘书处：sc4sec@cme.nist.gov。

注：从以上网址得到的计算机可解释格式的信息是资料性的。本部分内的信息是规范的。

ICS 25.040.40
L 67

中华人民共和国国家标准

GB/T 16656.505—2010/ISO 10303-505:2000

工业自动化系统与集成 产品数据表达与交换 第505部分:应用解释构造:图样结构与管理

Industrial automation systems and integration—Product data representation and exchange—Part 505:Application interpreted construct:Drawing structure and administration

(ISO 10303-505:2000,IDT)

2011-01-14 发布　　2011-05-01 实施

中华人民共和国国家质量监督检验检疫总局
中国国家标准化管理委员会　发布

前　言

GB/T 16656《工业自动化系统与集成　产品数据表达与交换》是一项由多部分组成的标准，各部分单独出版。GB/T 16656 的所属各部分又组成多个子系列，即：

——第 1 部分至第 19 部分规定了描述方法；

——第 20 部分至第 29 部分规定了实现方法；

——第 30 部分至第 39 部分规定了一致性测试方法与框架；

——第 40 部分至第 59 部分规定了集成通用资源；

——第 100 部分至第 199 部分规定了集成应用资源；

——第 200 部分至第 299 部分规定了应用协议；

——第 300 部分至第 399 部分规定了抽象测试套件；

——第 400 部分至第 499 部分规定了应用模块；

——第 500 部分至第 599 部分规定了应用解释构造；

——第 1000 部分至第 1999 部分规定了应用模块。

GB/T 16656《工业自动化系统与集成　产品数据表达与交换》现已发布和即将发布的包括以下部分：

——第 1 部分：概述与基本原理；

——第 11 部分：描述方法：EXPRESS 语言参考手册；

——第 21 部分：实现方法：交换文件结构的纯正文编码；

——第 28 部分：实现方法：EXPRESS 模式与数据的 XML 表达(使用 XML 模式)；

——第 31 部分：一致性测试方法论与框架：基本概念；

——第 32 部分：一致性测试方法论与框架：对测试实验室与客户的要求；

——第 34 部分：一致性测试方法论与框架：应用协议实现的抽象测试方法；

——第 41 部分：集成通用资源：产品描述与支持原理；

——第 42 部分：集成通用资源：几何与拓扑表达；

——第 43 部分：集成通用资源：表达结构；

——第 44 部分：集成通用资源：产品结构配置；

——第 45 部分：集成通用资源：材料；

——第 46 部分：集成通用资源：可视化显示；

——第 47 部分：集成通用资源：形状变化公差；

——第 49 部分：集成通用资源：工艺过程结构和特性；

——第 51 部分：集成通用资源：数学表达；

——第 54 部分：集成通用资源：分类和集合论；

——第 55 部分：集成通用资源：过程与混合表达；

——第 56 部分：集成通用资源：状态；

——第 101 部分：集成应用资源：绘图；

——第 105 部分：集成应用资源：运动学；

——第 201 部分：应用协议：显式绘图；

——第 202 部分：应用协议：相关绘图；

——第 203 部分：应用协议：配置控制设计；

——第 238 部分:应用协议:计算机数值控制器用的应用解释模型;
——第 501 部分:应用解释构造:基于边的线框;
——第 502 部分:应用解释构造:基于壳的线框;
——第 503 部分:应用解释构造:几何有界二维线框;
——第 504 部分:应用解释构造:绘图注释;
——第 505 部分:应用解释构造:图样结构与管理;
——第 506 部分:应用解释构造:绘图元素;
——第 507 部分:应用解释构造:几何有界曲面;
——第 508 部分:应用解释构造:非流形曲面;
——第 509 部分:应用解释构造:流形曲面;
——第 513 部分:应用解释构造:基本边界表达;
——第 520 部分:应用解释构造:相关绘图元素;
——第 1001 部分:应用模块:外观赋值;
——第 1002 部分:应用模块:颜色;
——第 1003 部分:应用模块:曲线外观;
——第 1004 部分:应用模块:基本几何形状;
——第 1005 部分:应用模块:基本拓扑;
——第 1006 部分:应用模块:基础表达;
——第 1007 部分:应用模块:通用曲面外观;
——第 1008 部分:应用模块:层赋值;
——第 1009 部分:应用模块:形状外观和层。

本部分为 GB/T 16656 的第 505 部分。

本部分等同采用 ISO 10303-505:2000《工业自动化系统与集成　产品数据表达与交换　第 505 部分:应用解释构造:图样结构与管理》,其技术内容和结构与 ISO 10303-504:2000 保持一致,为便于使用,做了如下编辑性修改:

a) 删去了 ISO 前言;
b) 对于带下划线的用于 EXPRESS 语言描述的各黑体英文实体名、属性名和函数名等,为了维护其英文原意,在本部分中,都使用其英文原名,仅当其作为标题时,我们在该英文名前增加了其归属的类型说明。

本部分的附录 A、附录 B 为规范性附录,附录 C、附录 D 为资料性附录。

本部分由中国机械工业联合会提出。

本部分由全国自动化系统与集成标准化技术委员会(SAC/TC 159)归口。

本部分主要起草单位:重庆市标准化研究院、中国标准化研究院。

本部分主要起草人:李文武、蒲霜、徐成华、洪岩、刘守华、王志强、余松华。

引　言

GB/T 16656(ISO 10303)是一个计算机可解释的用于产品信息表达和产品数据交换的技术标准。其目的是对产品全生命周期提供一种独立于任何特定系统、能够描述产品数据的中性机制。其描述功能不仅适合于中性文件的交换,而且也是实现和共享产品数据库及存档的基础。

GB/T 16656 由一系列部分组成,每个部分单独发布。GB/T 16656 的各个部分都分属以下系列之一:描述方法、集成资源、应用解释构造、抽象测试套件、实现方法及一致性测试等。ISO 10303-1 对上述系列进行了说明。

应用解释构造(AIC)给出了解释构造的逻辑组合以支持在多个应用相关环境中使用产品数据的特定功能。解释构造是对在应用协议中支持共享信息需求的集成资源的通用解释。

GB/T 16656 的本部分是应用解释构造系列的组成部分。本部分规定了描述图纸的层次结构,图纸,图样视图,以及管理图样和图纸必需的管理信息和使一个产品和图纸相关的必需信息。

工业自动化系统与集成 产品数据表达与交换 第505部分:应用解释构造:图样结构与管理

1 范围

GB/T 16656的本部分规定了集成资源的解释,以此满足定义图样层次结构和管理信息的需求,管理信息可以用来管理图样并使产品与图样联系起来。

本部分适用于:

——表达图样的结构,可以描述设计的各个阶段;

——用于表达单个图样修改号的结构;

——绘图形状模型的图样、图纸和视图的层次结构;

——用于图样管理的管理数据;

——用来识别以图样归档的产品版本的管理数据。

本部分不适用于:

——用于表达与产品无关的那些图样结构;

——图样历史的交换;

注:图样历史是指以前的图样修改号。

——专用于建立该图样的纸制版或硬拷贝版的数据交换。

示例:打印机或绘图仪的数据可以指定笔、规定绘图比例或绘图颜色等。

2 规范性引用文件

下列文件中的条款通过GB/T 16656的本部分的引用而成为本部分的条款。凡是注日期的引用文件,其随后所有的修改单(不包括勘误的内容)或修订版均不适用于本部分,然而,鼓励根据本部分达成协议的各方研究是否可使用这些文件的最新版本。凡是不注日期的引用文件,其最新版本适用于本部分。

GB/T 16262.1 信息技术 抽象语法记法一(ASN.1) 第1部分:基本记法规范(GB/T 16262.1—2006,ISO/IEC 8824-1:2002,IDT)

GB/T 16656.41—1999 工业自动化系统与集成 产品数据表达与交换 第41部分:集成通用资源:产品描述与支持原理(idt ISO 10303-41:1994)

GB/T 16656.42—1998 工业自动化系统与集成 产品数据表达与交换 第42部分:集成通用资源:几何与拓扑表达(idt ISO 10303-42:1994)

GB/T 16656.43—1999 工业自动化系统与集成 产品数据表达与交换 第43部分:集成通用资源:表达结构(idt ISO 10303-43:1994)

GB/T 16656.46—1998 工业自动化系统与集成 产品数据表达与交换 第46部分:集成通用资源:可视化显示(idt ISO 10303-46:1994)

GB/T 16656.101—1998 工业自动化系统与集成 产品数据表达与交换 第101部分:集成应用资源:绘图(idt ISO 10303-101:1994)

GB/T 16656.202—2000 工业自动化系统与集成 产品数据表达与交换 第202部分:应用协

议:相关绘图(eqv ISO 10303-202:1996)

ISO 10209-1:1992 技术产品文件 词汇 第1部分:与技术制图相关的术语:总则和制图种类

ISO 10303-1:1994 工业自动化系统与集成 产品数据表达与交换 第1部分:概述与基本原理

ISO 10303-11:1994 工业自动化系统与集成 产品数据表达与交换 第11部分:描述方法:EXPRESS语言参考手册

3 术语、定义和缩略语

3.1 ISO 10209-1中定义的术语

ISO 10209-1中定义的下述术语适用于GB/T 16656的本部分:

——图样 drawing。

3.2 ISO 10303-1定义的术语

ISO 10303-1中定义的下列术语适用于GB/T 16656的本部分:

——应用 application

——应用相关环境 application context

——应用协议(AP) application protocol

——实现方法 implementation method

——集成资源 integrated resource

——解释 interpretation

——产品 product

——产品数据 product data

3.3 GB/T 16656.46中定义的术语

GB/T 16656.46中定义的下述术语适用于GB/T 16656的本部分:

——注释 annotation;

——表示 presentation。

3.4 GB/T 16656.101中定义的术语

GB/T 16656.101中定义的下述术语适用于GB/T 16656的本部分:

——绘图 draughting。

3.5 GB/T 16656.202定义的术语

GB/T 16656.202定义的下列术语适用于GB/T 16656的本部分:

——绘图形状模型 draughting shape model。

——应用解释构造 application interpreted construct。

3.6 缩略语

以下缩略语适用于本部分:

AIC:应用解释构造(Application Interpreted Construct)

AP:应用协议(Application Protocol)

4 EXPRESS短表

本章规定了EXPRESS模式,所采用的元素取自集成资源并构成本部分的类型、实体描述和函数。

注1:本AIC中有很多未引入的集成资源所规定的子类和选择列表项。通过使用ISO 10303-11中规定的隐含接口规则,某些构造从子类树或选择列表中被排除。引用被删除的构造超出了AIC的范围。在某些情况下,所有选择列表项都会被清除。因为AIC要在应用协议相关环境内实现,因此选择列表项在应用协议中定义。

EXPRESS描述:

*)

```
SCHEMA aic_drawing_structure_and_administration;

USE FROM approval_schema                                    --GB/T 16656.41
  (approval,
   approval_date_time,
   approval_person_organization);

USE FROM date_time_schema                                   --GB/T 16656.41
  (calendar_date);

USEFROM drawing_definition_schema                           --GB/T 16656.101
  (draughting_title,
   drawing_revision,
   drawing_sheet_revision,
   drawing_sheet_revision_usage);

USE FROM geometry_schema                                    --GB/T 16656.42
  (axis2_placement_2d);

USE FROM management_resources_schema                        --GB/T 16656.41
  (approval_assignment,
   contract_assignment,
   document_reference,
   organization_assignment,
   person_and_organization_assignment,
   person_assignment,
   security_classification_assignment);

USE FROM person_organization_schema                         --GB/T 16656.41
  (organizational_address,
   person_address);

USE FROM presentation_definition_schema                     --GB/T 16656.46
  (annotation_occurrence);

USE FROM presentation_organization_schema                   --GB/T 16656.46
  (camera_image,
   presentation_size,
   presentation_view,
   presented_item,
   presented_item_representation);

USE FROM product_definition_schema                          --GB/T 16656.41
```

```
  (product,
   product_definition,
  product_definition_formation);
(*
```

注 2：以上引用的模式可在 GB/T 16656 的下列部分找到：

approval_schema	GB/T 16656.41
date_time_schema	GB/T 16656.41
drawing_definition_schema	GB/T 16656.101
geometry_schema	GB/T 16656.42
management_resources_schema	GB/T 16656.41
person_organization_schema	GB/T 16656.41
presentation_definition_schema	GB/T 16656.46
presentation_organization_schema	GB/T 16656.46
product_definition_schema	GB/T 16656.41

4.1 基本概念和假设

在应用协议模式中使用 AIC 时，以下实体将被单独示例：

——calendar_date；

——product_definition。

4.2 aic_drawing_structure_and_administration 的类型定义

4.2.1 类型 approved_item

approved_item 类型规定了其取值可以为批准的那些对象。

EXPRESS 描述：

```
*)
TYPE approved_item = SELECT
   (drawing_revision,
   drawing_sheet_revision);
END_TYPE;
(*
```

4.2.2 类型 classified_item

classified_item 类型规定了其取值可以为安全分类的那些对象。

EXPRESS 描述：

```
*)
TYPE classified_item = SELECT
   (drawing_revision,
   Drawing_sheet_revision);
END_TYPE;
(*
```

4.2.3 类型 contracted_item

contracted_item 类型规定了其取值可以为合同的那些对象。

EXPRESS 描述：

```
*)
TYPE contracted_item = SELECT
(drawing_revision);
END_TYPE;
```

(*

4.2.4 类型 **draughting_organization_item**

draughting_organization_item 类型规定了其取值可以为个人、组织或个人与组织的那些对象。

EXPRESS 描述：

```
*)
TYPE draughting_oragnization_item = SELECT
   (product_definition_formation,
   drawing_revision,
   drawing_sheet_revision);
END_TYPE;
(*
```

4.2.5 类型 **draughting_presented_item_select**

draughting_presented_item_select 类型规定了可通过图样来表示的那些对象。

EXPRESS 描述：

```
*)
TYPE draughting_presented_item_select = SELECT
   (product_definition_formation);
END_TYPE;
(*
```

4.2.6 类型 **specified_item**

specified_item 类型规定了其取值可以为 draughting_specification_reference（见 4.3.9）的那些对象。

EXPRESS 描述：

```
*)
TYPE specified_item = SELECT
   (drawing_revision);
END_TYPE;
(*
```

4.3 aic_drawing_structure_and_administration 的实体定义

4.3.1 实体 draughting_approval_assignment

draughting_approval_assignment 对 drawing_revision 或 drawing_sheet_revision 赋“批准”值。

EXPRESS 描述：

```
*)
ENTITY draughting_approval_assignment
    SUBTYPE OF (approval_assignment);
    approved_item:SET[1 : ?] OF approved_item;
WHERE
    WR1:SIZEOF (QUERY(item<* approved_items |
    'AIC_DRAWINGSTRUCTURE_AND_ADMINISTRATION.DRAWING_REVISION'
    IN TYPEOF (item)))<=1;
END_ENTITY;
(*
```

属性定义：

approved_item：approved_item 集合，其标识了取值为 approved 的 drawing_revision 或 drawing_sheet_revision。

形式限制：

WR1：approved_item 集合最多包含一个 drawing_revision。

4.3.2 实体 draughting_contract_assignment

draughting_contract_assignment 对 drawing_revision 的赋“合同”值，其目的是标识该 drawing_revision 与给定合同相关。

EXPRESS 描述：

```
*)
ENTITY draughting_contract_assignment
   SUBTYPE OF (contract_assignment);
   items : SET [1 : ?] OF contracted_item;
END_ENTITY;
(*
```

属性定义：

items：与给定合同相关的 drawing_revisions。

4.3.3 实体 draughting_drawing_revision

draughting_drawing_revision 是 drawing_revision，它规定了与绘图相关环境有关的约束。使用这种 AIC 的应用协议应确保 drawing_revision 实体被实例化为一个 draughting_drawing_revision。

EXPRESS 描述：

```
*)
ENTITY draughting_drawing_revision
   SUBTYPE OF (drawing_revision);
WHERE
——drawing_requires_sheets:
WR1:
      (SIZEOF (USEDIN (SELF,
       'AIC_DRAWING_STRUCTURE_AND_ADMINISTRATION.AREA_IN_SET')) >= 1)
AND       (SIZEOF (QUERY (ais <* USEDIN (SELF,
           'AIC_DRAWING_STRUCTURE_AND_ADMINISTRATION.AREA_IN_SET.IN_SET') |
NOT
('AIC_DRAWING_STRUCTURE_AND_ADMINISTRATION.DRAWING_SHEET_REVISION'
                IN TYPEOF (ais.area))
)) = 0);

  WR2:
——drawing_approval_has_date:
SIZEOF (QUERY (app_ass<* USEDIN (SELF,
                           'AIC_DRAWING_STRUCTURE_AND_ADMINISTRATION.' +
                           'DRAUGHTING_APPROVAL_ASSIGNMENT.APPROVED_ITEMS') |
    NOT (SIZEOF (USEDIN (app_ass.assigned_approval,
          'AIC_DRAWING_STRUCTURE_AND_ADMINISTRATION.' +
          'APPROVAL_DATE_TIME.DATED_APPROVAL')) = 1)
```

```
)) = 0;

  WR3:
——sheet_approval_has_date:
      SIZEOF (QUERY (ais <* USEDIN (SELF,
'AIC_DRAWING_STRUCTURE_AND_ADMINISTRATION.AREA_IN_SET.IN_SET') |
      NOT (SIZEOF (QUERY (app_ass <* USEDIN (ais.area,
           'AIC_DRAWING_STRUCTURE_AND_ADMINISTRATION.' +
           'DRAUGHTING_APPROVAL_ASSIGNMENT.APPROVED_ITEMS') |
         NOT (SIZEOF (USEDIN (app_ass.assigned_approval,
            'AIC_DRAWING_STRUCTURE_AND_ADMINISTRATION.' +
            'APPROVAL_DATE_TIME.DATED_APPROVAL')) = 1)
    )) = 0)
  )) = 0;

WR4:      ——drawing_approval_has_authorization:
  SIZEOF (QUERY (app_ass <* USEDIN (SELF,
                              'AIC_DRAWING_STRUCTURE_AND_ADMINISTRATION.' +

'DRAUGHTING_APPROVAL_ASSIGNMENT.APPROVED_ITEMS') |
           NOT (SIZEOF (USEDIN (app_ass.assigned_approval,
                 'AIC_DRAWING_STRUCTURE_AND_ADMINISTRATION.' +
                 'APPROVAL_PERSON_ORGANIZATION.AUTHORIZED_APPROVAL')) >= 1)
    )) = 0;
WR5:      ——sheet_approval_has_authorization:
  SIZEOF (QUERY (ais <* USEDIN (SELF,
'AIC_DRAWING_STRUCTURE_AND_ADMINISTRATION.AREA_IN_SET.IN_SET') |
       NOT (SIZEOF (QUERY (app_ass <* USEDIN (ais.area,
            'AIC_DRAWING_STRUCTURE_AND_ADMINISTRATION.' +
            'DRAUGHTING_APPROVAL_ASSIGNMENT.APPROVED_ITEMS') |
          NOT (SIZEOF (USEDIN (app_ass.assigned_approval,
               'AIC_DRAWING_STRUCTURE_AND_ADMINISTRATION.' +
               'APPROVAL_PERSON_ORGANIZATION.AUTHORIZED_APPROVAL')) >= 1)
       )) = 0)
    )) = 0;

WR6:      ——drawing_title:
  SIZEOF (USEDIN (SELF, 'AIC_DRAWING_STRUCTURE_AND_ADMINISTRATION.' +
                         'DRAUGHTING_TITLE.ITEMS')) <= 1)
WR7:      ——sheet_title:
  SIZEOF (QUERY (ais <* USEDIN (SELF,
         'AIC_DRAWING_STRUCTURE_AND_ADMINISTRATION.AREA_IN_SET.IN_SET')|
    NOT (SIZEOF (USEDIN (ais.area,
```

```
                          'AIC_DRAWING_STRUCTURE_AND_ADMINISTRATION.' +
                          'DRAUGHTING_TITLE.ITEMS')) <= 1)
  )) = 0;

WR8:     --allowable_items_of_sheet:
  SIZEOF (QUERY (ais <* USEDIN (SELF,
       AIC_DRAWING_STRUCTURE_AND_ADMINISTRATION.AREA_IN_SET.IN_SET')|
    NOT (SIZEOF (QUERY (item <* ais.area.items |
      NOT (SIZEOF (TYPEOF(item) *
          ['AIC_DRAWING_STRUCTURE_AND_ADMINISTRATION.STYLED_ITEM',
           'AIC_DRAWING_STRUCTURE_AND_ADMINISTRATION.MAPPED_ITEM',
           'AIC_DRAWING_STRUCTURE_AND_ADMINISTRATION.AXIS2_PLACEMENT',
           'AIC_DRAWING_STRUCTURE_AND_ADMINISTRATION.PLANAR_BOX']) = 1)
    )) = 0)
  )) = 0;

WR9:                              --sheet_contains_view_or_annotation:
SIZEOF (QUERY (ais <* USEDIN (SELF,
      AIC_DRAWING_STRUCTURE_AND_ADMINISTRATION.AREA_IN_SET.IN_SET')|
  NOT (SIZEOF (QUERY (item <* ais.area.items |
      (SIZEOF (TYPEOF(item) *
         ['AIC_DRAWING_STRUCTURE_AND_ADMINISTRATION.STYLED_ITEM',
          'AIC_DRAWING_STRUCTURE_AND_ADMINISTRATION.MAPPED_ITEM']) = 1)
    )) > 0)
  )) = 0;

WR10:                                           --planar_box_in_sheet:
  SIZEOF (QUERY (ais <* USEDIN (SELF,
        'AIC_DRAWING_STRUCTURE_AND_ADMINISTRATION.AREA_IN_SET.IN_SET')|
    NOT (SIZEOF (QUERY (p_b <*
       QUERY (item <* ais.area.items |
            ('AIC_DRAWING_STRUCTURE_AND_ADMINISTRATION.PLANAR_BOX'
                IN TYPEOF(item))) |
            NOT (SIZEOF (USEDIN (p_b, 'AIC_DRAWING_STRUCTURE_AND_' +
                         'ADMINISTRATION.PRESENTATION_SIZE.SIZE') ) = 1)
    )) = 0)
  )) = 0;
WR11:                                         --sheets_contain_views:
  SIZEOF (QUERY (ais <* USEDIN (SELF,
         'AIC_DRAWING_STRUCTURE_AND_ADMINISTRATION.AREA_IN_SET.IN_SET')|
  NOT (SIZEOF (QUERY (mi <* QUERY (item <* ais.items |
            ('AIC_DRAWING_STRUCTURE_AND_ADMINISTRATION.MAPPED_ITEM'
                IN TYPEOF(item))) |
```

```
    NOT ('AIC_DRAWING_STRUCTURE_AND_ADMINISTRATION.PRESENTATION_VIEW' IN
            TYPEOF(mi.mapping_source.mapped_representation))
    )) = 0)
  )) = 0;

WR12:                                          ——sheets_contain_placements:
  SIZEOF (QUERY (ais <* USEDIN (SELF,
       AIC_DRAWING_STRUCTURE_AND_ADMINISTRATION.AREA_IN_SET.IN_SET')|
    NOT (SIZEOF (QUERY (a2p <* QUERY (item <* ais.area.items |
('AIC_DRAWING_STRUCTURE_AND_ADMINISTRATION.AXIS2_PLACEMENT'
                        IN TYPEOF(item))) |
      NOT (SIZEOF (USEDIN (a2p,
                      'AIC_DRAWING_STRUCTURE_AND_ADMINISTRATION.' +
                      'MAPPED_ITEM.MAPPING_TARGET')) > 0)
    )) = 0)
  )) = 0;

WR13                                           ——sheets_have_unique_context:
  SIZEOF (QUERY (ais <* USEDIN (SELF,
         'AIC_DRAWING_STRUCTURE_AND_ADMINISTRATION.AREA_IN_SET.IN_SET')|
      NOT (SIZEOF (ais.area.context_of_items.
                Representations_in_context) = 1) )) = 0;

WR14:                                          ——views_presented_once:
  SIZEOF (QUERY (ais <* USEDIN (SELF,
         'AIC_DRAWING_STRUCTURE_AND_ADMINISTRATION.AREA_IN_SET.IN_SET')|
    NOT (SIZEOF (QUERY (mi <* QUERY (item <* ais.area.items |
         ('AIC_DRAWING_STRUCTURE_AND_ADMINISTRATION.MAPPED_ITEM'
            IN TYPEOF(item))) |
      NOT (SIZEOF (USEDIN (mi.mapping_source.mapped_representation,
                    'AIC_DRAWING_STRUCTURE_AND_ADMINISTRATION.' +
                    'REPRESENTATION_MAP.MAPPED_REPRESENTATION')) = 1)
    )) = 0) )) = 0;

WR15:                                          ——allowable_items_of_view:
  SIZEOF (QUERY (ais <* USEDIN (SELF,
         'AIC_DRAWING_STRUCTURE_AND_ADMINISTRATION.AREA_IN_SET.IN_SET')|
    NOT (SIZEOF (QUERY (mi <* QUERY (item <* ais.area.items |
         ('AIC_DRAWING_STRUCTURE_AND_ADMINISTRATION.MAPPED_ITEM'
            IN TYPEOF(item))) |
      NOT (SIZEOF (QUERY (pv_item <* mi.mapping_source.
                 mapped_representation.items |
        NOT (SIZEOF (TYPEOF(pv_item) *
```

```
                ['AIC_DRAWING_STRUCTURE_AND_ADMINISTRATION.' +
                'STYLED_ITEM',
   'AIC_DRAWING_STRUCTURE_AND_ADMINISTRATION.CAMERA_IMAGE',
                  'AIC_DRAWING_STRUCTURE_AND_ADMINISTRATION.' +
                  'AXIS2_PLACEMENT']) = 1)
      )) = 0)
    )) = 0)
  )) = 0;

WR16:                                          --views_contain_one_projection:
  SIZEOF (QUERY (ais <* USEDIN (SELF,
        'AIC_DRAWING_STRUCTURE_AND_ADMINISTRATION.AREA_IN_SET.IN_SET')|
    NOT (SIZEOF (QUERY (mi <* QUERY (item <* ais.area.items |
            ('AIC_DRAWING_STRUCTURE_AND_ADMINISTRATION.MAPPED_ITEM'
              IN TYPEOF(item))) |
      NOT (SIZEOF (QUERY (pv_item <* mi.mapping_source.
                    mapped_representation.items |
           ('AIC_DRAWING_STRUCTURE_AND_ADMINISTRATION.CAMERA_IMAGE'
              IN TYPEOF(pv_item))       )) = 1)
      )) = 0)
    )) = 0;

WR17:                                          --views_contain_noe_placement:
  SIZEOF (QUERY (ais <* USEDIN (SELF,
        'AIC_DRAWING_STRUCTURE_AND_ADMINISTRATION.AREA_IN_SET.IN_SET')|
    NOT (SIZEOF (QUERY (mi <* QUERY (item <* ais.area.items |
          ('AIC_DRAWING_STRUCTURE_AND_ADMINISTRATION.MAPPED_ITEM'
            IN TYPEOF(item))) |
      NOT (SIZEOF (QUERY (a2p <* QUERY (pv_item <* mi.mapping_source.
                      mapped_representation.items |
            ('AIC_DRAWING_STRUCTURE_AND_ADMINISTRATION.AXIS2_PLACEMENT'
              IN TYPEOF(pv_item))) |
         ('AIC_DRAWING_STRUCTURE_AND_ADMINISTRATION.' +
         'REPRESENTATION_MAP.MAPPING_SOURCE' IN ROLESOF (a2p))
      )) = 1)
    )) = 0)
  )) = 0;

WR18:                                          --views_have_unique_context:
  SIZEOF (QUERY (ais <* USEDIN (SELF,
        'AIC_DRAWING_STRUCTURE_AND_ADMINISTRATION.AREA_IN_SET.IN_SET')|
    NOT (SIZEOF (QUERY (mi <* QUERY (item <* ais.area.items |
          ('AIC_DRAWING_STRUCTURE_AND_ADMINISTRATION.MAPPED_ITEM'
```

```
            IN TYPEOF(item))) |
      NOT (SIZEOF (mi.mapping_source.
                   mapped_representation.context_of_items.
                   representations_in_context) = 1)
      )) = 0) )) = 0;
END_ENTITY;
(*
```

形式限制：

WR1:draughting_drawing_revision 至少应与一个 presentation_area 相关联，且每个都是 drawing_sheet_revision。

WR2:与 draughting_drawing_revision 相关的每个 approval 有一个日期。

WR3:与 draughting_drawing_revision 每张图相关的每个 approval 有一个日期。

WR4:与 draughting_drawing_revision 相关的每个 approval 都应由一个或多个组织认可。

WR5:与 draughting_drawing_revision 每张图相关的每个 approval 都应由一个或多个组织认可。

WR6:draughting_drawing_revision 至多是一个 draughting_title 中的一个项。

WR7:draughting_drawing_revision 每张图至多是一个 draughting_title 的一个项。

WR8:draughting_drawing_revision 每张图的各项应是 styled_item、mapped_item、axis2_placement 或 planar_box。

WR9:draughting_drawing_revision 每张图的各项至少应包括一个 styled_item 或 mapped_item。

WR10: draughting_drawing_revision 每张图应包含一个 planar_box ，它是 presentation_size 的 size。

WR11:如果 draughting_drawing_revision 的图中有 mapped_item，那么原始的 mapped_item 应是 presentation_view。

WR12:draughting_drawing_revision 图中的每个 axis2_placement 应是某些 mapped_item 的 mapping_target。

WR13: draughting_drawing_revision 图中的 representation_context 不应是任何其他 representation 的相关环境。

WR14:draughting_drawing_revision 图中的每个视图应是可用于 mapped_item 的 mapped_representation。

WR15:draughting_drawing_revision 每张图的每个视图的项应是 styled_item、camera_image 或 axis2_placement。

WR16:draughting_drawing_revision 每张图的每个视图应包含一个 camera_image。

WR17:draughting_drawing_revision 每张图的每个视图应包含一个 axis2_placement，该 axis2_placement 是 mapped_item 的 mapping_origin。

WR18: draughting_drawing_revision 每张图的每个视图的 representation_context 不应是任何其他 representation 的相关环境。

4.3.4 实体 draughting_organization_assignment

draughting_organization_assignment 使 organization 与 product_definition_formation、drawing_revision 或 drawing_sheet_revision 相关联。

EXPRESS 描述：

```
*)
ENTITY draughting_organization_assignment
  SUBTYPE OF (organization_assignment);
```

```
    assigned_items : SET [1 : ?] OF draughting_organization_item;
  END_ENTITY;
  (*
```

属性定义：

assigned_item：draughting_organization_item 集合，其标识与 organization 相关联的 product_definition_formation、drawing_revision 或 drawing_sheet_revision。

4.3.5 实体 draughting_person_and_organization_assignment

draughting_person_and_organization_assignment 使 person_and_organization 与 product_definition_formation、drawing_revision 或 drawing_sheet_revision 相关联。

EXPRESS 描述：

```
*)
ENTITY draughting_person_and_organization_assignment
  SUBTYPE OF (person_and_organization_assignment);
  assigned_items : SET [1 : ?] OF draughting_organization_item;
END_ENTITY;
(*
```

属性定义：

assigned_item：draughting_organization_item 的集合，其标识与 person_and_organization 相关联的 product_definition_formation、drawing_revision 或 drawing_sheet_revision。

4.3.6 实体 draughting_person_assignment

draughting_person_assignment 使 person 与 product_definition_formation、drawing_revision 或 drawing_sheet_revision 相关联。

EXPRESS 描述：

```
*)
ENTITY draughting_person_assignment
  SUBTYPE OF (person_assignment);
  assigned_items : SET [1 : ?] OF draughting_organization_item;
END_ENTITY;
(*
```

属性定义

assigned_items：draughting_organization_items 的集合，其标识与 person 相关联的 product_definition_formation、drawing_revision 或 drawing_sheet_revision。

4.3.7 实体 draughting_presented_item

draughting_presented_item 通过 product_definition_formation 的图样定义该显示。

EXPRESS 描述：

```
*)
ENTITY draughting_presented_item
  SUBTYPE OF (presented_item);
  items        : SET [1 : ?] OF draughting_presented_item_select;
WHERE
  WR1:
——presented_item_presentation:
      SIZEOF (QUERY (pir <* USEDIN (SELF,
```

```
                                        'AIC_DRAWING_STRUCTURE_AND_ADMINISTRATION.'
    +
                                        'PRESENTED_ITEM_REPRESENTATION.ITEM') |
                 NOT ('AIC_DRAWING_STRUCTURE_AND_ADMINISTRATION.DRAWING_REVISION'
                        IN TYPEOF (pir.presentation)) )) = 0;
END_ENTITY;
(*
```

属性定义：

item：draughting_presented_item_select 的集合，其标识被显示的特定 product_definition_formation。

WR1：每个 presented_item_representation 应有当作其显示的 drawing_revision。

4.3.8 实体 draughting_security_classification_assignment

draughting_security_classification_assignment 对图样或图纸赋安全分类值。

EXPRESS 描述：

```
*)
ENTITY draughting_security_classification_assignment
  SUBTYPE OF (security_classification_assignment);
  assigned_items : SET [1 : ?] OF classified_item;
END_ENTITY;
(*
```

属性定义：

assigned_items：被赋安全分类值的 drawing_revisions 和 drawing_sheet_revisions。

4.3.9 实体 draughting_specification_reference

draughting_specification_reference 指定了每个图样修改版本的外部绘图规范。

EXPRESS 描述：

```
*)
ENTITY draughting_specification_reference
  SUBTYPE OF (document_reference);
  specified_items : SET [1 : ?] OF specified_item;
WHERE
  WR1: (SELF.assigned_document.kind.product_data_type =
          'draughting specification');
END_ENTITY;
  (*
```

属性定义：

specification_items：应用某个图纸规范的 drawing_revision。

形式限制：

WR1：每个被赋值的文件都应是绘图规范。

```
*)
END_SCHEMA;  ——aic_drawing_structure_and_administration
(*
```

附 录 A
（规范性附录）
实 体 短 名

表 A.1 给出了 GB/T 16656 的本部分规定的实体短名。使用短名的要求见 GB/T 16656 的实现方法。

表 A.1 实体短名

实 体 名	短 名
DRAUGHTING_APPROVAL_ASSIGNMENT	DRAPAS
DRAUGHTING_CONTRACT_ASSIGNMENT	DRCNAS
DRAUGHTING_DRAWING_REVISION	DRDRRV
DRAUGHTING_ORGANIZATION_ASSIGNMENT	DRORAS
DRAUGHTING_PERSON_AND_ORGANIZATION_ASSIGNMENT	DPAOA
DRAUGHTING_PERSON_ASSIGNMENT	DRPRAS
DRAUGHTING_PRESENTED_ITEM	DRPRIT
DRAUGHTING_SECURITY_CLASSIFICATION_ASSIGNMENT	DSCA
DRAUGHTING_SPECIFICATION_REFERENCE	DRSPRF

附 录 B
（规范性附录）
信息对象注册

B.1 文档标识

在开放系统中，为了给信息对象提供无二义性标识，规定 GB/T 16656 的本部分的对象标识符为：

{iso standard 10303 part(505) version(1)}

本标识符的含义在 GB/T 16262.1 中定义，在 ISO 10303-1 中进行描述。

B.2 模式标识

在开放系统中，为了给 aic_drawing_structure_and_administration 提供无二义性的标识，对象标识符{iso standard 10303 part(505) version(1) object(1) aic-drawing-structure-and-administration (1)}分配给 aic_drawing_structure_and_administration 模式（见第 4 章），本标识符的含义在 GB/T 16262.1 中定义并在 ISO 10303-1 中进行描述。

附　录　C
（资料性附录）
EXPRESS-G 图

图 C.1～图 C.14 对应于第 4 章中给出的 EXPRESS 短表，其使用了 ISO 10303-11 接口规范。这些图采用了 EXPRESS 语言规定的 EXPRESS-G 图标记。EXPRESS-G 图的标记在 ISO 10303-11：1994 的附录 D 中进行定义。

注：根据 ISO 10303-11 隐含接口规则，下列选择类型纳入 AIC 的扩展列表：invisible_item、style_context_select、founded_item_select、layered_item、vector_or_direction、trimming_select、character_spacing_select、measure_value、draughting_organiz-ation_item，area_or_view、hiding_blank_or_select 与 invisibility_context。GB/T 16656 的本部分的其他实体不引用这些选择类型。

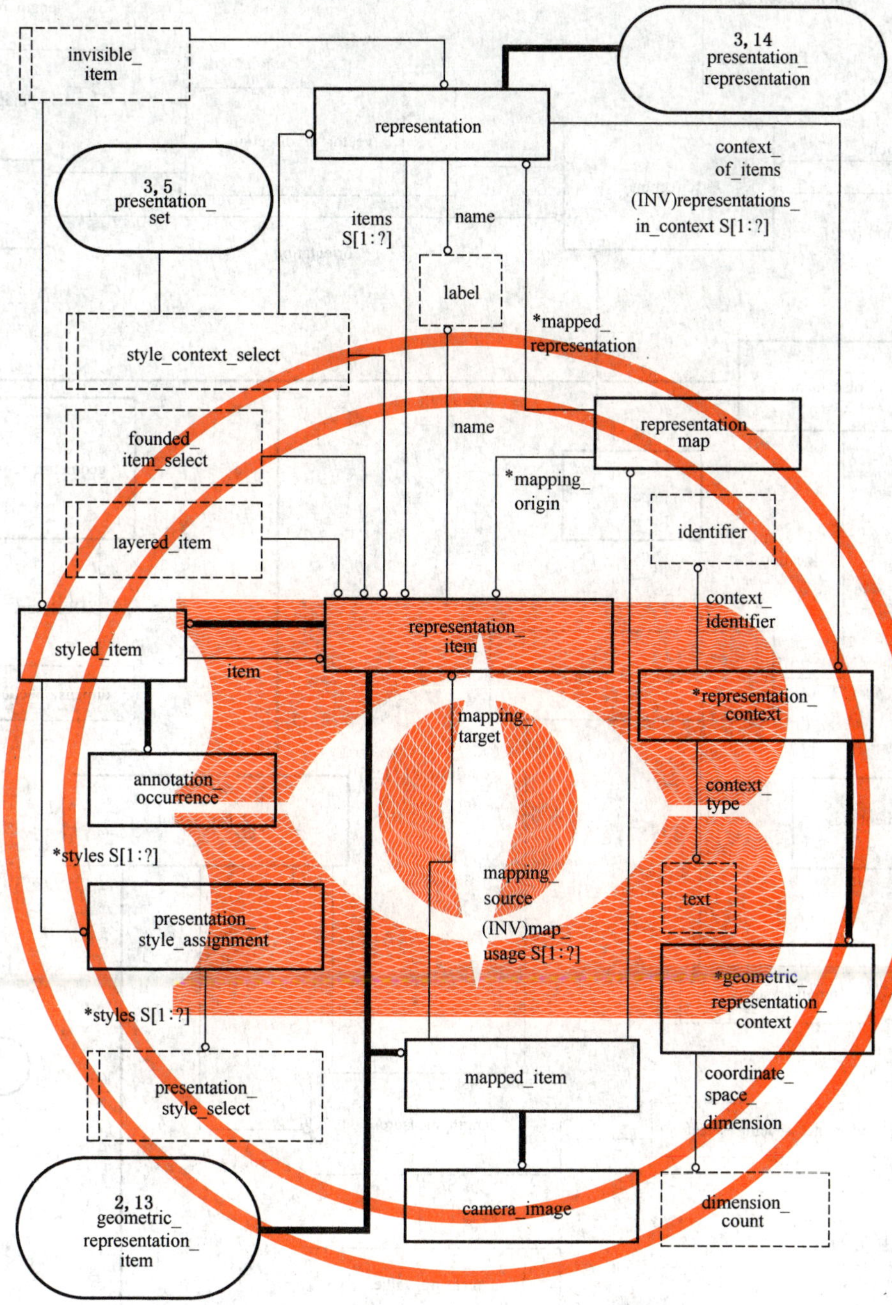

图 C.1　EXPRESS-G 中的 AIC 扩展列表图 14-1

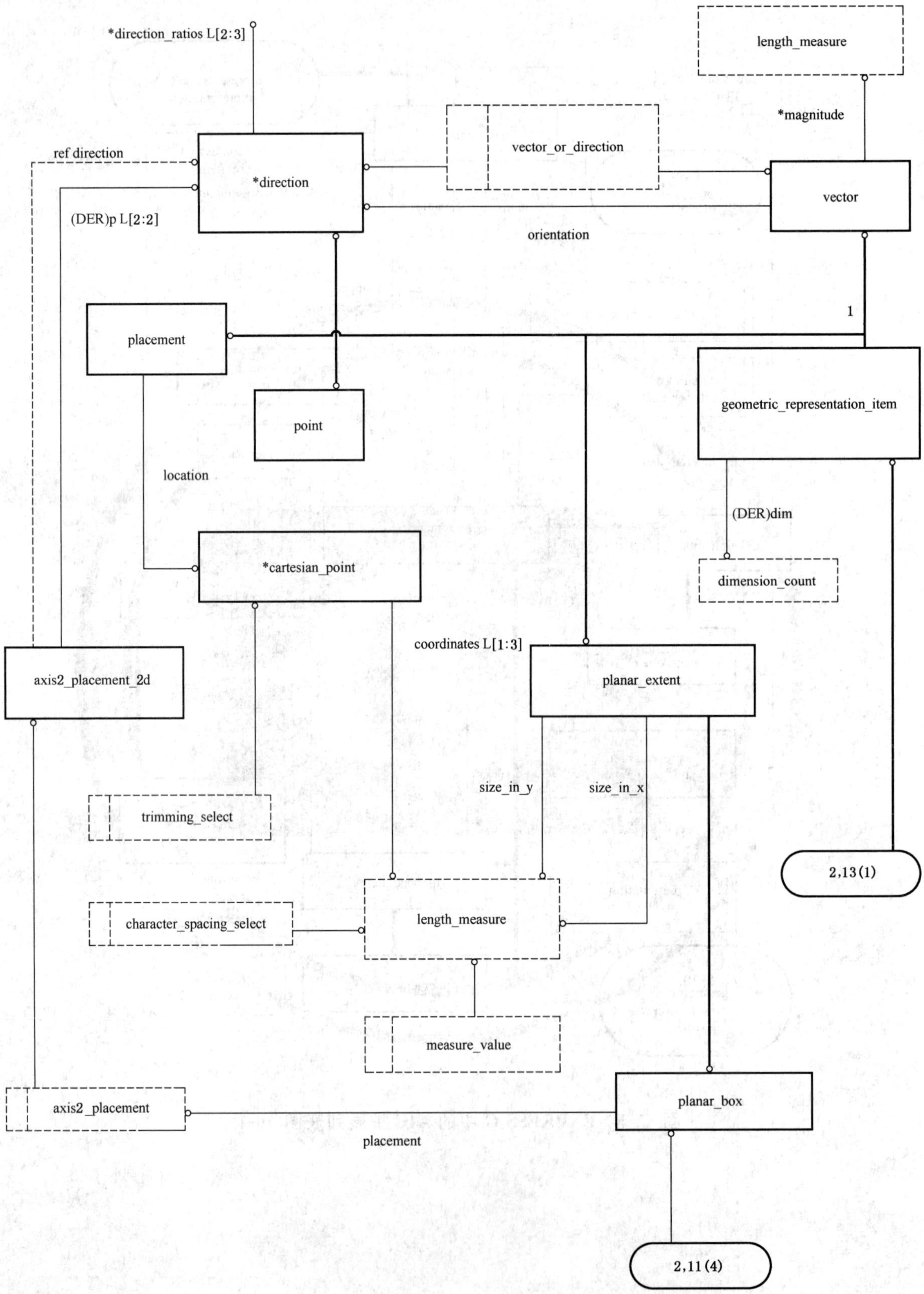

图 C.2　EXPRESS-G 中的 AIC 扩展列表图 14-2

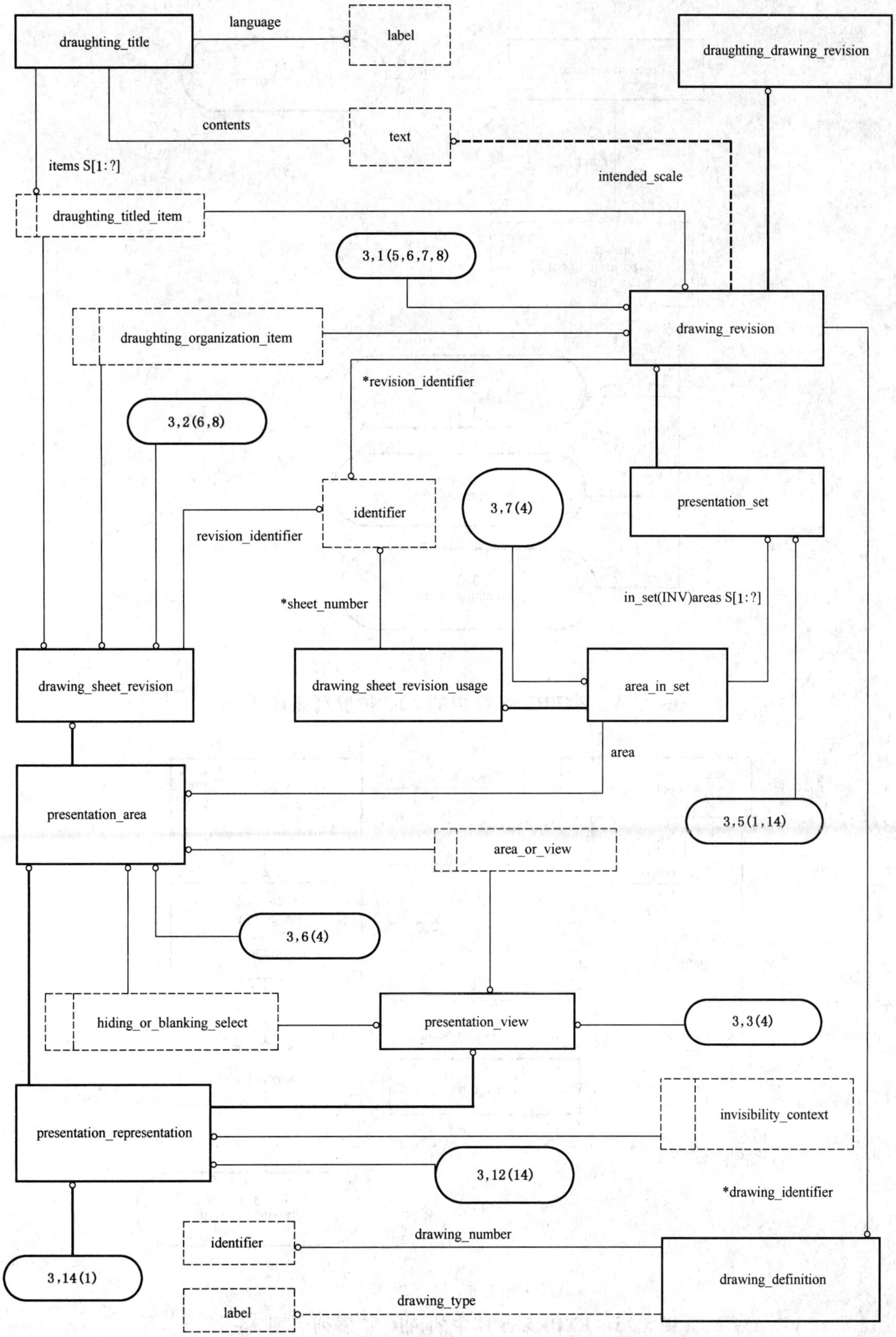

图 C.3 EXPRESS-G 中的 AIC 扩展列表图 14-3

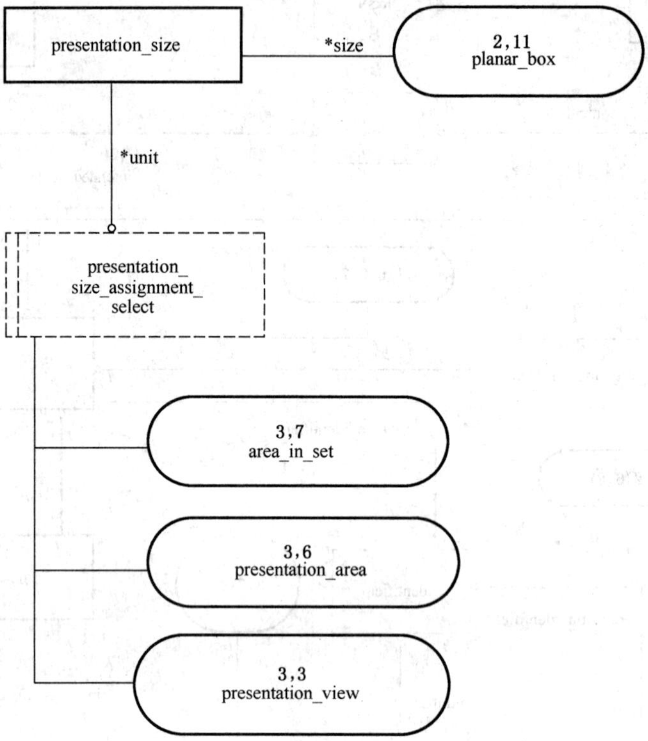

图 C.4　EXPRESS-G 中的 AIC 扩展列表图 14-4

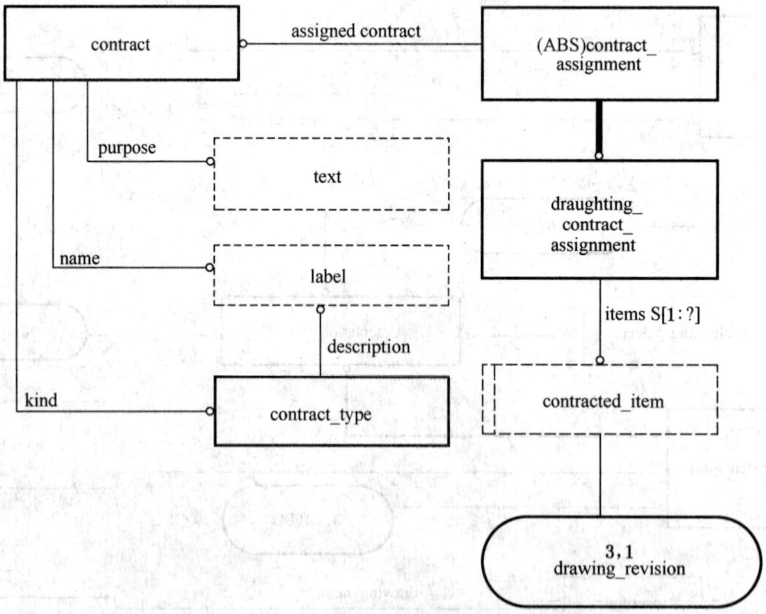

图 C.5　EXPRESS-G 中的 AIC 扩展列表图 14-5

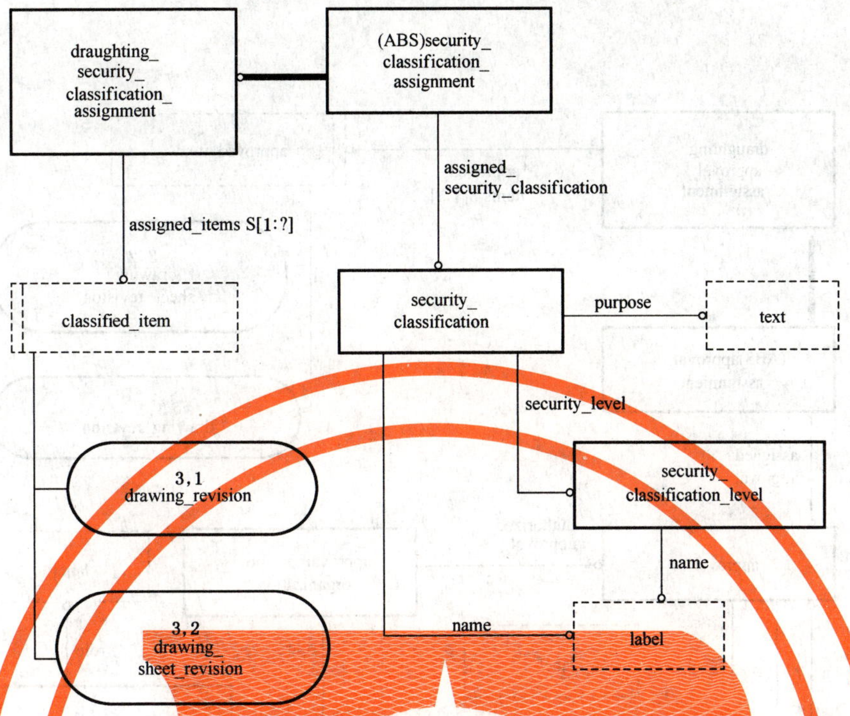

图 C.6　EXPRESS-G 中的 AIC 扩展列表图 14-6

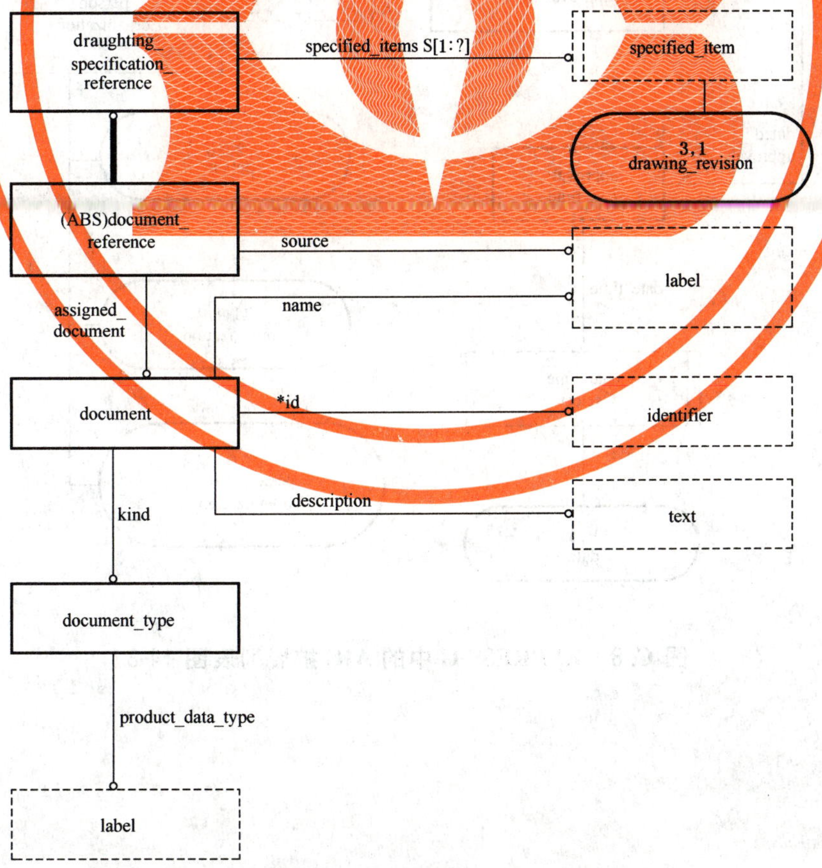

图 C.7　EXPRESS-G 中的 AIC 扩展列表图 14-7

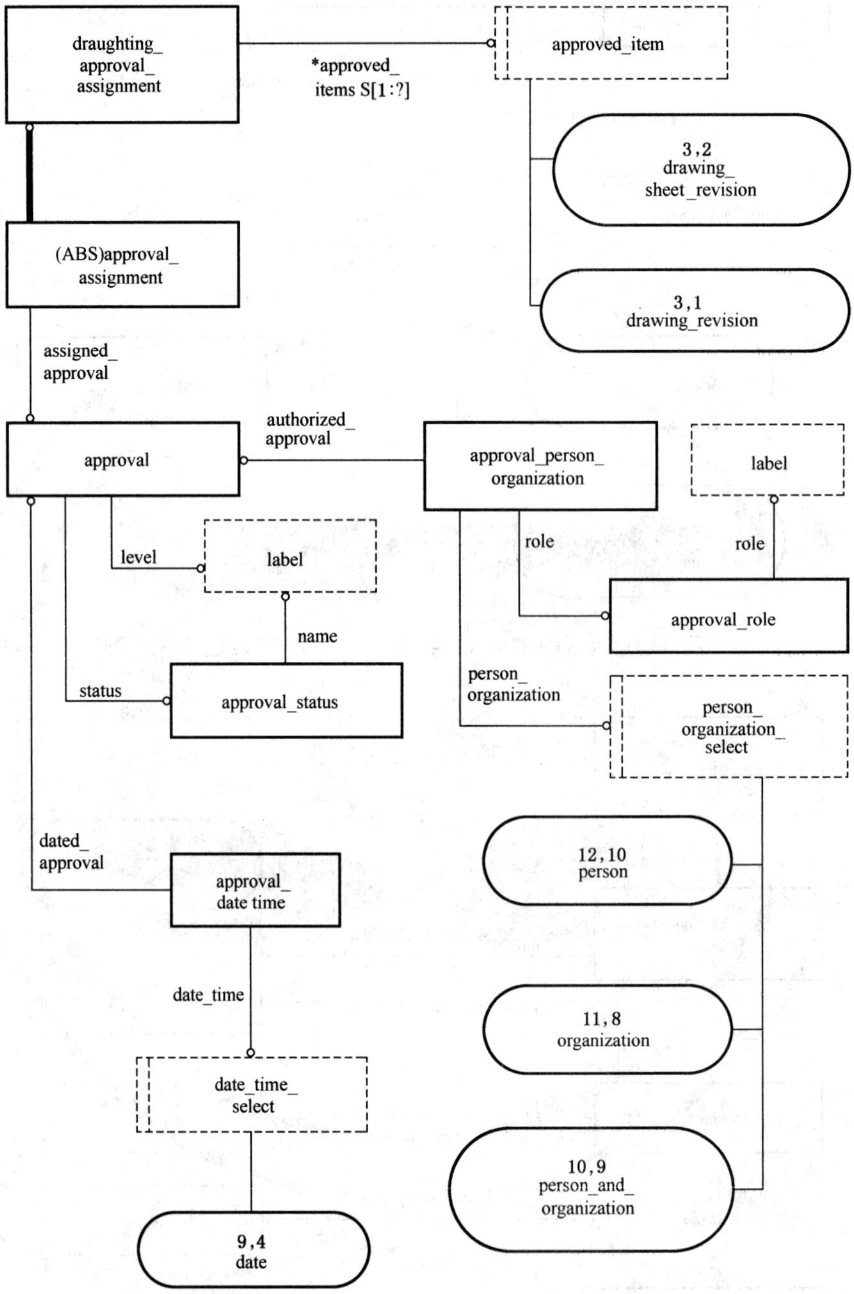

图 C.8 EXPRESS-G 中的 AIC 扩展列表图 14-8

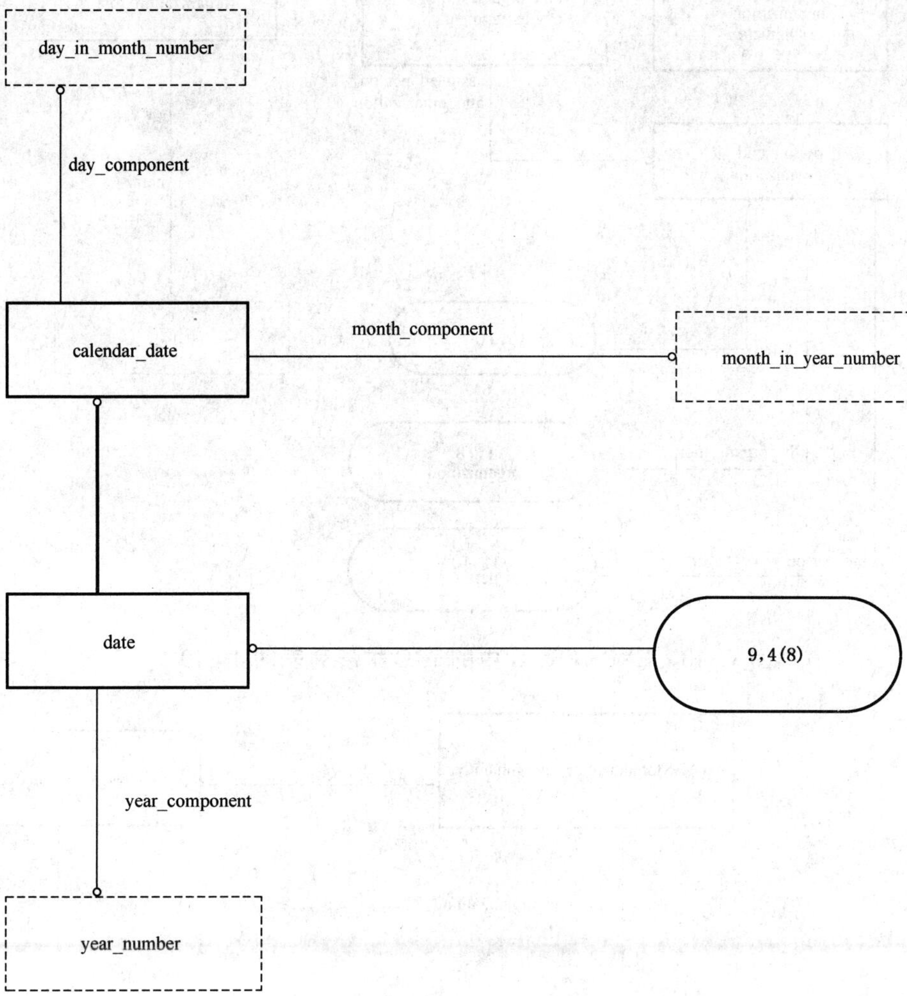

图 C.9 EXPRESS-G 中的 AIC 扩展列表图 14-9

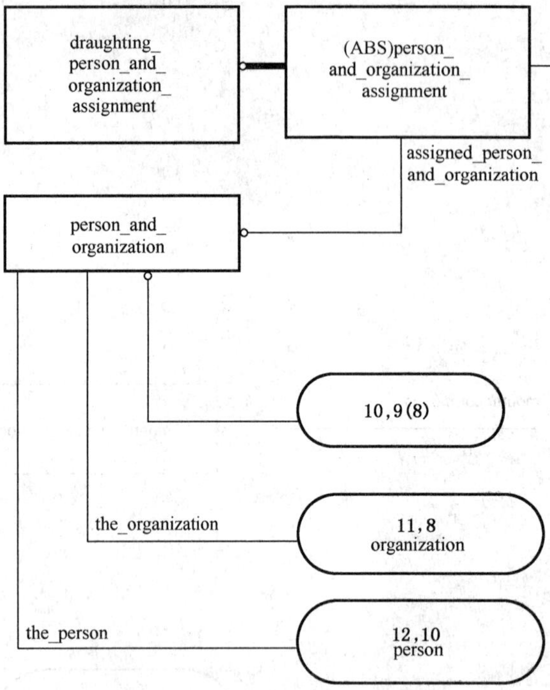

图 C.10　EXPRESS-G 中的 AIC 扩展列表图 14-10

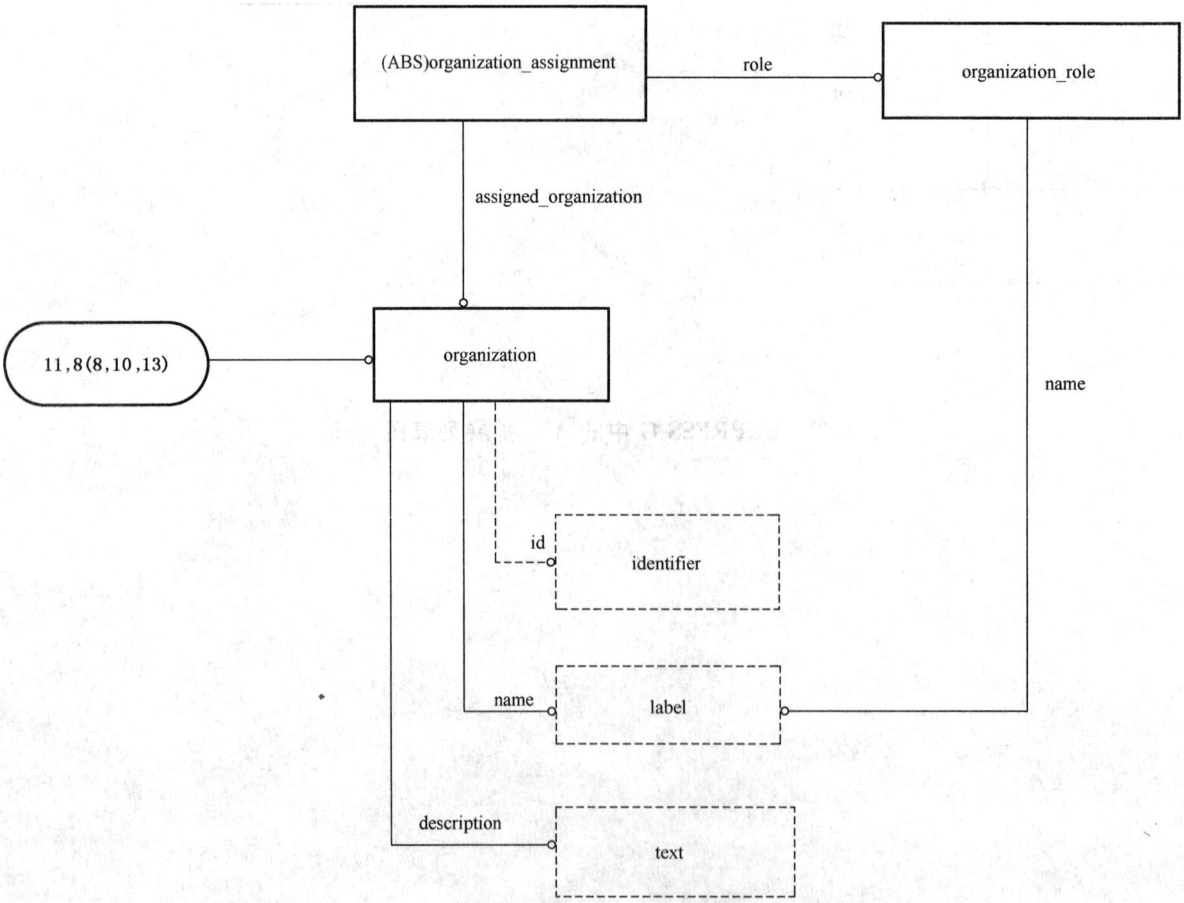

图 C.11　EXPRESS-G 中的 AIC 扩展列表图 14-11

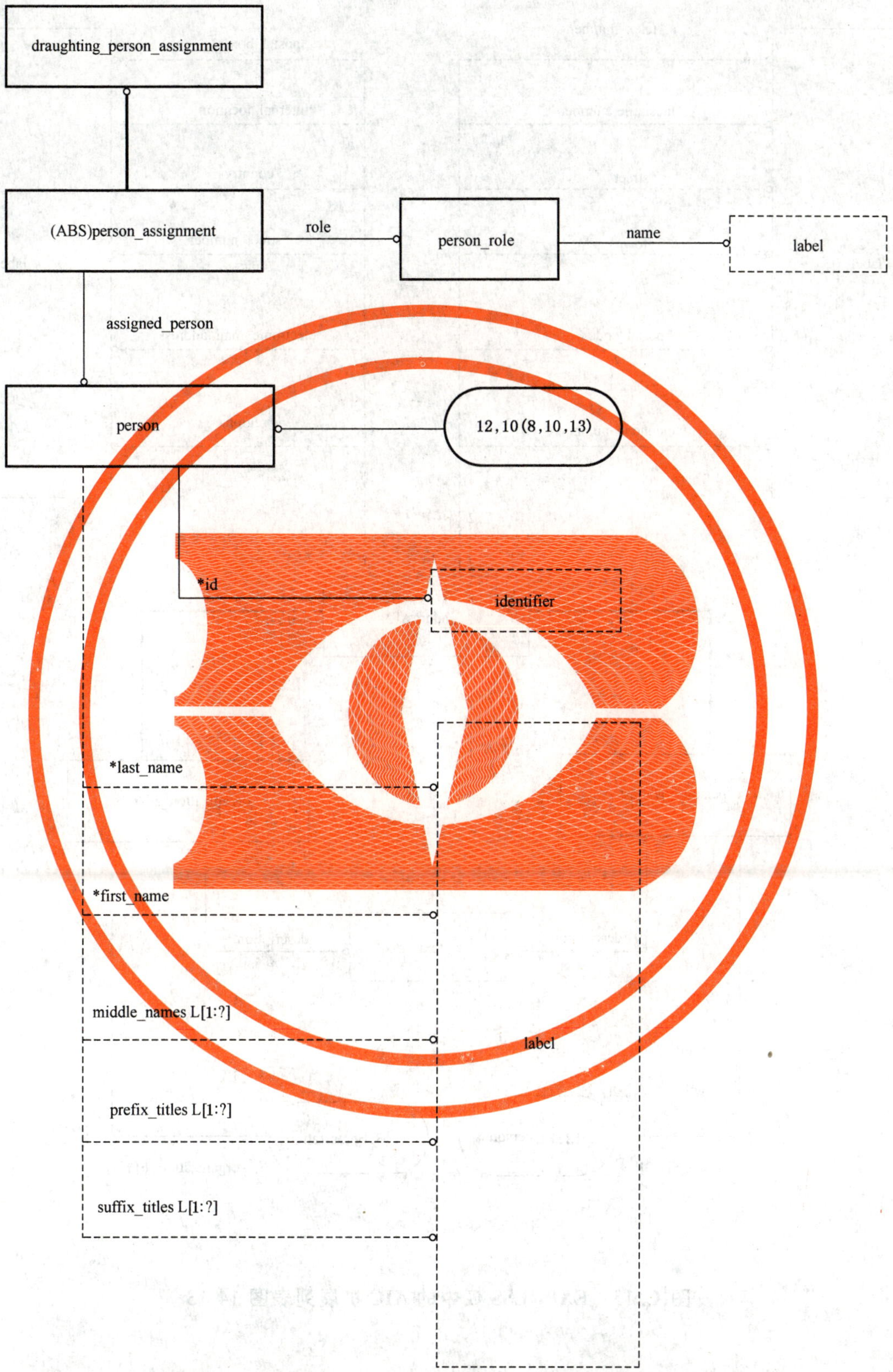

图 C.12 EXPRESS-G 中的 AIC 扩展列表图 14-12

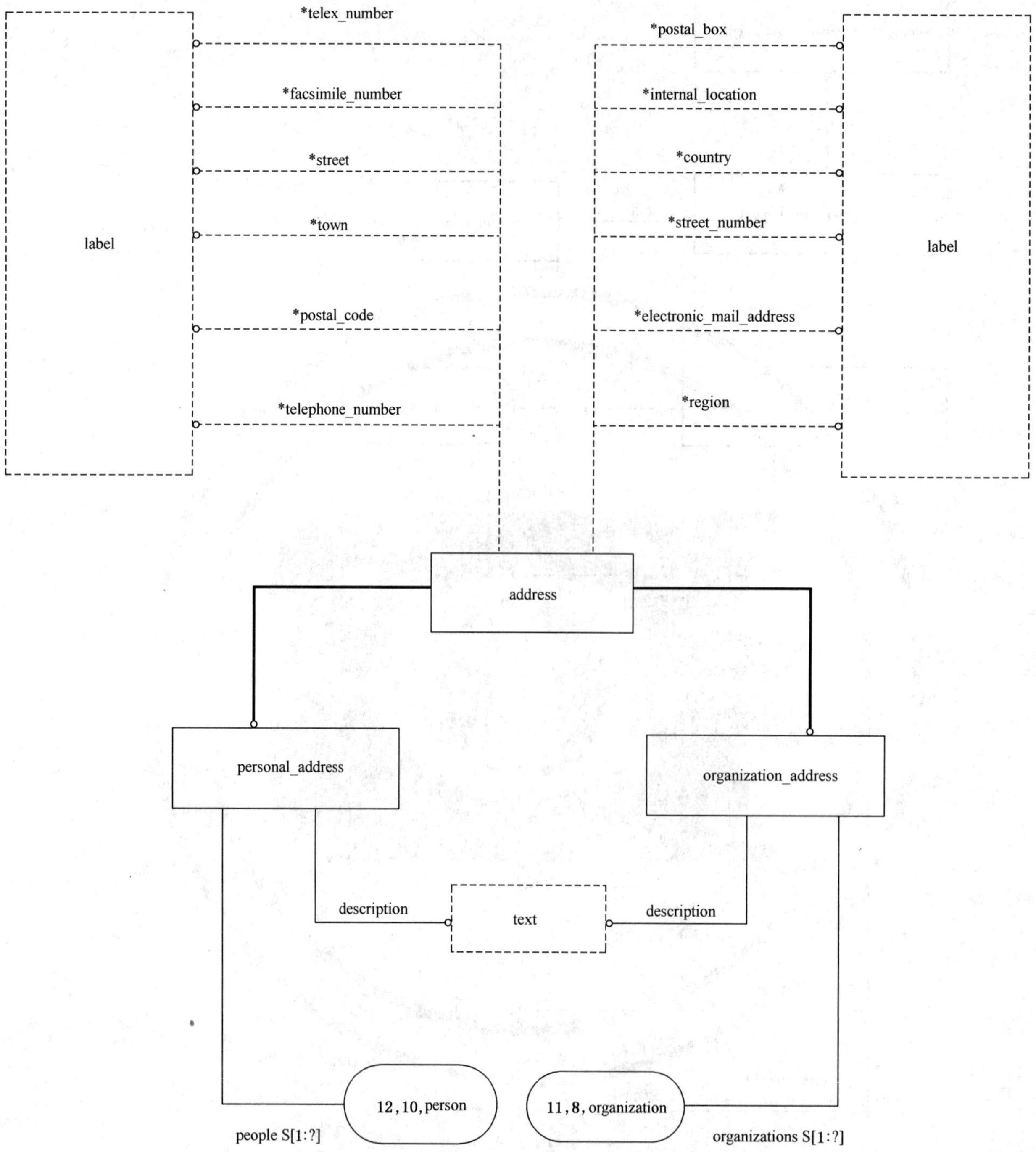

图 C.13 EXPRESS-G 中的 AIC 扩展列表图 14-13

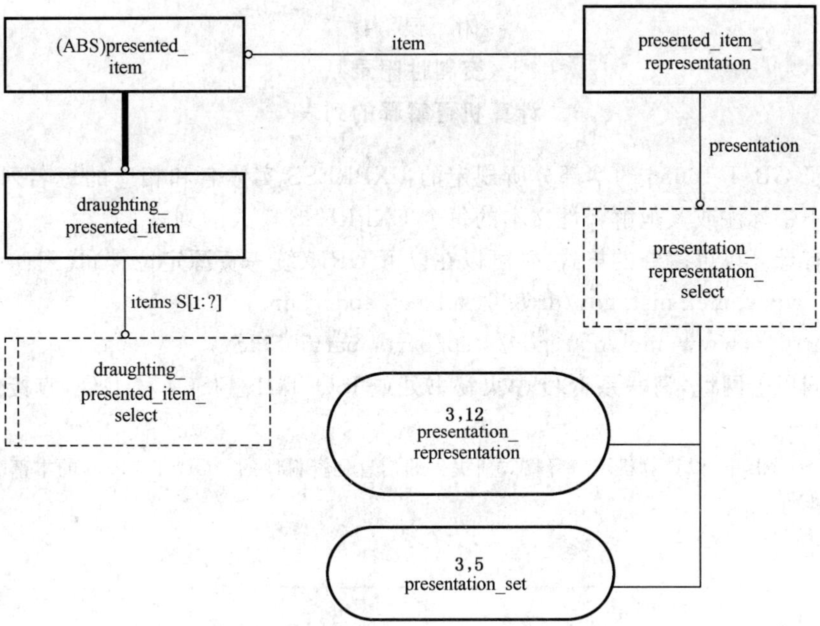

图 C.14 EXPRESS-G 中的 AIC 扩展列表图 14-14

附 录 D
（资料性附录）
计算机可解释的列表

本附录引用了 GB/T 16656 的本部分所规定的 EXPRESS 实体名和相应的短名列表，并且提供了本部分所规定的不带标注或其他解释性文本的每个 EXPRESS 模式的列表。

这些列表具有计算机可解释的格式，并可以在以下 URL（统一资源定位符）找到：

短名：http://www.mel.nist.gov/div826/subject/apde/snr/。

EXPRESS：http://www.mel.nist.gov/step/parts/part505/IS/。

如果不能访问以上网址，请联系 ISO 中央秘书处或 ISO TC184/SC4 秘书处，直接使用信箱 sc4sec@cme.nist.gov。

注：在上述两个 URL 中，以计算机可解释格式所提供的信息是资料性的。GB/T 16656 的本部分主体所包含的信息是规范性的。

ICS 25.040.40
L 67

中华人民共和国国家标准

GB/T 16656.506—2010/ISO 10303-506:2000

工业自动化系统与集成 产品数据表达与交换 第506部分:应用解释构造:绘图元素

Industrial automation systems and integration—Product data representation and exchange—Part 506:Application interpreted construct:Draughting element

(ISO 10303-506:2000,IDT)

2011-01-14 发布　　2011-05-01 实施

中华人民共和国国家质量监督检验检疫总局
中国国家标准化管理委员会　发布

前　　言

GB/T 16656《工业自动化系统与集成　产品数据表达与交换》是一项由多个部分组成的标准，各部分单独出版。GB/T 16656 的所属各部分又组成多个子系列，即：

——第 1 部分至第 19 部分规定了描述方法；

——第 20 部分至第 29 部分规定了实现方法；

——第 30 部分至第 39 部分规定了一致性测试方法与框架；

——第 40 部分至第 59 部分规定了集成通用资源；

——第 100 部分至第 199 部分规定了集成应用资源；

——第 200 部分至第 299 部分规定了应用协议；

——第 300 部分至第 399 部分规定了抽象测试套件；

——第 400 部分至第 499 部分规定了应用模块；

——第 500 部分至第 599 部分规定了应用解释构造；

——第 1 000 部分至第 1 999 部分规定了应用模块。

GB/T 16656《工业自动化系统与集成　产品数据表达与交换》现已发布和即将发布的包括以下部分：

——第 1 部分：概述与基本原理；

——第 11 部分：描述方法：EXPRESS 语言参考手册；

——第 21 部分：实现方法：交换文件结构的纯正文编码；

——第 28 部分：实现方法：EXPRESS 模式与数据的 XML 表达(使用 XML 模式)；

——第 31 部分：一致性测试方法论与框架：基本概念；

——第 32 部分：一致性测试方法论与框架：对测试实验室与客户的要求；

——第 34 部分：一致性测试方法论与框架：应用协议实现的抽象测试方法；

——第 41 部分：集成通用资源：产品描述与支持原理；

——第 42 部分：集成通用资源：几何与拓扑表达；

——第 43 部分：集成通用资源：表达结构；

——第 44 部分：集成通用资源：产品结构配置；

——第 45 部分：集成通用资源：材料；

——第 46 部分：集成通用资源：可视化显示；

——第 47 部分：集成通用资源：形状变化公差；

——第 49 部分：集成通用资源：工艺过程结构和特性；

——第 51 部分：集成通用资源：数学表达；

——第 54 部分：集成通用资源：分类和集合论；

——第 55 部分：集成通用资源：过程与混合表达；

——第 56 部分：集成通用资源：状态；

——第 101 部分：集成应用资源：绘图；

——第 105 部分：集成应用资源：运动学；

——第 201 部分：应用协议：显式绘图；

——第 202 部分：应用协议：相关绘图；

——第 203 部分：应用协议：配置控制设计；

——第238部分:应用协议:计算机数值控制器用的应用解释模型;
——第501部分:应用解释构造:基于边的线框;
——第502部分:应用解释构造:基于壳的线框;
——第503部分:应用解释构造:几何有界二维线框;
——第504部分:应用解释构造:绘图注释;
——第505部分:应用解释构造:图样结构与管理;
——第506部分:应用解释构造:绘图元素;
——第507部分:应用解释构造:几何有界曲面;
——第508部分:应用解释构造:非流形曲面;
——第509部分:应用解释构造:流形曲面;
——第513部分:应用解释构造:基本边界表达;
——第520部分:应用解释构造:相关绘图元素;
——第1 001部分:应用模块:外观赋值;
——第1 002部分:应用模块:颜色;
——第1 003部分:应用模块:曲线外观;
——第1 004部分:应用模块:基本几何形状;
——第1 005部分:应用模块:基本拓扑;
——第1 006部分:应用模块:基础表达;
——第1 007部分:应用模块:通用曲面外观;
——第1 008部分:应用模块:层赋值;
——第1 009部分:应用模块:形状外观和层。

本部分为GB/T 16656的第506部分。

本部分等同采用国际标准ISO 10303-506:2000《工业自动化系统与集成　产品数据表达与交换　第506部分:应用解释构造:绘图元素》,其技术内容和结构与ISO 10303-506:2000保持一致,为便于使用,做了如下编辑性修改:

a) 删去了ISO前言;
b) 对于带下划线的用于EXPRESS语言描述的各黑体英文实体名、属性名和函数名等,为了维护其英文原意,在本部分中,都使用其英文原名,仅当其作为标题时,我们在该英文名前增加了其归属的类型说明。

本部分的附录A、附录B为规范性附录;附录C、附录D为资料性附录。

本部分由中国机械工业联合会提出。

本部分由全国自动化系统与集成标准化技术委员会(SAC/TC 159)归口。

本部分主要起草单位:中国标准化研究院。

本部分主要起草人:洪岩、王志强、刘守华、杨青海、李文武。

引　言

GB/T 16656(ISO 10303)是一个计算机可解释的用于产品信息表达和产品数据交换的技术标准。其目的是对产品全生命周期提供一种独立于任何特定系统、能够描述产品数据的中性机制。其描述功能不仅适合于中性文件的交换,而且也是实现和共享产品数据库及存档的基础。

GB/T 16656 由一系列部分组成,每个部分单独发布。GB/T 16656 的各个部分都分属以下系列之一:描述方法、集成资源、应用解释构造、应用协议、抽象测试套件、实现方法及一致性测试。在 ISO 10303-1 中对上述类别进行了说明。本部分(即第 506 部分)属于应用解释构造类。

应用解释构造(AIC)提供了解释构造的逻辑组以支持在多个相关应用环境中使用产品数据的特定功能。应用解释构造是集成资源的公共解释以支持应用协议中共享信息的需求。

GB/T 16656 的本部分规定的应用解释构造用于图纸中尺寸的表示和绘图标注的注释描述。以文本和符号形式给出的注释等附加产品数据是全面定义和理解图纸的必要信息。

工业自动化系统与集成 产品数据表达与交换 第506部分:应用解释构造:绘图元素

1 范围

GB/T 16656 的本部分规定了集成资源的解释以满足注释定义的需求,注释是指绘图应用中的尺寸和绘图标注。

本部分适用于:

——表达单个或复合尺寸的结构;

——表达结构或非结构尺寸的结构;

——表达由引线、投影曲线和尺寸曲线指向的绘图标注的结构。

本部分不适用于:

——不用于表达尺寸或绘图标注的注释。

2 规范性引用文件

下列文件中的条款通过 GB/T 16656 的本部分的引用而成为本部分的条款。凡是注日期的引用文件,其随后所有的修改单(不包括勘误的内容)或修订版均不适用于本部分,然而,鼓励根据本部分达成协议的各方研究是否可使用这些文件的最新版本。凡是不注日期的引用文件,其最新版本适用于本部分。

GB/T 16262.1 信息技术 抽象语法记法一(ASN.1) 第1部分:基本记法规范(GB/T 16262.1—2006,ISO/IEC 8824.1:2002,IDT)

GB/T 16656.46—1998 工业自动化系统与集成 产品数据表达与交换 第46部分:集成通用资源:可视化显示(idt ISO 10303-46:1994)

GB/T 16656.101—1998 工业自动化系统与集成 产品数据表达与交换 第101部分:集成应用资源:绘图(idt ISO 10303-101:1994)

GB/T 16656.202—2000 工业自动化系统与集成 产品数据表达与交换 第202部分:应用协议:相关绘图(eqv ISO 10303-202:1996)

GB/T 17851—1999 形状和位置公差 基准和基准体系(eqv ISO 5459:1981)

ISO 10303-1:1994 工业自动化系统与集成 产品数据表达与交换 第1部分:概述与基本原理

ISO 10303-11:1994 工业自动化系统与集成 产品数据表达与交换 第11部分:描述方法:EXPRESS 语言参考手册

ISO 10209-1:1992 技术产品文件 词汇 第1部分:与技术制图相关的术语:总则和制图种类

3 术语、定义和缩略语

3.1 GB/T 17851 定义的术语

GB/T 17851 定义了下列术语适用于本部分:

——基准 datum。

3.2 ISO 10209-1 定义的术语

ISO 10209 定义了下列术语适用于本部分：

——图样　drawing。

3.3 ISO 10303-1 定义的术语

ISO 10303-1 中定义的下列术语适用于本部分：

——应用　application；

——应用相关环境　application context；

——应用协议　application protocol(AP)；

——应用方法　application method；

——集成资源　integrated resource；

——解释　interpretation；

——产品数据　product data。

3.4 GB/T 16656.46 定义的术语

GB/T 16656.46 中定义的下列术语适用于本部分：

——注释　annotation；

——表达　presentation。

3.5 GB/T 16656.101 定义的术语

GB/T 16656.101 中定义的下列术语适用于本部分：

——标注　callout；

——绘图　draughting。

3.6 GB/T 16656.202 定义的术语

3.6.1 应用解释构造

应用解释构造　application interpreted construct(AIC)

应用解释构造(AIC)是一种逻辑组合，它支持横跨多种应用环境的产品数据使用特定功能。

[GB/T 16656.202—2000,3.7.1]

3.7 其他定义的术语

3.7.1

尺寸值　dimension value

描述尺寸大小的尺寸数值的表达。

3.8 缩略语

下列缩略语适用于本部分：

AIC：应用解释构造(Application Interpreted Construct)

AP：应用协议(Application Protocol)

4 EXPRESS 短列表

GB/T 16656 的本章规定了 EXPRESS 模式，所采用的元素取自集成资源，包含类、实体专门化和本部分规定的函数。

注 1：在集成资源中出现的一些子类和选择列表项不被输入到 AIC 中。通过使用 ISO 10303-11 规定的隐含接口规则从子类树和选择列表中删除了一些构造。引用这些被删除的构造超出了 AIC 的范围。在某些情况下，所有的选择列表项都被删除。因为 AIC 要在应用协议相关环境内实现，因此选择列表项在应用协议中定义。

EXPRESS 描述

```
*)
SCHEMA aic_draughting_elements
```

```
USE FROM draughting_element_schema        --GB/T 16656.101
    ( dimension_curve,
      dimension_curve_directed_callout,
      dimension_curve_termination,
      draughting_callout,
      draughting_callout_relationship,
      leader_curve,
      leader_directed_callout,
      leader_terminator,
      projection_curve,
      projection_directed_callout );
USE FROM presentation_definition_schema
    ( annotation_text_occurrence );
*)
```

注2：以上引用的模式可以在 GB/T 16656 下列部分中查到：

draughting_element_schema	GB/T 16656.101
presentation_definition_schema	GB/T 16656.46

4.1 aic_draughting_elements 实体定义

4.1.1 实体 angular_dimension

angular_dimension 是表示角度距离测量值的由尺寸线指向的 draughting_callout。

注：图1图示了用于描述角度距离测量信息的三个角度尺寸。

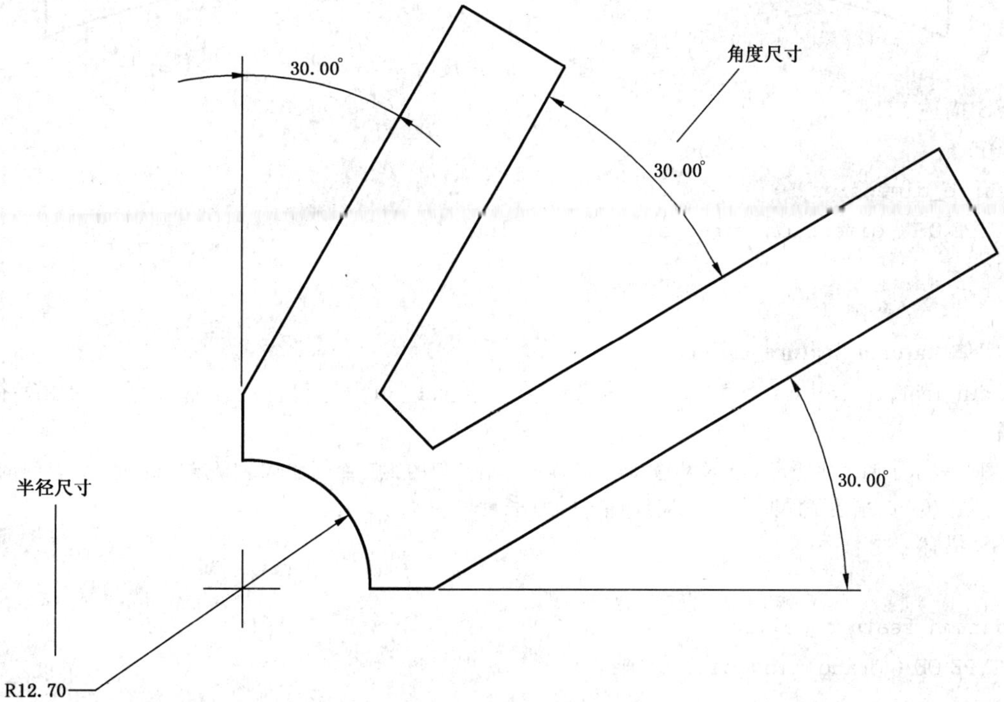

图1 角度尺寸和半径尺寸

EXPRESS 描述：

```
*)
ENTITY angular_dimension
   SUBTYPE of ( dimension_curve_directed_callout );
END_ENTITY;
```

(*

4.1.2 **实体 curve_dimension**

curve_dimension 是尺寸线指向的 draughting_callout，它表示沿曲线路径或曲线元素长度测量的两元素间的距离值。

注：图 2 图示了两种曲线尺寸。值为"36.91"的尺寸描述了两个元素之间沿第三个几何元素或注释定义的路径测得的距离。值为"76.64"的尺寸描述了沿整个曲线路径测得的曲线长度。

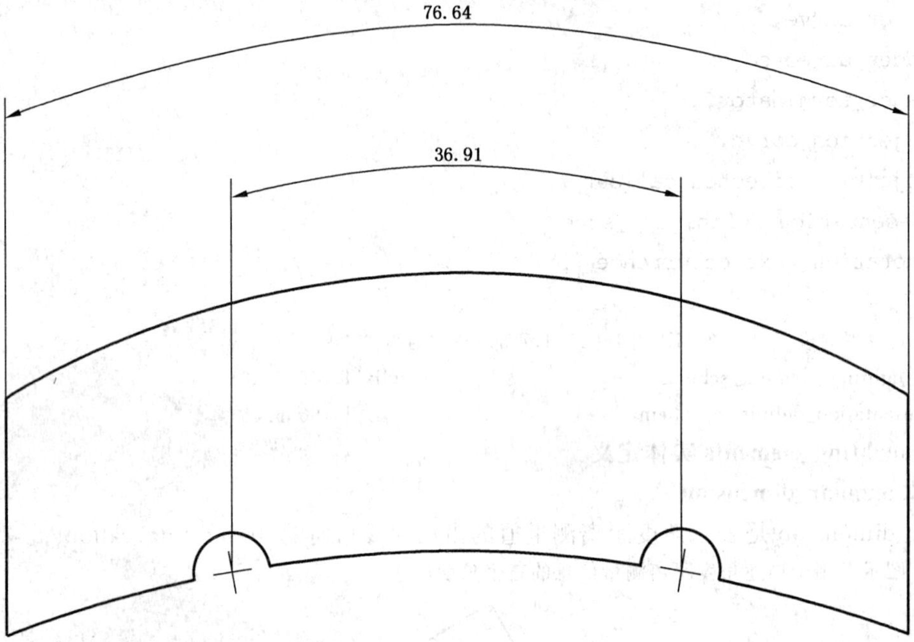

图 2 曲线尺寸

EXPRESS 描述：

```
*)
ENTITY curve_dimension
    SUBTYPE OF ( dimension_curve_directed_callout );
END_ENTITY;
(*
```

4.1.3 **实体 datumn_feature_callout**

datumn_feature_callout 是表示基准的 draughting_callout。它包含用作基准标识的由字符数字组成的名称。

注：图 2 表示了两个曲线尺寸。尺寸值"36.91"描述了沿几何的第三个元素或注释定义的两个元素间的距离。尺寸值"76.64"描述了沿曲线整个路径测量的曲线长度。

EXPRESS 描述：

```
*)
ENTITY datumn_feature_callout
    SUBTYPE OF ( draughting_callout );
END_ENTITY;
(*
```

4.1.4 **实体 datumn_target_callout**

datumn_target_callout 是表示基准目标的 draughting_callout。它包含可用于目标区域的直径尺寸描述的由字符数字组成的名称。

注：图 3 的底视图表示了三个基准目标点和与之相关的基准目标符号(投影采用了第三角画法)。

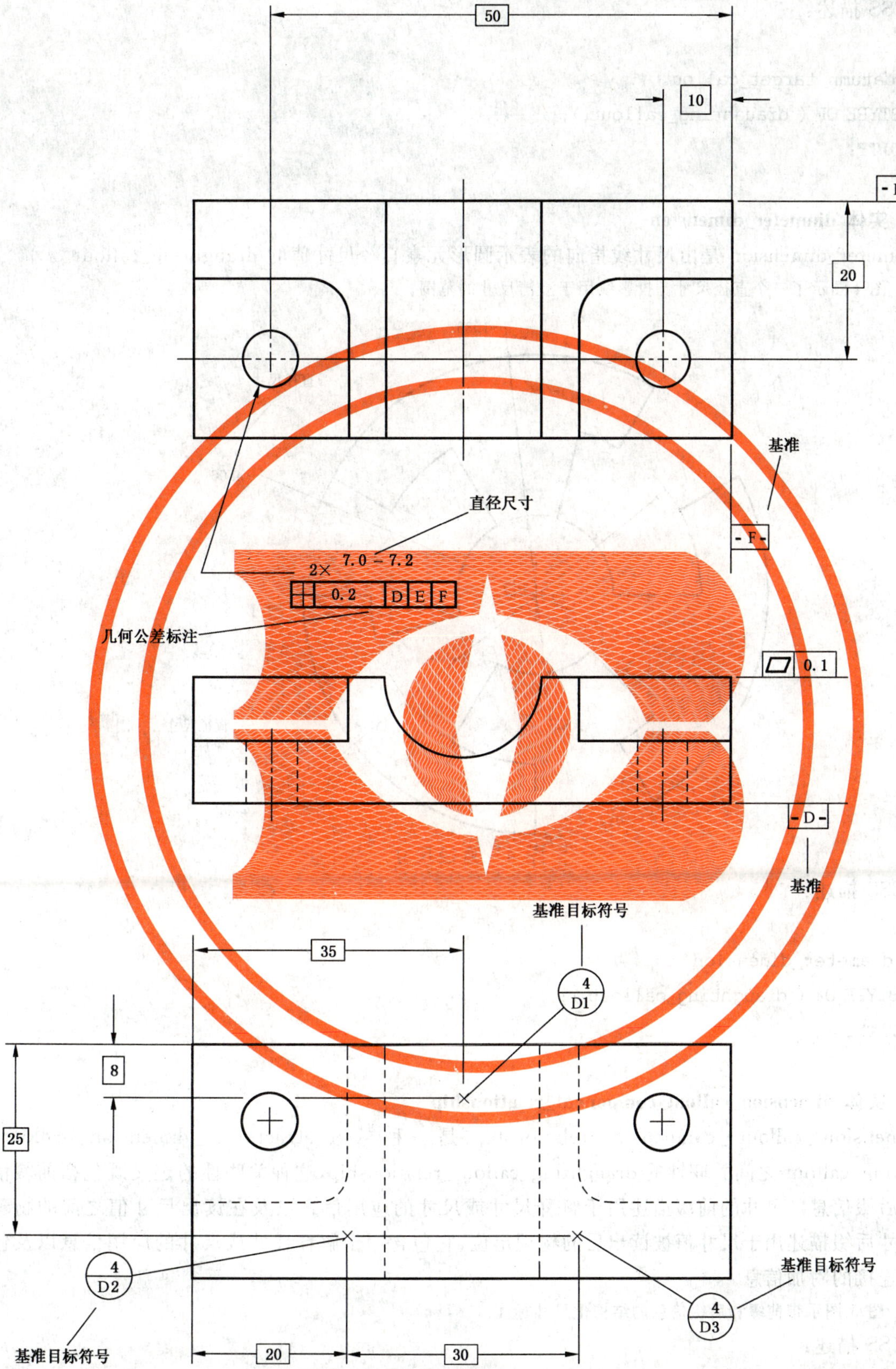
50
10
基准
- E -
20
基准
直径尺寸
- F -
2× 7.0 – 7.2
0.2 D E F
几何公差标注
0.1
- D -
基准
基准目标符号
35
4
D1
8
25
4
D2
基准目标符号
4
D3
基准目标符号
20
30

图 3　绘图标注

EXPRESS 描述：

```
*)
ENTITY datumn_target_callout
    SUBTYPE OF ( draughting_callout );
END_ENTITY;
(*
```

4.1.5 实体 diameter_dimension

diameter_dimension 是由尺寸线指向的表示圆形元素直径尺寸值的 draughting_callout。

注：图 4 图示了三个直径尺寸。投影线用于澄清尺寸的范围。

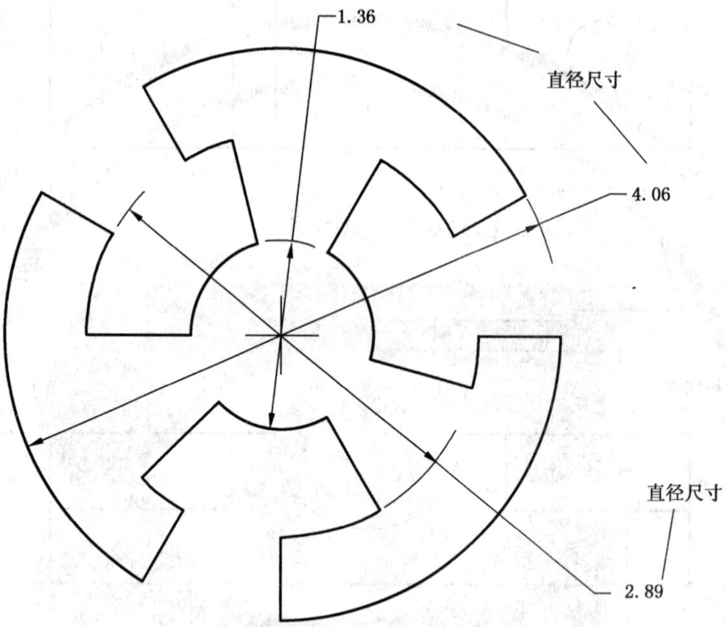

图 4 直径尺寸

EXPRESS 描述：

```
*)
ENTITY diameter_dimension
    SUBTYPE OF ( draughting_callout );
END_ENTITY;
(*
```

4.1.6 实体 dimension_callout_component_relationship

dimension_callout_component_relationship 是一种标识 structured_dimension_callout 与 draughting_callout 之间关联性的 draughting_callout_relationship，这种关联性的定义既包括前缀信息又包括后缀信息。尺寸的前缀描述用于解释尺寸或尺寸的应用信息以及在读出尺寸值之前的物理定位。尺寸后缀描述用于尺寸值被读出后的物理定位，它包含用于解释尺寸或尺寸的应用信息以及包括与尺寸连接的附加信息。

注：图 5 图示带前缀和后缀信息的结构化尺寸标注。

EXPRESS 描述：

```
*)
ENTITY dimension_callout_component_relationship
    SUBTYPE OF ( draughting_callout_relationship );
WHERE
```

```
    WR1: SELF.name IN [ 'prefix','suffix' ];
    WR2: 'AIC_DRAUGHTING_ELEMENTS.STRUCTURED_DIMENSION_CALLOUT'
           IN TYPEOF ( SELF.relating_draughting_callout );
    WR3: SIZEOF ( TYPEOF ( SELF.relating_draughting_callout ) *
         ['AIC_DRAUGHTING_ELEMENTS.LEADER_DIRECTED_CALLOUT',
         'AIC_DRAUGHTING_ELEMENTS.PROJECTION_DIRECTED_CALLOUT',
         'AIC_DRAUGHTING_ELEMENTS.DIMENSION_CURVE_DIRECTED_CALLOUT',
         'AIC_DRAUGHTING_ELEMENTS.STRUCTURED_DIMENSION_CALLOUT'] = 0;
    WR4: SELF.related_draughting_callout.contents   *
         SELF.relating_draughting_callout.contents =
         SELF.related_draughting_callout.contents;
    WR5: ((SELF.name = 'prefix' AND
         (SIZEOF (QUERY (ato < * QUERY (con < *
               SELF.related_draughting_callout.contents  |
           ('AIC.DRAUGHTING_ELEMENT.ANNOTATION_TEXT_OCCURRENCE'
           IN TYPEOF (con))) | NOT (ato.name = 'prefix text')
         )) = 0 ));
    WR6: ((SELF.name = 'suffix') AND
         (SIZEOF (QUERY (ato < * AUERY (con < *
                 SELF.related_draughting_callout.contents  |
           ('AIC.DRAUGHTING_ELEMENT.ANNOTATION_TEXT_OCCURRENCE'
               IN TPPEOF (con)))  |  NOT (ato.name = 'suffix text')
         )) = 0));
END_ENTITY;
(*
```

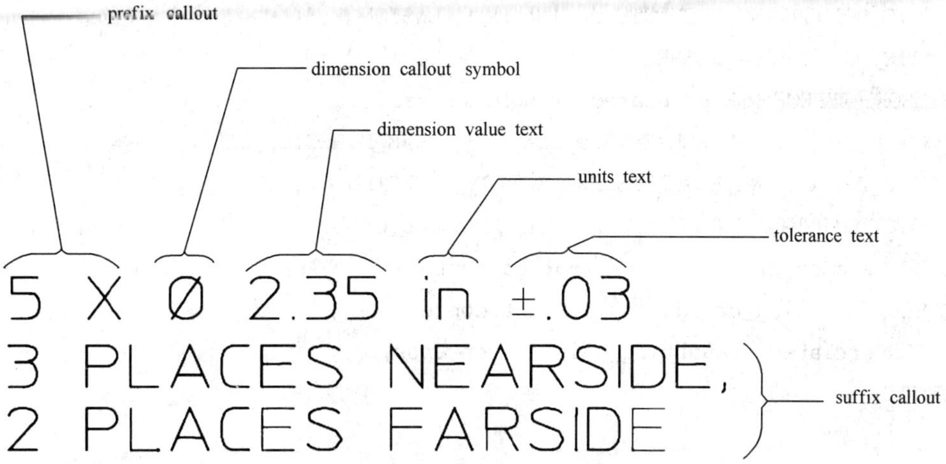

图 5 结构化尺寸标注

属性定义：

SELF\draughting_callout_relationship.relating_draughting_callout:structured_dimension_-Callout 与其他的 draughting_callout 关联。

SELF\draughting_callout_relationship.related_draughting_callout: draughting_callout 是尺寸标注定义的一个组成部分。

形式限制：

WR1：dimension_callout_component_relationship 的 name 既可以是“prefix”也可以是“suffix”。

WR2：relating_draughting_callout 应该是 structured_dimension_callout。

WR3：related_draughting_callout 不可以是 leader_directed_callout、projection_directed_-callout、dimension_curve_directed_callout 或 structured_directed_callout。

WR4：draughting_callout 的每个元素还可以是 structured_dimension_callout 的一个元素。

WR5：如果 dimension_callout_component_relationship 的 name 是“prefix”，在 related_draughting_callout 中的所有 annotation_text_occurrence 的 name 都带有“prefix text”。

WR6：如果 dimension_callout_component_relationship 的 name 是“suffix”，在 related_draughting_callout 中的所有 annotation_text_occurrence 的 name 都带有“suffix text”。

4.1.7 实体 dimension_callout_relationship

dimension_callout_relationship 是一种与尺寸表示相关的 draughting_callout_relationship，它既可以把尺寸标注表示为主标注也可以表示为辅标注。主标注是用主要测量单位表示尺寸值的 draughting_callout。辅标注是用其他测量单位表示尺寸值的 draughting_callout。

EXPRESS 描述：

```
*)
ENTITY dimension_callout_relationship
    SUBTYPE OF (draughting_callout_relationship);
WHERE
    WR1: SELF.name IN ['primary', 'secondary'];
    WR2: SIZEOF (TYPEOF (SELF.relating_draughting_callout) *
            ['AIC_DRAUGHTING_ELEMENTS.ANGULAR_DIMENSION',
            'AIC_DRAUGHTING_ELEMENTS.CURVE_DIMENSION',
            'AIC_DRAUGHTING_ELEMENTS.DIAMETER_DIMENSION',
            'AIC_DRAUGHTING_ELEMENTS.LEADER_DIRECTED_DIMENSION',
            'AIC_DRAUGHTING_ELEMENTS.LINEAR_DIMENSION',
            'AIC_DRAUGHTING_ELEMENTS.ORDINATE_DIMENSION',
            'AIC_DRAUGHTING_ELEMENTS.RADIUS_DIMENSION'])) = 1;
    WR3: SIZEOF (TYPEOF (SELF.related_draughting_callout) *
            ['AIC_DRAUGHTING_ELEMENTS.DIMENSION_CURVE_DIRECTED_CALLOUT',
            'AIC_DRAUGHTING_ELEMENTS.PROJECTION_DIRECTED_CALLOUT',
            'AIC_DRAUGHTING_ELEMENTS.LEADER_DIRECTED_CALLOUT']) = 0;
    WR4: SELF.related_draughting_callout.contents *
            SELF.relating_draughting_callout.contents =
            SELF.related_draughting_callout.contents;
    END_ENTITY;
    (*
```

属性定义：

SELF\draughting_callout_relationship.relating_draughting_callout：与带尺寸标注的尺寸相关联。

SELF\draughting_callout_relationship.related_draughting_callout：尺寸标注。

形式限制：

WR1：dimension_callout_relationship 的 name 既可以是“primary”又可以是“secondary”。

WR2：dimension 可以是一个或多个 angular_dimension、curve_dimension、diameter_dimension、leader_dimension、linear_dimension、ordinate_dimension 或 radius_dimension。

WR3:dimension callout 不可以是 dimension_curve_directed_callout、projection_curve_directed_callout 或 leader_directed_callout。

WR4:dimension callout 的每个元素也是 dimension 的元素。

4.1.8 实体 dimension_pair

dimension_pair 是一种 draughting_callout_relationship,它标识链式标注或基线标注序列之间的关系。链式标注序列是按两个或多个尺寸以一个尺寸的终点是下一个尺寸的起点的顺序排列的。基线标注排列是一批同种类型的两个或多个尺寸,它们的尺寸线互相平行,尺寸共享一个共同的原点或基准。

注:图 6 图示用几个基线标注标注四种水平绘制的线性尺寸和用几个基线标注标注三种垂直绘制的线性尺寸。图 7 图示用链式标注标注三种水平绘制的线性尺寸。在两个图中,共享投影线的两组尺寸的每个集合是尺寸对。

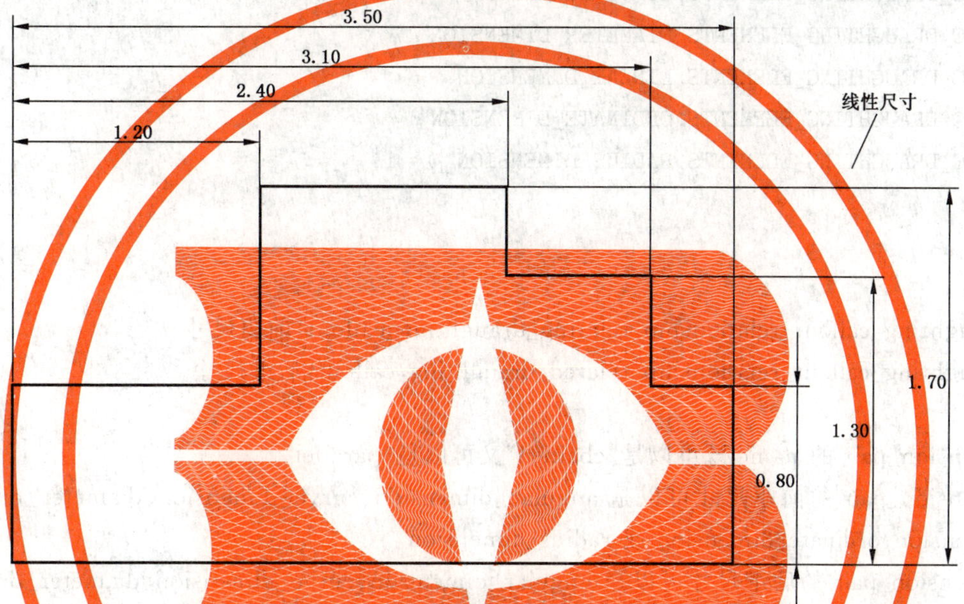

图 6 基线标注

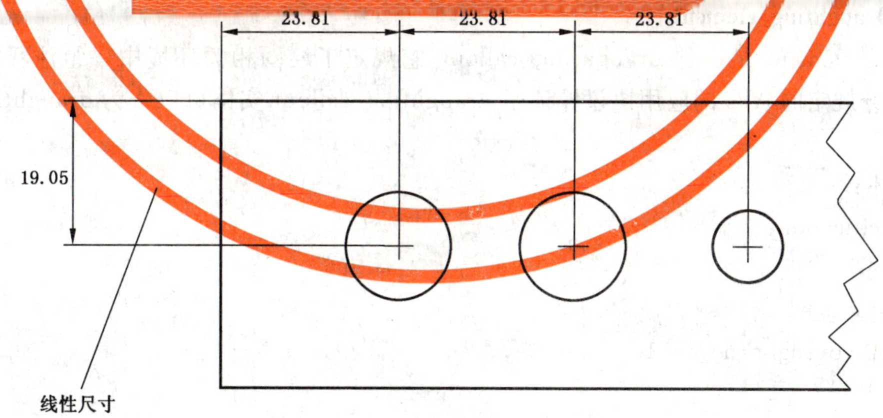

图 7 链式标注

EXPRESS 描述:

EXPRESS specification:

```
*)
ENTITY dimension_pair
   SUBTYPE OF (draughting_callout_relationship);
WHERE
   WR1: SELF.name IN ['chained', 'parallel'];
```

```
    WR2: SIZEOF (TYPEOF (SELF.relating_draughting_callout) *
       ['AIC_DRAUGHTING_ELEMENTS.ANGULAR_DIMENSION',
       'AIC_DRAUGHTING_ELEMENTS.CURVE_DIMENSION',
       'AIC_DRAUGHTING_ELEMENTS.DIAMETER_DIMENSION',
       'AIC_DRAUGHTING_ELEMENTS.LINEAR_DIMENSION',
       'AIC_DRAUGHTING_ELEMENTS.ORDINATE_DIMENSION',
       'AIC_DRAUGHTING_ELEMENTS.RADIUS_DIMENSION']) = 1;
    WR3: SIZEOF (TYPEOF (SELF.related_draughting_callout) *
       ['AIC_DRAUGHTING_ELEMENTS.ANGULAR_DIMENSION',
       'AIC_DRAUGHTING_ELEMENTS.CURVE_DIMENSION',
       'AIC_DRAUGHTING_ELEMENTS.DIAMETER_DIMENSION',
       'AIC_DRAUGHTING_ELEMENTS.LINEAR_DIMENSION',
       'AIC_DRAUGHTING_ELEMENTS.ORDINATE_DIMENSION',
       'AIC_DRAUGHTING_ELEMENTS.RADIUS_DIMENSION']) = 1;
END_ENTITY;
(*
```

属性定义：

SELF.draughting_callout_relationship.relating_draughting_callout:前驱尺寸。

SELF.draughting_callout_relationship.related_draughting_callout:后继尺寸。

形式限制：

WR1:dimension_pair 的 name 既可以是“chained”又可以是“parallel”。

WR2:dimension_pair 的前驱尺寸可以是 angular_dimension、curve_dimension、diameter_dimension、linear_dimension、ordinate_dimension 或 radius_dimension。

WR3: dimension_pair 的后继尺寸可以是 angular_dimension、curve_dimension、diameter_dimension、linear_dimension、ordinate_dimension 或 radius_dimension。

4.1.9 实体 draughting_element

draughting_element 是一种 draughting_callout,它规定了绘图相关环境中一组注释的约束条件。所有使用本部分规定的 AIC 的应用协议保证了 draughting_callout 实体可以作为 draughting_elements 实体的实例。

EXPRESS 描述：

EXPRESS specification:

```
*)
ENTITY draughting_elements
    SUBTYPE OF (draughting_callout);
WHERE
    WR1: SIZEOF (QUERY (l_c <* QUERY (con <* SELF.contents |
       ('AIC_DRAUGHTING_ELEMENTS.LEADER_CURVE' IN TYPEOF(con))) |
    NOT (SIZEOF (QUERY (ldc <* USEDIN (l_c,
       'AIC_DRAUGHTING_ELEMENTS.' + 'DRAUGHTING_CALLOUT.CONTENTS') |
       ('AIC_DRAUGHTING_ELEMENTS.LEADER_DIRECTED_CALLOUT'
       IN TYPEOF (ldc)))) <= 1))) = 0;
    WR2: NOT ('AIC_DRAUGHTING_ELEMENTS.DIMENSION_CURVE_DIRECTED_CALLOUT'
       IN TYPEOF(SELF)) OR
```

```
        (SIZEOF (QUERY (con < * SELF.contents |
        ('AIC_DRAUGHTING_ELEMENTS.PROJECTION_CURVE' IN
TYPEOF (con)))) < = 2);
    WR3: SIZEOF (QUERY (rc < * USEDIN (SELF,
        'AIC_DRAUGHTING_ELEMENTS.DRAUGHTING_CALLOUT_' +
        'RELATIONSHIP.RELATING_DRAUGHTING_CALLOUT') |
        ('AIC_DRAUGHTING_ELEMENTS.' +
        'DIMENSION_CALLOUT_RELATIONSHIP' IN TYPEOF (rc)) AND
        (rc.name = 'primary') )) < = 1;
    WR4: SIZEOF (QUERY (rc < * USEDIN (SELF,
        'AIC_DRAUGHTING_ELEMENTS.DRAUGHTING_CALLOUT_' +
        'RELATIONSHIP.RELATING_DRAUGHTING_CALLOUT') |
        ('AIC_DRAUGHTING_ELEMENTS.' +
        'DIMENSION_CALLOUT_RELATIONSHIP' IN TYPEOF (rc)) AND
        (rc.name = 'secondary') )) < = 1;
    WR5: SIZEOF (QUERY (sec < * QUERY (rc < * USEDIN (SELF,
        'AIC_DRAUGHTING_ELEMENTS.DRAUGHTING_CALLOUT_' +
        'RELATIONSHIP.RELATING_DRAUGHTING_CALLOUT') |
        ('AIC_DRAUGHTING_ELEMENTS.' +
        'DIMENSION_CALLOUT_RELATIONSHIP' IN TYPEOF (rc)) AND
        (rc.name = 'secondary') ) |
        NOT (SIZEOF (QUERY (prim < * USEDIN (SELF,
        'AIC_DRAUGHTING_ELEMENTS.DRAUGHTING_CALLOUT_' +
        'RELATIONSHIP.RELATING_DRAUGHTING_CALLOUT') |
        ('AIC_DRAUGHTING_ELEMENTS.' +
        'DIMENSION_CALLOUT_RELATIONSHIP' IN TYPEOF (prim)) AND
        (prim.name = 'primary') )) = 1))) = 0;
END_ENTITY;
(*
```

形式限制：

WR1：在 draughting_callout 中出现的每个 leader_curve 将最多被一个 leader_directed_callout 使用。

WR2：每个 dimension_curve_directed_callout 将最多包含两个 projection_curve。

WR3：每个 draughting_callout 最多给 name 是“primary”的一个 dimension_callout_relationship 规定 dimension。

WR4：每个 draughting_callout 最多给 name 是“secondary”的一个 dimension_callout_relationship 规定 dimension。

WR5：除非每个 draughting_callout 都在 primary(主)dimension_callout_relationship 中出现，否则每个 draughting_callout 就都不能在 secondary(次)dimension_callout_relationship 中出现。

4.1.10 实体 geometry_tolerance_callout

geometry_tolerance_callout 是表示几何公差的 draughting_callout。

注：图 3 中的顶视图图示了与几何公差关联的直径尺寸。主视图图示了由投影线表示的几何公差。计算机可理解的几何公差超出了本应用解释构造的范围。

EXPRESS 描述：

```
*)
ENTITY geometrical_tolerance_callout
    SUBTYPE OF (draughting_callout);
END_ENTITY;
(*
```

4.1.11 实体 leader_directed_dimension

leader_directed_dimension 是由引线指引表示尺寸值的 draughting_callout。

注：图 8 图示了由引线指引的用于描述产品中孔的信息的尺寸。线性尺寸用于表示孔的位置。

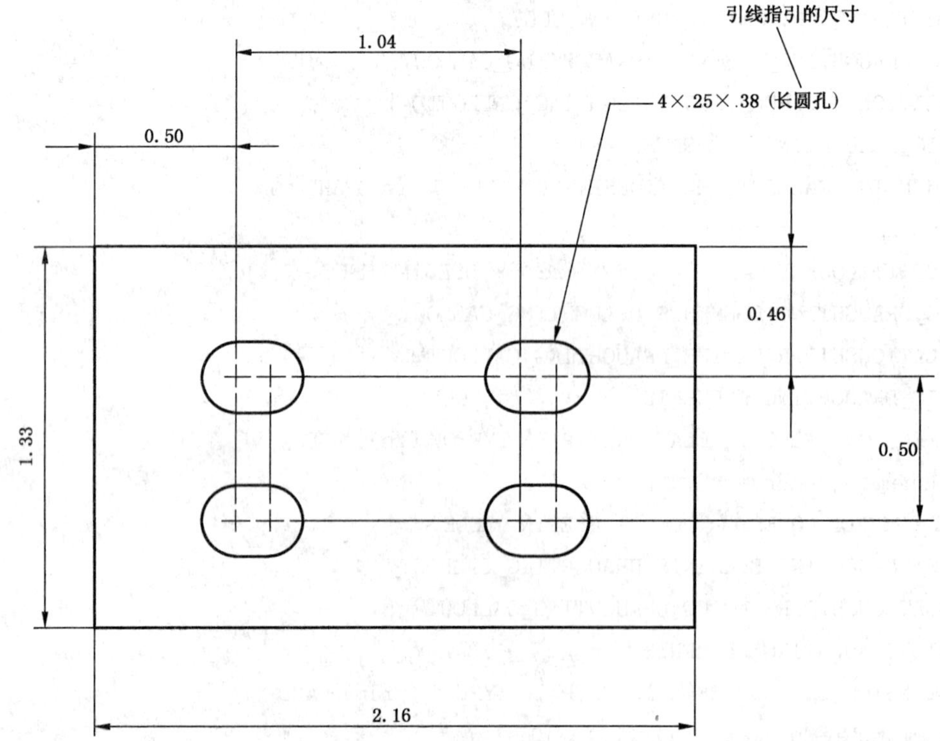

图 8 引线指引的尺寸

EXPRESS 描述：

```
*)
ENTITY leader_directed_dimension
SUBTYPE OF (leader_directed_callout);
WHERE
WR1: SIZEOF (QUERY (con <* SELF.contents |
'AIC_DRAUGHTING_ELEMENTS.LEADER_CURVE' IN TYPEOF (con))) = 1;
END_ENTITY;
(*
```

形式限制：

WR1:leader_directed_dimension 的 contents 包含一个确切的 leader_curve。

4.1.12 实体 linearal_dimension

linearal_dimension 是由尺寸线指引的表示距离尺寸值的 draughting_callout，该尺寸值是沿线性路径或由线性元素的长度测得的。

注：图 3、图 6、图 7 和图 8 图示单独使用或在尺寸对中使用的几个线性尺寸。

EXPRESS 描述：

```
*)
ENTITY linear_dimension
SUBTYPE OF (dimension_curve_directed_callout);
END_ENTITY;
(*
```

4.1.13 实体 ordinate_dimension

ordinate_dimension 是由投影线指引的表示尺寸值的 draughting_callout。

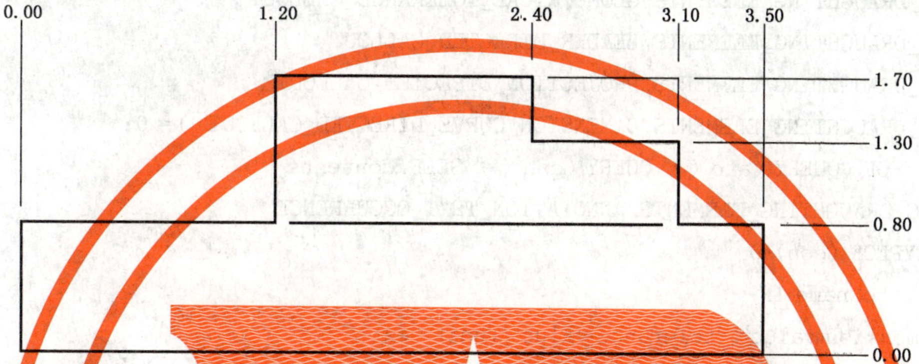

图 9 坐标尺寸

注：图 9 图示了用于标注单个机械产品的坐标尺寸。

EXPRESS 描述：

```
*)
ENTITY ordinate_dimension
    SUBTYPE OF (projection_directed_callout);
END_ENTITY;
(*
```

4.1.14 实体 radius_dimension

radius_dimension 是由尺寸线指引表示圆的半径值的 draughting_callout。

注：图 1 图示了半径尺寸和三个角度尺寸。

EXPRESS 描述：

```
*)
ENTITY radius_dimension
    SUBTYPE OF (dimension_curve_directed_callout);
WHERE
    WR1: SIZEOF (QUERY (con <* SELF.contents |
        'AIC_DRAUGHTING_ELEMENTS.PROJECTION_CURVE' IN TYPEOF (con)))<=1;
END_ENTITY;
(*
```

形式限制：

WR1：radius_dimension 的 contents 最多有一个 projection_curve。

4.1.15 实体 structured_dimension_callout

structured_dimension_callout 是表示与尺寸信息有关的 draughting_callout。structured_dimension_callout 的单个元素表示可标识和可区分的尺寸信息的不同组成。

注：图 5 图示了结构化尺寸标注的组成。尺寸标注包括曲线、符号、文本。文本是指尺寸值、公差值、单位。其他绘图标注是指 dimension_callout_component_relationship 使用的 prefix 和 suffix 信息。

EXPRESS 描述:

```
*)
ENTITY structured_dimension_callout
    SUBTYPE OF (draughting_callout);
WHERE
    WR1: SIZEOF (TYPEOF (SELF) *
        ['AIC_DRAUGHTING_ELEMENTS.DATUM_FEATURE_CALLOUT',
        'AIC_DRAUGHTING_ELEMENTS.DATUM_TARGET_CALLOUT',
        'AIC_DRAUGHTING_ELEMENTS.GEOMETRICAL_TOLERANCE_CALLOUT',
        'AIC_DRAUGHTING_ELEMENTS.LEADER_DIRECTED_CALLOUT',
        'AIC_DRAUGHTING_ELEMENTS.PROJECTION_DIRECTED_CALLOUT',
        'AIC_DRAUGHTING_ELEMENTS.DIMENSION_CURVE_DIRECTED_CALLOUT']) = 0;
    WR2: SIZEOF (QUERY (ato <* QUERY (con <* SELF.contents |
        ('AIC_DRAUGHTING_ELEMENTS.ANNOTATION_TEXT_OCCURRENCE'
        IN TYPEOF (con))) |
        NOT (ato.name IN
        ['dimension value', 'tolerance value', 'unit text',
        'prefix text', 'suffix text']))) = 0;
    WR3: SIZEOF (QUERY (ato <* QUERY (con <* SELF.contents |
        ('AIC_DRAUGHTING_ELEMENTS.ANNOTATION_TEXT_OCCURRENCE'
        IN TYPEOF (con))) |
        (ato.name = 'dimension value')
            )) >= 1;
    WR4: SIZEOF (QUERY (dcr <* USEDIN (SELF, 'AIC_DRAUGHTING_ELEMENTS.' +
        'DRAUGHTING_CALLOUT_RELATIONSHIP.' +
        'RELATING_DRAUGHTING_CALLOUT') |
        ('AIC_DRAUGHTING_ELEMENTS.' +
        'DIMENSION_CALLOUT_COMPONENT_RELATIONSHIP' IN TYPEOF (dcr)) AND
        (dcr.name = 'prefix') )) <= 1;
    WR5: SIZEOF (QUERY (dcr <* USEDIN (SELF, 'AIC_DRAUGHTING_ELEMENTS.' +
        'DRAUGHTING_CALLOUT_RELATIONSHIP.' +
        'RELATING_DRAUGHTING_CALLOUT') |
        ('AIC_DRAUGHTING_ELEMENTS.' +
        'DIMENSION_CALLOUT_COMPONENT_RELATIONSHIP' IN TYPEOF (dcr)) AND
        (dcr.name = 'suffix') )) <= 1;
    WR6: NOT((SIZEOF (QUERY (ato <* QUERY (con <* SELF.contents |
        ('AIC_DRAUGHTING_ELEMENTS.ANNOTATION_TEXT_OCCURRENCE'
        IN TYPEOF(con)) ) |
        (ato.name = 'prefix text')
        )) > 0)) OR
        (SIZEOF (QUERY (dcr <* USEDIN (SELF, 'AIC_DRAUGHTING_ELEMENTS.' +
        'DRAUGHTING_CALLOUT_RELATIONSHIP.' +
        'RELATING_DRAUGHTING_CALLOUT') |
```

```
        ('AIC_DRAUGHTING_ELEMENTS.' +
        'DIMENSION_CALLOUT_COMPONENT_RELATIONSHIP' IN TYPEOF (dcr)) AND
        (dcr.name = 'prefix') )) = 1);
    WR7: NOT(SIZEOF (QUERY (ato <* QUERY (con <* SELF.contents |
        ('AIC_DRAUGHTING_ELEMENTS.ANNOTATION_TEXT_OCCURRENCE'
        IN TYPEOF(con))) |
        (ato.name = 'suffix text')
        )) > 0) OR
        (SIZEOF (QUERY (dcr <* USEDIN (SELF, 'AIC_DRAUGHTING_ELEMENTS.' +
        'DRAUGHTING_CALLOUT_RELATIONSHIP.' +
        'RELATING_DRAUGHTING_CALLOUT') |
        ('AIC_DRAUGHTING_ELEMENTS.' +
        'DIMENSION_CALLOUT_COMPONENT_RELATIONSHIP' IN TYPEOF (dcr)) AND
        (dcr.name = 'suffix') )) = 1);
END_ENTITY;
(*
```

形式限制：

WR1：structured_dimension_callout 不可以是 datum_feature_callout、datum_target_callout、geometrical_tolerance、leader_directed_callout 或 projection_directed_callout、dimension_curve_directed_callout。

WR2：structured_dimension_callout 中的每个 annotation_text_occurrence 应该有"dimension value"、"tolerance value"、"unit text"、"prefix text"或"suffix text"的 name。

WR3：structured_dimension_callout 的 contents 应该至少包含一个名字是"dimension value"的 annotation_text_occurrence。

WR4：作为尺寸标注的 structured_dimension_callout 最多有一个 name 是"prefix"的 dimension_callout_component_relationship。

WR5：作为尺寸标注的 structured_dimension_callout 最多有一个 name 是"suffix"的 dimension_callout_component_relationship。

WR6：如果 structured_dimension_callout 的 contents 是包含"prefix text"的 annotation_text_occurrence，那么作为尺寸标注的 structured_dimension_callout 是带"prefix"name 的 dimension_callout_component_relationship。

WR7：如果 structured_dimension_callout 的 contents 是包含 "suffix text"的 annotation_text_occurrence，那么作为尺寸标注的 structured_dimension_callout 带"suffix" name 的 dimension_callout_component_relationship。

```
*)
END_SCHEMA; -- aic_draughting_elements
(*
```

附 录 A
（规范性附录）
实 体 短 名

表 A.1 给出了 GB/T 16656 本部分定义的实体短名。使用短名的具体要求可以参见 GB/T 16656 的实现方法。

表 A.1 实体短名

实 体 名	短 名
ANGULAR_DIMENSION	ANGDMN
CURVE_DIMENSION	CRVDMN
DATUM_FEATURE_CALLOUT	DTFTCL
DATUM_TARGET_CALLOUT	DTTRCL
DIAMETER_DIMENSION	DMTDMN
DIMENSION_CALLOUT_COMPONENT_RELATIONSHIP	DCCR
DIMENSION_CALLOUT_RELATIONSHIP	DMCLRL
DIMENSION_PAIR	DMNPR
DRAUGHTING_ELEMENTS	DRGELM
GEOMETRICAL_TOLERANCE_CALLOUT	GMTLCL
LEADER_DIRECTED_DIMENSION	LDDRDM
LINEAR_DIMENSION	LNRDMN
ORDINATE_DIMENSION	ORDDMN
RADIUS_DIMENSION	RDSDMN
STRUCTURED_DIMENSION_CALLOUT	STDMCL

附 录 B
（规范性附录）
信息对象注册

B.1 文档标识

为了在开放系统中给信息对象提供无二义性标识，规定本部分的对象标识符是：

{ iso standard 10303 part(506) version(1) }

这个值的意义在 GB/T 16262.1 中定义，并且在 ISO 10303-1 中描述。

B.2 模式标识

在开放系统中，为确定 aic_draughting_elements 的无二义性标识，规定对象标识符：

{ iso standard 10303 part(506) version(1) aic-draughting-elements(1)}

分配给 aic_draughting_elements(见第 4 章)。本标识符的含义在 GB/T 16262.1 中进行了定义，并且在 ISO 10303-1:1994 中进行了描述。

附 录 C
（资料性附录）
EXPRESS-G 图

本附录中的图 C.1～图 C.4 符合 ISO 10303-11 接口规范并对应本部分第 4 章短表所产生的 EXPRESS 描述。这些图使用 EXPRESS 语言的 EXPRESS-G 图的符号表示法。在 ISO 10303-11 的附录 D 中定义了 EXPRESS-G。

注：插页引用指的是图表号，而不是图号。

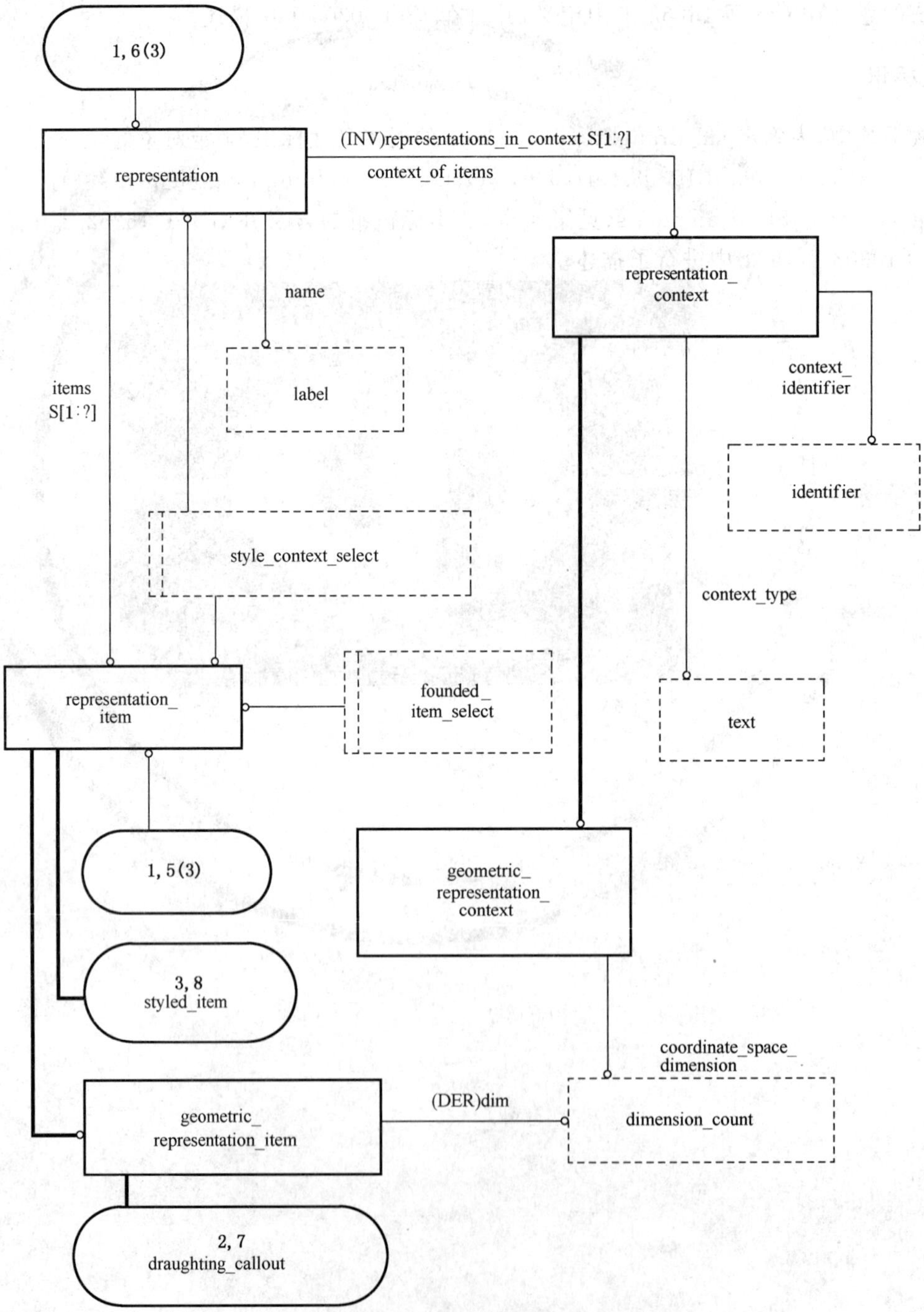

图 C.1 EXPRESS-G 中的 AIC 扩展列表图 4-1

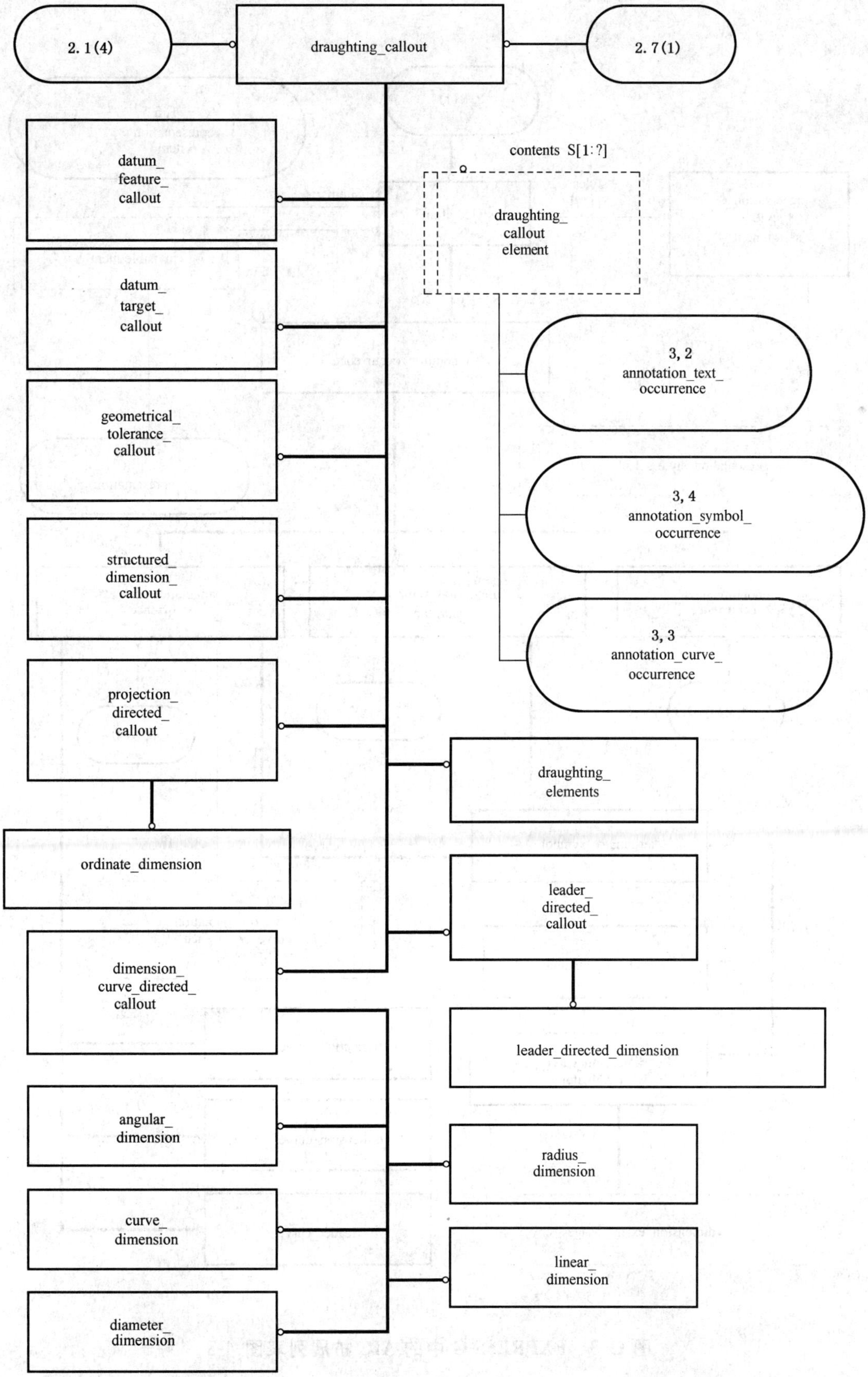

图 C.2 EXPRESS-G 中的 AIC 扩展列表图 4-2

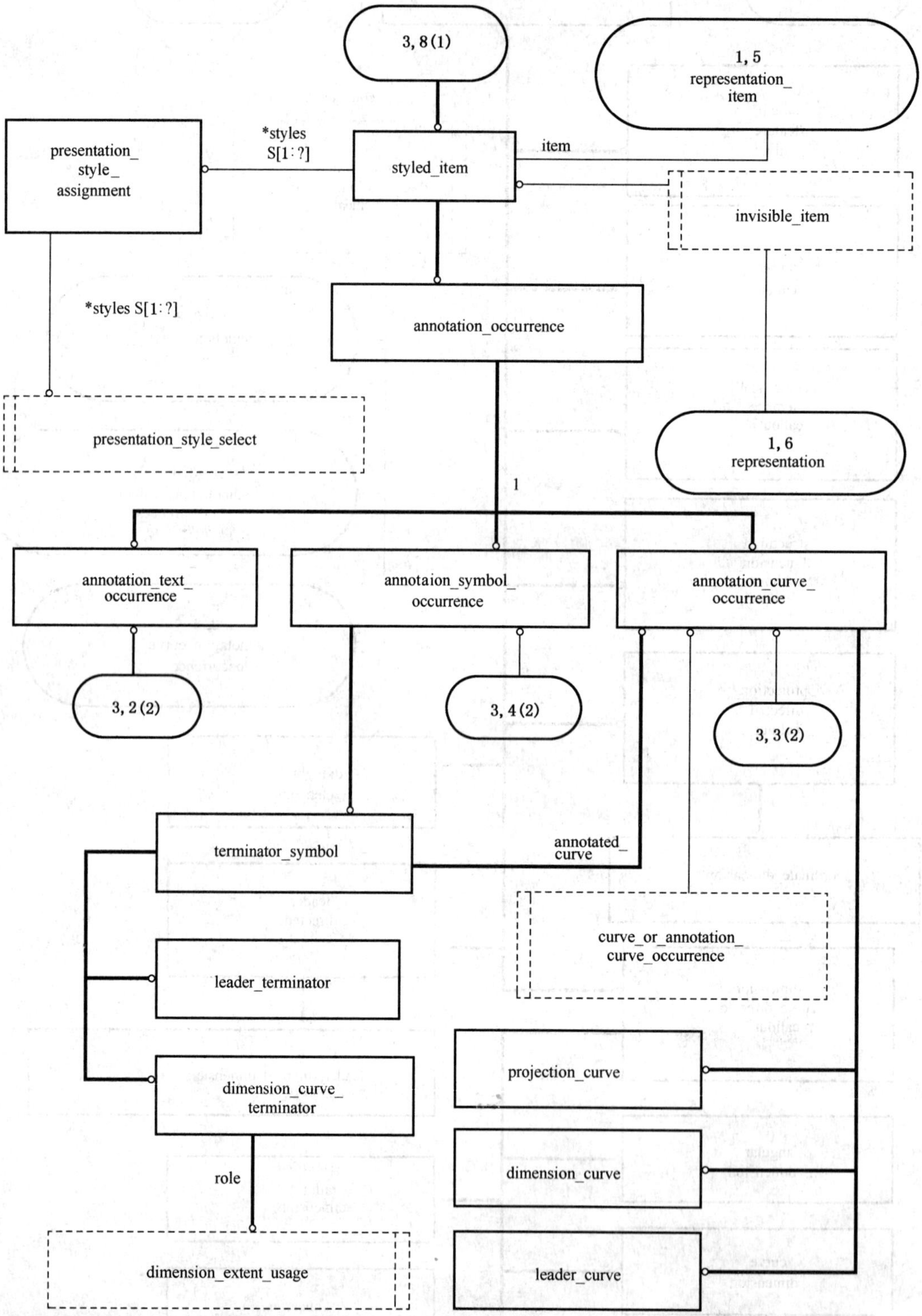

图 C.3　EXPRESS-G 中的 AIC 扩展列表图 4-3

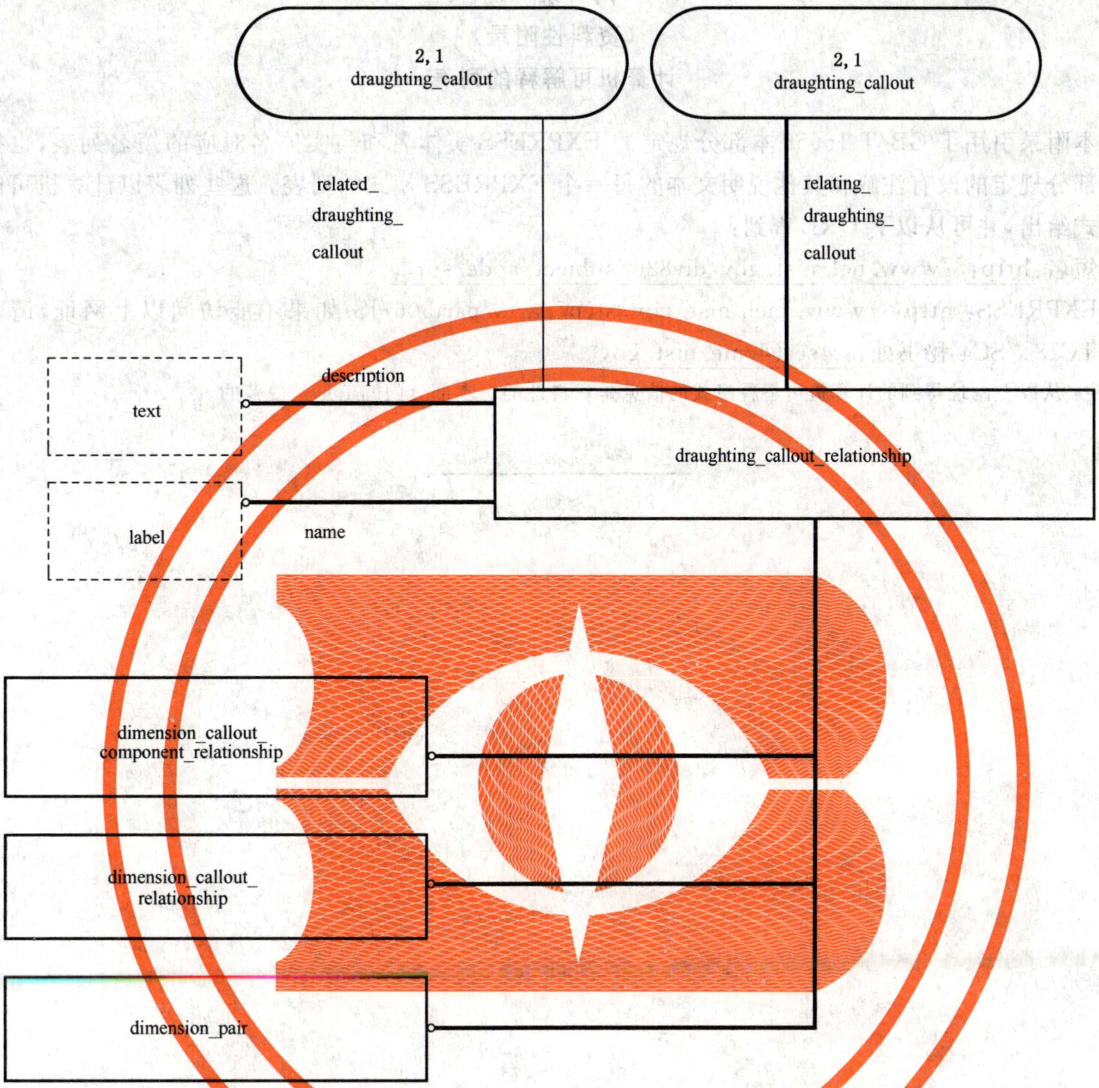

图 C.4　EXPRESS-G 中的 AIC 扩展列表图 4-4

附　录　D
（资料性附录）
计算机可解释的列表

本附录引用了 GB/T 16656 本部分规定的 EXPRESS 实体名和与实体名对应的短名列表，也提供了本部分规定的没有注解和其他说明文本的每一个 EXPRESS 模式的列表。这些列表以计算机可解释的格式给出，并可从以下 URL 查到：

短名：http://www.nel.nist.gov/div826/subject/apde/snr/。

EXPRESS：http://www.mel.nist.gov/step/parts/part506/IS/如果不能访问以上网址，请联系 ISO TC184/SC4 秘书处：sc4sec@cme.nist.gov。

注：从以上网址得到的计算机可解释格式的信息是资料性的。本部分内的信息是规范的。

ICS 25.040.40
L 67

中华人民共和国国家标准

GB/T 16656.507—2010/ISO 10303-507:2001

工业自动化系统与集成 产品数据表达与交换 第507部分:应用解释构造:几何有界曲面

Industrial automation systems and integration—Product data representation and exchange—Part 507: Application interpreted construct: Geometrically bounded surface

(ISO 10303-507:2001,IDT)

2011-01-14 发布

2011-05-01 实施

中华人民共和国国家质量监督检验检疫总局
中国国家标准化管理委员会
发布

前　言

GB/T 16656《工业自动化系统与集成　产品数据表达与交换》是一项由多个部分组成的标准，各部分单独出版。GB/T 16656 的所属各部分又组成多个子系列，即：

——第 1 部分至第 19 部分规定了描述方法；

——第 20 部分至第 29 部分规定了实现方法；

——第 30 部分至第 39 部分规定了一致性测试方法与框架；

——第 40 部分至第 59 部分规定了集成通用资源；

——第 100 部分至第 199 部分规定了集成应用资源；

——第 200 部分至第 299 部分规定了应用协议；

——第 300 部分至第 399 部分规定了抽象测试套件；

——第 400 部分至第 499 部分规定了应用模块；

——第 500 部分至第 599 部分规定了应用解释构造；

——第 1000 部分至第 1999 部分规定了应用模块。

GB/T 16656《工业自动化系统与集成　产品数据表达与交换》现已发布和即将发布的包括以下部分：

——第 1 部分：概述与基本原理；

——第 11 部分：描述方法：EXPRESS 语言参考手册；

——第 21 部分：实现方法：交换文件结构的纯正文编码；

——第 28 部分：实现方法：EXPRESS 模式与数据的 XML 表达(使用 XML 模式)；

——第 31 部分：一致性测试方法论与框架：基本概念；

——第 32 部分：一致性测试方法论与框架：对测试实验室与客户的要求；

——第 34 部分：一致性测试方法论与框架：应用协议实现的抽象测试方法；

——第 41 部分：集成通用资源：产品描述与支持原理；

——第 42 部分：集成通用资源：几何与拓扑表达；

——第 43 部分：集成通用资源：表达结构；

——第 44 部分：集成通用资源：产品结构配置；

——第 45 部分：集成通用资源：材料；

——第 46 部分：集成通用资源：可视化显示；

——第 47 部分：集成通用资源：形状变化公差；

——第 49 部分：集成通用资源：工艺过程结构和特性；

——第 51 部分：集成通用资源：数学表达；

——第 54 部分：集成通用资源：分类和集合论；

——第 55 部分：集成通用资源：过程与混合表达；

——第 56 部分：集成通用资源：状态；

——第 101 部分：集成应用资源：绘图；

——第 105 部分：集成应用资源：运动学；

——第 201 部分：应用协议：显式绘图；

——第 202 部分：应用协议：相关绘图；

——第 203 部分：应用协议：配置控制设计；

——第 238 部分:应用协议:计算机数值控制器用的应用解释模型;
——第 501 部分:应用解释构造:基于边的线框;
——第 502 部分:应用解释构造:基于壳的线框;
——第 503 部分:应用解释构造:几何有界二维线框;
——第 504 部分:应用解释构造:绘图注释;
——第 505 部分:应用解释构造:图样结构与管理;
——第 506 部分:应用解释构造:绘图元素;
——第 507 部分:应用解释构造:几何有界曲面;
——第 508 部分:应用解释构造:非流形曲面;
——第 509 部分:应用解释构造:流形曲面;
——第 513 部分:应用解释构造:基本边界表达;
——第 520 部分:应用解释构造:相关绘图元素;
——第 1001 部分:应用模块:外观赋值;
——第 1002 部分:应用模块:颜色;
——第 1003 部分:应用模块:曲线外观;
——第 1004 部分:应用模块:基本几何形状;
——第 1005 部分:应用模块:基本拓扑;
——第 1006 部分:应用模块:基础表达;
——第 1007 部分:应用模块:通用曲面外观;
——第 1008 部分:应用模块:层赋值;
——第 1009 部分:应用模块:形状外观和层。

本部分是 GB/T 16656 的第 507 部分。

本部分等同采用国际标准 ISO 10303-507:2001《工业自动化系统与集成 产品数据表达与交换 第 507 部分:应用解释构造:几何有界曲面》(英文版),其技术内容和结构与 ISO 10303-507:2001 保持一致,为便于使用,做了如下编辑性修改:

a) 删去了 ISO 前言、索引;
b) 对于带下划线的用于 EXPRESS 语言描述的各黑体英文实体名、属性名和函数名等,为了维护其英文原意,在本部分中,都使用其英文原名,仅当其作为标题时,我们在该英文名前增加了其归属的类型说明。

本部分的附录 A、附录 B 为规范性附录,附录 C、附录 D 为资料性附录。

本部分由中国机械工业联合会提出。

本部分由全国自动化系统与集成标准化技术委员会(SAC/TC 159)归口。

本部分主要起草单位:中国标准化研究院。

本部分主要起草人:周歆华、王志强、李文武、洪岩、杨青海、刘守华。

引　言

GB/T 16656是计算机可解释的用于产品数据表达和交换的技术标准。其目的是提供贯穿产品整个生命周期的、独立于任何特定系统的描述产品数据的中性机制。其描述功能不仅适合中性文件的交换，而且也是实现和共享产品数据库及存档的基础。

GB/T 16656由多个部分组成，每个部分单独发表。各个部分都分属以下系列之一：描述方法、集成资源、应用解释构造、应用协议、抽象测试套件、实现方法和一致性测试。本部分属于应用解释构造系列。

应用解释构造(AIC)给出了解释构造的逻辑组合以支持在多个应用相关环境中使用产品数据的特定功能。解释构造是集成资源的公共解释以支持应用协议中共享信息的需求。

本部分通过几何有界曲面模型为几何形状的描述规定了应用解释构造。它包括定义纯几何有界模型的几何资源，几何有界模型由基本与雕塑曲线和曲面组成。

工业自动化系统与集成
产品数据表达与交换
第507部分:应用解释构造:几何有界曲面

1 范围

GB/T 16656的本部分规定了集成资源的解释,通过几何有界曲面模型来满足对几何形状的表达的需求。

以下内容属于本部分的范围:

——3D点;

——定义在曲线或曲面参数空间中的点;

——3D曲线;

——定义在曲面参数空间中的曲线。

注:这样的曲线也称为pcurves或cons,这是参数化曲线和曲面上的曲线的简称。

——基本曲线:圆,椭圆,抛物线和双曲线;

——相交曲线;

——至少由三点组成的折线;

——曲面;

——基本曲面:平面、柱面、锥面、圆环面和球面;

——通过曲线的旋转或线性拉伸而产生的扫描面;

——雕塑曲线和曲面;

——曲线和曲面的剪裁;

——曲线和曲面的复合;

——曲线、曲面和曲面模型的复制;

——曲线和曲面的三维偏置。

以下内容不适用于本部分的范围:

——无界几何;

——自交几何;

——二维笛卡尔坐标空间内的几何;

——点的复制;

——拓扑实体。

2 规范性引用文件

下列文件中的条款通过GB/T 16656的本部分的引用而成为本部分的条款。凡是注日期的引用文件,其随后所有的修改单(不包括勘误的内容)或修订版均不适用于本部分,然而,鼓励根据本部分达成协议的各方研究是否可使用这些文件的最新版本。凡是不注日期的引用文件,其最新版本适用于本部分。

GB/T 16262.1 信息技术 抽象语法记法一(ASN.1) 第1部分:基本记法规范(GB/T 16262.1—2006,ISO/IEC 8824-1:2002,IDT)

GB/T 16656.41—1999　工业自动化系统与集成　产品数据表达与交换　第 41 部分:集成通用资源:产品描述与支持原理(idt ISO 10303-41:1994)

GB/T 16656.42—1998　工业自动化系统与集成　产品数据表达与交换　第 42 部分:集成通用资源:几何与拓扑表达(idt ISO 10303-42:1994)

GB/T 16656.43—1999　工业自动化系统与集成　产品数据表达与交换　第 43 部分:集成通用资源:表达结构(idt ISO 10303-43:1994)

GB/T 16656.202—2000　工业自动化系统与集成　产品数据表达与交换　第 202 部分:应用协议:相关绘图(eqv ISO 10303-202:1996)

ISO 10303-1:1994　工业自动化系统与集成　产品数据表达与交换　第 1 部分:概述与基本原理

ISO 10303-11:1994　工业自动化系统与集成　产品数据表达与交换　第 11 部分:描述方法:EXPRESS 语言参考手册

注:GB/T 16656.202 被术语 AIC 的定义规范完全的引用。

3　术语、定义和缩略语

3.1　ISO 10303-1 中定义的术语

ISO 10303-1 所定义的下列术语适用于本部分:

——抽象测试套件　abstract test suite(ATS);

——应用　application;

——应用相关环境　application context;

——应用协议　application protocol(AP);

——数据　data;

——数据交换　data exchange;

——通用资源　generic resource;

——实现方法　implementation method;

——信息　information;

——集成资源　integrated resource;

——解释　interpretation;

——模型　model;

——产品　product;

——产品数据　product data;

——结构　structure。

3.2　GB/T 16656.42 中定义的术语

GB/T 16656.42 所定义的下列术语适用于本部分:

——边界　boundary;

——坐标空间　coordinate space;

——曲线　curve;

——维数　dimensionality;

——域　domain;

——参数空间　parameter space;

——自交　self-intersect;

——曲面　surface。

3.3　GB/T 16656.202 中定义的术语

GB/T 16656.202 所定义的下列术语适用于本部分。

3.3.1

应用解释构造 Application Interpreted Construct;AIC

解释结构的一种逻辑组,它支持横跨多种应用相关环境的使用产品数据的规定功能。

3.4 其他术语和定义

下列术语和定义适用于本部分。

3.4.1

几何有界 geometrically bounded

仅用坐标空间中的值来定义它的边界和连通性的几何形状的描述,不用拓扑构造定义。

3.5 缩略语

下列缩略语适用本部分。

AIC:应用解释构造(Application Interpreted Construct)

AP:应用协议(application protocol)

ATS:抽象测试套件(abstract test suite)

4 EXPRESS 短表

本章规定了 EXPRESS 模式,所采用的元素取自集成资源,包含 GB/T 16656 本部分规定的类型、实体描述和函数。

注 1:本 AIC 中有很多未引入的集成资源所规定的子类和选择列表项。通过使用 ISO 10303-11 隐式接口规则,某些构造从子类树或选择列表中被排除。在一些情况下,删除了所有的选择列表项。因为 AIC 将在应用协议相关环境内实现,因此选择列表项在应用协议中定义。

这个应用解释构造为曲面模型的定义提供几何实体的一致集,这个曲面模型由点,基本或雕塑的曲线和曲面组成。几何应该是有界的;拓扑实体不用于边界限制。

EXPRESS 描述:

```
*)
SCHEMA aic_geometrically_bounded_surface;

  REFERENCE FROM support_resource_schema (            --GB/T 16656.41
        bag_to_set);

USE FROM geometric_model_schema (                     --GB/T 16656.42
      geometric_set);

USE FROM geometry_schema (                            --GB/T 16656.42
    axis1_placement,
    axis2_placement_2d,
    axis2_placement_3d,
    b_spline_curve,
    b_spline_curve_with_knots,
    b_spline_surface,
    b_spline_surface_with_knots,
    bezier_curve,
    bezier_surface,
    boundary_curve,
```

```
bounded_pcurve,
bounded_surface_curve,
cartesian_point,
cartesian_transformation_operator_3d,
circle,
composite_curve,
composite_curve_on_surface,
composite_curve_segment,
conical_surface,
curve,
curve_bounded_surface,
curve_replica,
cylindrical_surface,
degenerate_pcurve,
degenerate_toroidal_surface,
direction,
ellipse,
evaluated_degenerate_pcurve,
geometric_representation_context,
hyperbola,
intersection_curve,
line,
offset_curve_3d,
offset_surface,
outer_boundary_curve,
parabola,
pcurve,
plane,
point,
point_on_curve,
point_on_surface,
polyline,
quasi_uniform_curve,
quasi_uniform_surface,
rational_b_spline_curve,
rational_b_spline_surface,
rectangular_composite_surface,
rectangular_trimmed_surface,
reparametrised_composite_curve_segment,
seam_curve,
spherical_surface,
surface,
surface_curve,
```

```
    surface_of_linear_extrusion,
    surface_of_revolution,
    surface_patch,
    surface_replica,
    swept_surface,
    toroidal_surface,
    trimmed_curve,
    uniform_curve,
    uniform_surface,
    vector);

USE FROM product_property_representation_schema (
    shape_representation);                          --GB/T 16656.41

USE FROM representation_schema (                    --GB/T 16656.43
    definitional_representation,
    mapped_item,
    parametric_representation_context,
    representation,
    representation_item,
    representation_map);
(*
```

注 2：以上引用的模式可以在下列部分中查到：

geometric_model_schema	GB/T 16656.42
geometry_schema	GB/T 16656.42
product_property_representation_schema	GB/T 16656.41
representation_schema	GB/T 16656.43
support_resource_schema	GB/T 16656.41

4.1 基本概念和假设

在应用协议模式中使用 AIC 时，以下实体将被独立实例化：

——geometrically_bounded_surface_shape_representation（几何有界曲面形状表达）。

4.2 aic_geometrically_bounded_surface 模式实体定义：geometrically_bounded_surface_shape_representation

geometrically_bounded_surface_shape_representation 应用不带拓扑结构的曲面模型描述了 product 形状或形状的部分。

注 1：本部分不包括实体 product。

本部分的最高层级实体是 geometrically_bounded_surface_shape_representation。它是 shape_representation，这个 shape_representation 和包括 geometric_set 的 GB/T 16656.41 中定义的一样。Point，curve 和 surface 可能包括在 geometric_set 中，只要它们和 GB/T 16656.42 规则 compatible_dimension 中定义的维数一样。geometrically_bounded_surface_shape_representation 应该包括至少一个 surface。专门用于支持其他几何实体定义的几何实体本身不会存在于 geometric_set 的 elements 中。所有的几何实体的维数都是三，除了用于定义 pcurve 目的的二维几何。一维 cartesian_point 的使用被

排除在外。

所有无界曲线和曲面应该显式地剪裁。曲线的边界应该或者由曲线上的点和这些点和曲线间的显式地关联定义,或者由参数值定义。曲面的边界应该或者由曲面上的曲线和这些曲线和曲面间显式地关联定义,或者由参数值定义。

geometrically_bounded_surface_shape_representation 的 items 也可能是在 GB/T 16656.42 中定义的 mapped_item 类型,或 axis2_placement_3d 类型。这些 items 用来把一个或几个 geometrically_bounded_surface_shape_representations 聚集成其他的 geometrically_bounded_surface_shape_representation。

实体的 WHERE 规则限制根据上面的声明引自 GB/T 16656.42 和 GB/T 16656.43 的实体数据类型的使用。大多数实体类型的有效性和约束都在以下三个函数中指定:

——gbsf_check_point;

——gbsf_check_curve;

——gbsf_check_surface。

这三个函数应该被应用到 geometrically_bounded_surface_shape_representation 中所有 geometric_set的所有 elements 中。这三个函数自动评测这些 elements 引用的所有的 point,curve 和 surface。因此这三个函数被递归地调用。

示例:pcurve 引用 curve 和 surface。函数 gbsf_check_curve 不仅验证 pcurve,而且验证它的下层几何。因此,它将不仅调用它自己,还调用 gbsf_check_surface。

注 2:使用 ISO 10303 本部分的应用协议应当明确地允许 shape_representation 实体可能被实例化成 geometrically_bounded_surface_shape_representation。

EXPRESS 描述:

```
*)
ENTITY geometrically_bounded_surface_shape_representation
   SUBTYPE OF (shape_representation);
WHERE
  WR1 : SIZEOF (QUERY (it <* SELF.items |
        NOT (SIZEOF
        (['AIC_GEOMETRICALLY_BOUNDED_SURFACE.GEOMETRIC_SET',
        'AIC_GEOMETRICALLY_BOUNDED_SURFACE.MAPPED_ITEM',
        'AIC_GEOMETRICALLY_BOUNDED_SURFACE.AXIS2_PLACEMENT_3D']
         * TYPEOF
        (it)) = 1))) = 0;
  WR2 : SIZEOF (QUERY (it <* SELF.items |
        SIZEOF
        (['AIC_GEOMETRICALLY_BOUNDED_SURFACE.GEOMETRIC_SET',
        'AIC_GEOMETRICALLY_BOUNDED_SURFACE.MAPPED_ITEM'] * TYPEOF
        (it)) = 1)) > 0;
  WR3 :SIZEOF (QUERY (mi <* QUERY (it <* SELF.items |
        'AIC_GEOMETRICALLY_BOUNDED_SURFACE.MAPPED_ITEM' IN TYPEOF (it)) |
        NOT (('AIC_GEOMETRICALLY_BOUNDED_SURFACE.' +
        'GEOMETRICALLY_BOUNDED_SURFACE_SHAPE_REPRESENTATION'
         IN TYPEOF
  (mi\mapped_item.mapping_source.mapped_representation))
```

```
        AND
        (SIZEOF(QUERY (mr_it <*
        mi\mapped_item.mapping_source.mapped_representation.items |
        ('AIC_GEOMETRICALLY_BOUNDED_SURFACE.GEOMETRIC_SET'
        IN TYPEOF (mr_it)))) > 0 )))) = 0;
    WR4 :SIZEOF (QUERY (gs <* QUERY (it <* SELF.items |
        'AIC_GEOMETRICALLY_BOUNDED_SURFACE.GEOMETRIC_SET' IN TYPEOF (it)) |
        NOT (SIZEOF (QUERY (pnt <* QUERY (gsel <*
        gs\geometric_set.elements |
        'AIC_GEOMETRICALLY_BOUNDED_SURFACE.POINT' IN TYPEOF (gsel)) |
        NOT (gbsf_check_point(pnt)))) = 0))) = 0;
    WR5 :SIZEOF (QUERY (gs <* QUERY (it <* SELF.items |
        'AIC_GEOMETRICALLY_BOUNDED_SURFACE.GEOMETRIC_SET' IN TYPEOF (it)) |
        NOT (SIZEOF (QUERY (cv <* QUERY (gsel <*
        gs\geometric_set.elements |
        'AIC_GEOMETRICALLY_BOUNDED_SURFACE.CURVE' IN TYPEOF (gsel)) |
        NOT (gbsf_check_curve(cv)))) = 0))) = 0;
    WR6 :SIZEOF (QUERY (gs <* QUERY (it <* SELF.items |
        'AIC_GEOMETRICALLY_BOUNDED_SURFACE.GEOMETRIC_SET' IN TYPEOF (it)) |
        NOT (SIZEOF (QUERY (sf <* QUERY (gsel <*
        gs\geometric_set.elements |
        'AIC_GEOMETRICALLY_BOUNDED_SURFACE.SURFACE' IN TYPEOF (gsel)) |
        NOT (gbsf_check_surface(sf)))) = 0))) = 0;
    WR7 :SIZEOF (QUERY (gs <* QUERY (it <* SELF.items |
        'AIC_GEOMETRICALLY_BOUNDED_SURFACE.GEOMETRIC_SET' IN TYPEOF (it)) |
        SIZEOF (QUERY (gsel <* gs\geometric_set.elements |
        'AIC_GEOMETRICALLY_BOUNDED_SURFACE.SURFACE'
        IN TYPEOF (gsel))) > 0)) > 0;
END_ENTITY;
(*
```

正式建议：

WR1：geometrically_bounded_surface_shape_representation 中的 items 应该是 geometric_set，mapped_item 或者 axis2_placement_3d。

注 3：axis2_placement_3d 是一个有效的 mapped_item.mapping_target。为了包含另一个 representation 在 geometrically_bounded_surface_shape_representation(有效 mapped_items 见 WR3)的 items 列表之内，mapped_item.mapping_source.mapping.origin 可以是在 mapped_representation 的 geometric_representation_context 中可以找到的任何一个实体。如果这个实体是 axis2_placement_3d，那么根据一个只能做平移和旋转操作的转换矩阵，把 mapped_representation 映射为 geometrically_bounded_surface_shape_representation。如果 cartesian_transformation_operator_3d 被用作 mapping_origin，缩放和镜像就是可能的。

WR2：geometrically_bounded_surface_shape_representation 中至少有一个 items 应该是 geometric_set 或者 mapped_item。

WR3：如果 geometrically_bounded_surface_shape_representation 中有 mapped_item，它的

mapping_source 的 mapped_representation 应该是 geometrically_bounded_surface_shape_representation。这个 shape_representation 应该包含至少一个 geometric_set。

WR4:在 geometric_set 的 elements 中,每一个 point 都应该是一个有效的 point,这个 geometric_set 是 geometrically_bounded_surface_shape_representation 的 items 之一。

WR5:在 geometric_set 的 elements 中,每一个 curve 都应该是一个有效的 curve,这个 geometric_set 是 geometrically_bounded_surface_shape_representation 的 items 之一。

WR6:在 geometric_set 的 elements 中,每一个 surface 都应该是一个有效的 surface,这个 geometric_set 是 geometrically_bounded_surface_shape_representation 的 items 之一。

WR7:至少一个 geometric_set 的 elements 的至少一个应该是 surface,这个 geometric_set 在 geometrically_bounded_surface_shape_representation 的 items 中。

非正式建议:

IP1:b_spline_curve 不应该自交。

IP2:composite_curve 不应该自交。

IP3:offset_curve_3d 不应该自交。

IP4:b_spline_surface 不应该自交。

IP5:offset_surface 不应该自交。

IP6:专门用于支持其他几何实体的定义的几何实体本身不应该存在于 geometric_set 的 elements 集中。

4.3 aic_geometrically_bounded_surface 的函数定义

本条描述了 aic_geometrically_bounded_surface 模式中公式化约束所需的函数。这些函数用于规定 geometrically_bounded_surface_shape_representation 实体。

4.3.1 函数 gbsf_check_point

gbsf_check_point 函数检查 point 实例在 geometrically_bounded_surface_shape_representation 相关环境下的有效性。这个 point 实例引用的所有几何,比如 curves 和 surfaces,也要进行有效性检查。当 curve 或 surface 被引用时,函数 gbsf_check_curve 和 gbsf_check_surface 分别被调用。这些函数中的递归过程终止于不再引用任何 point,curve 或 surface 实体类型。

以下类型和它们的子类型在 geometrically_bounded_surface_shape_representation 范围内,并且是这个函数的有效输入:

——cartesian_point;

——degenerate_pcurve;

——point_on_curve;

——point_on_surface。

列表中的后三项引用了 curve 或 surface,或者两者都引用。

degenerate_pcurve 的 basis_surface 可能是 geometrically_bounded_surface_shape_representation 中任何有效的 surface。degenerate_pcurve 的 reference_to_curve 应该是下面类型之一:

——b_spline_curve;

——composite_curve(递归);

——conic;

——curve_replica(递归);

——line;

——polyline;

——trimmed_curve(递归)。

注 1:这个函数应用于以上一个递归过程的列表标记的实体类型,作为检查它们实体引用的有效性示例。

point_on_curve 的 basis_curve 可以是 geometrically_bounded_surface_shape_representation 中任何有效的 curve。

point_on_surface 的 basis_surface 可以是 geometrically_bounded_surface_shape_representation 中任何有效的 surface。

如果所有的被引用几何的类型都在 geometrically_bounded_surface_shape_representation 的范围内，函数返回 TRUE，否则函数返回 FALSE。

注 2：这个函数并不检查关于 GB/T 16656.42 引用的正确性。只有关于 geometrically_bounded_surface_shape_representation 范围的额外要求要检查。

EXPRESS 描述：

```
*)
FUNCTION gbsf_check_point (pnt : point) : BOOLEAN;
(* This function varifies the validity of a point in the context of a geometrically bounded
   surface model.
*)
    (* a cartesian_point is valid
    *)
    IF 'AIC_GEOMETRICALLY_BOUNDED_SURFACE.CARTESIAN_POINT'
      IN TYPEOF (pnt) THEN RETURN(TRUE);
    ELSE

(* a point_on_curve shall reference a valid curve
*)
    IF 'AIC_GEOMETRICALLY_BOUNDED_SURFACE.POINT_ON_CURVE'
      IN TYPEOF (pnt) THEN RETURN
      (gbsf_check_curve(pnt\point_on_curve.basis_curve));
    ELSE

    (* a point_on_surface shall reference a valid surface
    *)
    IF 'AIC_GEOMETRICALLY_BOUNDED_SURFACE.POINT_ON_SURFACE'
      IN TYPEOF (pnt) THEN RETURN (gbsf_check_surface
      (pnt\point_on_surface.basis_surface));
    ELSE

    (* a degenerate_pcurve shall reference a valid curve and
       a valid surface
    *)
       IF 'AIC_GEOMETRICALLY_BOUNDED_SURFACE.DEGENERATE_PCURVE'
         IN TYPEOF (pnt) THEN RETURN
      ((gbsf_check_curve
      (pnt\degenerate_pcurve.reference_to_curve\
                                    representation.items[1]))
      AND (gbsf_check_surface
```

```
          (pnt\degenerate_pcurve.basis_surface)));
      END_IF;
      END_IF;
    END_IF;
  END_IF;
  RETURN(FALSE);
END_FUNCTION;
(*
```

参数定义：

pnt(输入)：在 geometrically_bounded_surface_shape_representation 中 point 将被检查是否是有效的 point 。

BOOLEAN(返回)：如果这个 point 是有效的 point，返回 TRUE，否则返回 FALSE。

4.3.2 函数 gbsf_check_curve

gbsf_check_curve 函数在 geometrically_bounded_surface_shape_representation 相关环境下检查 curve 实例的有效性。其有效性的必要条件之一就是 curve 实例产生的几何是有界的。这个必要条件的实行由这个函数通过使这个 curve 实例引用的所有几何(比如其他 curves 和 surfaces)实施有效检查。如果适合，实例就被递归地调用。即如果 curve 引用另一个 curve 作为基本曲线或父类曲线，gbsf_check_curve 函数就又被调用。如果 surface 被引用，gbsf_check_surface 函数被调用。这个递归过程终止于实体类型不再引用任何 curve 或 surface。

除了为有效性应用界定其他标准的必要条件外；curve 不应该被定义成自交。

示例：这个函数检查约束的有效性之一看是否 b_spline_curve 实例的自交标志被设置为 TRUE，FALSE 或 UNKNOWN；只有 FALSE 和 UNKNOWN 是有效的。

以下曲线类型和它们的子类型在 geometrically_bounded_surface_shape_representation 范围内，并且是这个函数的有效输入：

——b_spline_curve；

——composite_curve；

——conic；

——curve_replica；

——line；

——offset_curve_3d；

——pcurve；

——polyline；

——surface_curve；

——trimmed_curve。

注 1：这个函数应用于以下递归过程列表标记的实体类型，以便作为检查他们实体引用的有效性示例。

curve_replica 的 parent_curve 都应该是下面类型之一：

——b_spline_curve；

——composite_curve(递归)；

——conic；

——curve_replica(递归)；

——line；

——offset_curve_3d(递归)；

——pcurve(递归)；

——polyline；

——surface_curve(递归)；

——trimmed_curve(递归)。

offset_curve_3d 的 basis_curve 都应该是下面类型之一：

——b_spline_curve；

——composite_curve(递归)；

——conic；

——curve_replica(递归)；

——line；

——offset_curve_3d(递归)；

——pcurve(递归)；

——surface_curve(递归)；

——trimmed_curve(递归)。

definitional_representation 的 items 集合中的一个实例，这个实例被 pcurve 引用为 reference_to_curve，应该是下面类型之一：

——b_spline_curve；

——composite_curve(递归)；

——conic；

——curve_replica(递归)；

——line；

——polyline；

——trimmed_curve(递归)。

surface_curve 的 curve_3d 应该是下面类型之一：

——b_spline_curve；

——composite_curve(递归)；

——conic；

——curve_replica(递归)；

——line；

——offset_curve_3d(递归)；

——polyline；

——surface_curve(递归)；

——trimmed_curve(递归)。

Pcurve 和 surface_curve 引用 surface。函数 gbsf_check_surface 被这些 surface 的有效性调用。geometrically_bounded_surface_shape_representation 要求对有效 surface 在 GB/T 16656.42 中规定的 pcurve 和 surface_curve 的引用有同样的限制。

一个有效的 polyline 应该包括至少三个 cartesian_point。

属性 self_intersect 因为 B 样条函数和偏置几何将被设置为 FALSE 或 UNKNOWN。

如果所有的引用几何的类型都在 geometrically_bounded_surface_shape_representation 范围内，并且所有的约束都满足，那么函数返回 TRUE，否则函数返回 FALSE。

注 2：这个函数并不检查关于 GB/T 16656.42 引用的正确性。GB/T 16656.42 要求，例如，composite_curve 的 segments 应该是 composite_curve_segment，并且 composite_curve_segment 的 parent_curve 应该是 bounded_curve。这个约束不用这个函数检验。只有关于 geometrically_bounded_surface_shape_representation 范围的额外要求要检查。

EXPRESS 描述：

```
*)
FUNCTION gbsf_check_curve (cv : representation_item) : BOOLEAN;

(* This function varifies the validity of a curve in the context of a geometrically bounded
   surface model.Representation_items are valid input, however, they are supposed to be
   curves; otherwise this function will return false.
*)

(* complex subtypes of curve that are both bounded_curve and oneof
   conic, curve_replica, line, or offset_curve_3d are not valid
*)
IF SIZEOF (['AIC_GEOMETRICALLY_BOUNDED_SURFACE.BOUNDED_CURVE',
  'AIC_GEOMETRICALLY_BOUNDED_SURFACE.CONIC',
  'AIC_GEOMETRICALLY_BOUNDED_SURFACE.CURVE_REPLICA',
  'AIC_GEOMETRICALLY_BOUNDED_SURFACE.LINE',
  'AIC_GEOMETRICALLY_BOUNDED_SURFACE.OFFSET_CURVE_3D']
   * TYPEOF(cv)) > 1 THEN RETURN(FALSE);
END_IF;

(* circle, ellipse, and trimmed_curve are valid curves; they
   are bounded per definition
*)
IF SIZEOF (['AIC_GEOMETRICALLY_BOUNDED_SURFACE.CIRCLE',
'AIC_GEOMETRICALLY_BOUNDED_SURFACE.ELLIPSE',
'AIC_GEOMETRICALLY_BOUNDED_SURFACE.TRIMMED_CURVE']
* TYPEOF(cv)) = 1
THEN RETURN(TRUE);
ELSE

  (* b_spline_curves shall not self-intersect
  *)
  IF (('AIC_GEOMETRICALLY_BOUNDED_SURFACE.B_SPLINE_CURVE'
    IN TYPEOF(cv)) AND
    (cv\b_spline_curve.self_intersect = FALSE) OR
    (cv\b_spline_curve.self_intersect = UNKNOWN))
  THEN RETURN(TRUE);
  ELSE

    (* a composite_curve shall not self-intersect and all of
       its segments shall reference valid curves
    *)
  IF (('AIC_GEOMETRICALLY_BOUNDED_SURFACE.COMPOSITE_CURVE'
```

```
  IN TYPEOF(cv)) AND
    (cv\composite_curve.self_intersect = FALSE) OR
    (cv\composite_curve.self_intersect = UNKNOWN))
  THEN
    RETURN (SIZEOF (QUERY (seg <* cv\composite_curve.segments |
    NOT (gbsf_check_curve(seg.parent_curve)))) = 0);
  ELSE

    (* a curve_replica shall reference a valid curve
    *)
    IF 'AIC_GEOMETRICALLY_BOUNDED_SURFACE.CURVE_REPLICA'
      IN TYPEOF(cv) THEN
      RETURN (gbsf_check_curve
(cv\curve_replica.parent_curve));
  ELSE

    (* an offset_curve_3d shall not self-intersect and shall
      reference a valid curve; a polyline is not a valid
      basis_curve
    *)
    IF (('AIC_GEOMETRICALLY_BOUNDED_SURFACE.OFFSET_CURVE_3D'
      IN TYPEOF(cv))
      AND
      ((cv\offset_curve_3d.self_intersect = FALSE) OR
      (cv\offset_curve_3d.self_intersect = UNKNOWN))
      AND
      (NOT ('AIC_GEOMETRICALLY_BOUNDED_SURFACE.POLYLINE'
      IN TYPEOF(cv\offset_curve_3d.basis_curve)))) THEN RETURN
      (gbsf_check_curve (cv\offset_curve_3d.basis_curve));
    ELSE

    (* a pcurve shall reference a valid curve and a valid
      basis_surface
    *)
    IF 'AIC_GEOMETRICALLY_BOUNDED_SURFACE.PCURVE'
      IN TYPEOF(cv) THEN RETURN ((gbsf_check_curve
      (cv\pcurve.reference_to_curve\representation.items[1]))
      AND
        (gbsf_check_surface (cv\pcurve.basis_surface)));
    ELSE

    (* a polyline shall have at least 3 points
    *)
```

```
IF 'AIC_GEOMETRICALLY_BOUNDED_SURFACE.POLYLINE'
  IN TYPEOF(cv) THEN
  IF (SIZEOF (cv\polyline.points) >= 3)
    THEN RETURN (TRUE);
  END_IF;
ELSE

  (* a surface_curve references a curve_3d and one or two
      pcurves or one or two surfaces or one of each;
  all of these references shall be valid
 *)
IF 'AIC_GEOMETRICALLY_BOUNDED_SURFACE.SURFACE_CURVE'
  IN TYPEOF(cv) THEN

    (* if the curve reference is correct, check also the rest
    *)
    IF gbsf_check_curve (cv\surface_curve.curve_3d) THEN
      REPEAT i := 1 TO SIZEOF
      (cv\surface_curve.associated_geometry);

        (* do for one or two associated_geometrys:
        *)
        IF 'AIC_GEOMETRICALLY_BOUNDED_SURFACE.SURFACE' IN TYPEOF
          (cv\surface_curve.associated_geometry[i]) THEN
          IF NOT gbsf_check_surface
            (cv\surface_curve.associated_geometry[i])
             THEN
            RETURN(FALSE);
          END_IF;
        ELSE
          IF 'AIC_GEOMETRICA
             LLY_BOUNDED_SURFACE.PCURVE' IN TYPEOF
            (cv\surface_curve.associated_geometry[i])
            THEN
            IF NOT gbsf_check_curve
              (cv\surface_curve.associated_geometry[i])
               THEN RETURN(FALSE);
                  END_IF;
              END_IF;
            END_IF;
            END_REPEAT;
            RETURN(TRUE);
          END_IF;
```

```
          END_IF;
        END_IF;
      END_IF;
    END_IF;
   END_IF;
  END_IF;
 END_IF;
END_IF;
(* FALSE is returned if the input parameter cv is not a valid curve.
 *)
RETURN(FALSE);
END_FUNCTION;
(*
```

参数定义：

cv：(输入)representation_item，这个 representation_item 被认为是 curve，curve 在 geometrically_bounded_surface_shape_representation 相关环境下被检查是否有效。

BOOLEAN(返回)：如果 representation_item 是有效的 curve，返回 TRUE，否则返回 FALSE。

4.3.3 gbsf_check_surface

gbsf_check_surface 函数在 geometrically_bounded_surface_shape_representation 的环境中检查 surface 实例的有效性。有效性的一个必要条件就是 surface 实例所产生的几何是有界的。这个必要条件的实行由这个函数通过使这个 surface 实例引用的所有几何(比如其他 curves 和 surfaces)有效检查。如果适合，实例会被递归地检查下去。这就意味着如果一个 surface 引用了另外一个 surface，把它作为基本曲面或父曲面，gbsf_check_surface 函数就又要被调用。如果 curve 被引用，gbsf_check_surface 函数也要被调用。递归过程在实体类型不再引用任何的 curve 或 surface 的时候就终止了。

对于有效性的应用，除了需要限制其他标准以外，surface 不应该被定义成自交的。

示例：被这个函数所验证的一个限制是：b_spline_surface 类型的实例的自交属性设置成 TRUE，FALSE 或 UNKNOWN，只有设置成 FALSE 或 UNKNOWN 时才是有效的。

下面的曲面类型和它们的子类型在 geometrically_bounded_surface_shape_representation 范围之内，是这个函数的有效输入。

——b_spline_surface；

——curve_bounded_surface；

——elementary_surface；

——offset_surface；

——rectangular_composite_surface；

——rectangular_trimmed_surface；

——surface_replica；

——surface_of_revolution。

offset_surface 的 basis_surface 和 surface_replica 的 parent_surface 都应该是上面所列 surface 类型中的一个。

surface_of_revolution 引用了 curve，函数 gbsf_check_curve 被调用来验证 curve。geometrically_bounded_surface_shape_representation，在验证 GB/T 16656.42 中规定的扫描曲线时，要求相同的限制。所有在 geometrically_bounded_surface_shape_representation 的范围之内的 curves 都是有效的 swept_curve。

对于B样条曲线和偏移几何，自交属性应该被设置成FALSE或者UNKNOWN。

如果所有被引用几何的类型在geometrically_bounded_surface_shape_representation的范围之内，并且所有的限制都被满足，这个函数返回TRUE，否则这个函数返回FLASE。

注1：这个函数不检查关于GB/T 16656.42的引用的正确性。例如，GB/T 16656.42要求rectangular_composite_surface的segment应该是surface_patch，这些segment应该有bounded_surface作为它们的父曲面。这些限制不被这个函数所验证。只有根据geometrically_bounded_surface_shape_representation的范围而附加的要求才被校验。

注2：这个函数应用一个递归的过程来检查实体对输入曲面的引用。

EXPRESS描述：

```
*)

FUNCTION gbsf_check_surface (sf : surface) : BOOLEAN;

(* This function verifies the validity of a surface in the context of a geometrically
   bounded surface model.
*)
  (* a b_spline_surface shall not self-intersect
   *)
  IF (('AIC_GEOMETRICALLY_BOUNDED_SURFACE.B_SPLINE_SURFACE'
    IN TYPEOF(sf)) AND
    (sf\b_spline_surface.self_intersect = FALSE) OR
    (sf\b_spline_surface.self_intersect = UNKNOWN))
  THEN
    RETURN(TRUE);
  ELSE

      (* spherical_surface and toroidal_surface are valid;
        also curve_bounded_surface and rectangular_trimmed_surface
        are per definition bounded and, thus, valid
       *)
      IF SIZEOF
        (['AIC_GEOMETRICALLY_BOUNDED_SURFACE.SPHERICAL_SURFACE',
        'AIC_GEOMETRICALLY_BOUNDED_SURFACE.TOROIDAL_SURFACE',
        'AIC_GEOMETRICALLY_BOUNDED_SURFACE.CURVE_BOUNDED_SURFACE',
        'AIC_GEOMETRICALLY_BOUNDED_SURFACE.RECTANGULAR_TRIMMED_SURFACE']
         * TYPEOF(sf)) = 1 THEN RETURN(TRUE);
      ELSE

        (* an offset_surface shall not self-intersect and shall
          reference a valid surface
```

```
*)
IF (('AIC_GEOMETRICALLY_BOUNDED_SURFACE.OFFSET_SURFACE'
  IN TYPEOF(sf)) AND
  (sf\offset_surface.self_intersect = FALSE) OR
  (sf\offset_surface.self_intersect = UNKNOWN))
THEN
  RETURN (gbsf_check_surface
        (sf\offset_surface.basis_surface));
ELSE
( * a rectangular_composite_surface shall reference a matrix of valid surfaces
 *)
IF 'AIC_GEOMETRICALLY_BOUNDED_SURFACE.RECTANGULAR_COMPOSITE_SURFACE'
  IN TYPEOF(sf)
THEN
  REPEAT i := 1 TO SIZEOF
    (sf\rectangular_composite_surface.segments);
    REPEAT j := 1 TO SIZEOF
      (sf\rectangular_composite_surface.segments[i]);
      IF NOT (gbsf_check_surface
        (sf\rectangular_composite_surface.segments[i][j].
        parent_surface))
        THEN RETURN (FALSE);
      END_IF;
    END_REPEAT;
  END_REPEAT;
  RETURN(TRUE);
ELSE

  ( * a surface_replica shall have a valid parent surface
   *)
  IF 'AIC_GEOMETRICALLY_BOUNDED_SURFACE.SURFACE_REPLICA'
    IN TYPEOF (sf) THEN RETURN (gbsf_check_surface
    (sf\surface_replica.parent_surface));
ELSE

  ( * a surface_of_revolution shall have a valid sweeping
    curve; surface_of_linear_extrusion is not valid, as
    it is unbounded in the direction of the extrusion;
    it may, however, be valid if trimmed
   *)
  IF 'AIC_GEOMETRICALLY_BOUNDED_SURFACE.SURFACE_OF_REVOLUTION'
```

```
              IN TYPEOF(sf) THEN RETURN
              (gbsf_check_curve (sf\swept_surface.swept_curve));
              END_IF;
            END_IF;
          END_IF;
        END_IF;
      END_IF;
    END_IF;
    RETURN(FALSE);
END_FUNCTION;
(*
```

参数定义：

sf：(输入)在 geometrically_bounded_surface_shape_representation 中，surface 被检查是否为有效的 surface。

BOOLEAN：(返回) 如果 surface 是有效的 surface，就返回 TRUE，否则就返回 FALSE。

```
*)
    END_SCHEMA;--aic_geometrically_bounded_surface
(*
```

附 录 A
（规范性附录）
实 体 短 名

表 A.1 给出了 GB/T 16656 的本部分规定的实体短名。使用短名的要求见 GB/T 16656 的实现方法。

表 A.1 实体短名

实 体 名	短名
GEOMETRICALLY_BOUNDED_SURFACE_SHAPE_REPRESENTATION	GBSSR

附 录 B
（规范性附录）
信息对象注册

B.1 文档标识

在开放系统中，为确定信息对象的无二义性标识，规定本部分的对象标识符为：

{iso standard 10303 part(507) version(1)}

本标识符的含义在 GB/T 16262.1 中进行了定义，并且在 ISO 10303-1 中进行了描述。

B.2 模式标识

在开放系统中，为确定 aic-geometrically-bounded-surface 的无二义性标识，规定对象标识符：

{ iso standard 10303 part(507) version(1)object(1)aic-geometrically-bounded-surface(1) }

分配给 aic_geometrically_bounded_surface 模式（见第 4 章），本标识符的含义在 GB/T 16262.1 中进行了定义，并且在 ISO 10303-1 中进行了描述。

附　录　C
（资料性附录）
EXPRESS-G 图

本附录中的图 C.1～图 C.18 对应于 GB/T 16656 本部分第 4 章中的 EXPRESS 短表。图中使用了 EXPRESS 语言的 EXPRESS-G 图解形式。EXPRESS-G 在 ISO 10303-11:1994 的附录 D 中定义。

注：以下选择类型与符合 ISO 10303-11 隐式接口规则的 AIC 扩展列表相连接。ISO 10303 本部分的其他实体不使用这些选择类型。

——curve_on_surface；
——founded_item_select；
——measure_value；
——transformation；
——vector_or_direction。

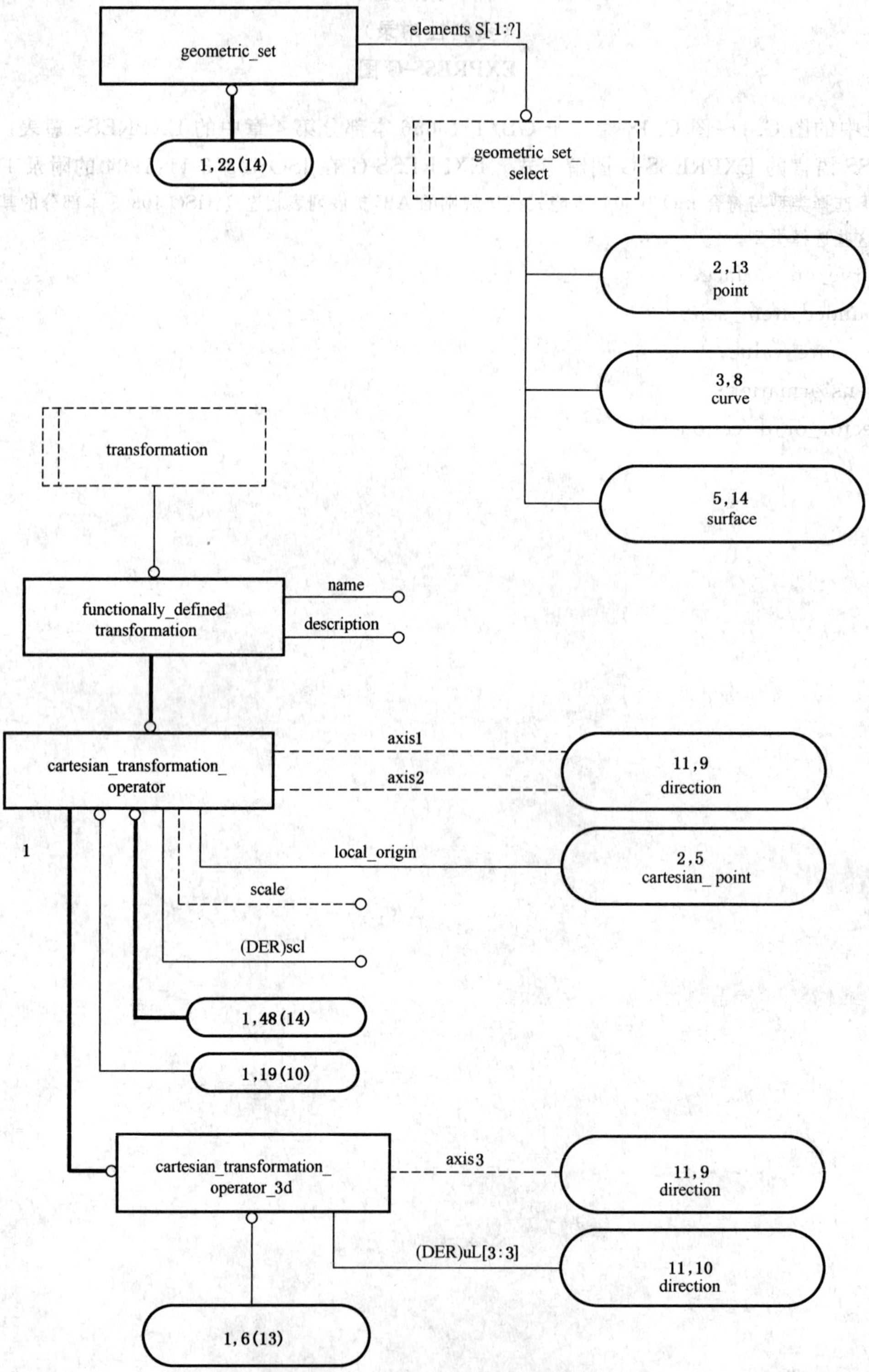

图 C.1 EXPRESS-G 图 18-1

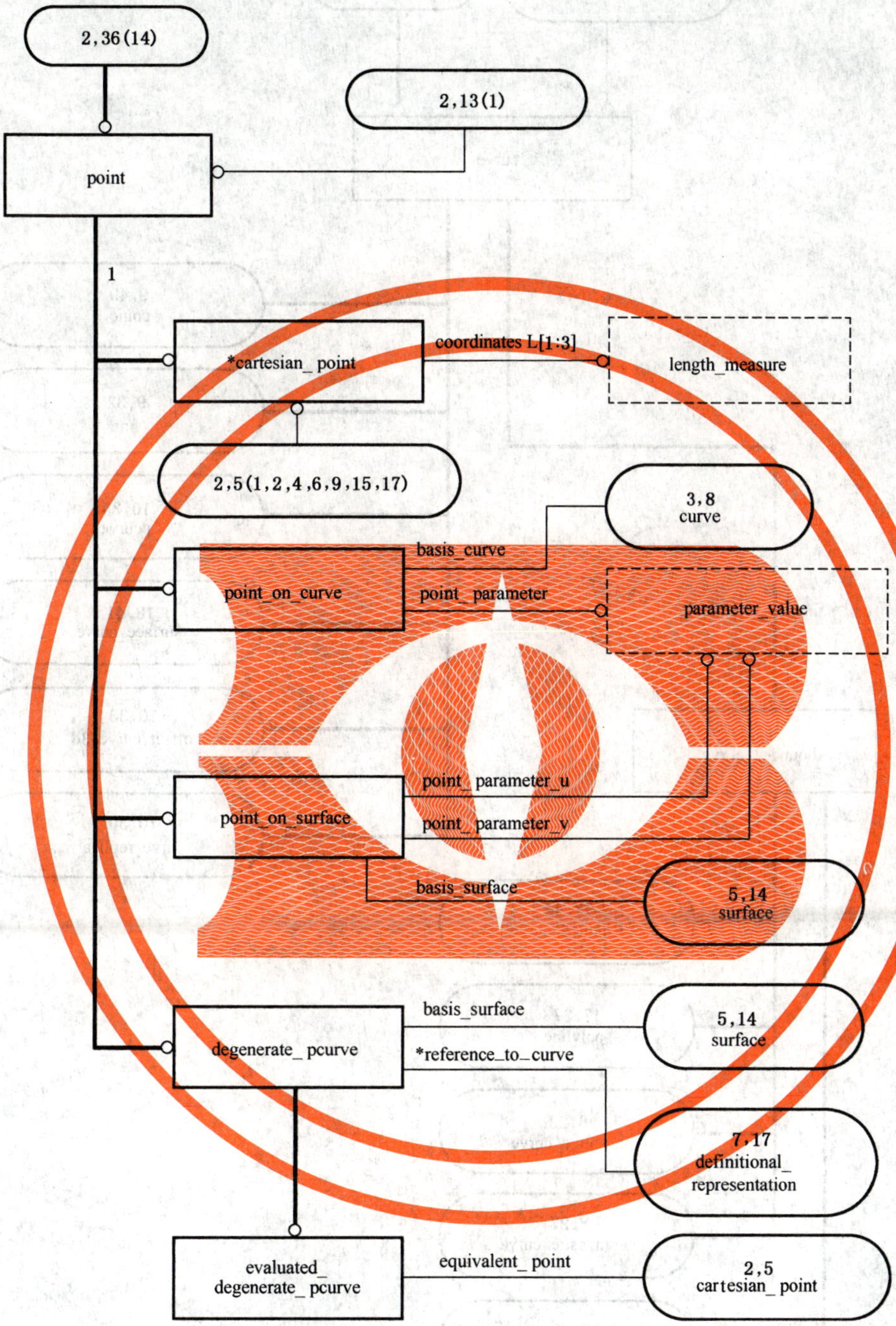

图 C.2　EXPRESS-G 图 18-2

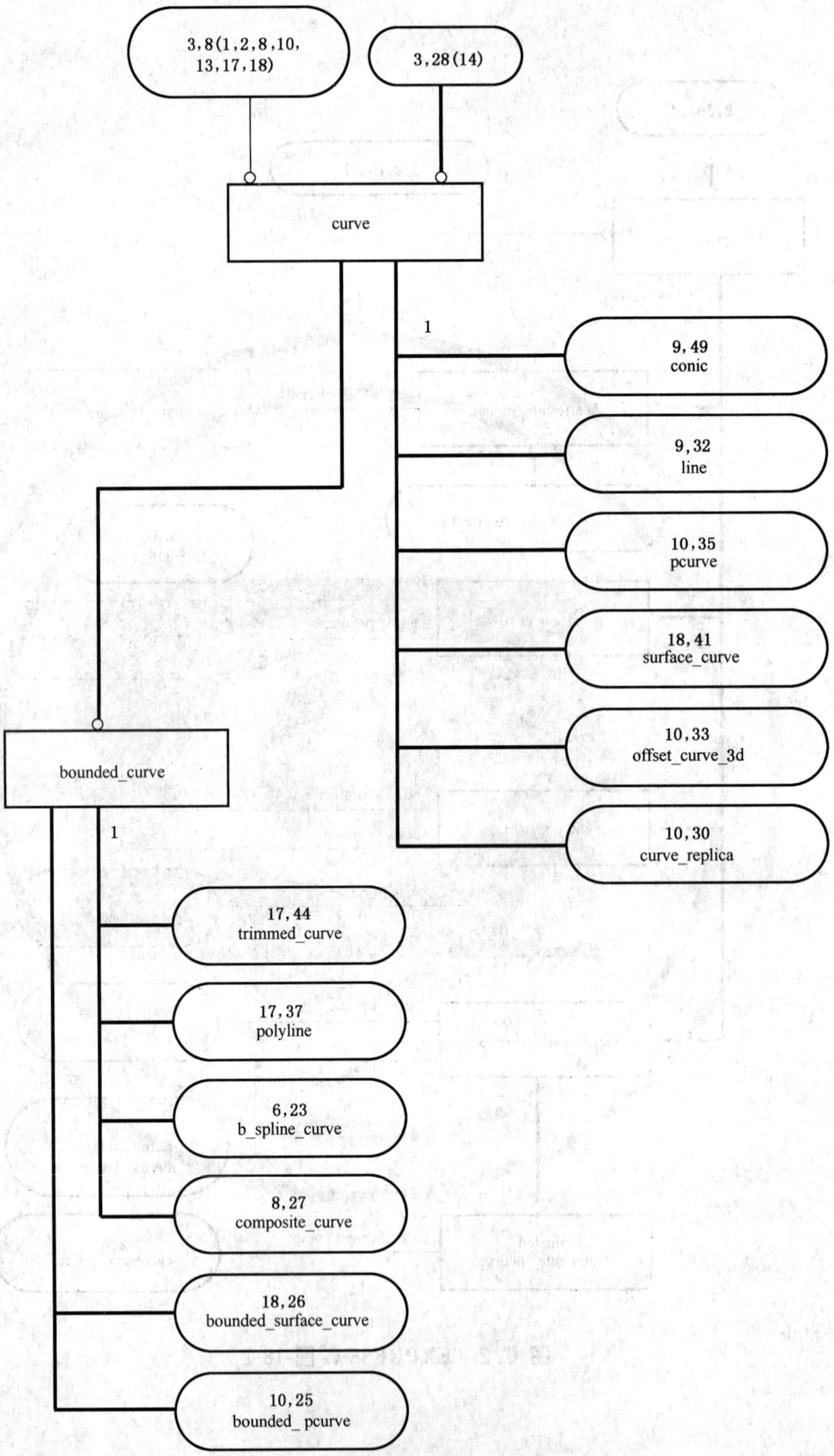

图 C.3　EXPRESS-G 图 18-3

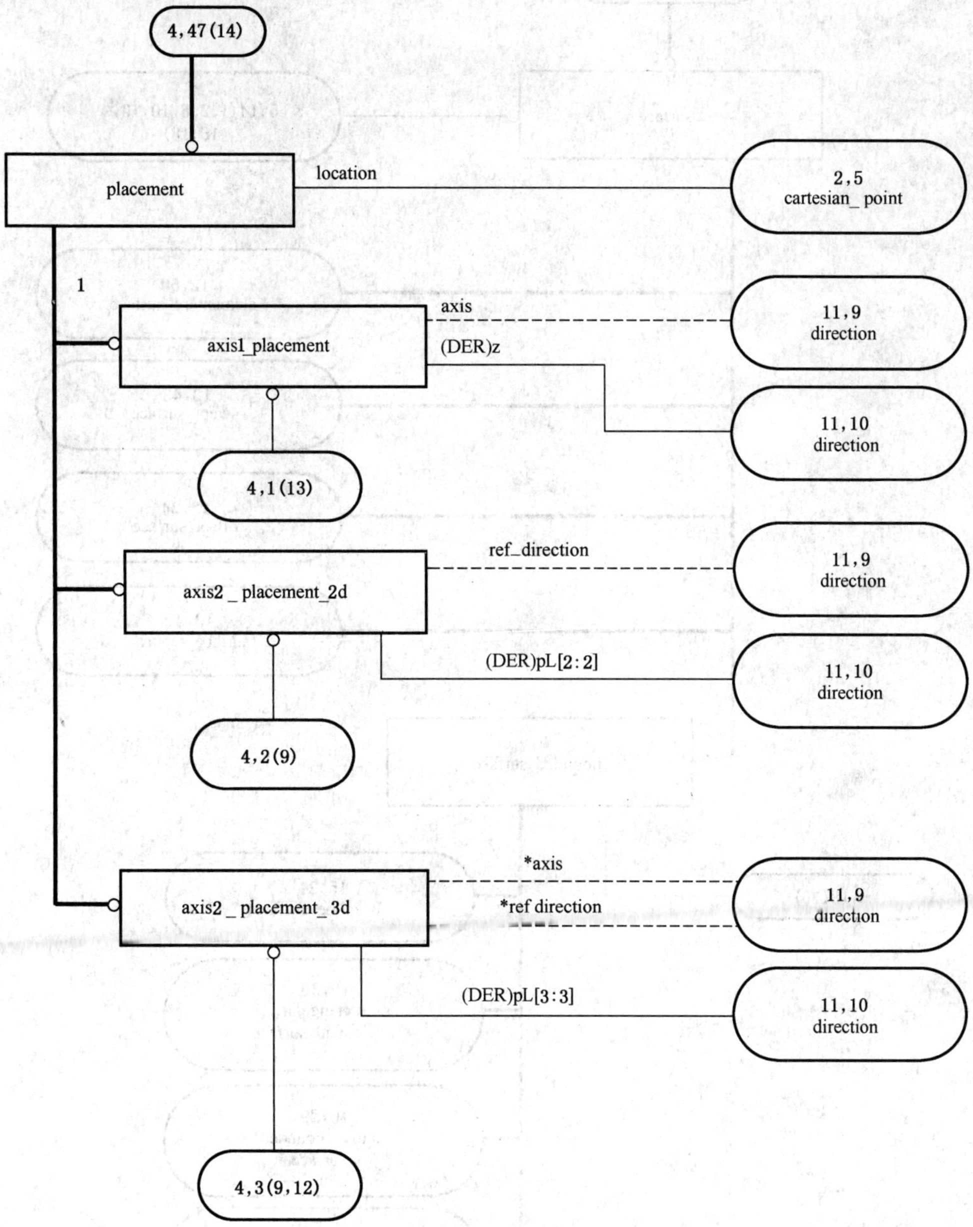

图 C.4 EXPRESS-G 图 18-4

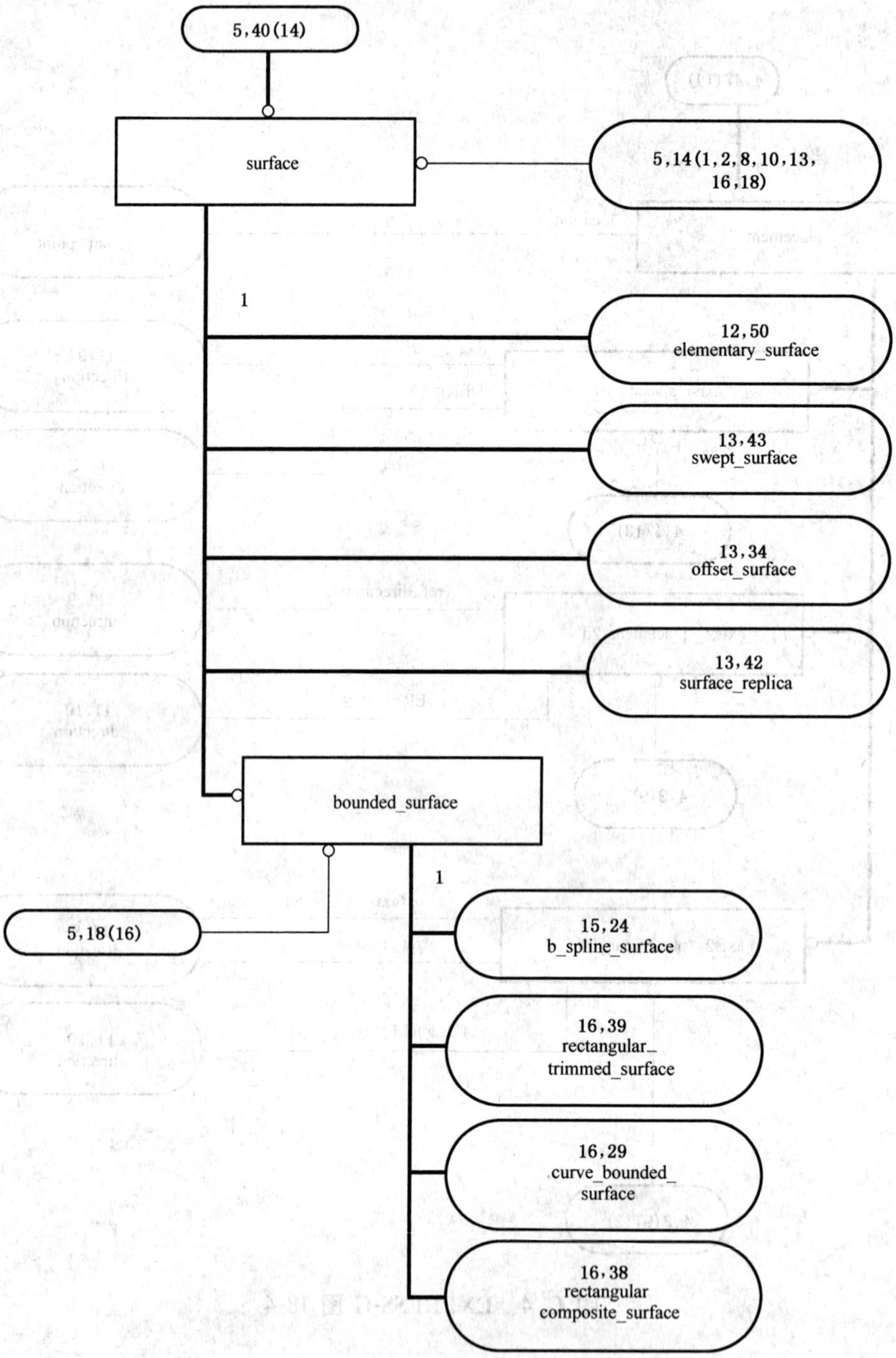

图 C.5 EXPRESS-G 图 18-5

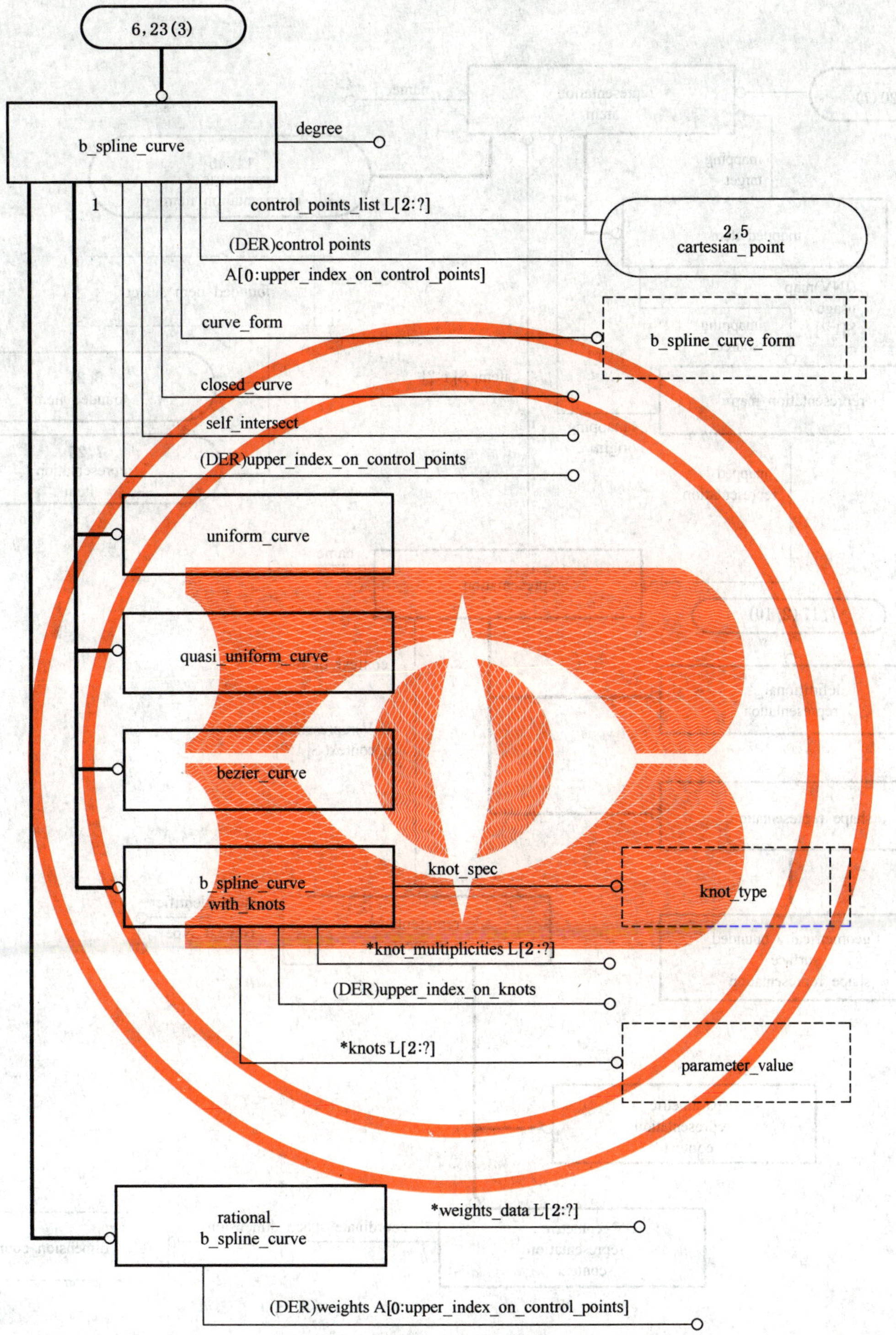

图 C.6 EXPRESS-G 图 18-6

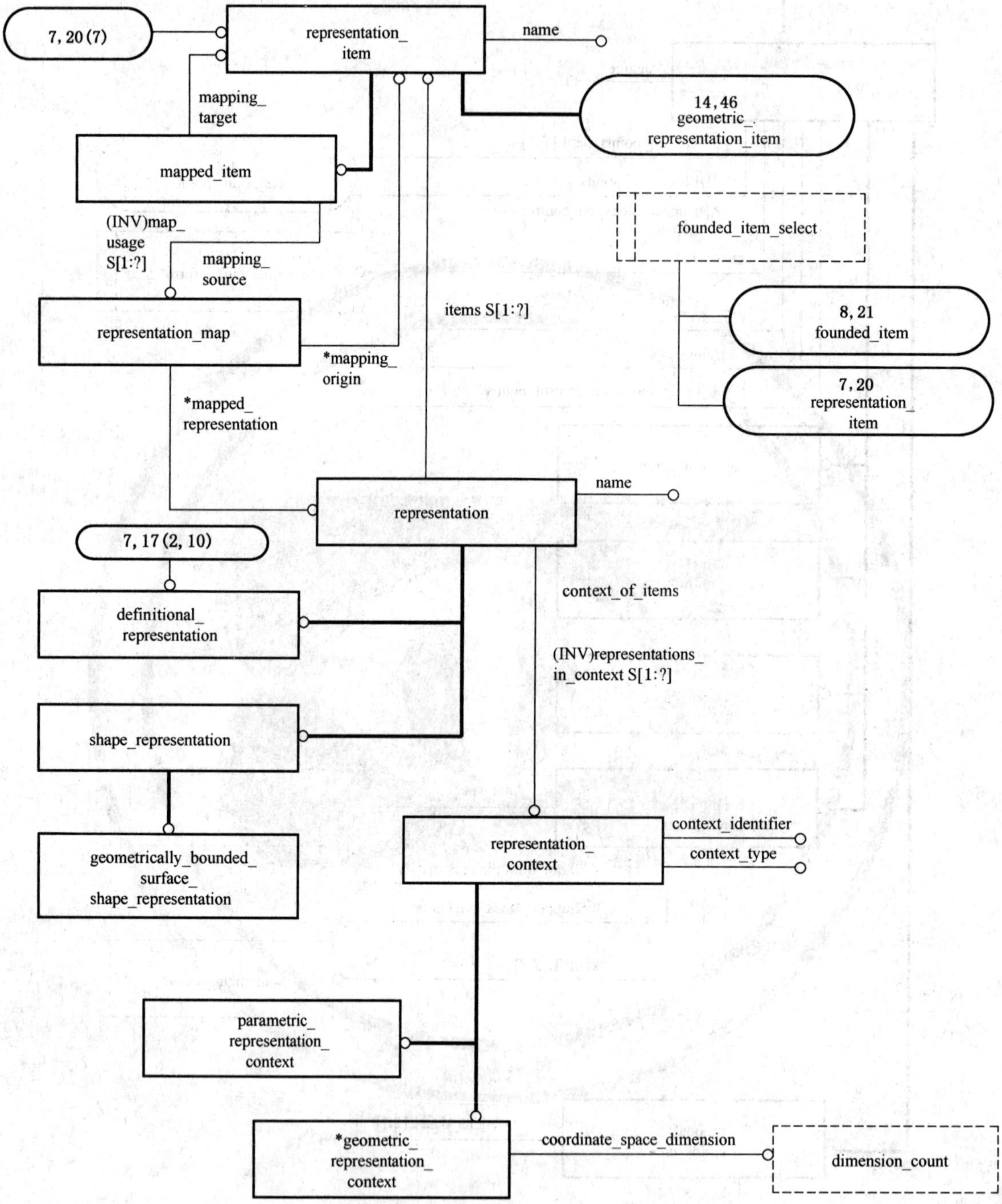

图 C.7 EXPRESS-G 图 18-7

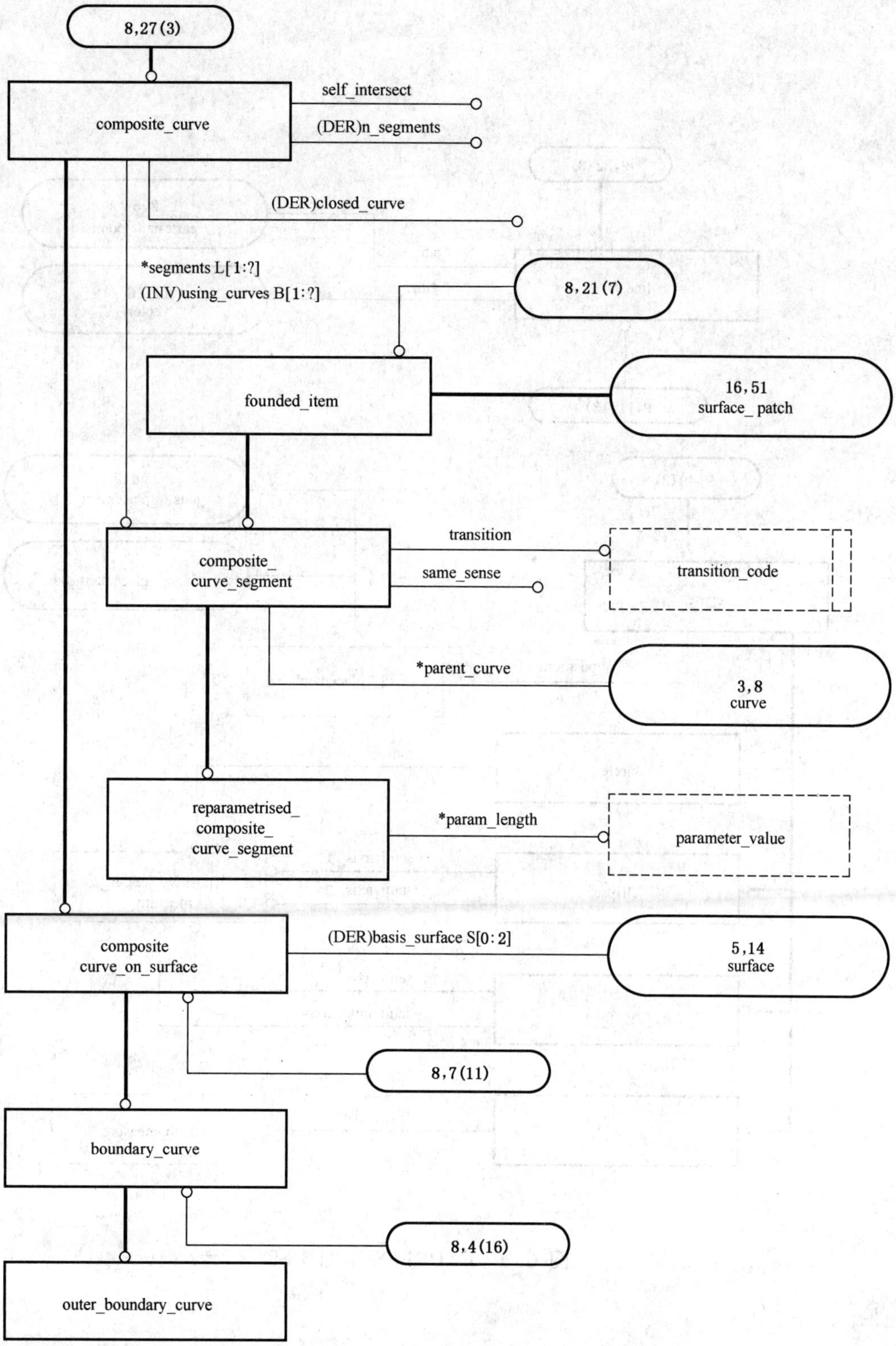

图 C.8 EXPRESS-G 图 18-8

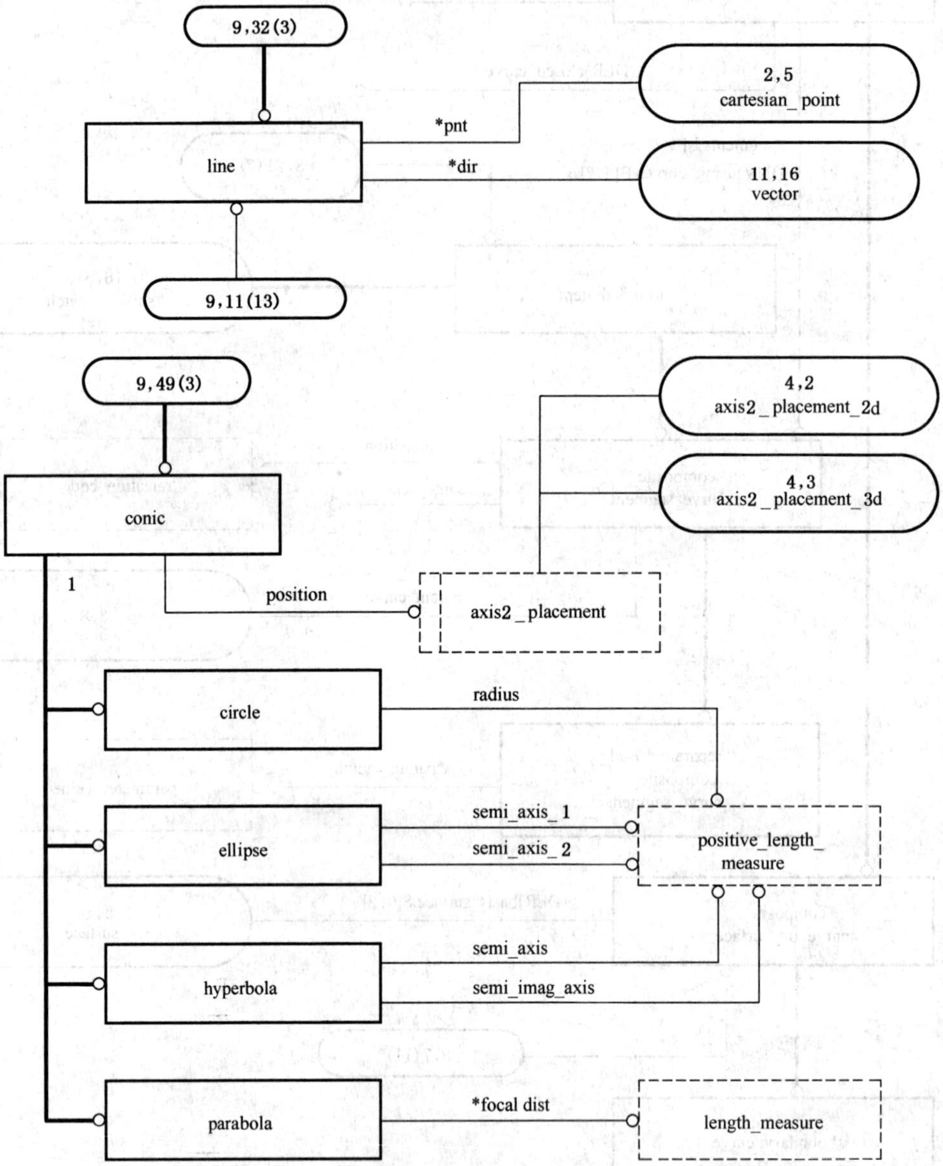

图 C.9 EXPRESS-G 图 18-9

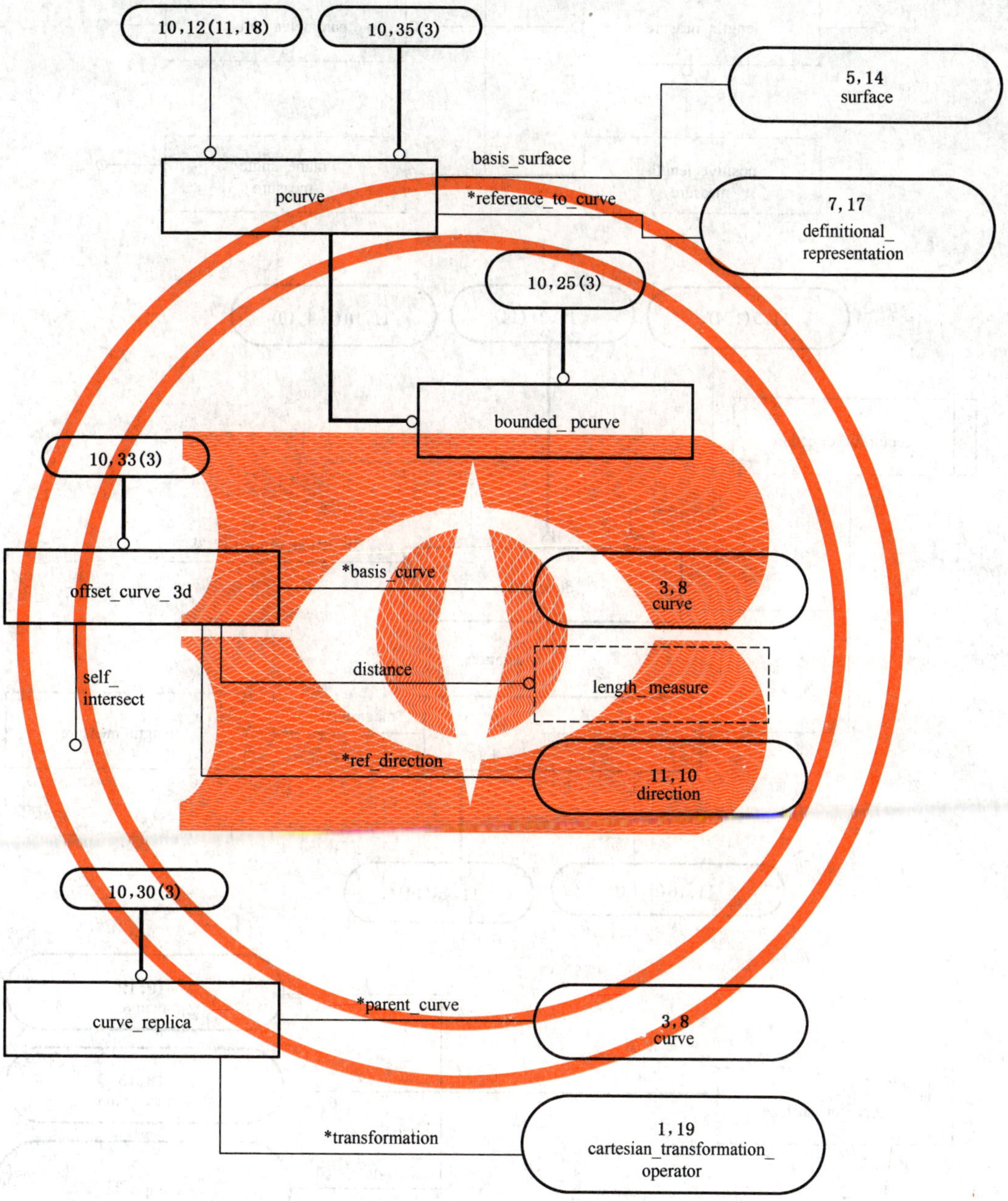

图 C.10　EXPRESS-G 图 18-10

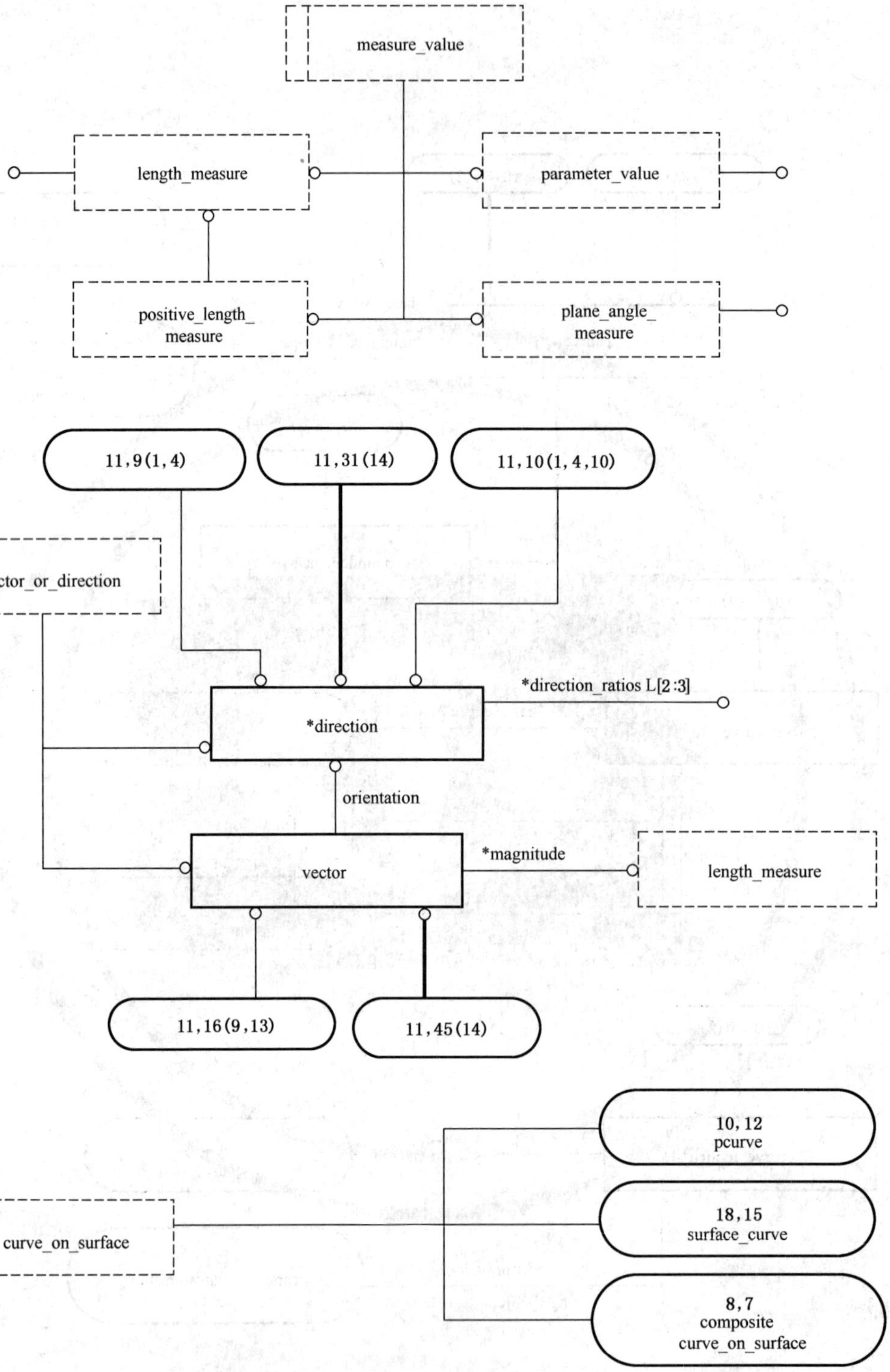

图 C.11 EXPRESS-G 图 18-11

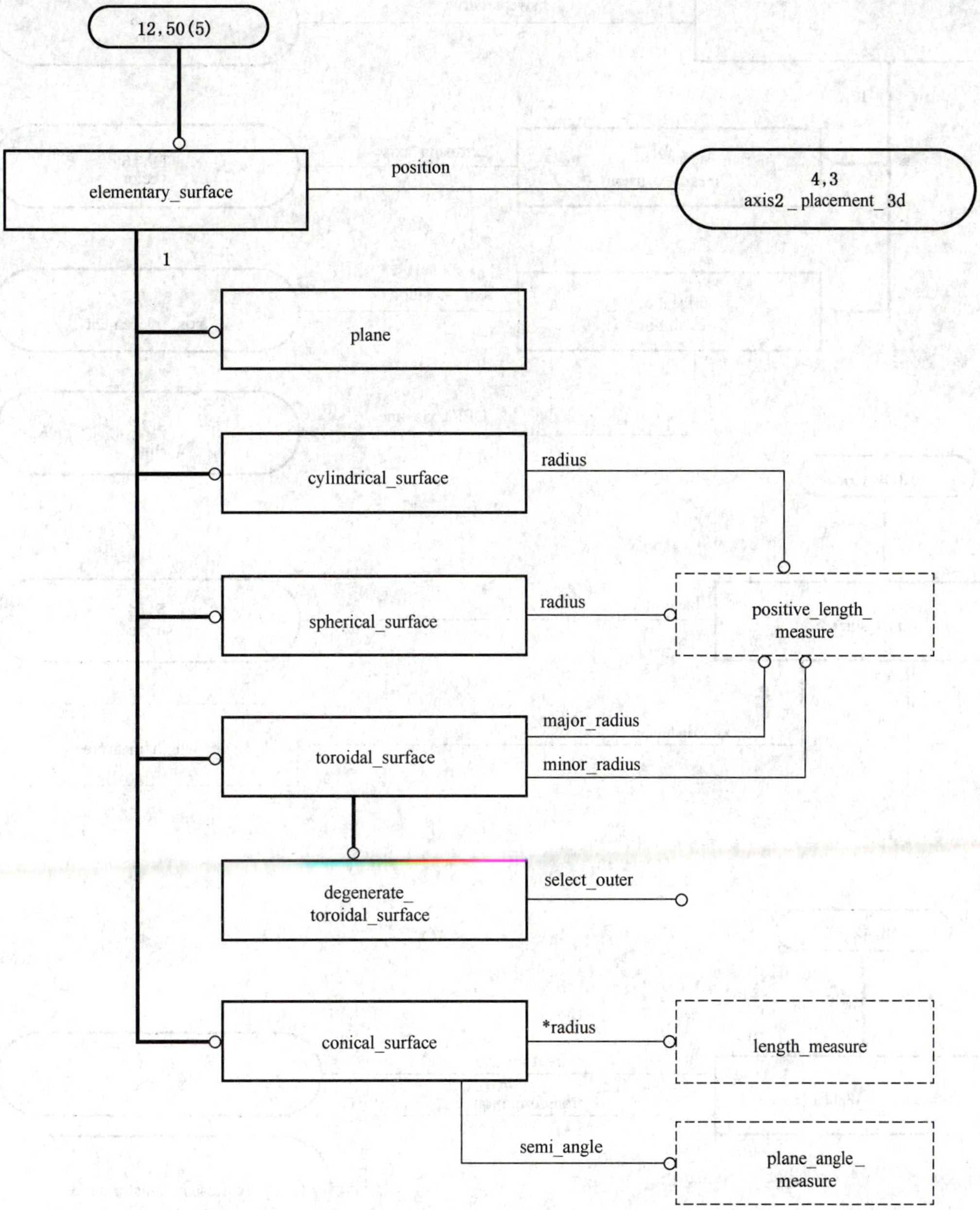

图 C.12 EXPRESS-G 图 18-12

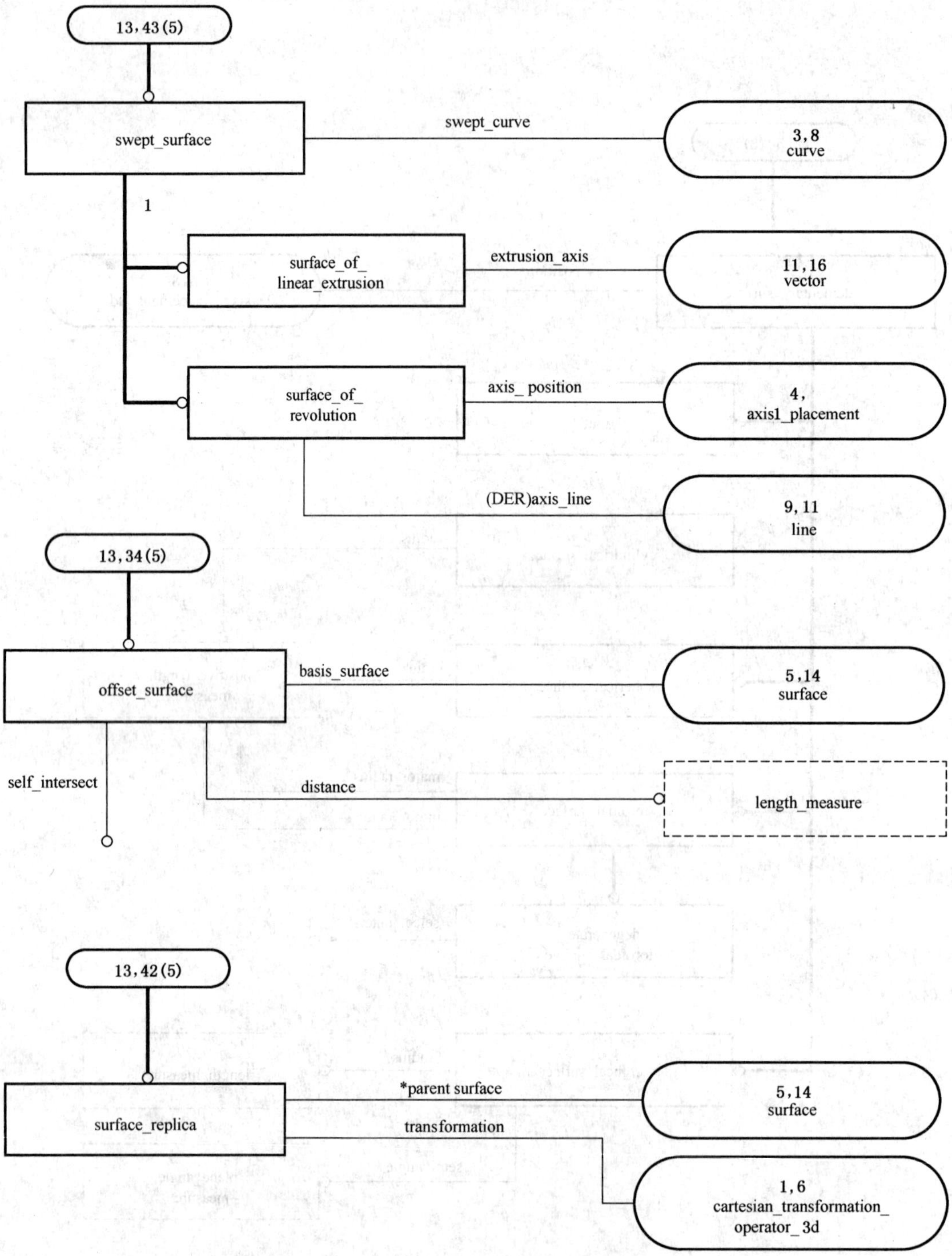

图 C.13 EXPRESS-G 图 18-13

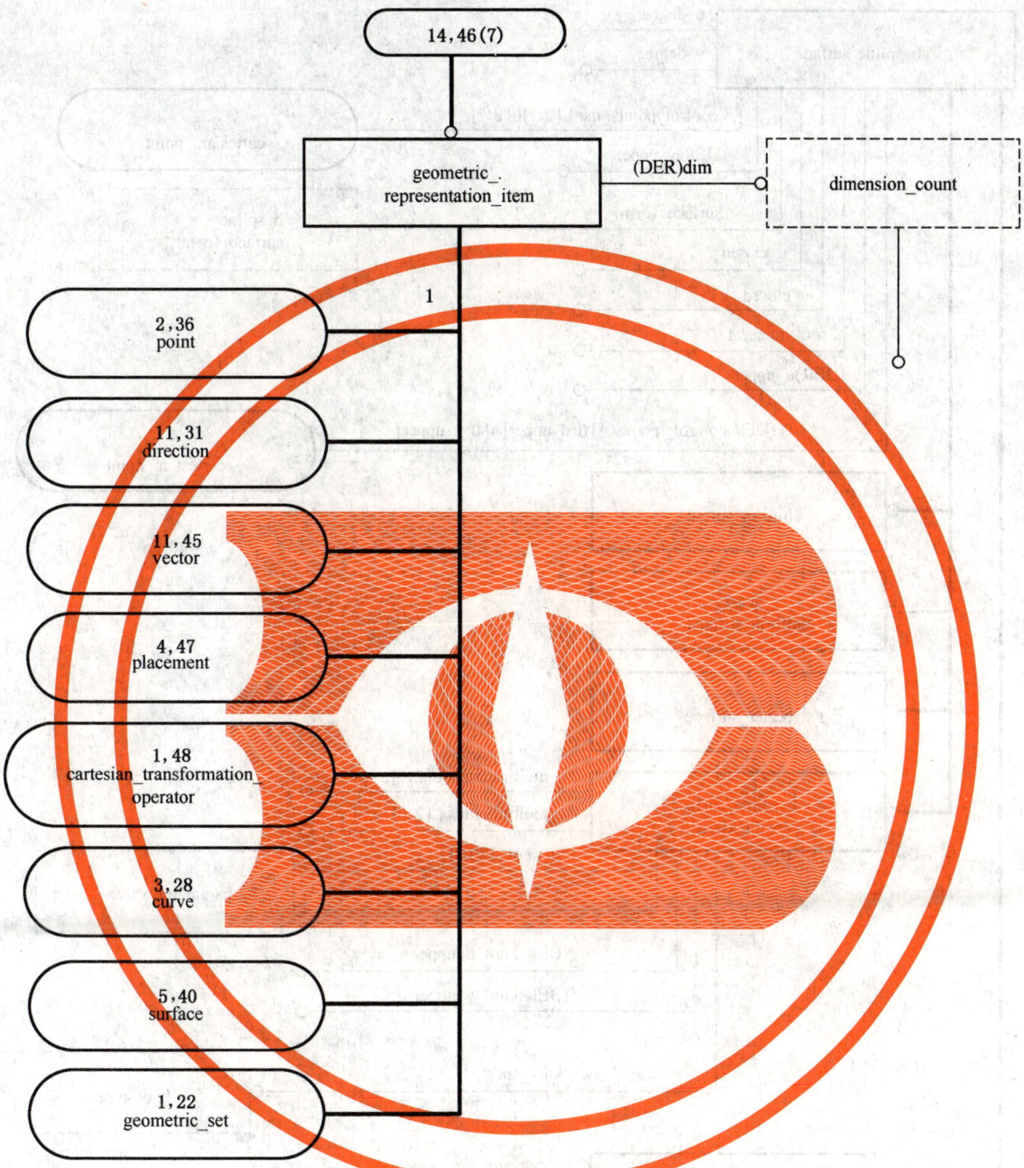

图 C.14 EXPRESS-G 图 18-14

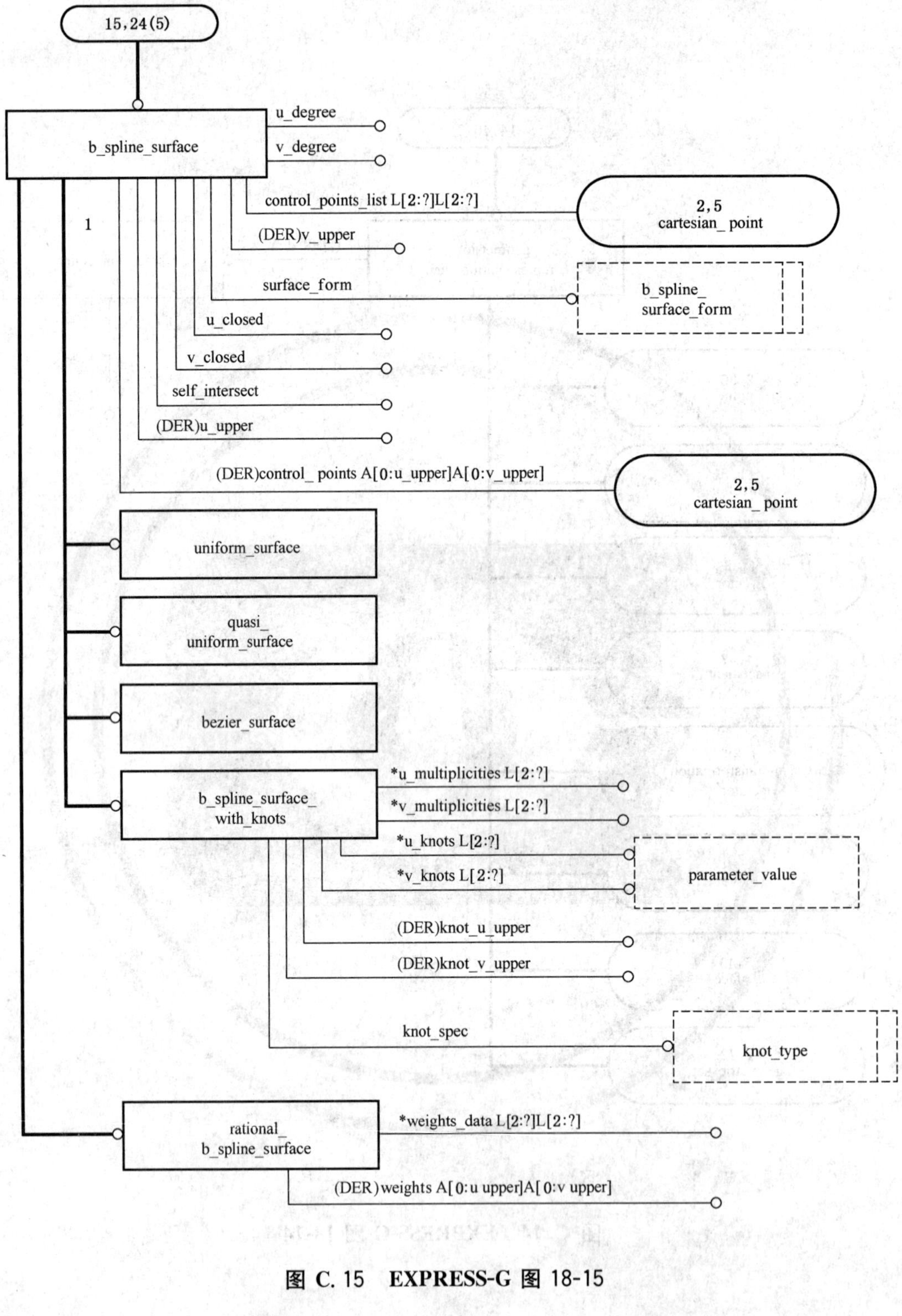

图 C.15 EXPRESS-G 图 18-15

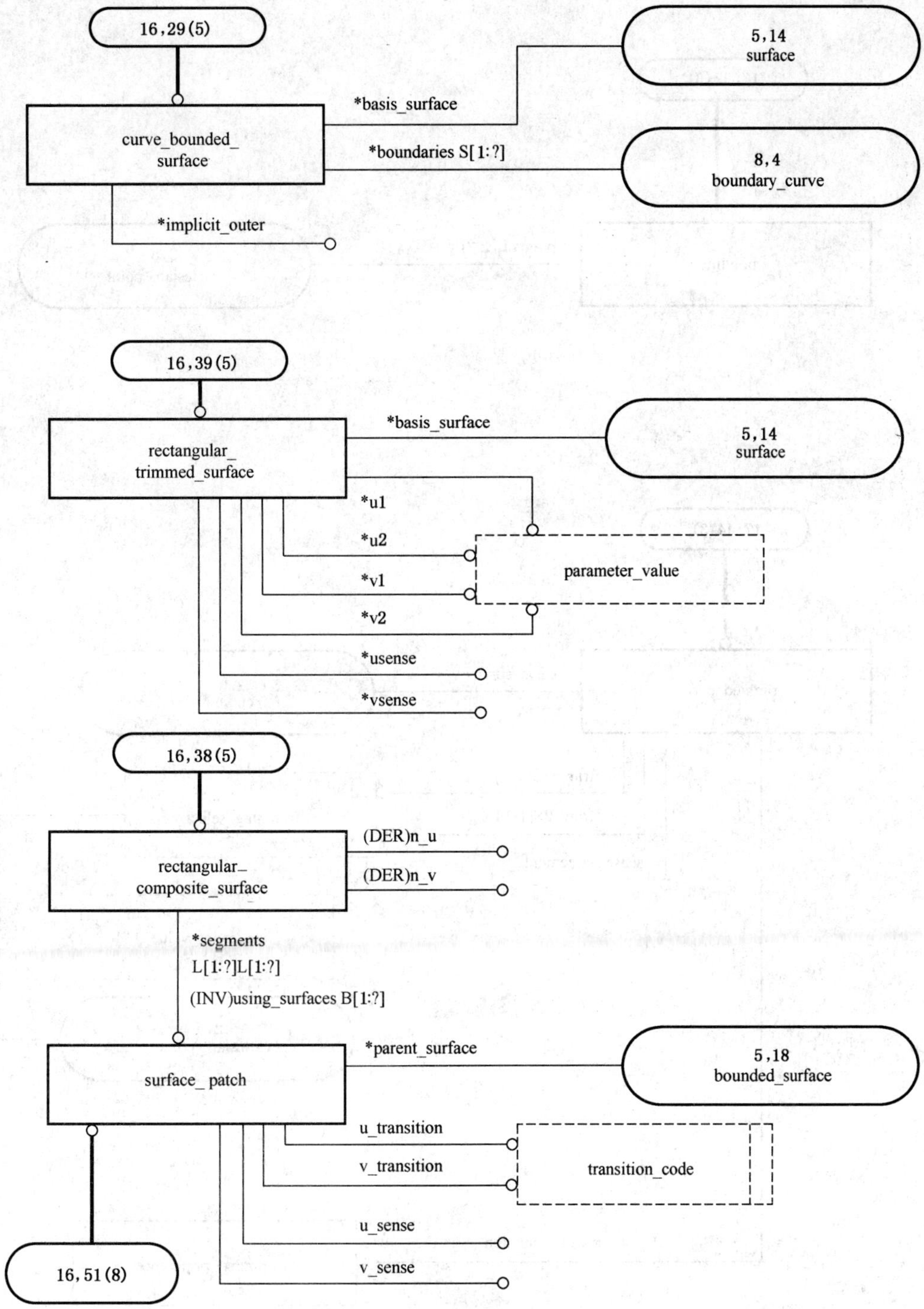

图 C.16　EXPRESS-G 图 18-16

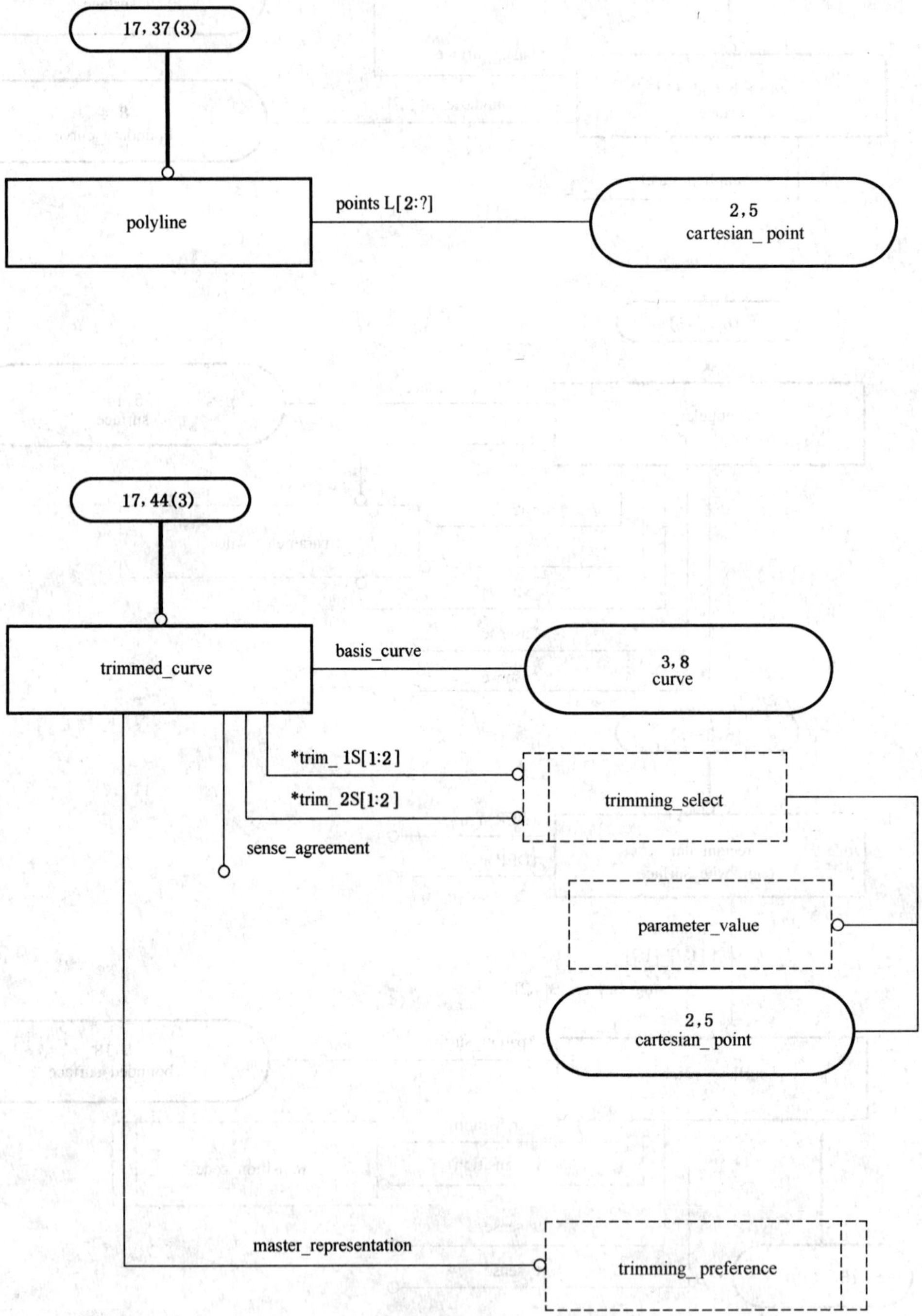

图 C.17 EXPRESS-G 图 18-17

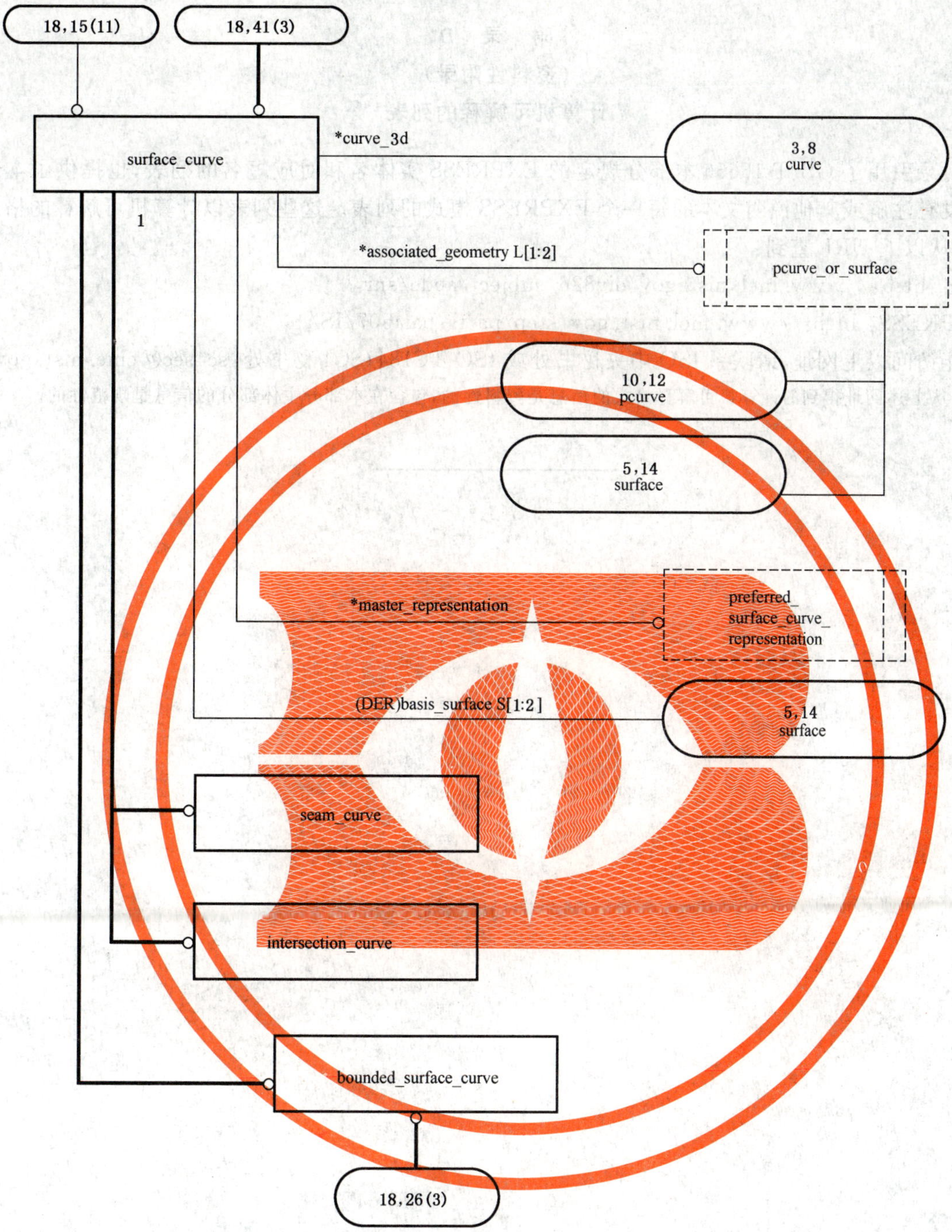

图 C.18 EXPRESS-G 图 18-18

附　录　D
（资料性附录）
计算机可解释的列表

本附录引用了 GB/T 16656 本部分规定的 EXPRESS 实体名和对应短名的列表，也提供了本部分规定的没有注解或其他说明文本的每一个 EXPRESS 模式的列表。这些列表以计算机可解释的格式给出，并可从以下 URL 查到：

短名：http://www.mel.nist.gov/div826/subject/apde/snr

EXPRESS：http://www.mel.nist.gov/step/parts/part507/IS/

如果不能访问以上网址，请联系 ISO 中央秘书处或 ISO TC184/SC4 秘书处：sc4sec@cme.nist.gov。

注：从上述网址得到的计算机可解释格式的信息是资料性的，包含在本部分主体部分的信息是规范性的。

ICS 25.040.40
L 67

中华人民共和国国家标准

GB/T 16656.508—2010/ISO 10303-508:2001

工业自动化系统与集成　产品数据表达与交换　第508部分:应用解释构造:非流形曲面

Industrial automation systems and integration—Product data representation and exchange—Part 508:Application interpreted construct:Non-manifold surface

(ISO 10303-508:2001,IDT)

2011-01-14 发布　　2011-06-01 实施

中华人民共和国国家质量监督检验检疫总局
中国国家标准化管理委员会　发布

前　言

GB/T 16656《工业自动化系统与集成　产品数据表达与交换》是由多个部分组成的标准，各部分单独出版。GB/T 16656 的所属各部分又组成多个子系列，即：

——第 1 部分至第 19 部分规定了描述方法；

——第 20 部分至第 29 部分规定了实现方法；

——第 30 部分至第 39 部分规定了一致性测试方法与框架；

——第 40 部分至第 59 部分规定了集成通用资源；

——第 100 部分至第 199 部分规定了集成应用资源；

——第 200 部分至第 299 部分规定了应用协议；

——第 300 部分至第 399 部分规定了抽象测试套件；

——第 400 部分至第 499 部分规定了应用模块；

——第 500 部分至第 599 部分规定了应用解释构造；

——第 1000 部分至第 1999 部分规定了应用模块。

GB/T 16656《工业自动化系统与集成　产品数据表达与交换》现已发布和即将发布的包括以下部分：

——第 1 部分：概述与基本原理；

——第 11 部分：描述方法：EXPRESS 语言参考手册；

——第 21 部分：实现方法：交换文件结构的纯正文编码；

——第 28 部分：实现方法：EXPRESS 模式与数据的 XML 表达(使用 XML 模式)；

——第 31 部分：一致性测试方法论与框架：基本概念；

——第 32 部分：一致性测试方法论与框架：对测试实验室与客户的要求；

——第 34 部分：一致性测试方法论与框架：应用协议实现的抽象测试方法；

——第 41 部分：集成通用资源：产品描述与支持原理；

——第 42 部分：集成通用资源：几何与拓扑表达；

——第 43 部分：集成通用资源：表达结构；

——第 44 部分：集成通用资源：产品结构配置；

——第 45 部分：集成通用资源：材料；

——第 46 部分：集成通用资源：可视化显示；

——第 47 部分：集成通用资源：形状变化公差；

——第 49 部分：集成通用资源：工艺过程结构和特性；

——第 51 部分：集成通用资源：数学表达；

——第 54 部分：集成通用资源：分类和集合论；

——第 55 部分：集成通用资源：过程与混合表达；

——第 56 部分：集成通用资源：状态；

——第 101 部分：集成应用资源：绘图；

——第 105 部分：集成应用资源：运动学；

——第 201 部分：应用协议：显式绘图；

——第 202 部分：应用协议：相关绘图；

——第 203 部分：应用协议：配置控制设计；

——第 238 部分:应用协议:计算机数值控制器用的应用解释模型;
——第 501 部分:应用解释构造:基于边的线框;
——第 502 部分:应用解释构造:基于壳的线框;
——第 503 部分:应用解释构造:几何有界二维线框;
——第 504 部分:应用解释构造:绘图注释;
——第 505 部分:应用解释构造:图样结构与管理;
——第 506 部分:应用解释构造:绘图元素;
——第 507 部分:应用解释构造:几何有界曲面;
——第 508 部分:应用解释构造:非流形曲面;
——第 509 部分:应用解释构造:流形曲面;
——第 513 部分:应用解释构造:基本边界表达;
——第 520 部分:应用解释构造:相关绘图元素;
——第 1001 部分:应用模块:外观赋值;
——第 1002 部分:应用模块:颜色;
——第 1003 部分:应用模块:曲线外观;
——第 1004 部分:应用模块:基本几何形状;
——第 1005 部分:应用模块:基本拓扑;
——第 1006 部分:应用模块:基础表达;
——第 1007 部分:应用模块:通用曲面外观;
——第 1008 部分:应用模块:层赋值;
——第 1009 部分:应用模块:形状外观和层。

本部分是 GB/T 16656 的第 508 部分。

本部分等同采用 ISO 10303-508:2001《工业自动化系统与集成 产品数据表达与交换 第 508 部分 应用解释构造:非流形曲面》。

本部分的技术内容和结构与 ISO 10303-508:2001 相一致,在编写规则上符合 GB/T 1.1—2000《标准化工作导则 第 1 部分:标准的结构和编写规则》,为便于使用,做了如下编辑性修改:

a) 删去了 ISO 前言;
b) 对于带下划线的用于 EXPRESS 语言描述的各黑体英文实体名、属性名和函数名等,为了维护其英文原意,在本部分中,都使用其英文原名,仅当其作为标题时,我们在该英文名前增加了其归属的类型说明。

本部分的附录 A、附录 B 为规范性附录,附录 C 和附录 D 为资料性附录。

本部分由机械工业联合会提出。

本部分由全国自动化系统与集成标准化技术委员会(SAC/TC 159)归口。

本部分主要起草单位:中国标准化研究院。

本部分主要起草人:刘守华、洪岩、李文武、王志强、周歆华。

引　言

GB/T 16656 是一个计算机可解释的产品数据表达和交换标准，其目标是提供贯穿产品整个生命周期的、独立于任何特定系统的描述产品数据的中性机制。这种描述的本质使得它不仅适合中性文件的交换，也是实现和共享产品数据库及文件存档的基础。

GB/T 16656 由一系列部分组成，每个部分单独发布。GB/T 16656 的各个部分都分属以下系列之一：描述方法、集成资源、应用解释构造、应用协议、抽象测试套件、实现方法及一致性测试和应用模块。本部分属于应用解释构造系列。

应用解释构造(AIC)规定了解释构造的逻辑组合，这些解释构造支持跨越多个应用环境的产品数据所使用的特定功能。解释构造是集成资源的一般性解释，它支持不同应用协议中的共享信息需求。

本部分通过非流形曲面模型为几何外观的描述规定了应用解释构造。它包括几何和拓扑资源，用于定义由基础曲线和曲面以及雕塑曲线和曲面组成的非流形曲面。

工业自动化系统与集成　产品数据表达与交换　第508部分:应用解释构造:非流形曲面

1 范围

GB/T 16656 的本部分通过非流形曲面模型详细说明了集成资源的解释以满足几何形状的描述需求。

本部分适用于:

——3D 点;

——曲线或曲面参数空间内定义的点;

——3D 曲线;

——曲面参数空间内定义的曲线;

注:这样的曲线也称为 pcurve 或 con,它们是取首字母的参数曲线和曲面曲线的缩写。

——基本曲线类型线、圆、椭圆、抛物线和双曲线;

——相交曲线;

——至少由三点组成的折线;

——基本曲面类型:平面、柱面、锥面、圆环面和球面;

——通过旋转或线性拉伸曲线而产生的扫掠面;

——雕塑曲线和曲面;

——应用拓扑实体对曲线和曲面的修剪;

——应用拓扑实体构成复合曲线和曲面;

——曲线、曲面和曲面模型的复制;

——曲线和曲面的 3D 偏置;

——非流形。

本部分不适用于:

——无边界几何体;

——自相交几何体;

——2D 笛卡尔坐标空间几何体;

——点复制;

——与相应的几何域没有任何关联的拓扑体。

2 规范性引用文件

下列文件中的条款通过 GB/T 16656 的本部分的引用而成为本部分的条款。凡是注日期的引用文件,其随后所有的修改单(不包括勘误的内容)或修订版均不适用于本部分,然而,鼓励根据本部分达成协议的各方研究是否可使用这些文件的最新版本。凡是不注日期的引用文件,其最新版本适用于本部分。

GB/T 16262.1　信息技术　抽象语法记法一(ASN.1)　第1部分:基本记法规范(GB/T 16262.1—2006,ISO/IEC 8824:2002,IDT)

GB/T 16656.41—1999　工业自动化系统与集成　产品数据表达与交换　第41部分:产品描述与

支持原理(idt ISO 10303-41:1994)

GB/T 16656.42—1998 工业自动化系统与集成 产品数据表达与交换 第42部分:集成通用资源:几何与拓扑表达(idt ISO 10303-42:1994)

GB/T 16656.43—1999 工业自动化系统与集成 产品数据表达与交换 第43部分:集成通用资源:表达结构(idt ISO 10303-43:1994)

GB/T 16656.202—2000 工业自动化系统与集成 产品数据表达与交换 第202部分:应用协议:相关绘图(eqv ISO 10303-202:1996)

ISO 10303-1:1994 工业自动化系统与集成 产品数据表达与交换 第1部分:综述和基本原理

ISO 10303-11:1994 工业自动化系统与集成 产品数据表达与交换 第11部分:描述方法:EXPRESS 语言参考手册

ISO 10303-511:2001 工业自动化系统与集成 产品数据表达与交换 第511部分:应用解释构造:拓扑边界曲面

3 术语、定义和缩略语

3.1 ISO 10303-1 中定义的术语

ISO 10303-1 中定义的下列术语适用于本部分:

——抽象测试套件(ATS) abstract test suite(ATS);
——应用 application;
——应用相关环境 application context;
——应用协议(AP) application protocol(AP);
——数据 data;
——数据交换 data exchange;
——通用资源 generic resource;
——实现方法 implementation method;
——信息 information;
——集成资源 integrated resource;
——解释 interpretation;
——模式 model;
——产品 product;
——产品数据 product data;
——结构 structure。

3.2 GB/T 16656.42 中定义的术语

GB/T 16656.42 中定义的下列术语适用于本部分:

——边界 boundary;
——边界表达实体模型 boundary representation solid model;
——连通的 connected;
——坐标空间 coordinate space;
——曲线 curve;
——维数 dimensionality;
——域 domain;
——参数空间 parameter space;
——自相交 self-intersect;
——曲面 surface。

3.3 GB/T 16656.202 中定义的术语

GB/T 16656.202 中定义的下列术语适用于本部分:

3.3.1

应用解释构造 application interpreted construct;AIC

一种逻辑组合,它支持横跨多种应用环境的产品数据使用特定功能。

3.4 ISO 10303-511 中定义的术语

——高级曲面 advanced face;

——雕塑曲面 sculptured surface;

——扫掠曲面 swept surface。

3.5 其他术语和定义

下列术语和定义适用于本部分。

3.5.1

2 维流形 2-manifold

在一个形状边界的任何一点都可以构造一个足够小的球面,该球面的内部可以由该边界明确地划分为两个区域。这个边界一般由边和面组成。

注:该定义忽略了曲面的自相交,曲面相交并不沿着边,并且边连接三个或多个面。

3.5.2

非流形 non-manifold

一个曲面模型用拓扑构造来定义它的边界和连通性,它包括至少两个 **connected_face_sets** 共用一个面,或者两个以上的面共用一条边。

3.6 缩略语

AIC:应用解释构造(application interpreted construct)

AP:应用协议(application protocol)

ATS:抽象测试套件(abstract test suite)

4 EXPRESS 短表

4.1 基本概念和假设

本条规定了 EXPRESS 模式,这些模式使用集成资源中的元素并包含了本部分所说明的类型、实体专门化和函数。

注 1:可能存在出现在集成资源中的子类型和选表的项没有被输入到 AIC 里的情况。通过应用 ISO 10303-11 隐式接口规则可从子类树或选表中删除结构。引用删除的结构不属于 AIC 的范围。在某些情况下,选表的所有项都被删除。由于 AIC 在应用协议的相关环境下实现,所以选表的项应该在应用协议的范围中进行定义。

该应用解释构造为非流形曲面表达的定义提供了几何和拓扑实体的一致性集合,实体由基础曲线和曲面或雕塑曲线和曲面组成。本部分最高层的实体是 **non_manifold_surface_shape_representation**。一个 **non_manifold_surface_shape_ representation** 是有界的。几何边界由拓扑实体实现,比如顶点、边和面。

如果与一个相应的几何域没有任何关联,那么拓扑实体将不存在。

注 2:本部分使用 ISO 10303-511 中的所有实体和类型,aic_topologically_bounded_surface。

EXPRESS 描述:

```
*)
SCHEMA aic_non_manifold_surface;
  USE FROM aic_topologically_bounded_surface; -- ISO 10303-511
  USE FROM geometric_model_schema (--GB/T 16656.42
```

```
    face_based_surface_model);
USE FROM geometry_schema (--GB/T 16656.42
    b_spline_curve,
    b_spline_surface,
    bounded_pcurve,
    bounded_surface_curve,
    cartesian_transformation_operator_3d,
    curve,
    curve_replica,
    degenerate_pcurve,
    evaluated_degenerate_pcurve,
    intersection_curve,
    offset_curve_3d,
    offset_surface,
    point_on_curve,
    point_on_surface,
    seam_curve,
    surface,
    surface_replica);
USE FROM product_property_representation_schema (--GB/T 16656.41
    shape_representation);
USE FROM representation_schema (--GB/T 16656.43
    mapped_item,
    representation,
    representation_item,
    representation_map);
    USE FROM topology_schema (--GB/T 16656.42
    closed_shell,
    connected_face_set,
    face,
    open_shell,
    oriented_face);
(*
```

注 3：以上引用的模式可在以下部分找到：

aic_topologically_bounded_surface	ISO 10303-511
geometric_model_schema	GB/T 16656.42
geometry_schema	GB/T 16656.42
product_property_representation_schema	GB/T 16656.41
representation_schema	GB/T 16656.43
topology_schema	GB/T 16656.42

在应用本 AIC 的应用协议模式中如下实体将被独立地实例化：

——non_manifold_surface_shape_representation。

4.2 aic_non_manifold_surface 模式实体定义:non_manifold_surface_shape_representation

Non_manifold_surface_representation 应用带边界的非流形方式描述了产品形状或部分形状。

注 1:在拓扑结构上,非流形比流形的约束少。例如:最多只有两个面共用同一个边的情况的约束,对于非流形就不限制。因此,不适用于构建实体模型。然而,非流形可用于支持有限元分析方法。

注 2:一个 non_manifold_surface_representation 能够很好地支持流形曲面模型的表达,反之不成立。

注 3:本部分不包括实体产品。

正如在 GB/T 16656.41 中定义的,一个 **non_manifold_surface_shape_representation** 是一个 **shape_representation**,它由一个或多个 **face_based_surface_model** 组成。每一个 **face_based_surface_model** 都是由一系列的 **connected_face_set** 构成,在本部分中,**face_based_surface_model** 可被实例化为 **connected_face_sets**,或实例化为 **open_shell** 或 **closed_shell** 的一个子类型。**Connected_face-set** 由面组成,面由边和点组成;面、边和点要引用几何实体:例如点、曲线和曲面。通过应用 **face_surface** 和 **advanced_face**(在 ISO 10303-511 中定义)可以建立起拓扑和几何之间的链接。选择用 **face_surface** 还是 **advanced_face** 不仅在有效的点、曲线、曲面子类型选择上不同,而且在引用基础几何体的约束上也不同。

注 4:把 **face_surface** 表达为 **advanced_face**,推荐应用这种表达方式来表达非流形曲面模型,而非流形曲面模型是和边界表达整体模型一起使用的。把这样一个非流形曲面模型和一个高级的边界表达模型(高级边界表达模型在 ISO 10303-514 中定义)集成为一体,将会很容易。

除 **pcurves** 用二维的几何来定义之外,其他所有的几何实体应该是三维的。但是使用一维的 **cartesian_points** 排除在外。

所有无边界几何应该通过应用拓扑构造来修剪。

non_manifold_surface_shape_representation 项可能是 **mapped_item**(GB/T 16656.43 有定义)型或 **axis2_placement_3d** 型。它们用来将一个或几个 **non_manifold_surface_shape_representation** 组合成另外的一个 **non_manifold_surface_shape_representation**。

根据上面的说明,该实体的 WHERE-规则限制了实体数据类型的使用,实体数据类型是从 GB/T 16656.42 和 GB/T 16656.43 中引用的。一些实体类型的有效性和限制在下面的两个函数中说明。

——**nmsf_curve_check**,

——**musf_surface_check**。

在下面的 WR5,WR6 和 WR10 中,这些函数验证 **non_manifold_surface_shape_representation** 范围之内所有边和面的曲线和曲面的有效性,但不包括在 **advanced_face** 的引用树中的那些曲线和曲面。一个 advanced_face 的几何实体的有效性通过另外的一套规则验证。函数自动评估所有基础几何体。因此它们被称作是递归的。

示例:一个 **pcurve** 可以同时引用一条曲线和一个曲面。函数 **nmsf_curve_check** 不仅验证 **pcurve**,而且也验证该基础几何体。因此,它不仅调用本身,也调用函数 **nmsf_surface_check**。

注 5:本部分不包括点和基础曲线和曲面的验证函数。这是因为一个 **non_manifold_surface_shape_representation** 的所有的曲线和曲面都被边和面所引用,因而被已经存在的两个函数所覆盖。

注 6:一个应用本部分的应用协议应该显式地许可 **shape_representation** 实体可以被实例化为一个 **non_manifold_surface_shape_representation**。

EXPRESS 描述:

```
*)
ENTITY non_manifold_surface_shape_representation
   SUBTYPE OF (shape_representation);
WHERE
   WR1: SIZEOF (QUERY (it <* SELF.items |
```

```
    NOT (SIZEOF (['AIC_NON_MANIFOLD_SURFACE.FACE_BASED_SURFACE_MODEL',
    'AIC_NON_MANIFOLD_SURFACE.MAPPED_ITEM',
    'AIC_NON_MANIFOLD_SURFACE.AXIS2_PLACEMENT_3D'] * TYPEOF (it)) = 1)))
    = 0;
WR2: SIZEOF (QUERY (it <* SELF.items |
    SIZEOF (['AIC_NON_MANIFOLD_SURFACE.FACE_BASED_SURFACE_MODEL',
    'AIC_NON_MANIFOLD_SURFACE.MAPPED_ITEM'] * TYPEOF (it)) = 1)) > 0;
WR3: SIZEOF (QUERY (mi <* QUERY (it <* SELF.items |
    'AIC_NON_MANIFOLD_SURFACE.MAPPED_ITEM' IN TYPEOF (it)) |
    NOT (('AIC_NON_MANIFOLD_SURFACE.' +
    'NON_MANIFOLD_SURFACE_SHAPE_REPRESENTATION'
    IN TYPEOF (mi\mapped_item.mapping_source.mapped_representation))
    AND
    (SIZEOF(QUERY (mr_it <*
    mi\mapped_item.mapping_source.mapped_representation.items |
    ('AIC_NON_MANIFOLD_SURFACE.FACE_BASED_SURFACE_MODEL'
    IN TYPEOF (mr_it)))) > 0 )))) = 0;
WR4: SIZEOF (QUERY (fbsm <* QUERY (it <* SELF.items |
    'AIC_NON_MANIFOLD_SURFACE.FACE_BASED_SURFACE_MODEL' IN
    TYPEOF (it)) |
    NOT (SIZEOF (QUERY (cfs <*
    fbsm\face_based_surface_model.fbsm_faces |
    NOT (SIZEOF (QUERY (fa <* cfs.cfs_faces |
    NOT (SIZEOF (['AIC_NON_MANIFOLD_SURFACE.FACE_SURFACE',
    'AIC_NON_MANIFOLD_SURFACE.ORIENTED_FACE'] * TYPEOF (fa)) = 1)))
    = 0))) = 0))) = 0;
WR5: SIZEOF (QUERY (fbsm <* QUERY (it <* SELF.items |
    'AIC_NON_MANIFOLD_SURFACE.FACE_BASED_SURFACE_MODEL' IN TYPEOF (it)) |
    NOT (SIZEOF (QUERY (cfs <*
    fbsm\face_based_surface_model.fbsm_faces |
    NOT (SIZEOF (QUERY (f_sf <* QUERY (fa <* cfs.cfs_faces |
    ('AIC_NON_MANIFOLD_SURFACE.FACE_SURFACE' IN TYPEOF (fa))) |
    NOT (('AIC_NON_MANIFOLD_SURFACE.ADVANCED_FACE' IN TYPEOF (f_sf))
    OR
    (nmsf_surface_check(f_sf\face_surface.face_geometry))))) = 0)))
    = 0))) = 0;
WR6: SIZEOF (QUERY (fbsm <* QUERY (it <* SELF.items |
    'AIC_NON_MANIFOLD_SURFACE.FACE_BASED_SURFACE_MODEL' IN
    TYPEOF (it)) |
    NOT (SIZEOF (QUERY (cfs <*
    fbsm\face_based_surface_model.fbsm_faces |
    NOT (SIZEOF (QUERY (o_fa <* QUERY (fa <* cfs.cfs_faces |
    ('AIC_NON_MANIFOLD_SURFACE.ORIENTED_FACE' IN TYPEOF (fa))) |
```

```
      NOT (('AIC_NON_MANIFOLD_SURFACE.ADVANCED_FACE' IN TYPEOF
      (o_fa\oriented_face.face_element))
      OR
      (nmsf_surface_check
      (o_fa\oriented_face.face_element\face_surface.face_geometry)))))
      = 0))) = 0))) = 0;
WR7:  SIZEOF (QUERY (fbsm <* QUERY (it <* SELF.items |
      'AIC_NON_MANIFOLD_SURFACE.FACE_BASED_SURFACE_MODEL' IN
      TYPEOF (it)) |
      NOT (SIZEOF (QUERY (cfs <*
      fbsm\face_based_surface_model.fbsm_faces |
      NOT (SIZEOF (QUERY (fa <* cfs.cfs_faces |
      NOT (('AIC_NON_MANIFOLD_SURFACE.ADVANCED_FACE' IN TYPEOF (fa))
      OR
      (SIZEOF (QUERY (bnds <* fa.bounds |
      NOT (SIZEOF (['AIC_NON_MANIFOLD_SURFACE.EDGE_LOOP',
      'AIC_NON_MANIFOLD_SURFACE.VERTEX_LOOP']
      * TYPEOF (bnds.bound)) = 1))) = 0))) = 0))) = 0))) = 0;
WR8:  SIZEOF (QUERY (fbsm <* QUERY (it <* SELF.items|
      'AIC_NON_MANIFOLD_SURFACE.FACE_BASED_SURFACE_MODEL' IN
      TYPEOF (it)) |
      NOT (SIZEOF (QUERY (cfs <*
      fbsm\face_based_surface_model.fbsm_faces |
      NOT (SIZEOF (QUERY (fa <* cfs.cfs_faces |
      NOT (('AIC_NON_MANIFOLD_SURFACE.ADVANCED_FACE' IN TYPEOF (fa))
      OR
      (SIZEOF (QUERY (elp_fbnds <* QUERY (bnds <* fa.bounds |
      'AIC_NON_MANIFOLD_SURFACE.EDGE_LOOP' IN TYPEOF (bnds.bound)) |
      NOT (SIZEOF (QUERY (oe <* elp_fbnds\path.edge_list |
      NOT ('AIC_NON_MANIFOLD_SURFACE.EDGE_CURVE' IN TYPEOF
      (oe.edge_element)))) = 0))) = 0)))) = 0))) = 0))) = 0;
WR9:  SIZEOF (QUERY (fbsm <* QUERY (it <* SELF.items |
      'AIC_NON_MANIFOLD_SURFACE.FACE_BASED_SURFACE_MODEL' IN
      TYPEOF (it)) |
      NOT (SIZEOF (QUERY (cfs <*
      fbsm\face_based_surface_model.fbsm_faces |
      NOT (SIZEOF (QUERY (fa <* cfs.cfs_faces |
      NOT (('AIC_NON_MANIFOLD_SURFACE.ADVANCED_FACE' IN TYPEOF (fa))
      OR
      (SIZEOF (QUERY (elp_fbnds <* QUERY (bnds <* fa.bounds |
      'AIC_NON_MANIFOLD_SURFACE.EDGE_LOOP' IN TYPEOF (bnds.bound)) |
      NOT (SIZEOF (QUERY (oe_cv <* QUERY (oe <*
      elp_fbnds\path.edge_list |
```

```
    'AIC_NON_MANIFOLD_SURFACE.EDGE_CURVE' IN TYPEOF (oe.edge_element)) |
    NOT (SIZEOF (['AIC_NON_MANIFOLD_SURFACE.B_SPLINE_CURVE',
    'AIC_NON_MANIFOLD_SURFACE.CONIC',
    'AIC_NON_MANIFOLD_SURFACE.CURVE_REPLICA',
    'AIC_NON_MANIFOLD_SURFACE.LINE',
    'AIC_NON_MANIFOLD_SURFACE.OFFSET_CURVE_3D',
    'AIC_NON_MANIFOLD_SURFACE.PCURVE',
    'AIC_NON_MANIFOLD_SURFACE.POLYLINE',
    'AIC_NON_MANIFOLD_SURFACE.SURFACE_CURVE'] *
    TYPEOF (oe_cv.edge_element\edge_curve.edge_geometry))
    = 1))) = 0))) = 0)))) = 0))) = 0))) = 0;
WR10: SIZEOF (QUERY (fbsm <* QUERY (it <* SELF.items |
    'AIC_NON_MANIFOLD_SURFACE.FACE_BASED_SURFACE_MODEL' IN
    TYPEOF (it)) |
    NOT (SIZEOF (QUERY (cfs <*
    fbsm\face_based_surface_model.fbsm_faces |
    NOT (SIZEOF (QUERY (fa <* cfs.cfs_faces |
    NOT (('AIC_NON_MANIFOLD_SURFACE.ADVANCED_FACE' IN TYPEOF (fa))
    OR
    (SIZEOF (QUERY (elp_fbnds <* QUERY (bnds <* fa.bounds |
    'AIC_NON_MANIFOLD_SURFACE.EDGE_LOOP' IN TYPEOF (bnds.bound)) |
    NOT (SIZEOF (QUERY (oe <* elp_fbnds\path.edge_list |
    NOT (nmsf_curve_check (oe.edge_element\edge_curve.edge_geometry))))
    = 0))) = 0)))) = 0))) = 0))) = 0;
WR11: SIZEOF (QUERY(fbsm <* QUERY (it <* SELF.items |
    'AIC_NON_MANIFOLD_SURFACE.FACE_BASED_SURFACE_MODEL' IN
    TYPEOF (it)) |
    NOT (SIZEOF (QUERY (cfs <*
    fbsm\face_based_surface_model.fbsm_faces |
    NOT (SIZEOF (QUERY (fa <* cfs.cfs_faces |
    NOT (('AIC_NON_MANIFOLD_SURFACE.ADVANCED_FACE' IN TYPEOF (fa))
    OR
    (SIZEOF (QUERY (elp_fbnds <* QUERY (bnds <* fa.bounds |
    'AIC_NON_MANIFOLD_SURFACE.EDGE_LOOP' IN TYPEOF (bnds.bound)) |
    NOT (SIZEOF (QUERY (oe <* elp_fbnds\path.edge_list|
    NOT (('AIC_NON_MANIFOLD_SURFACE.VERTEX_POINT' IN TYPEOF
    (oe.edge_element.edge_start))
    AND
    ('AIC_NON_MANIFOLD_SURFACE.VERTEX_POINT' IN
    TYPEOF (oe.edge_element.edge_end)))))
    = 0))) = 0)))) = 0))) = 0))) = 0;
WR12: SIZEOF (QUERY (fbsm <* QUERY (it <* SELF.items |
    'AIC_NON_MANIFOLD_SURFACE.FACE_BASED_SURFACE_MODEL' IN
```

```
      TYPEOF (it)) |
      NOT (SIZEOF (QUERY (cfs <*
      fbsm\face_based_surface_model.fbsm_faces |
      NOT (SIZEOF (QUERY (fa <* cfs.cfs_faces |
      NOT (('AIC_NON_MANIFOLD_SURFACE.ADVANCED_FACE' IN TYPEOF (fa))
      OR
      (SIZEOF (QUERY (elp_fbnds <* QUERY (bnds <* fa.bounds |
      'AIC_NON_MANIFOLD_SURFACE.EDGE_LOOP' IN TYPEOF (bnds.bound)) |
      NOT (SIZEOF (QUERY (oe <* elp_fbnds\path.edge_list |
      NOT ((SIZEOF (['AIC_NON_MANIFOLD_SURFACE.CARTESIAN_POINT',
      'AIC_NON_MANIFOLD_SURFACE.DEGENERATE_PCURVE',
      'AIC_NON_MANIFOLD_SURFACE.POINT_ON_CURVE',
      'AIC_NON_MANIFOLD_SURFACE.POINT_ON_SURFACE'] * TYPEOF
      (oe.edge_element.edge_start\vertex_point.vertex_geometry)) = 1)
      AND
      (SIZEOF (['AIC_NON_MANIFOLD_SURFACE.CARTESIAN_POINT',
      'AIC_NON_MANIFOLD_SURFACE.DEGENERATE_PCURVE',
      'AIC_NON_MANIFOLD_SURFACE.POINT_ON_CURVE',
      'AIC_NON_MANIFOLD_SURFACE.POINT_ON_SURFACE'] * TYPEOF
      (oe.edge_element.edge_end\vertex_point.vertex_geometry)) = 1
      )))) = 0))) = 0)))) = 0))) = 0))) = 0;
  WR13: SIZEOF (QUERY (fbsm <* QUERY (it <* SELF.items |
      'AIC_NON_MANIFOLD_SURFACE.FACE_BASED_SURFACE_MODEL' IN
      TYPEOF (it)) |
      NOT (SIZEOF (QUERY (cfs <*
      fbsm\face_based_surface_model.fbsm_faces |
      NOT (SIZEOF (QUERY (fa <* cfs.cfs_faces |
      NOT (('AIC_NON_MANIFOLD_SURFACE.ADVANCED_FACE' IN TYPEOF (fa))
      OR
      (SIZEOF (QUERY (vlp_fbnds <* QUERY (bnds <* fa.bounds |
      'AIC_NON_MANIFOLD_SURFACE.VERTEX_LOOP' IN TYPEOF (bnds.bound)) |
      NOT ('AIC_NON_MANIFOLD_SURFACE.VERTEX_POINT' IN TYPEOF
      (vlp_fbnds\vertex_loop.loop_vertex)))) = 0)))) = 0)))
      = 0))) = 0;
  WR14: SIZEOF (QUERY (fbsm <* QUERY (it <* SELF.items |
      'AIC_NON_MANIFOLD_SURFACE.FACE_BASED_SURFACE_MODEL' IN
      TYPEOF (it)) |
      NOT (SIZEOF (QUERY (cfs <*
      fbsm\face_based_surface_model.fbsm_faces |
      NOT (SIZEOF (QUERY (fa <* cfs.cfs_faces |
      NOT (('AIC_NON_MANIFOLD_SURFACE.ADVANCED_FACE' IN TYPEOF (fa))
      OR
      (SIZEOF (QUERY (vlp_fbnds <* QUERY (bnds <* fa.bounds |
```

```
'AIC_NON_MANIFOLD_SURFACE.VERTEX_LOOP' IN TYPEOF (bnds.bound)) |
NOT (SIZEOF (['AIC_NON_MANIFOLD_SURFACE.CARTESIAN_POINT',
'AIC_NON_MANIFOLD_SURFACE.DEGENERATE_PCURVE',
'AIC_NON_MANIFOLD_SURFACE.POINT_ON_CURVE',
'AIC_NON_MANIFOLD_SURFACE.POINT_ON_SURFACE'] * TYPEOF
(vlp_fbnds\vertex_loop.loop_vertex\vertex_point.vertex_geometry))
= 1))) = 0)))) = 0))) = 0))) = 0;
END_ENTITY;
(*
```

形式限制：

WR1：**non_manifold_surface_shape_representation** 项应是 **face_based_surface_models，mapped_items** 或者 **axis2_placement_3ds**。

注 7：axis2_placement_3d 是一个有效的 mapped_item.mapping_target。为了将另一个表达包含在 non_manifold_surface_shape_representation 的项列表之内，mapped_item.mapping_source.mapping.origin 可以是任何建立在 mapped_representation 的 geometric_representation_context 中的一个几何学上的实体。如果该实体是一个 axis2_placement_3d，那么将 mapped_representation 映射为 non_manifold_surface_ shape_representation 的算子，符合只能做平移和旋转操作的转换矩阵。如果一个 cartesian_transformation_operator_3d 被用作 mapping_origin，缩放和映射就是可能的。

WR2：**non_manifold_surface_shape_representation** 中至少应有一个项是一个 **face_based_surface_model** 或者一个 **mapped_item**。

WR3：如果 **non_manifold_surface_shape_representation** 中有一个 **mapped_item**，它的 **mapping_source** 的 **mapped_representation** 应是一个 **non_manifold_surface_shape_representation**。该 **shape_representation** 应包含至少一个 **face_based_surface_model**。

WR4：一个面应被实例化为一个 **face_surface**，它的子类型是 **advanced_face**，或者是一个 **oriented_face**。

WR5：通过一个 **face_surface**，所有被曲面引用的基本几何应该或者在 **advanced_face** 的引用树范围之内，或者是有效的曲线和曲面。

一个 **offset_surface** 的 **basis_surface** 应是一个 **elementary_surface，b_spline_surface，offset_surface，swept_surface**，或者是一个 **surface_replica**。

一个 **surface_replica** 的 **parent_surface** 应是一个 **elementary_surface，b_spline_surface，offset_surface，swept_surface** 或者是一个 **surface_replica**。

一个 **swept_surface** 的 **swept_curve** 应是一个 **line，conic，pcurve，surface_curve，offset_curve_3d，b_spline_curve，polyline** 或者是一个 **curve_replica**。

对于 **b_spline_surfaces** 和 **offset_surfaces**，属性 **self_intersect** 应该被设置为 FALSE 或者 UNKNOWN。

注 8：通过函数 nmsf_surface_check 来验证 surface 是否遵守这些约束。

WR6：所有的基本几何体都通过一个 **oriented_face** 被引用。**Face_element** 应在 **advanced_face** 的引用树范围之内，或者是有效的曲线和曲面。

一个 **Offset_surface** 的 **Basis_surface** 应是一个 **elementary_surface，b_spline_surface，offset_surface，swept_surface** 或者是一个 **surface_replica**。

一个 **surface_replica** 的 **parent_surface** 应是一个 **elementary_surface，b_spline_surface，offset_surface，swept_surface** 或者是一个 **surface_replica**。

一个 **swept_surface** 的 **swept_curve** 应是一个 直线，圆锥，**pcurve，surface_curve，offset_curve_3d，b_**

spline_curve，抛物线或者是一个 **curve_replica**。

对于 **b_spline_surfaces** 和 **offset_surfaces**，属性 **self_intersect** 应被设置为 FALSE 或者 UNKNOWN。

注 9：函数 nmsf_surface_check 证实 surface 是不受这些约束的。

WR7：一个 **face_bound** 的 **bound** 是被一个 **face** 所引用，而 **face** 或者直接被 **connected_face_set** 所引用，或者通过一个 **oriented_face** 而被引用。**face_bound** 的 **bound** 应该在 **advanced_face** 的参引用树范围之内，或者是一个 **edge_loop**，或者是一个 **vertex_loop**。

WR8：一个有界的 **edge** 的几何体是一个被 **face** 所引用的 **oriented_edge** 的 **edge_element**。而 **face** 或者直接被 **connected_face_set** 所引用，或者通过一个 **oriented_face** 而被引用。该几何体应该在 **advanced_face** 的引用树范围之内，或者是一个 **edge_curve**。

WR9：**curve** 通常用于定义 **edge** 的几何体，**edge** 是一个被 **face** 所引用的 **edge** 的 **edge_curve** 的 **edge_geometry**。而 **face** 或者直接被 **connected_face_set** 所引用，或者通过一个 **oriented_face** 而被引用。**curve** 应是一个 **b_spline_curve**，**conic**，**curve_replica**，**line**，**offset_curve_3d**，**pcurve**，**polyline**，**surface_curve**，或者是在 **advanced_face** 的引用树中的一个 **curve**。

WR10：所有被 **curve** 引用的基础几何应在 **advanced_face** 的引用树范围之内，或者是有效的 **curve** 和 **surface**。

一个 **curve_replica** 的 **parent_curve** 应是一个 **line**，**conic**，**pcurve**，**surface_curve**，**offset_curve_3d**，**b_spline_curve**，**polyline** 或者 **curve_replica**。

一个 **offset_curve_3D** 的 **basis_curve** 应是一个 **line**，**conic**，**pcurve**，**surface_curve**，**offset_curve_3d**，**b_spline_curve**，**polyline** 或者 **curve_replica**。

一个 **surface_curve** 的 **curve_3d** 应是一个 **line**，**conic**，**offset_curve_3d**，**b_spline_curve**，**polyline** 或者 **curve_replica**。

一个 **surface_curve** 的 **basis_surface** 应是一个 **b_spline_curve**，**elementary_surface**，**offset_surface**，**surface_replica**，或者 **swept_surface**。

polyline 应该包含至少三个 **cartesian_point**。

对于 **b_spline_curves** 和 **offset_curve_3ds**，属性 **self_intersect** 应该被设置为 FALSE 或者 UNKNOWN。

注 10：函数 nmsf_surface_check 验证 curve 是否遵守这些约束。

WR11：一个 **edge** 的 **edge_start** 和 **edge_end** 应在 **advanced_face** 的引用树范围之内，或者是 **vertex_point**。

WR12：**vertex** 是 **edge_loop** 的一部分，**vertex** 的 **vertex_geometry** 应在 **advanced_face** 的引用树范围之内，或者是一个 **cartesian_point**，**point_on_curve**，**point_on_surface**，或 **degenerate_pcurve**。

WR13：一个 **vertex_loop** 的 **loop_vertex** 应在 **advanced_face** 的引用树范围之内，或者是一个 **vertex_point**。

WR14：**vertex** 是 **vertex_loop** 的一部分，**vertex** 的 **vertex_geometry** 应在 **advanced_face** 的引用树范围之内，或者是一个 **cartesian_point**，**point_on_curve**，**point_on_surface** 或 **degenerate_pcurve**。

非形式限制：

IP1：**b_spline_curve** 在 **non_manifold_surface_shape_representation** 的拓扑域范围之内的部分不应自相交。

IP2：**b_spline_surface** 在 **non_manifold_surface_shape_representation** 的拓扑域范围之内的部分不应自相交。

IP3：**offset_curve_3d** 在 **non_manifold_surface_shape_representation** 的拓扑域范围之内的部分不应自相交。

IP4：**offset_surface** 在 **non_manifold_surface_shape_representation** 的拓扑域范围之内的部分不应自

相交。

IP5：如果一个 **face** 只有一个连通的外边界。相应的 **loop** 应该用 **face_outer_bound** 表达，如果外边界没有连通的，就不能应用 **face_outer_bound**。

4.3 aic_non_manifold_surface 函数定义

本条描述了用于格式化 **aic_non_manifold_surface** 模式约束所需的函数。这些函数用来描述 **non_manifold_surface_shape_representation** 实体。

4.3.1 函数 nmsf_curve_check

nmsf_curve_check 函数检查在 non_manifold_surface _shape_representation 相关环境中一个曲线实例的有效性。所有被该曲线实例所引用的几何体，例如其他曲线和曲面，也都是有效的。

示例：该函数验证的约束之一就是一个 b_spline_curve 实例是否把自相交标志设置为 TRUE，FALSE 或 UNKNOWN；只有 FALSE 和 UNKNOWN 是有效的。

这里是一个递归调用的实例。如果一个 **curve** 引用另一个 **curve** 作为基曲线或父曲线，就再一次调用 **nmsf_curve_check** 函数。如果引用一个 **surface**，调用 **nmsf_ surface _check** 函数。当实体类型不再引用任何 **curve** 或 **surface** 时，递归过程终止。

下列曲线类型以及它们的子类型在 **non_manifold_surface_shape_representation** 范围内，因此也是这个函数的有效输入：

——**b_spline_curve**；

——**conic**；

——**curve_replica**；

——**line**；

——**offset_curve_3d**；

——**pcurve**；

——**polyline**；

——**surface_curve**。

这些 **curve** 类型中的四种引用基曲线或父曲线。下面的列表给出了有效的引用。

注 1：该函数适用于那些在下列所标记的递归过程中的实体类型，而这个递归过程用来检查它们实体引用的有效实例化。

一个 **curve_replica** 的 **parent_curve** 应当是下面类型中的一种：

——**b_spline_curve**；

——**conic**；

——**curve_replica**（递归的）；

——**line**；

——**offset_curve_3d**（递归的）；

——**pcurve**（递归的）；

——**polyline**；

——**surface_curve**（递归的）。

一个 **offset_curve_3d** 的 **basis_curve** 应当是下面类型中的一种：

——**b_spline_curve**；

——**conic**；

——**curve_replica**（递归的）；

——**line**；

——**offset_curve_3d**（递归的）；

——**pcurve**（递归的）；

——**surface_curve**(递归的)。

在一个被 **pcurve** 作为 **reference_to_curve** 引用的 **definitional_representation** 的项的集合里的一个实例应当是下面类型中的一种：

——**b_spline_curve**；

——**conic**；

——**curve_replica**(递归的)；

——**line**；

——**polyline**。

一个 **surface_curve** 的 **curve_3d** 应当是下面类型中的一种：

——**b_spline_curve**；

——**conic**；

——**curve_replica**(递归的)；

——**line**；

——**offset_curve_3d**(递归的)；

——**polyline**；

——**surface_curve**(递归的)。

Pcurve 和 **surface_curve** 引用 **surface**。为确认 **surface** 的有效性而调用 **nmsf_surface_check** 函数。**non_manifold_surface_shape_representation** 对 **pcurves** 和 **surface_curves** 的有效曲面引用与 GB/T 16656.42 所描述的有同样的约束要求。

一个有效的 **polyline** 应当至少由三个 **cartesian_point** 组成。

对于 B 样条和偏置几何体，**self_intersect** 属性应当被设置为 FALSE 或 UNKNOWN。

如果所有引用几何体的类型都在 **non_manifold_surface_shape_representation** 范围内，并且所有的约束都满足，那么函数返回 TRUE，否则函数返回 FALSE。

注 2：该函数并不根据 GB/T 16656.42 中规定的需求来检查其引用的正确性，只是检查 non_manifold_surface_shape_representation 范围外的附加需求。

EXPRESS 描述：

```
*)
FUNCTION nmsf_curve_check (cv : representation_item) : BOOLEAN;
(* This function verifies the validity of a curve in the context of a
   non-manifold surface model. Representation_items are
   valid input, however, they are supposed to be curves; otherwise
   this function will return false.
*)
   (* complex subtypes of curve that are both bounded_curve and
   oneof conic, curve_replica, line, or offset_curve_3d are not
   valid
*)
IF SIZEOF (['AIC_NON_MANIFOLD_SURFACE.BOUNDED_CURVE',
   'AIC_NON_MANIFOLD_SURFACE.CONIC',
   'AIC_NON_MANIFOLD_SURFACE.CURVE_REPLICA',
   'AIC_NON_MANIFOLD_SURFACE.LINE',
   'AIC_NON_MANIFOLD_SURFACE.OFFSET_CURVE_3D'] * TYPEOF(cv)) > 1
THEN RETURN(FALSE);
```

```
ELSE
  (* b_spline_curves shall not self-intersect
   *)
IF (('AIC_NON_MANIFOLD_SURFACE.B_SPLINE_CURVE' IN TYPEOF (cv)) AND
  (cv\b_spline_curve.self_intersect = FALSE) OR
  (cv\b_spline_curve.self_intersect = UNKNOWN))
THEN RETURN(TRUE);
ELSE
  (* conics and lines are valid curve types
   *)
  IF SIZEOF (['AIC_NON_MANIFOLD_SURFACE.CONIC',
  'AIC_NON_MANIFOLD_SURFACE.LINE'] * TYPEOF (cv)) = 1 THEN
    RETURN(TRUE);
ELSE
    (* a curve_replica shall reference a valid curve
    *)
  IF 'AIC_NON_MANIFOLD_SURFACE.CURVE_REPLICA' IN TYPEOF(cv) THEN
    RETURN (nmsf_curve_check(cv\curve_replica.parent_curve));
  ELSE
    (* an offset_curve_3d shall not self-intersect and
        shall reference a valid curve; a polyline is not a
        valid basis_curve
    *)
  IF (('AIC_NON_MANIFOLD_SURFACE.OFFSET_CURVE_3D' IN TYPEOF (cv))
    AND
    ((cv\offset_curve_3d.self_intersect = FALSE) OR
    (cv\offset_curve_3d.self_intersect = UNKNOWN))
    AND
    (NOT ('AIC_NON_MANIFOLD_SURFACE.POLYLINE' IN TYPEOF
    (cv\offset_curve_3d.basis_curve)))) THEN
    RETURN nmsf_curve_check(cv\offset_curve_3d.basis_curve));
ELSE
    (* a pcurve shall reference a valid curve and a valid
    basis_surface
     *)
    IF 'AIC_NON_MANIFOLD_SURFACE.PCURVE' IN TYPEOF(cv) THEN
       RETURN ((nmsf_curve_check
       (cv\pcurve.reference_to_curve\representation.items[1]))
       AND
       (nmsf_surface_check(cv\pcurve.basis_surface)));
ELSE
       (* a surface_curve references a curve_3d and one or
       two pcurves or one or two surfaces or one of
```

```
        each; all of these references shall be valid
         *)
        IF 'AIC_NON_MANIFOLD_SURFACE.SURFACE_CURVE' IN TYPEOF(cv) THEN
          (* if the curve reference is correct, check also the rest
    *)
          IF nmsf_curve_check(cv\surface_curve.curve_3d) THEN
            REPEAT i := 1 TO SIZEOF
            (cv\surface_curve.associated_geometry);
            (* do for one or two associated_geometrys:
             *)
        IF 'AIC_NON_MANIFOLD_SURFACE.SURFACE' IN
          TYPEOF (cv\surface_curve.associated_geometry[i]) THEN
          IF NOT nmsf_surface_check
              (cv\surface_curve.associated_geometry[i]) THEN
        RETURN(FALSE);
        END_IF;
        ELSE
          IF 'AIC_NON_MANIFOLD_SURFACE.PCURVE' IN TYPEOF
            (cv\surface_curve.associated_geometry[i]) THEN
            IF NOT nmsf_curve_check
            (cv\surface_curve.associated_geometry[i]) THEN
            RETURN(FALSE);
            END_IF;
          END_IF;
        END_IF;
      END_REPEAT;
      RETURN(TRUE);
    END_IF;
  ELSE
      (* a polyline shall have at least 3 points
       *)
      IF 'AIC_NON_MANIFOLD_SURFACE.POLYLINE' IN TYPEOF(cv) THEN
        IF (SIZEOF (cv\polyline.points) >= 3) THEN RETURN (TRUE);
        END_IF;
      END_IF;
    END_IF;
   END_IF;
  END_IF;
 END_IF;
END_IF;
END_IF;
END_IF;
(* FALSE is returned if the input parameter cv is not a valid curve.
```

```
*)
RETURN (FALSE);
END_FUNCTION;
(*
```

(*

论据定义：

cv:(输入)一个 representation_item,假定该 representation_item 是一个 curve,该 curve 在 non_manifold_surface_shape_representation 相关环境中被检查为是有效的。

BOOLEAN:如果这个 representation_item 是一个有效的 curve,则(输出)是 TRUE,否则输出是 FALSE。

4.3.2 函数 nmsf_surface_check

nmsf_surface_check 函数检查在 **non_manifold_surface_shape_representation** 环境中 **surface** 实例的有效性。所有被该 **surface** 实例所引用几何体,例如其他 **curve** 和 **surface**,也都是有效的。

示例:该函数验证的一个约束就是一个 b_spline_ surface 实例是否把自相交标志设置为 TRUE,FALSE 或 UNKNOWN;只有 FALSE 和 UNKNOWN 是有效的。

这里是一个递归调用的实例。如果一个 **surface** 引用另一个 **surface** 作为基曲面或父曲面,就再一次调用 **nmsf_ surface _check** 函数。如果引用一个 **curve**,调用 **nmsf_ curve_check** 函数。当实体类型不再引用任何 **curve** 或 **surface** 时,递归过程终止。

下列 **surface** 类型以及它们的子类型在 **non_manifold_surface_shape_representation** 范围内,因此也是这个函数的有效输入:

——**b_spline_surface**;

——**elementary_surface**;

——**offset_ surface**;

——**surface_replica**;

——**swept_ surface**。

这些 **surface** 类型中的两种引用基曲面或父曲面。一个 **surface_replica** 的 **parent_ surface** 和一个 **offset_ surface** 的 **basis_ surface** 都应当是下面类型中的一种:

——**b_spline_surface**;

——**elementary_surface**;

——**offset_ surface**(递归的);

——**surface_replica**(递归的);

——**swept_ surface**。

注 1:该函数适用于那些在下列所标记的递归过程中的实体类型,而这个递归过程用来检查它们实体引用的有效实例化。

Swept_ surface 引用 **curve**。为确认 **curve** 的有效性而调用 **nmsf_curve_check** 函数。**non_manifold_surface_shape_representation** 对有效的扫描曲线引用与 GB/T 16656.42 所描述的有同样的约束要求。**non_manifold_surface_shape_representation** 范围内的所有曲线作为 **swept_surface** 和 **swept_curves** 都是有效的。

对于 B-spline 和偏置几何体,self_intersect 属性应当被设置为 FALSE 或 UNKNOWN。

如果所有引用几何体的类型都在 **non_manifold_surface_shape_representation** 范围内,并且所有的约束都满足,那么函数返回 TRUE,否则函数返回 FALSE。

注 2:该函数并不根据 GB/T 16656.42 中规定的需求来检查其引用的正确性,只是检查 non_manifold_surface_shape_representation 范围外的附加需求。

EXPRESS 描述：

```
*)
FUNCTION nmsf_surface_check (surf : surface) : BOOLEAN;
(* This function verifies the validity of a surface in the
   context of a non-manifold surface model.
*)
   (* elementary_surfaces are valid surface types
   *)
   IF 'AIC_NON_MANIFOLD_SURFACE.ELEMENTARY_SURFACE' IN TYPEOF(surf) THEN
     RETURN(TRUE);
   ELSE
     (* a swept_surface shall have a valid sweeping curve
     *)
   IF 'AIC_NON_MANIFOLD_SURFACE.SWEPT_SURFACE' IN TYPEOF (surf) THEN
       RETURN (nmsf_curve_check(surf\swept_surface.swept_curve));
     ELSE
       (* an offset_surface shall not self-intersect and shall
          reference a valid surface
       *)
     IF (('AIC_NON_MANIFOLD_SURFACE.OFFSET_SURFACE' IN TYPEOF (surf)) AND
        (surf\offset_surface.self_intersect = FALSE) OR
        (surf\offset_surface.self_intersect = UNKNOWN)) THEN
        RETURN nmsf_surface_check(surf\offset_surface.basis_surface));
     ELSE
        (* a surface_replica shall have a valid parent surface
         *)
        IF 'AIC_NON_MANIFOLD_SURFACE.SURFACE_REPLICA' IN TYPEOF(surf) THEN
          RETURN(nmsf_surface_check(surf\surface_replica.parent_surface));
        ELSE
        (* a b_spline_surface shall not self-intersect
         *)
          IF (('AIC_NON_MANIFOLD_SURFACE.B_SPLINE_SURFACE' IN TYPEOF(surf))
            AND
            (surf\b_spline_surface.self_intersect = FALSE) OR
            (surf\b_spline_surface.self_intersect = UNKNOWN)) THEN
            RETURN(TRUE);
          END_IF;
        END_IF;
      END_IF;
    END_IF;
  END_IF;
  RETURN(FALSE);
END_FUNCTION;
```

(*

论据定义：

Surf:(输入)的曲面被检查在 non_manifold_surface_shape_representation 中是否是一个有效的曲面。

BOOLEAN:如果该曲面是一个有效的曲面,则(输出)为 TRUE,否则为 FALSE。

*)

END_SCHEMA;- -aic_non_manifold_surface

(*

附 录 A
（规范性附录）
实体短名

表A.1提供了本部分规定的实体短名。有关短名的使用要求见GB/T 16656的实现方法。

表A.1 实体短名

实 体 名	短名
NON_MANIFOLD _SURFACE_SHAPE_REPRESENTATION	NMSSR

附 录 B
（规范性附录）
信息对象注册

B.1 文档对象标识

在开放系统中，为确定信息对象的唯一标识，规定本部分的对象标识符为：

{iso standard 10303 part(508) version(1)}

本标识符的含义在 GB/T 16262.1 中进行了定义，并且在 ISO 10303-1 中进行了描述。

B.2 模式对象标识

为确定 aic_non_manifold_surface 在开放系统中的唯一标识，规定了 non_manifold_surface 模式（见第 4 章）对象标识符：

{iso standard 10303 part(508) version(1)object(1) non_manifold_surface (1)}

本标识符的含义在 GB/T 16262.1 中进行了定义，并且在 ISO 10303-1 中进行了描述。

附　录　C
（资料性附录）
EXPRESS-G 图

图 C.1～图 C.22 采用了 ISO 10303-11 的接口规范，对应于第 4 章中短表所给定的 EXPRESS 描述。这些图使用 EXPRESS 语言的 EXPRESS-G 图的符号表示法。在 ISO 10303-11:1994 的附录 D 中定义了 EXPRESS-G。

注 1：以下选择类型与符合 ISO 10303-11 隐式接口规则的 AIC 扩展列表相连接。本部分的其他实体不使用这些选择类型。

——**curve_on_surface**；

——**founded_item_select**；

——**geometric_set_select**；

——**measure_value**；

——**reversible_topology**；

——**reversible_topology_item**；

——**shell**；

——**surface_model**；

——**transformation**；

——**trimming_select**；

——**vector_or_direction**。

注 2：以下实体类型与符合 ISO 10303-11 隐式接口规则 AIC 扩展列表相连接。本部分的其他实体不使用这些实体类型。这些实体类型也不单独地实例化。

——**composite_curve**；

——**composite_curve_on_surface**；

——**composite_curve_segment**；

——**oriented_closed_shell**；

——**oriented_open_shell**。

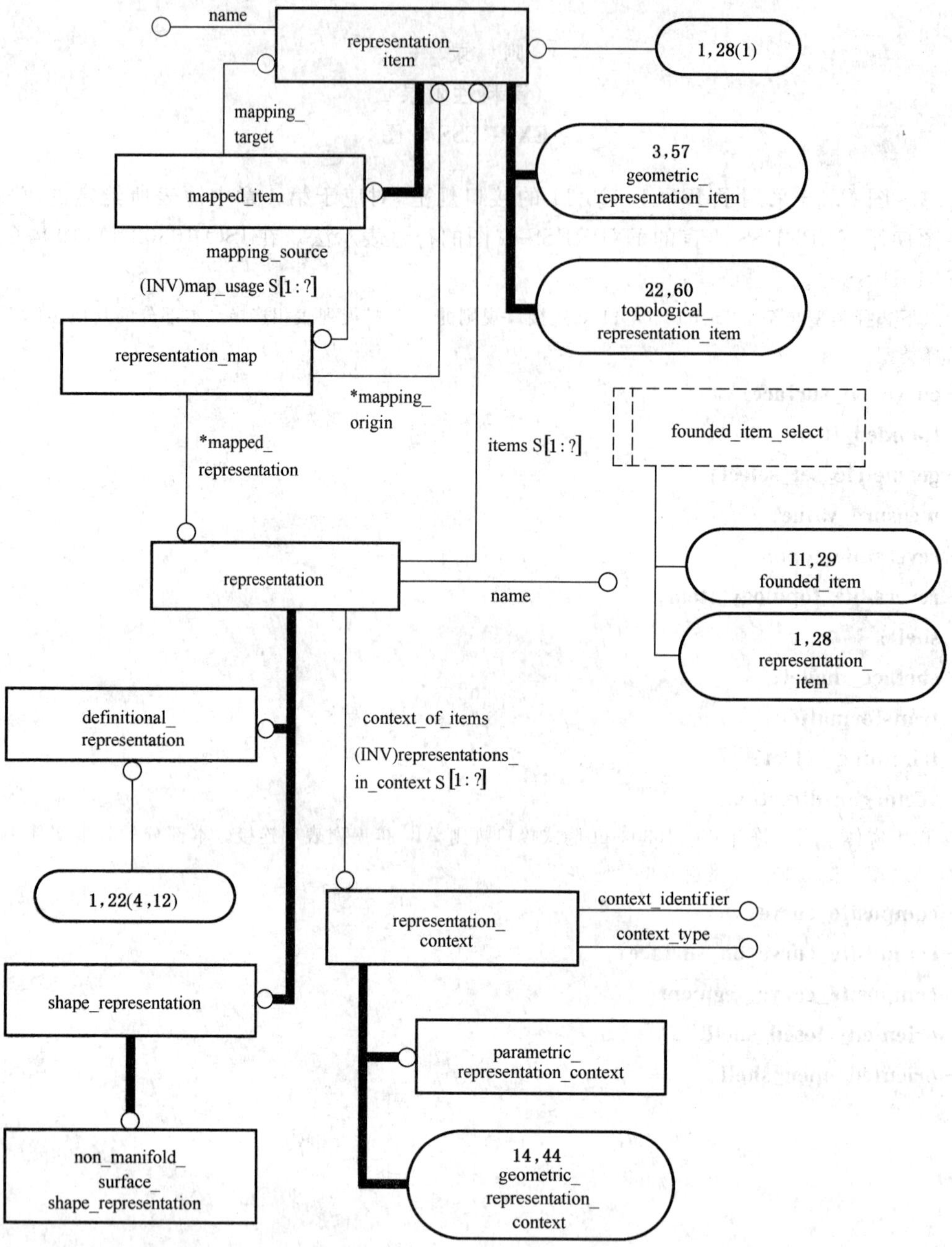

图 C.1 EXPRESS-G 图 22-1

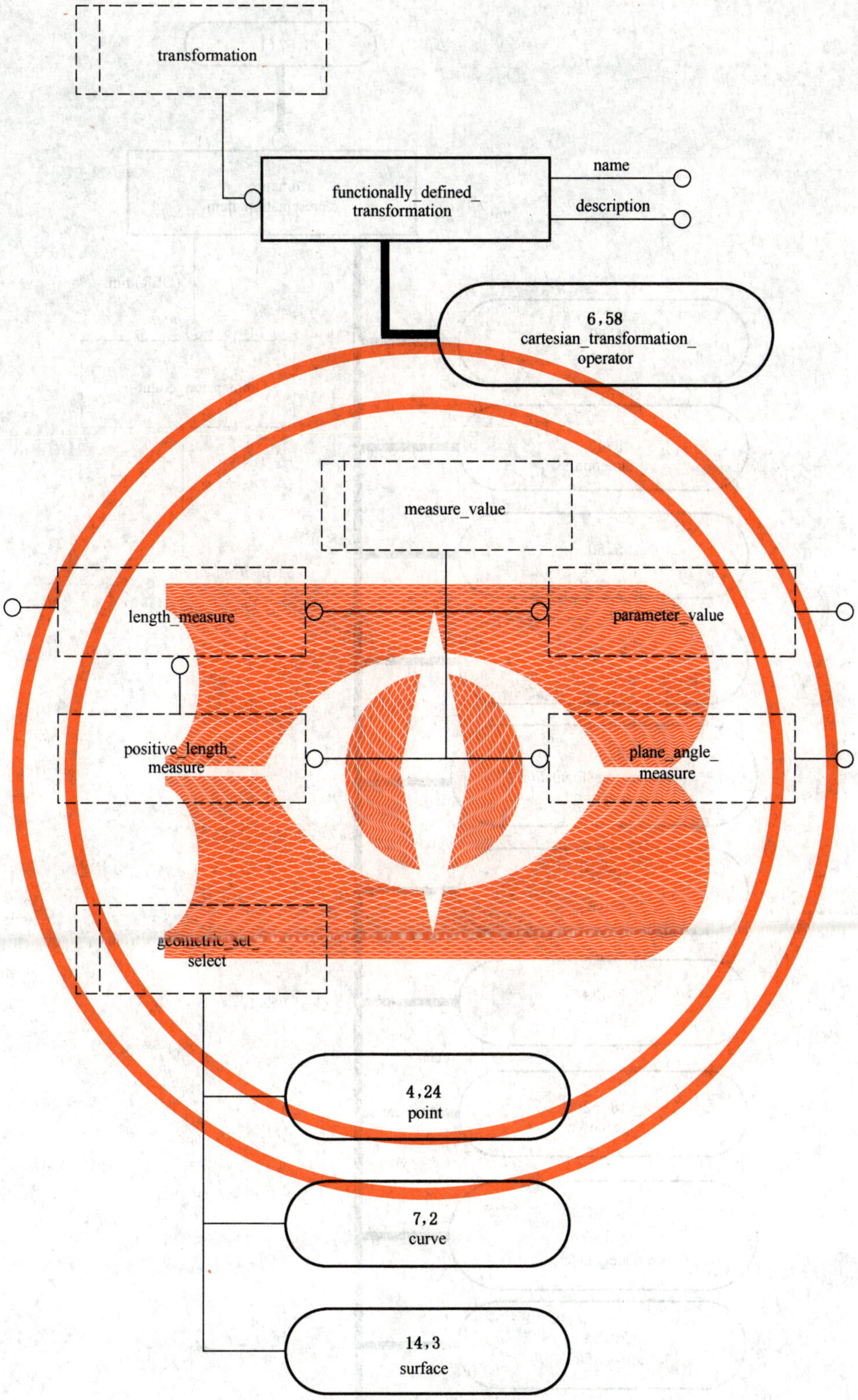

图 C.2　EXPRESS-G 图 22-2

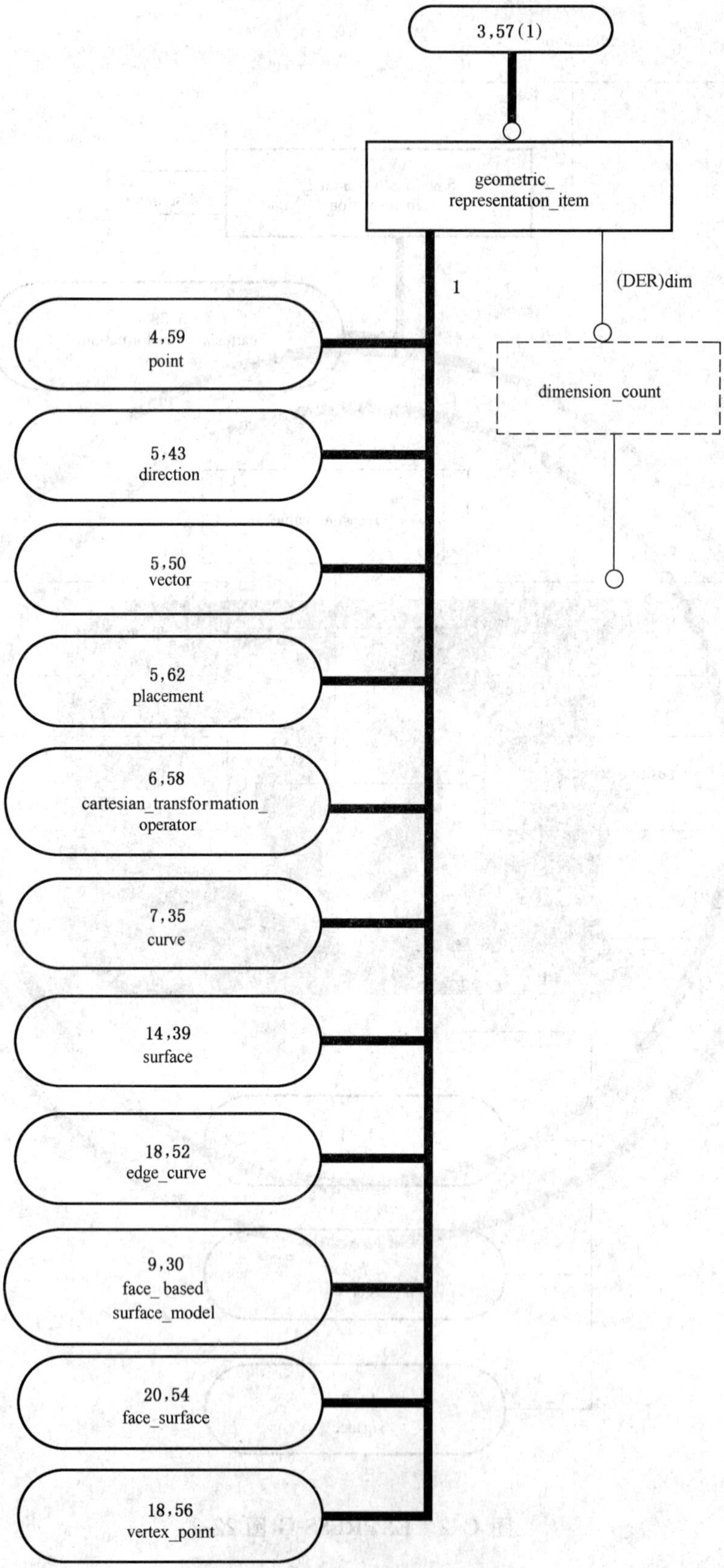

图 C.3 EXPRESS-G 图 22-3

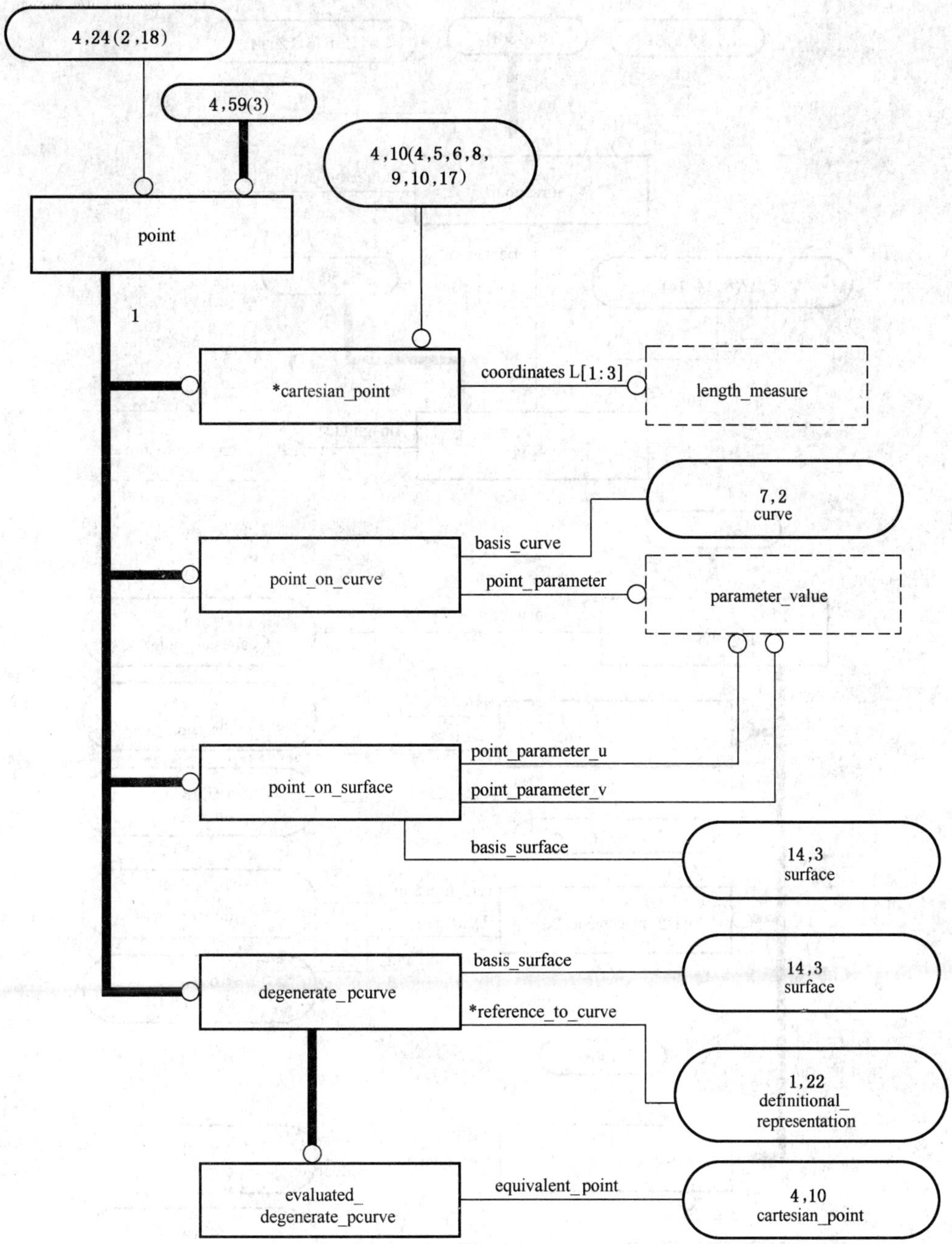

图 C.4　　EXPRESS-G 图 22-4

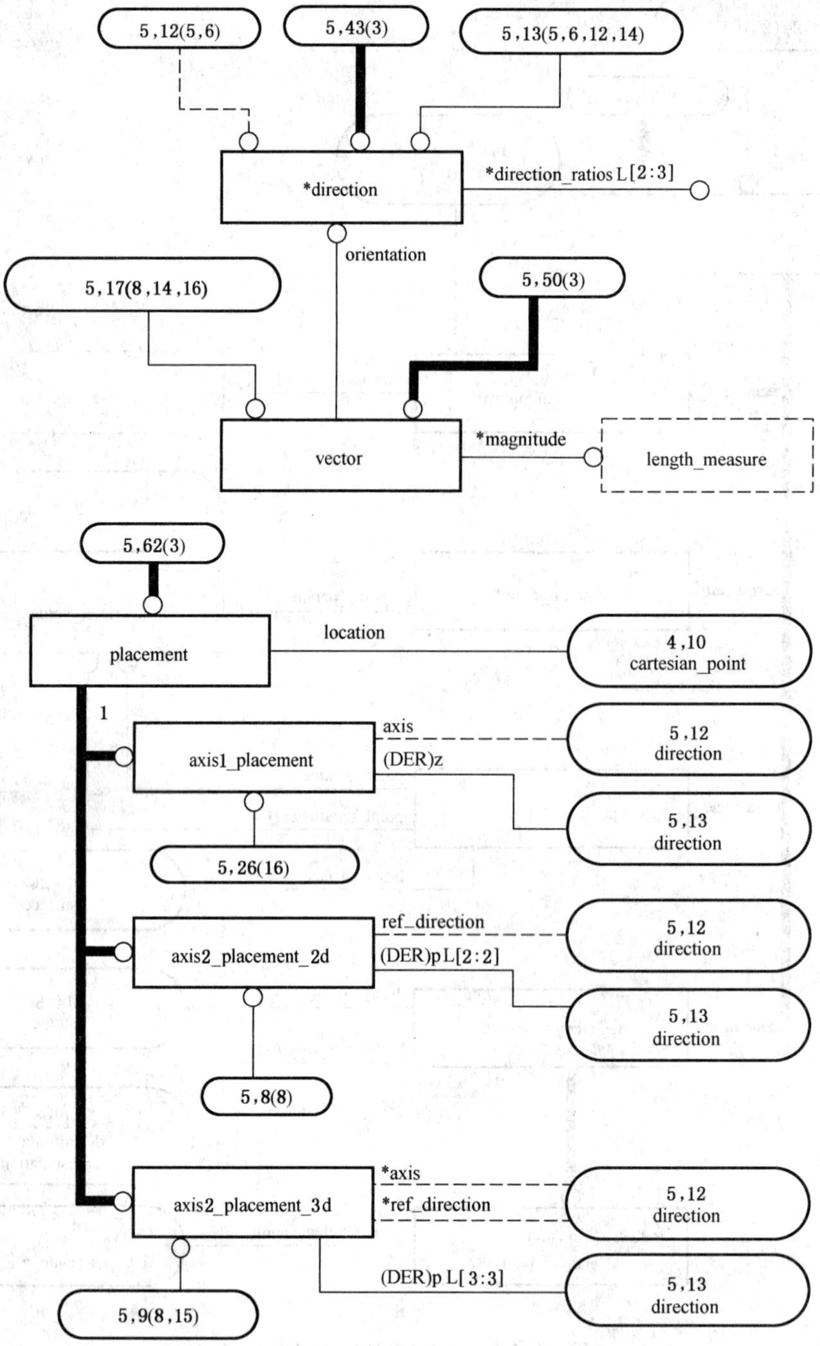

图 C.5　EXPRESS-G 图 22-5

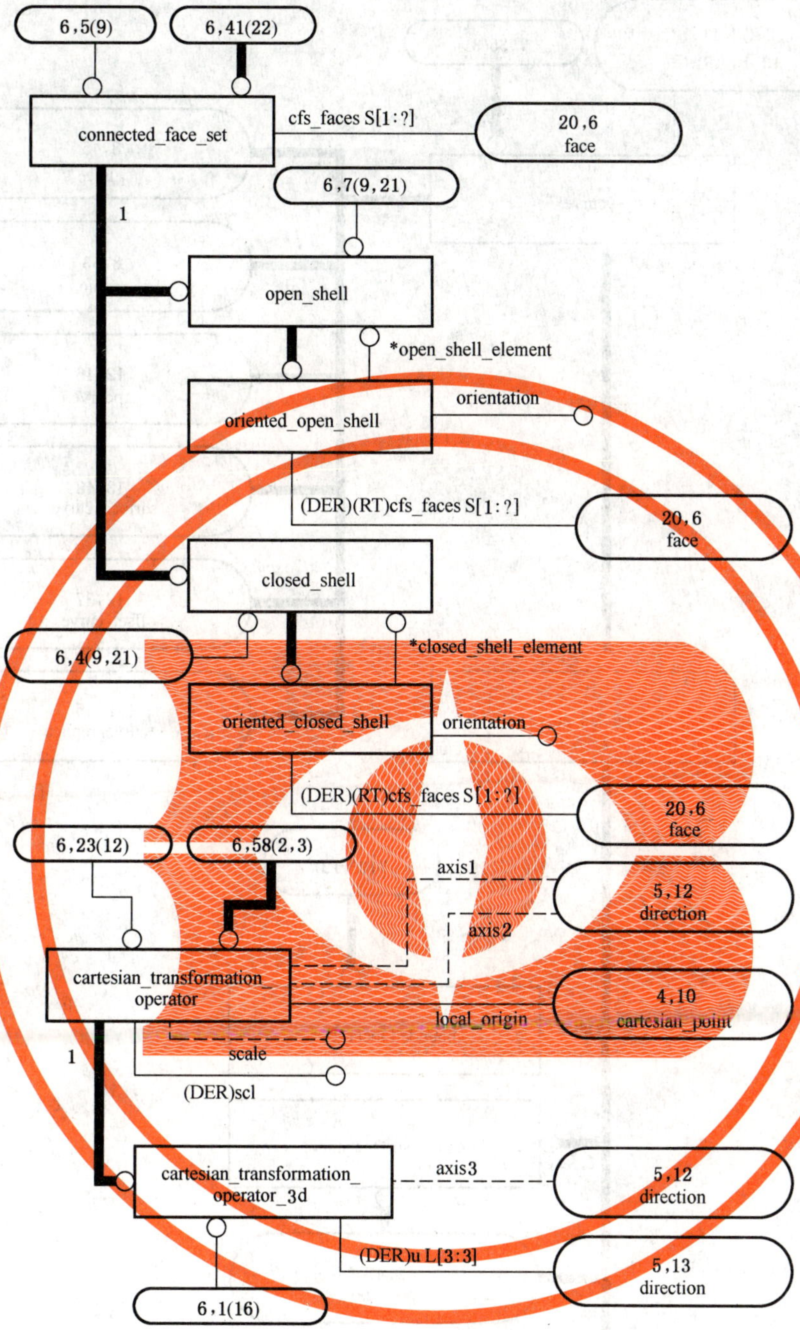

图 C.6 EXPRESS-G 图 22-6

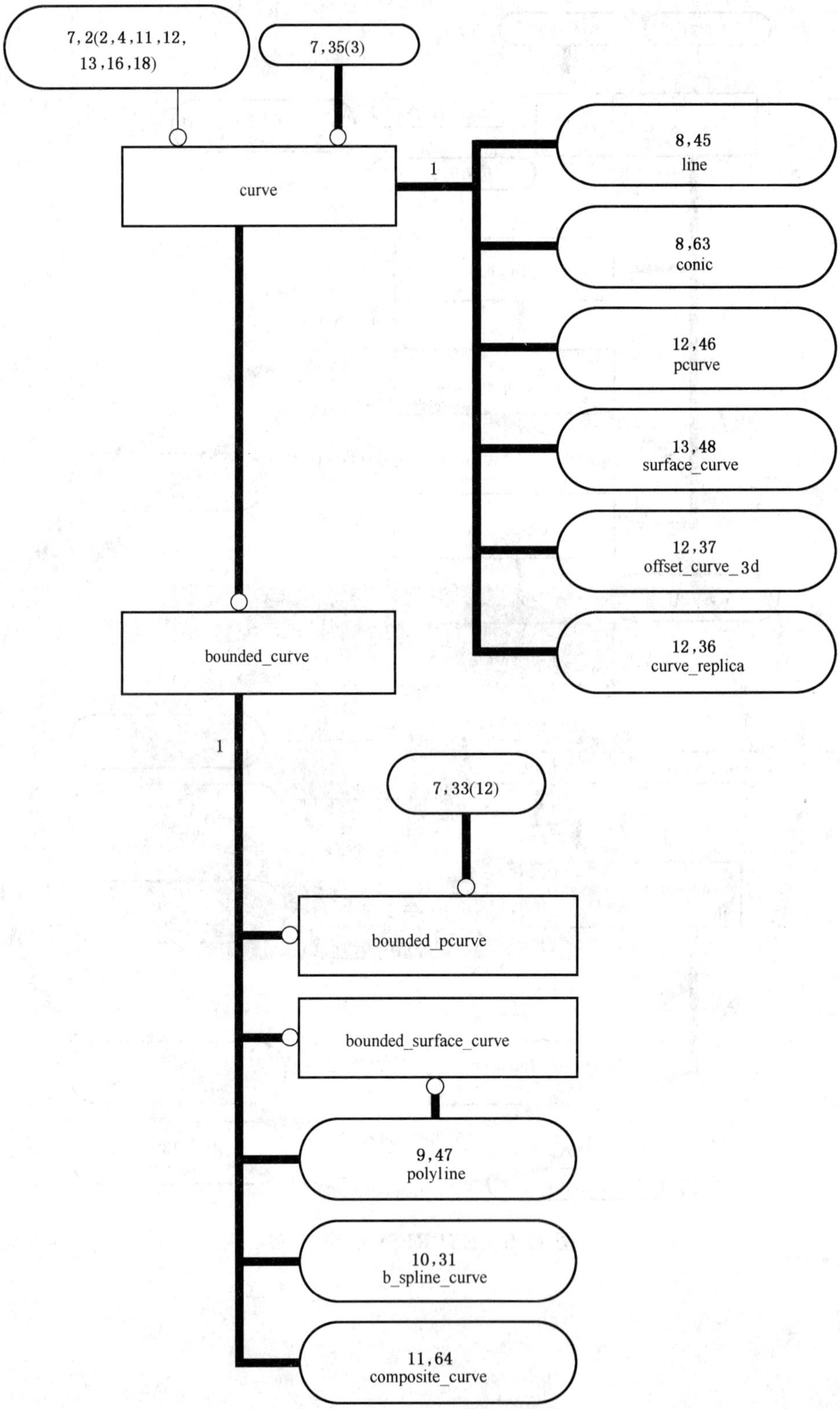

图 C.7 EXPRESS-G 图 22-7

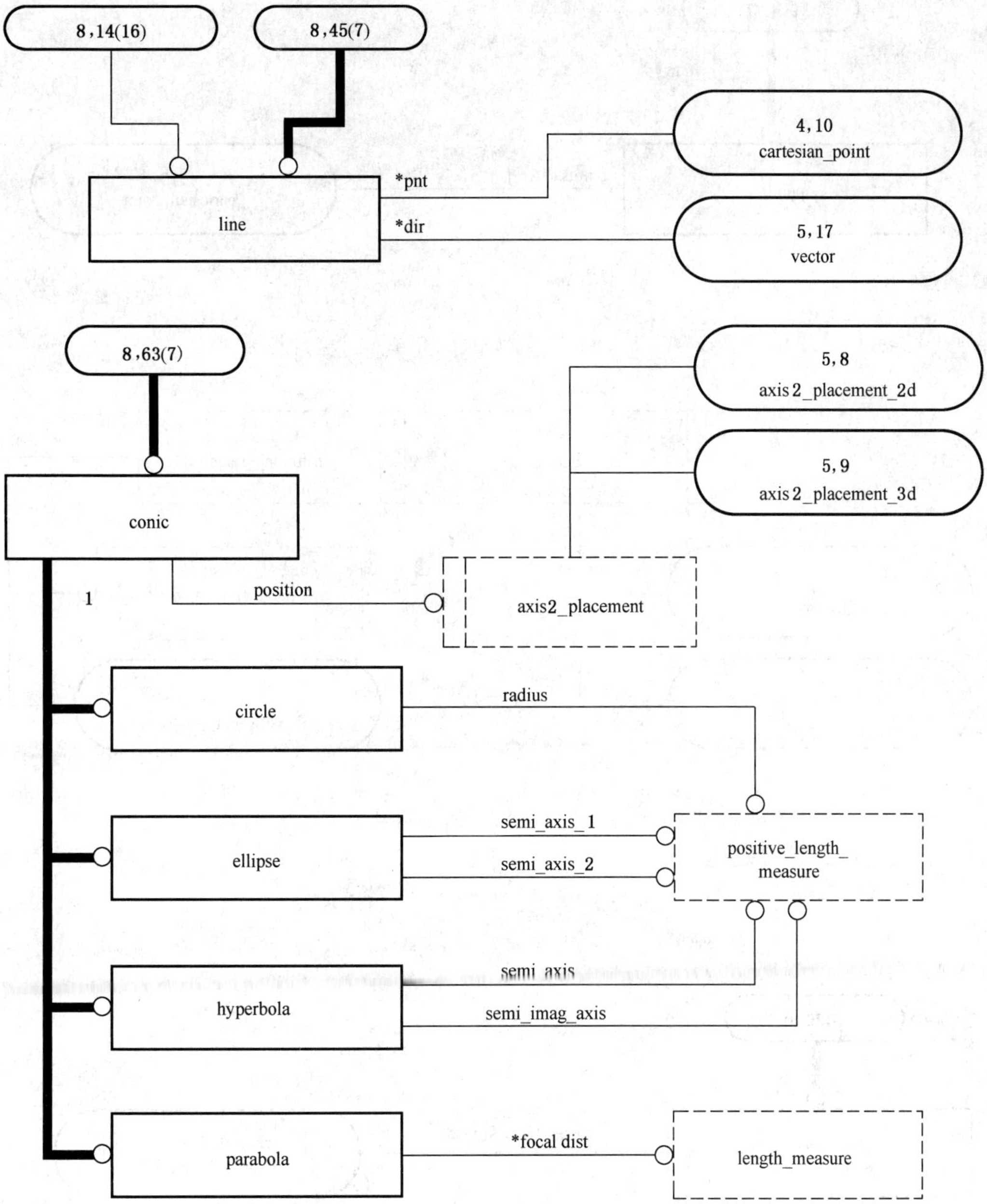

图 C.8 EXPRESS-G 图 22-8

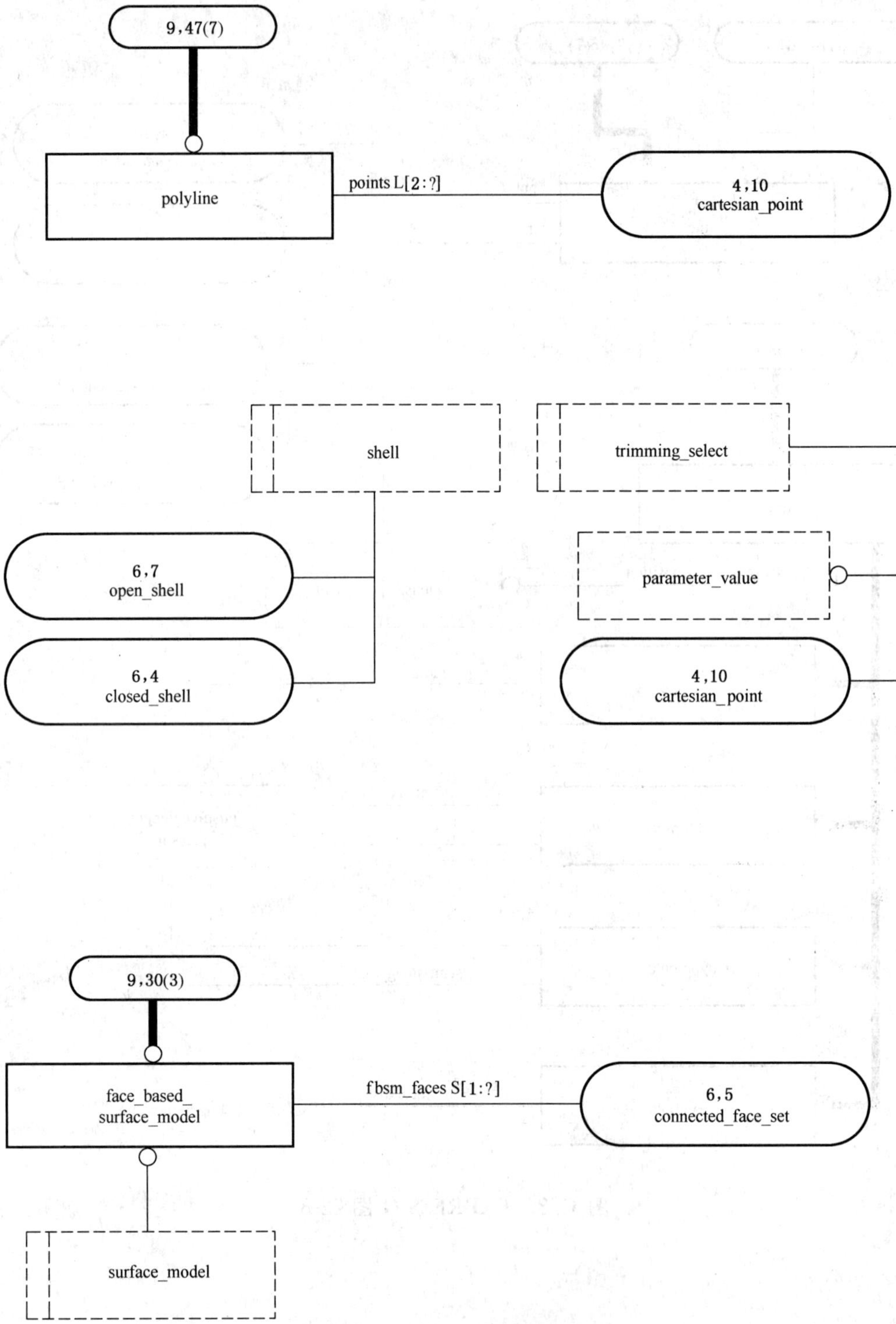

图 C.9　EXPRESS-G 图 22-9

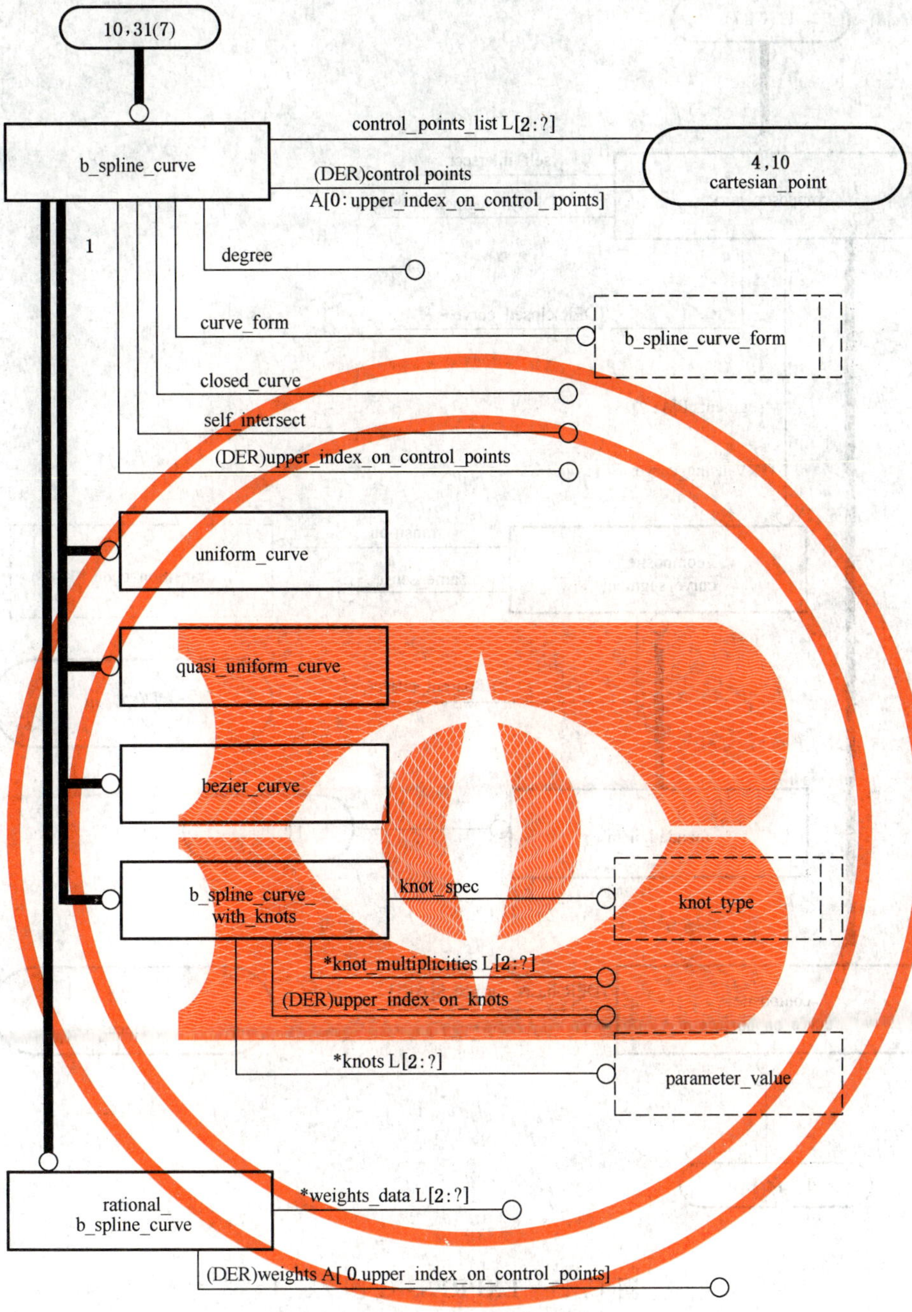

图 C.10 EXPRESS-G 图 22-10

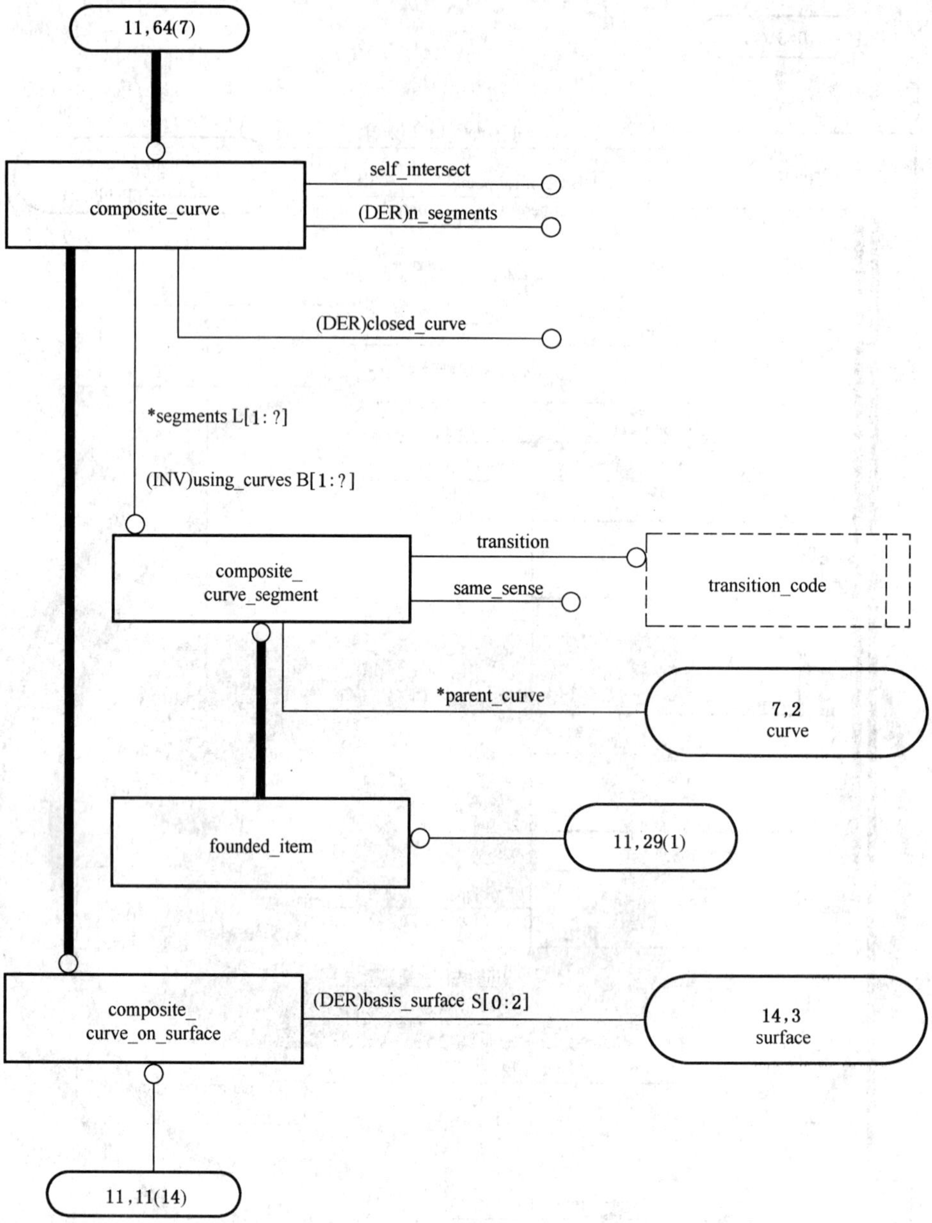

图 C.11 EXPRESS-G 图 22-11

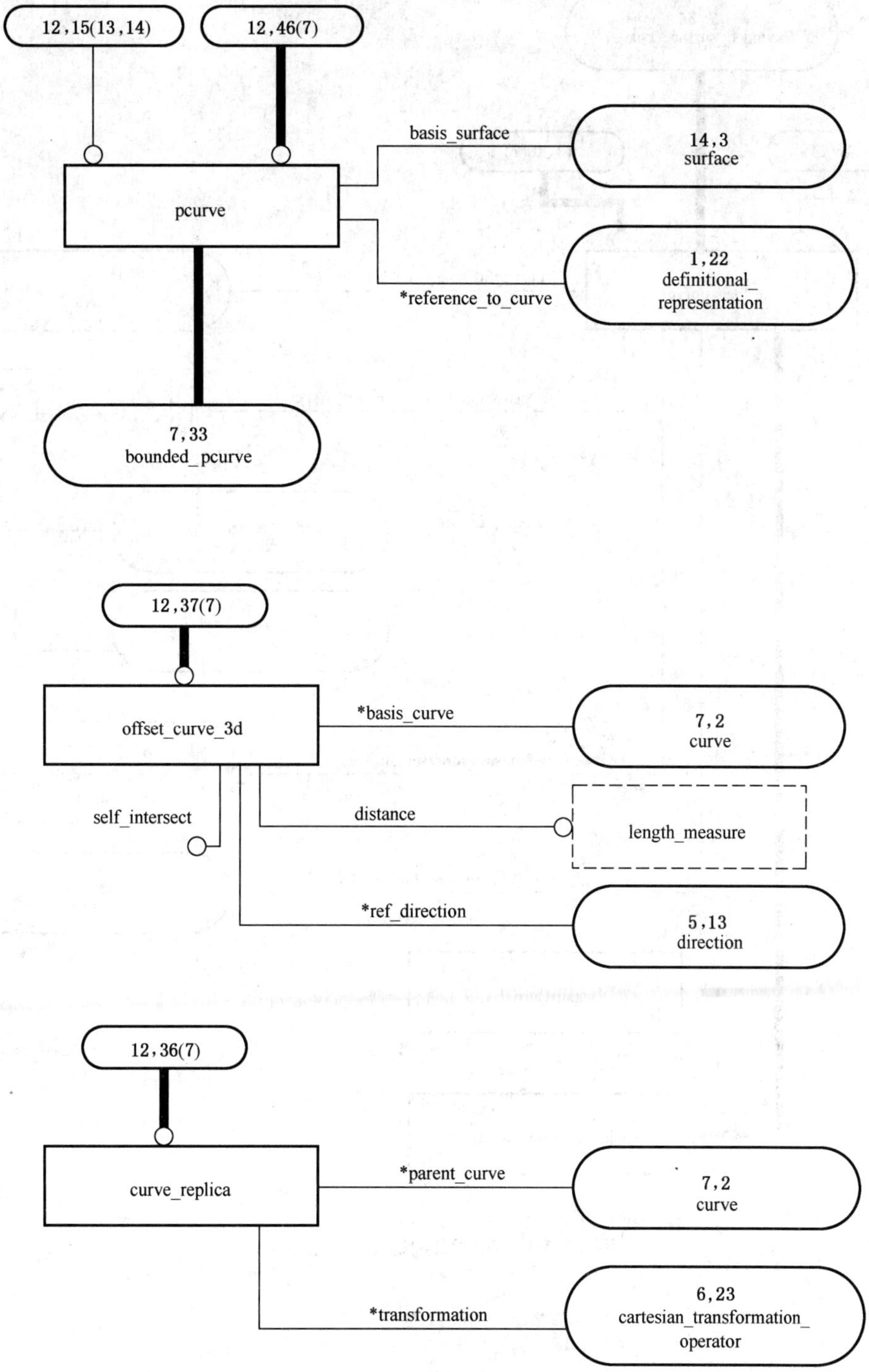

图 C. 12　EXPRESS-G 图 22-12

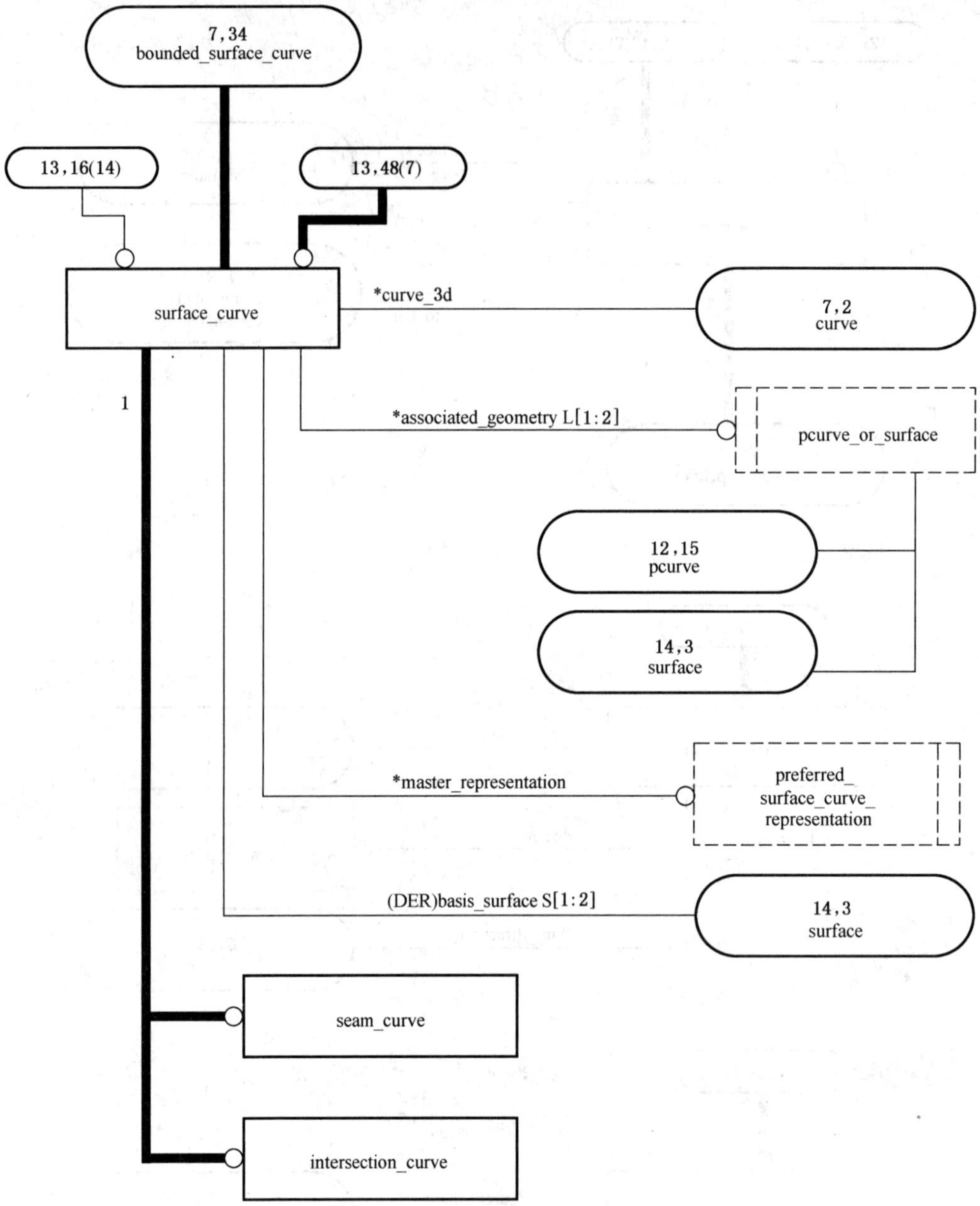

图 C.13 EXPRESS-G 图 22-13

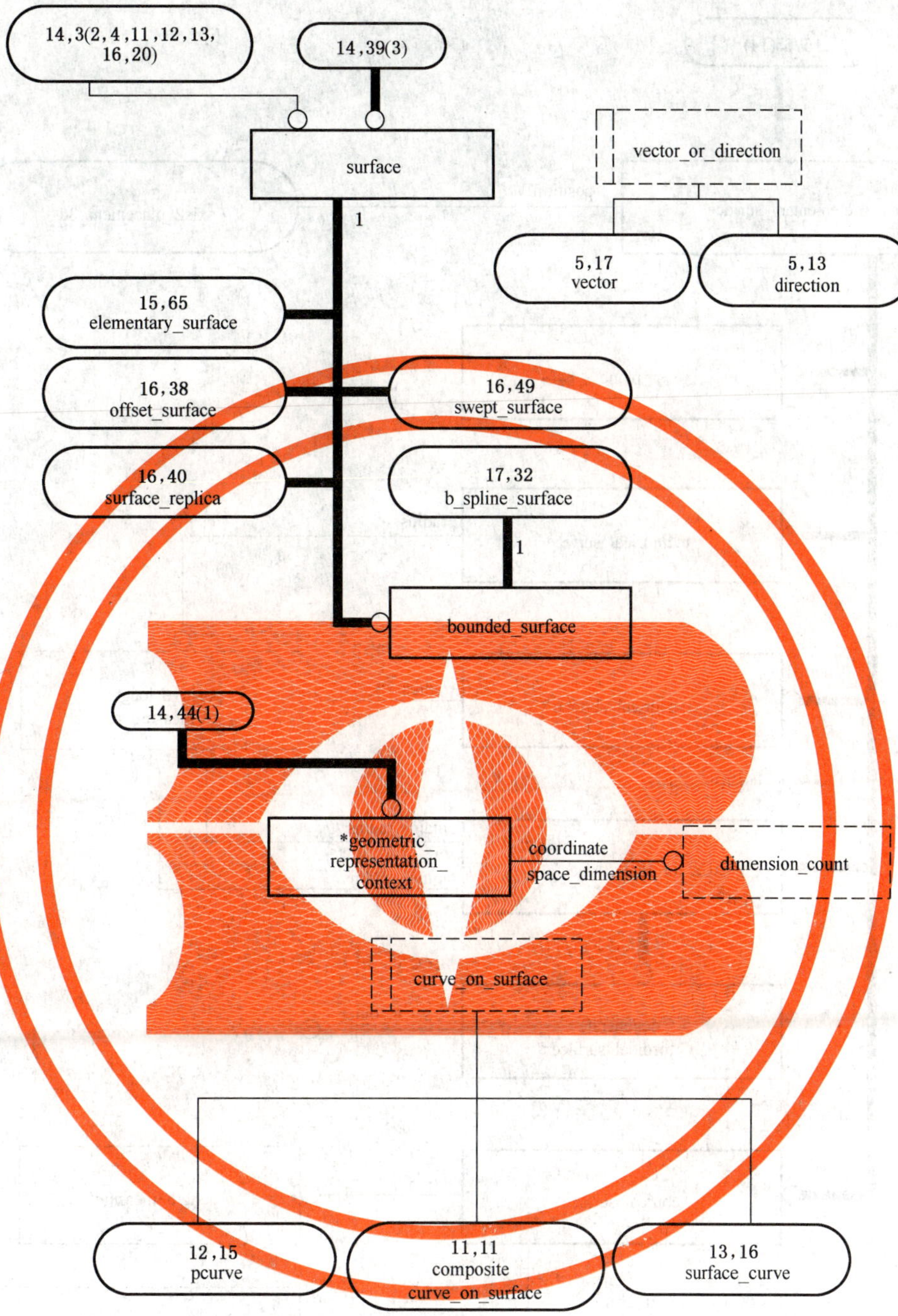

图 C.14　EXPRESS-G 图 22-14

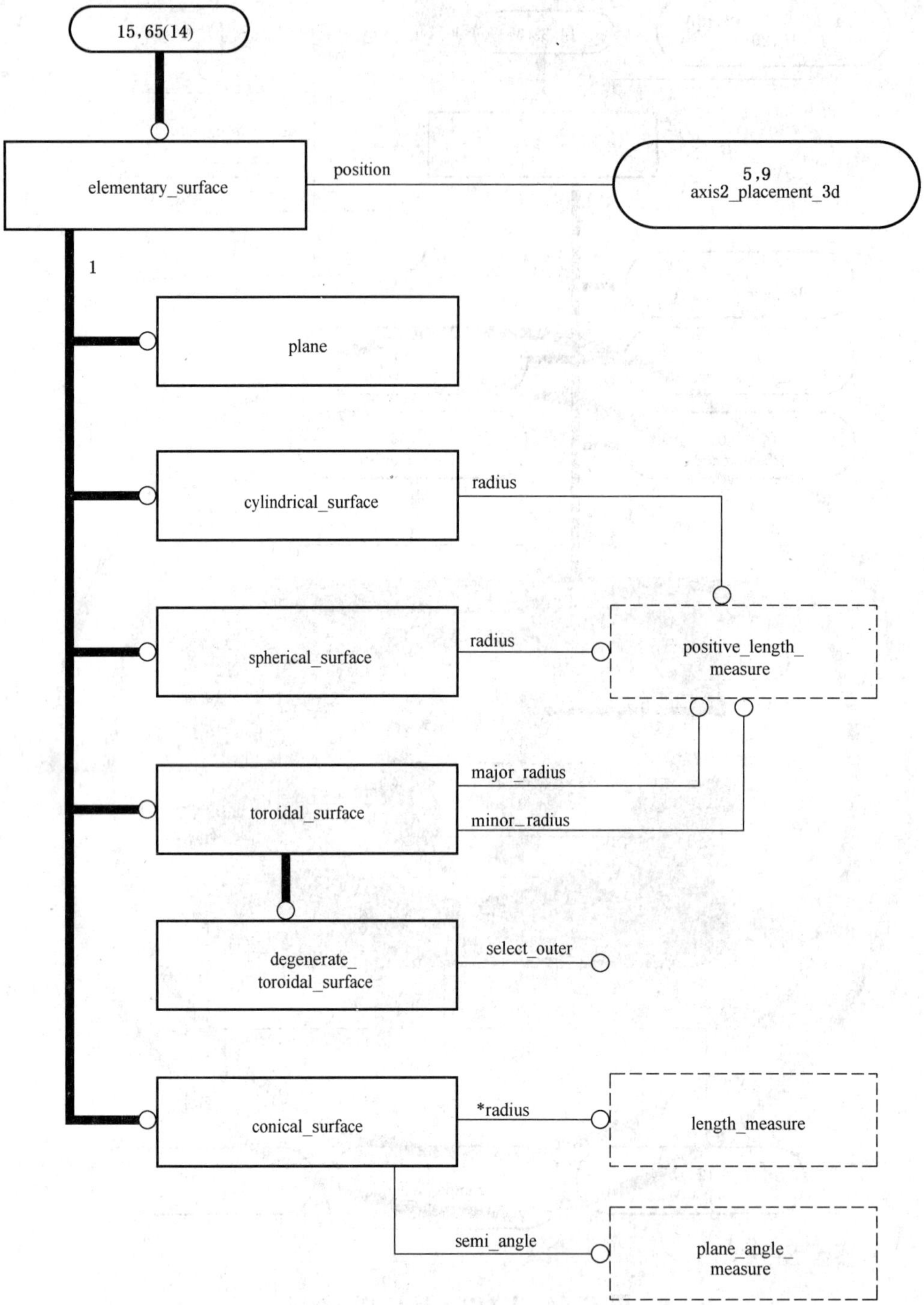

图 C.15 EXPRESS-G 图 22-15

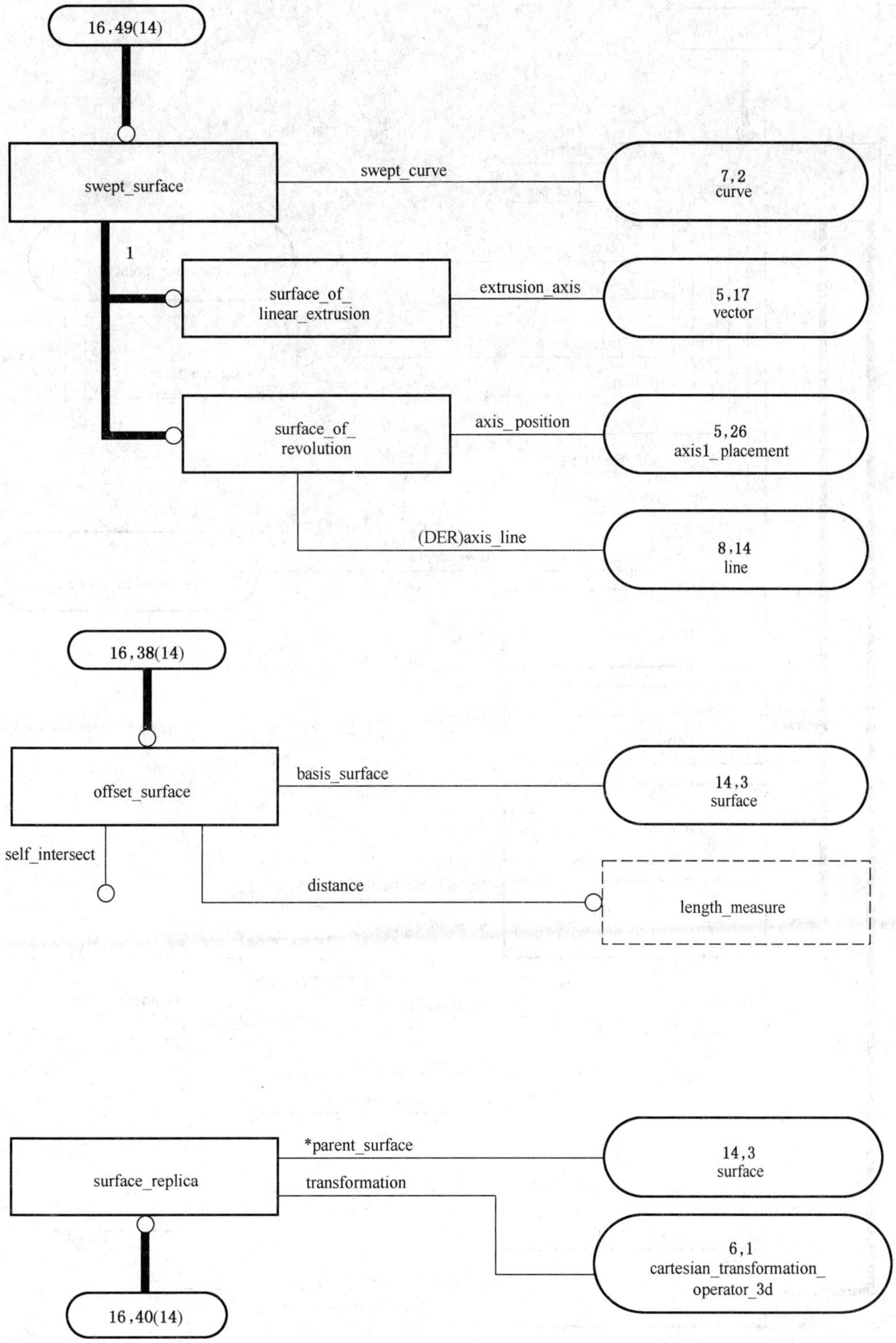

图 C.16 EXPRESS-G 图 22-16

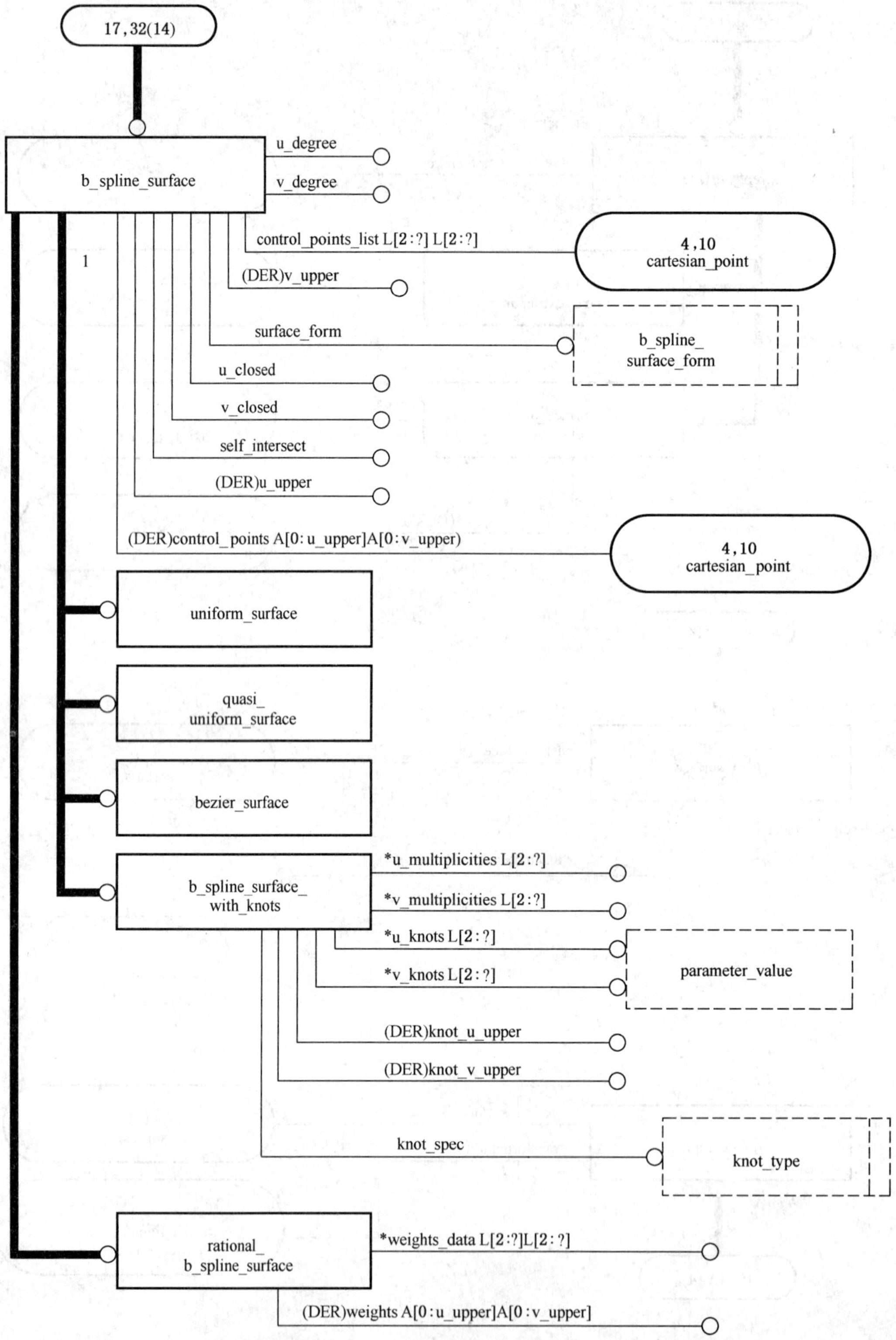

图 C.17 EXPRESS-G 图 22-17

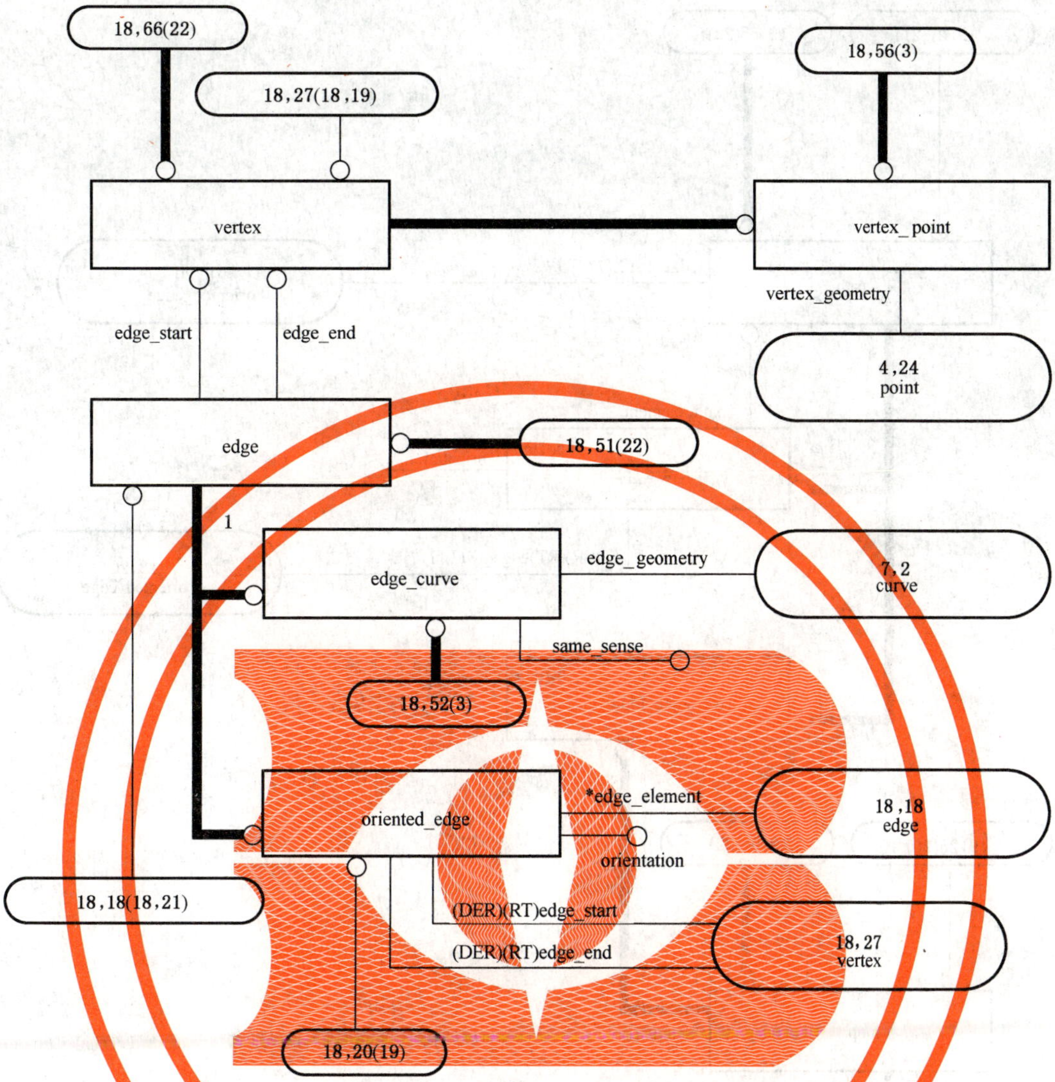

图 C.18　EXPRESS-G 图 22-18

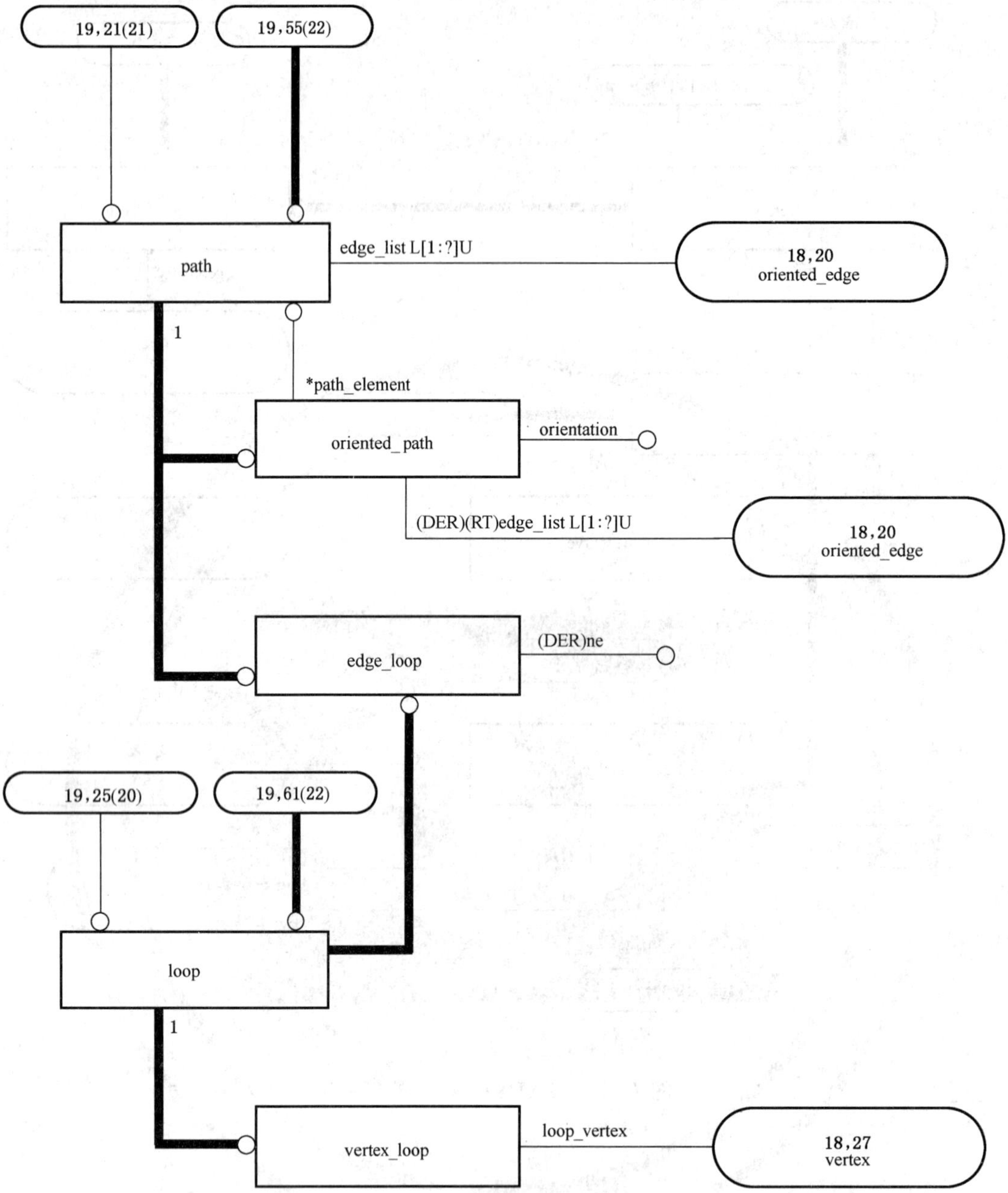

图 C.19 EXPRESS-G 图 22-19

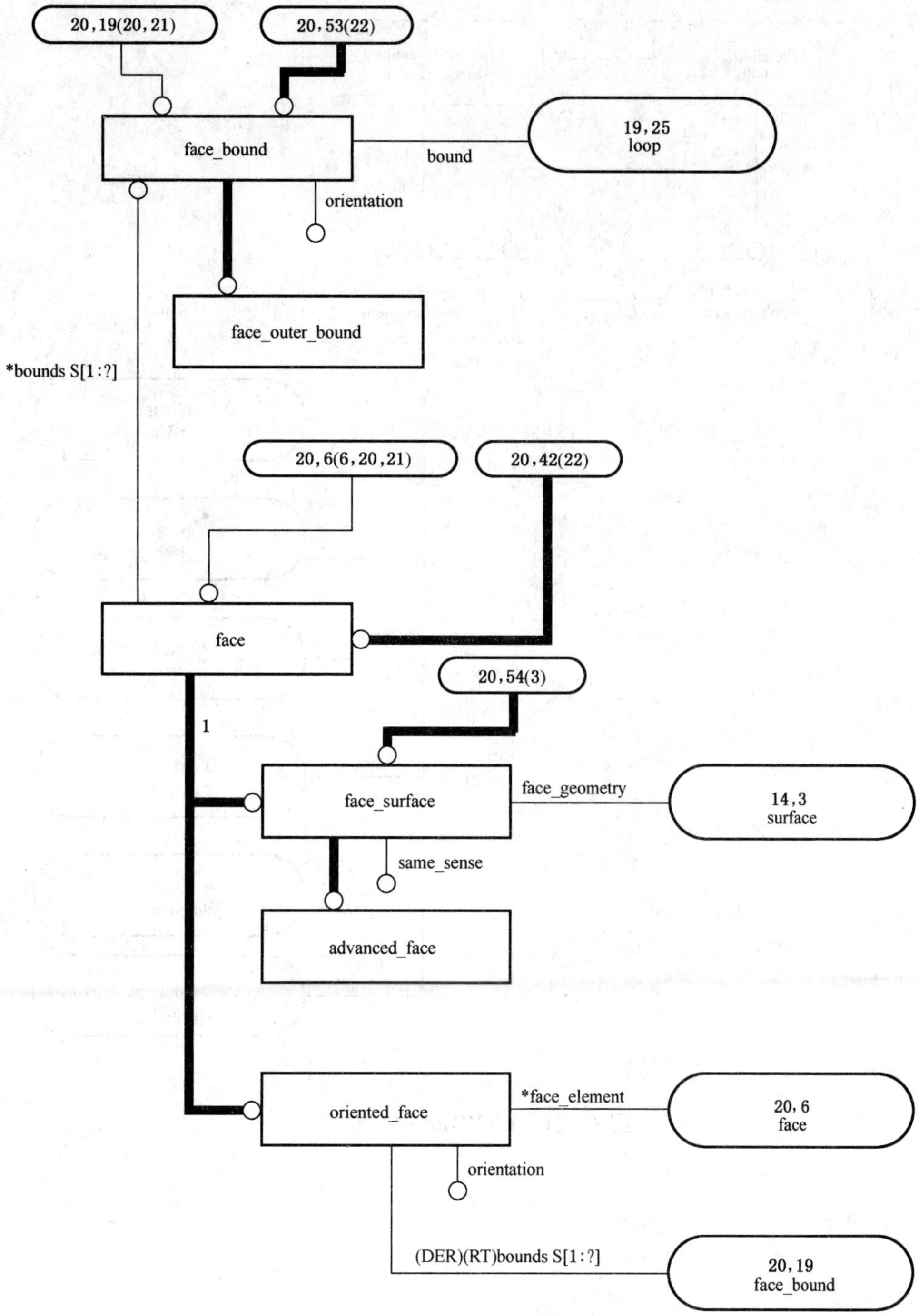

图 C.20 EXPRESS-G 图 22-20

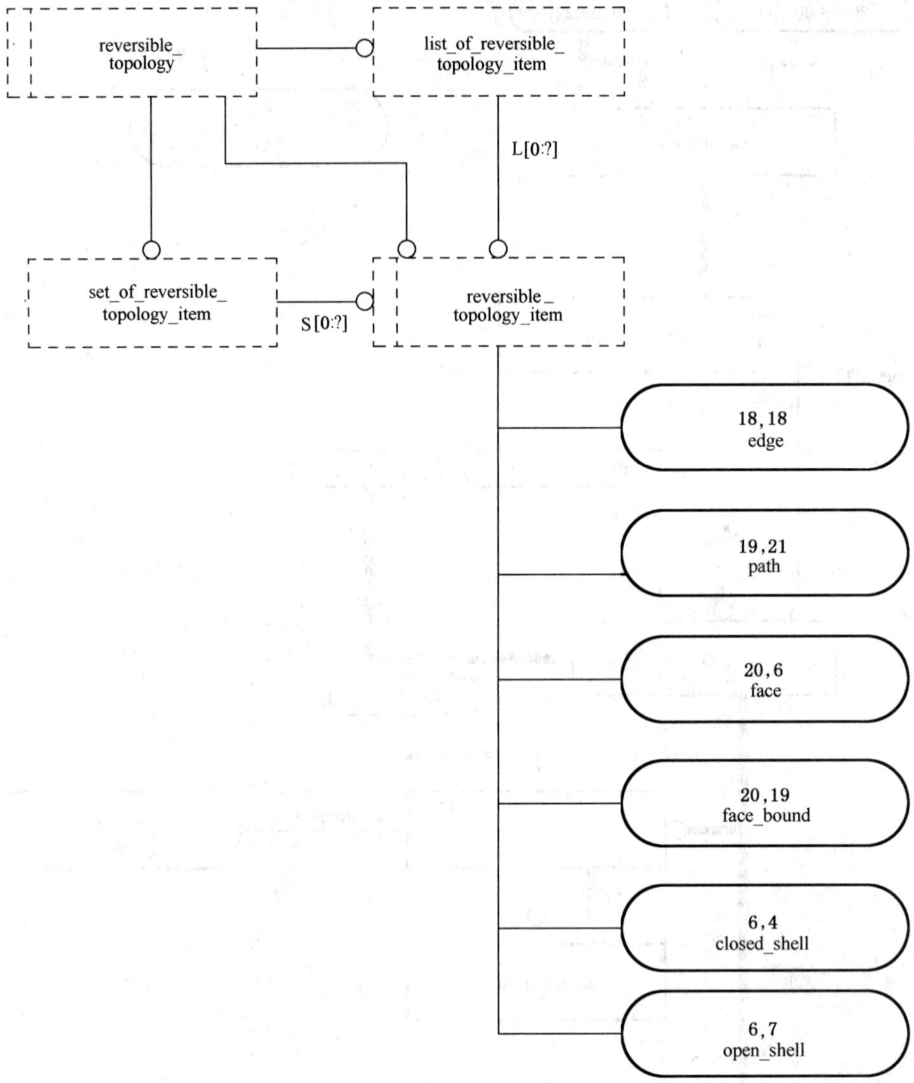

图 C.21 EXPRESS-G 图 22-21

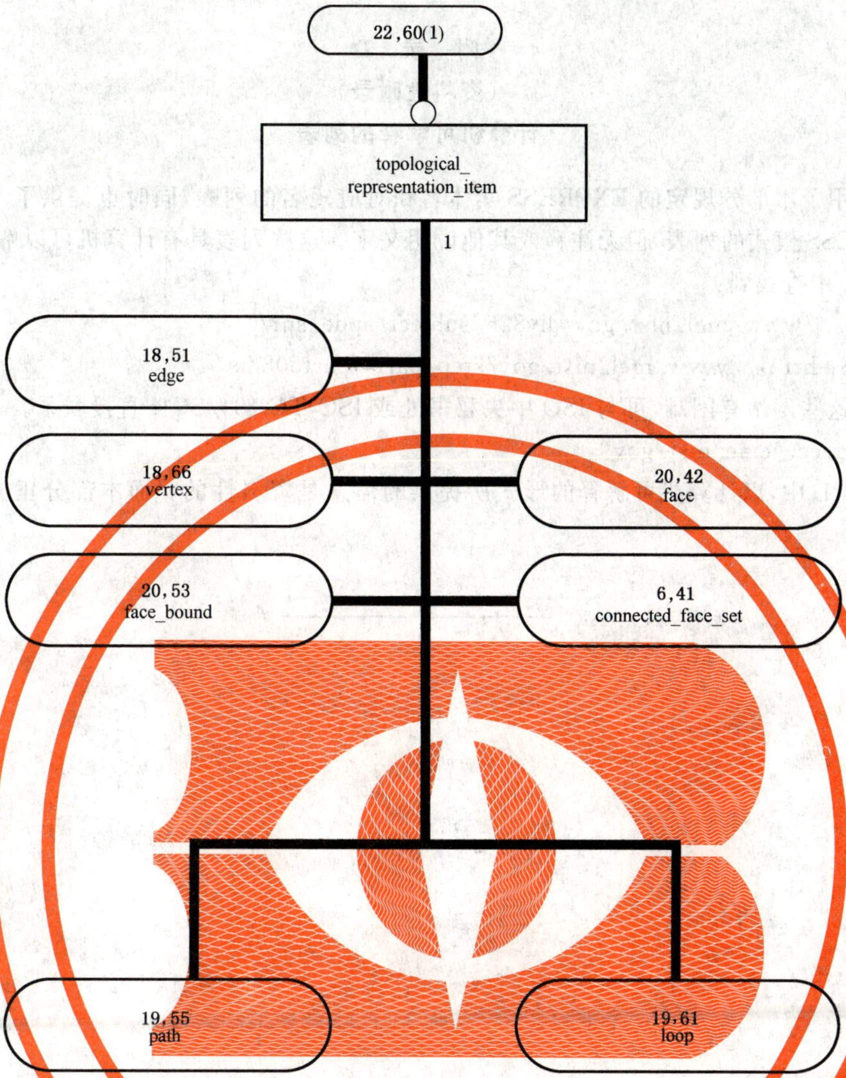

图 C.22 EXPRESS-G 图 22-22

附　录　D
（资料性附录）
计算机可解释的列表

本附录引用了本部分规定的EXPRESS实体名和对应短名的列表，同时也提供了本部分所规定的每一个EXPRESS模式的列表，但无注释或其他说明文字。这些列表具有计算机可以解释的形式，并可以在以下URL中查找到：

短名：http://www.mel.nist.gov/div826/subject/apde/snr/

EXPRESS：http://www.mel.nist.gov/step/parts/part508/is/

如果访问这些网站有困难，可与ISO中央秘书处或ISO TC 184/SC 4直接联系。

E-mail：sc4sec@cme.nist.gov

在以上URL中，以计算机可解释的形式所提供的信息是资料性的。而本部分正文所包含的信息是规范性的。

ICS 25.040.40
L 67

中华人民共和国国家标准

GB/T 16656.509—2010/ISO 10303-509:2001

工业自动化系统与集成　产品数据表达与交换　第509部分:应用解释构造:流形曲面

Industrial automation systems and integration—Product data representation and exchange—Part 509:Application interpreted construct:Manifold surface

(ISO 10303-509:2001,IDT)

2011-01-14 发布　　2011-05-01 实施

中华人民共和国国家质量监督检验检疫总局
中国国家标准化管理委员会　发布

前　言

GB/T 16656《工业自动化系统与集成　产品数据表达与交换》是一项由多个部分组成的标准，各部分单独出版。GB/T 16656 的所属各部分又组成多个子系列，即：

——第 1 部分至第 19 部分规定了描述方法；

——第 20 部分至第 29 部分规定了实现方法；

——第 30 部分至第 39 部分规定了一致性测试方法与框架；

——第 40 部分至第 59 部分规定了集成通用资源；

——第 100 部分至第 199 部分规定了集成应用资源；

——第 200 部分至第 299 部分规定了应用协议；

——第 300 部分至第 399 部分规定了抽象测试套件；

——第 400 部分至第 499 部分规定了应用模块；

——第 500 部分至第 599 部分规定了应用解释构造；

——第 1000 部分至第 1999 部分规定了应用模块。

GB/T 16656《工业自动化系统与集成　产品数据表达与交换》现已发布和即将发布的包括以下部分：

——第 1 部分：概述与基本原理；

——第 11 部分：描述方法：EXPRESS 语言参考手册；

——第 21 部分：实现方法：交换文件结构的纯正文编码；

——第 28 部分：实现方法：EXPRESS 模式与数据的 XML 表达(使用 XML 模式)；

——第 31 部分：一致性测试方法论与框架：基本概念；

——第 32 部分：一致性测试方法论与框架：对测试实验室与客户的要求；

——第 34 部分：一致性测试方法论与框架：应用协议实现的抽象测试方法；

——第 41 部分：集成通用资源：产品描述与支持原理；

——第 42 部分：集成通用资源：几何与拓扑表达；

——第 43 部分：集成通用资源：表达结构；

——第 44 部分：集成通用资源：产品结构配置；

——第 45 部分：集成通用资源：材料；

——第 46 部分：集成通用资源：可视化显示；

——第 47 部分：集成通用资源：形状变化公差；

——第 49 部分：集成通用资源：工艺过程结构和特性；

——第 51 部分：集成通用资源：数学表达；

——第 54 部分：集成通用资源：分类和集合论；

——第 55 部分：集成通用资源：过程与混合表达；

——第 56 部分：集成通用资源：状态；

——第 101 部分：集成应用资源：绘图；

——第 105 部分：集成应用资源：运动学；

——第 201 部分：应用协议：显式绘图；

——第 202 部分：应用协议：相关绘图；

——第 203 部分：应用协议：配置控制设计；

——第 238 部分：应用协议：计算机数值控制器用的应用解释模型；

——第501部分:应用解释构造:基于边的线框;
——第502部分:应用解释构造:基于壳的线框;
——第503部分:应用解释构造:几何有界二维线框;
——第504部分:应用解释构造:绘图注释;
——第505部分:应用解释构造:图样结构与管理;
——第506部分:应用解释构造:绘图元素;
——第507部分:应用解释构造:几何有界曲面;
——第508部分:应用解释构造:非流形曲面;
——第509部分:应用解释构造:流形曲面;
——第513部分:应用解释构造:基本边界表达;
——第520部分:应用解释构造:相关绘图元素;
——第1001部分:应用模块:外观赋值;
——第1002部分:应用模块:颜色;
——第1003部分:应用模块:曲线外观;
——第1004部分:应用模块:基本几何形状;
——第1005部分:应用模块:基本拓扑;
——第1006部分:应用模块:基础表达;
——第1007部分:应用模块:通用曲面外观;
——第1008部分:应用模块:层赋值;
——第1009部分:应用模块:形状外观和层。

本部分为GB/T 16656的第509部分。

本部分等同采用国际标准ISO 10303-509:2001《工业自动化系统与集成 产品数据表达与交换 第509部分:应用解释构造:流形曲面》,其技术内容和结构与ISO 10303-509:2001保持一致,为便于使用,做了如下编辑性修改:

a) 删去了ISO前言;
b) 对于带下划线的用于EXPRESS语言描述的各黑体英文实体名、属性名和函数名等,为了维护其英文原意,在本部分中,都使用其英文原名,仅当其作为标题时,我们在该英文名前增加了其归属的类型说明。

本部分的附录A、附录B为规范性附录;附录C、附录D为资料性附录。

本部分由中国机械工业联合会提出。

本部分由全国自动化系统与集成标准化技术委员会(SAC/TC 159)归口。

本部分主要起草单位:中国标准化研究院。

本部分主要起草人:洪岩、刘守华、蒲霜、唐良富、王志强、杨青海、李文武。

引　言

GB/T 16656(ISO 10303)是一个计算机可解释的用于产品信息表达和产品数据交换的技术标准。其目的是对产品全生命周期提供一种独立于任何特定系统、能够描述产品数据的中性机制。其描述功能不仅适合于中性文件的交换,而且也是实现和共享产品数据库及存档的基础。

GB/T 16656 由一系列部分组成,每个部分单独发布。GB/T 16656 的各个部分都分属以下系列之一:描述方法、集成资源、应用解释构造、应用协议、抽象测试套件、实现方法及一致性测试。在 ISO 10303-1 中对上述类别进行了说明。本部分(即第 509 部分)属于应用解释构造类。

应用解释构造(AIC)规定了解释构造的逻辑组合,这些应用解释构造支持跨越多个应用环境使用产品数据的特定功能。应用解释构造是集成资源的公共性解释,它支持不同应用协议中共享信息的需求。

GB/T 16656 的本部分借助流形曲面模型的方法规定了描述几何形状的应用解释构造。它包括定义二维流形的解析曲线、雕塑曲线和雕塑曲面的几何与拓扑资源。

工业自动化系统与集成 产品数据表达与交换 第509部分:应用解释构造:流形曲面

1 范围

GB/T 16656 的本部分规定了集成资源的解释以满足借助流形曲面模型描述几何形状的需求。

本部分适用于:

——三维点;

——在曲线或曲面参数空间中定义的点;

——三维曲线;

——在曲面参数空间中定义的曲线;

注:这些曲线也称作只取参数曲线和曲面上的曲线首字母的缩写词 pcurve 或 con。

——解析曲线:直线、圆、椭圆、抛物线与双曲线;

——相交曲线;

——至少由三个点构成的折线;

——解析曲面:平面、圆柱面、圆锥面、圆环面、球面;

——通过旋转或线性拉伸曲线扫略成的曲面;

——雕塑曲线或曲面;

——用拓扑实体剪裁曲线或曲面;

——用拓扑实体组成曲线或曲面;

——复制曲线、曲面和曲面模型;

——三维偏置曲线与曲面;

——二维流形。

本部分不适用于:

——无界几何;

——自相交几何;

——在二维笛卡儿坐标空间中的几何;

——点的复制;

——不与对应几何域相关联的拓扑;

——非流形。

2 规范性引用文件

下列文件中的条款通过 GB/T 16656 的本部分的引用而成为本部分的条款。凡是注日期的引用文件,其随后所有的修改单(不包括勘误的内容)或修订版均不适用于本部分,然而,鼓励根据本部分达成协议的各方研究是否可使用这些文件的最新版本。凡是不注日期的引用文件,其最新版本适用于本部分。

GB/T 16262.1 信息技术 抽象语法记法一(ASN.1) 第1部分:基本记法规范(GB/T 16262.1—2006,ISO/IEC 8824.1:2002,IDT)

GB/T 16656.41—1999 工业自动化系统与集成 产品数据表达与交换 第41部分:集成通用资

源:产品描述与支持原理(idt ISO 10303-41:1994)

GB/T 16656.42—1998 工业自动化系统与集成 产品数据表达与交换 第42部分:集成通用资源:几何与拓扑表达(idt ISO 10303-42:1998)

GB/T 16656.43—1999 工业自动化系统与集成 产品数据表达与交换 第43部分:集成通用资源:表达结构(idt ISO 10303-43:1994)

GB/T 16656.202—2000 工业自动化系统与集成 产品数据表达与交换 第202部分:应用协议:相关绘图(eqv ISO 10303-202:1996)

注:GB/T 16656.202只用于术语AIC定义的规范性参考。

ISO 10303-1:1994 工业自动化系统与集成 产品数据表达与交换 第1部分:概述与基本原理

ISO 10303-11:1994 工业自动化系统与集成 产品数据表达与交换 第11部分:描述方法:EXPRESS语言参考手册

ISO 10303-511:2001 工业自动化系统与集成 产品数据表达与交换 第511部分:应用解释构造:拓扑界定的曲面

3 术语、定义和缩略语

3.1 ISO 10303-1中定义的术语

本部分使用ISO 10303-1中定义的下列术语:

——抽象测试套件 abstract test suite (ATS);

——应用 application;

——应用相关环境 application context;

——应用协议 application protocol (AP);

——数据 data;

——数据交换 data exchange;

——通用资源 generic resource;

——实现方法 implementation method;

——信息 information;

——集成资源 integrated resource;

——解释 interpretation;

——模型 model;

——产品 product;

——产品数据 product data;

——结构 structure。

3.2 GB/T 16656.42中定义的术语

本部分使用GB/T 16656.42中定义的下列术语:

——边界 boundary;

——边界表达固体模型 boundary representation solid model;

——相连 connected;

——坐标空间 coordinate space;

——曲线 curve;

——维度 dimensionality;

——域 domain;

——参数空间 parameter space;

——自相交 self-intersect;

——曲面　surface。

3.3 GB/T 16656.202 中定义的术语

本部分使用 GB/T 16656.202 中定义的下列术语。

3.3.1

应用解释构造(AIC)　application interpreted construct(AIC)

应用解释构造(AIC)是一种逻辑组合,它支持横跨多种应用环境的产品数据使用特定功能。

[GB/T 16656.202—2000,3.7.1]

3.4 在 ISO 10303-511 中定义的术语

本部分使用 ISO 10303-511 中定义的下列术语:

——高级曲面　advanced face;

——雕塑曲面　sculptured surface;

——扫略曲面　swept surface。

3.5 其他术语和定义

以下术语和定义适用于本部分。

3.5.1

二维流形　2-manifold

形状边界上的任一点都能创建一个足够小的球体,以使球的内部被这个边界分成两个确定的区域。边界由边和面构成。

注:该定义不考虑曲面的自相交、不沿边的曲面相交以及连接三个面以上的边。

3.5.2

非流形　non-manifold

使用拓扑构造定义边界和连通的曲面模型,该模型要么至少包括两个共享一个 face 的 connected_face_set,要么包括两个以上的 face 共享一个 edge。

3.6 缩略词

AIC:应用解释构造(Application Interpreted Construct)

AP:应用协议(Application Protocol)

ATS:抽象测试套件(Abstract Test Suite)

4 EXPRESS 短表

GB/T 16656 的本章规定了 EXPRESS 模式,所采用的元素取自集成资源,包含类、实体专门化和本部分规定的函数。

注 1:集成资源所规定的一些子类和选择列表项没有输入到 AIC 中。通过使用 ISO 10303-11 隐式接口规则,某些构造从子类树或选择列表中被删除。引用被删除的构造超出了本 AIC 的范围。因为 AIC 要在应用协议相关环境内实现,因此选择列表项在应用协议中定义。

本应用解释构造为由解析或雕塑曲线和曲面组成的流形曲面表达的定义提供了一致的几何与拓扑实体集合。在本部分中的最高层实体是 manifold_surface_shape_representation。manifold_surface_shape_representation 是有界的。几何的边界将通过拓扑实体(例如 vertex、edge 与 face)获得。

拓扑实体都与相应的几何域关联。

注 2:本部分使用的所有实体与类型均来自 ISO 10303-511 的 aic_topologically_bounded_surface。

EXPRESS 描述:

```
*)
SCHEMA aic_manifold_surface;
```

```
USE FROM aic_topologically_bounded_surface;                    ——ISO 10303-511
USE FROM geometric_model_schema(                               ——GB/T 16656.42
     shell_based_surface_model);

USE FROM geometry_schema(                                      —— GB/T 16656.42
     b_spline_curve,
     b_spline_surface,
     bounded_pcurve,
     bounded_surface_curve,
     cartesian_transformation_operator_3d,
     curve,
     curve_replica,
     degenerate_pcurve,
     evaluated_degenerate_pcurve,
     intersection_curve,
     offset_curve_3d,
     offset_surface,
     point_on_curve,
     point_on_surface,
     seam_curve,
     surface,
     surface_replica);

USE FROM product_property_representation_schema(              —— GB/T 16656.41
     shape_representation);

USE FROM representation_shema(                                 —— GB/T 16656.43
     mapped_item,
     representation,
     representation_item,
     representation_map);

USE FROM topology_schema(                                      —— GB/T 16656.42
     closed_shell,
     connected_face_set,
     face,
     open_shell,
     oriented_closed_shell);
(*
```

注 3:以上引用的模式可在以下部分中查到：

aic_topologically_bounded_surface	ISO 10303-511
genmetric_model_schema	GB/T 16656.42
genmetric_schema	GB/T 16656.42

product_property_representation_schema	GB/T 16656.41
representation_schema	GB/T 16656.43
topology_schema	GB/T 16656.42

4.1 基本概念和假设

使用本 AIC 使以下实体在应用协议模式中被单独列举：

——manifold_surface_shape_representation。

4.2 aic_manifold_surface 模式实体定义：manifold_surface_representation

manifold_surface_representation 使用带边界的二维流形描述 product 的形状或 product 的部分形状。

注 1：对二维流形进行拓扑约束以便于将它们包含到固体表达中。例如，在一个二维流形里，只能最多允许两个 face 共用同一个 edge。

注 2：本部分中不包括实体 product。

manifold_surface_shape_representation 是由 GB/T 16656.41 定义的组成一个或多个 shell_based_surface_model 的 shape_representation。每一个 shell_based_surface_model 都是由 face 集合中的 open_shell 和 closed_shell 建成的。connected_face_set 是 open_shell 和 closed_shell 的子类，它是不可实例化的。face 使用 edge 和 vertex，edge 和 vertex 引用几何实体，比如 point、curve 与 surface。拓扑和几何的连接即可以使用 face_surface 建立又可以使用 ISO 10303-511 定义的 advanced_surface 建立。这两种选择既不同于有效的 point、curve 和 surface 子类选择，也不同于引用基础几何中的约束。

注 3：在流形曲面模型中建议把 face_surface 表达为 advanced_face 以便与边界表达实体模型一起使用；这样把流形曲面模型与 ISO 10303-514 定义的高级边界曲面模型进行集成将更加容易。

除去用于定义 pcurve 的二维几何，所有几何实体都应是三维的。不能使用一维 cartesian_point。

使用拓扑构造对所有无界几何进行剪裁。

manifold_surface_shape_representation 的 items 可以是在 GB/T 16656.43 中定义的 mapped_item 类型或者是 axis2_placement_3d 类型。通常把一个或多个 manifold_surface_shape_representation 组装到一个其他的 manifold_surface_shape_representation。

根据以上声明，这个实体的 WHERE_rule 限定使用从 GB/T 16656.42 和 GB/T 16656.43 输入的实体数据类型。实体类型的检验和约束主要是通过以下两个函数实现：

——msf_curve_check；

——msf_surface_check。

在 WR6 和 WR10 中，除了那些属于 advanced_face 的引用树，这些函数检验 manifold_surface_shape_representation 范围内的 curve 以及所有 edge 上的 surface 和 face，advanced_face 的几何由不同的规则集来检验。这些函数自动读取所有基础几何的曲线和曲面，这种方式也称递归。

示例：一个 pcurve 既可以引用 curve 又可以引用 surface。函数 msf_curve_check 检查的不仅是 pcurve，同样也检查该基础几何。为此，它将不仅调用它自身，同样也调用 msf_curve_check。

注 4：本部分中不包括用于检验 point 及其基础 curve 和 surface 的函数。这是因为在一个 manifold_surface_shape_representation 中所有的 curve 和 surface 都被 edge 和 face 引用，因此这两个函数包含了验证 point 及其基础 curve 和 surface 的功能。

注 5：本部分使用的应用协议显式地允许 shape_representation 实体实例化为 manifold_surface_shape_representation。

EXPRESS 描述：

```
*)
ENTITY manifold_surface_shape_representation
SUBTYPE OF (shape_representation);
WHERE
```

```
WR1:SIZEOF (QUERY (it <* SELF.items |
    NOT (SIZEOF (['AIC_MANIFOLD_SURFACE.SHELL_BASED_SURFACE_MODEL',
    'AIC_MANIFOLD_SURFACE.MAPPED_ITEM',
    'AIC_MANIFOLD_SURFACE.AXIS2_PLACEMENT_3D'] * TYPEOF (it)) = 1))) = 0;
WR2:SIZEOF (QUERY (it <* SELF.items |
    SIZEOF (['AIC_MANIFOLD_SURFACE.SHELL_BASED_SURFACE_MODEL',
    'AIC_MANIFOLD_SURFACE.MAPPED_ITEM'] * TYPEOF (it)) = 1)) > 0;
WR3:SIZEOF (QUERY (mi <* QUERY (it <* SELF.items |
    'AIC_MANIFOLD_SURFACE.MAPPED_ITEM' IN TYPEOF (it)) |
    NOT (('AIC_MANIFOLD_SURFACE.MANIFOLD_SURFACE_SHAPE_REPRESENTATION'
    IN TYPEOF (mi\mapped_item.mapping_source.mapped_representation))
    AND
    (SIZEOF(QUERY (mr_it <*
    mi\mapped_item.mapping_source.mapped_representation.items |
    ('AIC_MANIFOLD_SURFACE.SHELL_BASED_SURFACE_MODEL'
    IN TYPEOF (mr_it)))) > 0 )))) = 0;
WR4:SIZEOF (QUERY (sbsm <* QUERY (it <* SELF.items |
    'AIC_MANIFOLD_SURFACE.SHELL_BASED_SURFACE_MODEL' IN TYPEOF (it)) |
    NOT (SIZEOF (QUERY (sh <*
    sbsm\shell_based_surface_model.sbsm_boundary |
    NOT (SIZEOF (['AIC_MANIFOLD_SURFACE.OPEN_SHELL',
    'AIC_MANIFOLD_SURFACE.ORIENTED_CLOSED_SHELL',
    'AIC_MANIFOLD_SURFACE.CLOSED_SHELL']
* TYPEOF (sh)) = 1))) = 0))) = 0;
WR5:SIZEOF (QUERY (sbsm <* QUERY (it <* SELF.items |
    'AIC_MANIFOLD_SURFACE.SHELL_BASED_SURFACE_MODEL' IN TYPEOF (it)) |
    NOT (SIZEOF (QUERY (cfs <*
    sbsm\shell_based_surface_model.sbsm_boundary |
    NOT (SIZEOF (QUERY (fa <* cfs\connected_face_set.cfs_faces |
    NOT ('AIC_MANIFOLD_SURFACE.FACE_SURFACE' IN TYPEOF (fa)) )) = 0)))
     = 0))) =0;
WR6:SIZEOF (QUERY (sbsm <* QUERY (it <* SELF.items |
    'AIC_MANIFOLD_SURFACE.SHELL_BASED_SURFACE_MODEL' IN TYPEOF (it)) |
    NOT (SIZEOF (QUERY (cfs <*
    sbsm\shell_based_surface_model.sbsm_boundary |
    NOT (SIZEOF (QUERY (fa <* cfs\connected_face_set.cfs_faces |
    NOT (('AIC_MANIFOLD_SURFACE.ADVANCED_FACE' IN TYPEOF (fa))
    OR
    (msf_surface_check(fa\face_surface.face_geometry))))) = 0)))
     = 0))) = 0;
WR7:SIZEOF (QUERY (sbsm <* QUERY (it <* SELF.items |
    'AIC_MANIFOLD_SURFACE.SHELL_BASED_SURFACE_MODEL' IN TYPEOF (it)) |
    NOT (SIZEOF (QUERY (fa <* cfs\connected_face_set.cfs_faces |
```

```
    NOT (('AIC_MANIFOLD_SURFACE.ADVANCED_FACE' IN TYPEOF (fa))
    OR
    (SIZEOF (QUERY (bnds <* fa.bounds |
    NOT (SIZEOF (['AIC_MANIFOLD_SURFACE.EDGE_LOOP',
 'AIC_MANIFOLD_SURFACE.VERTEX_LOOP']
* TYPEOF (bnds.bound)) = 1))) = 0))))) = 0))) = 0))) = 0;
 WR8:SIZEOF (QUERY (sbsm <* QUERY (it <* SELF.items|
    'AIC_MANIFOLD_SURFACE.SHELL_BASED_SURFACE_MODEL' IN TYPEOF (it)) |
    NOT (SIZEOF (QUERY (cfs <*
    sbsm\shell_based_surface_model.sbsm_boundary |
    NOT (SIZEOF (QUERY (fa <* cfs\connected_face_set.cfs_faces |
    NOT (('AIC_MANIFOLD_SURFACE.ADVANCED_FACE' IN TYPEOF (fa))
    OR
    (SIZEOF (QUERY (elp_fbnds <* QUERY (bnds <* fa.bounds |
    'AIC_MANIFOLD_SURFACE.EDGE_LOOP' IN TYPEOF (bnds.bound)) |
    NOT (SIZEOF (QUERY (oe <* elp_fbnds\path.edge_list |
    NOT ('AIC_MANIFOLD_SURFACE.EDGE_CURVE' IN TYPEOF
    (oe.edge_element)))) = 0))) = 0)))) = 0))) = 0))) = 0;
 WR9:SIZEOF (QUERY (sbsm <* QUERY (it <* SELF.items |
    'AIC_MANIFOLD_SURFACE.SHELL_BASED_SURFACE_MODEL' IN TYPEOF (it)) |
    NOT (SIZEOF (QUERY (cfs <*
    sbsm\shell_based_surface_model.sbsm_boundary |
    NOT (SIZEOF (QUERY (fa <* cfs\connected_face_set.cfs_faces |
    NOT (('AIC_MANIFOLD_SURFACE.ADVANCED_FACE' IN TYPEOF (fa))
    OR
    (SIZEOF (QUERY (elp_fbns <* QUERY (bnds <* fa.bounds |
    'AIC_MANIFOLD_SURFACE.EDGE_LOOP' IN TYPEOF (bnds.bound)) |
    NOT (SIZEOF (QUERY (oe_cv <* QUERY (oe <*
    elp_fbnds\path.edge_list |
    'AIC_MANIFOLD_SURFACE.EDGE_CURVE' IN TYPEOF (oe.edge_element)) |
    NOT (SIZEOF (['AIC_MANIFOLD_SURFACE.B_SPLINE_CURVE',
    'AIC_MANIFOLD_SURFACE.CONIC',
    'AIC_MANIFOLD_SURFACE.CURVE_REPLICA',
    'AIC_MANIFOLD_SURFACE.LINE',
    'AIC_MANIFOLD_SURFACE.OFFSET_CURVE_3D',
    'AIC_MANIFOLD_SURFACE.PCURVE',
     'AIC_MANIFOLD_SURFACE.POLYLINE',
     'AIC_MANIFOLD_SURFACE.SURFACE_CURVE'] *
     TYPEOF (oe_cv.edge_element\edge_curve.edge_geometry))
      = 1))) = 0))) = 0)))) = 0))) = 0))) = 0;
 WR10:SIZEOF (QUERY (sbsm <* QUERY (it <* SELF.items |
    'AIC_MANIFOLD_SURFACE.SHELL_BASED_SURFACE_MODEL' IN TYPEOF (it)) |
    NOT (SIZEOF (QUERY (cfs <*
```

```
    sbsm\shell_based_surface_model.sbsm_boundary |
    NOT (SIZEOF (QUERY (fa <* cfs\connected_face_set.cfs_faces |
    NOT (('AIC_MANIFOLD_SURFACE.ADVANCED_FACE' IN TYPEOF (fa))
    OR
    (SIZEOF (QUERY (elp_fbnds <* QUERY (bnds <* fa.bounds |
    'AIC_MANIFOLD_SURFACE.EDGE_LOOP' IN TYPEOF (bnds.bounds)) |
    NOT (SIZEOF (QUERY (oe <* elp_fbnds\path.edge_list |
    NOT (msf_curve_check (oe.edge_element\edge_curve.edge_geometry))))
     = 0))) = 0)))) = 0))) = 0))) = 0;
WR11:SIZEOF (QUERY(sbsm <* QUERY (it <* SELF.items |
    'AIC_MANIFOLD_SURFACE.SHELL_BASED_SURFACE_MODEL' IN TYPEOF (it)) |
    NOT (SIZEOF (QUERY (cfs <*
    sbsm\shell_based_surface_model.sbsm_boundary |
    NOT (SIZEOF (QUERY (fa <* cfs\connected_face_set.cfs_faces |
    NOT (('AIC_MANIFOLD_SURFACE.ADVANCED_FACE' IN TYPEOF (fa))
    OR
    (SIZEOF (QUERY (elp_fbnds <* QUERY (bnds <* fa.bounds |
    'AIC_MANIFOLD_SURFACE.EDGE_LOOP' IN TYPEOF (bnds.bound)) |
    NOT (SIZEOF (QUERY (oe <* elp_fbnds\path.edge_list|
    NOT (('AIC_MANIFOLD_SURFACE.VERTEX_POINT' IN TYPEOF
    (oe.edge_element.edge_start))
    AND
    ('AIC_MANIFOLD_SURFACE.VERTEX_POINT' IN
    TYPEOF (oe.edge_element.edge_end)))))
     = 0))) = 0)))) = 0))) = 0))) = 0;
WR12:SIZEOF (QUERY (sbsm <* QUERY (it <* SELF.items |
    'AIC_MANIFOLD_SURFACE.SHELL_BASED_SURFACE_MODEL' IN TYPEOF (it)) |
    NOT (SIZEOF (QUERY (cfs <*
    sbsm\shell_based_surface_model.sbsm_boundary |
    NOT (SIZEOF (QUERY (fa <* cfs\connected_face_set.cfs_faces |
    NOT (('AIC_MANIFOLD_SURFACE.ADVANCED_FACE' IN TYPEOF (fa))
    OR
    (SIZEOF (QUERY (elp_fbnds <* QUERY (bnds <* fa.bounds |
    'AIC_MANIFOLD_SURFACE.EDGE_LOOP' IN TYPEOF (bnds.bound)) |
    NOT (SIZEOF (QUERY (oe <* elp_fbnds\path.edge_list |
    NOT ((SIZEOF (['AIC_MANIFOLD_SURFACE.CARTESIAN_POINT',
    'AIC_MANIFOLD_SURFACE.DEGENERATE_PCURVE',
    'AIC_MANIFOLD_SURFACE.POINT_ON_CURVE',
    'AIC_MANIFOLD_SURFACE.POINT_ON_SURFACE'] * TYPEOF
    (oe.edge_element.edge_start\vertex_point.vertex_geometry)) = 1)
    AND
    (SIZEOF (['AIC_MANIFOLD_SURFACE.CARTESIAN_POINT',
    'AIC_MANIFOLD_SURFACE.DEGENERATE_PCURVE',
```

```
    'AIC_MANIFOLD_SURFACE.POINT_ON_CURVE',
    'AIC_MANIFOLD_SURFACE.POINT_ON_SURFACE'] * TYPEOF
    (oe.edge_element.edge_end\vertex_point.vertex_geometry)) = 1
    )))) = 0))) = 0)))) = 0))) = 0))) = 0;
  WR13:SIZEOF (QUERY (sbsm <* QUERY (it <* SELF.items |
    'AIC_MANIFOLD_SURFACE.SHELL_BASED_SURFACE_MODEL' IN TYPEOF (it)) |
    NOT (SIZEOF (QUERY (cfs <*
    sbsm\shell_based_surface_model.sbsm_boundary |
    NOT (SIZEOF (QUERY (fa <* cfs\connected_face_set.cfs_faces |
    NOT (('AIC_MANIFOLD_SURFACE.ADVANCED_FACE' IN TYPEOF (fa))
    OR
    (SIZEOF (QUERY (vvlp_fbnds <* QUERY (bnds <* fa.bounds |
    'AIC_MANIFOLD_SURFACE.VERTEX_LOOP' IN TYPEOF (bndds.bound)) |
    NOT ('AIC_MANIFOLD_SURFACE.VERTEX_POINT' IN TYPEOF
    (vlp_fbnds\vertex_loop.loop_vertex)))) = 0)))) = 0)))
     = 0))) = 0;
  WR14:SIZEOF (QUERY (sbsm <* QUERY (it <* SELF.items |
    'AIC_MANIFOLD_SURFACE.SHELL_BASED_SURFACE_MODEL' IN TYPEOF (it)) |
    NOT (SIZEOF (QUERY (cfs <*
    Sbsm\shell_based_surface_model.sbsm_boundary |
    NOT (SIZEOF (QUERY (fa <* cfs\connected_face_set.cfs_faces |
    NOT (('AIC_MANIFOLD_SURFACE.ADVANCED_FACE' IN TYPEOF (fa))
    OR
    (SIZEOF (QUERY (vlp_fbnds <* QUERY (bnds <* fa.bounds |
    'AIC_MANIFOLD_SURFACE.VERTEX_LOOP' IN TYPEOF (bnds.bound)) |
    NOT (SIZEOF (['AIC_MANIFOLD_SURFACE.CARTESIAN_POINT',
    'AIC_MANIFOLD_SURFACE.DEGENERATE_PCURVE',
    'AIC_MANIFOLD_SURFACE.POINT_ON_CURVE',
    'AIC_MANIFOLD_SURFACE.POINT_ON_SURFACE'] * TYPEOF
    (vlp_fbnds\vertex_loop.loop_vertex\vertex_point.vertex_geometry))
     = 1))) = 0)))) = 0))) = 0))) = 0;
END_ENTITY;
(*
```

形式限制：

WR1：在一个 manifold_surface_shape_representation 中的各 item 可以是 shell_based_surface_model、mapped_item 或 axis2_placement_3d。

注 6：axis2_placement_3d 是合法的 mapped_item.mapping_target。manifold_surface_shape_representation 的 item 列表中包括其他的 representation，mapped_item.mapping_source.mapping_origin 可以是 mapped_representation 的 geometric_representation 中的任何实体。如果这个实体是 axis2_placement_3d，算子把 mapped_representation 映射成相应的只进行平移和旋转变换矩阵的 manifold_surface_shape_representation。如果把 cartesian_transformation_operator_3d 用于 mapping_origin，还可以进行比例缩放和镜像。

WR2:在一个 manifold_surface_shape_representation 中,至少有一个 item 既是 shell_based_surface_model 又是 mapped_item。

WR3:如果 manifold_surface_shape_representation 中存在 mapped_item,那么其 mapping_source 的 mapped_representation 还可以是 manifold_surface_shape_representation。

WR4:shell_based_surface_model 的边界,也就是它的属性 sbsm_boundary,仅使用 open_shell、closed_shell 或 oriented_closed_shell 进行定义;使用 oriented_open_shell 是非法的。

WR5:face 可以实例化成 face_surface,这可能包括 advanced_surface 子类。oriented_face 不是 face 的合法实例。

WR6:surface 引用的所有基础几何既可以在 advanced_face 引用树内又可以是合法的 curve 和 surface。

offset_surface 的 basis_surface 既可以是 elementary_surface、b_spline_surface、offset_surface、swept_surface,又可以是 surface_replica。

surface_replica 的 parent_surface 既可以是 elementary_surface、b_spline_surface、offset_surface、swept_surface,又可以是 surface_replica。

swept_surface 的 swept_curve 既可以是 line、conic、pcurve、surface_curve、offset_curve_3d、b_spline_curve、polyline,又可以是 curve_replica。

b_spline_surface 和 offset_surface 的 self_intersect 的属性可设为 FALSE 或 UNKNOWN。

注 7:通过函数 msf_surface_check 的约束验证一个 surface。

WR7:从 face 引用 face_bound 的 bound 既可以在 advanced_face 引用树内,又可以是 edge_loop 或 vertex_loop。

WR8:界定边界的 edge 的几何,即 orientd_edged 的 edge_element,既可以在 advanced_face 的引用树内,又可以是 edge_curve。

WR9:用于定义 edge 几何的 curve,即 edge 的 edge_curve 的 edge_geometry,既可以是 b_spline_curve、conic、curve_replica、line、offset_curve_3d、pcurve、polyline、surface_curve,又可以是 advanced_face 引用树内的 curve。

WR10:curve 引用的所有基础几何既可以在 advanced_face 引用树内,又可以是合法的 curve 和 surface。

curve_replica 的 parent_curve 既可以是 line、conic、pcurve、surface_curve、offset_curve_3d、b_spline_curve、polylin,又可以是 curve_replica。

offset_curve_3d 的 basis_curve 既可以是 line、conic、pcurve、surface_curve、offset_curve_3d、b_spline_curve、polylin,又可以是 curve_replica。

surface_curve 的 curve_3d 既可以是 b_spline_curve、elementary_surface、offset_surface、surface_replica,又可以是 swept_surface。

polyline 至少包含三个 cartesian_point。

b_spline_curve 和 offset_curve_3d 的属性 self_intersect 可设置为 FALSE 或 UNKNOWN。

注 8:通过函数 msf_curve_check 的约束检验 curve 的合法性。

WR11:一条 edge 的 edge_start 和 edge_end 既可以在 advanced_face 引用树内,又可以是 vertex_point。

WR12:vertex 的 vertex_geometry 是 edge_loop 的一部分,它既可以在 advanced_face 引用树内,又可以是 cartesian_point、point_on_curve、point_on_surface 或 degenerate_pcurve。

WR13:vertex_loop 的 loop_vertex 既可以在 advanced_face 引用树内,又可以是 vertex_point。

WR14:vertex 的 vertex_geometry 是 vertex_loop 的一部分,它既可以在 advanced_face 引用树内,又可以是 cartesian_point、point_on_curve、point_on_surface 或 degenerate_pcurve。

非形式限制：

IP1：在 manifold_surface_shape_representation 拓扑域内的 b_spline_curve 不能自相交。

IP2：在 manifold_surface_shape_representation 拓扑域内的 b_spline_surface 不能自相交。

IP3：在 manifold_surface_shape_representation 拓扑域内的 offset_curve_3d 不能自相交。

IP4：在 manifold_surface_shape_representation 拓扑域内的 offset_surface 不能自相交。

IP5：如果 face 仅有一个连接的外边界，相应的 loop 应该表达成 face_outer_bound。如果外边界是不连接的，不能使用 face_outer_bound。

4.3 aic_manifold_surface 函数定义

本条描述了阐明 aic_manifold_surface 模式约束所需的函数。这些函数被用于规范 manifold_surface_shape_representation 实体。

4.3.1 函数 msf_curve_check

msf_curve_check 用于检查在 manifold_surface_shape_representation 相关环境中 curve 实例的合法性。curve 实例引用的所有几何也将被检查，例如其他 curve 和 surface。

示例：这个函数检查的一个约束条件是：是否一个 b_spline_curve 实例的自相交标记设置为 TRUE 、FALSE 或 UNKNOWN；只有设置为 FALSE 或 UNKNOWN 是合法的。

对一个实例进行递归性调查意味着如果一条 curve 引用其他 curve 作为基础曲线或父曲线，需要重新调用函数 msf_curve_check 进行检查。如果实例引用了 surface，调用函数 msf_surface_check 进行检查。当实体类型不引用任何 curve 和 surface 时，这种递归调用过程结束。

以下曲线类型及其子类都在 manifold_surface_shape_representation 范围内，因此可合法地输入到这个函数：

——b_spline_curve；

——conic；

——curve_replica；

——line；

——offset_curve_3d；

——pcurve；

——polyline；

——surface_curve。

这些 curve 类型中的四种类型引用基础 curve 或父 curve。下面列出了合法的引用。

注 1：这个函数适用于在递归过程的列表中标记的那些实体类型，以检查合法实例化的实体引用。

curve_replica 的 parent_curve 与 offset_curve_3d 的 basis_curve 是以下类型中的一种：

——b_spline_curve；

——conic；

——curve_replica(递归)；

——line；

——offset_curve_3d(递归)；

——pcurve(递归)；

——polyline；

——surface_curve(递归)。

由 pcurve 引用为 reference_to_curve 的 definitional_representation 的 items 集合中的一个实例是以下一种类型：

——b_spline_curve；

——conic;

——curve_replica(递归);

——line;

——polyline。

surface_curve 的 curve_3d 是以下一种类型:

——b_spline_curve;

——conic;

——curve_replica(递归);

——line;

——offset_curve_3d(递归);

——polyline;

——surface_curve(递归)。

pcurve 和 surface_curve 都引用 surface,因此调用函数 msf_surface_check 检查这些 surface 的合法性。manifold_surface_shape_representation 要求 pcurve 和 surface_curve 引用的合法 surface 满足 GB/T 16656.42 中规定的 surface 的约束条件。

一条合法的 polyline 将至少包括三个 cartesian_point。

B 样条和偏置几何的 self_intersect 属性可设置为 FALSE 或 UNKNOWN。

如果所有引用几何的类型都在 manifold_surface_shape_representation 范围内并满足所有的约束条件,函数返回为 TRUE,否则函数返回 FALSE。

注 2:该函数不检查涉及引用 GB/T 16656.42 内容的正确性。只有属于 manifold_surface_shape_representation 范围的附加要求才会被检查。

EXPRESS 描述:

```
*)
FUNCTION msf_curve_check ((cv :representation_item) :BOOLEAM;
(* This function verifies the validity of a curve in the context of a
manifold surface model. Representation_items are
valid input, however, they are supposed to be curves; otherwise
this function will return false.
*)
(* complex subtypes of curve that are both bounded_curve and
oneof conic, curve_replica, line, or offset_curve_3d are not
valid
*)
IF SIZEOF (['AIC_MANIFOLD_SURFACE.BOUNDED_CURVE',
   'AIC_MANIFOLD_SURFACE.CONIC',
   'AIC_MANIFOLD_SURFACE.CURVE_REPLICA', 'AIC_MANIFOLD_SURFACE.LINE',
   'AIC_MANIFOLD_SURFACE.OFFSET_CURVE_3D'] * TYPEOF(cv)) >1 THEN
RETURN(FALSE);
END_IF;

(* b_spline_curve shall not self_intersect
*)
IF (('AIC_MANIFOLD_SURFACE.B_SPLINE_CURVE' IN TYPEOF (cv)) AND
```

```
   (cv\b_spline_curve.self_intersect = FALSE)OR
   (cv\b_spline_curve.self_intersect = UNKNOWN)) THEN
   RETURN(TRUE);
ElSE

( * conics and lines are valid curve types
 * )
IF SIZEOF (['AIC_MANIFOLD_SURFACE.CONIC', 'AIC_MANIFOLD_SURFACE.LINE']
 * TYPEOF (cv)) = 1 THEN
      RETURN(TRUE);
   ELSE

( * a curve_replica shall reference a valid curve
 * )
IF 'AIC_MANIFOLD_SURFACE.CURVE_REPLICA' IN TYPEOF(cv) THEN
   RETURN (msf_curve_check(cv\curve_replica.parent_curve));
ELSE

( * an offset_curve_3d shall not self-intersect and
   shall reference a valid curve; a polyline is not a
   valid basis_curve
 * )
IF (('AIC_MANIFOLD_SURFACE.OFFSET_CURVE_3D' IN TYPEOF (cv))
     AND
     ((cv\offset_curve_3d.self_intersect = FALSE) OR
     (cv\offset_curve_3d.self_intersect = UNKNOWN))
     AND
     (NOT ('AIC_MANIFOLD_SURFACE.POLYLINE' IN TYPEOF
     (cv\offset_curve_3d.basis_curve)))) THEN
     RETURN (msf_curve_check(cv\offset_curve_3d.basis_curve));
ELSE

     ( * a pcurve shall reference a valid curve and a valid
         basis_surface
      * )
     IF 'AIC_MANIFOLD_SURFACE.PCURVE' IN TYPEOF(cv) THEN
      RETURN ((msf_curve_check
      (cv\pcurve.reference_to_curve\representation.items[1])) AND
      (msf_surface_check(cv\pcurve.basis_surface)));
    ELSE

( * a surface_curve references a curve_3d and one or
    two pcurve or one or two surface or one of
```

```
  each; all of these references shall be valid
*)
IF 'AIC_MANIFOLD_SURFACE.SURFACE_CURVE' IN TYPEOF(cv) THEN

  (* if the curve reference is correct, check also the rest
  *)
  IF msf_curve_check(cv\surface_curve.curve_3d) THEN
   REPEAT i := 1 TO SIZEOF
   (cv\surface_curve.associated_geometry);

    (* do for one or two associated_geometrys:
    *)
    IF 'AIC_MANIFOLD_SURFACE.SURFACE' IN
      TYPEOF (cv\surface_curve.associated_geometry[i]) THEN
      IF NOT msf_surface_check
              (cv\surface_curve.associated_geometry[i]) THEN
              RETURN(FALSE);
            END_IF;
          ELSE
            IF 'AIC_MANIFOLD_SURFACE.PCURVE' IN TYPEOF
              (cv\surface_curve.associated_geometry[i]) THEN
              IF NOT msf_curve_check
                      (cv\surface_curve.associated_geometry[i]) THEN
                        RETURN(FALSE);
                      END_IF;
                    END_IF;
                  END_IF;
                END_REPEAT;
                RETURN(TRUE);
              END_IF;
            ELSE

                (* a polyline shall have at least 3 points
                *)
                IF 'AIC_MANIFOLD_SURFACE.POLYLINE' IN TYPEOF(cv) THEN
              IF (SIZEOF (cv\polyline.points) >= 3) THEN RETURN (TRUE);
              END_IF;
            END_IF;
          END_IF;
        END_IF;
      END_IF;
    END_IF;
  END_IF;
```

```
END_IF;
(* FALSE is returned if the input parameter cv is not a valid curve.
*)
RETURN  (FALSE);
END_FUNCTION;

(*
```

变量定义：

cv(输入)：假设输入的 representation_item 是在 manifold_surface_shape_representation 相关环境中要被进行合法性检查的 curve。

BOOLEAN：如果输入的 representation_item 是合法的 curve，输出为 TRUE，否则输出为 FALSE。

4.3.2 函数 msf_surface_check

msf_ surface_check 用于检查在 manifold_surface_shape_representation 相关环境中 surface 实例的合法性。surface 实例引用的所有几何也将被检查，例如其他的 curve 和 surface。

示例：这个函数检查的一个约束条件是：是否一个 b_spline_curve 实例的自相交标记设置为 TRUE 、FALSE 或 UNKNOWN；只有设置为 FALSE 或 UNKNOWN 是合法的。

对一个实例进行递归性检查意味着如果一个 surface 引用其他 surface 作为基础曲面或父曲面，需要重新调用函数 msf_surface_check 进行检查。如果引用了 curve，调用函数 msf_curve_check 进行检查。当实体类型不引用任何 curve 和 surface 时，这种递归调用过程结束。

以下曲面类型及其子类都在 manifold_surface_shape_representation 范围内，因此可合法地输入到这个函数：

——b_spline_surface；

——elementary_surface；

——offset_surface；

——surface_relica；

——swept_surface。

这些 surface 类型中的两种类型引用基础 surface 和父 surface。surface_relica 的 parent_surface 和 offset_surface 的 basis_surface 是以下一种类型：

——b_spline_surface；

——elementary_surface；

——offset_surface(递归)；

——surface_relica(递归)；

——swept_surface。

注 1：这个函数适用于在递归过程的列表中标记的那些实体类型，以检查合法实例化的实体引用。

swept_surface 引用 curve。调用函数 msf_curve_check 检查这些 curve 的合法性。manifold_surface_shape_representation 要求合法的扫略曲面采用 GB/T 16656.42 中规定的约束条件。manifold_surface_shape_representation 范围内的所有 curve 都是合法的 swept_surface. swept_curve。

B 样条和偏置几何的 self_intersect 属性可设置为 FALSE 或 UNKNOWN。

如果所有引用几何的类型都在 manifold_surface_shape_representation 范围内并满足所有约束条件，函数返回为 TRUE，否则函数返回 FALSE。

注 2：该函数不检查涉及引用 GB/T 16656.42 内容的正确性。只有属于 manifold_surface_shape_representation 范围的附加要求才会被检查。

EXPRESS 描述：

```
*)
FUNCTION msf_surface_check (surf:surface):BOOLEAN
(* This function verifies the validity of a surface in the
context of a manifold surface model.
*)

    (* elementary_surfaces are valid surface types
*)
    IF 'AIC_MANIFOLD_SURFACE.ELEMENTARY_SURFACE' IN TYPEOF(surf) THEN
      RETURN(TRUE);
ELSE
    (* a swept_surface shall have a valid sweeping curve
     *)
    IF 'AIC_MANIFOLD_SURFACE.SWEPT_SURFACE' IN TYPEOF (surf) THEN
      RETURN (msf_curve_check(surf\swept_surface.swept_curve));
    ELSE
      (* an offset_surface shall not self-intersect and shall
      reference a valid surface
       *)
      IF (('AIC_MANIFOLD_SURFACE.OFFSET_SURFACE' IN TYPEOF (surf)) AND
        (surf\offset_surface.self_intersect = FALSE) OR
        (surf\offset_surface.self_intersect = UNKNOWN)) THEN
        RETURN (msf_surface_check(surf\offset_surface.basis_surface));
    ELSE

        (* a surface_replica shall have a valid parent surface
         *)
        IF 'AIC_MANIFOLD_SURFACE.SURFACE_REPLICA' IN TYPEOF(surf) THEN
RETURN(msf_surface_check(surf\surface_replica.parent_surface));
            ELSE
              (* a b_spline_surface shall not self-intersect
               *)
              IF (('AIC_MANIFOLD_SURFACE.B_SPLINE_SURFACE' IN TYPEOF(surf))
AND
              (surf\b_spline_surface.self_intersect = FALSE) OR
              (surf\b_spline_surface.self_intersect = UNKNOWN)) THEN
              RETURN(TRUE);
END_IF;
              END_IF;
            END_IF;
          END_IF;
        END_IF;
        RETURN(FALSE);
```

```
    END_FUNCTION;
```

变量定义：

surf：检查输入的 surface 是否是 manifold_surface_shape_representation 中规定的合法 surface。

BOOLEAN：如果输入的 surface 是合法的 surface，输出 TRUE；否则输出 FALSE。

```
*)
END_SCHEMA; -- aic_manfold_surface
(*
```

附 录 A
（规范性附录）
实 体 短 名

表 A.1 给出了 GB/T 16656 的本部分规定的实体短名。使用短名的要求见 GB/T 16656 的实现方法。

表 A.1 实体简名

实 体 名	简 名
MANIFOLD_SURFACE_SHAPE_REPRESENTATION	MSSR

附 录 B
（规范性附录）
信息对象注册

B.1 文件标识

在开放系统中，为确定信息对象的无二义性标识，规定本部分的对象标识符为：

{iso standard 10303 part(509) version(1)}

本标识符的含义在 GB/T 16262.1 中进行了定义，并且在 ISO 10303-1 中进行了描述。

B.2 模式标识

在开放系统中，为确定 aic-manifold-surface 的无二义性标识，规定对象标识符：

{iso standard 10303 part(509) v version(1) object(1) aic-manifold-surface(1)}

分配给 aic_manifold_surface 模式（见第 4 章）。本标识符的含义在 GB/T 16262.1 中进行了定义，并且在 ISO 10303-1 中进行了描述。

附 录 C
（资料性附录）
EXPRESS-G 图

本附录中的图 C.1～图 C.22 符合 ISO 10303-11 接口规范并对应本部分第 4 章短表所产生的 EXPRESS 描述。这些图使用 EXPRESS 语言的 EXPRESS-G 图的符号表示法。在 ISO 10303-11:1994 的附录 D 中定义了 EXPRESS-G。

注 1：根据 ISO 10303-11 定义的隐含接口规则，以下选择类型被接入到 AIC 扩展列表中。本标准中的其他实体不使用这些选择类型。

——curve_on_surface；

——founded_item_select；

——geometric_set_select；

——measure_value；

——reversible_topology；

——reversible_topology_item；

——surface_model；

——transformation；

——trimming_select；

——vector_or_direction。

注 2：根据 ISO 10303-11 定义的隐含接口规则，以下实体类型被接入到 AIC 扩展列表中。这些实体类型既不被本标准中的其他实体所使用，又不会被单独列举。

——composite_curve；

——composite_curve_on_surface；

——composite_curve_segment；

——oriented_face；

——oriented_open_shell。

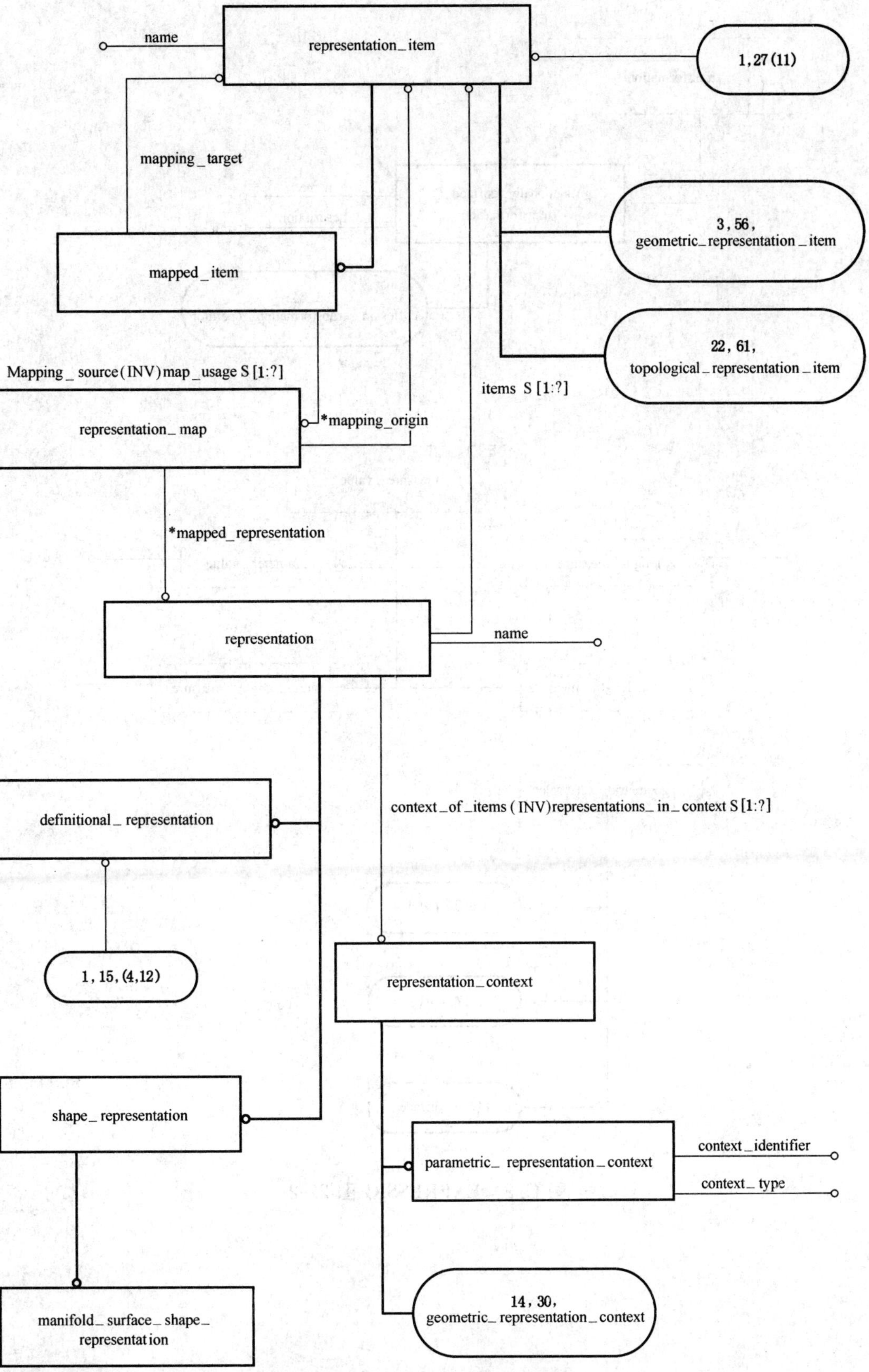

图 C.1 EXPRESS-G 图 22-1

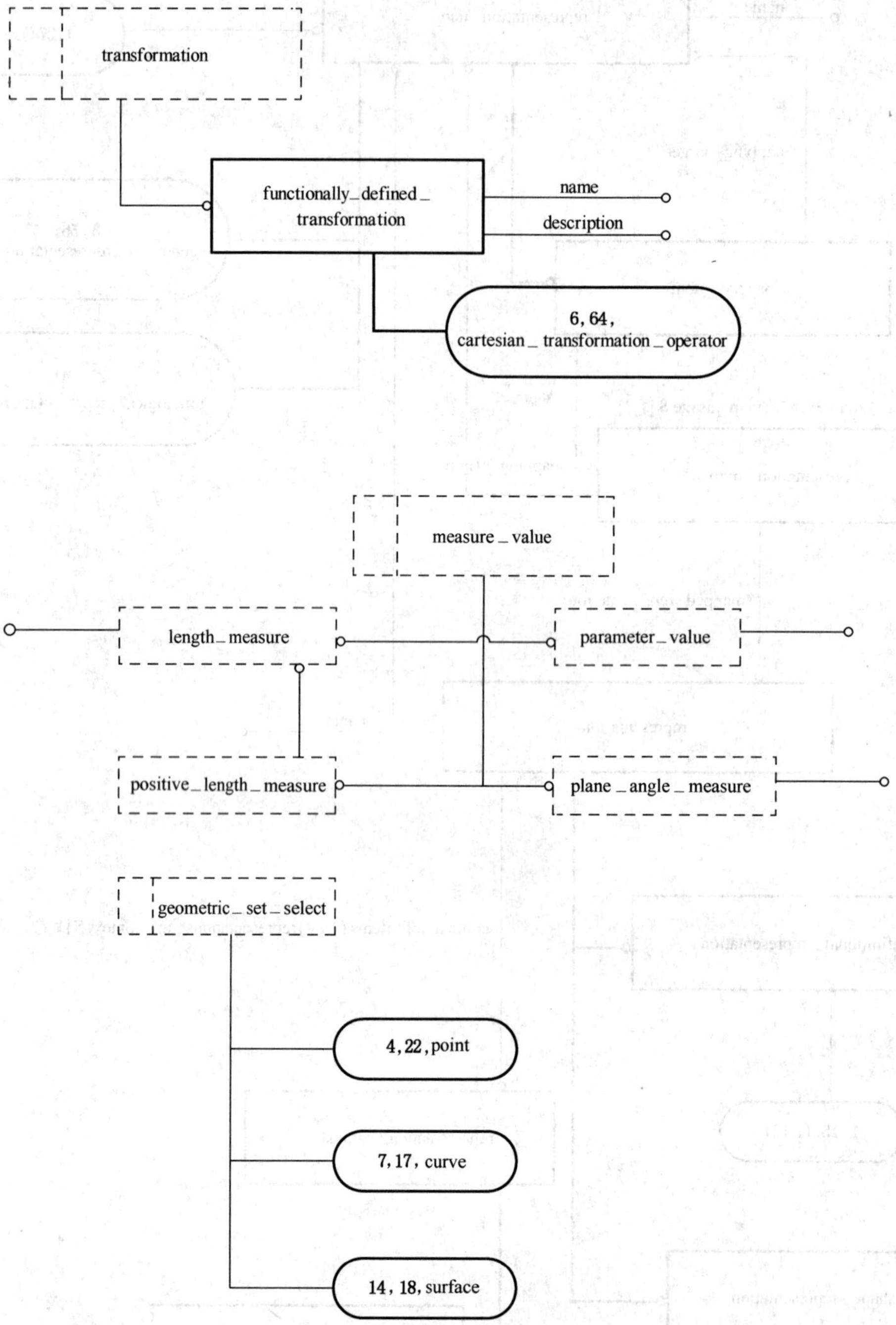

图 C.2　EXPRESS-G 图 22-2

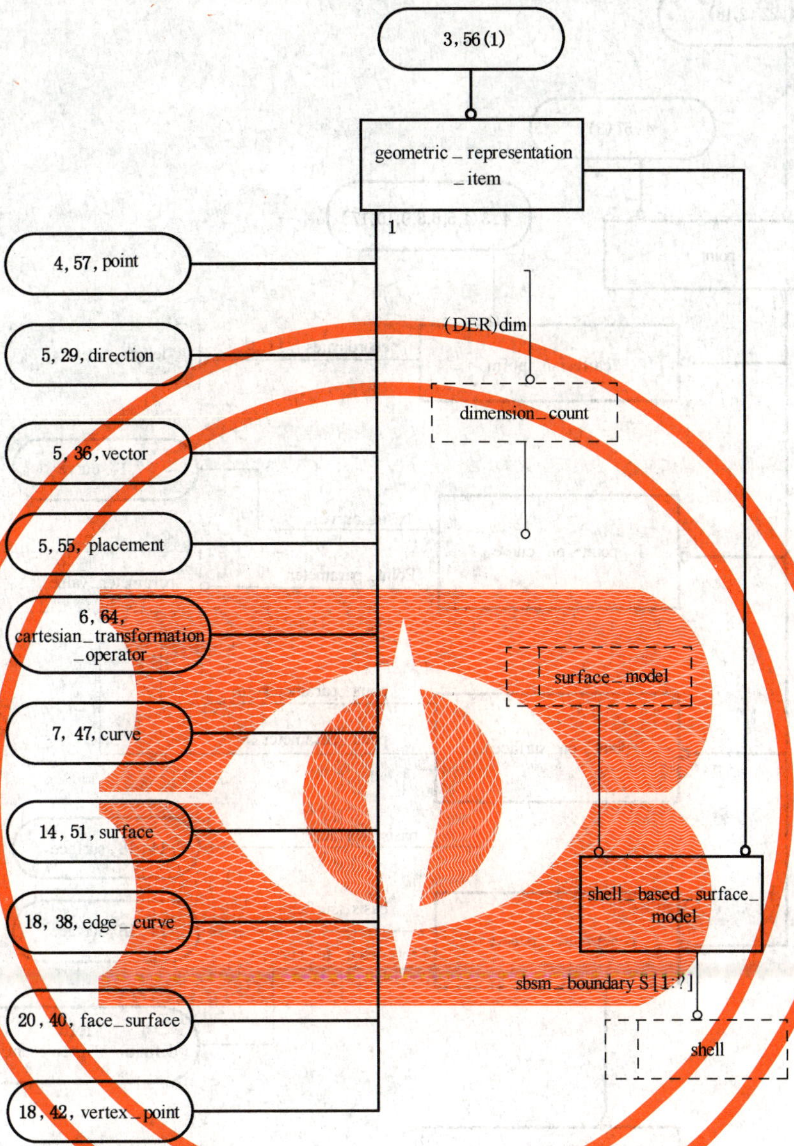

图 C.3 EXPRESS-G 图 22-3

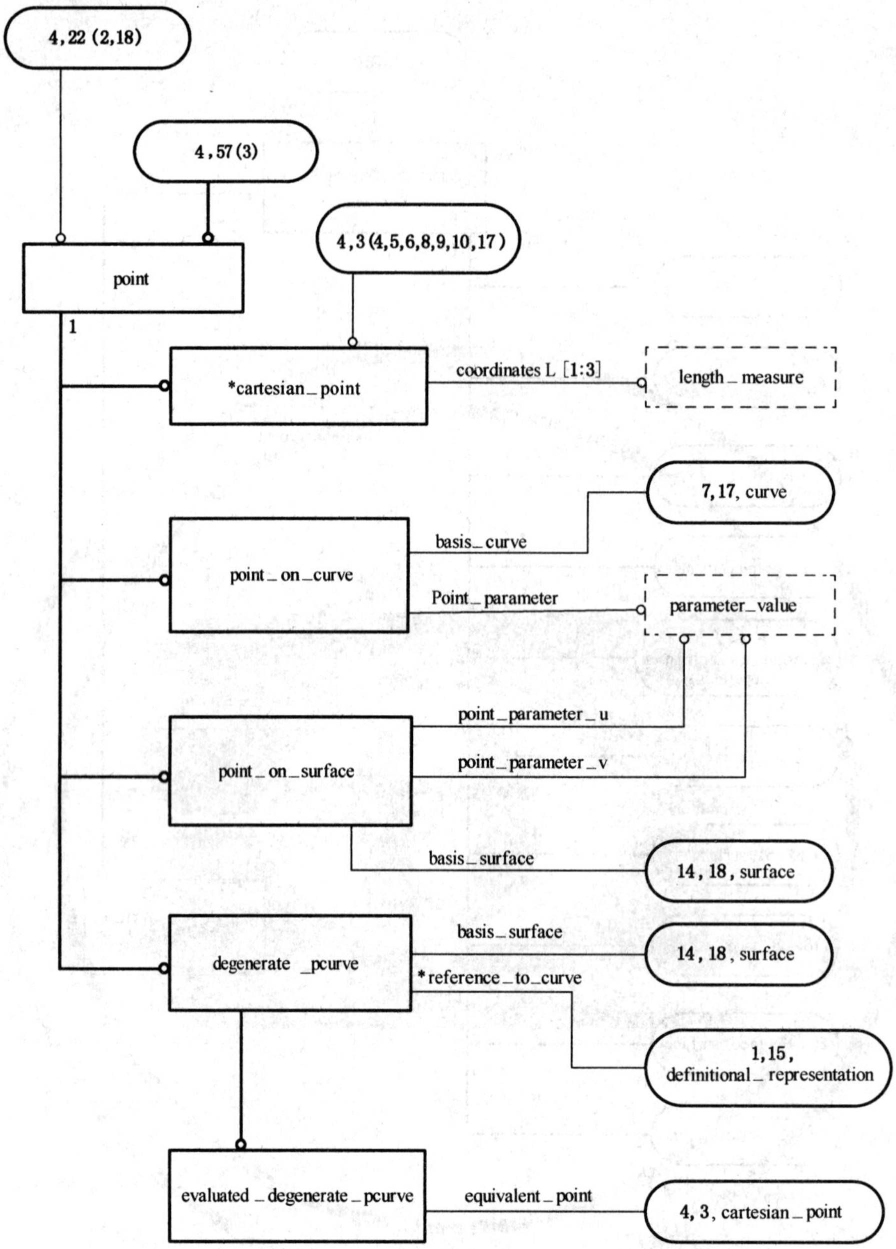

图 C.4 EXPRESS-G 图 22-4

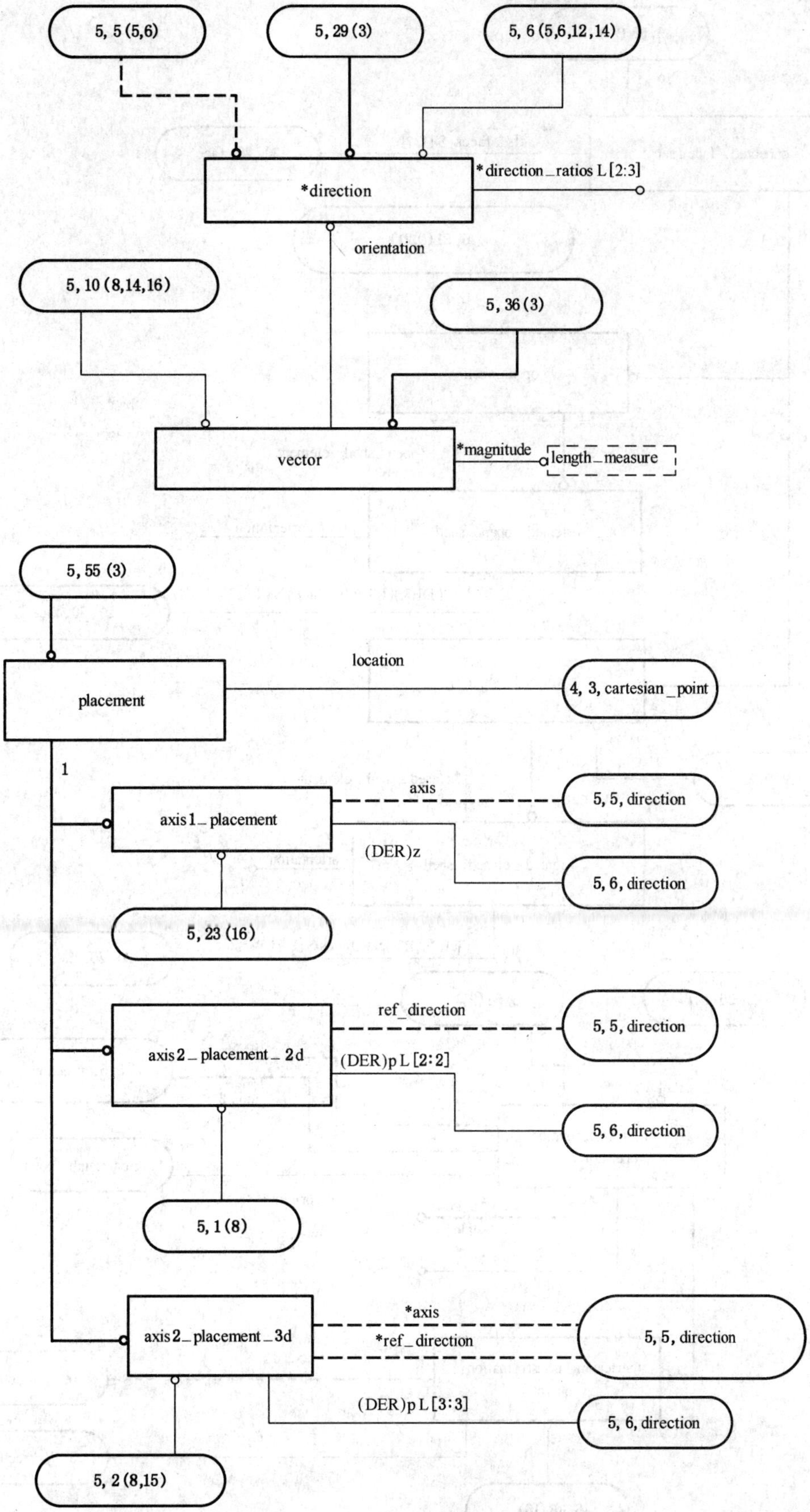

图 C.5 EXPRESS-G 图 22-5

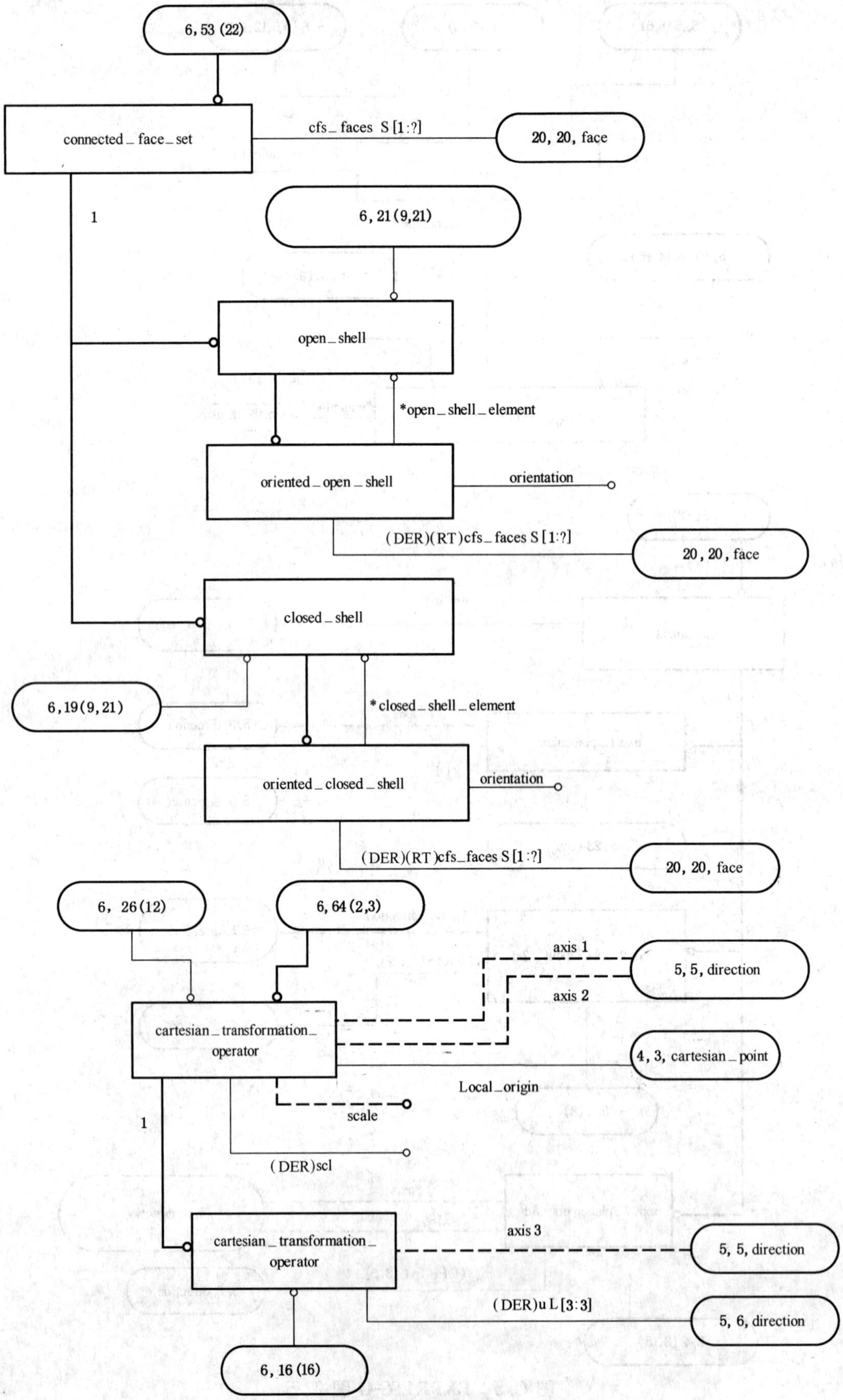

图 C.6　EXPRESS-G 图 22-6

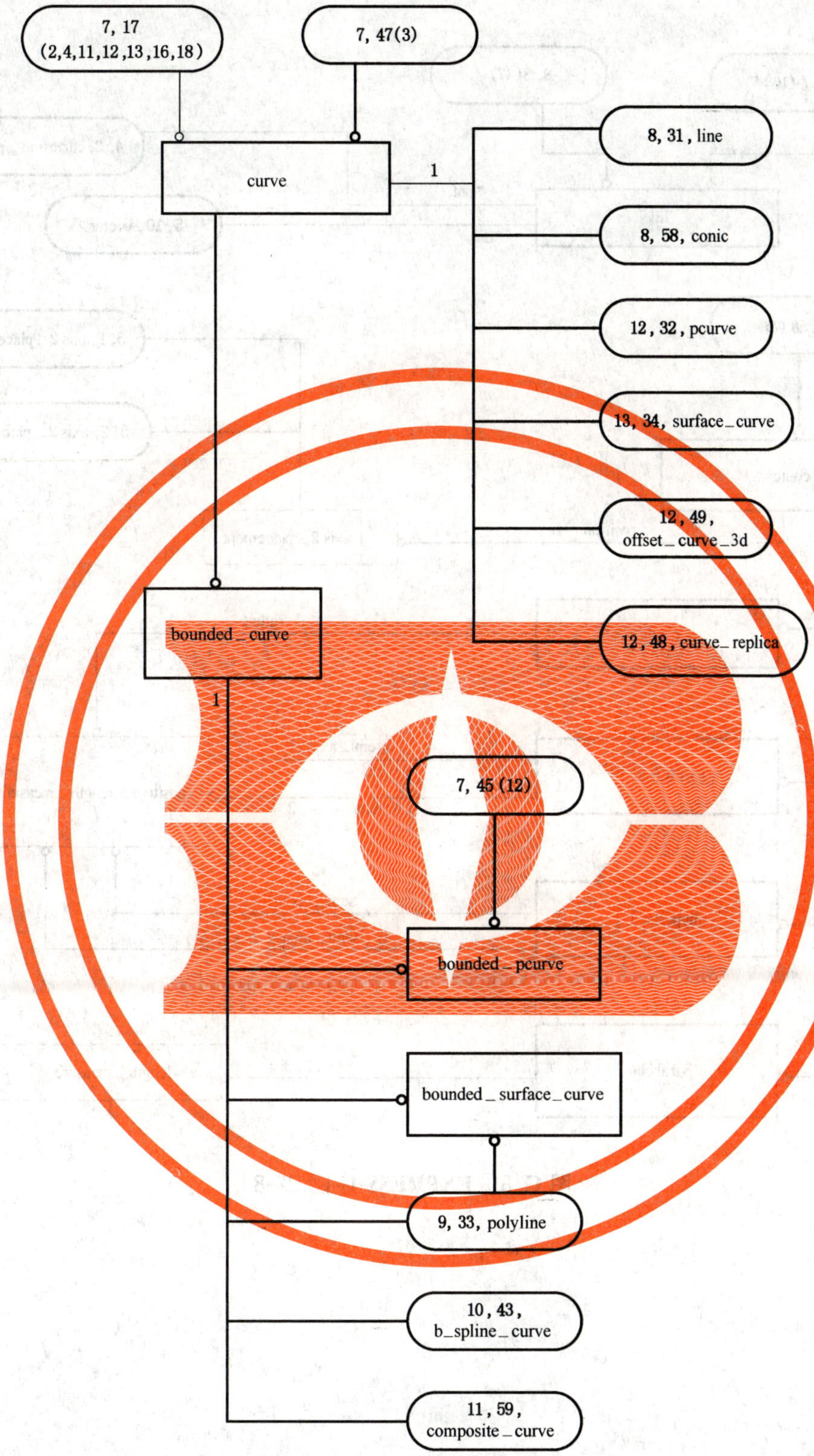

图 C.7 EXPRESS-G 图 22-7

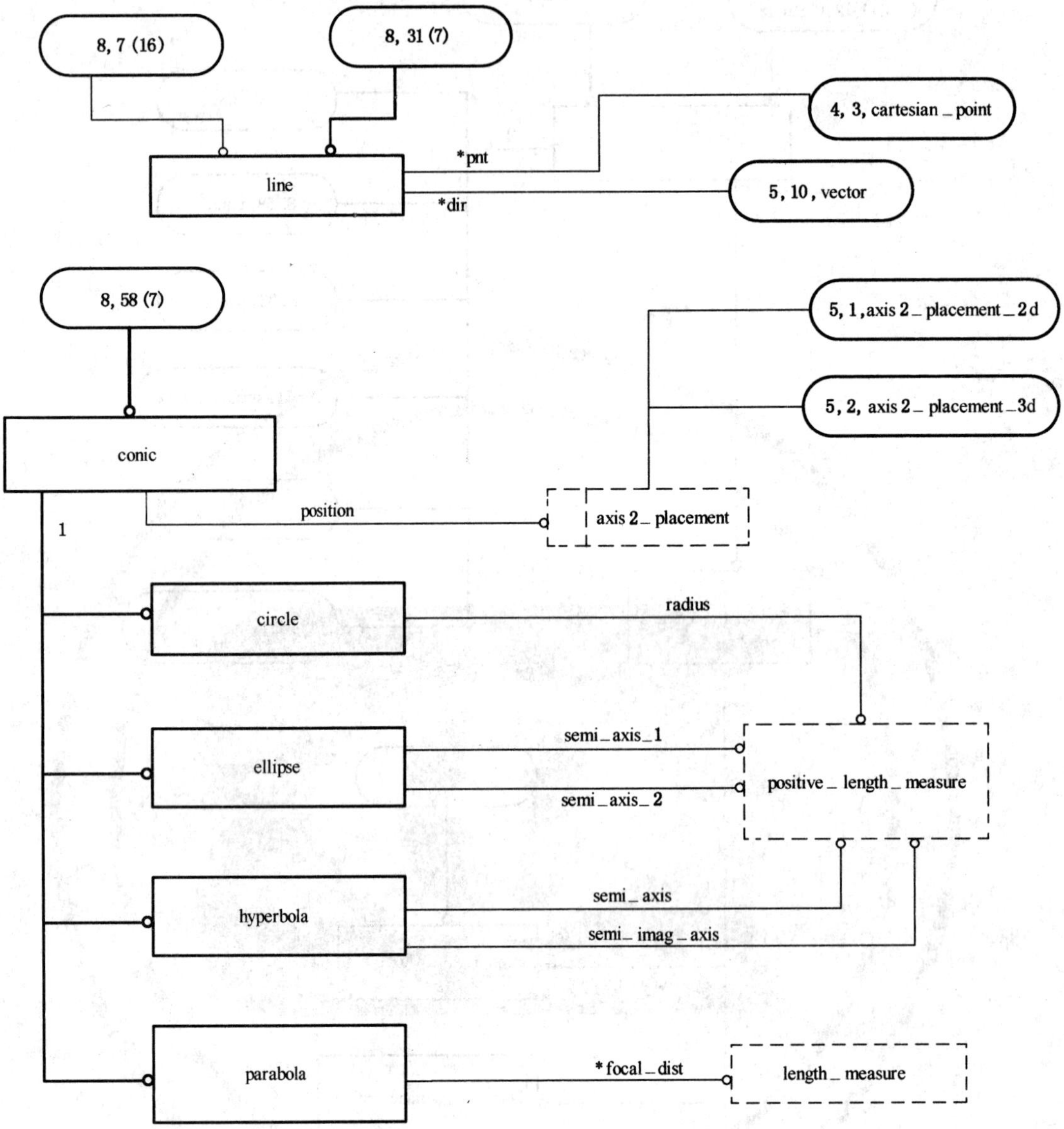

图 C.8　EXPRESS-G 图 22-8

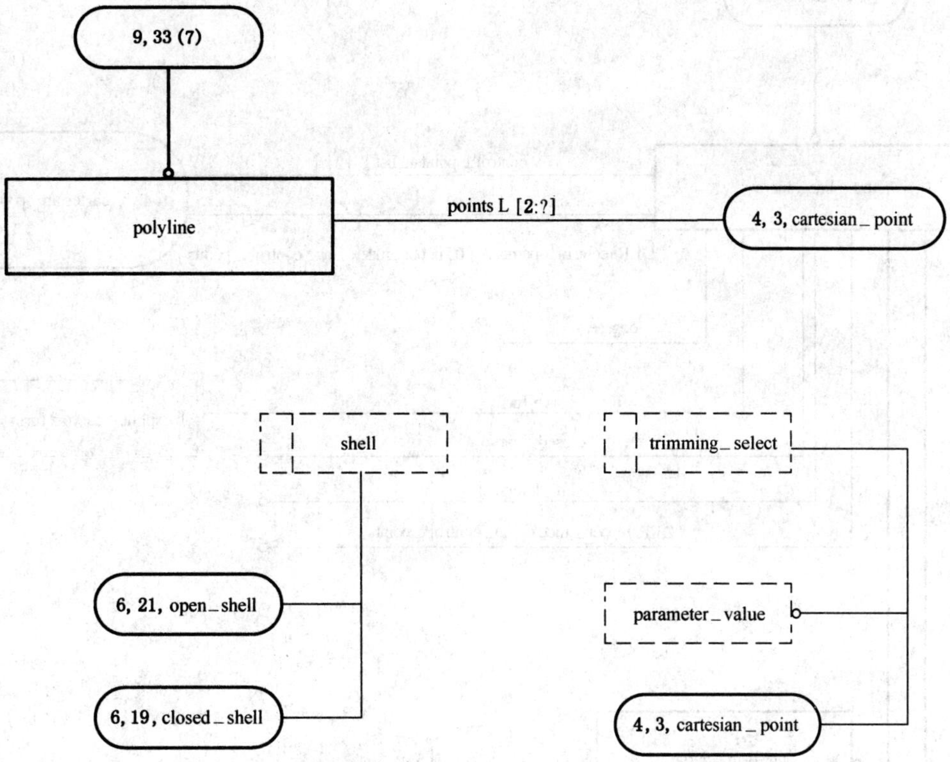

图 C.9 EXPRESS-G 图 22-9

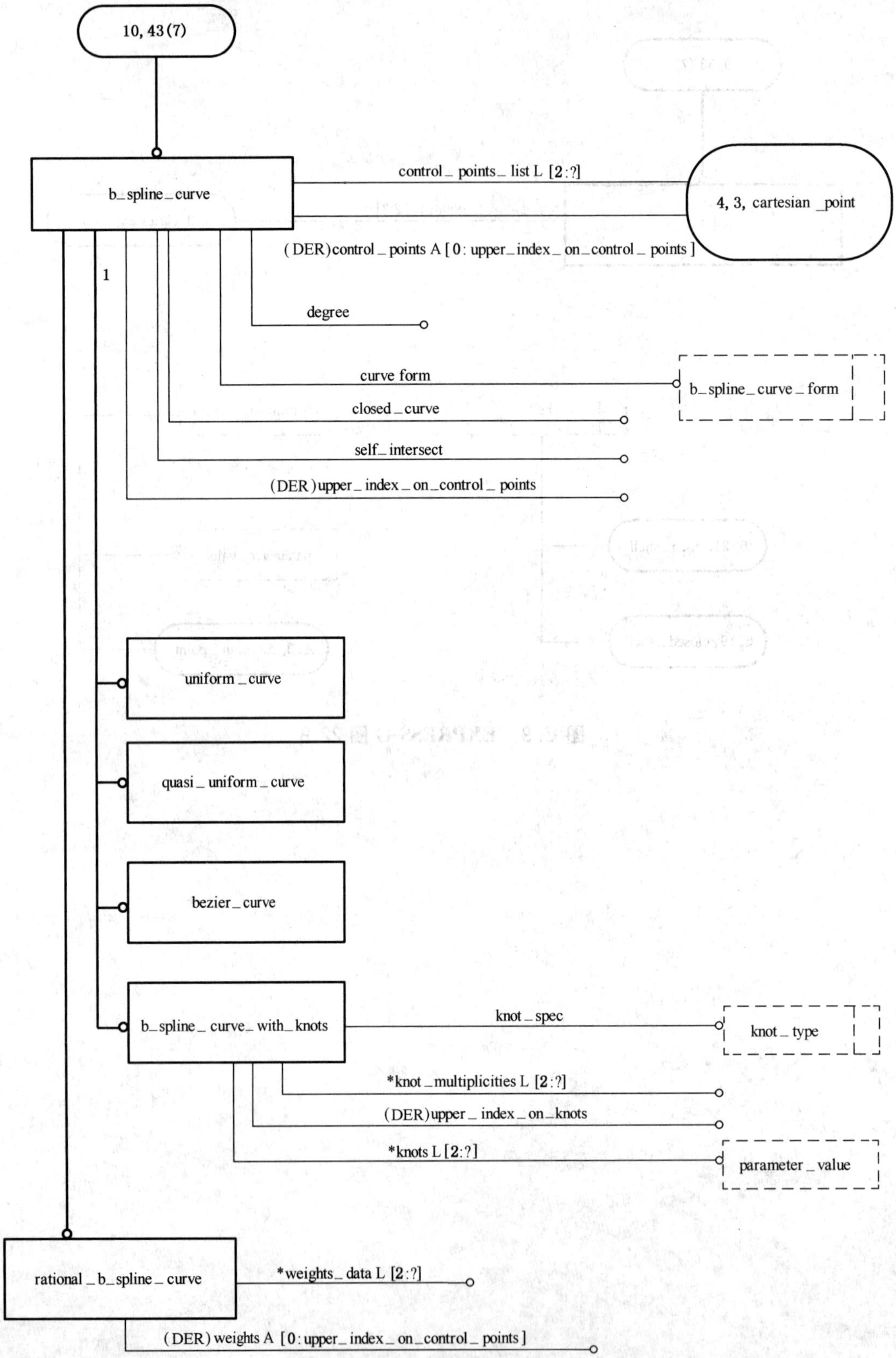

图 C.10 EXPRESS-G 图 22-10

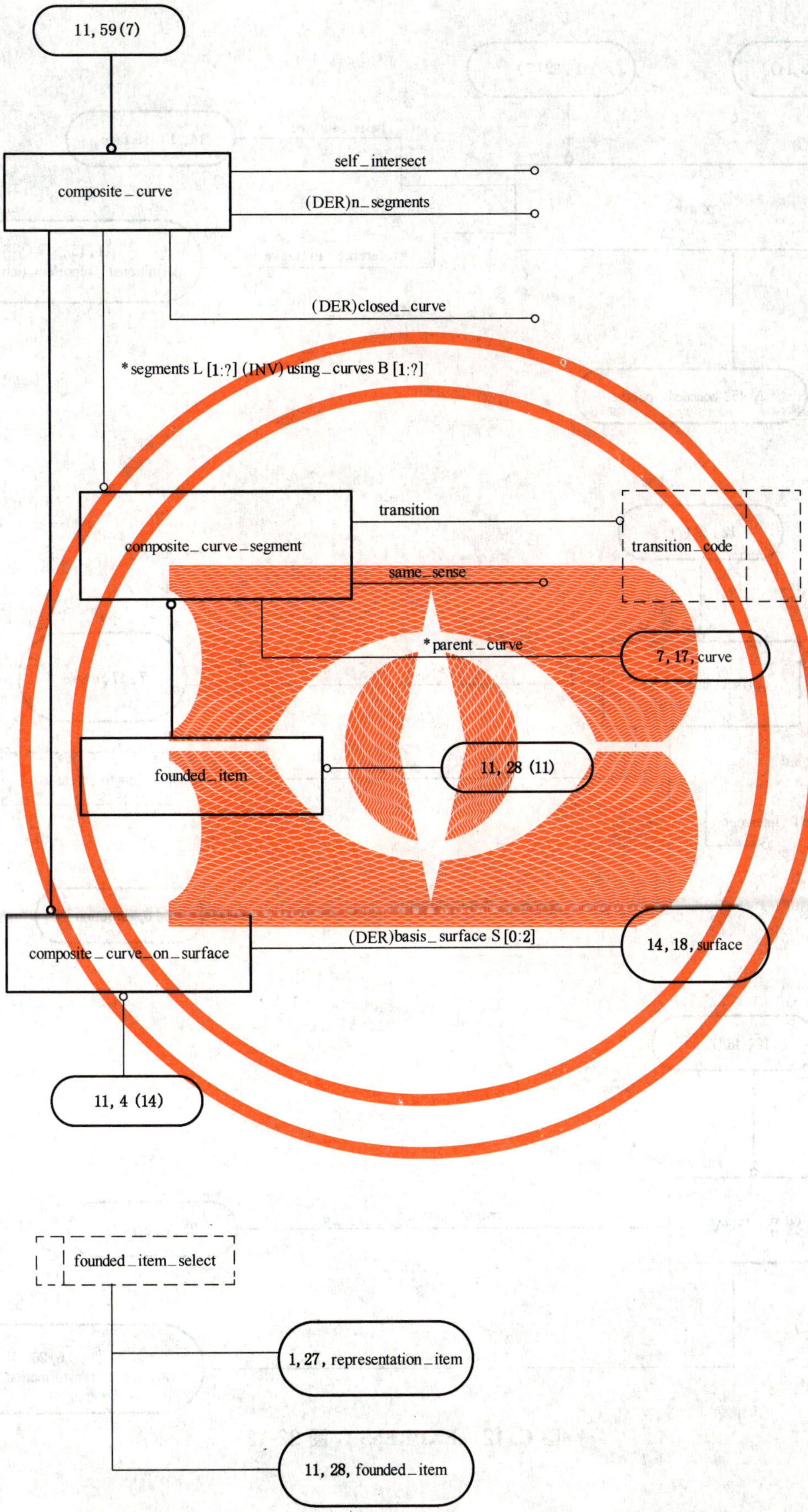

图 C.11 EXPRESS-G 图 22-11

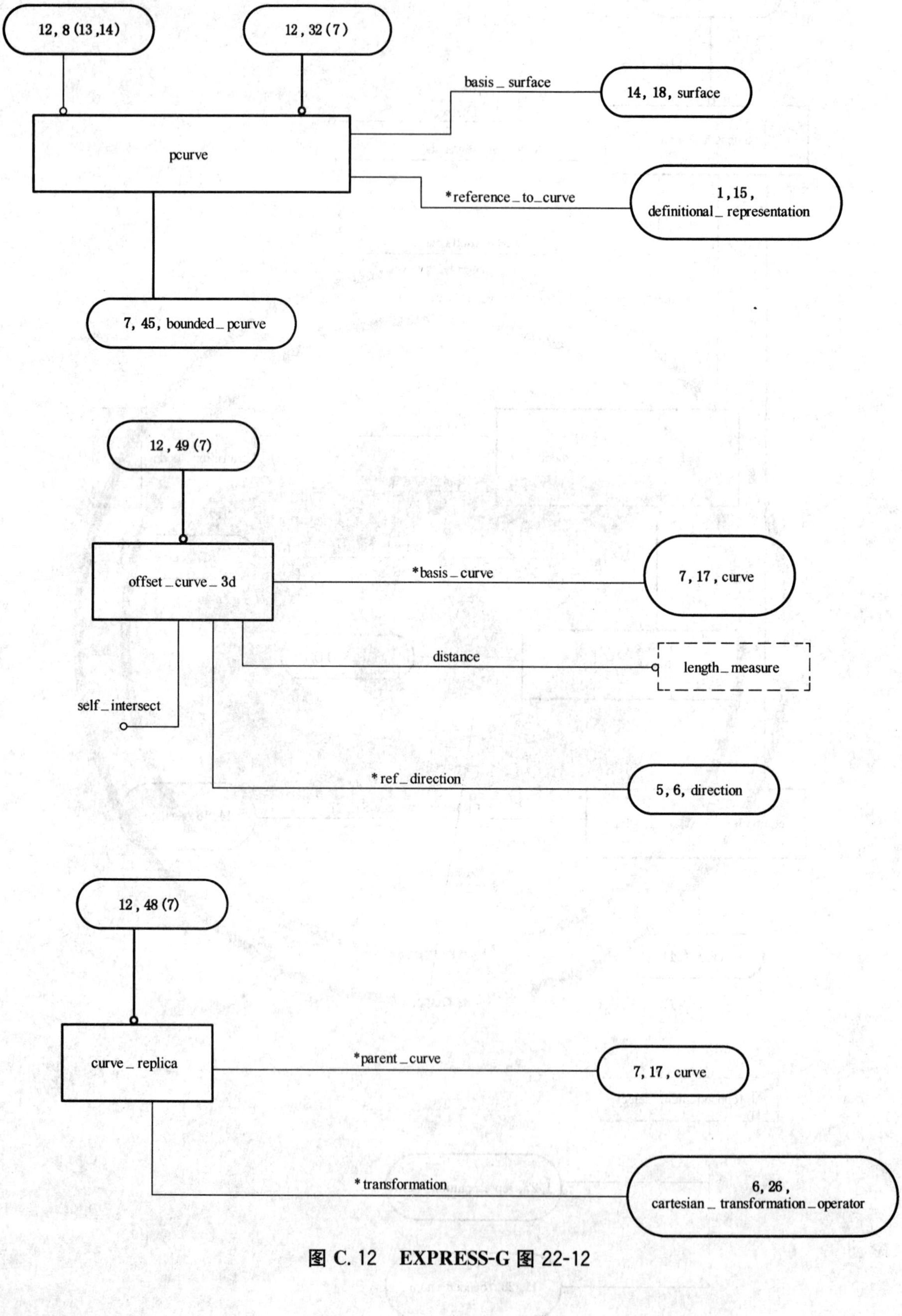

图 C.12 EXPRESS-G 图 22-12

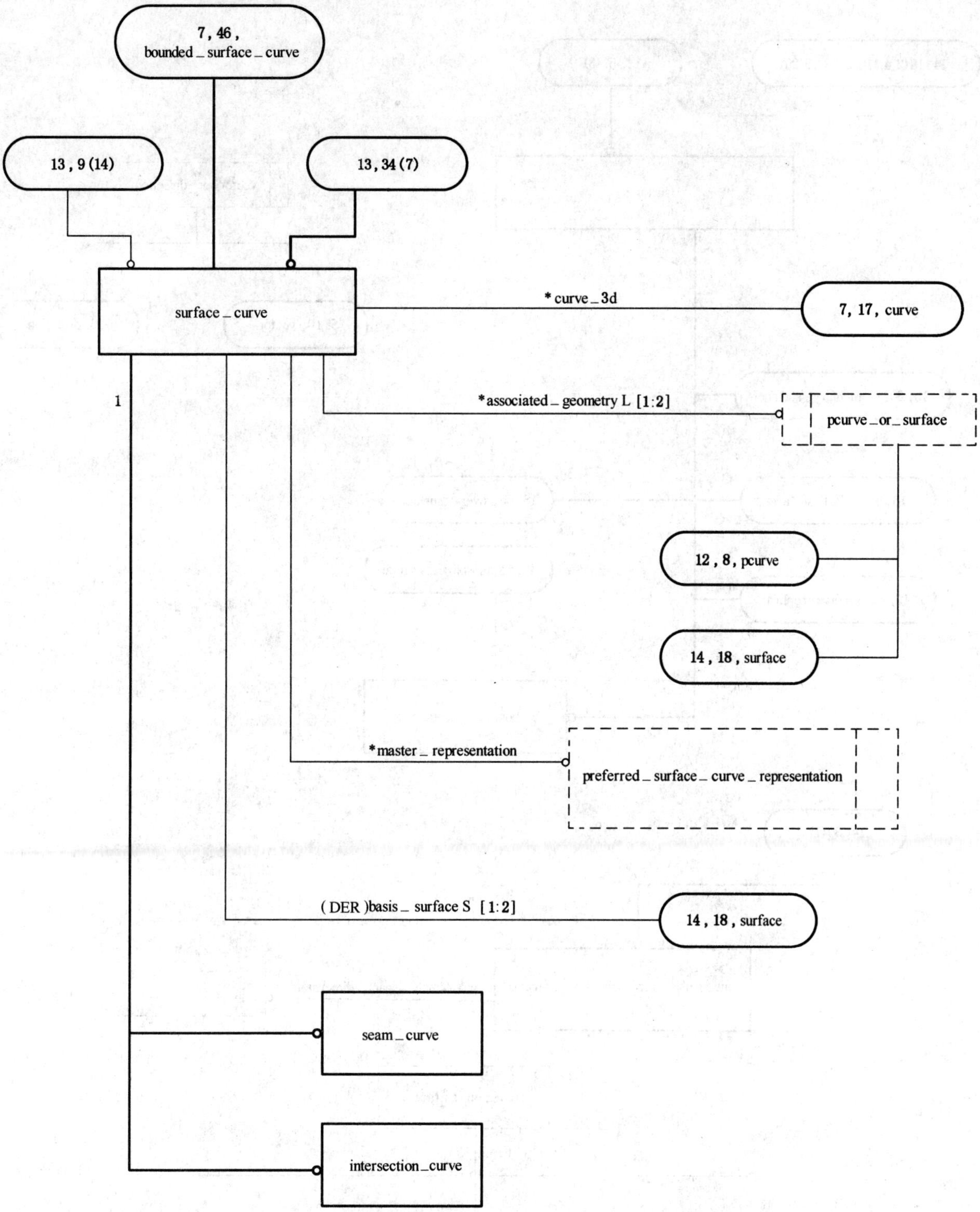

图 C.13 EXPRESS-G 图 22-13

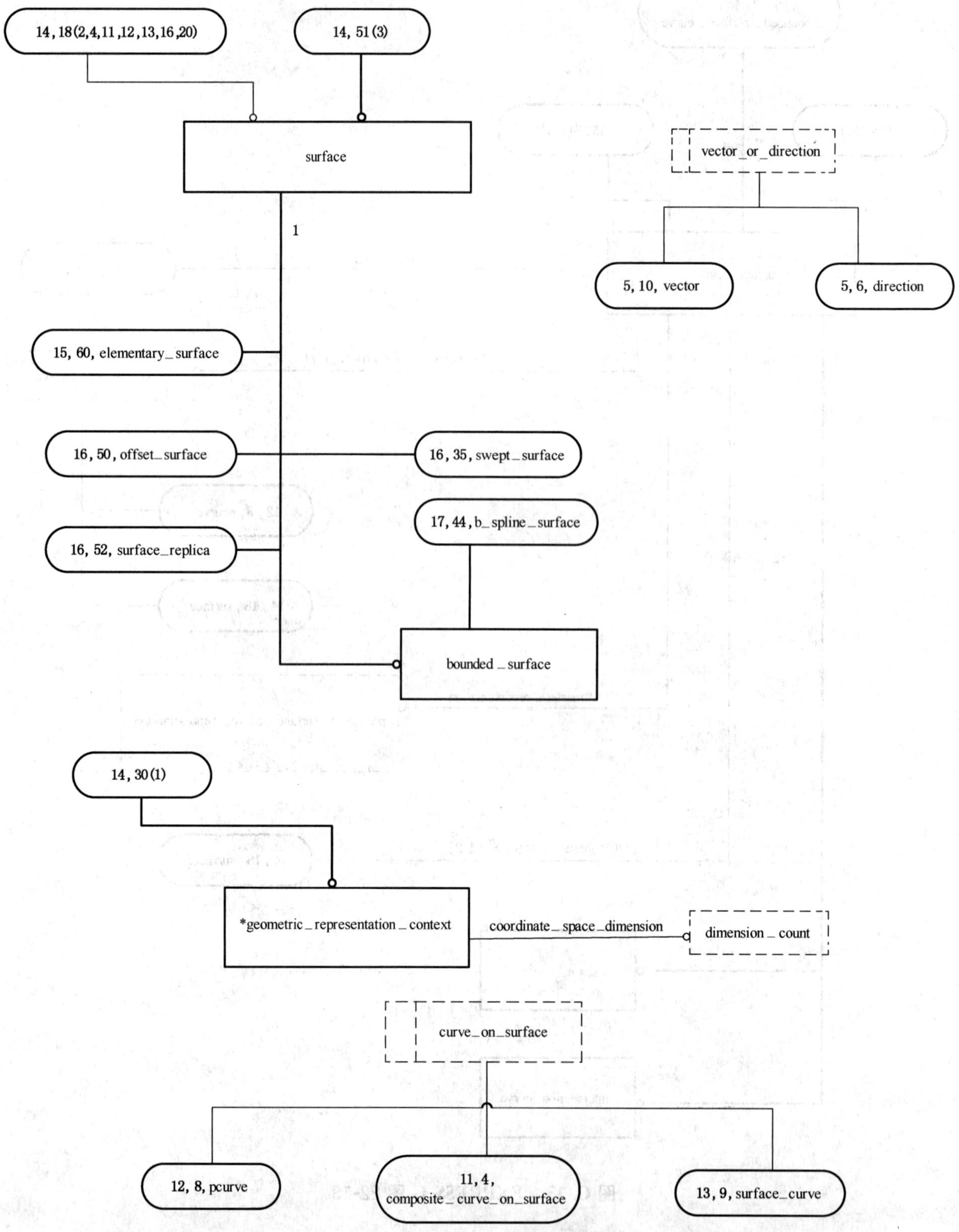

图 C.14　EXPRESS-G 图 22-14

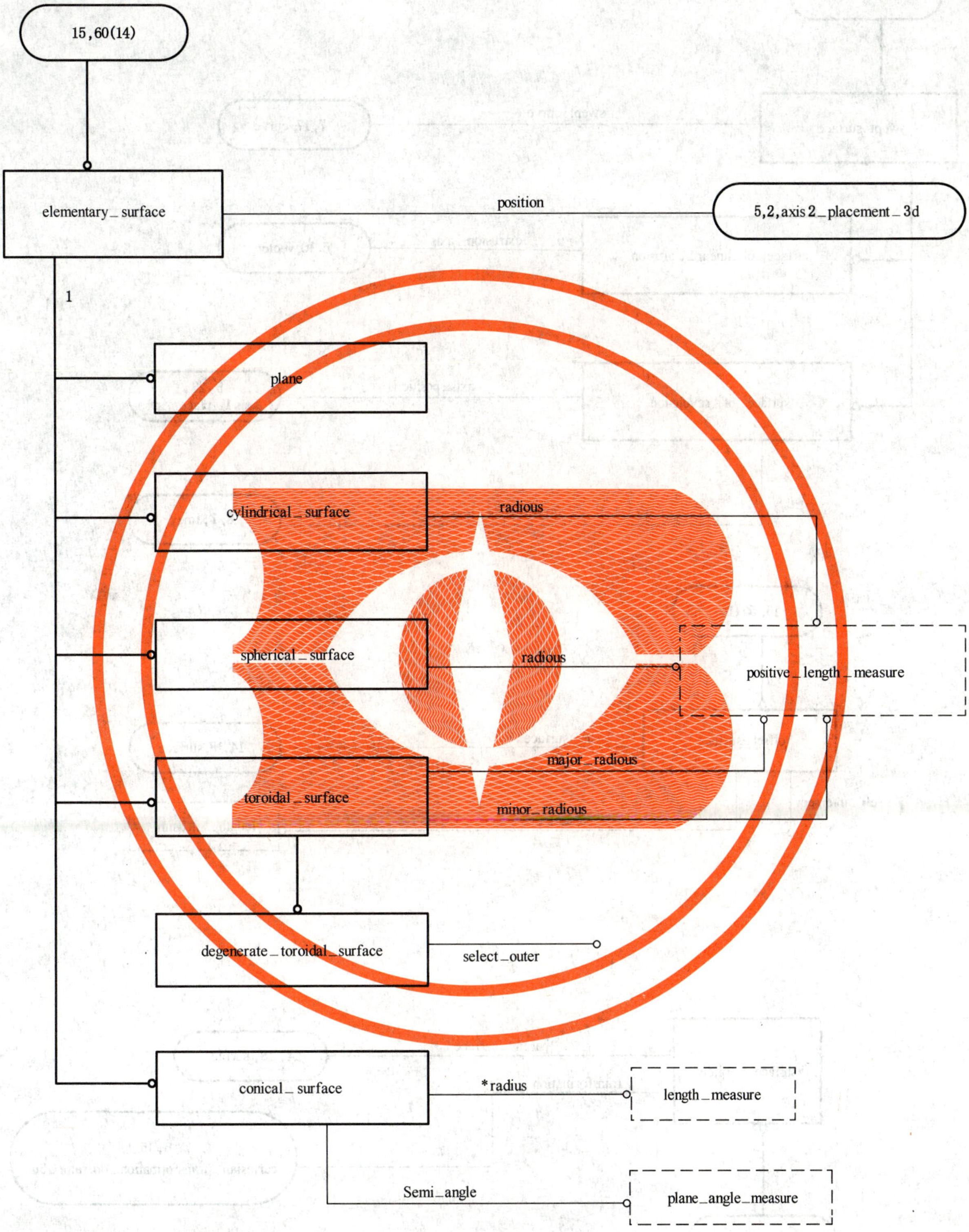

图 C.15 EXPRESS-G 图 22-15

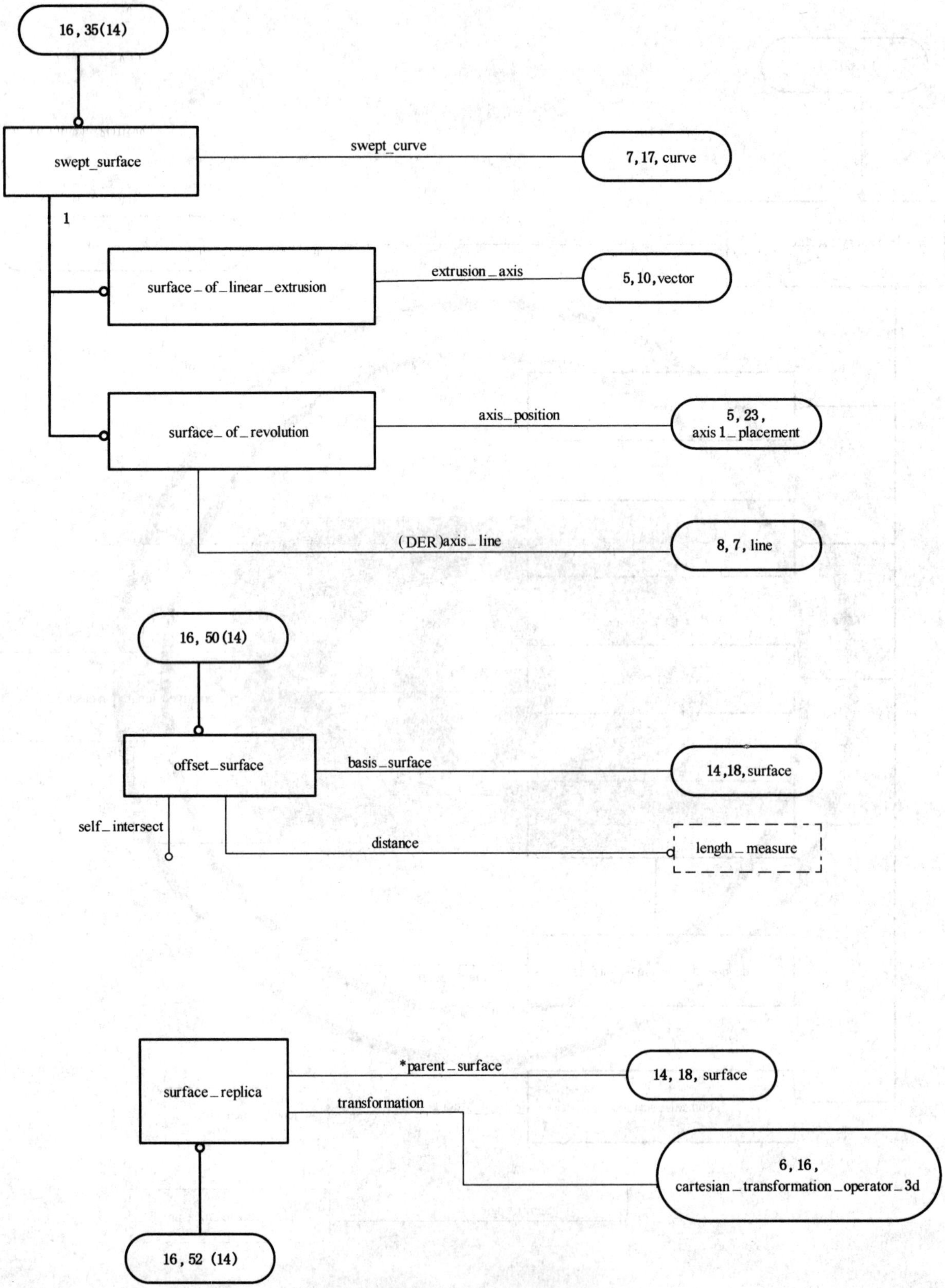

图 C.16 EXPRESS-G 图 22-16

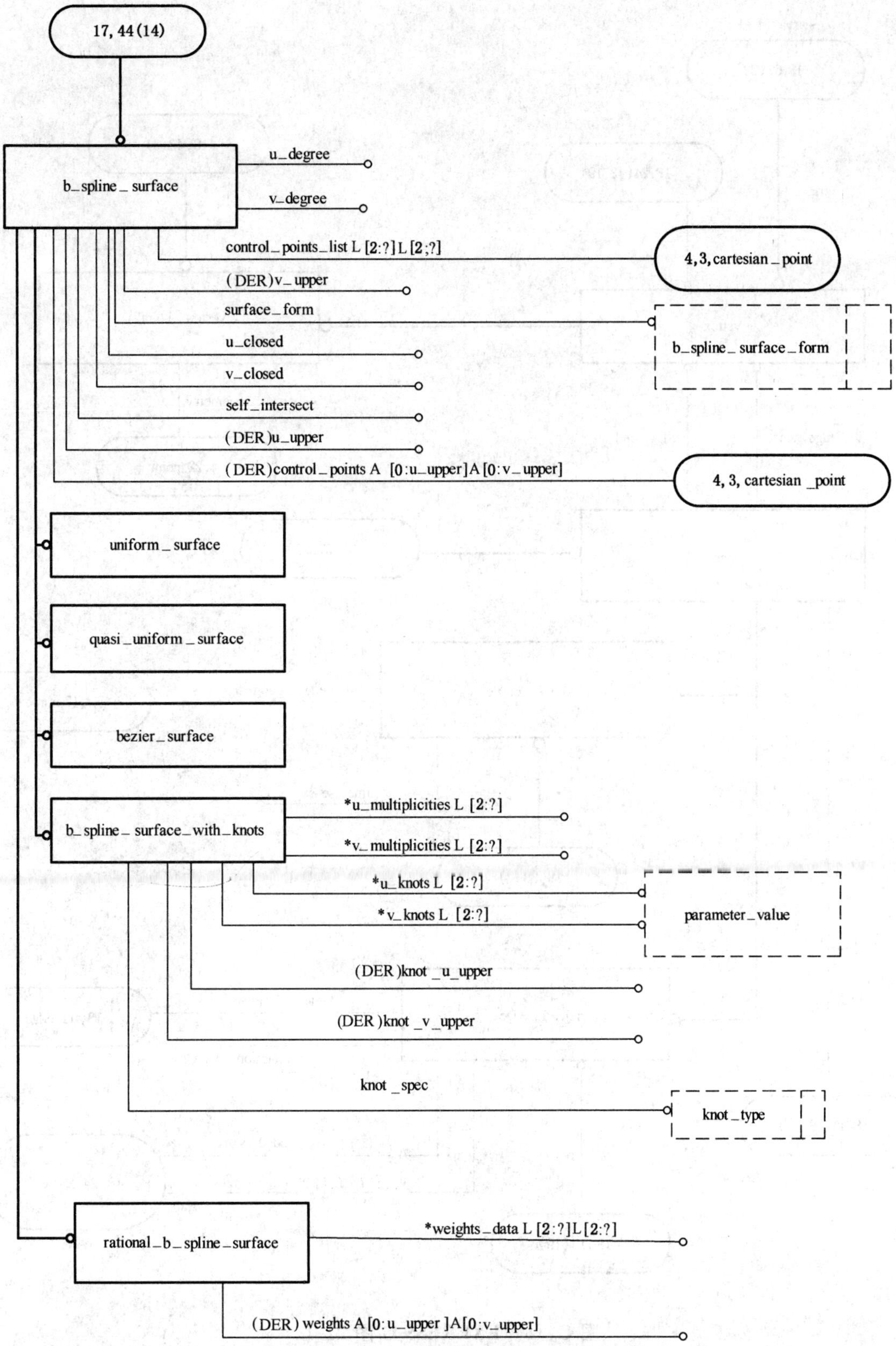

图 C.17 EXPRESS-G 图 22-17

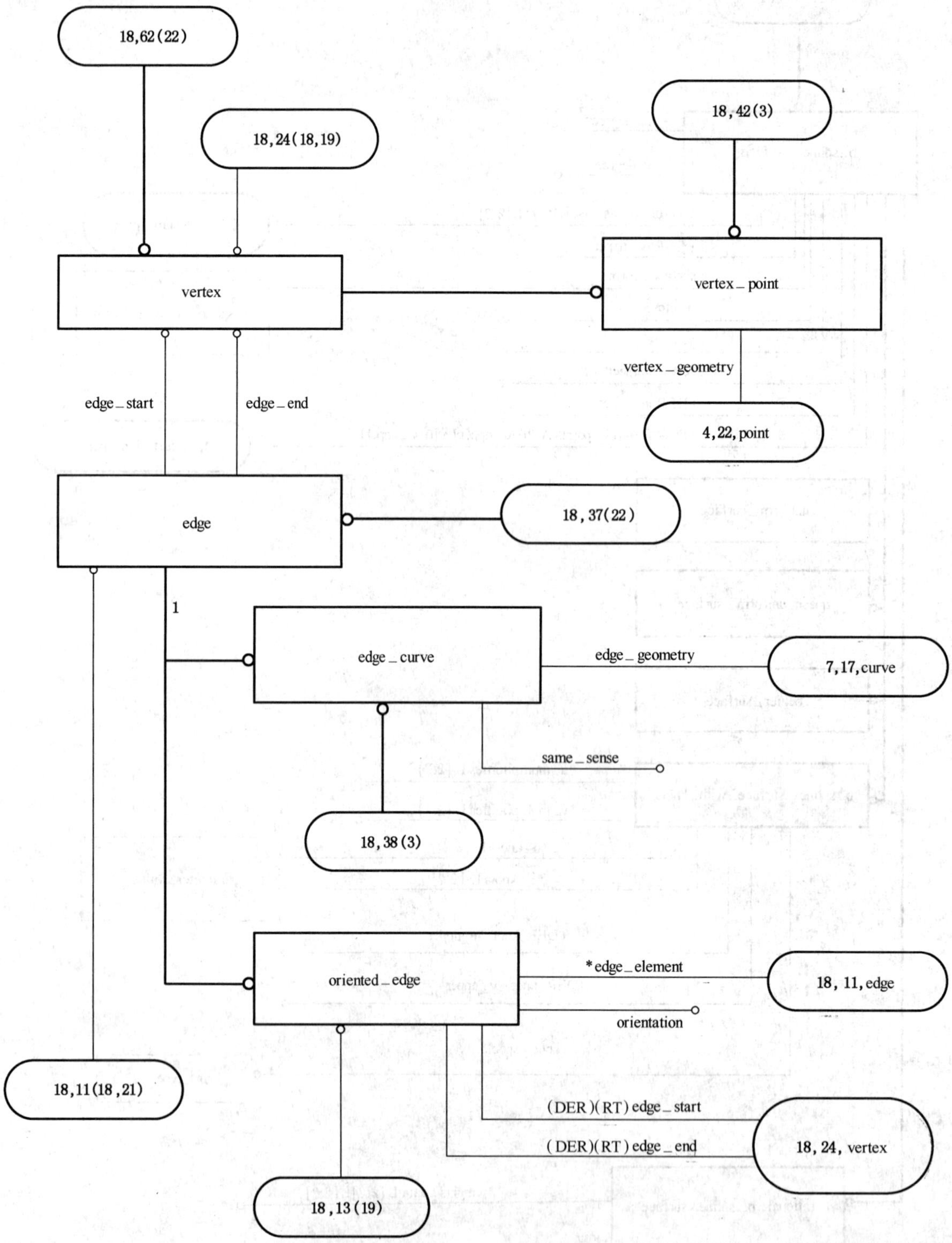

图 C.18 EXPRESS-G 图 22-18

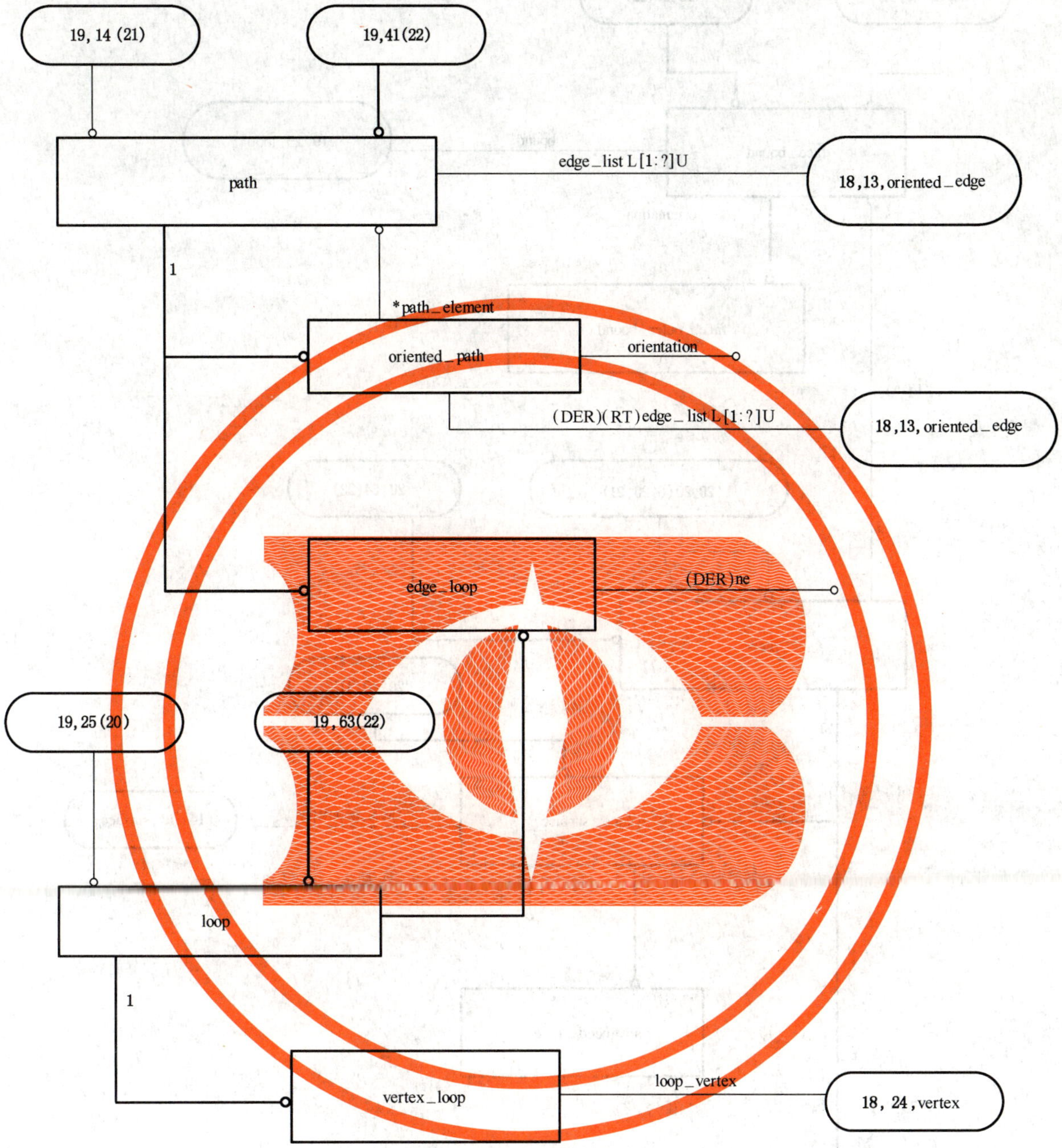

图 C. 19 EXPRESS-G 图 22-19

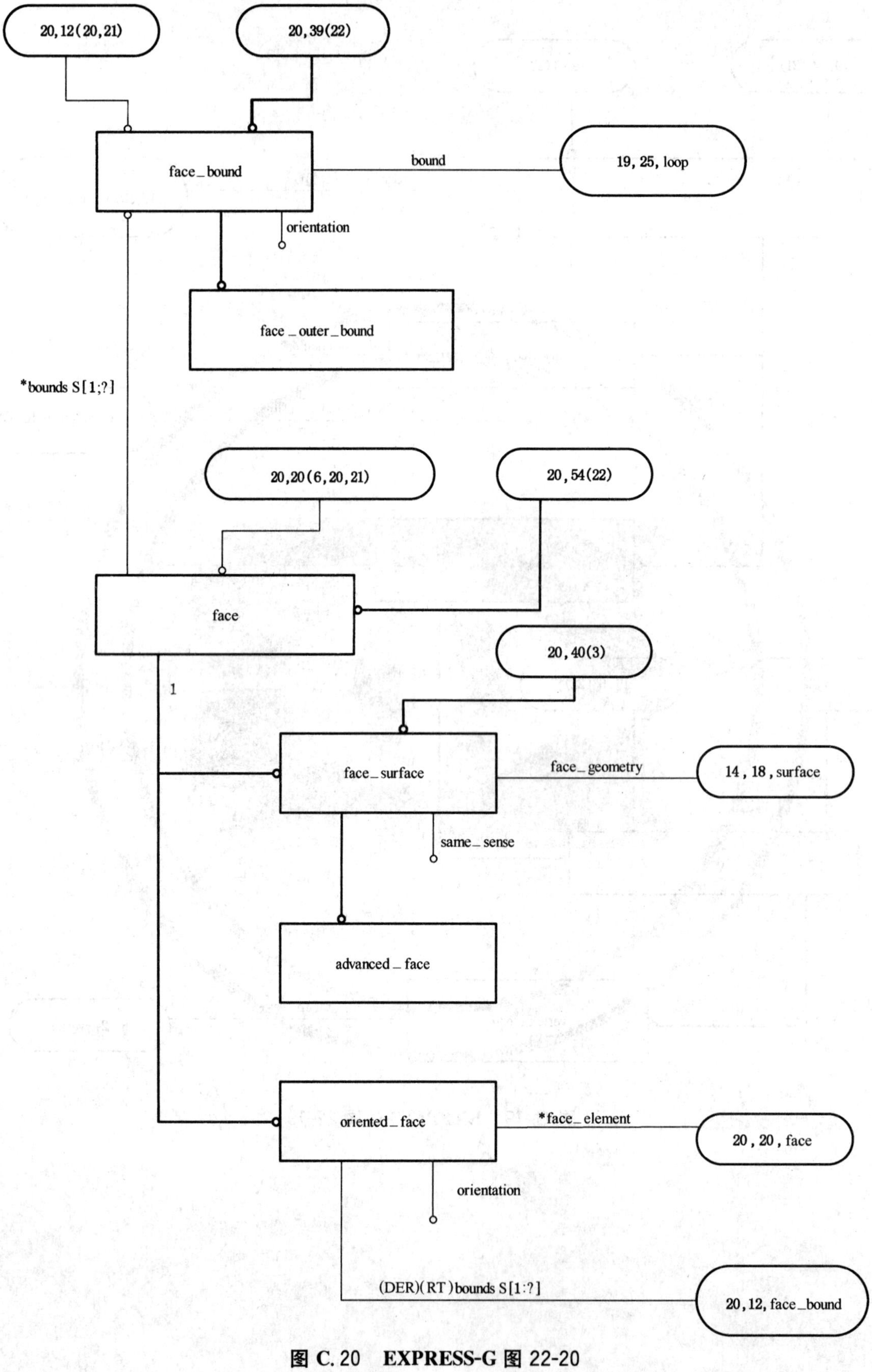

图 C.20 EXPRESS-G 图 22-20

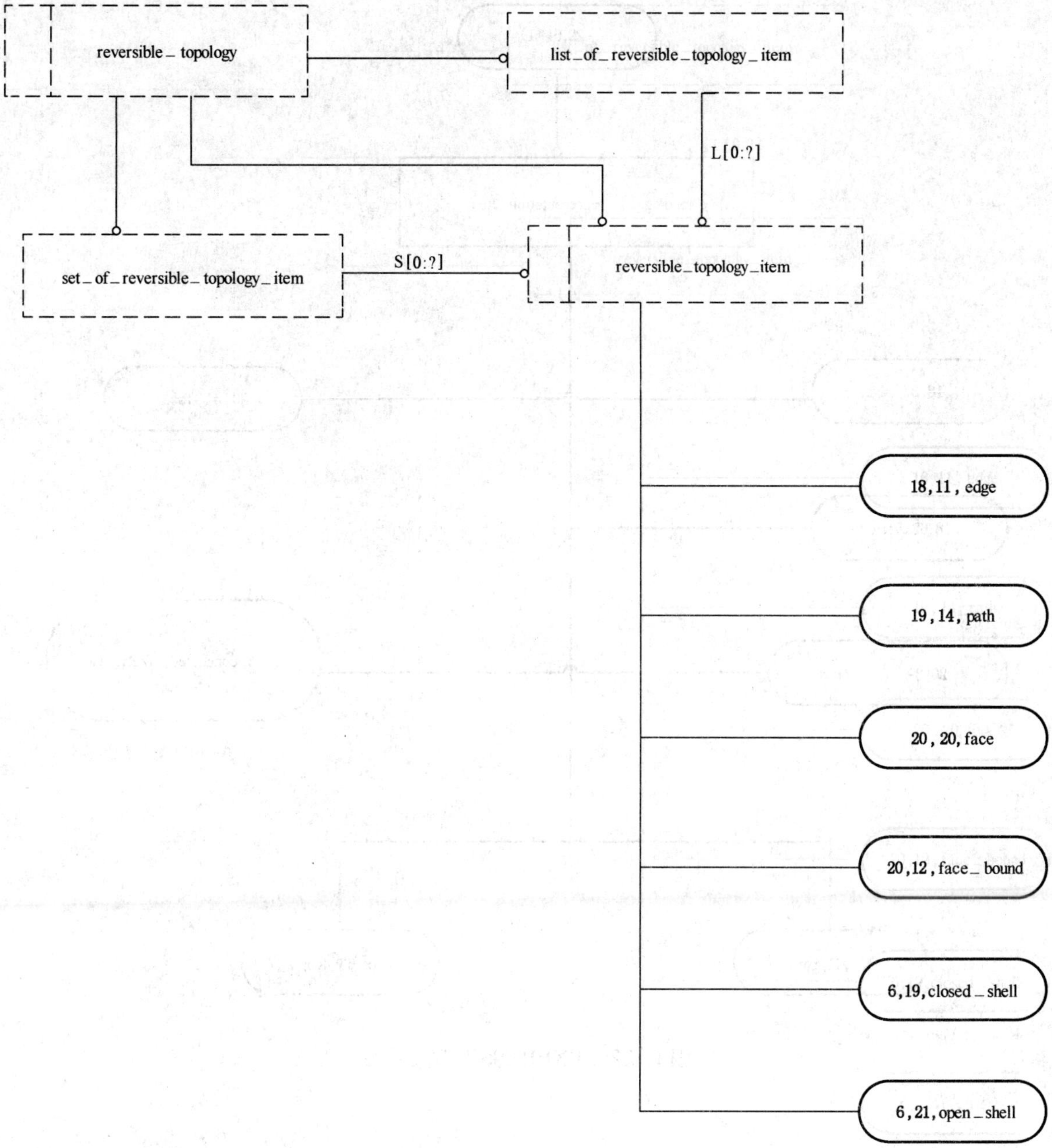

图 C.21　EXPRESS-G 图 22-21

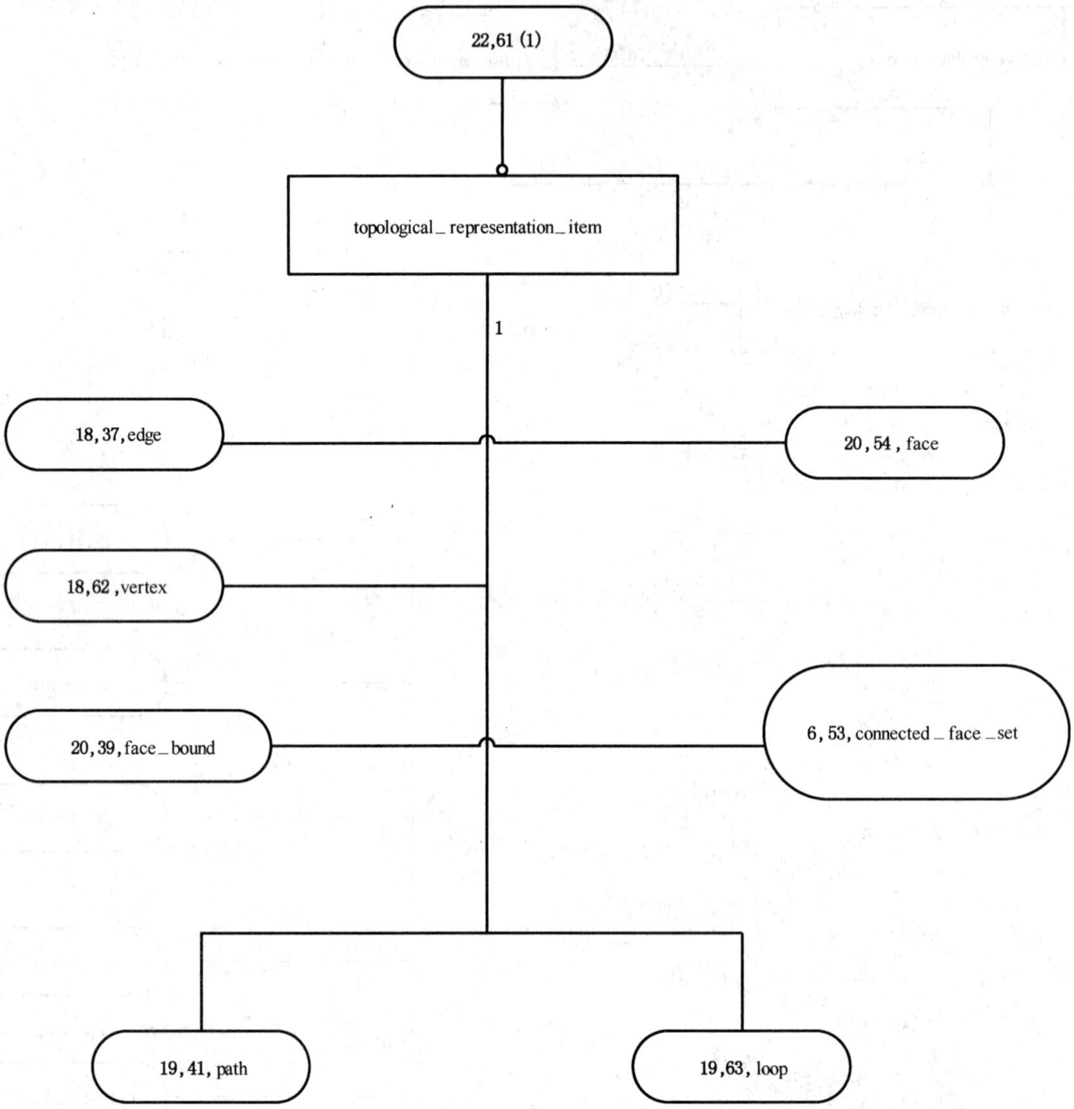

图 C.22 EXPRESS-G 图 22-22

附　录　D
（资料性附录）
计算机可解释的列表

本附录引用了 GB/T 16656 本部分规定的 EXPRESS 实体名和与实体名对应的短名列表，也提供了本部分规定的没有注解和其他说明文本的每一个 EXPRESS 模式的列表。这些列表以计算机可解释的格式给出，并可从以下 URL 查到：

短名：http://www.mel.nist.gov/div826/subject/apde/snr。

EXPRESS：http://www.mel.nist.gov/step/parts/part509/IS/。

如果不能访问这些站点，请直接联系 ISO 中央秘书处或 ISO TC 184/SC 4 秘书处：sc4sec@cme.nist.gov。

注：上述网址中提供的计算机可解释的表格信息是资料性的，包含在本部分主体部分的信息是规范性的。

ICS 25.040.40
L 67

中华人民共和国国家标准化指导性技术文件

GB/Z 16656.1002—2010/ISO/TS 10303-1002:2001

工业自动化系统与集成 产品数据表达与交换 第1002部分:应用模块:颜色

Industrial automation systems and integration—Product data representation and exchange—Part 1002:Application module:Colour

(ISO/TS 10303-1002:2001,IDT)

2011-01-14 发布

2011-05-01 实施

中华人民共和国国家质量监督检验检疫总局
中国国家标准化管理委员会 发布

前　言

GB/T 16656《工业自动化系统与集成　产品数据表达与交换》是由多个部分组成的标准，各部分单独出版。GB/T 16656 的所属各部分又组成多个子系列，即：

——第 1 部分至第 19 部分规定了描述方法；

——第 20 部分至第 29 部分规定了实现方法；

——第 30 部分至第 39 部分规定了一致性测试方法与框架；

——第 40 部分至第 59 部分规定了集成通用资源；

——第 100 部分至第 199 部分规定了集成应用资源；

——第 200 部分至第 299 部分规定了应用协议；

——第 300 部分至第 399 部分规定了抽象测试套件；

——第 400 部分至第 499 部分规定了应用模块；

——第 500 部分至第 599 部分规定了应用解释构造；

——第 1000 部分至第 1999 部分规定了应用模块。

GB/T 16656《工业自动化系统与集成　产品数据表达与交换》现已发布和即将发布的包括以下部分：

——第 1 部分：概述与基本原理；

——第 11 部分：描述方法：EXPRESS 语言参考手册；

——第 21 部分：实现方法：交换文件结构的纯正文编码；

——第 28 部分：实现方法：EXPRESS 模式与数据的 XML 表达(使用 XML 模式)；

——第 31 部分：一致性测试方法论与框架：基本概念；

——第 32 部分：一致性测试方法论与框架：对测试实验室与客户的要求；

——第 34 部分：一致性测试方法论与框架：应用协议实现的抽象测试方法；

——第 41 部分：集成通用资源：产品描述与支持原理；

——第 42 部分：集成通用资源：几何与拓扑表达；

——第 43 部分：集成通用资源：表达结构；

——第 44 部分：集成通用资源：产品结构配置；

——第 45 部分：集成通用资源：材料；

——第 46 部分：集成通用资源：可视化显示；

——第 47 部分：集成通用资源：形状变化公差；

——第 49 部分：集成通用资源：工艺过程结构和特性；

——第 51 部分：集成通用资源：数学表达；

——第 54 部分：集成通用资源：分类和集合论；

——第 55 部分：集成通用资源：过程与混合表达；

——第 56 部分：集成通用资源：状态；

——第 101 部分：集成应用资源：绘图；

——第 105 部分：集成应用资源：运动学；

——第 201 部分：应用协议：显式绘图；

——第 202 部分：应用协议：相关绘图；

——第 203 部分：应用协议：配置控制设计；

——第238部分:应用协议:计算机数值控制器用的应用解释模型;
——第501部分:应用解释构造:基于边的线框;
——第502部分:应用解释构造:基于壳的线框;
——第503部分:应用解释构造:几何有界二维线框;
——第504部分:应用解释构造:绘图注释;
——第505部分:应用解释构造:图样结构与管理;
——第506部分:应用解释构造:绘图元素;
——第507部分:应用解释构造:几何有界曲面;
——第508部分:应用解释构造:非流形曲面;
——第509部分:应用解释构造:流形曲面;
——第513部分:应用解释构造:基本边界表达;
——第520部分:应用解释构造:相关绘图元素;
——第1001部分:应用模块:外观赋值;
——第1002部分:应用模块:颜色;
——第1003部分:应用模块:曲线外观;
——第1004部分:应用模块:基本几何形状;
——第1005部分:应用模块:基本拓扑;
——第1006部分:应用模块:基础表达;
——第1007部分:应用模块:通用曲面外观;
——第1008部分:应用模块:层赋值;
——第1009部分:应用模块:形状外观和层。

本部分为GB/T 16656的第1002部分。

本部分等同采用ISO/TS 10303-1002:2001《工业自动化系统与集成　产品数据表达与交换　第1002部分:应用模块:颜色》,其技术内容和结构与ISO/TS 10303-1002:2001保持一致,为便于使用,做了如下编辑性修改:

a) 删去了ISO前言;
b) 对于带下划线的用于EXPRESS语言描述的各黑体英文实体名、属性名和函数名等,为了维护其英文原意,在本部分中,都使用其英文原名,仅当其作为标题时,在该英文名前增加了其归属的类型说明。

本部分的附录A、附录B为规范性附录;附录C、附录D、附录E为资料性附录。

本部分由中国机械工业联合会提出。

本部分由全国自动化系统与集成标准化技术委员会(SAC/TC 159)归口。

本部分主要起草单位:中国标准化研究院。

本部分主要起草人:洪岩、杨青海、周歆华、刘守华、王志强、李文武、柳青。

引　言

GB/T 16656 是一个计算机可解释的用于产品信息表达和产品数据交换的技术标准。其目的是对产品全生命周期提供一种独立于任何特定系统、能够描述产品数据的中性机制。其描述功能不仅适合于中性文件的交换，而且也是实现和共享产品数据库及存档的基础。

GB/T 16656 由一系列部分组成，每个部分单独发布。GB/T 16656 的各个部分都分属以下系列之一：描述方法、集成资源、应用解释构造、应用协议、应用模块、抽象测试套件、实现方法及一致性测试。在 ISO 10303-1 中对上述类别进行了说明。本部分（即第 1002 部分）属于应用模块类。

GB/T 16656 的本部分给出了定义颜色信息的应用模块，但不规定与使用颜色有关的规范。颜色可以是外部定义的、预定义的或用户定义的。

一组应用模块可以组合起来以便给形状元素分配层和可视属性，例如给几何和拓扑元素分配颜色和曲线线型。如果需要其他相关的资料，见 GB/Z 16656.1009—2010 的附录 F。

注：本部分的范围与 ISO 10303-517 有重叠，因此本部分不适用于与应用协议和其他应用模块一起使用。对于解释模型的 EXPRESS 实体 draughting_pre_defined_color 存在名称上的冲突。

工业自动化系统与集成
产品数据表达与交换
第1002部分:应用模块:颜色

1 范围

GB/T 16656的本部分提供了与颜色相关的应用模块。

本部分适用于:

——颜色信息的定义。

本部分不适用于:

——与使用颜色有关的语义规范;

——本部分与ISO 10303-517一起使用将导致范围的重叠和对于解释模型的EXPRESS实体draughting_pre_defined_color的名称冲突。

2 规范性引用文件

下列文件中的条款通过GB/T 16656的本部分的引用而成为本部分的条款。凡是注日期的引用文件,其随后所有的修改单(不包括勘误的内容)或修订版均不适用于本部分,然而,鼓励根据本部分达成协议的各方研究是否可使用这些文件的最新版本。凡是不注日期的引用文件,其最新版本适用于本部分。

GB/T 16262.1 信息技术 抽象语法记法一(ASN.1) 第1部分:基本记法规范(GB/T 16262.1—2006,ISO/IEC 8824-1:2002,IDT)

GB/T 16656.46—1998 工业自动化系统与集成 产品数据表达与交换 第46部分:集成通用资源:可视化显示(idt ISO 10303-46:1994)

GB/T 16656.202—2000 工业自动化系统与集成 产品数据表达与交换 第202部分:应用协议:相关绘图(eqv ISO 10303-202:1996)

GB/Z 16656.1001:2004 工业自动化系统与集成 产品数据表达与交换 第1001部分:应用模块:外观赋值(ISO/TS 10303-1001:2001,IDT)

ISO 10303-1:1994 工业自动化系统与集成 产品数据表达与交换 第1部分:概述与基本原理

ISO 10303-11:1994 工业自动化系统与集成 产品数据表达与交换 第11部分:描述方法:EXPRESS语言参考手册

ISO 10303-41:2000 工业自动化系统与集成 产品数据表达与交换 第41部分:集成通用资源:产品描述与支持原理

3 术语、定义和缩略语

3.1 ISO 10303-1定义的术语

ISO 10303-1中定义的下列术语适用于本部分:

——应用 application;

——应用对象 application object;

——应用协议 application protocol;

——应用参考模型 application reference model;

——数据　data；
——信息　information；
——集成资源　integrated resource；
——产品　product；
——产品数据　product data；
——功能单元　unit of functionality。

3.2　GB/T 16656.202 定义的术语

GB/T 16656.202 中定义的下列术语适用于本部分：
——应用解释构造　application interpreted construct。

3.3　GB/Z 16656.1001 定义的术语

GB/Z 16656.1001 中定义的下列术语适用于本部分：
——应用模块　application module；
——模块解释模型　module interpreted model。

3.4　缩略语

下列缩略语适用于本部分：
AM：应用模块(Application Module)
ARM：应用参考模型(Application Reference Model)
MIM：模块解释模型(Module Interpreted Model)
RGB：红绿蓝(Red Green Blue)
UoF：功能单元(Unit of Functionality)
URL：统一资源定位符(Uniform Resource Locator)

4　信息需求

本章给出了颜色的信息需求。

通过一组功能单元和应用对象给出了信息需求。使用在本应用模块主题范围内的术语来定义该信息需求。

——附录 C 给出了信息需求的图形表达。
——映射规范见 5.1，它给出了本部分是如何满足信息需求的。集成资源的使用引入了应用模块和应用协议共有的附加需求。

EXPRESS 描述：

```
*)
SCHEMA Colour_arm;
(*
```

4.1　功能单元

本条给出了本部分及其他应用模块定义所需的支持元素的功能单元(UoF)。本部分给出了以下功能单元：

——颜色　Colour。

本部分不使用其他的功能单元。

下面给出了各功能单元和每个 UoF 支持的功能描述。4.2 定义了各 UoF 中包含的应用元素。

4.1.1　功能单元 Colour

Colour 功能单元(UoF)给出了颜色的定义信息。

在 Colour 的 UoF 中定义的下列应用实体：

——颜色　Colour；

——外部定义的颜色 Externally_defined_colour;
——预定义颜色 Pre_defined_colour;
——用户定义颜色 User_defined_colour。

4.2 ARM 实体定义

本条给出了颜色模块应用实体。每个应用实体是一个不可分割的元素,并规定实体数据元素所包含的属性。以下各条给出了应用实体及其定义。

4.2.1 实体 Colour

Colour 是特殊波长反射光的特性名。

EXPRESS 描述:

```
*)
ENTITY Colour;
    name:STRING;
END_ENTITY;
(*
```

属性定义:

name:命名颜色的词或词组。

4.2.2 实体 Externally_defined_colour

Externally_defined_colour 是由 GB/T 16656 以外的资源定义或维护的颜色。

EXPRESS 描述:

```
*)
ENTITY Externally_defined_colour
    SUBTYPE OF(Colour);
    source:STRING;
END_ENTITY;
(*
```

属性定义:

source:描述了负责定义颜色的机构标识。

4.2.3 实体 Pre_defined_colour

Pre_defined_colour 是在 Colour 模块中建立和维护其定义的 Colour。

EXPRESS 描述:

```
*)
ENTITY Pre_defined_colour
    SUBTYPE OF(Colour);
WHERE
    WR1:SELF.name IN
        ['red',
        'green',
        'blue',
        'yellow',
        'magenta',
        'cyan',
        'black',
        'white'];
```

```
END_ENTITY;
(*
```

4.2.4 实体 User_defined_colour

User_defined_colour 是指不引用任何标准定义的 Colour。

EXPRESS 描述：

```
*)
ENTITY User_defined_colour
    SUBTYPE OF(Colour);
    red:REAL;
    green:REAL;
    blue:REAL;
WHERE
    WR1:{0.0 <= red <= 1.0};
    WR2:{0.0 <= green <= 1.0};
    WR3:{0.0 <= blue <= 1.0};
END_ENTITY;
END_SCHEMA;
(*
```

属性定义：

red:红颜色的色饱和度。

green:绿颜色的色饱和度。

blue:蓝颜色的色饱和度。

形式限制：

WR1:红颜色的色饱和度在 0.0 和 1.0 之间。

WR2:绿颜色的色饱和度在 0.0 和 1.0 之间。

WR3:蓝颜色的色饱和度在 0.0 和 1.0 之间。

5 模块解释模型

5.1 映射规范

本条包含了映射表(见表 1),该映射表表明了本部分(见第 4 章)的每个 UoF 和应用元素是怎样映射到一个或几个模块解释模型(MIM)资源构造的。该映射表分五列,各列内容如下：

列 1)应用元素:当应用元素出现在应用实体定义中时,给出的应用元素名。应用实体名用大写字母书写。在应用实体后面列出的属性名,用小写字母书写。

列 2)MIM 元素:指出现在 MIM、术语“IDENTICAL MAPPING”或术语“PATH”中的 MIM 元素名。MIM 实体用小写字母书写。被引用的 MIM 实体的属性名表示成〈entity name〉.〈attribute name〉。一个应用元素的映射可以引出几个相关的 MIM 元素。每一个 MIM 元素在表中都要求占用一行。术语“IDENTICAL MAPPING”表明一个应用命题的两个应用实体映射到相同的 MIM 元素。术语“PATH”表明应用命题映射到完整的引用路径。

列 3)源:对于那些集成资源解释的 MIM 元素,其对应的是 GB/T 16656 相应部分的序号。对于由本部分产生的 MIM 元素,它对应的是本部分的序号。

列 4)规则:可给出一个或多个序号,序号表示当前 MIM 元素或引用路径所采用规则的出处。对于那些从应用实体之间的关系中导出的规则,同一规则被所有相关的 MIM 元素的映射实体所引用。表后列出了规则的扩展名。

列 5)引用路径:为了完整地描述应用实体的映射,有必要通过几个相关 MIM 元素来给出引用路径。引用路径列记录了这个 MIM 元素相对于下一行的 MIM 元素所起的作用。两个或多个这样的相关 MIM 元素定义了集成资源的解释,该集成资源满足由应用实体给出的需求。对于为了用于本部分而创建的每个 MIM 元素,引用路径指到给出超类的集成资源。

为表达引用路径和 MIM 元素间的关系,应用了下列符号标记:

a) []:为满足信息需求,需要多个 MIM 元素或引用路径段;

b) ():为满足信息需求,在映射中的多个 MIM 元素或引用路径段被标识为可任选其一;

c) {}:为满足信息需求,限定使用括号内的引用路径;.

d) —〉:属性引用下行中给出的实体或选择类型;

e) 〈—:实体或选择类型被下行中的属性引用;

f) [i]:属性是聚合类型,其单个成员在下行给出;

g) [n]:属性是聚合类型,其成员 n 在下行中给出;

h) =〉:该实体是下行中给出实体的超类;

i) 〈=:该实体是下行中给出实体的子类;

j) =:字符串,选择类型或枚举类型约束的选项或值;

k) \:字符串的续行符。

表 1 Colour UoF 映射表

应用元素 (Application_element)	MIM 元素 (MIM element)	源 (Source)	规则 (Rules)	引用路径 (Reference path)
COLOUR	colour	46		
Name	colour_specification. name	46		colour_specification〈= colour
EXTERNALLY_DEFINED_COLOUR	externally_defined_colour	1002		externally_defined_colour〈= [externally_defined_item] [colour_specification]〈= colour
Name	externally_defined_colour. name	46		externally_defined_colour〈= [externally_defined_item] [colour_specification]〈= colour
Source	external_source. source_id	41		externally_defined_colour〈= externally_defined_item externally_defined_item. source—〉 external_source external_source. source_id
PRE_DEFINED_COLOUR	draughting_pre_defined_colour	1002		draughting_pre_defined_colour〈= pre_defined_colour〈= [pre_defined_item] [colour]
Name	draughting_pre_defined_colour. name	1002		draughting_pre_defined_colour〈= pre_defined_colour〈= [pre_defined_item] [colour]

表 1（续）

应用元素 (Application_element)	MIM 元素 (MIM element)	源 (Source)	规则 (Rules)	引用路径 (Reference path)
USER _ DEFINED _ COLOUR	colour_rgb	46		colour_rgb〈= colour_specification〈= colour
Name	colour_rgb. name	46		colour_rgb〈= colour_specification〈= colour
Red	colour_rgb. red	46		colour_rgb〈= colour_specification〈= colour
green	colour_rgb. green	46		colour_rgb〈= colour_specification〈= colour
blue	colour_rgb. blue	46		colour_rgb〈= colour_specification〈= colour

5.2 MIM EXPRESS 短列表

本条给出了 EXPRESS 模式，该 EXPRESS 模式使用了集成资源、应用解释构造和应用模块 MIM 中的元素。该 EXPRESS 模式包含了本部分规定的类型、实体规范、规则和功能。本条还给出了从集成资源引入的各构造的文本材料的更改信息。MIM 中使用的集成资源或应用解释构造中给出的定义和 EXPRESS 描述包括选择列表项和没有输入到 MIM 中的子类。在集成资源或应用解释构造中对选择列表项和子类声明的需求不适用于输入到 MIM 中的各项。

EXPRESS 描述：

```
*)
SCHEMA Colour_mim;
    USE FROM external_reference_schema--ISO 10303-41
       (externally_defined_item);
    USE FROM presentation_resource_schema -- GB/T 16656.46
       (colour,
        colour_rgb,
        colour_specification,
        draughting_pre_defined_colour,
        pre_defined_colour);
    USE FROM support_resource_schema -- ISO 10303-41
       (identifier);
(*
```

注 1：本模式的 EXPRESS-G 图表达见附录 D。

注 2：上述引用的模式可见下列部分：

external_reference_schema	ISO 10303-41
presentation_resource_schema	GB/T 16656.46
support_resource_schema	ISO 10303-41

5.2.1 应用模块实体定义

本条包含 MIM 中的 EXPRESS 实体定义。

5.2.1.1 实体 externally_defined_colour

externally_defined_colour 是 GB/T 16656 范围以外定义的颜色。

EXPRESS 描述：

```
*)
ENTITY externally_defined_colour
    SUBTYPE OF(colour_specification,externally_defined_item);
END_ENTITY; -- externally_defined_colour
(*

*)
END_SCHEMA;
(*
```

附 录 A
（规范性附录）
MIM 短名

表 A.1 给出了 GB/T 16656 本部分的 MIM 中定义的实体短名。使用短名的具体要求可以见 GB/T 16656的实现方法。

注：EXPRESS 实体名可在因特网上找到:〈http://www.mel.nist.gov.cn/div826/subject/apde/snr/〉。

表 A.1 MIM 实体短名

实体名	短名
EXTERNALLY_DEFINED_COLOUR	EXD1

附 录 B
（规范性附录）
信息对象注册

B.1 文档标识

为了在开放系统中给信息对象提供无二义性标识，规定 GB/T 16656 本部分的对象标识符是：

{iso standard 10303 part(1002) version(1)}

这个值的意义在 GB/T 16262.1 中定义，并且在 ISO 10303-1 中进行描述。

B.2 模式标识

B.2.1 颜色应用参考模型模式标识

为了在开放系统中给应用模块中的模式提供无二义性的标识，对象标识符{iso standard 10303 part (1002) version(1) object(1) colour-arm-schema(1)}分配给 colour_arm schema 模式，本标识符的含义在 GB/T 16262.1 中定义，并且在 ISO 10303-1 中进行描述。

B.2.2 颜色模块解释模型模式标识

为了在开放系统中给应用模块中的模式提供无二义性的标识，对象标识符{iso standard 10303 part (1004) version(1) object(1) colour-mim-schema(2)}分配给 colour_mim schema，本标识符的含义在 GB/T 16262.1 中定义，并且在 ISO 10303-1 中进行描述。

附 录 C
（资料性附录）
ARM EXPRESS-G 图

图 C.1 对应于 GB/T 16656 本部分第 4 章中的 ARM EXPRESS 列表。图中使用了 EXPRESS 语言的 EXPRESS-G 图解形式。EXPRESS-G 在 ISO 10303-11:1994 的附录 D 中定义。

注：插页引用指的是图表号，而不是图号。

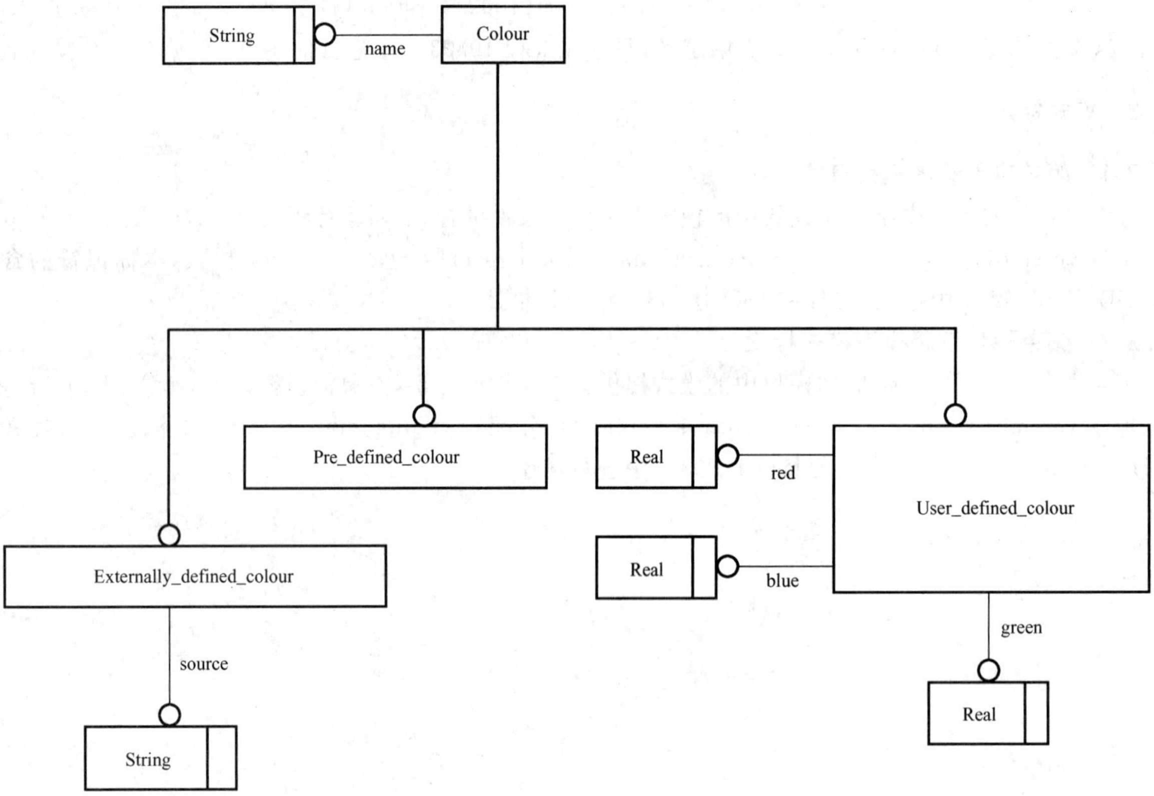

图 C.1 ARM EXPRESS-G 图 1-1

附 录 D
（资料性附录）
MIM EXPRESS-G 图

图 D.1 对应于 GB/T 16656 本部分的 MIM EXPRESS 扩展列表。图中使用了 EXPRESS 语言的 EXPRESS-G 图解形式。EXPRESS-G 在 ISO 10303-11:1994 的附录 D 中定义。

注：插页引用指的是图表号，而不是图形号。

图 D.1 MIM EXPRESS-G 图 1-1

附 录 E
（资料性附录）
计算机可解释的列表

本附录引用了 GB/T 16656 本部分规定的 EXPRESS 实体名和与实体名对应的短名列表，也提供了本部分规定的没有注解和其他说明文本的每一个 EXPRESS 模式的列表。这些列表以计算机可解释的格式给出并可从以下 URL 查到：

短名：http://www.mel.nist.gov/div826/subject/apde/snr。

EXPRESS：http://www.mel.nist.gov/step/parts/part1002/TS/。

如果不能访问以上网址，请联系 ISO TC 184/SC 4 秘书处：sc4sec@cme.nist.gov。

注：从以上网址得到的计算机可解释格式的信息是资料性的。本部分内的信息是规范的。

参 考 文 献

[1] GB/Z 16656.1009—2010 工业自动化系统与集成 产品数据表达与交换 第1009部分：应用模块：形状外观和层(ISO/TS 10303-1009,IDT)

[2] ISO TC 184/SC 4 1997,Proposed Standing Document—Guidelines for application module development,revision 0.6
〈http://wg10step.aticorp.org/Deliverables/Guidelines/AMContent/Draft6/AMConGde06.html〉

[3] ISO 10303-517:2000 工业自动化系统与集成 产品数据表达和交换 第517部分：应用解释构造：机械设计几何表达

ICS 25.040.40
L 67

中华人民共和国国家标准化指导性技术文件

GB/Z 16656.1003—2010/ISO/TS 10303-1003:2001

工业自动化系统与集成 产品数据表达与交换 第1003部分:应用模块:曲线外观

Industrial automation systems and integration—
Product data representation and exchange—
Part 1003:Application module:Curve appearance

(ISO/TS 10303-1003:2001,IDT)

2011-01-14 发布 2011-05-01 实施

中华人民共和国国家质量监督检验检疫总局
中国国家标准化管理委员会 发布

前　言

GB/T 16656《工业自动化系统与集成　产品数据表达与交换》是由多个部分组成的标准，各部分单独出版。GB/T 16656 的所属各部分又组成多个子系列，即：

——第 1 部分至第 19 部分规定了描述方法；

——第 20 部分至第 29 部分规定了实现方法；

——第 30 部分至第 39 部分规定了一致性测试方法与框架；

——第 40 部分至第 59 部分规定了集成通用资源；

——第 100 部分至第 199 部分规定了集成应用资源；

——第 200 部分至第 299 部分规定了应用协议；

——第 300 部分至第 399 部分规定了抽象测试套件；

——第 400 部分至第 499 部分规定了应用模块；

——第 500 部分至第 599 部分规定了应用解释构造；

——第 1000 部分至第 1999 部分规定了应用模块。

GB/T 16656《工业自动化系统与集成　产品数据表达与交换》现已发布和即将发布的包括以下部分：

——第 1 部分：概述与基本原理；

——第 11 部分：描述方法：EXPRESS 语言参考手册；

——第 21 部分：实现方法：交换文件结构的纯正文编码；

——第 28 部分：实现方法：EXPRESS 模式与数据的 XML 表达(使用 XML 模式)；

——第 31 部分：一致性测试方法论与框架：基本概念；

——第 32 部分：一致性测试方法论与框架：对测试实验室与客户的要求；

——第 34 部分：一致性测试方法论与框架：应用协议实现的抽象测试方法；

——第 41 部分：集成通用资源：产品描述与支持原理；

——第 42 部分：集成通用资源：几何与拓扑表达；

——第 43 部分：集成通用资源：表达结构；

——第 44 部分：集成通用资源：产品结构配置；

——第 45 部分：集成通用资源：材料；

——第 46 部分：集成通用资源：可视化显示；

——第 47 部分：集成通用资源：形状变化公差；

——第 49 部分：集成通用资源：工艺过程结构和特性；

——第 51 部分：集成通用资源：数学表达；

——第 54 部分：集成通用资源：分类和集合论；

——第 55 部分：集成通用资源：过程与混合表达；

——第 56 部分：集成通用资源：状态；

——第 101 部分：集成应用资源：绘图；

——第 105 部分：集成应用资源：运动学；

——第 201 部分：应用协议：显式绘图；

——第 202 部分：应用协议：相关绘图；

——第 203 部分：应用协议：配置控制设计；

——第 238 部分:应用协议:计算机数值控制器用的应用解释模型;
——第 501 部分:应用解释构造:基于边的线框;
——第 502 部分:应用解释构造:基于壳的线框;
——第 503 部分:应用解释构造:几何有界二维线框;
——第 504 部分:应用解释构造:绘图注释;
——第 505 部分:应用解释构造:图样结构与管理;
——第 506 部分:应用解释构造:绘图元素;
——第 507 部分:应用解释构造:几何有界曲面;
——第 508 部分:应用解释构造:非流形曲面;
——第 509 部分:应用解释构造:流形曲面;
——第 513 部分:应用解释构造:基本边界表达;
——第 520 部分:应用解释构造:相关绘图元素;
——第 1001 部分:应用模块:外观赋值;
——第 1002 部分:应用模块:颜色;
——第 1003 部分:应用模块:曲线外观;
——第 1004 部分:应用模块:基本几何形状;
——第 1005 部分:应用模块:基本拓扑;
——第 1006 部分:应用模块:基础表达;
——第 1007 部分:应用模块:通用曲面外观;
——第 1008 部分:应用模块:层赋值;
——第 1009 部分:应用模块:形状外观和层。

本部分为 GB/T 16656 的第 1003 部分。

本部分等同采用 ISO/TS 10303-1003:2001《工业自动化系统与集成　产品数据表达与交换　第 1003 部分:应用模块:曲线外观》,其技术内容和结构与 ISO/TS 10303-1003:2001 保持一致,为便于使用,做了如下编辑性修改:

a) 删去了 ISO 前言;
b) 对于带下划线的用于 EXPRESS 语言描述的各黑体英文实体名、属性名和函数名等,为了维护其英文原意,在本部分中,都使用其英文原名,仅当其作为标题时,我们在该英文名前增加了其归属的类型说明。

本部分的附录 A、附录 B 为规范性附录;附录 C、附录 D、附录 E 为资料性附录。

本部分由中国机械工业联合会提出。

本部分由全国自动化系统与集成标准化技术委员会(SAC/TC 159)归口。

本部分主要起草单位:中国标准化研究院。

本部分主要起草人:洪岩、王志强、刘守华、杨青海、周歆华、李文武。

引　言

GB/T 16656 是一个计算机可解释的用于产品信息表达和产品数据交换的技术标准。其目的是对产品全生命周期提供一种独立于任何特定系统、能够描述产品数据的中性机制。其描述功能不仅适合于中性文件的交换,而且也是实现和共享产品数据库及存档的基础。

GB/T 16656 由一系列部分组成,每个部分单独发布。GB/T 16656 的各个部分都分属以下系列之一:描述方法、集成资源、应用解释构造、应用协议、应用模块、抽象测试套件、实现方法及一致性测试。在 ISO 10303-1 中对上述类别进行了说明。本部分(即第 1003 部分)属于应用模块类。

GB/T 16656 的本部分规定了曲线外观的应用模块。本部分还给出了控制曲线表示的可视属性定义,这些属性包括曲线线型、颜色和线宽。

一组应用模块可以组合起来以便给形状元素分配层和可视属性,例如给几何和拓扑元素分配颜色和曲线线型。如果需要其他相关的资料,见 GB/Z 16656.1009—2010 的附录 F。

工业自动化系统与集成 产品数据表达与交换 第1003部分:应用模块:曲线外观

1 范围

GB/T 16656 的本部分给出了与曲线外观特征相关的应用模块。

本部分适用于:

——曲线外观信息的定义。

本部分不适用于:

——与赋给曲线外观有关的语义规范。

2 规范性引用文件

下列文件中的条款通过 GB/T 16656 的本部分的引用而成为本部分的条款。凡是注日期的引用文件,其随后所有的修改单(不包括勘误的内容)或修订版均不适用于本部分,然而,鼓励根据本部分达成协议的各方研究是否可使用这些文件的最新版本。凡是不注日期的引用文件,其最新版本适用于本部分。

GB/T 16262.1 信息技术 抽象语法记法一(ASN.1) 第1部分:基本记法规范(GB/T 16262.1—2006,ISO/IEC 8824-1:2002,IDT)

GB/T 16656.43—2008 工业自动化系统与集成 产品数据表达与交换 第43部分:集成通用资源:表达结构(ISO 10303-43:2000,IDT)

GB/T 16656.46—1998 工业自动化系统与集成 产品数据表达与交换 第46部分:集成通用资源:可视化显示(idt ISO 10303-46:1994)

GB/T 16656.202—2000 工业自动化系统与集成 产品数据表达与交换 第202部分:应用协议:相关绘图(eqv ISO 10303-202:1996)

GB/Z 16656.1001—2004 工业自动化系统与集成 产品数据表达与交换 第1001部分:应用模块:外观赋值(ISO/TS 10303-1001:2001,IDT)

GB/Z 16656.1002—2010 工业自动化系统与集成 产品数据表达与交换 第1002部分:应用模块:颜色(ISO/TS 10303-1002:2001,IDT)

GB/Z 16656.1004—2010 工业自动化系统与集成 产品数据表达与交换 第1004部分:应用模块:基本几何形状(ISO/TS 10303-1004:2001,IDT)

ISO 10303-1:1994 工业自动化系统与集成 产品数据表达与交换 第1部分:概述与基本原理

ISO 10303-11:1994 工业自动化系统与集成 产品数据表达与交换 第11部分:描述方法:EXPRESS 语言参考手册

3 术语、定义和缩略语

3.1 ISO 10303-1 定义的术语

ISO 10303-1 中定义的下列术语适用于本部分:

——应用 application;

——应用对象 application object;

——应用协议 application protocol;
——应用参考模型 application reference model;
——数据 data;
——信息 information;
——集成资源 integrated resource;
——产品 product;
——产品数据 product data;
——功能单元 unit of functionality。

3.2 GB/T 16656.202 定义的术语

GB/T 16656.202 中定义的下列术语适用于本部分:
——应用解释构造 application interpreted construct。

3.3 GB/Z 16656.1001 定义的术语

——应用模块 application module;
——模块解释模型 module interpreted model。

3.4 缩略语

下列缩略语适用于本部分:
AM:应用模块(Application Module)
ARM:应用参考模型 (Application Reference Model)
MIM:模块解释模型(Module Interpreted Model)
UoF:功能单元(Unit of Functionality)
URL:统一资源定位符(Uniform Resource Locator)

4 信息需求

本章给出了曲线外观的信息需求。该信息需求被规定为一组功能单元和应用对象。使用在本应用模块主题范围内的术语来定义该信息需求。

注 1:信息需求的图形表达见附录 C。

注 2:5.1 给出了映射规范,它给出了如何应用本部分的集成资源满足信息需求。该集成资源的应用引入了在应用模块和协议中通用的附加要求。

EXPRESS 描述:

```
*)
SCHEMA Curve_appearance_arm;
(*
```

4.1 功能单元

本条给出了本部分的功能单元(UoF)以及应用模块定义所需的所有支持元素。本部分给出了以下功能单元:

——曲线外观 Curve_appearance。

本部分使用了以下功能单元:

——基本几何形状 Elemental_geometric_shape;
——颜色 Colour。

下面几条给出了每个 UoF 支持的各功能单元和功能描述。4.4 定义了各 UoF 中包含的应用元素。

4.1.1 功能单元 curve_appearance

curve_appearance 功能单元(UoF)给出了带属性(如颜色、线宽和线型)的点、向量和曲线几何的表达。

在 curve_appearance 的 UoF 中给出了下列应用元素:

——曲线外观 Curve_appearance;

——线型 Curve_font;

——线型样式 Curve_font_pattern;

——外部定义的曲线线型 Externally_defined_curve_font;

——外部定义的标记 Externally_defined_marker;

——外部定义的终止符 Externally_defined_terminator;

——标记 Marker;

——点外观 Point_appearance;

——预定义曲线线型 Predefined_curve_font;

——预定义标记 Predefined_marker;

——预定义终止符 Predefined_terminator;

——终止符 Terminator;

——用户定义的曲线线型 User_defined_curve_font;

——用户定义的标记 User_defined_marker;

——用户定义的终止符 User_defined_terminator;

——向量外观 Vector_appearance。

4.1.2 功能单元 colour

colour 功能单元(UoF)给出了颜色的定义信息,见 GB/Z 16656.1002。在本部分中引用了功能单元中的下列应用元素:

——颜色 Colour。

4.1.3 功能单元 elemental_geometeric_shape

elemental_geometeric_shape 功能单元(UoF)给出了形状概念的定义信息及其组成部分,见 GB/Z 16656.1004。在本部分中引用了功能单元中的下列应用元素:

——几何模型 Geometric_model。

4.2 要求的 AM 的 ARM

下列 EXPRESS 引用声明给出了从其他应用模块的 ARM 引入的应用元素。

EXPRESS 描述:

```
*)
USE FROM Colour_arm; -- GB/Z 16656.1002
USE FROM Elemental_shape_arm; -- GB/Z 16656.1004
(*
```

4.3 ARM 类型定义

本条给出了本部分中定义的 ARM 应用类型。每个应用类型给出了一种数据类型或数据类型的选择。以下各条给出了应用类型及其定义。

4.3.1 类型 Curve_appearance_select

Curve_appearance_select 给出了具有外观的对象。

EXPRESS 描述:

```
*)
ENTITY Curve_appearance_select = SELECT
    (Curve_appearance,Point_appearance,Vector_appearance);
END_ENTITY;
(*
```

4.4 ARM 实体定义

本条给出了本部分中定义的 ARM 应用实体。每个应用实体是一个不可分割的元素，它体现了唯一的应用概念并包含规定对象数据元素的属性。以下各条给出了应用实体及其定义。

4.4.1 实体 Curve_appearance

Curve_appearance 给出了几何曲线和注释曲线的可视外观。

EXPRESS 描述：

```
*)
ENTITY Curve_appearance;
    width:REAL;
    font:Curve_font;
    colour:Colour;
END_ENTITY; -- Curve_appearance
(*
```

属性定义：

width：给出了着色曲线的幅宽。

font：给出了曲线的显示样式。线型可决定曲线线段是否可见。

colour：给出了可视曲线段的显示颜色。

4.4.2 实体 Curve_font

Curve_font 是用于显示着色曲线的固定样式。

EXPRESS 描述：

```
*)
ENTITY Curve_font
    SUPERTYPE OF (ONEOF (Externally_defined_curve_font,
                  Predefined_curve_font,
                  User_defined_curve_font));
    curve_font_name:STRING;
END_ENTITY; -- Curve_font
(*
```

属性定义：

curve_font_name：命名 Curve_font 的词或词组。

4.4.3 实体 Curve_font_pattern

Curve_font_pattern 是曲线外观的信号样式(开-关)。

EXPRESS 描述：

```
*)
ENTITY Curve_font_pattern;
    on_segment:REAL;
    off_segment:REAL;
END_ENTITY; -- Curve_font_pattern
(*
```

属性定义：

on_segment：显示线段的长度值，该实数值应与单位关联。

off_segment：空白段的长度值，该实数值应与单位关联。

4.4.4 实体 **Externally_defined_curve_font**

Externally_defined_curve_font 是在本应用模块外给出定义的 Curve_font。

EXPRESS 描述:

```
*)
ENTITY Externally_defined_curve_font
    SUBTYPE OF (curve_font);
            curve_font_reference:STRING;
END_ENTITY; -- Externally_defined_curve_font
(*
```

属性定义:

curve_font_reference:外部引用中的曲线线型标识。

4.4.5 实体 **Externally_defined_marker**

Externally_defined_marker 是由外部资源定义的一种 Maker。

EXPRESS 描述:

```
*)
ENTITY Externally_defined_marker
    SUBTYPE OF (Marker);
      marker_reference:STRING;
END_ENTITY; -- Externally_defined_marker
(*
```

属性定义:

maker_reference:外部引用中的 Maker 标识。

4.4.6 实体 **Externally_defined_terminator**

Externally_defined_terminator 是由外部资源定义形状的 Terminator。

EXPRESS 描述:

```
*)
ENTITY Externally_defined_terminator
    SUBTYPE OF (Terminator);
    terminator_reference:STRING;
END_ENTITY; -- Externally_defined_terminator
(*
```

属性定义:

terminator_reference:外部引用中的 Terminator 标识。

4.4.7 实体 **Marker**

Marker 是可视标识符。

EXPRESS 描述:

```
*)
ENTITY Marker
    SUPERTYPE OF (ONEOF (Externally_defined_marker,
                    Predefined_marker,
                    User_defined_marker));
    marker_name:STRING;
END_ENTITY; -- Marker
(*
```

属性定义：

marker_name：表示 Marker 的词或词组。

4.4.8 实体 Point_appearance

Point_appearance 控制点的可视外观。

EXPRESS 描述：

```
*)
ENTITY Point_appearance;
    marker:Marker;
    colour:Colour;
    size:REAL;
END_ENTITY;
(*
```

属性定义：

marker：给出了用于表示点的点标记；

colour：给出了点的 Colour；

size ：给出了标记的宽度。

4.4.9 实体 Predefined_curve_font

Predefined_curve_font 是本部分定义的 Curve_font。由于它的定义是标准的，因此使用名称可以实现互换。

EXPRESS 描述：

```
*)
ENTITY Predefined_curve_font
    SUBTYPE OF (Curve_font);
WHERE
    WR1:SELF.curve_font_name IN ['continuous',
                                 'chain',
                                 'chain double dash',
                                 'dashed',
                                 'dotted'];
END_ENTITY; -- Predefined_curve_font
(*
```

形式限制：

WR1：predefined_curve_font 的 curve_font_name 应该是 'continuous'、'chain'、'chain double dash'、'dashed' 或 'dotted' 中的一个。

表 1 以毫米为单位说明了每个 segment 和 space 的长度。

表 1 预定义曲线线型线段长度

Curve pattern name	Segment mm	Space mm	Segment mm	Space mm	Segment mm	Space mm	Number of segments
Continuous							0
Dashed	4.0	1.5					2
Chain	7.0	1.0	1.0	1.0			4
Chain Double dash	7.0	1.0	1.0	1.0	1.0	1.0	6
Dotted	1.0	1.0					2

4.4.10 实体 Predefined_marker

Predefined_marker 是本部分定义的标记。由于它的定义是标准的，因此使用名称可以实现互换。

EXPRESS 描述：

```
*)
ENTITY Predefined_marker
    SUBTYPE OF (Marker);
WHERE
    WR1:SELF.marker_name IN ['asterisk',
                            'circle',
                            'dot',
                            'plus',
                            'square',
                            'triangle','x'];
END_ENTITY; -- Predefined_marker
(*
```

形式限制：

WR1：predefined_marker 的 marker_name 应该是'asterisk'、'circle'、'dot'、'plus'、'square'、'triangle'或'x'中的一个。

predefined_marker 如下：

asterisk：图形符号由三条等长线段在它们的中点相交的图形表示，符号原点是交点。其中一条线段平行于坐标系 X 轴，其他两条线段分别与平行线段成 60° 和 120° 的角。

circle：由圆表示的图形符号。符号的原点是圆的几何中心。

dot：图形符号是采用填充样式的圆。点符号的原点是圆的中心。

plus：图形符号由两个垂直线段表示。符号的原点是两条线段的交叉点。

square：图形符号由等边矩形表示。符号的原点是矩形的中心。

triangle：图形符号是由三条线段构成的等边三角形表示。三角的原点对应于三角形几何中心。一个边平行于放置符号的坐标系的 X 轴。

x：图形符号由线段中点相交的两条等长线段表示。一条线段与放置符号的坐标系的 X 轴成 45°，另外一条线段垂直于第一条线段。

4.4.11 实体 Predefined_terminator

Predefined_terminator 是本部分定义的终止符。由于它的定义是标准的，因此使用名字可以实现互换。

EXPRESS 描述：

```
*)
ENTITY Predefined_terminator
    SUBTYPE OF (Terminator);
WHERE
    WR1:SELF.terminator_name IN ['blanked arrow',
                                'blanked box',
                                'dimension origin',
                                'filled arrow',
                                'filled box',
                                'filled dot',
```

```
                              'integral symbol'
                              'open a r r o w ' ,
                              'slash',
                              'unfilled arrow'];
END_ENTITY; -- Predefined_terminator
(*
```

形式限制:

WR1:predefined_terminator 的名字应该是'blanked arrow'、'blanked box'、'dimension origin'、'filled box'、'filled dot'、'integral symbol'、'open arrow'、'slash' 或 'unfilled arrow' 中的一个。

predefined_terminator 如下:

blanked arrow:图形符号由三条线段构成的等腰三角形表示。符号的原点对应于两条等长线段的交点。应用符号的注释曲线是两条等长线段形成的角的平分线。符号内的区域是无色的。

blanked box:图形符号是由四条线段形成的方形表示。应用符号的注释曲线平行于方形的两条对应边。符号原点是方形的几何中心,符号内的区域是无色的。

blanked dot:图形符号由圆表示。符号原点是圆心,符号内的区域是无色的。

dimension origin:图形符号由圆表示。符号原点是圆心。

filled arrow:图形符号由三条线段构成的等腰三角形表示。符号的原点对应于两条等长线段的交点。应用符号的注释曲线是两条等长线段形成的角的平分线。符号内的区域是填充或渲染的。

filled box:图形符号是由四条线段形成的方形表示。应用符号的注释曲线平行于方形的两条对应边。符号原点是方形的几何中心,符号内的区域是涂色的。

filled dot:图形符号由圆表示。符号原点是圆心,符号内的区域是涂色的。

integral symbol:描述为形成两个相邻弧的一条线段的图形符号。符号原点是线段中点。

open arrow:图形符号由三条线段构成的等腰三角形表示,其中三角形的第三边是空白的。符号的原点对应于两条等长线段的交点。应用符号的注释曲线是两条等长线段形成的角的平分线。

slash:图形符号是一条线段,符号原点是线段中点,它在应用符号的注释曲线上。

unfilled arrow:图形符号由三条线段构成的等腰三角形表示。符号的原点对应于两条等长线段的交点。应用符号的注释曲线是两条等长线段形成的角的平分线。

4.4.12 实体 Terminator

Terminator 是表示构造结束的形状。

EXPRESS 描述:

```
*)
ENTITY Terminator
    SUPERTYPE OF (ONEOF (Externally_defined_terminator,
                         Predefined_terminator,
                         User_defined_terminator));
    terminator_name:STRING;
END_ENTITY; -- Terminator
(*
```

属性定义:

terninator_name:命名 Terminator 的词或词组。

4.4.13 实体 User_defined_curve_font

User_defined_curve_font 是不引用标准或惯例而定义的 Curve_font。

EXPRESS 描述:

```
*)
ENTITY User_defined_curve_font
    SUBTYPE OF (Curve_font);
    pattern:SET [1:?] OF Curve_font_pattern;
    segment_symbol:Geometric_model;
END_ENTITY; -- User_defined_curve_font
(*
```

属性定义：

pattern:pattern 定义了用于定义曲线线型的样式集合。

segment_symbol:segment_symbol 定义了 curve_font_pattern 的绘图部分的形状。

4.4.14 实体 User_defined_marker

User_defined_marker 是不引用标准或惯例而定义的 Marker。

EXPRESS 描述：

```
*)
ENTITY User_defined_marker
    SUBTYPE OF (Marker);
    symbol:Geometric_model;
END_ENTITY; -- User_defined_marker
(*
```

属性定义：

symbol:定义 Marker 形状的符号。

4.4.15 实体 User_defined_terminator

User_defined_terminator 是不引用标准或惯例而定义的 Terminator。

EXPRESS 描述：

```
*)
ENTITY User_defined_terminator
    SUBTYPE OF (Terminator);
    symbol:Geometric_model;
END_ENTITY; -- User_defined_terminator
(*
```

属性定义：

symbol:定义 Terminator 形状的符号。

4.4.16 实体 Vector_appearance

Vector_appearance 是向量可视外观的定义。

EXPRESS 描述：

```
*)
ENTITY Vector_appearance;
    terminator_type:Terminator;
    vector_font:Curve_font;
    colour:Colour;
    width:REAL;
END_ENTITY; -- Vector_appearance
(*
```

属性定义：

terminator_type:terminator_type 给出了 Terminator 的类型。

vector_font:给出了向量线的线型。线型决定线段的可视和不可视以及向量线段的形状。

colour:给出了向量可视线段的 Colour。

width:给出了向量的宽度。

EXPRESS 描述：

```
*)
END SCHEMA;
(*
```

5 模块解释模型

5.1 映射规范

本条包含了映射表(见表 2)。该映射表表明了本部分(见第 4 章)的每个 UoF 和应用元素是怎样映射到一个或几个模块解释模型(MIM)资源构造的。该映射表分五列,各列内容如下：

列 1)应用元素:当应用元素出现在应用实体定义中时,给出应用元素名。应用实体名用大写字母书写。在应用实体后面列出的属性名,用小写字母书写。

列 2)MIM 元素:指出现在 MIM、术语"IDENTICAL MAPPING"或术语"PATH"中的 MIM 元素名。MIM 实体用小写字母书写。被引用的 MIM 实体的属性名表示成〈entity name〉.〈attribute name〉。一个应用元素的映射可以引出几个相关的 MIM 元素。每一个 MIM 元素在表中都要求占用一行。术语"IDENTICAL MAPPING"表明一个应用命题的两个应用实体映射到相同的 MIM 元素。术语"PATH"表明应用命题映射到完整的引用路径。

列 3)源:对于那些集成资源解释的 MIM 元素,其对应的是 GB/T 16656 相应部分的序号。对于由本部分产生的 MIM 元素,它对应的是本部分的序号。

列 4)规则:可给出一个或多个序号,序号表示当前 MIM 元素或引用路径所采用规则的出处。对于那些从应用实体之间的关系中导出的规则,同一规则被所有相关的 MIM 元素的映射实体所引用。表后列出了规则的扩展名。

列 5)引用路径:为了完整地描述应用实体的映射,有必要通过几个相关 MIM 元素来给出引用路径。引用路径列记录了这个 MIM 元素相对于下一行的 MIM 元素所起的作用。两个或多个这样的相关 MIM 元素定义了集成资源的解释,该集成资源满足由应用实体给出的需求。对于为了用于本部分而创建的每个 MIM 元素,引用路径指到给出超类的集成资源。

为表达引用路径和 MIM 元素间的关系,应用了下列符号标记：

a) []:为满足信息需求,需要多个 MIM 元素或引用路径段；

b) ():为满足信息需求,在映射中的多个 MIM 元素或引用路径段被标识为可任选其一；

c) {}:为满足信息需求,限定使用括号内的引用路径；

d) ->:属性引用下行中给出的实体或选择类型；

e) <-:实体或选择类型被下行中的属性引用；

f) [i]:属性是聚合类型,其单个成员在下行给出；

g) [n]:属性是聚合类型,其成员 n 在下行中给出；

h) =>:该实体是下行中给出实体的超类；

i) <=:该实体是下行中给出实体的子类；

j) =:字符串,选择类型或枚举类型约束的选项或值；

k) \:字符串的续行符。

表 2　Foundation_representation UoF 映射表

应用元素 (Application_element)	MIM 元素 (MIM element)	源 (Source)	规则 (Rules)	引用路径 (Reference path)
CURVE_APPEARANCE	curve_style	46		
font #1 if user defined #2 if predefined #3 if externally defined	PATH			curve_style curve_style. curve_font -> curve_font_or_scaled_curve_font_select curve_font_or_scaled_curve_font_select = curve_style_font_select #1 (curve_style_font_select = curve_style_font curve_style_font <= user_defined_curve_font) #2 (curve_style_font_select = pre_defined_curve_font pre_defined_curve_font => draughting_pre_defined_curve_font) #3 (curve_style_font_select = externally_defined_curve_font externally_defined_curve_font)
width	curve_style. curve_width	46		
curve_font_name	curve_style_font. name	46		
CURVE_FONT_PATTERN	curve_style_font_pattern	46		
on_segment	curve_style_font_pattern. visible_segment_length	46		
off_segment	curve_style_font_pattern. invisible_segment_length	46		

表 2（续）

应用元素（Application_element）	MIM 元素（MIM element）	源（Source）	规则（Rules）	引用路径（Reference path）
EXTERNALLY_DEFINED_CURVE_FONT	externally_defined_curve_font	46		curve_style curve_style. curve_font -> curve_font_or_scaled_curve_font_select curve_font_or_scaled_curve_font_select = curve_style_font_select curve_style_font_select curve_style_font_select = externally_defined_curve_font
curve_font_name	externally_defined_curve_font. item_id	46		curve_style curve_style. curve_font -> curve_font_or_scaled_curve_font_select curve_font_or_scaled_curve_font_select = curve_style_font_select curve_style_font_select curve_style_font_select = externally_defined_curve_font externally_defined_curve_font. item_id
curve_font_reference	PATH			curve_style curve_style. curve_font -> curve_font_or_scaled_curve_font_select curve_font_or_scaled_curve_font_select = curve_style_font_select curve_style_font_select curve_style_font_select = externally_defined_curve_font externally_defined_curve_font. source

表 2（续）

应用元素 (Application_element)	MIM 元素 (MIM element)	源 (Source)	规则 (Rules)	引用路径 (Reference path)
EXTERNALLY_DEFINED_MARKER	externally_defined_marker	1003		externally_defined_marker <= [pre_defined_marker] [externally_defined_symbol]
marker_name	externally_defined_marker.item_id	1003		externally_defined_marker <= externally_defined_symbol<= externally_defined_item.item_id
marker_reference	PATH			externally_defined_marker <= externally_defined_symbol<= externally_defined_item.source-> external_source.source_id
EXTERNALLY_DEFINED_TERMINATOR	externally_defined_terminator_symbol	1003		externally_defined_terminator_symbol<= externally_defined_symbol
terminator_name	externally_defined_terminator_symbol.item_id	1003		externally_defined_terminator_symbol <= externally_defined_symbol<= externally_defined_item.item_id
terminator_reference	PATH			externally_defined_terminator_symbol <= externally_defined_symbol<= externally_defined_item.source-> external_source.source_id
MARKER	marker_select	1003		point_style.marker -> marker_select
marker_name	NO MAPPING	1003		
POINT_APPEARANCE	point_style	46		
size	point_style.marker_size			

表 2（续）

应用元素 (Application_element)	MIM 元素 (MIM element)	源 (Source)	规则 (Rules)	引用路径 (Reference path)
colour	point_style. marker_colour	46		point_style point_style. marker_colour -> colour
marker #1 if predefined #2 if externally defined #3 if user defined	point_style. marker	1003		point_style. marker -> marker_select #1(marker_select = marker_type) #2(marker_select = pre_defined_marker pre_defined_marker => externally_defined_marker) #3(marker_select = pre_defined_marker pre_defined_marker => user_defined_marker)
PREDEFINED_CURVE_FONT	draughting_pre_defined_curve_font	1003		
curve_font_name	draughting_pre_defined_curve_font. name	1003		
PREDEFINED_MARKER	marker_type	1003		point_style. marker -> marker_select marker_select = marker_type
marker_name	NO MAPPING	1003		
PREDEFINED_TERMINATOR	pre_defined_terminator_symbol	1003		pre_defined_terminator_symbol<= pre_defined_symbol
terminator_name	pre_defined_terminator_symbol. name	1003		pre_defined_terminator_symbol<= pre_defined_symbol
TERMINATOR	terminator_select	1003		
terminator_name	NO MAPPING	1003		

表 2（续）

应用元素 （Application_element）	MIM 元素 （MIM element）	源 （Source）	规则 （Rules）	引用路径 （Reference path）
USER_DEFINED_CURVE_FONT	user_defined_curve_font	1003		user_defined_curve_font<= [curve_style_font] [mapped_item]
Curve_font_name	user_defined_curve_font. name	1003		user_defined_curve_font<= curve_style_font. name
pattern	PATH			user_defined_curve_font<= curve_style_font. pattern_list-> curve_style_font_pattern
segment_symbol	PATH			user_defined_curve_font<= mapped_item. mapping_source-> representation_map. mapped_representation-> representation-> shape_representation
USER_DEFINED_MARKER	user_defined_marker	1003		user_defined_marker<= [pre_defined_marker] [mapped_item]
marker_name	user_defined_marker	1003		user_defined_marker<= pre_defined_marker. name
symbol	PATH			user_defined_curve_font<= mapped_item. mapping_source-> representation_map. mapped_representation-> representation-> shape_representation

表 2（续）

应用元素 （Application_element）	MIM 元素 （MIM element）	源 （Source）	规则 （Rules）	引用路径 （Reference path）
USER _ DEFINED _ TERMINATOR	user_defined_terminator_symbol	1003		user_defined_terminator_symbol<= [pre_defined_symbol] [mapped_item]
terminator_name	pre_defined_symbol. name	46		user_defined_terminator_symbol<= pre_defined_symbol. name
symbol	PATH	46		user_defined_terminator_symbol<= mapped_item. mapping_source-> representation_map. mapped_representation-> representation-> shape_representation
VECTOR_APPEARANCE	vector_style	1003		vector_style <= [pre_defined_symbol] [curve_style]
Width	vector_style. curve_width	46		vector_style <= curve_style. curve_width
terminator_type	PATH			vector_style <= pre_defined_terminator_symbol <= pre_defined_symbol
Colour	PATH			vector_style <= curve_style curve_style. curve_colour -> colour

表 2（续）

应用元素 (Application_element)	MIM 元素 (MIM element)	源 (Source)	规则 (Rules)	引用路径 (Reference path)
vector_font #1 if user defined #2 if predefined #3 if externally defined	PATH			vector_style <= curve_style curve_style. curve_font -> curve_font_or_scaled_curve_font_select curve_font_or_scaled_curve_font_select = curve_style_font_select #1 (curve_style_font_select = curve_style_font curve_style_font <= user_defined_curve_font) #2 (curve_style_font_select = pre_defined_curve_font pre_defined_curve_font => draughting_pre_defined_curve_font) #3 (curve_style_font_select = externally_defined_curve_font)

5.2 MIM EXPRESS 短列表

本条给出了 EXPRESS 模式,该 EXPRESS 模式使用了集成资源、应用解释构造或应用模块 MIM 中的元素。该 EXPRESS 模式包含了本部分规定的类型、实体规范、规则和功能。本条还给出了从集成资源引入的各构造的文本材料的更改信息。MIM 中使用的集成资源或应用解释构造中给出的定义和 EXPRESS 描述包括选择列表项和没有输入到 MIM 中的子类。在集成资源或应用解释构造中对选择列表项和子类声明的需求不适用于引入到 MIM 中的各项。

EXPRESS 描述:

```
*)
SCHEMA Curve_appearance_mim;
    USE FROM representation_schema -- GB/T 16656.43
        (mapped_item);
    USE FROM presentation_appearance_schema -- GB/T 16656.46-1998
        (curve_style,
         curve_style_font,
         curve_style_font_pattern,
         draughting_pre_defined_curve_font,
         externally_defined_curve_font,
         marker_select,
         marker_type,
         pre_defined_curve_font,
         pre_defined_marker,
         point_style);
    USE FROM presentation_definition_schema -- GB/T 16656.46
        (pre_defined_symbol,
            externally_defined_symbol);
    USE FROM Colour_mim; -- GB/Z 16656.1002
USE FROM Elemental_geometric_shape_mim; -- GB/Z 16656.1004
(*
```

注 1:此模式使用 EXPRESS-G 图的图形表达见附录 D。

注 2:上述引用的模式可以见下列部分:

presentation_appearance_schema	GB/T 16656.46
presentation_definition_schema	GB/T 16656.46
presentation_source_schema	GB/T 16656.46
Colour_mim	GB/Z 16656.1002
Elemental_shape_mim	GB/Z 16656.1004

5.2.1 应用类型模块定义

本条包含应用模块中的 EXPRESS 类型定义。

5.2.1.1 类型 terminator

terminator 选择结束构造的符号类型。

EXPRESS 描述:

```
*)
TYPE terminator = SELECT
    (externally_defined_terminator_symbol,
```

```
      pre_defined_terminator_symbol,
    user_defined_terminator_symbol);
END_TYPE;
(*
```

5.2.2 应用模块实体定义

本条包含应用模块中的EXPRESS实体定义。

5.2.2.1 实体 externally_defined_marker

externally_defined_marker 是一种 predefined_marker 的 externally_defined_symbol。

EXPRESS 描述：

```
*)
ENTITY externally_defined_marker
  SUBTYPE OF (externally_defined_symbol, pre_defined_marker);
END_ENTITY;
(*
```

5.2.2.2 实体 externally_defined_terminator_symbol

externally_defined_terminator_symbol 是一种 externally_defined_symbol。

EXPRESS 描述：

```
*)
ENTITY externally_defined_terminator_symbol
  SUBTYPE OF (externally_defined_symbol);
END_ENTITY;
(*
```

5.2.2.3 实体 pre_defined_terminator_symbol

pre_defined_terminator_symbol 是一种 pre_defined_symbol，它表示由名称标识终止符。

EXPRESS 描述：

```
*)
ENTITY pre_defined_terminator_symbol
  SUBTYPE OF (pre_defined_symbol);
WHERE
  WR1:SELF.name IN ['blanked arrow', 'blanked box',
                    'blanked dot', 'dimension origin', 'filled arrow',
                    'filled box', 'filled dot', 'integral symbol',
                    'open arrow', 'slash', 'unfilled arrow'];
END_ENTITY;
(*
```

形式限制：

WR1:pre_defined_terminator_symbol 的名称应该是'blanked arrow'、'blanked box'、'blanked dot'、'dimension origin'、'filled arrow'、'filled box'、'filled dot'、'integral symbol'、'open arrow'、'slash'或 'unfilled arrow' 中的一个。

pre_defined_terminator_symbol 如下：

blanked arrow：图形符号由三条线段构成的等腰三角形表示。符号的原点对应于两条等腰的交点。应用符号的注释曲线是两条等腰形成的角的平分线。符号内的区域是无色的。

blanked box：图形符号是由四条线段形成的方形表示。应用符号的注释曲线平行于方形的两条对应边。符号原点是方形的几何中心,符号内的区域是无色的。

blanked dot:图形符号由圆表示。符号原点是圆心,符号内的区域是无色的。

dimension origin:图形符号由圆表示。符号原点是圆心。

filled arrow:图形符号由三条线段构成的等腰三角形表示。符号的原点对应于两条等腰的交点。应用符号的注释曲线是两条等腰形成的角的平分线。符号内的区域是涂色的。

filled box:图形符号是由四条线段形成的方形表示。应用符号的注释曲线平行于方形的两条对应边。符号原点是方形的几何中心,符号内的区域是涂色的。

filled dot:图形符号由圆表示。符号原点是圆心,符号内的区域是涂色的。

integral symbol:描述为形成两个相邻弧的一条线段的图形符号。符号原点是线段中点。

open arrow:图形符号由三条线段构成的等腰三角形表示,其中三角形的第三边是空白的。符号的原点对应于两条等腰的交点。应用符号的注释曲线是两条等腰形成的角的平分线。

slash:图形符号是一条线段,符号原点是线段中点,它在应用符号的注释曲线上。

unfilled arrow:图形符号由三条线段构成的等腰三角形表示。符号的原点对应于两条等腰的交点。应用符号的注释曲线是两条等腰形成的角的平分线。

5.2.2.4 实体 user_defined_curve_font

user_defined_curve_font 是不引用标准或惯例而定义的曲线线型。

EXPRESS 描述:

```
*)
ENTITY user_defined_curve_font
    SUBTYPE OF (curve_style_font, mapped_item);
END_ENTITY;
(*
```

5.2.2.5 实体 user_defined_marker

user_defined_marker 是不引用标准或惯例而定义的 pre_defined_marker。

EXPRESS 描述:

```
*)
ENTITY user_defined_marker
    SUBTYPE OF (pre_defined_marker, mapped_item);
END_ENTITY;
(*
```

5.2.2.6 实体 user_defined_terminator_symbol

user_defined_terminator_symbol 是不引用标准或惯例而定义的 pre_defined_terminator。

EXPRESS 描述:

```
*)
ENTITY user_defined_terminator_symbol
    SUBTYPE OF (pre_defined_symbol, mapped_item);
END_ENTITY;
(*
```

5.2.2.7 实体 vector_style

vector_style 是一种定义了向量视觉外观的 curve_style 或 pre_defined_terminator_symbol。

EXPRESS 描述:

```
*)
ENTITY vector_style
```

```
    SUBTYPE OF (curve_style, pre_defined_terminator_symbol);
END_ENTITY;
(*
EXPRESS 描述：
 *)
END_SCHEMA; -- Curve_appearance_mim
(*
```

附 录 A
（规范性附录）
MIM 短名

表 A.1 给出了 GB/T 16656 本部分 MIM 中定义的实体短名。使用短名的具体要求可以见 GB/T 16656的实现方法。

注：EXPRESS 实体名可在因特网上找到：〈http://www.mel.nist.gov.cn/div826/subject/apde/snr/〉。

表 A.1 MIM 实体短名

实 体 名	短 名
EXTERNALLY_DEFINED_MARKER	EXDFMR
EXTERNALLY_DEFINED_TERMINATOR_SYMBOL	EDT0
PRE_DEFINED_TERMINATOR_SYMBOL	PDT
USER_DEFINED_CURVE_FONT	UDCF
USER_DEFINED_MARKER	USDFMR
USER_DEFINED_TERMINATOR_SYMBOL	UDTS
VECTOR_STYLE	VCTSTY

附 录 B
（规范性附录）
信息对象注册

B.1 文档标识

为了在开放系统中给信息对象提供无二义性标识，规定 GB/T 16656 本部分的对象标识符是：

{iso standard 10303 part(1003) version(1)}

这个值的意义在 GB/T 16262.1 中定义，并且在 ISO 10303-1 中进行描述。

B.2 模式标识

B.2.1 曲线外观应用参考模型模式标识

为了在开放系统中给应用模块中的模式提供无二义性的标识，对象标识符{iso standard 10303 part (1003) version(1) curve-appearance-arm-schema(1)}分配给 curve_appearance_arm 模式，本标识符的含义在 GB/T 16262.1 中定义，并且在 ISO 10303-1 中进行描述。

B.2.2 曲线外观模块解释模型模式标识

为了在开放系统中给应用模块中的模式提供无二义性的标识，对象标识符{iso standard 10303 part (1003) version(1) curve-appearance-mim-schema(2)}分配给 curve_appearance_mim 模式，本标识符的含义在 GB/T 16262.1 中定义，并且在 ISO 10303-1 中进行描述。

附 录 C
（资料性附录）
ARM EXPRESS-G 图

图 C.1～图 C.3 对应于 GB/T 16656 本部分第 4 章中的 ARM EXPRESS 列表。这些图中使用了 EXPRESS 语言的 EXPRESS-G 图解形式。EXPRESS-G 在 ISO 10303-11:1994 的附录 D 中定义。

注：插页引用指的是图表号，而不是图号。

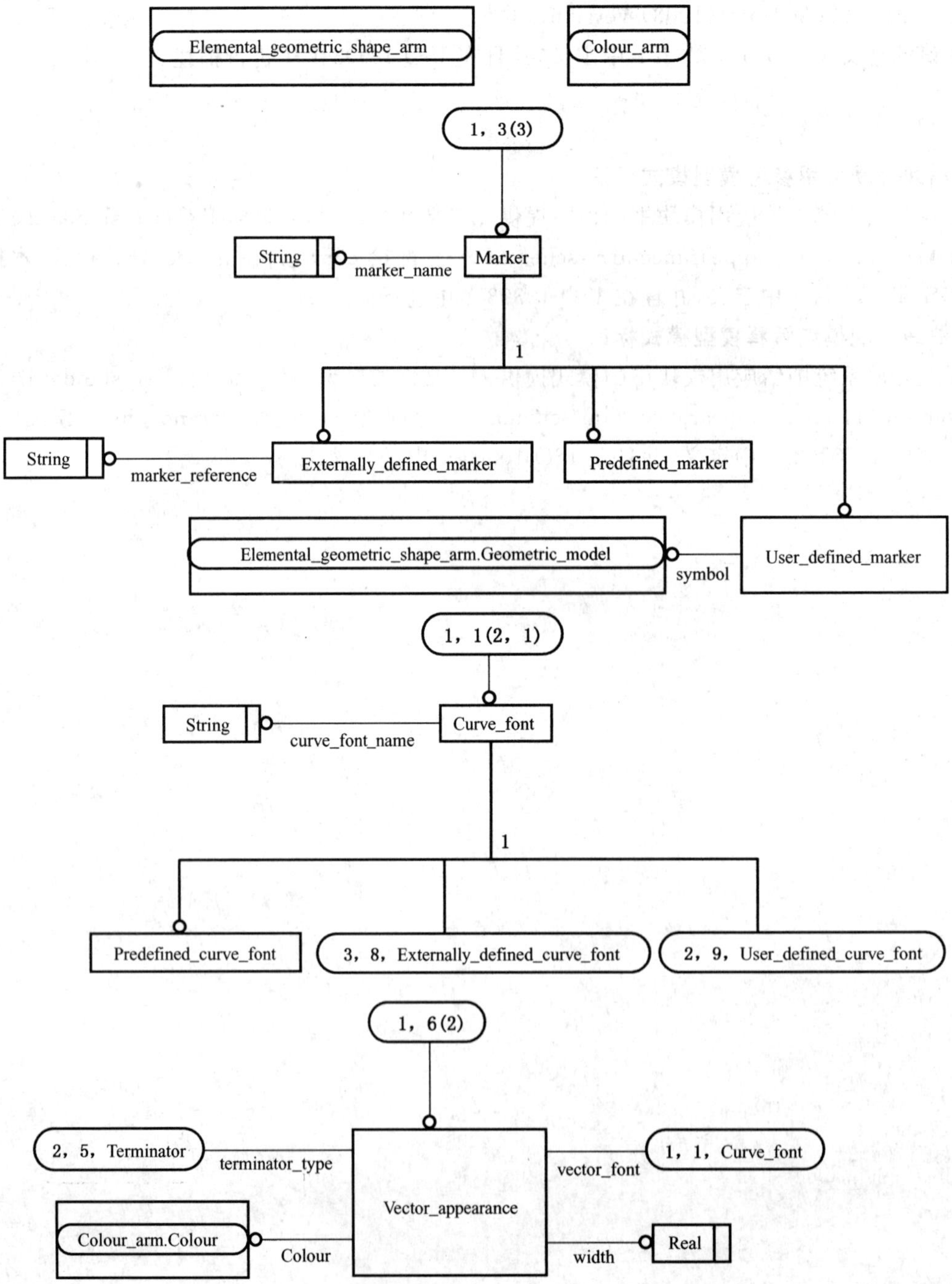

图 C.1　ARM EXPRESS-G 图 3-1

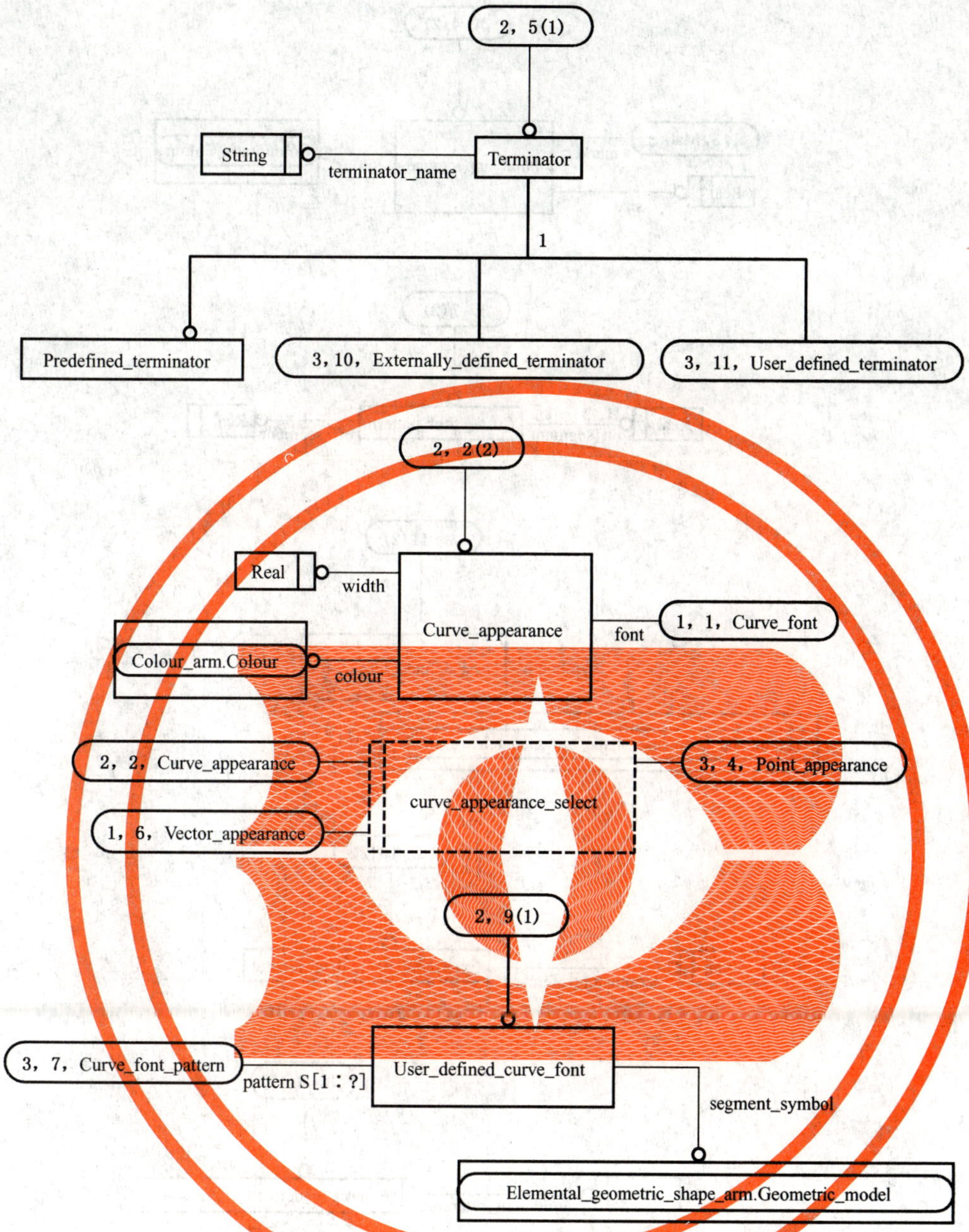

图 C.2　ARM EXPRESS-G 图 3-2

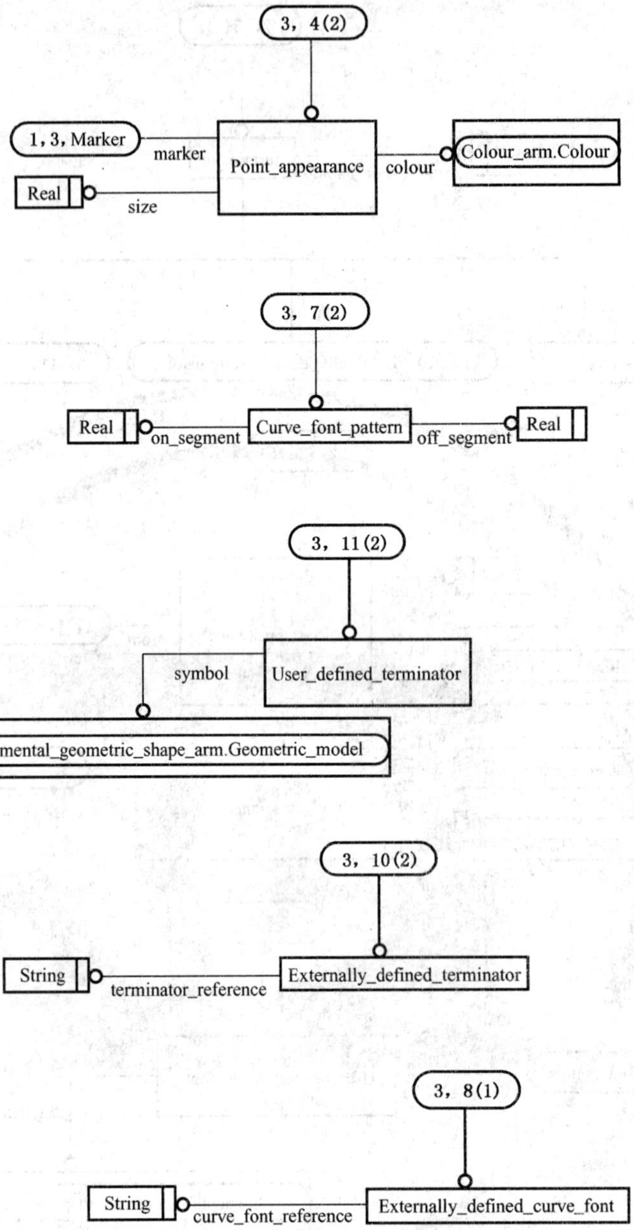

图 C.3 ARM EXPRESS-G 图 3-3

附 录 D
（资料性附录）
MIM EXPRESS-G 图

图 D.1 对应于 GB/T 16656 本部分的 MIM EXPRESS 扩展列表。这些图中使用了 EXPRESS 语言的 EXPRESS-G 图解形式。EXPRESS-G 在 ISO 10303-11:1994 的附录 D 中定义。

注：插页引用指的是图表号，而不是图形号。

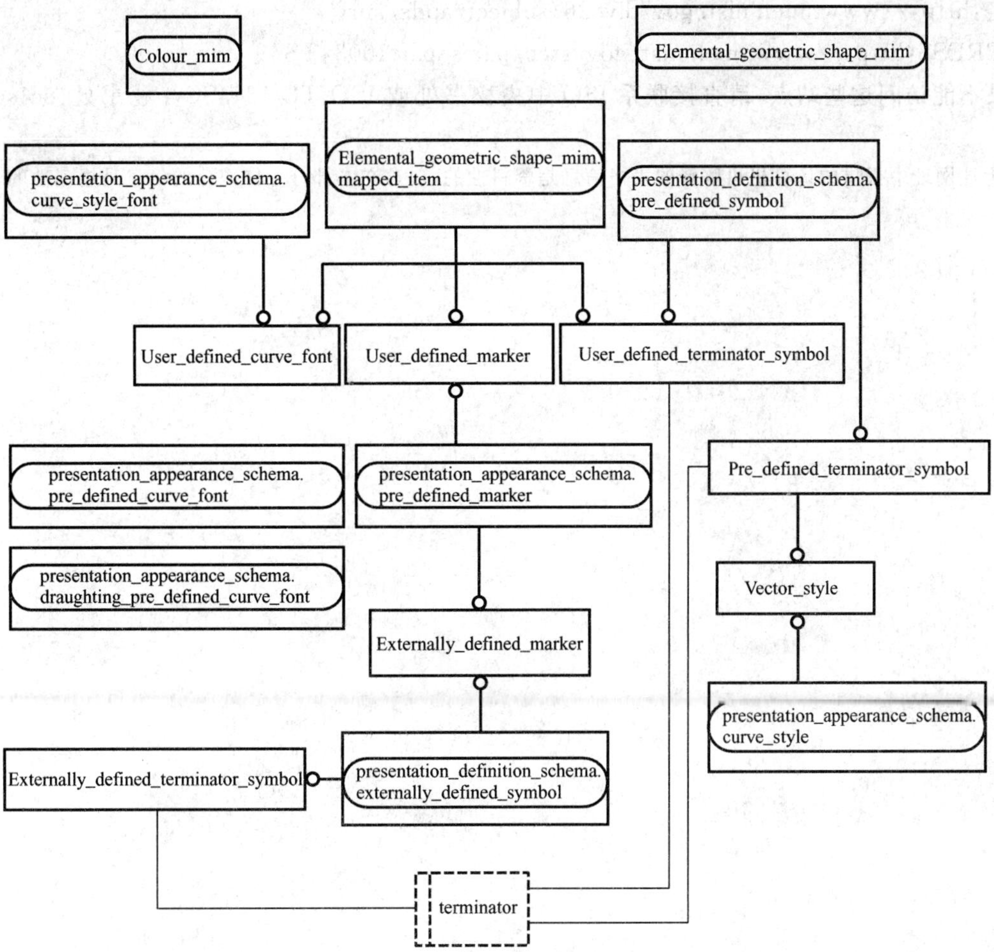

图 D.1 MIM EXPRESS-G 图 1-1

附　录　E
（资料性附录）
计算机可解释的列表

本附录引用了 GB/T 16656 本部分规定的 EXPRESS 实体名和与实体名对应的短名列表，也提供了本部分规定的没有注解和其他说明文本的每一个 EXPRESS 模式的列表。这些列表以计算机可解释的格式给出并可从以下 URL 查到：

短名：http://www.mel.nist.gov/div826/subject/apde/snr。

EXPRESS：http://www.mel.nist.gov/step/parts/part1003/TS/ 。

如果不能访问这些站点，请直接联系 ISO 中央秘书处或 ISO TC 184/SC 4 秘书处：sc4sec@cme.nist.gov。

注：上述网址中提供的计算机可解释的表格信息是资料性的，包含在本部分主体部分的信息是规范性的。

参 考 文 献

[1] GB/Z 16656.1009—2010 工业自动化系统与集成 产品数据表达与交换 第1009部分：应用模块：形状外观和层(ISO/TS 10303-1009:2001,IDT).

[2] ISO TC 184/SC 4 1997 Proposed Standing Document—Guidelines for application module development,revision 0.6.

〈http://wg10step.aticorp.org/Deliverables/Guidelines/AMContent/Draft6/AMConGde06.html〉.

ICS 25.040.40
L 67

中华人民共和国国家标准化指导性技术文件

GB/Z 16656.1004—2010/ISO/TS 10303-1004:2001

工业自动化系统与集成 产品数据表达与交换 第1004部分:应用模块:基本几何形状

Industrial automation systems and integration—
Product data representation and exchange—
Part 1004:Application module:Elemental geometric shape

(ISO/TS 10303-1004:2001,IDT)

2011-01-14 发布　　　　2011-05-01 实施

中华人民共和国国家质量监督检验检疫总局
中国国家标准化管理委员会　发布

前　言

GB/T 16656《工业自动化系统与集成　产品数据表达与交换》是由多个部分组成的标准,各部分单独出版。GB/T 16656 所属各部分又组成多个子系列,即:

——第 1 部分至第 19 部分规定了描述方法;

——第 20 部分至第 29 部分规定了实现方法;

——第 30 部分至第 39 部分规定了一致性测试方法与框架;

——第 40 部分至第 59 部分规定了集成通用资源;

——第 100 部分至第 199 部分规定了集成应用资源;

——第 200 部分至第 299 部分规定了应用协议;

——第 300 部分至第 399 部分规定了抽象测试套件;

——第 400 部分至第 499 部分规定了应用模块;

——第 500 部分至第 599 部分规定了应用解释构造;

——第 1000 部分至第 1999 部分规定了应用模块。

GB/T 16656《工业自动化系统与集成　产品数据表达与交换》现已发布和即将发布的包括以下部分:

——第 1 部分:概述与基本原理;

——第 11 部分:描述方法:EXPRESS 语言参考手册;

——第 21 部分:实现方法:交换文件结构的纯正文编码;

——第 28 部分:实现方法:EXPRESS 模式与数据的 XML 表达(使用 XML 模式);

——第 31 部分:一致性测试方法论与框架:基本概念;

——第 32 部分:一致性测试方法论与框架:对测试实验室与客户的要求;

——第 34 部分:一致性测试方法论与框架:应用协议实现的抽象测试方法;

——第 41 部分:集成通用资源:产品描述与支持原理;

——第 42 部分:集成通用资源:几何与拓扑表达;

——第 43 部分:集成通用资源:表达结构;

——第 44 部分:集成通用资源:产品结构配置;

——第 45 部分:集成通用资源:材料;

——第 46 部分:集成通用资源:可视化显示;

——第 47 部分:集成通用资源:形状变化公差;

——第 49 部分:集成通用资源:工艺过程结构和特性;

——第 51 部分:集成通用资源:数学表达;

——第 54 部分:集成通用资源:分类和集合论;

——第 55 部分:集成通用资源:过程与混合表达;

——第 56 部分:集成通用资源:状态;

——第 101 部分:集成应用资源:绘图;

——第 105 部分:集成应用资源:运动学;

——第 201 部分:应用协议:显式绘图;

——第 202 部分:应用协议:相关绘图;

——第 203 部分:应用协议:配置控制设计;

——第 238 部分:应用协议:计算机数值控制器用的应用解释模型;
——第 501 部分:应用解释构造:基于边的线框;
——第 502 部分:应用解释构造:基于壳的线框;
——第 503 部分:应用解释构造:几何有界二维线框;
——第 504 部分:应用解释构造:绘图注释;
——第 505 部分:应用解释构造:图样结构与管理;
——第 506 部分:应用解释构造:绘图元素;
——第 507 部分:应用解释构造:几何有界曲面;
——第 508 部分:应用解释构造:非流形曲面;
——第 509 部分:应用解释构造:流形曲面;
——第 513 部分:应用解释构造:基本边界表达;
——第 520 部分:应用解释构造:相关绘图元素;
——第 1001 部分:应用模块:外观赋值;
——第 1002 部分:应用模块:颜色;
——第 1003 部分:应用模块:曲线外观;
——第 1004 部分:应用模块:基本几何形状;
——第 1005 部分:应用模块:基本拓扑;
——第 1006 部分:应用模块:基础表达;
——第 1007 部分:应用模块:通用曲面外观;
——第 1008 部分:应用模块:层赋值;
——第 1009 部分:应用模块:形状外观和层。

本部分为 GB/T 16656 的第 1004 部分。

本部分等同采用 ISO/TS 10303-1004:2001《工业自动化系统与集成　产品数据表达与交换　第 1004 部分:应用模块:基本几何形状》,其技术内容和结构与 ISO/TS 10303-1004:2001 保持一致,为便于使用,做了如下编辑性修改:

a) 删去了 ISO 前言;
b) 对于带下划线的用于 EXPRESS 语言描述的各黑体英文实体名、属性名和函数名等,为了维护其英文原意,在本部分中,都使用其英文原名,仅当其作为标题时,在该英文名前增加了其归属的类型说明。

本部分的附录 A、附录 B 为规范性附录;附录 C、附录 D、附录 E 为资料性附录。

本部分由中国机械工业联合会提出。

本部分由全国自动化系统与集成标准化技术委员会(SAC/TC 159)归口。

本部分主要起草单位:中国标准化研究院。

本部分主要起草人:洪岩、王志强、刘守华、周歆华、杨青海、李文武。

引　言

GB/T 16656 是一个计算机可解释的用于产品信息表达和产品数据交换的技术标准。其目的是对产品全生命周期提供一种独立于任何特定系统、能够描述产品数据的中性机制。其描述功能不仅适合于中性文件的交换，而且也是实现和共享产品数据库及存档的基础。

GB/T 16656 由一系列部分组成，每个部分单独发布。GB/T 16656 的各个部分都分属以下系列之一：描述方法、集成资源、应用解释构造、应用协议、应用模块、抽象测试套件、实现方法及一致性测试。在 ISO 10303-1 中对上述类别进行了说明。本部分(即第 1004 部分)属于应用模块类。

GB/T 16656 的本部分给出了基本几何形状的应用模块。它给出了概念定义和形状的形成方法，但不包括形状的几何模型表示的规范。

一组应用模块可以组合起来以便给形状元素分配层和可视属性，例如给几何和拓扑元素分配颜色和曲线线型。如果需要其他相关的资料，见 GB/Z 16656.1009—2010 的附录 F。

工业自动化系统与集成
产品数据表达与交换
第1004部分:应用模块:基本几何形状

1 范围

GB/T 16656的本部分给出了与基本几何形状相关的应用模块。

本部分适用于:

—— 概念几何形状的定义;

—— 形成几何形状的方法。

本部分不适用于:

—— 形状表达的几何建模方法规范,例如线框和边界表达(b-rep)。

2 规范性引用文件

下列文件中的条款通过GB/T 16656的本部分的引用而成为本部分的条款。凡是注日期的引用文件,其随后所有的修改单(不包括勘误的内容)或修订版均不适用于本部分,然而,鼓励根据本部分达成协议的各方研究是否可使用这些文件的最新版本。凡是不注日期的引用文件,其最新版本适用于本部分。

GB/T 16262.1 信息技术 抽象语法记法一(ASN.1) 第1部分:基本记法规范(GB/T 16262.1—2006,ISO/IEC 8824-1:2002,IDT)

GB/T 16656.43—2008 工业自动化系统与集成 产品数据表达与交换 第43部分:集成通用资源:表达结构(ISO 10303-43:2000,IDT)

GB/T 16656.202—2000 工业自动化系统与集成 产品数据表达与交换 第202部分:应用协议:相关绘图(eqv ISO 10303-202:1996)

GB/Z 16656.1001:2004 工业自动化系统与集成 产品数据表达与交换 第1001部分:应用模块:外观赋值(ISO/TS 10303-1001:2001,IDT)

ISO 10303-1:1994 工业自动化系统与集成 产品数据表达与交换 第1部分:概述与基本原理

ISO 10303-11:1994 工业自动化系统与集成 产品数据表达与交换 第11部分:描述方法:EXPRESS语言参考手册

ISO 10303-41:2000 工业自动化系统与集成 产品数据表达与交换 第41部分:集成通用资源:产品描述与支持原理

ISO 10303-42:2000 工业自动化系统与集成 产品数据表达与交换 第42部分:集成通用资源:几何与拓扑表达

ISO/TS 10303-1006:2001 工业自动化系统与集成 产品数据表达与交换 第1006部分:应用模块:基础表达

3 术语、定义和缩略语

3.1 ISO 10303-1定义的术语

ISO 10303-1中定义的下列术语适用于本部分:

——应用 application;

——应用对象 application object;
——应用协议 application protocol;
——应用参考模型 application reference model;
——数据 data;
——信息 information;
——集成资源 integrated resource;
——产品 product;
——产品数据 product data;
——功能单元 unit of functionality。

3.2 GB/T 16656.202 定义的术语

GB/T 16656.202 中定义的下列术语适用于本部分:
——应用解释构造 application interpreted construct。

3.3 GB/Z 16656.1001 定义的术语

GB/Z 16656.1001 中定义的下列术语适用于本部分:
——应用模块 application module;
——模块解释模型 module interpreted model。

3.4 缩略语

下列缩略语适用于本部分:
AM:应用模块(Application Module)
ARM:应用参考模型(Application Reference Model)
MIM:模块解释模型(Module Interpreted Model)
UoF:功能单元(Unit of Functionality)
URL:统一资源定位符(Uniform Resource Locator)

4 信息需求

GB/T 16656 本部分的本章给出了基本几何形状的信息需求。通过一组功能单元和应用对象给出了信息需求。使用在本应用模块主题范围内的术语来定义该信息需求。

注 1:附录 C 给出了信息需求的图形表达。

注 2:5.1 给出了映射规范,它给出了如何应用本部分的集成资源满足信息需求。该集成资源的应用引入了在应用模块和协议中通用的附加需求。

EXPRESS 描述:

```
*)
SCHEMA Elemental_geometric_shape_arm;
(*
```

4.1 功能单元

本条给出了本部分及其他应用模块定义所需的支持元素的功能单元(UoF)。本部分给出了以下功能单元:

——基本几何形状 Elemental_geometric_shape。

本部分使用了以下功能单元:

——基础表达 Foundation_representation。

以下几条给出了各功能单元(UoF)和每个 UoF 支持的功能描述。4.3 定义了各 UoF 中包含的应用元素。

4.1.1 功能单元 Elemental_geometric_shape

Elemental_geometric_shape 功能单元(UoF)给出了形状概念的定义信息及其组成的方法。

在基本几何形状 UoF 中给出了下列应用元素：

——笛卡儿坐标空间 Cartesian_coordinate_space；

——细化几何模型元素 Detailed_geometric_model_element；

——几何模型 Geometric_model；

——模板实例 Template_instance；

——变换 Transformation。

4.1.2 功能单元 Foundation_representation

在基础表达模块中定义了本功能单元。基本几何形状模块中引用了本功能单元(UoF)中的下列应用实体：

——表达　Representation；

——表达项　Representation_item。

4.2 要求的 AM ARM

下列 EXPRESS 引用语句说明了从其他模块的 ARM 中引入的元素。

EXPRESS 描述：

```
*)
USE FROM Foundation_representation_arm; -- ISO/TS 10303-1006
(*
```

4.3 ARM 实体定义

本条为基本几何形状模块规定了应用实体。每个应用实体是一个不可分割的元素，它体现了唯一的应用概念并包含规定对象数据元素的属性。以下各条给出了应用实体及其定义。

4.3.1 实体 Cartesian_coordinate_space

Cartesian_coordinate_space 是定义几何元素的坐标空间。Cartesian_coordinate_space 既可以是二维的又可以是三维的。坐标原点的值是被隐含定义的，并给出了 Cartesian_coordinate_space 中元素坐标值的单位。

EXPRESS 描述：

```
*)
ENTITY Cartesian_coordinate_space;
      unit : SET[2 : ?] OF REAL;
END_ENTITY;
(*
```

属性定义：

unit：给出了测量值可使用的各种单位。一旦几何元素被定义在 Cartesian_coordinate_space 中，将至少要给出两个单位，即长度单位和平面角单位。在每个坐标方向都采用同一长度单位，因此仅规定一种单位。

注：如果某些元素需要不同的度量单位，它们必须被分隔在不同 Cartesian_coordinate_space 的不同模型中。

示例：用英寸作长度的度量单位和用角度作角的度量单位是在同一 Cartesian_coordinate_space 中需要定义两个属性“unit”的例子。

4.3.2 实体 Detailed_geometric_model_element

Detailed_geometric_model_element 是模型元素通用类中的一个单个元素，它可以借助数学几何描述理论形状。

示例：point、curve 和 surface 是借助数学几何描述理论形状的例子。

Detailed_geometric_model_element 是一种 Representation_item。

EXPRESS 描述：

```
*)
ENTITY Detailed_geometric_model_element
    ABSTRACT SUPERTYPE
    SUBTYPE OF (Representation_item);
END_ENTITY;
(*
```

4.3.3 实体 Geometric_model

Geometric_model 是一种形状表达。不通过一个子类直接引用任何 Representation_item 对象的 Geometric_model 至少要引用一个 Template_instance(见 4.3.4)。

EXPRESS 描述:

```
*)
ENTITY Geometric_model
    SUBTYPE OF (Representation);
    is_defined_in : Cartesian_coordinate_space;
    id : STRING;
    version_id : OPTIONAL STRING;
    description : OPTIONAL STRING;
    role : STRING;
    elements : SET [1 : ?] OF Representation_item;
    model_extent : OPTIONAL REAL;
    accuracy : OPTIONAL REAL;
END_ENTITY;
(*
```

属性定义:

is_defined_in:给出了定义 Geometric_model 的 Cartesian_coordinate_space。

id:给出了定义 Geometric_model 的标识。

version_id:给出了 Geometric_model 的版本标识。version_id 是可选的。

description:给出了 Geometric_model 的附加信息。对于特定的 Geometric_model,该项不需要填写。如果填写,将是 Geometric_model 定义描述的一个确切对象。

role:给出了 Geometric_model 具有的功能。role 的可用值如下:

——"design shape":把 Geometric_model 中的几何信息表示成设计形状;

——"idealized shape":把 Geometric_model 中的几何信息表示成简化的形状。

示例:用于分析目的的形状可能是简化的。

element:给出了组成 Geometric_model 的 Representation_item 实例。

model_extent:给出了包含模型所有元素的球的半径,球的中心在 Geometric_model 所处的 Cartesian_coordinate_space 的原点(见 4.3.1)。model_extent 不必指定特定的 Geometric_model。模型范围值应该与 unit 关联。

accuracy:给出了在模型中元素形成封闭区域的距离,该值为点/顶点组成的球以及曲线组成的圆柱体的半径值,其中区域内的任何其他元素被认为与被检查的元素重合。Unit 应与精确度的值关联。

4.3.4 实体 Template_instance

Template_instance 是在其他 Cartesian_coordinate_space(见 4.3.1)中定义成 Geometric_model(见 4.3.3)的对象的再现。Template_instance 是对这个模板定义的内容在另外一个 Cartesian_coordinate_space 内进行的影像拷贝,在新的 Cartesian_coordinate_space 只需要说明元素的位置。拷贝元素

可以实施比例伸缩、旋转或镜像操作。

注：当 Cartesian_coordinate_space 定义的度量单位不同于 Template_instance 采用的度量单位时，需要进行度量单位的转换。如果进行长度单位转换还要考虑比例因子属性。

示例：在带有几个相同钻孔的机械零件的技术制图上，孔(圆)的几何信息与它的注释元素(直径尺寸和中心线)仅需以“带注释的钻孔”和“钻孔表达”定义一次。这种特定的定义通过相应的 Template_instance 对象可在不同位置上多次实例化。

Template_instance 是一种 Representation_item。

EXPRESS 描述：

```
*)
ENTITY Template_instance
    SUBTYPE OF(Representation_item);
    id : STRING;
    scale : OPTIONAL REAL;
    template_definition : Geometric_model;
    transformation : Transformation;
END_ENTITY;
(*
```

属性定义：

id:给出了 Template_instance 的标识符。

scale:给出了所有笛卡儿坐标方向的比例因子。比例因子应该是正的。如果不给出比例因子，则比例因子为 1。对于特定的 Template_instance 不需要给出比例因子。

template_definition:给出了被实例化的模板。它是 Template_instance 定义的 Template_definition 的一个确切的对象。

transformation:给出了应用于实例的笛卡儿变换。变换可以由标准正交的 2×2(二维)或 3×3(三维)矩阵表达。

示例：旋转或镜像操作是这些变换可应用的实例。

4.3.5 实体 Transformation

Transformation 包括几何位置和方向的平移和旋转。不包括缩放比例变化。

EXPRESS 描述：

```
*)
ENTITY Transformation;
END_ENTITY;


END_SCHEMA;
(*
```

5 模块解释模型

5.1 映射规范

GB/T 16656 本部分的本条包含了映射表(见表 1)。该映射表表明了本部分(见第 4 章)的每个 UoF 和应用元素是怎样映射到一个或几个模块解释模型(MIM)资源构造的。该映射表分 5 列，各列内容如下：

列 1) 应用元素：当应用元素出现在应用实体定义中时，给出应用元素名。应用实体名用大写字母书写。在应用实体后面列出的属性名，用小写字母书写。

列 2）MIM 元素：指出现在 MIM、术语“IDENTICAL MAPPING”或术语“PATH”中的 MIM 元素名。MIM 实体用小写字母书写。被引用的 MIM 实体的属性名表示成〈entity name〉.〈attribute name〉。一个应用元素的映射可以引出几个相关的 MIM 元素。每一个 MIM 元素在表中都要求占用一行。术语“IDENTICAL MAPPING”表明一个应用命题的两个应用实体映射到相同的 MIM 元素。术语“PATH”表明应用命题映射到完整的引用路径。

列 3）源：对于那些集成资源解释的 MIM 元素，其对应的是 GB/T 16656 相应部分的序号。对于由本部分产生的 MIM 元素，它对应的是本部分的序号。

列 4）规则：可给出一个或多个序号，序号表示当前 MIM 元素或引用路径所采用规则的出处。对于那些从应用实体之间的关系中导出的规则，同一规则被所有相关的 MIM 元素的映射实体所引用。表后列出了规则的扩展名。

列 5）引用路径：为了完整地描述应用实体的映射，有必要通过几个相关 MIM 元素来给出引用路径。引用路径列记录了这个 MIM 元素相对于下一行的 MIM 元素所起的作用。两个或多个这样的相关 MIM 元素定义了集成资源的解释，该集成资源满足由应用实体给出的需求。对于为了用于本部分而创建的每个 MIM 元素，引用路径指到给出超类的集成资源。

为表达引用路径和 MIM 元素间的关系，应用了下列符号标记：

a） []：为满足信息需求，需要多个 MIM 元素或引用路径段；

b） ()：为满足信息需求，在映射中的多个 MIM 元素或引用路径段被标识为可任选其一；

c） {}：为满足信息需求，限定使用括号内的引用路径；

d） -〉：属性引用下行中给出的实体或选择类型；

e） 〈-：实体或选择类型被下行中的属性引用；

f） [i]：属性是聚合类型，其单个成员在下行给出；

g） [n]：属性是聚合类型，其成员 n 在下行中给出；

h） =〉：该实体是下行中给出实体的超类；

i） 〈=：该实体是下行中给出实体的子类；

j） =：字符串，选择类型或枚举类型约束的选项或值；

k） \：字符串的续行符。

表 1 **Elemental_geometric_shape UoF 映射表**

应用元素(Application_element)	MIM 元素(MIM element)	源(Source)	规则(Rules)	引用路径(Reference path)
CARTESIAN_COORDINATE_-SPACE	geometric_representation_context	42		
Unit	global_unit_assigned_context. units	41		geometric_representation_context 〈= representation_context =〉 global_unit_assigned_context global_unit_assigned_context. units
DETAILED_GEOMETRIC_-MODEL_ELEMENT	geometric_representation_item	42		
GEOMETRIC_MODEL	shape_representation	41		
is_defined_in	PATH			shape_representation =〉 representation representation. context_of_items -〉 representation_context =〉 geometric_representation_context
Id	representation. id	1006		shape_representation 〈= representation representation. id
version_id	applied_identification_assignment. assigned_id	1004		shape_representation identification_item = shape_representation identification_item 〈- applied_identification_assignment. items[1] applied_identification_assignment 〈= identification_assignment {identification_assignment. role -〉 identification_role identification_role. name ='version id'} identification_assignment. assigned_id

表 1（续）

应用元素(Application_element)	MIM 元素(MIM element)	源(Source)	规则(Rules)	引用路径(Reference path)
description	representation. description	1006		shape_representation ⟨= representation representation. description
role	representation. name	1006		shape_representation ⟨= representation representation. name
elements	representation. items	1006		shape_representation ⟨= representation representation. items
model_extent	value_representation_item	43		shape_representation ⟨= representation ⟨- representation_relationship. rep_1 representation_relationship {representation_relationship. name = 'model extent associ- ation'} representation_relationship. rep_2 -⟩ representation {representation. name = 'model extent representation'} representation. items[i] -⟩ representation_item =⟩ {representation_item. name = 'model extent value'} value_representation_item
accuracy	uncertainty_measure_with_unit	43		shape_representation ⟨= representation-⟩ representation_context=⟩ global_uncertainty_assigned_context[i]-⟩ uncertainty_measure_with_unit {uncertainty_measure_with_unit ⟨= measure_with_unit =⟩ length_measure_with_unit}

表 1（续）

应用元素(Application_element)	MIM 元素(MIM element)	源(Source)	规则(Rules)	引用路径(Reference path)
TEMPLATE_INSTANCE	([shape_representation_relationship] [representation_relationship_with_- transformation]) (mapped_item)	41 43 43		
template_definition	(PATH) (PATH)			(shape_representation_relationship⟨= representation_relationship=⟩ representation_relationship. rep_2-⟩ representation) (mapped_item. mapping_source-⟩ representation_map. mapped_representation-⟩ representation)
id	(representation_relationship. name) (representation_item. name)	43 1006		(representation_relationship_with_transformation⟨= representation_relationship representation_relationship. name) (mapped_item⟨= representation_item. name)
transformation	(PATH) (PATH)			(shape_representation_relationship⟨= representation_relationship=⟩ representation_relationship_with_transformation. transformation_operator-⟩ [functionally_defined_transformation] [item_defined_transformation] (mapped_item [mapped_item. mapping_target] [mapped_item. mapping_source -⟩ representation_map representation_map. mapping_origin])

表 1(续)

应用元素(Application_element)	MIM 元素(MIM element)	源(Source)	规则(Rules)	引用路径(Reference path)
scale	(PATH) (PATH)			(shape_representation_relationship〈= representation_relationship=〉 representation_relationship_with_transformation. transformation_operator-〉 functionally_defined_transformation-〉 cartesian_transformation_operator cartesian_transformation_operator. scale) (mapped_item mapped_item. mapping_target -〉 representation_item =〉 geometric_representation_item =〉 cartesian_transformation_operator cartesian_transformation_operator. scale)
TRANSFORMATION	(functionally_defined_transformation) (item_defined_-transformation) (mapped_item)	43 43 43		

5.2 MIM EXPRESS 短列表

本条给出了 EXPRESS 模式，该 EXPRESS 模式使用了集成资源、应用解释构造或应用模块 MIM 中的元素。该 EXPRESS 模式包含了本部分给出的类型、实体规范、规则和功能。本条还给出了从集成资源引入的各构造的文本材料的更改信息。MIM 中使用的集成资源或应用解释构造中给出的定义和 EXPRESS 描述包括选择列表项和没有输入到 MIM 中的子类。在集成资源或应用解释构造中对选择列表项和子类声明的需求只适用于引入到 MIM 中的各项。

EXPRESS 描述：

```
*)
SCHEMA Elemental_geometric_shape_mim;
    USE FROM Foundation_representation_mim; -- ISO/TS 10303-1006
USE FROM basic_attribute_schema -- ISO 10303-41
        (description_attribute);
USE FROM geometry_schema -- ISO 10303-42
        (geometric_representation_item,
          geometric_representation_context,
          cartesian_point,
          placement,
          axis1_placement,
          axis2_placement_2d,
          axis2_placement_3d,
          cartesian_transformation_operator,
          cartesian_transformation_operator_2d,
          cartesian_transformation_operator_3d);
USE FROM measure_schema -- ISO 10303-41
        (global_unit_assigned_context);
USE FROM management_resources_schema -- ISO 10303-41
        (identification_assignment);
USE FROM product_property_representation_schema -- ISO 10303-41
        (shape_representation,
          shape_representation_relationship);
USE FROM representation_schema -- GB/T 16656.43
        (functionally_defined_transformation,
          global_uncertainty_assigned_context,
          item_defined_transformation,
          mapped_item,
          representation_relationship_with_transformation,
          uncertainty_measure_with_unit,
          value_representation_item);
(*
```

注 1：此模式使用 EXPRESS-G 图的图形表达见附录 D。

注 2：上述引用的模式可见下列部分：

management_resources_schema	ISO 10303-41

measure_schema	ISO 10303-41
basic_attribute_schema	ISO 10303-41
product_property_representation_schema	ISO 10303-41
geometry_schama	ISO 10303-42
representation_schema	GB/T 16656.43
foundation_representation_mim	ISO/TS 10303-1006

5.2.1 应用模块类型定义

本条包含本部分中的 EXPRESS 类型定义。

5.2.1.1 类型 idetification_item

idetification_item 是有标识符的元素。

EXPRESS 描述：

```
*)
TYPE identification_item = SELECT
   (representation);
END_TYPE;
(*
```

5.2.2 模块实体定义

本条包含本部分中的 EXPRESS 实体定义。

5.2.2.1 实体 applied_identification_assignment

applied_identification_assignment 给 representation 分配了标识符。

EXPRESS 描述：

```
*)
ENTITY applied_identification_assignment
    SUBTYPE OF (identification_assignment);
    items : SET[1 : ?] OF identification_item;
END_ENTITY;
(*
```

属性定义：

items：可分配标识的一个或多个元素的集合。

EXPRESS 描述：

```
*)
END_SCHEMA;
(*
```

附 录 A
（规范性附录）
MIM 短名

表 A.1 给出了 GB/T 16656 本部分的 MIM 中定义的实体短名。使用短名的具体要求可以见 GB/T 16656 的实现方法。

注：EXPRESS 实体名可在因特网上找到：<http;//www. mel. nist. gov. cn/div826/subject/apde/snr/>。

表 A.1 MIM 实体短名

实体名	短名
APPLIED_IDENTIFICATION_ASSIGNMENT	APIDAS

附 录 B
（规范性附录）
信息对象注册

B.1 文档标识

为了在开放系统中给信息对象提供无二义性标识，给出 GB/T 16656 本部分的对象标识符是：

{iso standard 10303 part(1004) version(1)}

这个值的意义在 GB/T 16262.1 中定义，并且在 ISO 10303-1 中进行描述。

B.2 模式标识

B.2.1 曲线外观应用参考模型模式标识

为了在开放系统中给应用模块中的模式提供无二义性的标识，对象标识符{iso standard 10303 part (1004)version(1) object(1)elemental-geometric-shape-arm-schema(1)}分配给 elemental_geometric_shape_arm 模式，本标识符的含义在 GB/T 16262.1 中定义，并且在 ISO 10303-1 中进行描述。

B.2.2 基本几何形状模块解释模型模式标识

为了在开放系统中给应用模块中的模式提供无二义性的标识，对象标识符{iso standard 10303 part (1004) version(1) object(1)elemental-geometric-shape-arm-schema(2)}分配给 elemental_geometric_shape_mim 模式短形式模式（见 5.2），本含义的值在 GB/T 16262.1 中定义，并且在 ISO 10303-1 中进行描述。

附 录 C
（资料性附录）
ARM EXPRESS-G 图

图 C.1 对应于 GB/T 16656 本部分第 4 章中的 ARM EXPRESS 列表。图中使用了 EXPRESS 语言的 EXPRESS-G 图解形式。EXPRESS-G 在 ISO 10303-11:1994 的附录 D 中定义。

注：插页引用指的是图表号，而不是图号。

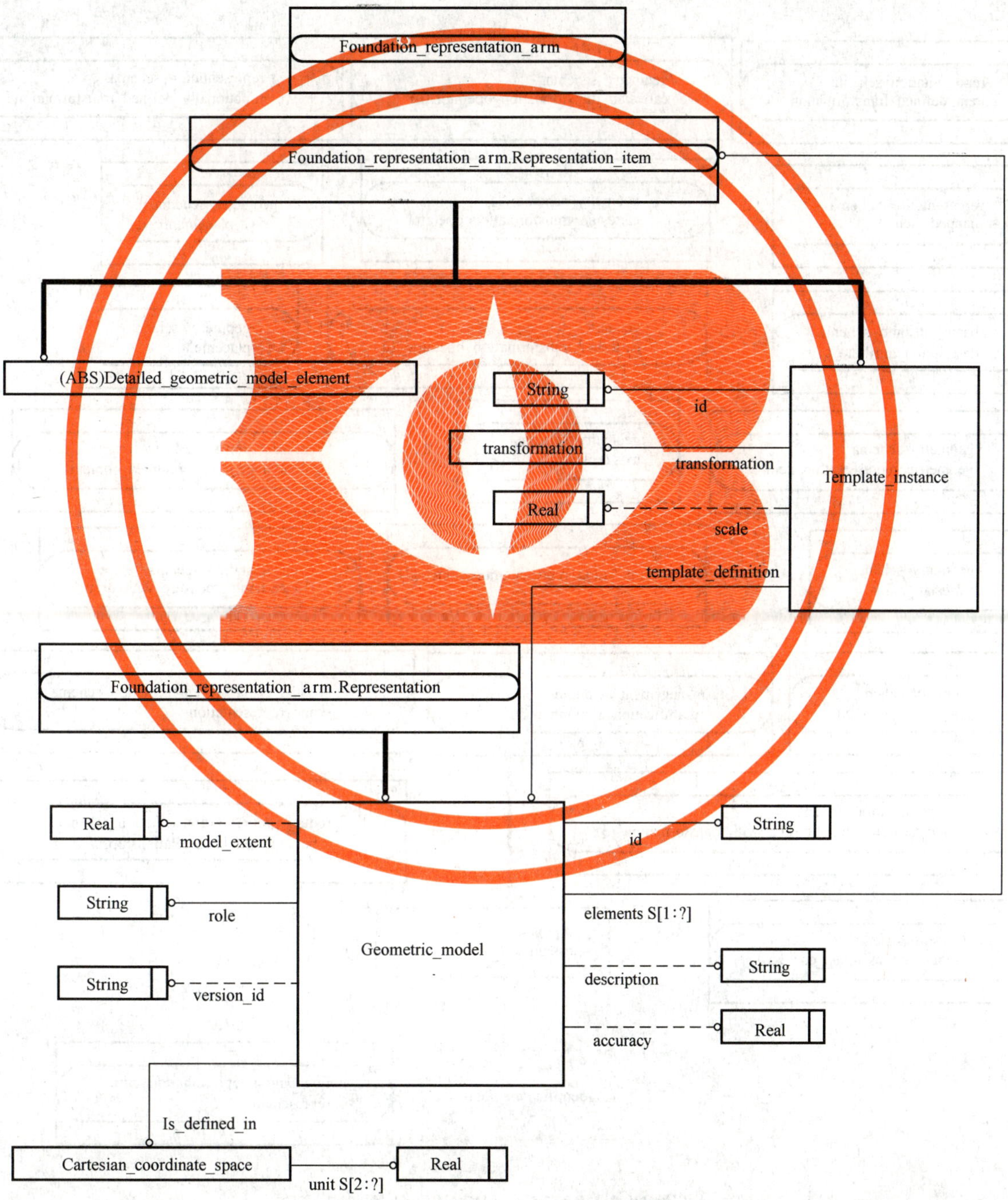

图 C.1 ARM EXPRESS-G 图 1-1

附 录 D
（资料性附录）
MIM EXPRESS-G 图

图 D.1 对应于 GB/T 16656 本部分的 MIM EXPRESS 扩展列表。图中使用了 EXPRESS 语言的 EXPRESS-G 图解形式。EXPRESS-G 在 ISO 10303-11:1994 的附录 D 中定义。

注：插页引用指的是图表号，而不是图形号。

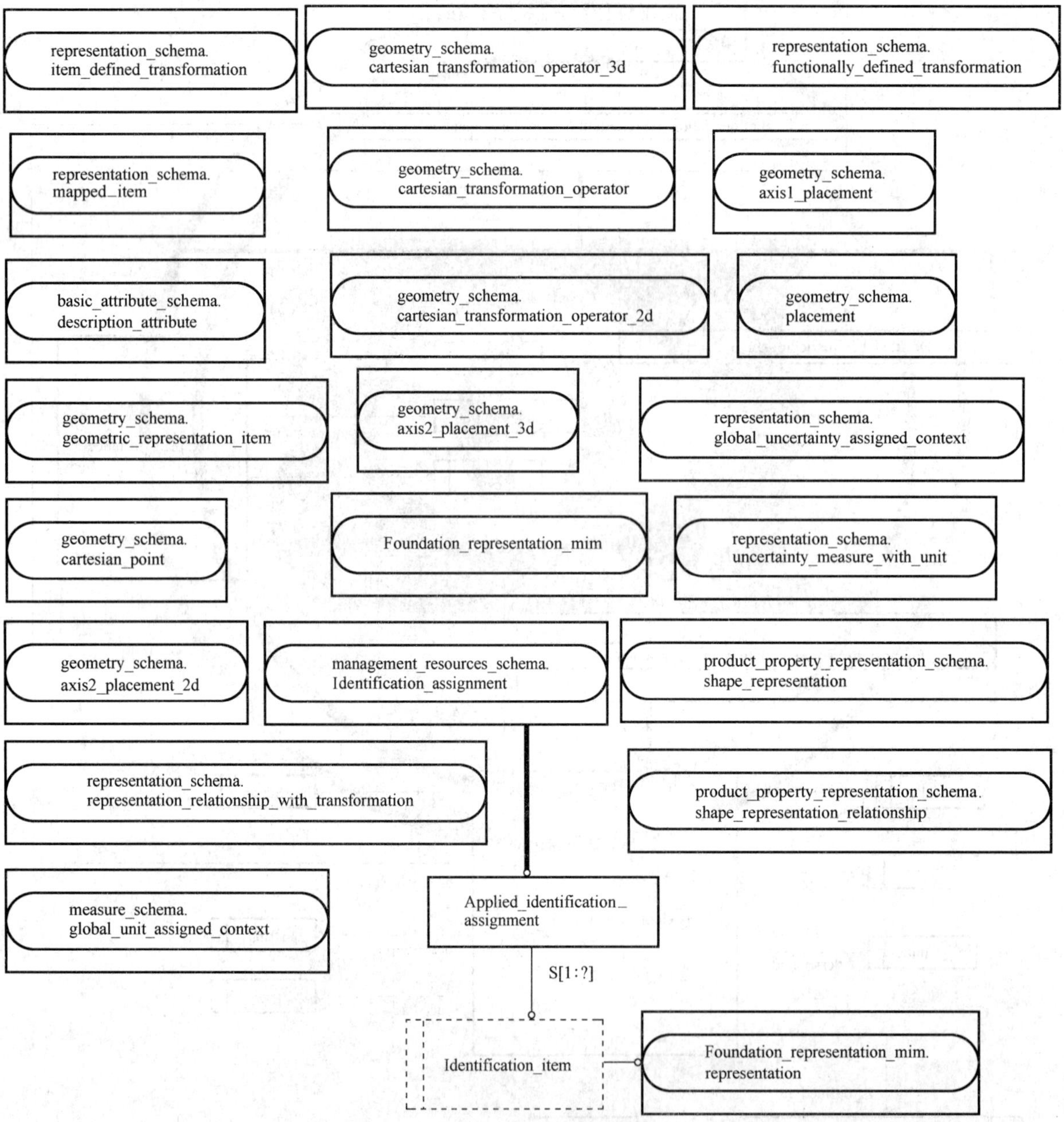

图 D.1 MIM EXPRESS-G 图 1-1

附 录 E
（资料性附录）
计算机可解释的列表

本附录引用了 GB/T 16656 本部分规定的 EXPRESS 实体名和与实体名对应的短名列表，也提供了本部分规定的没有注解和其他说明文本的每一个 EXPRESS 模式的列表。这些列表以计算机可解释的格式给出并可从以下 URL 查到：

短名：http://www.mel.nist.gov/div826/subject/apde/snr。

EXPRESS：http://www.mel.nist.gov/step/parts/part1002/TS/。

如果不能访问以上网址，请联系 ISO TC184/SC4 秘书处：sc4sec@cme.nist.gov。

注：从以上网址得到的计算机可解释格式的信息是资料性的，本部分内的信息是规范的。

参 考 文 献

[1] GB/Z 16656.1009—2010 工业自动化系统与集成 产品数据表达与交换 第1009部分：应用模块：形状外观和层(ISO/TS 10303-1009:2001,IDT)

[2] ISO TC 184/SC4 1997,Proposed Standing Document—Guidelines for application module development,revision 0.6

〈http://wg10step.aticorp.org/Deliverables/Guidelines/AMContent/Draft6/AMConGde06.html〉

ICS 25.040.40
L 67

中华人民共和国国家标准化指导性技术文件

GB/Z 16656.1005—2010/ISO/TS 10303-1005:2001

工业自动化系统与集成 产品数据表达与交换 第1005部分:应用模块:基本拓扑

Industrial automation systems and integration—Product data representation and exchange—Part 1005: Application module: Elemental topology

(ISO/TS 10303-1005:2001,IDT)

2011-01-14 发布　　2011-05-01 实施

中华人民共和国国家质量监督检验检疫总局
中国国家标准化管理委员会 发布

前 言

GB/T 16656《工业自动化系统与集成 产品数据表达与交换》是一项由多个部分组成的标准,各部分单独出版。GB/T 16656 的所属各部分又组成多个子系列,即:

——第 1 部分至第 19 部分规定了描述方法;

——第 20 部分至第 29 部分规定了实现方法;

——第 30 部分至第 39 部分规定了一致性测试方法与框架;

——第 40 部分至第 59 部分规定了集成通用资源;

——第 100 部分至第 199 部分规定了集成应用资源;

——第 200 部分至第 299 部分规定了应用协议;

——第 300 部分至第 399 部分规定了抽象测试套件;

——第 400 部分至第 499 部分规定了应用模块;

——第 500 部分至第 599 部分规定了应用解释构造;

——第 1000 部分至第 1999 部分规定了应用模块。

GB/T 16656《工业自动化系统与集成 产品数据表达与交换》现已发布和即将发布的包括以下部分:

——第 1 部分:概述与基本原理;

——第 11 部分:描述方法:EXPRESS 语言参考手册;

——第 21 部分:实现方法:交换文件结构的纯正文编码;

——第 28 部分:实现方法:EXPRESS 模式与数据的 XML 表达(使用 XML 模式);

——第 31 部分:一致性测试方法论与框架:基本概念;

——第 32 部分:一致性测试方法论与框架:对测试实验室与客户的要求;

——第 34 部分:一致性测试方法论与框架:应用协议实现的抽象测试方法;

——第 41 部分:集成通用资源:产品描述与支持原理;

——第 42 部分:集成通用资源:几何与拓扑表达;

——第 43 部分:集成通用资源:表达结构;

——第 44 部分:集成通用资源:产品结构配置;

——第 45 部分:集成通用资源:材料;

——第 46 部分:集成通用资源:可视化显示;

——第 47 部分:集成通用资源:形状变化公差;

——第 49 部分:集成通用资源:工艺过程结构和特性;

——第 51 部分:集成通用资源:数学表达;

——第 54 部分:集成通用资源:分类和集合论;

——第 55 部分:集成通用资源:过程与混合表达;

——第 56 部分:集成通用资源:状态;

——第 101 部分:集成应用资源:绘图;

——第 105 部分:集成应用资源:运动学;

——第 201 部分:应用协议:显式绘图;

——第 202 部分:应用协议:相关绘图;

——第 203 部分:应用协议:配置控制设计;

——第 238 部分:应用协议:计算机数值控制器用的应用解释模型;
——第 501 部分:应用解释构造:基于边的线框;
——第 502 部分:应用解释构造:基于壳的线框;
——第 503 部分:应用解释构造:几何有界二维线框;
——第 504 部分:应用解释构造:绘图注释;
——第 505 部分:应用解释构造:图样结构与管理;
——第 506 部分:应用解释构造:绘图元素;
——第 507 部分:应用解释构造:几何有界曲面;
——第 508 部分:应用解释构造:非流形曲面;
——第 509 部分:应用解释构造:流形曲面;
——第 513 部分:应用解释构造:基本边界表达;
——第 520 部分:应用解释构造:相关绘图元素;
——第 1001 部分:应用模块:外观赋值;
——第 1002 部分:应用模块:颜色;
——第 1003 部分:应用模块:曲线外观;
——第 1004 部分:应用模块:基本几何形状;
——第 1005 部分:应用模块:基本拓扑;
——第 1006 部分:应用模块:基础表达;
——第 1007 部分:应用模块:通用曲面外观;
——第 1008 部分:应用模块:层赋值;
——第 1009 部分:应用模块:形状外观和层。

本部分为 GB/T 16656 的第 1005 部分。

本部分等同采用国际标准 ISO/TS 10303-1005:2001《工业自动化系统与集成 产品数据表达与交换 第 1005 部分:应用模块:基本拓扑》,其技术内容和结构与 ISO/TS 10303-1005:2001 保持一致,为便于使用,做了如下编辑性修改:

a) 删去了 ISO 前言;

b) 对于带下划线的用于 EXPRESS 语言描述的各黑体英文实体名、属性名和函数名等,为了维护其英文原意,在本部分中,都使用其英文原名,仅当其作为标题时,我们在该英文名前增加了其归属的类型说明。

本部分的附录 A、附录 B 为规范性附录;附录 C、附录 D 和附录 E 为资料性附录。

本部分由中国机械工业联合会提出。

本部分由全国自动化系统与集成标准化技术委员会(SAC/TC 159)归口。

本部分主要起草单位:中国标准化研究院。

本部分主要起草人:洪岩、刘守华、王志强、杨青海、李文武。

引　言

GB/T 16656(ISO 10303)是一个计算机可解释的用于产品信息表达和产品数据交换的技术标准。其目的是对产品全生命周期提供一种独立于任何特定系统、能够描述产品数据的中性机制。其描述功能不仅适合于中性文件的交换,而且也是实现和共享产品数据库及存档的基础。

GB/T 16656 由一系列部分组成,每个部分单独发布。GB/T 16656 的各个部分都分属以下系列之一:描述方法、集成资源、应用解释构造、应用协议、应用模块、抽象测试套件、实现方法及一致性测试。在 ISO 10303-1 中对上述类别进行了说明。本部分(即第 1005 部分)属于应用模块类。

GB/T 16656 的本部分给出了基本拓扑的应用模块。本部分虽然给出了拓扑元素的整个类定义,但不包括拓扑表达项的详细定义。

一组应用模块可以组合起来以便给形状元素分配层和可视属性,例如给几何和拓扑元素分配颜色和曲线线型。如果需要其他相关的资料,见 GB/Z 16656.1009—2010 的附录 F。

工业自动化系统与集成　产品数据表达与交换　第1005部分:应用模块:基本拓扑

1　范围

GB/T 16656的本部分给出了基本拓扑的应用模块。

本部分适用于:

——拓扑元素的整个类定义。

本部分不适用于:

——拓扑表达元素的详细定义。

2　规范性引用文件

下列文件中的条款通过GB/T 16656的本部分的引用而成为本部分的条款。凡是注日期的引用文件,其随后所有的修改单(不包括勘误的内容)或修订版均不适用于本部分,然而,鼓励根据本部分达成协议的各方研究是否可使用这些文件的最新版本。凡是不注日期的引用文件,其最新版本适用于本部分。

GB/T 16262.1　信息技术　抽象语法记法一(ASN.1)　第1部分:基本记法规范(GB/T 16262.1—2006,ISO/IEC 8824-1:2002,IDT)

GB/T 16656.202—2000　工业自动化系统与集成　产品数据表达与交换　第202部分:应用协议:相关绘图(eqv ISO 10303-202:1996)

GB/Z 16656.1001—2004　工业自动化系统与集成　产品数据表达与交换　第1001部分:应用模块:外观赋值(ISO/TS 10303-1001:2001,IDT)

GB/Z 16656.1004—2010　工业自动化系统与集成　产品数据表达与交换　第1004部分:应用模块:基本几何形状(ISO/TS 10303-1004:2001,IDT)

ISO 10303-1:1994　工业自动化系统与集成　产品数据表达与交换　第1部分:概述与基本原理

ISO 10303-11:1994　工业自动化系统与集成　产品数据表达与交换　第11部分:描述方法:EXPRESS语言参考手册

ISO 10303-42:2000　工业自动化系统与集成　产品数据表达与交换　第42部分:集成通用资源:几何与拓扑表达

ISO/TS 10303-1006:2001　工业自动化系统与集成　产品数据表达与交换　第1006部分:应用模块:基础表达

3　术语、定义和缩略语

3.1　ISO 10303-1定义的术语

ISO 10303-1中定义的下列术语适用于本部分:

——应用　application;

——应用对象　application object;

——应用协议　application protocol;

——应用参考模型　application reference model;

——数据　data;

——信息　information;
——集成资源　integrated resource;
——产品　product;
——产品数据　product data;
——功能单元　unit of functionality。

3.2 GB/T 16656.202 定义的术语

GB/T 16656.202 中定义的下列术语适用于本部分:
——应用解释构造　application interpreted construct。

3.3 GB/Z 16656.1001 定义的术语

GB/Z 16656.1001 中定义的下列术语适用于本部分:
——应用模块　application module;
——模块解释模型　module interpreted model。

3.4 缩略语

下列缩略语适用于本部分:
AM:应用模块(Application Module)
ARM:应用参考模型(Application Reference Model)
MIM:模块解释模型(Module Interpreted Model)
UoF:功能单元(Unit of Functionality)
URL:统一资源定位符(Uniform Resource Locator)

4 信息需求

GB/T 16656 的本部分的本章给出了基本拓扑模块的信息需求。通过一组功能单元和应用对象给出了信息需求。使用在本应用模块主题范围内的术语来定义该信息需求。

注 1:附录 C 给出了信息需求的图形表达。

注 2:5.1 给出了如何应用本部分的集成资源满足信息需求的映射规范。该集成资源的应用引入了在应用模块和协议中公共的附加需求。

EXPRESS 描述:

```
*)
SCHEMA Elemental_topology_arm;
(*
```

4.1 功能单元

本条给出了本部分的功能单元(UoF)以及其他应用模块定义所必需的支持元素。本部分给出了以下功能单元:

——Elemental_topology。

本部分使用了以下功能单元:

——Foundation_representation;
——Curve_appearance。

以下各条给出了每个功能单元及其支持的功能描述。4.3 定义了各 UoF 中包含的应用元素。

4.1.1 功能单元 Elemental_topology

Elemental_topology 功能单元给出了定义整个拓扑概念的信息。

在通用曲面外观 UoF 中给出了下列应用实体:

——Detailed_topological_model_element。

4.1.2 功能单元 Foundation_representation

Foundation_representation 功能单元(UoF)在 ISO/TS 10303-1006 中进行了定义。在本部分中引

用了功能单元中的下列应用实体：

——Representation_item。

4.2 要求的 AM 的 ARM

下列 EXPRESS 引用声明给出了从其他模块的应用参考模型(ARM)引入的元素。

EXPRESS 描述：

```
*)
USE FROM Foundation_representation_arm; --GB/Z 16656.1004
(*
```

4.3 ARM 实体定义

本条给出了 General_surface_appearance 模块中的应用实体。每个应用实体是一个不可分割的元素，它体现了唯一的应用概念并包含规定对象数据元素的属性。以下各条给出了应用实体及其定义。

4.3.1 实体 Detailed_topological_model_element

Detailed_topological_model_element 是任何元素通用类中的单个模型元素，它表达了由数学拓扑描述的连通性和闭包。Detailed_topological_model_element 是一种 Representation_item。

EXPRESS 描述：

```
*)
ENTITY Detailed_topological_model_element
    ABSTRACT SUPERTYPE
    SUBTYPE OF (Representation_item);
END_ENTITY;
(*
```

EXPRESS 描述：

```
*)
    END_SCHEMA;
(*
```

5 模块解释模型

5.1 映射规范

GB/T 16656 的本部分的本条包含了映射表(见表 1)，该映射表表明了本部分(见 4.1)的每个 UoF 和应用元素是怎样映射到一个或几个模块解释模型(MIM)资源构造的。该映射表分五列，各列内容如下：

列 1) 应用元素：当应用元素出现在应用实体定义中时，给出应用元素名。应用实体名用大写字母书写。在应用实体后面列出的属性名，用小写字母书写。

列 2) MIM 元素：出现在 MIM、术语“IDENTICAL MAPPING”或术语“PATH”中的 MIM 元素名。MIM 实体用小写字母书写。被引用的 MIM 实体的属性名表示成〈entity name〉.〈attribute name〉。一个应用元素的映射可以导出几个相关的 MIM 元素。每一个 MIM 元素在表中都要求占用一行。术语“IDENTICAL MAPPING”表明一个应用命题的两个应用实体映射到相同的 MIM 元素。术语“PATH”表明应用命题映射到完整的引用路径。

列 3) 源：对于那些集成资源解释的 MIM 元素，其对应的是 GB/T 16656 相应部分的序号。对于由本部分创建的 MIM 元素，它对应的是本部分的序号。

列 4) 规则：可给出一个或多个序号，序号表示当前 MIM 元素或引用路径所采用的规则的出处。对于那些从应用实体之间的关系中导出的规则，同一规则被所有相关的 MIM 元素的映射实体所引用。

表后列出了规则的扩展名。

列 5）引用路径：为了完整地描述应用实体的映射，有必要通过几个相关 MIM 元素来给出引用路径。引用路径列记录了这个 MIM 元素相对于下一行的 MIM 元素所起的作用。两个或多个这样的相关 MIM 元素定义了集成资源的解释，该集成资源满足由应用实体给出的需求。对于为了用于本部分而创建的每个 MIM 元素，引用路径指到给出超类的集成资源。

为表达引用路径和 MIM 元素间的关系，应用了下列符号标记：

a） []：为满足信息需求，需要多个 MIM 元素或引用路径段；

b） ()：为满足信息需求，在映射中的多个 MIM 元素或引用路径段被标识为可任选其一；

c） {}：为满足信息需求，限定使用括号内的引用路径；

d） ->：属性引用下行中给出的实体或选择类型；

e） <-：实体或选择类型被下行中的属性引用；

f） [i]：属性是聚合类型，其单个成员在下行给出；

g） [n]：属性是聚合类型，其成员 n 在下行中给出；

h） =>：该实体是下行中给出实体的超类；

i） <=：该实体是下行中给出实体的子类；

j） =：字符串，选择类型或枚举类型约束的选项或值；

k） \：字符串的续行符。

表 1 Elemental_topology UoF 映射表

应用元素 (Application_element)	MIM 元素 (MIM element)	源 (Source)	规则 (Rules)	引用路径 (Reference path)
DETAILED_TOPOLOGICAL_ MODEL_ELEMENT	Topological_representation_item	42		

5.2 MIM EXPRESS 短列表

本条给出了 EXPRESS 模式，该 EXPRESS 模式使用了集成资源、应用解释构造或应用模块 MIM 中的元素。该 EXPRESS 模式包含了本部分给出的类型、实体规范、规则和功能。本条还给出了从集成资源引入的各构造的文本材料的更改信息。MIM 中使用的集成资源或应用解释构造中给出的定义和 EXPRESS 描述包括选择列表项和没有输入到 MIM 中的子类。在集成资源或应用解释构造中对选择列表项和子类声明的需求只适用于引入到 MIM 中的各项。

EXPRESS 描述：

```
*)
SCHEMA Elemental_topology_mim;
    USE FROM Foundation_representation_mim; --ISO/TS 10303-1006
    USE FROM topology_schema --ISO 10303-42
          (topological_representation_item);
(*
```

注 1：使用 EXPRESS-G 图对本模式进行的图形表示见附录 D。

注 2：以上引用的模式可在下列部分中查到：

Foundation_representation	ISO/TS 10303-1006
Topology_schema	ISO 10303-42

EXPRESS 描述：

```
*)
        END_SCHEMA;
(*
```

附 录 A
（规范性附录）
MIM 短名

GB/T 16656 的本部分使用的实体名定义在 GB/T 16656 的其他部分。使用短名的具体要求可以见 GB/T 16656 的实现方法。

注：EXPRESS 实体名可在因特网上找到：

〈http://www.mel.nist.gov.cn/div826/subject/apde/snr/〉。

附 录 B
（规范性附录）
信息对象注册

B.1 文档标识

为了在开放系统中给信息对象提供无二义性标识，规定 GB/T 16656 本部分的对象标识符是：

{iso standard 10303 part(1005) version(1)}

这个值的意义在 GB/T 16262.1 中定义，并且在 ISO 10303-1 中进行描述。

B.2 模式标识

B.2.1 基本拓扑应用参考模型模式标识

为了在开放系统中给应用模块中的模式提供无二义性的标识，对象标识符{iso standard 10303 part(1005) version(1)elemental-topology-arm-schema(1)}分配给 elemental_topology_arm 模式，本标识符的含义在 GB/T 16262.1 中定义，并且在 ISO 10303-1 中进行描述。

B.2.2 基本拓扑模块解释模型模式标识

为了在开放系统中给应用模块中的模式提供无二义性的标识，对象标识符{iso standard 10303 part(1005) version(1)elemental-topology-mim-schema(2)}分配给 elemental_topology_mim 模式，本标识符的含义在 GB/T 16262.1 中定义，并且在 ISO 10303-1 中进行描述。

附 录 C
（资料性附录）
ARM EXPRESS-G 图

图 C.1 对应于 GB/T 16656 的本部分第 4 章中的 ARM EXPRESS 列表。图中使用了 EXPRESS 语言的 EXPRESS-G 图解形式。EXPRESS-G 在 ISO 10303-11:1994 的附录 D 中定义。

注：插页引用指的是图表号，而不是图号。

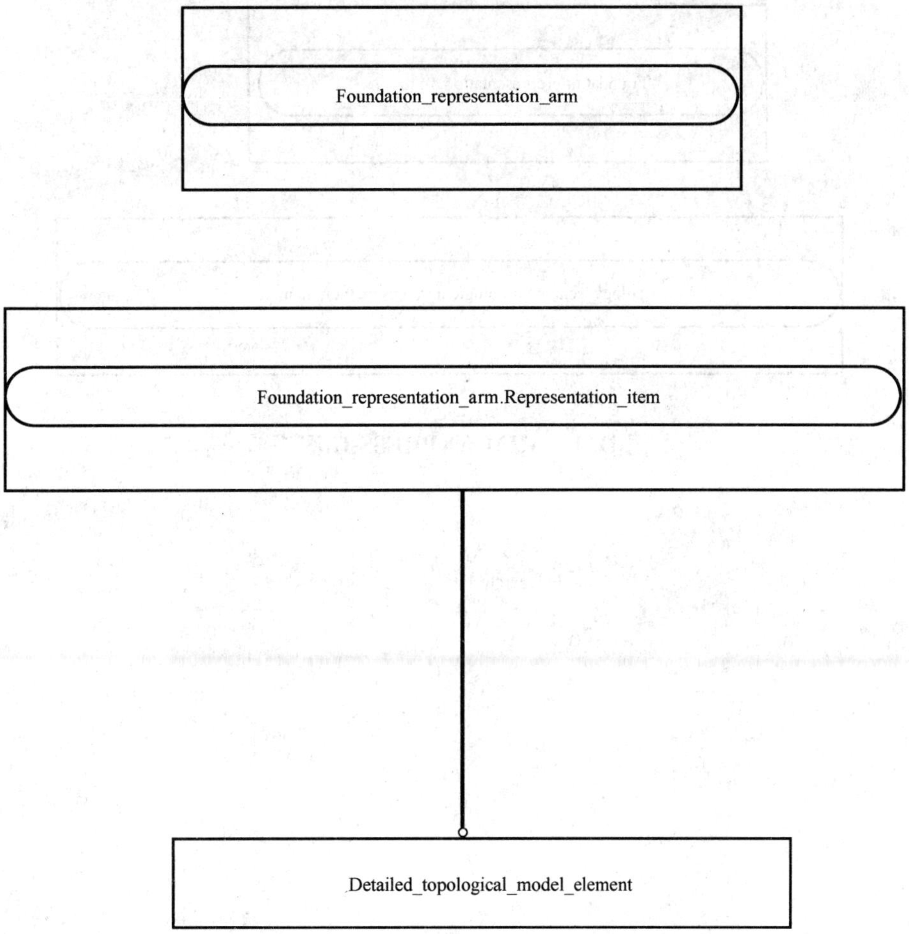

图 C.1 ARM EXPRESS-G 图 1-1

附　录　D
（资料性附录）
MIM EXPRESS-G 图

图 D.1 对应于 GB/T 16656 本部分的 MIM EXPRESS 扩展列表。图中使用了 EXPRESS 语言的 EXPRESS-G 图解形式。EXPRESS-G 在 ISO 10303-11:1994 的附录 D 中定义。

注：插页引用指的是图表号，而不是图形号。

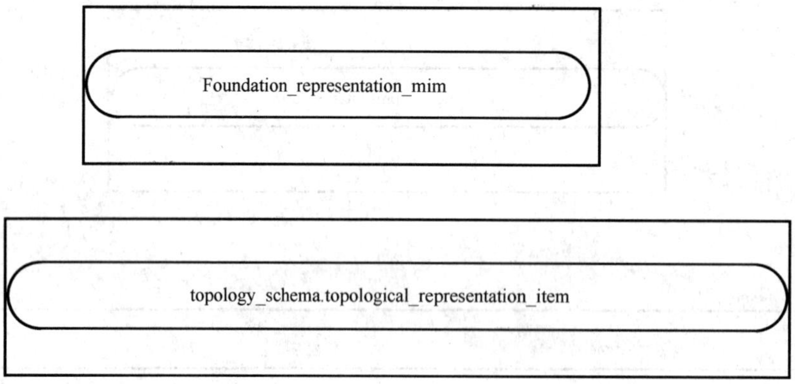

图 D.1　MIM EXPRESS-G 图 1-1

附 录 E
（资料性附录）
计算机可解释的列表

本附录引用了 GB/T 16656 的本部分规定的 EXPRESS 实体名和与实体名对应的短名列表，也提供了本部分规定的没有注解和其他说明文本的每一个 EXPRESS 模式的列表。这些列表以计算机可解释的格式给出并可从以下 URL 查到：

短名：http://www.mel.nist.gov/div826/subject/apde/snr。

EXPRESS：http://www.mel.nist.gov/step/parts/part1005/TS/。

如果不能访问这些站点，请直接联系 ISO 中央秘书处或 ISO TC 184/SC 4 秘书处：sc4sec@cme.nist.gov。

注：从以上网址得到的计算机可解释格式的信息是资料性的，本部分内的信息是规范的。

参 考 文 献

[1] GB/Z 16656.1009—2010 工业自动化系统与集成 产品数据表达与交换 第1009部分:应用模块:形状外观和层(ISO/TS 10303-1009:2001,IDT)

[2] ISO TC 184/SC 4 1997 Proposed Standing Document—Guidelines for application module development,revision 0.6
〈http://wg10step.aticorp.org/Deliverables/Guidelines/AMContent/Draft6/AMConGde06.html〉

ICS 25.040.40
L 67

中华人民共和国国家标准化指导性技术文件

GB/Z 16656.1006—2010/ISO/TS 10303-1006:2006
代替 GB/Z 16656.1006—2004

工业自动化系统与集成　产品数据表达与交换　第1006部分:应用模块:基础表达

Industrial automation systems and integration—Product data representation and exchange—Part 1006:Application module:Foundation representation

(ISO/TS 10303-1006:2006,IDT)

2011-01-14 发布　　2011-05-01 实施

中华人民共和国国家质量监督检验检疫总局
中国国家标准化管理委员会　发布

前　言

GB/T 16656《工业自动化系统与集成　产品数据表达与交换》是一项由多个部分组成的标准，各部分单独出版。GB/T 16656 的所属各部分又组成多个子系列，即：

——第 1 部分至第 19 部分规定了描述方法；

——第 20 部分至第 29 部分规定了实现方法；

——第 30 部分至第 39 部分规定了一致性测试方法与框架；

——第 40 部分至第 59 部分规定了集成通用资源；

——第 100 部分至第 199 部分规定了集成应用资源；

——第 200 部分至第 299 部分规定了应用协议；

——第 300 部分至第 399 部分规定了抽象测试套件；

——第 400 部分至第 499 部分规定了应用模块；

——第 500 部分至第 599 部分规定了应用解释构造；

——第 1000 部分至第 1999 部分规定了应用模块。

GB/T 16656《工业自动化系统与集成　产品数据表达与交换》现已发布和即将发布的包括以下部分：

——第 1 部分：概述与基本原理；

——第 11 部分：描述方法：EXPRESS 语言参考手册；

——第 21 部分：实现方法：交换文件结构的纯正文编码；

——第 28 部分：实现方法：EXPRESS 模式与数据的 XML 表达(使用 XML 模式)；

——第 31 部分：一致性测试方法论与框架：基本概念；

——第 32 部分：一致性测试方法论与框架：对测试实验室与客户的要求；

——第 34 部分：一致性测试方法论与框架：应用协议实现的抽象测试方法；

——第 41 部分：集成通用资源：产品描述与支持原理；

——第 42 部分：集成通用资源：几何与拓扑表达；

——第 43 部分：集成通用资源：表达结构；

——第 44 部分：集成通用资源：产品结构配置；

——第 45 部分：集成通用资源：材料；

——第 46 部分：集成通用资源：可视化显示；

——第 47 部分：集成通用资源：形状变化公差；

——第 49 部分：集成通用资源：工艺过程结构和特性；

——第 51 部分：集成通用资源：数学表达；

——第 54 部分：集成通用资源：分类和集合论；

——第 55 部分：集成通用资源：过程与混合表达；

——第 56 部分：集成通用资源：状态；

——第 101 部分：集成应用资源：绘图；

——第 105 部分：集成应用资源：运动学；

——第 201 部分：应用协议：显式绘图；

——第 202 部分：应用协议：相关绘图；

——第 203 部分：应用协议：配置控制设计；

——第238部分:应用协议:计算机数值控制器用的的应用解释模型;
——第501部分:应用解释构造:基于边的线框;
——第502部分:应用解释构造:基于壳的线框;
——第503部分:应用解释构造:几何有界二维线框;
——第504部分:应用解释构造:绘图注释;
——第505部分:应用解释构造:图样结构与管理;
——第506部分:应用解释构造:绘图元素;
——第507部分:应用解释构造:几何有界曲面;
——第508部分:应用解释构造:非流形曲面;
——第509部分:应用解释构造:流形曲面;
——第513部分:应用解释构造:基本边界表达;
——第520部分:应用解释构造:相关绘图元素;
——第1001部分:应用模块:外观赋值;
——第1002部分:应用模块:颜色;
——第1003部分:应用模块:曲线外观;
——第1004部分:应用模块:基本几何形状;
——第1005部分:应用模块:基本拓扑;
——第1006部分:应用模块:基础表达;
——第1007部分:应用模块:通用曲面外观;
——第1008部分:应用模块:层赋值;
——第1009部分:应用模块:形状外观和层。

本部分是GB/T 16656的第1006部分。

本部分等同采用ISO/TS 10303—1006:2006《工业自动化系统与集成　产品数据表达与交换　第1006部分:应用模块:基础表达》。本部分的技术内容和结构与ISO/TS 10303—1006:2006保持一致,为便于使用,做了如下编辑性修改:

a) 删去了ISO前言;
b) 对于带下划线的用于EXPRESS语言描述的各黑体英文实体名、属性名和函数名等,为了维护其英文原意,在本部分中,都使用其英文原名,仅当其作为标题时,我们在该英文名前增加了其归属的类型说明。

本部分代替GB/Z 16656.1006—2004《工业自动化系统与集成　产品数据表达与交换　第1006部分:应用模块:基础表达》。与GB/Z 16656.1006—2004相比主要变化如下:

a) 修正了以下ARM EXPRESS声明:
   1) Representation;
   2) Representation_item。
b) 新增了以下ARM EXPRESS声明:
   1) Numerical_representation_context;
   2) Representation_relationship;
   3) String_representation_item。
c) 修正了以下ARM EXPRESS数据类型的定义:
   1) Representation;
   2) Representation_context;
   3) Representation_item。

此外,还对映射规范、MIM模式和EXPRESS-G图进行了修正,以确保反映出对ARM的修正并与之一致。

本部分的附录A、附录B为规范性附录,附录C、附录D、附录E为资料性附录。

本部分由中国机械工业联合会提出。

本部分由全国自动化系统与集成标准化技术委员会(SAC/TC 159)归口。

本部分主要起草单位:中国标准化研究院。

本部分主要起草人:王志强、洪岩、刘守华、杨青海。

本部分所代替标准的历次版本发布情况为:

——GB/Z 16656.1006—2004。

引　言

GB/T 16656(ISO 10303)是一个计算机可解释的用于产品信息表达和产品数据交换的技术标准。其目的是对产品全生命周期提供一种独立于任何特定系统、能够描述产品数据的中性机制。其描述功能不仅适合于中性文件的交换，而且也是实现和共享产品数据库及存档的基础。

本部分给出了表达基础元素定义的应用模块。

第1章定义了本应用模块的范围并概括了其功能和覆盖的数据。第3章列出了本部分定义的术语，并给出了对其他标准定义的术语的引用。第4章采用适用于应用的术语规定了应用的信息需求。附录C给出了这些信息需求的图形表达，称为应用参考模型。为满足信息需求，解释了资源构造。这个解释提供了模块解释模型(MIM)。5.1给出的解释表明了信息需求和MIM的对应关系。MIM的短列表规定了资源接口，并在5.2中给出。附录D给出了MIM短列表的图形表达。

在这个指导性技术文件中，相同的英文词可以用于指定一个现实世界的对象或概念，一个EXPRESS数据类型的名称代表这个对象或概念。

下面的印刷符号约定用来区分“对象或概念”和“EXPRESS数据类型”。如果作为注释文本的词或短语以与正文相同的字体出现，指的是对象或概念。如果该词或短语以粗体或超链接的形式出现，那么指的是EXPRESS数据类型。

EXPRESS数据类型的名称可用来指数据类型本身或数据类型的一个实例。一般情况下，这些用途的区别在相关环境中是明确的。如果可能引起歧义，短语“实体数据类型”或“实例”会包含在文本中。

双引号“”表示引用文字，单引号‘’表示特定的文本字符串值。

工业自动化系统与集成　产品数据表达与交换　第1006部分:应用模块:基础表达

1　范围

GB/T 16656 的本部分给出了基础表达的应用模块。

本部分适用于:

——表达相关环境的定义;

——一种适合数值描述的表达相关环境的定义;

——表达的定义;

——两种表达之间关系的定义;

——表达元素的定义;

——作为表达元素的文本的定义。

本部分不适用于:

——与表达相联系的特性的标识;

——表达的任何显示外观;

——特殊用途表达的定义。

2　规范性引用文件

下列文件中的条款通过 GB/T 16656 的本部分的引用而成为本部分的条款。凡是注日期的引用文件,其随后所有的修改单(不包括勘误的内容)或修订版均不适用于本部分,然而,鼓励根据本部分达成协议的各方研究是否可使用这些文件的最新版本。凡是不注日期的引用文件,其最新版本适用于本部分。

GB/T 16262.1　信息技术　抽象语法记法一(ASN.1)　第1部分:基本记法规范(GB/T 16262.1—2006,ISO/IEC 8824-1:2002,IDT)

GB/T 16656.11—2010　工业自动化系统与集成　产品数据表达与交换　第11部分:描述方法:EXPRESS 语言参考手册(ISO 10303-11:2004, IDT)

GB/T 16656.41—2010　工业自动化系统与集成　产品数据表达与交换　第41部分:集成通用资源:产品描述与支持原理(ISO 10303-41:2005,IDT)

GB/T 16656.43—2008　工业自动化系统与集成　产品数据表达与交换　第43部分:集成通用资源:表达结构(ISO 10303-43:2000,IDT)

GB/T 16656.45—2001　工业自动化系统与集成　产品数据表达与交换　第45部分:集成通用资源:材料(ISO 10303-45:1998,IDT)

GB/T 16656.202—2000　工业自动化系统与集成　产品数据的表达与交换　第202部分:应用协议:相关绘图(eqv ISO 10303-202:1996)

ISO 10303-1:1994　工业自动化系统与集成　产品数据表达与交换　第1部分:概述与基本原理

ISO 10303-21:2002　工业自动化系统与集成　产品数据的表达与交换　第21部分:实现方法:交换文件结构的纯正文编码

ISO/TS 10303-1001:2006　工业自动化系统与集成　产品数据表达与交换　第1001部分:应用模块:外观赋值

ISO/TS 10303-1017:2004 工业自动化系统与集成 产品数据表达与交换 第1017部分:应用模块:产品识别

ISO/TS 10303-1054:2004 工业自动化系统与集成 产品数据表达与交换 第1054部分:应用模块:带单位的值

3 术语、定义和缩略语

3.1 ISO 10303.1 定义的术语

ISO 10303.1 中定义的下列术语适用于本部分:

——应用 application;

——应用对象 application object;

——应用协议 application protocol;

——应用参考模型 application reference model;

——数据 data;

——信息 information;

——集成资源 integrated resource;

——产品 product;

——产品数据 product data。

3.2 GB/T 16656.202 定义的术语

GB/T 16656.202 中定义的下列术语适用于本部分:

——应用解释构造 application interpreted construct。

3.3 ISO/TS 10303-1001 定义的术语

ISO/TS 10303-1001 中定义的下列术语适用于本部分:

——应用模块 application module;

——模块解释模型 module interpreted model。

3.4 ISO/TS 10303-1017 定义的术语

ISO/TS 10303-1017 中定义的下列术语适用于本部分:

——通用资源 common resources。

3.5 缩略语

下列缩略语适用于本部分:

AM:应用模块 (Application Module)

ARM:应用参考模型 (Application Reference Model)

MIM:模块解释模型 (Module Interpreted Model)

URL:统一资源定位符 (Uniform Resource Locator)

4 信息需求

本章给出基础表达应用模块的信息需求。这些信息需求被描述为该应用模块的应用参考模型(ARM)。

注1:附录C给出了信息需求的图形表达。

注2:5.1给出了映射规范。它表明如何用通用资源和构造满足信息需求,该通用资源和构造在该应用模块的MIM模式中定义或引入。

Foundation_representation_arm 模式以下列的 EXPRESS 语句开始,并标识了必要的外部引用。

EXPRESS 描述:

*)

```
SCHEMA Foundation_representation_arm;
(*
```

4.1 所需的 AM ARM

以下 EXPRESS 接口语句说明了从其他应用模块的 ARM 中引进的元素。

EXPRESS 描述：

```
*)
USE FROM Value_with_unit_arm;    -- ISO/TS 10303-1054
(*
```

注 1：ISO 10303 的以下部分规定上述被引用的模式。

Value_with_unit_arm　　　ISO/TS 10303-1054

注 2：该模式的图形表达参见附录 C 的图 C.1 和图 C.2。

4.2 ARM 实体定义

本条给出本模块的 ARM 实体。每一个 ARM 应用实体都是一个不可分割的元素，它包含一个唯一的应用概念，并包含一些规定了实体数据元素的属性。以下给出了 ARM 实体及其定义。

4.2.1 实体 Numerical_representation_context

实体 **Numerical_representation_context** 是 **Representation_context** 的子类，在该表达相关环境中可定义单位和精度。这些单位和精度适用于那个相关环境中使用的 **Representation_item** 实例。

EXPRESS 描述：

```
*)
ENTITY Numerical_representation_context
    SUBTYPE OF (Representation_context);
    units:OPTIONAL SET[1:?] OF Unit;
    accuracies:OPTIONAL SET[1:?] OF Uncertainty_with_unit;
END_ENTITY;
(*
```

属性定义：

units:unit 的集合，这个集合适用于使用此相关环境中的 **Representation_item** 的实例的属性值。该属性值是可选的。

注：Numerical_representation_context 的 units 只是提供一个缺省单位。它并不用于阻止表达条目被定义成和那种相关环境相同或不同的单位。

accuracies:精度的集合，用于此相关环境中的 **Representation_item** 的实例的属性值。该属性值是可选的。

4.2.2 实体 Representation

实体 Representation 是 **Representation_item** 的一个或多个实例的集合，其中 **Representation_item** 实例与特定的 **Representation_context** 相关。

EXPRESS 描述：

```
*)
ENTITY Representation;
    id:OPTIONAL STRING;
    name:OPTIONAL STRING;
    description:OPTIONAL STRING;
    context_of_items:Representation_context;
    items:SET[1:?] OF Representation_item;
```

```
WHERE
    WR1:EXISTS(name) OR (TYPEOF(SELF\Representation) <> TYPEOF(SELF));
END_ENTITY;
(*
```

属性定义:

id:representation 的标识,该属性值是可选的。

name:命名 representation 的词。

示例:一个 representation 的 name 可以是一个 CAD 模型的名称。

description:提供关于 **representation** 的更加详细的信息的文本,该属性值是可选的。

context_of_items:给出 representation 相关环境的 **representation_context**。

items:直接包含在 **representation** 中的 **representation_item** 实例的集合。

形式限制:

WR1:如果 SELF 是 **representation** 的一个精确实例,那么就应给出 **name** 属性。

4.2.3 实体 Representation_context

实体 **representation_context** 是一个相关环境,在该相关环境中,**representation_item** 的实例都是相关的。

EXPRESS 描述:

```
*)
ENTITY Representation_context;
    id:STRING;
    kind:STRING;
INVERSE
    representations_in_context:SET[1:?] OF Representation FOR context_of_items;
END_ENTITY;
(*
```

属性定义:

id:representation_context 的标识。

kind:描述相关环境类型的文本。

示例 1:'numeric values'是 representation_context 的类型的一个示例。

示例 2:'2D space'或'3D space'是可以用于几何表达相关环境的类型的示例。

representation_in_context:分享 **representation_context** 的 representation 实例的集合,该集合应该至少包含一个元素。

4.2.4 实体 Representation_item

实体 **representation_item** 是 representation 的元素。

一个 **representation_item** 应该在一个或多个 representation 实例的条目集合中,或者应该属于一个或多个 **representation** 实例,并且直接或间接地被这些 representation 实例的条目所引用。

注:该限制形式上在资源实体的 EXPRESS 描述中表达,其中该资源实体相当于 MIM 模式中的 representation_item。

Representation_item 的只有在特化后才能被实例化。

EXPRESS 描述:

```
*)
ENTITY Representation_item
    ABSTRACT SUPERTYPE;
```

```
    name:OPTIONAL STRING;
END_ENTITY;
(*
```

属性定义：

name:命名 **representation_item** 的词。

示例：几何上的 **Representation_item** 的 **name** 可以是在原始 CAD 系统中其元素标记。

形式限制：

IP1:至少在一个 **representation** 中，**representation_item** 应被直接或间接使用。

4.2.5 实体 Representation_relationship

实体 **Representation_relationship** 是 Representation 的两个实例之间的联系。

EXPRESS 描述：

```
*)
ENTITY Representation_relationship;
   relation_type:OPTIONAL STRING;
   description:OPTIONAL STRING;
   rep_1:Representation;
   rep_2:Representation;
WHERE
     WR1:EXISTS(relation_type) OR (TYPEOF(SELF\Representation_relationship) <> TYPEOF(SELF));
     WR2:EXISTS(description) OR (TYPEOF(SELF\Representation_relationship) <> TYPEOF(SELF));
END_ENTITY;
(*
```

属性定义：

relation_type:规定关系类型的字符串。

适用时，下列值应被用到：

——derivation:rep_1 的 Representation 源于 rep_2 的 Representation。

示例：一个小平面表达可能来源于一个边界表达。

——detailing:rep_1 的 Representation 提供比 rep_2 的 Representation 更多的详细信息。

description:进一步描述该关系的文本。

Rep_1:representation 的一个实例，该 representation 是关系的一部分。

Rep_2:representation 的另一个实例，该 representation 也是关系的一部分。如果关系中的一个元素依赖另一个元素，那么属性 rep_2 依赖属性 rep_1。

形式限制：

WR1:如果 SELF 是 **representation_relationship** 的一个确切实例，那么应提供 **relation_type**。

WR2:如果 SELF 是 **representation_relationship** 的一个确切实例，那么应提供 **description**。

4.2.6 实体 string_representation_item

实体 **string_representation_item** 是 **representation_item** 的一个子类，用于规定文本。

EXPRESS 描述：

```
*)
ENTITY String_representation_item
   SUBTYPE OF (Representation_item);
   string_value:STRING;
END_ENTITY;
```

```
(*
属性定义：
string_value：表达元素的字符串。
*)
END_SCHEMA;    -- Foundation_representation_arm
(*
```

5 模块解释模型

5.1 映射规范

在下文中，"应用元素"特指第4章中定义的任何实体数据类型、它的任何显示属性和任何子类约束。"MIM元素"特指5.2中定义的或从另一个EXPRESS模式随着一个USE FROM语句引入的任何实体数据类型、定义在5.2中或随着一个USE FROM语句引入的它的任何属性和任何子类约束。

本条给出了映射规范，这些映射规范定义了本部分的每个应用元素(见第4章)如何映射到一个或多个MIM元素(见5.2)。

每个应用元素的映射由下面单独的一个子条目规定。本条包括ARM实体的映射规范，ARM实体的属性的映射规范是本条的一个子部分。每个映射规范子条目包括多达五个元素。

标题(**Title**)：条目标题包括：

——被考虑的ARM实体的名称或子类约束的名称，或

——被考虑的ARM实体的属性的名称，此时该属性引用一个类型，该类型不是一个实体数据类型，也不是一个包括或可能包括实体数据类型的SELECT类型，或

——一个复合表达，〈attribute name〉到〈referred type〉，此时该属性引用一个类型，该类型不是一个实体数据类型，也不是一个包括或可能包括实体数据类型的SELECT类型。

MIM元素(**MIM element**)：根据被考虑的应用元素，本节包括：

——一个或多个MIM实体数据类型的名称；

——MIM实体属性的名称，以〈entity name〉.〈attribute name〉的语法形式一起出现。此时，该被考虑的ARM属性引用一个类型，该类型不是一个实体数据类型，也不是一个包括或可能包括实体数据类型的SELECT类型；

——术语PATH，此时该被考虑的ARM实体属性引用一个实体数据类型，或一个包括或可能包括实体数据类型的SELECT类型；

——术语IDENTICAL MAPPING，此时一个应用声明的两个应用对象都映射到一个MIM实体数据类型的同一个实例；

——句法/SUPERTYPE(〈supertype name〉)/，此时被考虑的ARM实体被映射为它的超类；

——一个或多个构造/SUBTYPE(〈subtype name〉)/，此时，被考虑的ARM实体的映射是它的子类的映射的结合。

当一个应用元素的映射包括多于一个MIM元素时，每一个MIM元素在映射规范中以一条分隔线分隔，并包括在圆括号或方括号内。

来源(**Source**)：本节包括：

——定义了MIM元素的ISO标准号和部分号，对那些在通用资源文档中定义的MIM元素；

——本部分的ISO标准号和部分号，对那些定义在本部分的MIM模式中的MIM元素。

当关键字PATH或IDENTICAL MAPPING被用于MIM元素部分时，本节从略。

规则(**Rules**)：本节包括一个或多个全局规则的名称，这些全局规则应用于MIM实体数据类型的全体，这些MIM实体数据类型列在MIM元素部分或引用路径中。当没有规则应用，本节从略。

一个对全局规则的引用可能跟着是对一个子条目的引用，规则在这个子条目中定义。

引用(**Constraint**):本节包括一个或多个子类约束的名称,这些子类约束应用于MIM实体数据类型的全体,这些MIM实体数据类型列在MIM元素部分或引用路径中。当没有子类约束应用,本部分从略。

一个对子类约束的引用可能跟着是一个对子条目的引用,子类约束在这个子条目中定义。

引用路径(**Reference path**):本节包括:

——对创建在本部分中的每一个MIM元素,在普通资源中对它的超类的引用路径;

——当一个应用元素的映射要求关系到几个MIM实体数据类型的实例时,MIM元素间关系的规范。在这种情况下,引用路径的每一行记录一个MIM元素的角色与引用的MIM元素或下一个被引用的MIM元素有关。

对引用路径的表达和MIM元素间的约束,以下符号约定应用于:

[]　方括号内部分限制多重MIM元素或引用路径部分必须满足一个信息需求;

()　圆括号内部分限制多重MIM元素或引用路径部分在映射中被确定为可选择的,以便满足一个信息需求;

{}　花括号内部分限制引用路径以便满足一个信息需求;

〈〉　尖括号内部分限制一个或多个要求的引用路径;

||　两竖线中间部分限制超类实体;

-〉　-〉符号前面的名称所代表的属性引用-〉符号后面的实体或选择类型;

〈-　〈-符号前面的实体或选择类型被〈-符号后面的实体属性引用;

[i]　[i]符号前面的属性是一个聚合类型;该类型中任何一个元素均被引用;

[n]　[n]符号前面的属性是一个有序聚合类型,该类型的第n个元素被引用;

=〉　=〉符号前面的名称所表示的实体是=〉符号后面的实体的一个超类;

〈=　〈=符号前面的实体名是〈=符号后面的实体的一个子类;

=　字符串,选择或枚举类型被限制为一个选择或值;

\　引用路径表达式在下一行继续;

*　关系实体数据类型的一个或多个实例可能被组装成一个关系树状结构,关系实体和被关系实体间的路径附在花括号内;

--　--后的文本是一个注解或一子句引用;

*〉　*〉符号前面的选择或枚举类型被扩展到*〉符号后面的选择或枚举类型;

〈*　〈*符号前面的选择或枚举类型是〈*符号后面的选择或枚举类型的一个扩展;

!{}　{}内的部分指出置于这个映射的一个反面的约束。

在应用模块的当前版本中不支持定义和使用映射模板。然而,支持使用预先定义的模板/SUBTYPE/和/SUPERTYPE/。

5.1.1 Numerical_representation_context

#1:如果不规定精度和单位。

MIM元素:representation_context

来源:　GB/T 16656.43

#2:如果不规定精度

MIM元素:global_unit_assigned_context

来源:　GB/T 16656.41

引用路径:global_unit_assigned_context〈=representation_context

#3:如果不规定单位

MIM元素:global_uncertainty_assigned_context

来源:　GB/T 16656.43

引用路径：global_uncertainty_assigned_context〈=representation_context

#4:如果规定精度和单位

MIM 元素：[global_uncertainty_assigned_context]

[global_unit_assigned_context]

来源：　GB/T 16656.41，GB/T 16656.43

引用路径：[global_unit_assigned_context〈=representation_context]

[global_uncertainty_assigned_context〈=representation_context]

5.1.1.1 **Numerical_representation_context 到 Uncertainty_with_unit(作为准确度)**

MIM 元素：PATH

引用路径：global_uncertainty_assigned_context

global_uncertainty_assigned_context.uncertainty[i] ->

uncertainty_measure_with_unit

{uncertainty_measure_with_unit 〈=

measure_with_unit =〉

length_measure_with_unit}

5.1.1.2 **Numerical_representation_context 到 Unit(作为单位)**

MIM 元素：PATH

引用路径：global_unit_assigned_context

global_unit_assigned_context.units[i]->unit

5.1.2 **Representation**

MIM 元素：representation

来源：　GB/T 16656.43

5.1.2.1 **name**

MIM 元素：representation.name

来源：　GB/T 16656.43

5.1.2.2 **Representation 到 Representation_item(作为 items)**

MIM 元素：PATH

引用路径：representation

representation.items->representation_item

representation_item

5.1.2.3 **Representation 到 Representation_context(作为 context_of_items)**

MIM 元素：PATH

引用路径：representation

representation.context_of_items->representation_context

representation_context

5.1.2.4 **description**

MIM 元素：description_attribute.attribute_value

来源：　GB/T 16656.41

引用路径：representation = description_attribute_select

description_attribute_select〈-description_attribute.described_item

description_attribute.attribute_value

5.1.2.5 **id**

MIM 元素：id_attribute.attribute_value

来源：　GB/T 16656.41

引用路径：representation = id_attribute_select
id_attribute_select<-id_attribute.identified_item
id_attribute.attribute_value

5.1.3 **Representation_context**

MIM 元素：representation_context

来源：　GB/T 16656.43

5.1.3.1 **id**

MIM 元素：representation_context.context_identifier

来源：　GB/T 16656.43

5.1.3.2 **kind**

MIM 元素：representation_context.context_type

来源：　GB/T 16656.43

5.1.4 **Representation_item**

MIM 元素：representation_item

来源：　GB/T 16656.43

5.1.4.1 **name**

MIM 元素：representation_item.name

来源：　GB/T 16656.43

5.1.5 **Representation_relationship**

MIM 元素：representation_relationship

来源：　GB/T 16656.43

5.1.5.1 **relation_type**

MIM 元素：representation_relationship.name

来源：　GB/T 16656.43

5.1.5.2 **description**

MIM 元素：representation_relationship.description

来源：　GB/T 16656.43

5.1.5.3 **Representation_relationship 到 Representation(作为 rep_1)**

MIM 元素：PATH

引用路径：representation_relationship.rep_1->representation

5.1.5.4 **Representation_relationship 到 Representation(作为 rep_2)**

MIM 元素：PATH

引用路径：representation_relationship.rep_2->representation

5.1.6 **String_representation_item**

MIM 元素：descriptive_representation_item

来源：　GB/T 16656.45

引用路径：descriptive_representation_item<=representation_item

5.1.6.1 **string_value**

MIM 元素：descriptive_representation_item.description

来源：　GB/T 16656.45

5.2 **MIM EXPRESS 短名列表**

本条给出了源自映射表的 EXPRESS 模式。它使用来自通用资源或来自其他应用模块的元素，并且定义了为本部分规定的 EXPRESS 构造。

本条构造了应用模块的模块解释模型(MIM)。

本条还规定了适合于从通用资源引入的构造的修正。

在这个模式中，以下限制适合于定义在普通资源或应用模块中的构造的使用：

——一个超类实体的使用并不能使它的任何限定范围适用，除非这个限定范围也被引入到这个MIM模式中；

——一个 SELECT 类型的使用并不能使它的任何列表类型适用，除非这个列表类型也被引入到这个 MIM 模式中。

EXPRESS 描述：

```
*)
SCHEMA Foundation_representation_mim;
    USE FROM basic_attribute_schema              -- GB/T 16656.41
      (description_attribute,
       description_attribute_select,
       id_attribute,
       id_attribute_select);
      USE FROM measure_schema                    -- GB/T 16656.41
            (global_unit_assigned_context);
      USE FROM qualified_measure_schema          -- GB/T 16656.45
            (descriptive_representation_item);
      USE FROM representation_schema             -- GB/T 16656.43
        (global_uncertainty_assigned_context,
         representation,
         representation_context,
         representation_item,
         representation_relationship,
         uncertainty_measure_with_unit);
      USE FROM Value_with_unit_mim;              -- ISO/TS 10303-1054
      (*
```

注 1：上面引用的模式在 GB/T 16656(ISO 10303)以下部分中规定：

basic_attribute_schema	GB/T 16656.41
measure_schema	GB/T 16656.41
qualified_measure_schema	GB/T 16656.45
representation_schema	GB/T 16656.43
Value_with_unit_mim	ISO/TS 10303-1054

注 2：该模式的图形表达参见附录 D 中图 D.1。

```
*)
END_SCHEMA;  -- Foundation_representation_mim
(*
```

附 录 A
（规范性附录）
MIM 短名

本部分的实体名称已经在 GB/T 16656 其他部分定义。使用短名的要求可在 GB/T 16656 所包括的实现方法中找到。

附 录 B
（规范性附录）
信息对象注册

B.1 文档标识

为了在开放系统中提供信息对象的无二义性标识，赋予本部分的对象标识符是：

{iso standard 10303 part(1006) version(3) }

这个值的意义在 GB/T 16262.1 中定义，在 ISO 10303-1 中描述。

B.2 模式标识

B.2.1 Foundation_representation_arm 模式标识

为了在开放信息系统中提供应用模块中给出的模式说明的无二义性的标识，赋予 Foundation_representation_arm 模式的对象标识符是：

{iso standard 10303 part(1006)version(3)schema(1) foundation-representation-arm (1)}

这个值的意义在 GB/T 16262.1 中定义，在 ISO 10303-1 中描述。

B.2.2 Foundation_representation_mim 模式标识

为了在开放信息系统中提供应用模块中给出的模式说明的无二义性的标识，赋予 Foundation_representation_mim 模式的对象标识符是：

{iso standard 10303 part(1006) version(3) schema(1) foundation-representation-mim(2) }

这个值的意义在 GB/T 16262.1 中定义，在 ISO 10303-1 中描述。

附　录　C
（资料性附录）
ARM EXPRESS-G

本附录给出了第4章定义的 ARM EXPRESS 短表的图形表达。这些图以 EXPRESS-G 形式呈现。

本附录包括该应用模块的应用参考模型的两个不同表达：

——一个模式级表达，在应用模块的 ARM 模式中，通过 USE FROM 语句，该模式级表达描述了其他应用模块的 ARM 模式中所定义构造的引入；

——一个实体级表达，它介绍在应用模块的 ARM 模式和引入的构造引用中定义的 EXPRESS 构造，这些引入的构造由应用模块的 ARM 模式的构造专门指定或引用。

注：这两个表达都是不完全的。模式级表达并没介绍非直接引入模块的 ARM 模式。实体级表达并没介绍这样的引入构造，这些引入构造不是由应用模块的 ARM 模式的构造专门指定或引用。

EXPRESS-G 图形符号在 GB/T 16656.11—2010 附录 D 中定义。

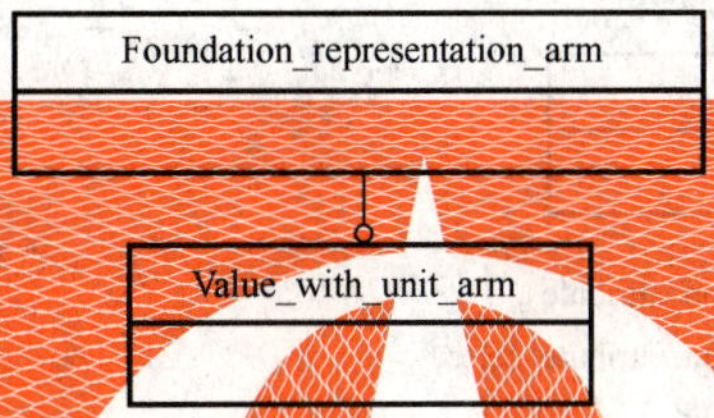

图 C.1　ARM 模式级 EXPRESS-G 图表

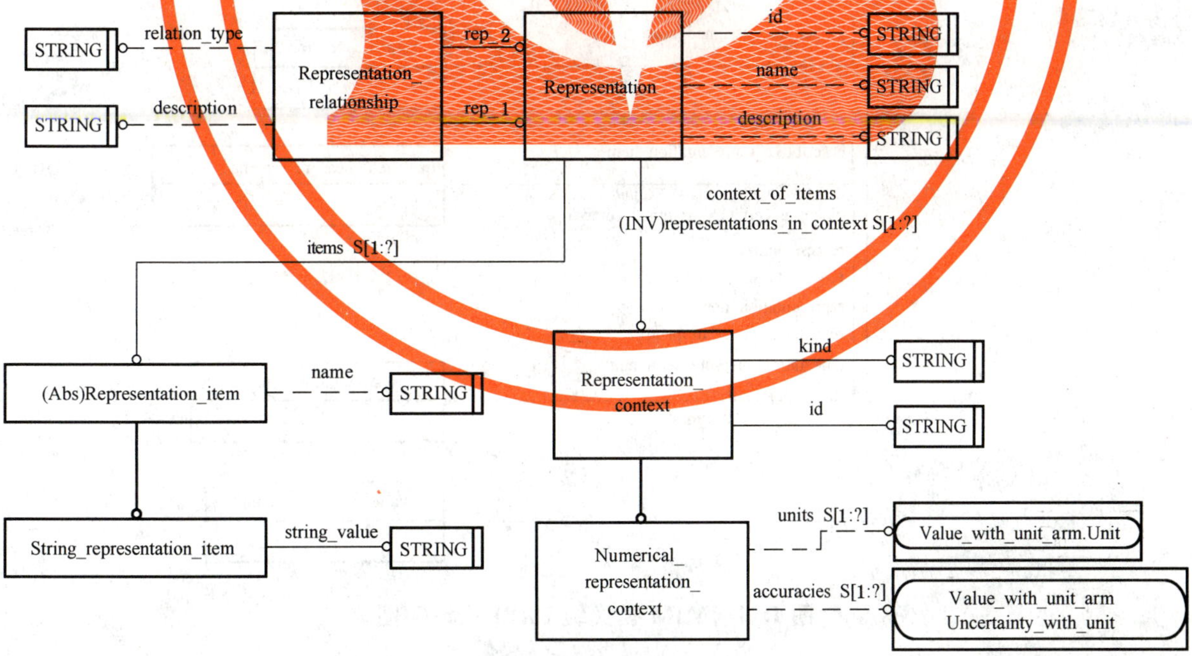

图 C.2　ARM 实体级 EXPRESS-G 图表

附 录 D
(资料性附录)
MIM EXPRESS-G

本附录给出了5.2定义的MIM EXPRESS短表的图形表达。这些图以EXPRESS-G形式呈现。

本附录包括该应用模块的应用解释模型的两个不同表达：

——一个模式级表达，在应用模块的MIM模式中，通过USE FROM语句，这个模式级表达描述定义在其他应用模块的MIM模式中或通用资源文档的模式中的构造引入；

——一个实体级表达，它介绍在应用模块的MIM模式和引入的构造引用中定义的EXPRESS构造，这些引入的构造由应用模块的MIM模式的构造特化或引用。

注：这两个表达都是不完全的。模式级表达并没介绍非直接引入模块的MIM模式。实体级表达并没介绍这样的引入构造，这些引入构造不是由应用模块的MIM模式的构造特化或引用。

EXPRESS-G图形符号在GB/T 16656.11—2010附录D中定义。

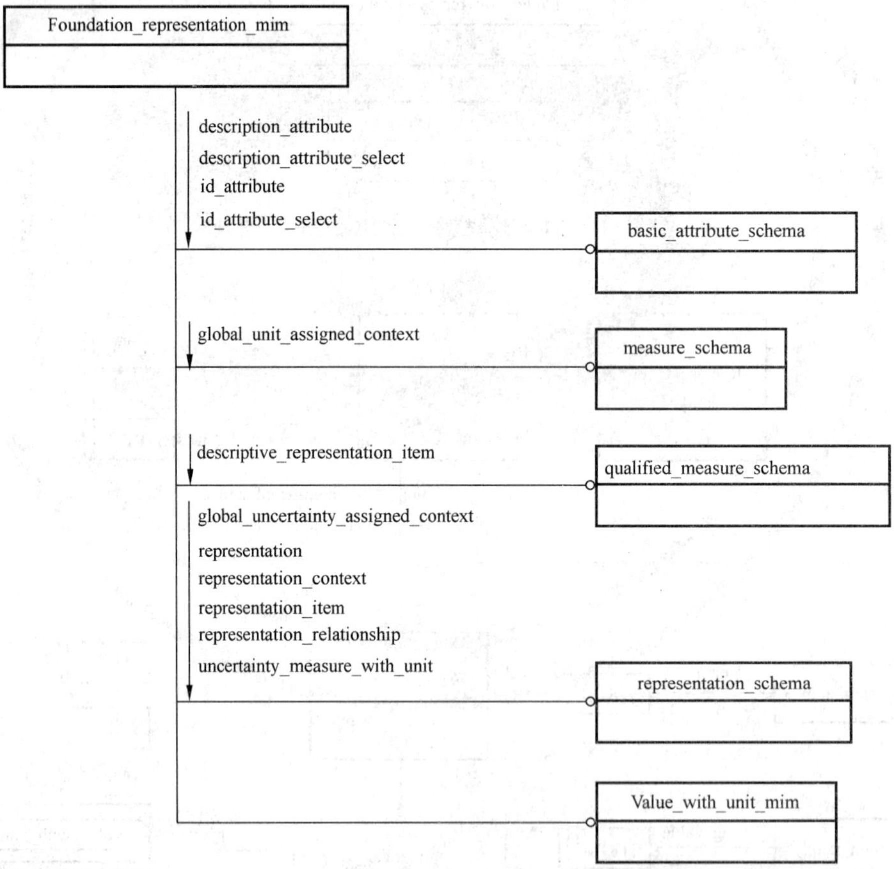

图 D.1 MIM 模式级 EXPRESS-G 图

附　录　E
（资料性附录）
计算机可解释的列表

本附录引用了本部分规定的或参引的 EXPRESS 实体名和对应短名的列表。本附录也提供了本部分所规定的每一个 EXPRESS 模式的列表，但没有注解或其他说明文本。这些列表可以在计算机可解释形式的表 E.1 中找到，可在下列网址查阅：

短名：　　　　http://www.tc184-sc4.org/Short_Names/

EXPRESS 模式：　http://www.tc184-sc4.org/EXPRESS/

表 E.1　ARM 和 MIM EXPRESS 列表

描　　述	HTML 文件	ASCII 文件	标识
ARM 短列表 EXPRESS	HTML	EXPRESS	ISO TC 184/SC 4/WG 12 N4348
MIM 短列表 EXPRESS	HTML	EXPRESS	ISO TC 184/SC 4/WG 12 N4349

如果不能访问这些站点，请直接联系 ISO 中央秘书处或 ISO TC184/SC4 秘书处：sc4sec@cme.nist.gov。

注：以上 URL 以计算机可识别的方式提供的信息是资料性的。本部分正文包含的信息是规范性的。

参 考 文 献

[1] 应用模块的内容指南,ISO TC 184/SC 4/N1685, 2004-02-27.

ICS 25.040.40
L 67

中华人民共和国国家标准化指导性技术文件

GB/Z 16656.1007—2010/ISO/TS 10303-1007:2001

工业自动化系统与集成　产品数据表达与交换　第1007部分:应用模块:通用曲面外观

Industrial automation systems and integration—Product data representation and exchange—Part 1007:Application module:General surface appearance

(ISO/TS 10303-1007:2001,IDT)

2011-01-14 发布　　　　2011-05-01 实施

中华人民共和国国家质量监督检验检疫总局
中国国家标准化管理委员会　发布

前　言

GB/T 16656《工业自动化系统与集成　产品数据表达与交换》是一项由多个部分组成的标准，各部分单独出版。GB/T 16656 的所属各部分又组成多个子系列，即：

——第 1 部分至第 19 部分规定了描述方法；
——第 20 部分至第 29 部分规定了实现方法；
——第 30 部分至第 39 部分规定了一致性测试方法与框架；
——第 40 部分至第 59 部分规定了集成通用资源；
——第 100 部分至第 199 部分规定了集成应用资源；
——第 200 部分至第 299 部分规定了应用协议；
——第 300 部分至第 399 部分规定了抽象测试套件；
——第 400 部分至第 499 部分规定了应用模块；
——第 500 部分至第 599 部分规定了应用解释构造；
——第 1000 部分至第 1999 部分规定了应用模块。

GB/T 16656《工业自动化系统与集成　产品数据表达与交换》现已发布和即将发布的包括以下部分：

——第 1 部分：概述与基本原理；
——第 11 部分：描述方法：EXPRESS 语言参考手册；
——第 21 部分：实现方法：交换文件结构的纯正文编码；
——第 28 部分：实现方法：EXPRESS 模式与数据的 XML 表达(使用 XML 模式)；
——第 31 部分：一致性测试方法论与框架：基本概念；
——第 32 部分：一致性测试方法论与框架：对测试实验室与客户的要求；
——第 34 部分：一致性测试方法论与框架：应用协议实现的抽象测试方法；
——第 41 部分：集成通用资源：产品描述与支持原理；
——第 42 部分：集成通用资源：几何与拓扑表达；
——第 43 部分：集成通用资源：表达结构；
——第 44 部分：集成通用资源：产品结构配置；
——第 45 部分：集成通用资源：材料；
——第 46 部分：集成通用资源：可视化显示；
——第 47 部分：集成通用资源：形状变化公差；
——第 49 部分：集成通用资源：工艺过程结构和特性；
——第 51 部分：集成通用资源：数学表达；
——第 54 部分：集成通用资源：分类和集合论；
——第 55 部分：集成通用资源：过程与混合表达；
——第 56 部分：集成通用资源：状态；
——第 101 部分：集成应用资源：绘图；
——第 105 部分：集成应用资源：运动学；
——第 201 部分：应用协议：显式绘图；
——第 202 部分：应用协议：相关绘图；
——第 203 部分：应用协议：配置控制设计；

——第 238 部分:应用协议:计算机数值控制器用的应用解释模型;
——第 501 部分:应用解释构造:基于边的线框;
——第 502 部分:应用解释构造:基于壳的线框;
——第 503 部分:应用解释构造:几何有界二维线框;
——第 504 部分:应用解释构造:绘图注释;
——第 505 部分:应用解释构造:图样结构与管理;
——第 506 部分:应用解释构造:绘图元素;
——第 507 部分:应用解释构造:几何有界曲面;
——第 508 部分:应用解释构造:非流形曲面;
——第 509 部分:应用解释构造:流形曲面;
——第 513 部分:应用解释构造:基本边界表达;
——第 520 部分:应用解释构造:相关绘图元素;
——第 1001 部分:应用模块:外观赋值;
——第 1002 部分:应用模块:颜色;
——第 1003 部分:应用模块:曲线外观;
——第 1004 部分:应用模块:基本几何形状;
——第 1005 部分:应用模块:基本拓扑;
——第 1006 部分:应用模块:基础表达;
——第 1007 部分:应用模块:通用曲面外观;
——第 1008 部分:应用模块:层赋值;
——第 1009 部分:应用模块:形状外观和层。

本部分为 GB/T 16656 的第 1007 部分。

本部分等同采用国际标准 ISO/TS 10303-1007:2001《工业自动化系统与集成　产品数据表达与交换　第 1007 部分:应用模块:通用曲面外观》,其技术内容和结构与 ISO/TS 10303-1007:2001 保持一致,为便于使用,做了如下编辑性修改:

a) 删去了 ISO 前言;
b) 对于带下划线的用于 EXPRESS 语言描述的各黑体英文实体名、属性名和函数名等,为了维护其英文原意,在本部分中,都使用其英文原名,仅当其作为标题时,我们在该英文名前增加了其归属的类型说明。

本部分的附录 A、附录 B 为规范性附录;附录 C、附录 D 和附录 E 为资料性附录。

本部分由中国机械工业联合会提出。

本部分由全国自动化系统与集成标准化技术委员会(SAC/TC 159)归口。

本部分主要起草单位:中国标准化研究院。

本部分主要起草人:洪岩、刘守华、杨青海、王志强、李文武。

引　言

GB/T 16656(ISO 10303)是一个计算机可解释的用于产品信息表达和产品数据交换的技术标准。其目的是对产品全生命周期提供一种独立于任何特定系统、能够描述产品数据的中性机制。其描述功能不仅适合于中性文件的交换，而且也是实现和共享产品数据库及存档的基础。

GB/T 16656 由一系列部分组成，每个部分单独发布。GB/T 16656 的各个部分都分属以下系列之一：描述方法、集成资源、应用解释构造、应用协议、应用模块、抽象测试套件、实现方法及一致性测试。在 ISO 10303-1 中对上述类别进行了说明。本部分(即第 1007 部分)属于应用模块类。

GB/T 16656 本部分给出了非渲染曲面表达的应用模块，其中包括曲面染色和线框类型表达。应用模块不包括曲面或科学透视的真实表达规范。

一组应用模块可以组合起来以便给形状元素分配层和可视属性，例如给几何和拓扑元素分配颜色和曲线线型。如果需要其他相关的资料，见 GB/Z 16656.1009—2010 的附录 F。

工业自动化系统与集成　产品数据表达与交换　第1007部分:应用模块:通用曲面外观

1　范围

GB/T 16656的本部分给出了非渲染曲面表达的应用模块,其中包括曲面颜色和线框类型视觉属性。

本部分适用于:

——给曲面中的曲线分配视觉属性的规范;

——曲面的线框表达中特定曲线类型的选择;

——曲面着色机制的规范。

本部分不适用于:

——曲面的真实表达;

——科学可视化。

2　规范性引用文件

下列文件中的条款通过GB/T 16656的本部分的引用而成为本部分的条款。凡是注日期的引用文件,其随后所有的修改单(不包括勘误的内容)或修订版均不适用于本部分,然而,鼓励根据本部分达成协议的各方研究是否可使用这些文件的最新版本。凡是不注日期的引用文件,其最新版本适用于本部分。

GB/T 16262.1　信息技术　抽象语法记法一(ASN.1)第1部分:基本记法规范(GB/T 16262.1—2006,ISO/IEC 8824-1:2002,IDT)

GB/T 16656.46—1998　工业自动化系统与集成　产品数据表达与交换　第46部分:集成通用资源:可视化显示(idt ISO 10303-46:1994)

GB/T 16656.202—2000　工业自动化系统与集成　产品数据表达与交换　第202部分:应用协议:相关绘图(eqv ISO 10303-202:1996)

GB/Z 16656.1001—2004　工业自动化系统与集成　产品数据表达与交换　第1001部分:应用模块:外观赋值(ISO/TS 10303-1001:2001,IDT)

GB/Z 16656.1002—2010　工业自动化系统与集成　产品数据表达与交换　第1002部分:应用模块:颜色(ISO/TS 10303-1002:2001,IDT)

GB/Z 16656.1003—2010　工业自动化系统与集成　产品数据表达与交换　第1003部分:应用模块:曲线外观(ISO/TS 10303-1003:2001,IDT)

ISO 10303-1:1994　工业自动化系统与集成　产品数据表达与交换　第1部分:概述与基本原理

ISO 10303-11:1994　工业自动化系统与集成　产品数据表达与交换　第11部分:描述方法:EXPRESS语言参考手册

ISO 10303-41:2000　工业自动化系统与集成　产品数据表达与交换　第41部分:集成通用资源:产品描述与支持原理

3 术语、定义和缩略语

3.1 ISO 10303-1 定义的术语

ISO 10303-1 中定义的下列术语适用于本部分：

——应用 application；

——应用对象 application object；

——应用协议 application protocol；

——应用参考模型 application reference model；

——数据 data；

——信息 information；

——集成资源 integrated resource；

——产品 product；

——产品数据 product data；

——功能单元 unit of functionality。

3.2 GB/T 16656.202 定义的术语

GB/T 16656.202 中定义的下列术语适用于本部分：

——应用解释构造 application interpreted construct。

3.3 GB/Z 16656.1001 定义的术语

GB/Z 16656.1001 中定义的下列术语适用于本部分：

——应用模块 application module；

——模块解释模型 module interpreted model。

3.4 缩略语

下列缩略语适用于本部分：

AM：应用模块(Application Module)

ARM：应用参考模型(Application Reference Model)

MIM：模块解释模型(Module Interpreted Model)

UoF：功能单元(Unit of Functionality)

URL：统一资源定位符(Uniform Resource Locator)

4 信息需求

GB/T 16656 的本部分的本章给出了通用曲面外观的信息需求。通过一组功能单元和应用对象给出了信息需求。使用在本应用模块主题范围内的术语来定义该信息需求。

注 1：附录 C 给出了信息需求的图形表达。

注 2：5.1 给出了如何应用本部分的集成资源满足信息需求的映射规范。该集成资源的应用引入了在应用模块和协议中公共的附加需求。

EXPRESS 描述：

```
*)
SCHEMA General_surface_appearance_arm;
(*
```

4.1 功能单元

本条给出了本部分的 UoF(功能单元)以及其他应用模块定义所必需的支持元素。本部分给出了以下功能单元：

——General_surface_appearance。

本部分使用了以下功能单元：

——Colour；

——Curve_appearance。

以下各条给出了每个功能单元(UoF)及其支持的功能描述。4.3 定义了每个 UoF 中包含的应用元素。

4.1.1 功能单元 General_surface_appearance

General_surface_appearance 功能单元(UoF)给出了使用线框类型属性和曲面颜色表达曲面的应用对象。

在 General_surface_appearance 功能单元(UoF)中给出了下列应用对象：

——Boundary_curve_appearance；

——Control_grid_appearance；

——Parameter_line_appearance；

——Segmentation_curve_appearance；

——Sihoustte_curve_appearance；

——Surface_appearance_wireframe；

——Surface_colour；

——Surface_related_curve_appearance。

4.1.2 功能单元 Colour

Colour 功能单元(UoF)在 GB/Z 16656.1002 中进行了定义。在本部分中引用了 Colour 功能单元中的下列应用实体：

——Colour。

4.1.3 功能单元 Curve_appearance

Curve_appearance 功能单元(UoF)在 GB/Z 16656.1003 中进行了定义。在本部分中引用了 Curve_appearance 功能单元中的下列应用实体：

——Curve_appearance。

4.2 要求的 AM ARM

下列 EXPRESS 引用声明给出了从应用参考模型其他模块引入的元素。

EXPRESS 描述：

```
*)
USE FROM Colour_arm; --GB/Z 16656.1002
USE FROM Curve_appearance_arm; --GB/Z 16656.1003
(*
```

4.3 ARM 实体定义

本条给出了 General_surface_appearance 模块中的应用实体。每个应用实体是一个不可分割的元素，它体现了唯一的应用概念并包含规定对象数据元素的属性。以下各条给出了应用实体及其定义。

4.3.1 实体 Boundary_curve_appearance

Boundary_curve_appearance 是曲线样式，它应用于曲面边界曲线。

EXPRESS 描述：

```
*)
ENTITY Boundary_curve_appearance
    SUBTYPE OF (Surface_related_curve_appearance);
END_ENTITY;
(*
```

4.3.2 实体 **Control_grid_appearance**

Control_grid_appearance 是曲线样式,它应用于曲面定义的控制点网格。

EXPRESS 描述:

```
*)
ENTITY Control_grid_appearance
    SUBTYPE OF (Surface_related_curve_appearance);
END_ENTITY;
(*
```

4.3.3 实体 **Parameter_line_appearance**

Parameter_line_appearance 是曲线样式,它应用于曲面上 iso-参数(iso-parameter)线。

EXPRESS 描述:

```
*)
ENTITY Parameter_line_appearance
    SUBTYPE OF (Surface_related_curve_appearance);
        number_of_u_curves:INTEGER;
        number_of_v_curves:INTEGER;
END_ENTITY;
(*
```

属性定义:

number_of_u_curves:说明了在 u 向出现的 iso-参数(iso-parameter)线数目。

number_of_v_curves:说明了在 v 向出现的 iso-参数(iso-parameter)线数目。

4.3.4 实体 **Segementation_curve_appearance**

Segementation_curve_appearance 是曲线样式,它应用于曲面分段边界上的曲线。

EXPRESS 描述:

```
*)
ENTITY Segmentation_curve_appearance
    SUBTYPE OF (Surface_related_curve_appearance);
END_ENTITY;
(*
```

4.3.5 实体 **Silhouette_curve_appearance**

Silhouette_curve_appearance 是曲线样式,它应用于曲面的轮廓曲线。

EXPRESS 描述:

```
*)
ENTITY Silhouette_curve_appearance
    SUBTYPE OF (Surface_related_curve_appearance);
END_ENTITY;
(*
```

4.3.6 实体 **Surface_appearance_wireframe**

Surface_appearance_wireframe 给出了表达看起来像线框(wireframe-like)的曲面的可视属性。

EXPRESS 描述:

```
*)
ENTITY Surface_appearance_wireframe;
    side :STRING;
```

```
    styles :SET [1 : 5] OF surface_related_curve_appearance;
END_ENTITY;
(*
```

属性定义:

side:说明了使用样式的曲面的边。

styles:表达看起来像线框(wireframe-like)的曲面的曲线样式。

4.3.7 实体 Surface_colour

Surface_colour 给出了曲面的非渲染(non-shading)表达的颜色。

EXPRESS 描述:

```
*)
ENTITY Surface_colour
    side :STRING;
    assigned_colour :colour;
END_ENTITY;
(*
```

属性定义:

side:说明使用颜色的曲线的边。

assigned_colour:非渲染(non-shading)曲面表示使用的颜色。

4.3.8 实体 Surface_related_curve_appearance

Surface_related_curve_appearance 对表达看起来像线框(wireframe-like)曲面的曲线赋予的样式进行了概括。

EXPRESS 描述:

```
*)
ENTITY Surface_related_curve_appearance
ABSTRACT SUPERTYPE OF (ONE OF(Boundary_curve_appearance,
    Silhouette_curve_appearance, Segmentation_curve_appearance,
    Control_grid_appearance, Parameter_line_appearance));
style :Curve_appearance;
END_ENTITY;
(*
```

属性定义:

style:给出了在表达看起来像线框(wireframe-like)曲面的相关环境中与每个曲线类型关联的曲线外观。

EXPRESS 描述:

```
*)
END_SCHEMA; --general_surface_appearance_arm
(*
```

5 模块解释模型

5.1 映射规范

GB/T 16656 的本部分的本条包含了映射表(见表 1),该映射表表明了本部分(见 4.1)的每个 UoF 和应用元素是怎样映射到一个或几个模块解释模型(MIM)资源构造的。该映射表分 5 列,各列内容如下:

列 1)应用元素:当应用元素出现在应用实体定义中时,给出应用元素名。应用实体名用大写字母书写。在应用实体后面列出的属性名,用小写字母书写。

列 2)MIM 元素:出现在 MIM、术语“IDENTICAL MAPPING”或术语“PATH”中的 MIM 元素名。MIM 实体用小写字母书写。被引用的 MIM 实体的属性名表示成〈entity name〉.〈attribute name〉。一个应用元素的映射可以导出几个相关的 MIM 元素。每一个 MIM 元素在表中都要求占用一行。术语“IDENTICAL MAPPING”表明一个应用命题的两个应用实体映射到相同的 MIM 元素。术语“PATH”表明应用命题映射到完整的引用路径。

列 3)源:对于那些集成资源解释的 MIM 元素,其对应的是 GB/T 16656 相应部分的序号。对于由本部分创建的 MIM 元素,它对应的是本部分的序号。

列 4)规则:可给出一个或多个序号,序号表示当前 MIM 元素或引用路径所采用规则的出处。对于那些从应用实体之间的关系中导出的规则,同一规则被所有相关的 MIM 元素的映射实体所引用。表后列出了规则的扩展名。

列 5)引用路径:为了完整地描述应用实体的映射,有必要通过几个相关 MIM 元素来给出引用路径。引用路径列记录了这个 MIM 元素相对于下一行的 MIM 元素所起的作用。两个或多个这样的相关 MIM 元素定义了集成资源的解释,该集成资源满足由应用实体给出的需求。对于用于本部分而创建的每个 MIM 元素,引用路径指到给出超类的集成资源。

为表达引用路径和 MIM 元素间的关系,应用了下列符号标记:

a) []:为满足信息需求,需要多个 MIM 元素或引用路径段;
b) ():为满足信息需求,在映射中的多个 MIM 元素或引用路径段被标识为可任选其一;
c) {}:为满足信息需求,限定使用括号内的引用路径;
d) ->:属性引用下行中给出的实体或选择类型;
e) <-:实体或选择类型被下行中的属性引用;
f) [i]:属性是聚合类型,其单个成员在下行给出;
g) [n]:属性是聚合类型,其成员 n 在下行中给出;
h) =>:该实体是下行中给出实体的超类;
i) <=:该实体是下行中给出实体的子类;
j) =:字符串,选择类型或枚举类型约束的选项或值;
k) \:字符串的续行符。

表 1 通用曲面表达 UoF 映射表

应用元素 (Application_element)	MIM 元素 (MIM element)	源 (Source)	规则 (Rules)	引用路径 (Reference path)
BOUNDARY_CURVE_APPEARANCE	surface_style_boundary	46		
CONTROL_GRID_APPEARANCE	surface_style_control_grid	46		
PARAMETER_LINE_APPEARANCE	surface_style_parameter_line	46		
Number_of_u_curves	u_direction_count	46		surface_style_parameter_line surface_style_parameter_line.direction_counts[1] -> direction_count_select direction_count_select= u_direction_count u_direction_count

表 1（续）

应用元素 (Application_element)	MIM 元素 (MIM element)	源 (Source)	规则 (Rules)	引用路径 (Reference path)
Number_of_v_curves	v_direction_count	46		surface_style_parameter_line surface_style_parameter_line. direction_counts[1] -> direction_count_select direction_count_select= v_direction_count v_direction_count
SEGEMENTATION _CURVE_ APPEARANCE	surface_style_segmentation_-curve	46		
SILHOUETTE_CURVE_ APPEARANCE	surface_style_silhouette	46		
SURFACE _ APPEARANCE _WIREFRAME	surface_style_usage	46		
Side	surface_side	46		surface_style_usage surface_style_usage. side -> surface_side
Styles	PATH			surface_style_usage surface_style_usage. style -> surface_side_style_select surface_side_style_select= surface_side_style surface_side_style surface_side_style. styles[i] -> surface_style_element_select
SURFACE_COLOUR	surface_style_usage	46		
side	surface_side	46		
Assigned_colour	PATH	46		surface_style_usage surface_style_usage. style -> surface_side_style_select surface_side_style_select= surface_side_style surface_side_style surface_side_style. styles[i] -> surface_style_element_select surface_style_element_select= surface_style_fill_area surface_style_fill_area. fill_area -> fill_area_style fill_area_style. fill_styles[i] -> fill_style_select fill_style_select=fill_ area_style_colour fill_area_style_colour. fill_colour -> colour

表 1（续）

应用元素 （Application_element）	MIM 元素 （MIM element）	源 （Source）	规则 （Rules）	引用路径 （Reference path）
SURFACE_RELATED_ CURVE_APPEARANCE	surface_style_-element_ select	46		
style	PATH			surface_style_element_select (surface_style_element_select= surface_style_parameter_line surface_style_parameter_line surface_style_parameter_line. style_of_parameter_lines -> curve_or_render curve_or_render=curve_style curve_style) (surface_style_element_select= surface_style_silhouette surface_style_silhouette surface_style_silhouette. style_of_silhouette -> curve_or_render curve_or_render=curve_style curve_style) (surface_style_element_select= surface_style_control_grid surface_style_control_grid surface_style_control_grid. style_of_control_grid -> curve_or_render curve_or_render=curve_style curve_style) (surface_style_element_select= surface_style_boundary surface_style_boundary surface_style_boundary. style_of_boundary -> curve_or_render curve_or_render=curve_style curve_style) surface_style_element_select= surface_style_segmentation_curve surface_style_segmentation_curve surface_style_segmentation_curve. style_of_segmentation_curve -> curve_or_render curve_or_render=curve_style curve_style)

5.2 MIM EXPRESS 短列表

本条给出了 EXPRESS 模式,该 EXPRESS 模式使用了集成资源、应用解释构造或应用模块 MIM 中的元素。该 EXPRESS 模式包含了本部分给出的类型、实体规范、规则和功能。本条还给出了从集成资源引入的各构造的文本材料的更改信息。MIM 中使用的集成资源或应用解释构造中给出的定义和 EXPRESS 描述包括选择列表项和没有输入到 MIM 中的子类。在集成资源或应用解释构造中对选择列表项和子类声明的需求只适用于引入到 MIM 中的各项。

EXPRESS 描述:

```
*)
SCHEMA General_surface_appearance_mim;
    USE FROM Colour_mim;   --GB/Z 16656.1002
    USE FROM Curve_appearance_mim;   --GB/Z 16656.1003
    USE FROM presentation_appearance_schema   --GB/T 16656.46
        ( fill_area_style_colour,
          surface_side,
          surface_side_style,
          surface_style_boundary,
          surface_style_control_grid,
          surface_style_element_select,
          surface_style_fill_area,
          surface_style_parameter_line,
          surface_style_segmentation_curve,
          surface_style_silhouette,
          surface_style_usage,
          u_direction_count,
          v_direction_count;
(*
```

注:以上引用的模式可在下列部分中查到:

Colour_mim	GB/Z 16656.1002
Curve_appearance_mim	GB/Z 16656.1003
Presentation_appearance_schema	GB/T 16656.46

EXPRESS 描述:

```
*)
END_SCHEMA;
(*
```

附　录　A
（规范性附录）
MIM 短名

GB/T 16656 的本部分使用的实体名定义在 GB/T 16656 的其他部分。使用短名的具体要求可以见 GB/T 16656 的实现方法。

注：EXPRESS 实体名可在因特网上找到：

〈http://www.mel.nist.gov.cn/div826/subject/apde/snr/〉。

附　录　B
（规范性附录）
信息对象注册

B.1　文档标识

为了在开放系统中给信息对象提供无二义性标识，规定 GB/T 16656 本部分的对象标识符是：

{ iso standard 10303 part(1007) version(1) }

这个值的意义在 GB/T 16262.1 中定义，并且在 ISO 10303-1 中进行描述。

B.2　模式标识

B.2.1　曲线外观应用参考模型模式标识

为了在开放系统中给应用模块中的模式提供无二义性的标识，对象标识符{ iso standard 10303 part(1007) version(1) curve-appearance-arm-schema(1)}分配给 curve_appearance_arm 模式，本标识符的含义在 GB/T 16262.1 中定义，并且在 ISO 10303-1 中进行描述。

B.2.2　曲线外观模块解释模型模式标识

为了在开放系统中给应用模块中的模式提供无二义性的标识，对象标识符{ iso standard 10303 part(1007) version(1) curve-appearance-mim-schema(2)}分配给 curve_appearance_mim 模式，本标识符的含义在 GB/T 16262.1 中定义，并且在 ISO 10303-1 中进行描述。

附 录 C
（资料性附录）
ARM EXPRESS-G 图

图 C.1 对应于 GB/T 16656 本部分第 4 章中的 ARM EXPRESS 列表。图中使用了 EXPRESS 语言的 EXPRESS-G 图解形式。EXPRESS-G 在 ISO 10303-11:1994 的附录 D 中定义。

注：插页引用指的是图表号，而不是图号。

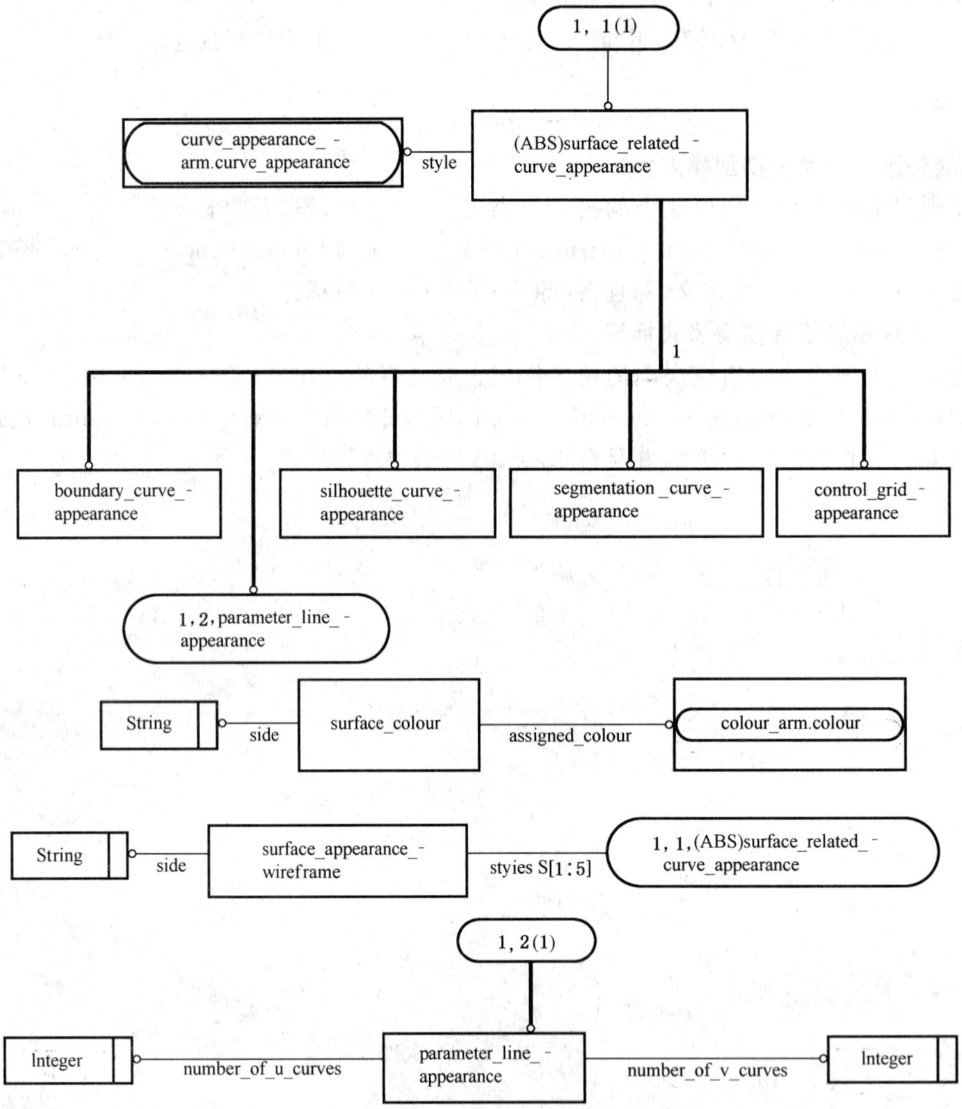

图 C.1 ARM EXPRESS-G 图 1-1

附　录　D
（资料性附录）
MIM EXPRESS-G 图

图 D.1 对应于 GB/T 16656 本部分的 MIM EXPRESS 扩展列表。图中使用了 EXPRESS 语言的 EXPRESS-G 图解形式。EXPRESS-G 在 ISO 10303-11:1994 的附录 D 中定义。

注：插页引用指的是图表号，而不是图形号。

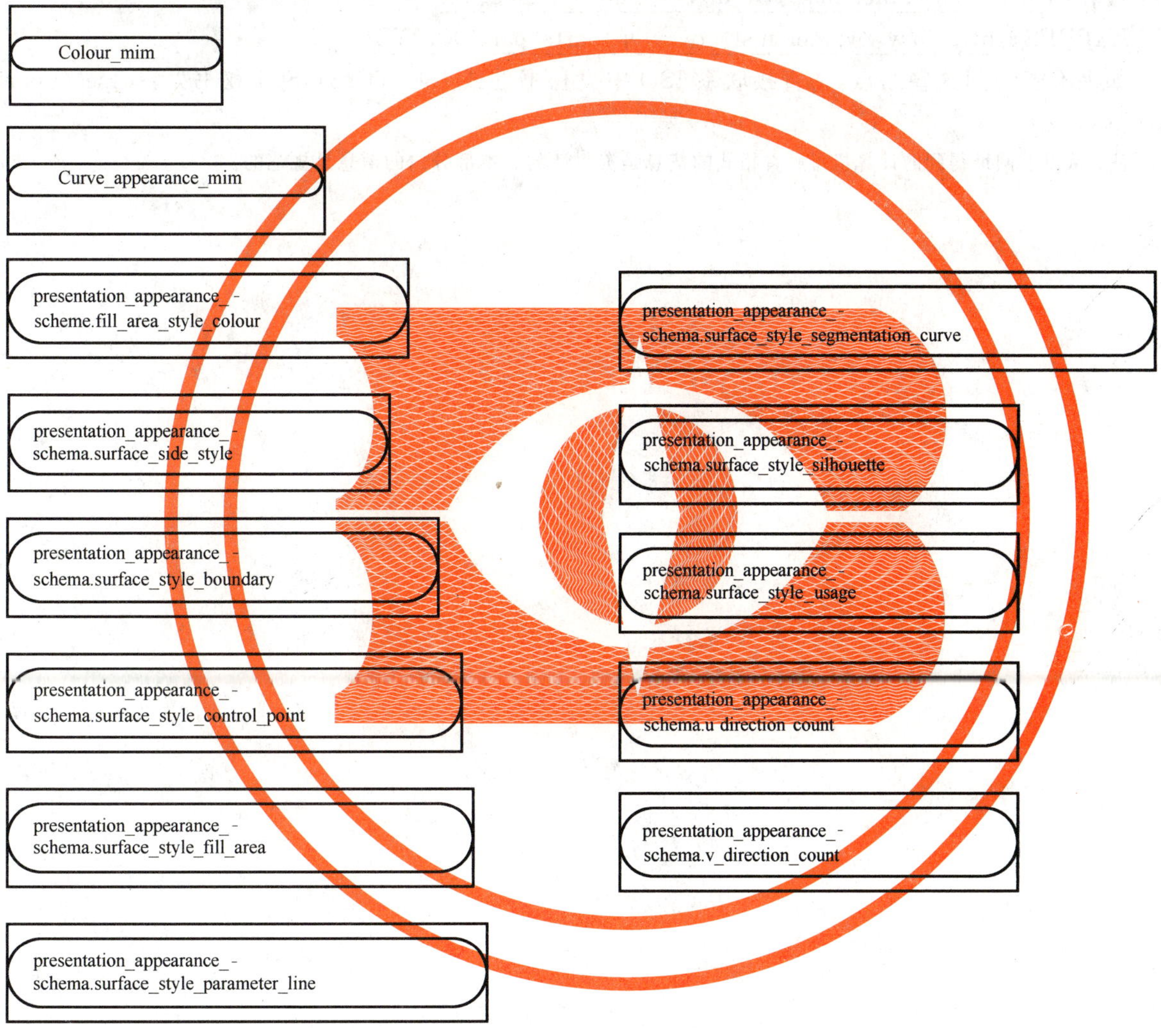

图 D.1　MIM EXPRESS-G 图 1-1

附 录 E
（资料性附录）
计算机可解释的列表

本附录引用了GB/T 16656本部分规定的EXPRESS实体名和与实体名对应的短名列表，也提供了本部分规定的没有注解和其他说明文本的每一个EXPRESS模式的列表。这些列表以计算机可解释的格式给出并可从以下URL查到：

短名：http://www.mel.nist.gov/div826/subject/apde/snr

EXPRESS：http://www.mel.nist.gov/step/parts/part1007/TS/

如果不能访问这些站点，请直接联系ISO中央秘书处或ISO TC184/SC4秘书处：sc4sec@cme.nist.gov。

注：从以上网址得到的计算机可解释格式的信息是资料性的。本部分内的信息是规范的。

参 考 文 献

[1] GB/Z 16656.1009—2010 工业自动化系统与集成 产品数据表达与交换 第1009部分：应用模块：形状外观和层(ISO/TS 10303-1009:2001,IDT)

[2] ISO TC 184/SC4 1997,Proposed Standing Document—Guidelines for application module development,revision 0.6

〈http://wg10step.aticorp.org/Deliverables/Guidelines/AMContent/Draft6/AMConGde06.html〉

ICS 25.040.40
L 67

中华人民共和国国家标准化指导性技术文件

GB/Z 16656.1008—2010/ISO/TS 10303-1008:2001

工业自动化系统与集成 产品数据表达与交换 第1008部分:应用模块:层赋值

Industrial automation systems and integration—Product data representation and exchange—Part 1008: Application module: Layer assignment

(ISO/TS 10303-1008:2001, IDT)

2011-01-14 发布　　　　2011-05-01 实施

中华人民共和国国家质量监督检验检疫总局
中国国家标准化管理委员会　发布

前　言

GB/T 16656《工业自动化系统与集成　产品数据表达与交换》是一项由多个部分组成的标准，各部分单独出版。GB/T 16656 的所属各部分又组成多个子系列，即：

——第 1 部分至第 19 部分规定了描述方法；

——第 20 部分至第 29 部分规定了实现方法；

——第 30 部分至第 39 部分规定了一致性测试方法与框架；

——第 40 部分至第 59 部分规定了集成通用资源；

——第 100 部分至第 199 部分规定了集成应用资源；

——第 200 部分至第 299 部分规定了应用协议；

——第 300 部分至第 399 部分规定了抽象测试套件；

——第 400 部分至第 499 部分规定了应用模块；

——第 500 部分至第 599 部分规定了应用解释构造；

——第 1000 部分至第 1999 部分规定了应用模块。

GB/T 16656《工业自动化系统与集成　产品数据表达与交换》现已发布和即将发布的包括以下部分：

——第 1 部分：概述与基本原理；

——第 11 部分：描述方法：EXPRESS 语言参考手册；

——第 21 部分：实现方法：交换文件结构的纯正文编码；

——第 28 部分：实现方法：EXPRESS 模式与数据的 XML 表达(使用 XML 模式)；

——第 31 部分：一致性测试方法论与框架：基本概念；

——第 32 部分：一致性测试方法论与框架：对测试实验室与客户的要求；

——第 34 部分：一致性测试方法论与框架：应用协议实现的抽象测试方法；

——第 41 部分：集成通用资源：产品描述与支持原理；

——第 42 部分：集成通用资源：几何与拓扑表达；

——第 43 部分：集成通用资源：表达结构；

——第 44 部分：集成通用资源：产品结构配置；

——第 45 部分：集成通用资源：材料；

——第 46 部分：集成通用资源：可视化显示；

——第 47 部分：集成通用资源：形状变化公差；

——第 49 部分：集成通用资源：工艺过程结构和特性；

——第 51 部分：集成通用资源：数学表达；

——第 54 部分：集成通用资源：分类和集合论；

——第 55 部分：集成通用资源：过程与混合表达；

——第 56 部分：集成通用资源：状态；

——第 101 部分：集成应用资源：绘图；

——第 105 部分：集成应用资源：运动学；

——第 201 部分：应用协议：显式绘图；

——第 202 部分：应用协议：相关绘图；

——第 203 部分：应用协议：配置控制设计；

——第238部分:应用协议:计算机数值控制器用的应用解释模型;
——第501部分:应用解释构造:基于边的线框;
——第502部分:应用解释构造:基于壳的线框;
——第503部分:应用解释构造:几何有界二维线框;
——第504部分:应用解释构造:绘图注释;
——第505部分:应用解释构造:图样结构与管理;
——第506部分:应用解释构造:绘图元素;
——第507部分:应用解释构造:几何有界曲面;
——第508部分:应用解释构造:非流形曲面;
——第509部分:应用解释构造:流形曲面;
——第513部分:应用解释构造:基本边界表达;
——第520部分:应用解释构造:相关绘图元素;
——第1001部分:应用模块:外观赋值;
——第1002部分:应用模块:颜色;
——第1003部分:应用模块:曲线外观;
——第1004部分:应用模块:基本几何形状;
——第1005部分:应用模块:基本拓扑;
——第1006部分:应用模块:基础表达;
——第1007部分:应用模块:通用曲面外观;
——第1008部分:应用模块:层赋值;
——第1009部分:应用模块:形状外观和层。

本部分是GB/T 16656的第1008部分。

本部分等同采用ISO/TS 10303-1008:2001《工业自动化系统与集成　产品数据表达与交换　第1008部分:应用模块:层赋值》。本部分的技术内容和结构与ISO/TS 10303-1008:2001保持一致,为便于使用,做了如下编辑性修改:

a) 删去了ISO前言;
b) 对于带下划线的用于EXPRESS语言描述的各黑体英文实体名、属性名和函数名等,为了维护其英文原意,在本部分中,都使用其英文原名,仅当其作为标题时,我们在该英文名前增加了其归属的类型说明。

本部分的附录A和附录B是规范性附录,附录C、附录D和附录E是资料性附录。

本部分由中国机械工业联合会提出。

本部分由全国自动化系统与集成标准化技术委员会(SAC/TC 159)归口。

本部分起草单位:中国标准化研究院。

本部分主要起草人:王志强、洪岩、刘守华、杨青海。

引　言

GB/T 16656(ISO 10303)是一个计算机可解释的用于产品信息表达和产品数据交换的技术标准。其目的是对产品全生命周期提供一种独立于任何特定系统、能够描述产品数据的中性机制。其描述功能不仅适合于中性文件的交换,而且也是实现和共享产品数据库及存档的基础。

本部分给出了用于将产品数据元素集合赋值到层的应用模块。它提供了将表达项赋值到层的机制和层的标识,但是并不包括通用分组机制。尽管这一应用模块规定了层赋值的结构,但是任何与层使用相关的语义都不在本部分的范围之内。

示例:CAD 系统可收集一个给定几何类型的所有实例到层,或者使用层从并非形状定义的几何元素中区分出构造元素,如线。

一组应用模块组合在一起可提供两种能力,其一是将形状元素赋值到层;其二将可视属性,如颜色和曲线字体,赋值到几何和拓扑元素。更多信息参见 GB/Z 16656.1009—2010 的附录 F。

工业自动化系统与集成
产品数据表达与交换
第1008部分:应用模块:层赋值

1 范围

GB/T 16656的本部分给出了产品数据元素集合的应用模块如何赋值到层。

本部分适用于:

——表达项到层的赋值;

——层的标识。

本部分不适用于:

——通用分组机制;

——与层的使用有关的语义规范。

2 规范性引用文件

下列文件中的条款通过GB/T 16656的本部分的引用而成为本部分的条款。凡是注日期的引用文件,其随后所有的修改单(不包括勘误的内容)或修订版均不适用于本部分,然而,鼓励根据本部分达成协议的各方研究是否可使用这些文件的最新版本。凡是不注日期的引用文件,其最新版本适用于本部分。

GB/T 16262.1 信息技术 抽象语法记法一(ASN.1)第1部分:基本记法规范(GB/T 16262.1—2006,ISO/IEC 8824-1:2002,IDT)

GB/T 16656.46—1998 工业自动化系统与集成 产品数据表达与交换 第46部分:集成通用资源:可视化显示(idt ISO 10303-46:1994)

GB/T 16656.202—2000 工业自动化系统与集成 产品数据表达与交换 第202部分:应用协议:相关绘图(eqv ISO 10303-202:1996)

GB/Z 16656.1001—2004 工业自动化系统与集成 产品数据表达与交换 第1001部分:应用模块:外观赋值(ISO 10303-1001:2001,IDT)

ISO 10303-1:1994 工业自动化系统与集成 产品数据表达与交换 第1部分:概述与基本原理

ISO 10303-11:1994 工业自动化系统与集成 产品数据表达与交换 第11部分:描述方法:EXPRESS语言参考手册

ISO/TS 10303-1006:2001 工业自动化系统与集成 产品数据表达与交换 第1006部分:应用模块:基础表达

3 术语、定义和缩略语

3.1 ISO 10303-1定义的术语

ISO 10303-1中定义的以下术语适用于本部分:

——应用 application;

——应用对象 application object;

——应用协议 application protocol;

——应用参考模型 application reference model;

——数据　data;
——信息　information;
——集成资源　integrated resource;
——产品　product;
——产品数据　product data;
——功能单元　unit of functionality。

3.2　GB/T 16656.46 定义的术语

GB/T 16656.46 中定义的以下术语适用于本部分:

——层 layer。

3.3　GB/T 16656.202 定义的术语

GB/T 16656.202 中定义的以下术语适用于本部分:

——应用解释构造 application interpreted construct。

3.4　GB/T 16656.1001 定义的术语

GB/T 16656.1001 中定义的以下术语适用于本部分:

——应用模块 application module;
——模块解释模型 module interpreted model。

3.5　缩略语

以下缩略语适用于本部分:

AM:应用模块　(Application Module)
ARM:应用参考模型　(Application Reference Model)
MIM:模块解释模型　(Module Interpreted Model)
UoF:功能单元　(Unit of Functionality)
URL:统一资源定位符　(Uniform Resource Locator)

4　信息需求

本章规定了层赋值模块的信息需求。信息需求被作为一组功能单元和应用对象来描述。应用在本应用模块主题范围内的术语来定义该信息需求。

注 1:附录 C 给出了信息需求的图形表示。

注 2:5.1 规定了映射规范,它规定了如何应用本标准的集成资源满足信息需求。该集成资源的应用引入了在应用模块和协议中通用的附加需求。

EXPRESS 描述:

```
*)
SCHEMA Layer_assignment_arm;
(*
```

4.1　功能单元

本条规定了本部分的功能单元(UoF)以及应用模块定义所必需的支撑元素。

本部分规定了下列功能单元:

——Layer_assignment。

本部分使用了下列功能单元(见 ISO/TS 10303-1006):

——Foundation_representation。

以下规定功能单元和每个 UoF 所支持功能的描述。4.3 定义了 UoF 中的应用元素。

4.1.1　功能单元　Layer _assignment

该 UoF 为表达项集合到层的映射规定了信息。下列应用元素在 UoF 的 Layer_assignment 中规定：

——Layer

4.1.2 功能单元 Foundation _representation

该 UoF 在 ISO/TS 10303-1006 中规定。来自该 UoF 的下列应用元素从本部分中引用：

——Representation_item。

4.2 要求 AM 的 ARM

以下 EXPRESS 接口声明给出了从其他应用模块的 ARM 引入的应用元素。

EXPRESS 描述：

```
*)
USE FROM Foundation_representation_arm; --ISO/TS 10303-1006
(*
```

注：上述引用的 ARM 可在 GB/T 16656 以下部分中找到：

Foundation_representation_arm；ISO/TS 10303-1006

4.3 ARM 实体定义

本条为本部分规定了应用实体。每个应用实体都是一个不可分割的元素，它具体表达了一个唯一的应用概念并包含若干属性，这些属性为实体规定了数据元素。下面给出应用实体及其定义。

4.3.1 实体 Layer

实体 Layer 是表达项集合的通用构造。各层间不能嵌套，即，一层不能被包含在另一个层内。

EXPRESS 描述：

```
*)
ENTITY Layer;
      description:STRING ;
      id:STRING;
      layered_elements: SET [1:?] OF Representation_item;
END_ENTITY;
(*
```

属性定义：

description：提供关于层的更详细的信息的文本；

id：规定了层的标识符；

layered_elements：规定了一组赋值到层的表达项。

EXPRESS 描述：

```
*)
END_SCHEMA;
(*
```

5 模块解释模型

5.1 映射规范

本条包含了映射表(见表 1)，该映射表表明了本部分(参见 4.1)的每个 UoF 和应用元素是怎样映射到一个或几个模块解释模型(MIM)资源构造的。该映射表分五列，各列内容如下：

列 1） 应用元素：当应用元素出现在应用实体定义中时，给出应用元素名。应用实体名用大写字母书写。在应用实体后面列出的属性名，用小写字母书写。

列 2） MIM 元素：出现在 MIM、术语“IDENTICAL MAPPING”或术语“PATH”中的 MIM 元素

名。MIM实体用小写字母书写。被引用的 MIM 实体的属性名表示成〈entity name〉.〈attribute name〉。一个应用元素的映射可以导出几个相关的 MIM 元素。每一个 MIM 元素在表中都要求占用一行。术语“IDENTICAL MAPPING”表明一个应用命题的两个应用实体映射到相同的 MIM 元素。术语“PATH”表明应用命题映射到完整的引用路径。

列 3) 来源:对于那些集成资源解释的 MIM 元素,其对应的是 GB/T 16656 相应部分的序号。对于由本部分创建的 MIM 元素,它对应的是本部分的序号。

列 4) 规则:可给出一个或多个序号,序号表示当前 MIM 元素或引用路径采用的规则的出处。对于那些从应用实体之间的关系中导出的规则,同一规则被所有相关的 MIM 元素的映射实体所引用。表后列出了规则的扩展名。

列 5) 引用路径:为了完整地描述应用实体的映射,有必要通过几个相关 MIM 元素来规定引用路径。引用路径列记录了这个 MIM 元素相对于下一行的 MIM 元素的所起的作用。两个或多个这样的相关 MIM 元素定义了集成资源的解释,该集成资源满足由应用实体规定的需求。对于为了用于本部分而创建的每个 MIM 元素,引用路径指到规定超类的集成资源。

为表达引用路径和 MIM 元素间的关系,应用了下列符号标记:

a) []:为满足信息需求,需要多个 MIM 元素或引用路径段;

b) ():为满足信息需求,在映射中的多个 MIM 元素或引用路径段被标识为可任选其一;

c) {}:为满足信息需求,限定使用括号内的引用路径;

d) －＞:属性引用下行中给出的实体或选择类型;

e) ＜－:实体或选择类型被下行中的属性引用;

f) [i]:属性是聚合类型,在下行中给出此类型的单个成员;

g) [n]:属性是聚合类型,下行中给出此类型的成员 n;

h) ＝＞:该实体是下行中给出实体的超类;

i) ＜＝:该实体是下行中给出实体的子类;

j) ＝:字符串、选择类型或枚举类型限制在选项或值;

k) \:字符串的续行符。

表 1 层赋值功能单元的映射表

应用元素	MIM 元素	来源	规则	引用路径
Level	presentation_layer_assignment	46		
description	presentation_layer_assignment.description	46		
Id	presentation_layer_assignment.id	46		
layered_elements	PATH			presentation_layer_assignment presentation_layer_assignment.assigned_items[i]-> representation_item

5.2 MIM EXPRESS 短列表

本条规定了的 EXPRESS 模式使用了集成资源、应用解释构造或应用模块 MIM 中的元素。该 EXPRESS 模式包含了本部分规定的类型、实体规范、规则和功能。本条还规定如何更改引自集成资源的各构造文本材料。MIM 中使用的集成资源或应用解释构造中给出的定义和 EXPRESS 描述包括选择列表项和不引入 MIM 中的子类。在集成资源或应用解释构造中对选择列表项和唯一在这些选择列表项中应用的可引入到 MIM 中。

EXPRESS 描述:

```
*)
SCHEMA Layer_assignment_mim;
USE FROM Foundation_representation_mim; --ISO/TS 10303 - 1006
USE FROM presentation_organization_schema -GB/T 16656.46
    (presentation_layer_assignment);
(*
```

注 1：该模式的图形表达见附录 D。

注 2：以上的模式的引用可以在 GB/T 16656 的下列部分查到：

——Foundation_representation_mim　　ISO/TS 10303-1006

——presentation_organization_schema　　GB/T 16656.46

EXPRESS 描述：

```
*)
END_SCHEMA;
(*
```

附　录　A
（规范性附录）
MIM 短名

本部分的实体名称已经在 GB/T 16656 其他部分定义。使用短名的要求可在 GB/T 16656 所包括的实现方法中找到。

EXPRESS 实体名可以从因特网上找到：

<http://www.mel.nist.gov/div826/subject/apde/snr/>。

附 录 B
（规范性附录）
信息对象注册

B.1 文件的标识

为了在开放系统中对信息对象提供无二义性的标识，赋值给本部分的对象标识符为：

{ iso standard 10303 part(1008) version(1) }

这个值的意义在 GB/T 16262.1 中定义，且在 ISO 10303-1 中描述。

B.2 模式的标识

B.2.1 layer _assignment _arm 模式标识

为了在开放的信息系统中对这个应用模块给出的模式规则提供无二义性的标识，赋值给 layer _ assignment_arm 模式的对象标识符为：

{ iso standard 10303 part(1008) version(1) object(1) layer-assignment-arm-schema(1) }

这个值的意义在 GB/T 16262.1 中定义，且在 ISO 10303-1 中描述。

B.2.2 layer _assignment _mim 模式标识

为了在开放的信息系统中对这个应用模块给出的模式规则提供无二义性的标识，赋值给 layer_ assignment_mim 模式的对象标识符为：

{ iso standard 10303 part(1008) version(1) object(1) layer-assignment-mim-schema(2) }

这个值的意义在 GB/T 16262.1 中定义，且在 ISO 10303-1 中描述。

附 录 C
（资料性附录）
ARM EXPRESS-G

本附录中的图 C.1 对应于第 4 章的 ARM EXPRESS 列表。该图使用了 EXPRESS 语言的 EXPRESS-G 的图形表示法。EXPRESS-G 在 ISO 10303.11:1994 的附录 D 中定义。

注：跨页引用是对图表编号，而不是图的编号。

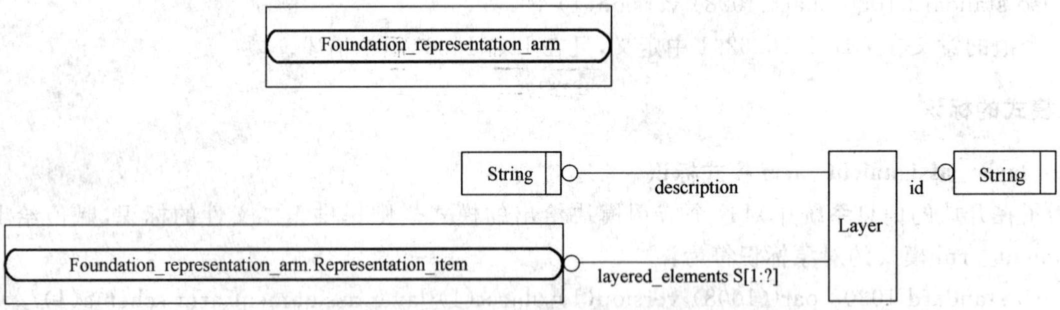

图 C.1　ARM EXPRESS-G 图表 1.1

附 录 D
（资料性附录）
MIM EXPRESS-G

本附录中的图 D.1 对应于 MIM EXPRESS 扩展列表。该图使用了 EXPRESS 语言的 EXPRESS-G 的图形表示法。EXPRESS-G 在 ISO 10303-11:1994 的附录 D 中定义。

注：跨页引用是对图表编号，而不是图的编号。

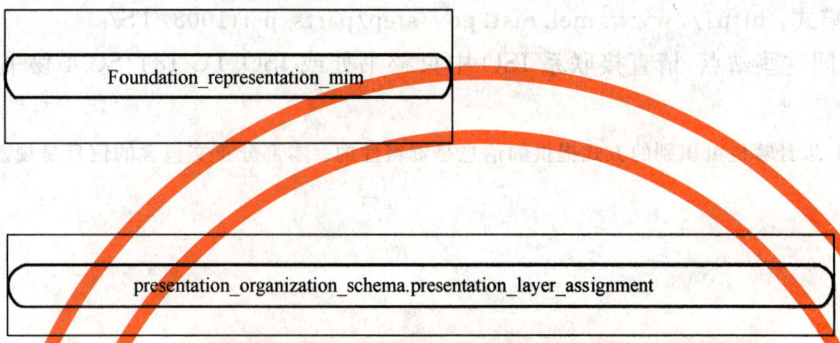

图 D.1 MIM EXPRESS-G 图表 1.1

附　录　E
（资料性附录）
计算机可解释的列表

本附录引用了本部分规定的EXPRESS实体名和对应短名的列表，也提供了本部分规定的没有注解或其他说明文本的每一个EXPRESS模式的列表。这些列表是计算机可读的，可在下列网址查阅：

短名：http://www.mel.nist.gov/div826/subject/apde/snr

EXPRESS模式：http://www.mel.nist.gov/step/parts/part1008/TS/

如果不能访问这些站点，请直接联系ISO中央秘书处或ISO TC 184/SC 4秘书处：sc4sec@cme.nist.gov。

注：以上URL以计算机可识别的方式提供的信息是资料性的。本部分正文包含的信息是规范性的。

参 考 文 献

[1] GB/Z 16656.1009—2010 工业自动化系统与集成 产品数据表达与交换 第1009部分：应用模块：形状外观和层(ISO/TS 10303-1009:2001,IDT)

[2] ISO TC 184/SC 4 1997, Proposed Standing Document—Guidelines for application module development, revision 0.6 〈http://wg10step.aticorp.org/Deliverables/Guidelines/AMContent/Draft6/AMConGde06.html〉

ICS 25.040.40
L 67

中华人民共和国国家标准化指导性技术文件

GB/Z 16656.1009—2010/ISO/TS 10303-1009:2001

工业自动化系统与集成 产品数据表达与交换 第1009部分:应用模块:形状外观和层

Industrial automation systems and integration—Product data representation and exchange—Part 1009:Application module:Shape appearance and layers

(ISO/TS 10303-1009:2001,IDT)

2011-01-14 发布　　2011-05-01 实施

中华人民共和国国家质量监督检验检疫总局
中国国家标准化管理委员会　发布

前　言

GB/T 16656《工业自动化系统与集成　产品数据表达与交换》是一项由多个部分组成的标准，各部分单独出版。GB/T 16656 的所属各部分又组成多个子系列，即：

——第 1 部分至第 19 部分规定了描述方法；

——第 20 部分至第 29 部分规定了实现方法；

——第 30 部分至第 39 部分规定了一致性测试方法与框架；

——第 40 部分至第 59 部分规定了集成通用资源；

——第 100 部分至第 199 部分规定了集成应用资源；

——第 200 部分至第 299 部分规定了应用协议；

——第 300 部分至第 399 部分规定了抽象测试套件；

——第 400 部分至第 499 部分规定了应用模块；

——第 500 部分至第 599 部分规定了应用解释构造；

——第 1000 部分至第 1999 部分规定了应用模块。

GB/T 16656《工业自动化系统与集成　产品数据表达与交换》现已发布和即将发布的包括以下部分：

——第 1 部分：概述与基本原理；

——第 11 部分：描述方法：EXPRESS 语言参考手册；

——第 21 部分：实现方法：交换文件结构的纯正文编码；

——第 28 部分：实现方法：EXPRESS 模式与数据的 XML 表达(使用 XML 模式)；

——第 31 部分：一致性测试方法论与框架：基本概念；

——第 32 部分：一致性测试方法论与框架：对测试实验室与客户的要求；

——第 34 部分：一致性测试方法论与框架：应用协议实现的抽象测试方法；

——第 41 部分：集成通用资源：产品描述与支持原理；

——第 42 部分：集成通用资源：几何与拓扑表达；

——第 43 部分：集成通用资源：表达结构；

——第 44 部分：集成通用资源：产品结构配置；

——第 45 部分：集成通用资源：材料；

——第 46 部分：集成通用资源：可视化显示；

——第 47 部分：集成通用资源：形状变化公差；

——第 49 部分：集成通用资源：工艺过程结构和特性；

——第 51 部分：集成通用资源：数学表达；

——第 54 部分：集成通用资源：分类和集合论；

——第 55 部分：集成通用资源：过程与混合表达；

——第 56 部分：集成通用资源：状态；

——第 101 部分：集成应用资源：绘图；

——第 105 部分：集成应用资源：运动学；

——第 201 部分：应用协议：显式绘图；

——第 202 部分：应用协议：相关绘图；

——第 203 部分：应用协议：配置控制设计；

——第238部分:应用协议:计算机数值控制器用的应用解释模型;
——第501部分:应用解释构造:基于边的线框;
——第502部分:应用解释构造:基于壳的线框;
——第503部分:应用解释构造:几何有界二维线框;
——第504部分:应用解释构造:绘图注释;
——第505部分:应用解释构造:图样结构与管理;
——第506部分:应用解释构造:绘图元素;
——第507部分:应用解释构造:几何有界曲面;
——第508部分:应用解释构造:非流形曲面;
——第509部分:应用解释构造:流形曲面;
——第513部分:应用解释构造:基本边界表达;
——第520部分:应用解释构造:相关绘图元素;
——第1001部分:应用模块:外观赋值;
——第1002部分:应用模块:颜色;
——第1003部分:应用模块:曲线外观;
——第1004部分:应用模块:基本几何形状;
——第1005部分:应用模块:基本拓扑;
——第1006部分:应用模块:基础表达;
——第1007部分:应用模块:通用曲面外观;
——第1008部分:应用模块:层赋值;
——第1009部分:应用模块:形状外观和层。

本部分是GB/T 16656的第1009部分。

本部分等同采用国际标准ISO/TS 10303-1009:2001《工业自动化系统与集成　产品数据表达与交换　第1009部分:应用模块:形状外观和层》,其技术内容和结构与ISO/TS 10303-1009:2001保持一致,在编写规则上符合我国国家标准GB/T 1.1—2000《标准化工作导则　第1部分:标准的结构和编写规则》,为便于使用,做了如下编辑性修改:

a) 删去了ISO前言;
b) 对于带下划线的用于EXPRESS语言描述的各黑体英文实体名、属性名和函数名等,为了维护其英文原意,在本部分中,都使用其英文原名,仅当其作为标题时,我们在该英文名前增加了其归属的类型说明。

本部分的附录A和附录B为规范性附录,附录C、附录D、附录E和附录F为资料性附录。

本部分由中国机械工业联合会提出。

本部分由全国自动化系统与集成标准化技术委员会(SAC/TC 159)归口。

本部分主要起草单位:中国标准化研究院。

本部分主要起草人:刘守华、洪岩、王志强、李文武、杨青海。

引　言

GB/T 16656(ISO 10303)是一个计算机可解释的用于产品信息表达和产品数据交换的技术标准。其目的是对产品全生命周期提供一种独立于任何特定系统、能够描述产品数据的中性机制。其描述功能不仅适合于中性文件的交换，而且也是实现和共享产品数据库及存档的基础。

GB/T 16656 由一系列部分组成，每个部分单独发布。GB/T 16656 的各个部分都分属以下系列之一：描述方法、集成资源、应用解释构造、应用协议、应用模块、抽象测试套件、实现方法及一致性测试。在 ISO 10303-1 中对上述类别进行了说明。本部分(即第 1009 部分)属于应用模块系列。

本部分给出了为外观模型、几何和拓扑元素指定可见属性和层的应用模块。

一组应用模块可以组合起来以便把形状元素指定层和可视属性，例如为几何和拓扑元素指定颜色和曲线线型。如果需要其他相关的资料，可以参见本部分的附录 F。

工业自动化系统与集成
产品数据表达与交换
第1009部分:应用模块:形状外观和层

1 范围

GB/T 16656的本部分给出了为外观模型、几何和拓扑元素指定可见属性和层的应用模块。

本部分适用于:

——外观层的赋值;

——外观可见属性的赋值;

——曲面颜色的赋值;

——属于曲面曲线的可见属性的赋值;

本部分不适用于:

——表达外观模型、几何元素或注解的视图定义;

——外观模型规范。

2 规范性引用文件

下列文件中的条款通过GB/T 16656的本部分的引用而成为本部分的条款。凡是注日期的引用文件,其随后所有的修改单(不包括勘误的内容)或修订版均不适用于本部分,然而,鼓励根据本部分达成协议的各方研究是否可使用这些文件的最新版本。凡是不注日期的引用文件,其最新版本适用于本部分。

GB/T 16262.1 信息技术 抽象语法记法一(ASN.1) 第1部分:基本记法规范(GB/T 16262.1—2006,ISO/IEC 8824-1:2002,IDT)

GB/T 16656.46—1998 工业自动化系统与集成 产品数据表达与交换 第42部分:集成通用资源:可视化显示(idt ISO 10303-46:1994)

GB/T 16656.202—2000 工业自动化系统与集成 产品数据表达与交换 第202部分:应用协议:相关绘图(eqv ISO 10303-202:1996)

GB/Z 16656.1001—2004 工业自动化系统与集成 产品数据表达与交换 第1001部分:应用模块:外观赋值(ISO/TS 10303-1001:2001,IDT)

GB/Z 16656.1005—2010 工业自动化系统与集成 产品数据表达与交换 第1005部分:应用模块:基本拓扑(ISO/TS 10303-1005:2001,IDT)

GB/Z 16656.1006—2010 工业自动化系统与集成 产品数据表达与交换 第1006部分:应用模块:基础表达(ISO/TS 10303-1006:2006,IDT)

GB/Z 16656.1007—2010 工业自动化系统与集成 产品数据表达与交换 第1007部分:应用模块:通用曲面外观(ISO/TS 10303-1007:2001,IDT)

GB/Z 16656.1008—2010 工业自动化系统与集成 产品数据表达与交换 第1008部分:应用模块:层赋值(ISO/TS 10303-1008:2001,IDT)

ISO 10303-1:1994 工业自动化系统与集成 产品数据表达与交换 第1部分:综述与基本原理

ISO 10303-11:1994 工业自动化系统与集成 产品数据表达与交换 第11部分:描述方法:EXPRESS语言参考手册

ISO 10303-41:2000 工业自动化系统与集成 产品数据的表达与交换 第41部分:集成通用资源:产品描述与支持原理

3 术语、定义和缩略语

3.1 ISO 10303-1 中定义的术语

ISO 10303-1 中定义的下列术语适用于本部分:

——应用 application;

——应用对象 application object;

——应用协议 application protocol;

——应用参考模型 application reference model;

——数据 data;

——信息 information;

——集成资源 integrated resource;

——产品 product;

——产品数据 product data;

——功能单元 unit of functionality。

3.2 GB/T 16656.202 中定义的术语

GB/T 16656.202 中定义的下列术语适用于本部分:

——应用解释构造 application interpreted construct。

3.3 GB/Z 16656.1001 中定义的术语

GB/Z 16656.1001 中定义的下列术语适用于本部分:

——应用模块 application module;

——模块解释模型 module interpreted model。

3.4 缩略语

下列缩略语适用于本部分。

AM:应用模块(application module)

ARM:应用参考模型(application reference model)

MIM:模块解释模型(module interpreted model)

UoF:功能单元(unit of functionality)

URL:统一资源定位符(uniform resource locator)

4 信息需求

本章规定了外观赋值模块的信息需求。信息需求被作为一组功能单元和应用对象来描述。应用在本应用模块主题范围内的术语来定义该信息需求。

——附录C给出了信息需求的图形表达。

——5.1规定了映射规范,它规定了如何应用本指导性技术文件的集成资源满足信息需求。该集成资源的应用引入了在应用模块和协议中通用的附加需求。

EXPRESS 描述:

```
*)
SCHEMA Shape_appearance_layer_arm;
(*
```

4.1 功能单元

本条规定了本部分的功能单元(UoF)以及应用模块定义所必需的支撑元素。本部分规定了以下功能单元：

——Shape_appearance

本部分使用了如下的功能单元：

——Appearance_assignment；

——Elemental_topology；

——Foundation_representation；

——General_surface_appearance；

——Layer_assignment。

下面给出了各功能单元和每个 UoF 支持的功能描述。4.3 定义了各 UoF 中包含的应用元素。

4.1.1 功能单元 Shape_appearance

本 UoF 描述了与可见属性定义相关的信息，可见属性可赋给外观项。此外，还描述了其相关环境，并允许基于相关环境的可见属性的赋值。

下面的应用实体在 shape_appearance UoF 中描述：

——Shape_appearance(形状外观)；

——Shape_appearance_context(形状外观相关环境)。

4.1.2 功能单元 Appearance_assignment

本 UoF 在外观赋值模块中描述(见 GB/Z 16656.1001)。形状外观层应用模块中引用了下面的来自该 UoF 的应用实体。

——Appearance；

——Appearance_context。

4.1.3 功能单元 Elemental_topology

本 UoF 在基本拓扑模块中描述(见 GB/Z 16656.1005)。该 UoF 允许为拓扑元素的可见属性赋值。ARM 类型或 shape_appearance_module 中描述的实体没有引用该 UoF 的任何应用实体。

4.1.4 功能单元 Foundation_representation

本 UoF 在基础表达模块中描述(见 GB/Z 16656.1006)。shape_appearance_layer 模块中引用了该 UoF 的如下应用实体。

——Representation。

4.1.5 功能单元 General_surface_appearance

本 UoF 在通用曲面外观模块中描述(见 GB/Z 16656.1007)。shape_appearance_layer 模块中引用了来自该 UoF 的如下应用实体。

——Surface_appearance_wireframe；

——Surface_colour。

4.1.6 功能单元 Layer_assignment

本 UoF 在层赋值模块中描述(见 GB/Z 16656.1008)。该 UoF 在 GB/Z 16656.1008 中描述。该 UoF 可以提供附加的功能，但是它没有被应用模型所引用。

4.2 所需的 AM ARM

下列 EXPRESS 接口语句规定了从其他应用模块的 ARM 引入的元素。

EXPRESS 描述：

```
*)
USE FROM Appearance_assignment_arm;--GB/Z 16656.1001
USE FROM Elemental_topology_arm;--GB/Z 16656.1005
USE FROM Foundation_representation_arm;--GB/Z 16656.1006
USE FROM General_surface_appearance_arm;--GB/Z 16656.1007
```

```
USE FROM Layer_assignment_arm;--GB/Z 16656.1008
(*
```

4.3 ARM 类型定义

本条规定了形状外观和层模块的应用类型,下面给出了应用类型以及它们的定义。

4.3.1 类型 shape_appearance_context_select

一个 shape_appearance_context_select 为覆盖可见属性定义了可能的相关环境。

EXPRESS 描述:

```
*)
TYPE shape_appearance_context_select = SELECT
    (Representation);
END_TYPE;
(*
```

4.3.2 类型 shape_appearance_select

一个 shape_appearance_select 定义了可被赋给形状模型、几何和拓扑元素的可见属性的样式。

EXPRESS 描述:

```
*)
TYPE shape_appearance_select = SELECT
   (Surface_appearance_wireframe,
   Surface_colour);
END_TYPE;
(*
```

4.4 ARM 实体定义

本条为形状外观和层模块规定了应用实体。每一个应用实体都是一个包含唯一概念的不可分割的元素,并且包含了描述实体数据元素的属性。下面给出了该应用实体和它们的定义。

4.4.1 实体 Shape_appearance

一个 Shape_appearance 定义了一个可赋给形状元素的可见样式。

EXPRESS 描述:

```
*)
ENTITY Shape_appearance
    SUBTYPE OF (Appearance);
    appearance_style:shape_appearance_select;
END_ENTITY;
(*
```

属性定义:

appearance_style:描述可被赋给形状元素的可见样式。

4.4.2 实体 Shape_appearance_context

一个 Shape_appearance_context 描述了为形状外观赋值的相关环境。

EXPRESS 描述:

```
*)
ENTITY Shape_appearance_context
    SUBTYPE OF (Appearance_context);
    context_for_appearance: shape_appearance_context_select;
```

```
END_ENTITY;
(*
属性定义:
context_for_appearance:描述了为形状外观赋值的相关环境。
EXPRESS 描述:
*)
END_SCHEMA;
(*
```

5 模块解释模型

5.1 映射规范

本条包含了映射表,该映射表表明了本部分(参见 4.1)的每个 UoF 和应用元素是怎样映射到一个或几个模块解释模型(MIM)资源构造的。该映射表分 5 列(见表 1),各列内容如下:

列 1)应用元素:当应用元素出现在应用实体定义中时,给出应用元素名。应用实体名用大写字母书写。在应用实体后面列出的属性名,用小写字母书写。

列 2)MIM 元素:出现在 MIM、术语“IDENTICAL MAPPING”或术语“PATH”中的 MIM 元素名。MIM 实体用小写字母书写。被引用的 MIM 实体的属性名表示成〈entity name〉.〈attribute name〉。一个应用元素的映射可以导出几个相关的 MIM 元素。每一个 MIM 元素在表中都要求占用一行。术语“IDENTICAL MAPPING”表明一个应用命题的两个应用实体映射到相同的 MIM 元素。术语“PATH”表明应用命题映射到完整的引用路径。

列 3)源:对于那些集成资源解释的 MIM 元素,其对应的是 GB/T 16656 相应部分的序号。对于由本部分创建的 MIM 元素,它对应的是本部分的序号。

列 4)规则:可给出一个或多个序号,序号表示当前 MIM 元素或引用路径采用的规则的出处。对于那些从应用实体之间的关系中导出的规则,同一规则被所有相关的 MIM 元素的映射实体所引用。表后列出了规则的扩展名。

列 5)引用路径:为了完整地描述应用实体的映射,有必要通过几个相关 MIM 元素来规定引用路径。引用路径列记录了这个 MIM 元素相对于下一行的 MIM 元素的所起的作用。两个或多个这样的相关 MIM 元素定义了集成资源的解释,该集成资源满足由应用实体规定的需求。对于为了用于本部分而创建的每个 MIM 元素,引用路径指到规定超类的集成资源。

为表达引用路径和 MIM 元素间的关系,应用了下列符号标记:

a) []:为满足信息需求,需要多个 MIM 元素或引用路径段;

b) ():为满足信息需求,在映射中的多个 MIM 元素或引用路径段被标识为可任选其一;

c) {}:为满足信息需求,限定使用括号内的引用路径;

d) ->:属性引用下行中给出的实体或选择类型;

e) <-:实体或选择类型被下行中的属性引用;

f) [i]:属性是聚合类型,在下行中给出此类型的单个成员;

g) [n]:属性是聚合类型,下行中给出此类型的成员 n;

h) =>:该实体是下行中给出实体的超类;

i) <=:该实体是下行中给出实体的子类;

j) =:字符串、选择类型或枚举类型限制在选项或值;

k) \:字符串的续行符。

表 1 形状外观功能单元的映射表

应用元素 Application element	MIM 元素 MIM element	源 Source	规则 Rules	引用路径 Reference path
Shape_appearance	(surface_style_usage)	1007		
appearance_style	PATH			surface_style_usage<- presentation_style_assignment. styles[i] presentation_style_assignment presentation_style_assignment. styles[i]-> presentation_style_select=surface_style_usage surface_style_usage
Shape_appearance_context	representation	1006		
Context_for_appearance #1 If representation	PATH			representation<- presentaton_style_by_context. style_context presentation_style_by_context presentaton_style_by_context. style_context-> style_context_select=representation representation

5.2 MIM EXPRESS 短列表

本条规定了的 EXPRESS 模式使用了集成资源、应用解释构造或应用模块 MIM 中的元素。该 EXPRESS 模式包含了本部分规定的类型、实体规范、规则和功能。本条还规定如何更改引自集成资源的各构造文本材料。MIM 中使用的集成资源或应用解释构造中给出的定义和 EXPRESS 描述包括选择列表项和不引入 MIM 中的子类。在集成资源或应用解释构造中对选择列表项和唯一在这些选择列表项中应用的可引入到 MIM 中。

EXPRESS 描述：

```
*)
SCHEMA Shape_appearance_layer_mim;
USE FROM Appearance_assignment_mim;--GB/Z 16656.1001
USE FROM Elemental_topology_mim;--GB/Z 16656.1005
USE FROM Foundation_representation_mim;--GB/Z 16656.1006
USE FROM General_surface_appearance_mim;--GB/Z 16656.1007
USE FROM Layer_assignment_mim;--GB/Z 16656.1008
(*
```

注 1：使用 EXPRESS-G 符号对本模式进行的图形表示见附录 C。

注 2：以上引用的模式可在 GB/T 16656 下列部分中查到：

Appearance_assignment_mim	GB/Z 16656.1001
Elemental_topology_mim	GB/Z 16656.1005
Foundation_representation_mim	GB/Z 16656.1006
General_surface_appearance_mim	GB/Z 16656.1007
Layer_assignment_mim	GB/Z 16656.1008

EXPRESS 描述：

```
*)
END_SCHEMA;
(*
```

附 录 A
（规范性附录）
MIM 短名

本部分的实体名已经在 GB/T 16656 的其他部分中定义。使用短名的具体要求可以参见 GB/T 16656 的实现方法。

注：EXPRESS 实体名可以从因特网上找到：

http://www.mel.nist.gov/div826/subject/apde/snr/

附 录 B
（规范性附录）
信息对象注册

B.1 文档标识

为了在开放系统中给信息对象提供无二义性标识，规定本部分的对象标识符是：

{iso standard 10303 part(1009) version(1)}

这个值的意义在 GB/T 16262.1 中定义，在 ISO 10303-1 中描述。

B.2 模式标识

B.2.1 shape_appearance_layer_arm（形状外观层 ARM）模式标识

为了在开放系统中提供基础表达 ARM 的无二义性的标识，赋予基础表达 ARM 的对象标识符是：

{iso standard 10303 part(1009)version(1)object(1) shape-appearance-layer-arm-schema (1)}

这个值的意义在 GB/T 16262.1 中定义，在 ISO 10303-1 中描述。

B.2.2 shape_appearance_layer_mim（形状外观层 MIM）模式标识

为了在开放系统中提供基础表达 MIM 的无二义性的标识，赋予基础表达 MIM 的对象标识符（参见 5.2）是：

{iso standard 10303 part(1009)version(1)object(1)shape-appearance-layer-mim-schema (2)}

这个值的意义在 GB/T 16262.1 中定义，在 ISO 10303-1 中描述。

附 录 C
（资料性附录）
ARM EXPRESS-G

图 C.1 对应于第 4 章中的 ARM EXPRESS 列表。这些图使用了 EXPRESS 语言的 EXPRESS-G 图解形式。EXPRESS-G 在 ISO 10303-11:1994 的附录 D 中定义。

注：插页引用指的是图表号，而不是图号。

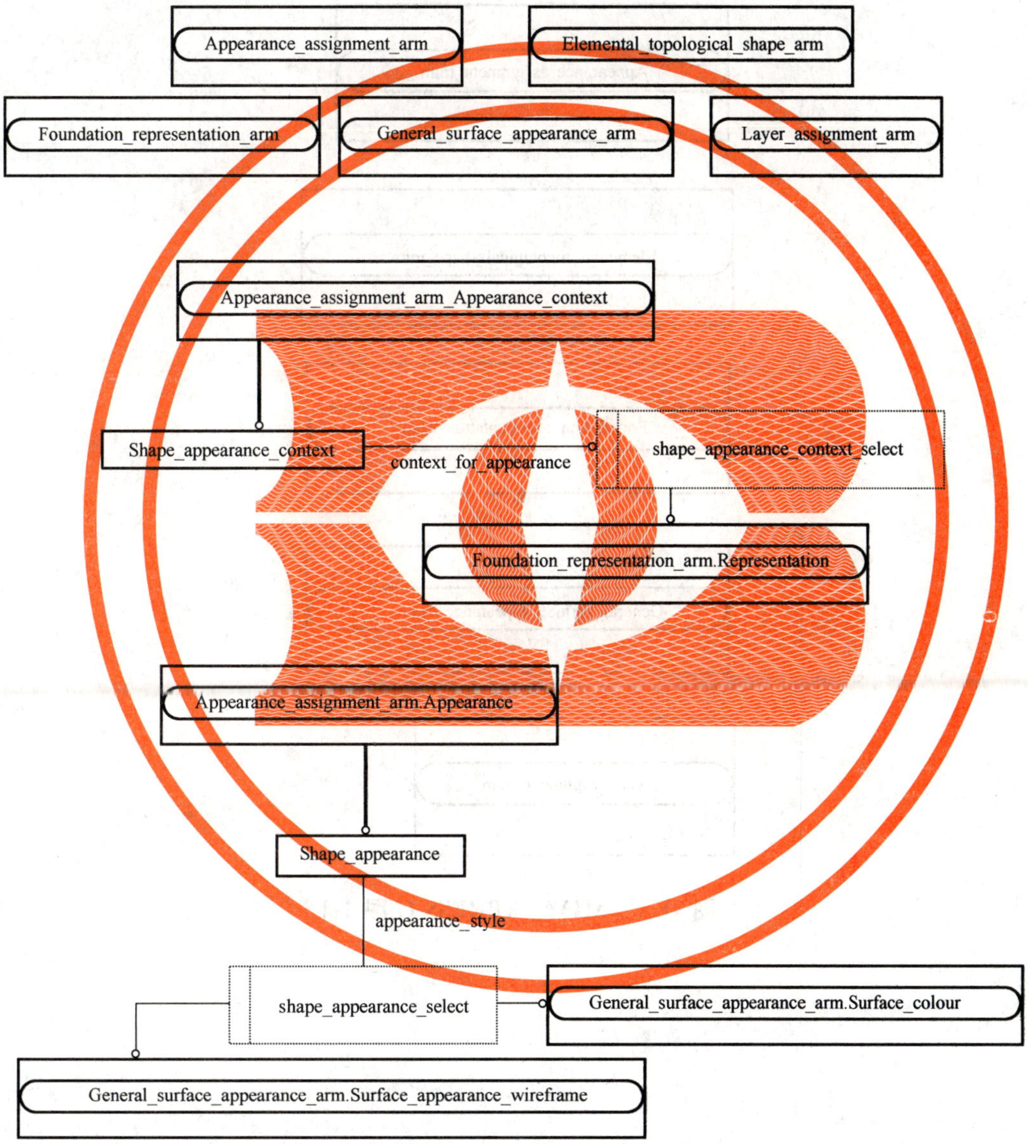

图 C.1　ARM EXPRESS-G 图 1-1

附　录　D
（资料性附录）
MIM EXPRESS-G

图 D.1 对应于第 4 章中的 MIM EXPRESS 列表。这些图使用了 EXPRESS 语言的 EXPRESS-G 图解形式。EXPRESS-G 在 ISO 10303-11:1994 的附录 D 中定义。

注：插页引用指的是图表号，而不是图号。

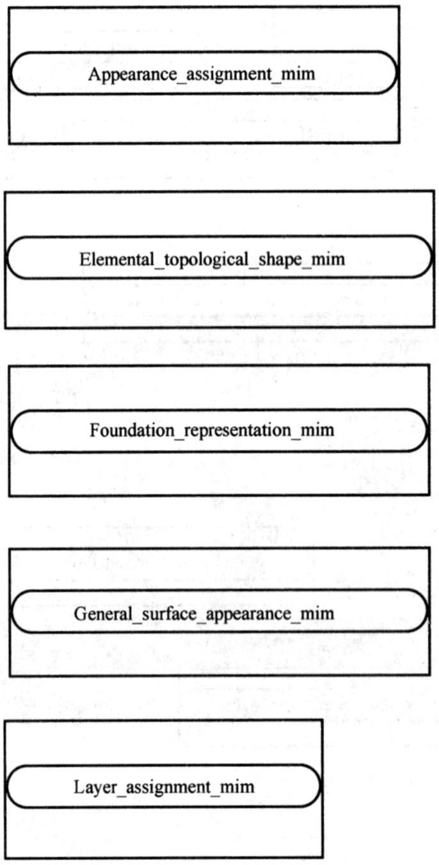

图 D.1　MIM EXPRESS-G 图 1-1

附　录　E
（资料性附录）
计算机可解释的列表

本附录引用了本部分规定的EXPRESS实体名和对应短名的列表，也提供了本部分规定的没有注解或其他说明文本的每一个EXPRESS模式的列表。这些列表是计算机可读的，可在下列网址查阅：

短名：http://www.mel.nist.gov/div826/subject/apde/snr

EXPRESS：http://www.mel.nist.gov/step/parts/part1009/TS/

如果不能访问这些站点，请直接联系ISO中央秘书处或ISO TC184/SC4秘书处：sc4sec@cme.nist.gov。

注：上述网址中提供的计算机可解释的表格信息是资料性的，包含在本部分主体部分的信息是规范性的。

附 录 F
（资料性附录）
技 术 讨 论

该应用模块的目的是将一组应用模块组合起来以便为形状元素指定层和可视属性，例如为几何和拓扑元素指定颜色和曲线线型。图 F.1 给出了其他的应用模块以及它们之间的关联性，这对提供形状外观和层能力是必要的。CAD 开发商已经开发了测试用例来评定该应用模块的实现功能。

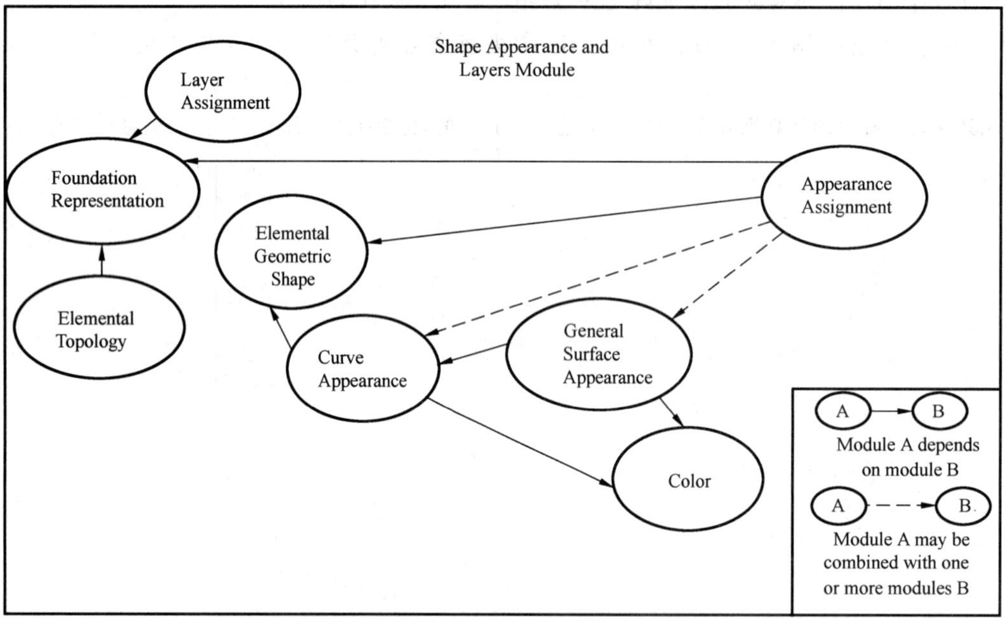

图 F.1 Shape_appearance_layer 应用模块关系

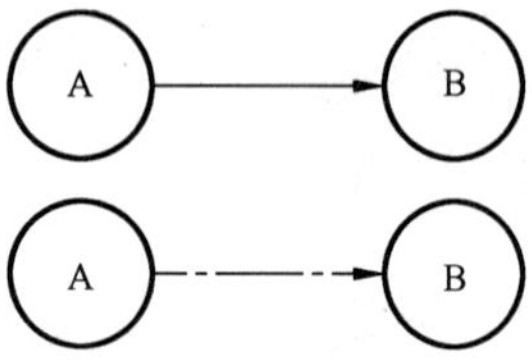

根据图 F.1 的描述，形状外观层应用模块的描述需要 8 个其他应用模块。外观赋值、基础表达、通用曲面外观、基本拓扑形状和层赋值都直接被引用（见第 5 章 USE FROM 语句）。由于 EXPRESS USE FORM 接口声明把在外模式中的或被外模式引用的数据类型看作是局部声明的，所以颜色、元素的几何形状和曲线外观被包含在内。

形状外观和层应用模块可以与任意其他的应用模块、应用解释构造或应用协议相联系。这个应用协议的 EXPRESS 解释模型包含实体 geometric_representation_item 或实体 topological_representation_item 的子类型。这些在图 F.2 中阐述。

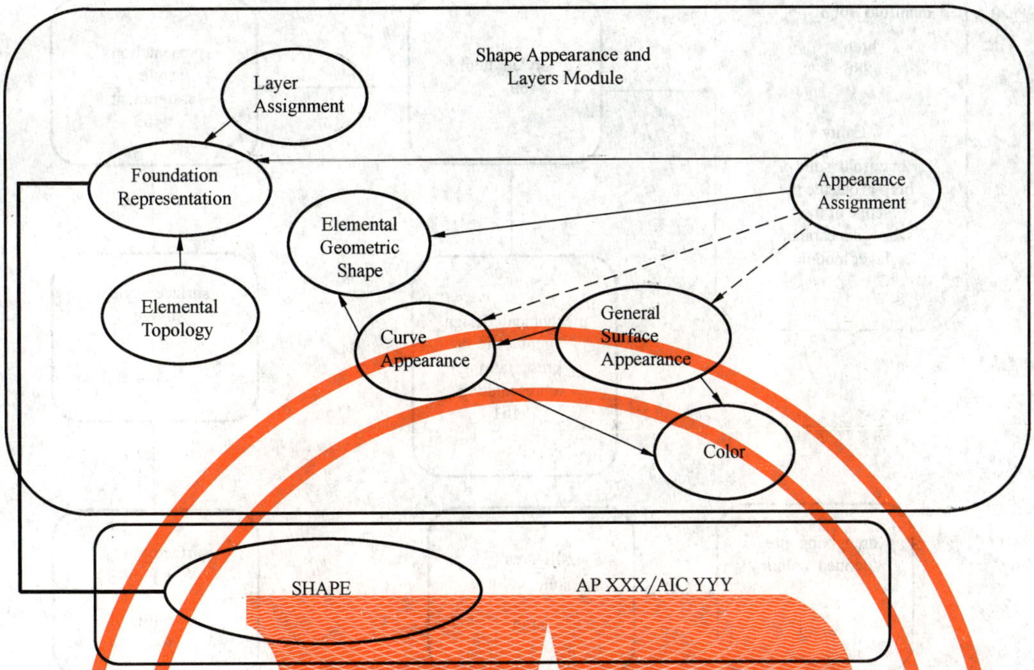

图 F.2　形状外观和层应用模块与形状元素的结合

示例：为阐述这个通用方法，形状外观和层应用模块被用来扩展 GB/T 16656.203 的能力。图 F.3 表明 CAD 供应商用于实现的 EXPRESS 模式的短名形式。

```
SCHEMA ccd_sal;

    USE FROM Shape_appearance_layer_mim; - - application module 1009

    USE FROM config_control_design; - -application protocol 203

END_SCHEMA
```

图 F.3　GB/T 16656.203 与形状外观和层应用模块结合的 EXPRESS 模式

图 F.4 表明了一个满足特定要求的实例图表：几何模型(manifold_solid_brep)颜色的设定。图F.5 说明了相应的 GB/T 16656.21 文件部分。

注：(格式)实体 manifold solid_brep 在形状外观和层应用模块之外。它是 solid_model 的一个子类。而 solid_model 是 geometric_representation_item 的一个子类。这就说明此应用模块在结合不同的应用协议或几何应用解释构造时具有可重用的能力。

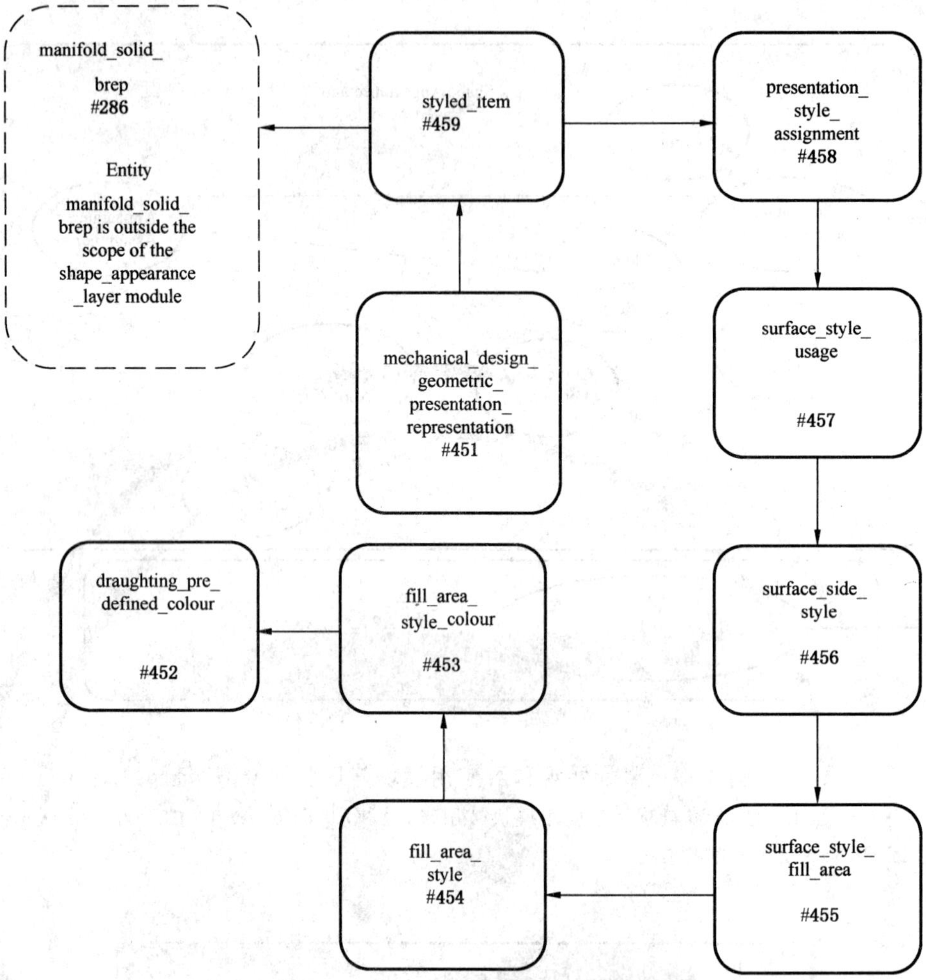

图 F.4 几何模型颜色的设定

```
#286=MANIFOLD_SOLID_BREP('*SOL113',#449);
.
.
#451=MECHANICAL_DESIGN_GEOMETRIC_PRESENTATION_REPRESENTATION('NONE',(
#459), #284);
#452=DRAUGHTING_PRE_DEFINED_COLOUR('green');
#453=FILL_AREA_STYLE_COLOUR('NONE',#452);
#454=FILL_AREA_STYLE('NONE',(#453));
#455=SURFACE_STYLE_FILL_AREA(#454);
#456=SURFACE_SIDE_STYLE('NONE',(#455));
#457=SURFACE_STYLE_USAGE(.BOTH.,#456);
#458=PRESENTATION_STYLE_ASSIGNMENT((#457));
#459=STYLED_ITEM('NONE',(#458), #286);
```

图 F.5 GB/T 16656.21 中将颜色赋值给几何模型

参考文献

[1] ISO TC 184/SC4 1997, Proposed Standing Document—Guidelines for application module development, revision 0.6

〈http://wg10step.aticorp.org/Deliverables/Guidelines/AMContent/Draft6/AMConGde06.html〉

ICS 13.220.10
C 84

中华人民共和国国家标准

GB 16668—2010
代替 GB 16668—1996

干粉灭火系统及部件通用技术条件

General technical specifications for powder extinguishing system and components

2010-09-26 发布　　　　2011-03-01 实施

中华人民共和国国家质量监督检验检疫总局
中国国家标准化管理委员会　发布

前　言

本标准的第5章、第6章和第8章内容为强制性的，其余内容为推荐性的。

本标准代替GB 16668—1996《干粉灭火系统部件通用技术条件》。

本标准与GB 16668—1996相比主要变化如下：

——修改了标准范围(见第1章)；

——修改了规范性引用文件内容，删除引用标准GB 795—1989、GB 796—1989、GB 4351—1984、GB 12241—1989、GB 12242—1989、GB 1353—1993、GN 11—1982(见第2章)；

——增加了术语和定义的条目(见第3章)；

——修改了干粉灭火系统的分类(见第4章)；

——删除了规格内容(1996版的5.1)；

——修改了型号编制方法(1996版的5.2，本版的5.1)；

——增加了干粉炮的要求(见第6章)；

——修改了检验规则(见第8章)；

——增加了附录A～附录N、附录P～附录T。

本标准的附录A～附录N、附录P～附录T均为规范性附录。

本标准由中华人民共和国公安部提出。

本标准由全国消防标准化技术委员会固定灭火系统分技术委员会(SAC/TC 113/SC 2)归口。

本标准负责起草单位：公安部天津消防研究所。

本标准参加起草单位：陕西省公安消防总队、广东胜捷消防实业集团、上海金盾消防安全设备有限公司、山东环绿康新材料科技有限公司、美国安素公司北京代表处、昆明泰康消防器材有限公司。

本标准主要起草人：董海斌、刘连喜、宋旭东、王舒艳、李习民、高云升、盛彦锋、高振锡、裴丽萍、伍建许、张兆宪、秦玉旺、云宏、林向芳。

本标准所代替标准的历次版本发布情况为：

——GB 16668—1996。

干粉灭火系统及部件通用技术条件

1 范围

本标准规定了干粉灭火系统及部件的术语和定义、分类、型号编制、要求、试验方法、检验规则和使用说明书编写要求等。

本标准适用于固定式和半固定式干粉灭火系统(含柜式干粉灭火装置)。

本标准适用于ABC干粉灭火系统和BC干粉灭火系统,D类干粉灭火系统可参照采用。

2 规范性引用文件

下列文件中的条款通过本标准的引用而成为本标准的条款。凡是注日期的引用文件,其随后所有的修改单(不包括勘误的内容)或修订版均不适用于本标准,然而,鼓励根据本标准达成协议的各方研究是否可使用这些文件的最新版本。凡是不注日期的引用文件,其最新版本适用于本标准。

GB 150 钢制压力容器

GB 4066.1 干粉灭火剂 第1部分:BC干粉灭火剂(GB 4066.1—2004,ISO 7202:1987,NEQ)

GB 4066.2 干粉灭火剂 第2部分:ABC干粉灭火剂(GB 4066.2—2004,ISO 7202:1987,NEQ)

GB 5099 钢质无缝气瓶(GB 5099—1994,neq ISO 4705:1983)

GB 5100 钢质焊接气瓶(GB 5100—1994,neq ISO 4706:1987)

GB/T 9969 工业产品使用说明书 总则

GB 19156 消防炮通用技术条件(GB 19156—2003,DIN 14366:1984,NEQ)

GB 25200 干粉枪

GA 61 固定灭火系统驱动、控制装置通用技术条件

GA 578 超细干粉灭火剂

JB/T 9273 电接点压力表

TSG R0004 固定式压力容器安全技术监察规程

3 术语和定义

下列术语和定义适用于本标准。

3.1

干粉灭火系统 powder extinguishing systems

由干粉贮存容器,驱动组件,输送管道,喷放组件,探测、控制器件等组成的灭火系统。

3.2

固定式干粉灭火系统 fixed powder extinguishing systems

系统组件全部固定安装的干粉灭火系统。

3.3

半固定式干粉灭火系统 semi-fixed powder extinguishing systems

系统组件中部分可以移动的干粉灭火系统。

3.4

贮气瓶型干粉灭火系统 expellant gas storage cylinder type powder extinguishing systems

通过贮存在贮气瓶内的驱动气体驱动干粉灭火剂喷放的干粉灭火系统。

3.5

贮压型干粉灭火系统　pressure storage type powder extinguishing systems

干粉灭火剂与驱动气体贮存在同一容器内，通过驱动气体驱动干粉灭火剂喷放的干粉灭火系统。

3.6

燃气驱动型干粉灭火系统　pyrotechnics type powder extinguishing systems

通过燃气发生器内固体燃料燃烧产生的气体驱动干粉灭火剂喷放的干粉灭火系统。

3.7

柜式干粉灭火装置　cabinet type powder extinguishing equipment

集干粉贮存容器，驱动组件，干粉喷放组件和探测、控制器件于一体的柜体式灭火装置。

3.8

系统最大工作压力　system maximum working pressure

贮压型干粉灭火系统最大工作压力是指具有额定充装量的干粉贮存容器，在环境温度等于工作温度上限时干粉贮存容器内部的平衡压力。

贮气瓶型干粉灭火系统最大工作压力是指在系统正常动作状况下，减压阀出口的最大压力。

燃气驱动型干粉灭火系统最大工作压力是指燃气发生器动作过程中干粉贮存容器内达到的最大压力。

3.9

增压时间　pressurization time

干粉贮存容器中，从干粉受驱动开始至干粉贮存容器内达到设定压力的时间。

3.10

有效喷射时间　discharging time

从喷放器喷出干粉灭火剂至干粉灭火剂喷放结束的时间。

3.11

充装量　filling quantity

干粉贮存容器中，干粉灭火剂质量与干粉贮存容器容积之比，单位为千克每升(kg/L)。

3.12

驱动气瓶组　expellant gas cylinder assemblies

贮气瓶型干粉灭火系统中用来贮存驱动干粉灭火剂气体的瓶组。

3.13

启动气瓶组　pilot gas container assemblies

用来贮存启动容器阀、选择阀等组件的启动气体的瓶组。

3.14

干粉剩余率　residual powder ratio

系统喷放结束后，干粉贮存容器内剩余干粉灭火剂质量与初始充装干粉灭火剂质量比值的百分数。

4　分类

4.1　干粉灭火系统按干粉的驱动方式可分为：

a)　贮气瓶型干粉灭火系统；

b)　贮压型干粉灭火系统；

c)　燃气驱动型干粉灭火系统。

4.2　干粉灭火系统按充装灭火剂的种类可分为：

a)　BC 干粉灭火系统；

b)　ABC 干粉灭火系统。

4.3 干粉灭火系统按充装灭火剂的粒径可分为：

a) 普通干粉灭火系统；

b) 超细干粉灭火系统。

4.4 干粉灭火系统按安装方式分为：

a) 固定式干粉灭火系统；

b) 半固定式干粉灭火系统。

5 型号编制

型号编制方法如下：

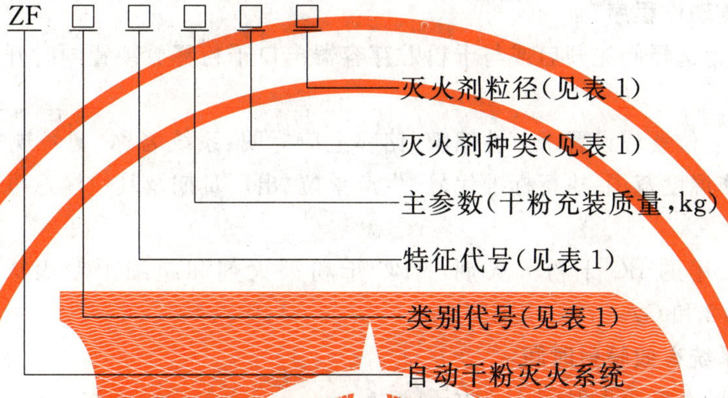

表1 型式代号

型式	类别代号		特征代号			灭火剂种类		灭火剂粒径	
	柜式干粉灭火装置	其他	贮气瓶型	贮压型	燃气驱动型	BC类	ABC类	普通	超细
代号	G	不标注	P	Y	R	不标注	A	不标注	C

示例：

ZFP150A 表示贮气瓶型普通干粉灭火系统，充装 ABC 干粉灭火剂质量 150 kg。

ZFGY50C 表示柜式贮压型超细干粉灭火装置，充装 BC 干粉灭火剂质量 50 kg。

6 要求

6.1 工作环境要求

6.1.1 工作环境温度范围

6.1.1.1 采用氮气作为驱动气体的系统(装置)：－20 ℃～＋50 ℃。

6.1.1.2 采用二氧化碳作为驱动气体的系统(装置)：0 ℃～＋50 ℃。

6.1.1.3 采用其他惰性气体作为驱动气体的系统(装置)：－20 ℃～＋50 ℃。

6.1.1.4 燃气驱动型干粉灭火系统(装置)：－20 ℃～＋50 ℃。

6.1.2 工作环境相对湿度

环境温度为 40 ℃时的工作环境相对湿度不大于 95%。

6.1.3 其他要求

当工作环境温度范围和相对湿度超出上述范围时，应在系统明显处标出，下述相关试验要求和试验方法也应按此范围作相应调整。

6.2 系统要求

6.2.1 外观质量

按 7.36 规定的方法进行检查，外观应满足下列要求：

a) 油漆件漆膜色泽均匀,无明显流痕、气泡、碰伤等缺陷;

b) 电镀件表面应无明显气泡、碰伤、漏镀等缺陷;

c) 标牌、贴花应端正、平服。

6.2.2 结构要求

6.2.2.1 系统应设有自动、手动和机械应急操作三种启动方式。按7.37规定的方法进行试验,机械应急操作机构的操作力不应大于150 N;操作行程不应大于300 mm。机械应急操作机构应有保险装置,其解脱力不应大于100 N。

6.2.2.2 系统管道应设有吹扫装置。吹扫装置应设置在干粉贮存容器出口释放装置后,宜靠近出口释放装置。

6.2.3 组合分配系统动作程序

系统的动作程序为选择阀先开启或与干粉贮存容器出口干粉释放装置同时开启。

6.2.4 系统铭牌

干粉灭火系统显著位置应设置永久性铭牌,铭牌上应标明:系统名称、型号规格、驱动气体类型、系统最大工作压力、工作温度范围、执行标准代号、生产单位、出厂日期及其他注意事项。

6.2.5 灭火剂要求

干粉灭火系统采用的BC干粉灭火剂、ABC干粉灭火剂和超细干粉灭火剂性能应分别符合GB 4066.1、GB 4066.2和GA 578的规定。

6.2.6 全淹没灭火系统有效喷射时间

全淹没灭火系统的有效喷射时间不应大于30 s。

6.2.7 干粉剩余率

干粉剩余率不应大于10%。

6.2.8 灭火性能

6.2.8.1 A类火全淹没灭火性能

按7.38.2规定的试验方法进行A类表面火灭火试验,系统应在灭火剂喷射结束后30 s内灭火,继续抑制10 min后,开启试验空间通风,木垛不应复燃。

6.2.8.2 B类火全淹没灭火性能

按7.38.3规定的试验方法进行B类火灭火试验,系统应在灭火剂喷射结束后30 s内灭火。

6.2.8.3 A类火局部应用灭火性能

按7.39.1规定的试验方法进行A类火灭火试验,系统应在灭火剂喷射结束后扑灭明火,10 min内不应出现复燃。

6.2.8.4 B类火局部应用灭火性能

按7.39.2规定的试验方法进行B类火灭火试验,系统应在灭火剂喷射结束后扑灭明火,1 min内不应出现复燃。

6.3 干粉贮存容器

6.3.1 外观质量

6.3.1.1 干粉贮存容器外表面颜色应为大红色,表面色泽均匀,无明显流痕、龟裂、气泡、划痕、碰伤、漏涂等缺陷。

6.3.1.2 干粉贮存容器的焊缝应均匀,焊缝不应有肉眼可见的裂纹、烧穿、咬边及未焊透等缺陷。

6.3.2 容器壁厚

容积不大于1 000 L的干粉贮存容器壁厚按GB 5100第5章所规定壁厚计算方法确定;对于容积大于1 000 L的干粉贮存容器壁厚应按GB 150的要求确定。

6.3.3 强度要求

按7.3规定的方法进行强度试验,试验时干粉贮存容器不应有渗漏、宏观变形等影响正常工作的缺陷。

试验压力为系统最大工作压力的1.5倍,压力保持时间5 min。

6.3.4 超压要求

按7.4规定的方法进行超压试验,试验时干粉贮存容器不应破裂。

试验压力为系统最大工作压力的3倍,压力保持时间5 min。

6.3.5 密封要求

按7.5.2规定的方法进行密封试验,试验过程中应无泡式泄漏。

试验压力为系统最大工作压力,压力保持时间5 min。

6.3.6 抗振性能

贮压型干粉灭火系统干粉贮存容器应按7.7规定的方法进行振动试验,试验时任何部件不应产生结构损坏;振动试验后干粉贮存容器内压力损失不应大于充装压力的1.5%。

6.3.7 塑料和橡胶件的热稳定性

干粉贮存容器的塑料和橡胶件应选用能长期与干粉灭火剂接触而不腐蚀损坏的材料制造;并应按7.9规定的方法进行热稳定性试验,试验后不应出现断裂和明显的脆化或软化现象。

6.3.8 充装量

贮存容器内干粉灭火剂充装量不应大于生产单位公布值。

6.3.9 其他要求

干粉贮存容器的其他性能应符合TSG R0004的规定。

6.4 干粉贮存容器出口释放装置

6.4.1 一般要求

贮气瓶型干粉灭火系统和燃气驱动型干粉灭火系统干粉贮存容器出口应设置干粉释放装置,干粉释放装置宜采用释放阀或释放膜片。

6.4.2 释放膜片

6.4.2.1 动作要求

释放膜片动作压力不应大于系统最大工作压力,爆破后不应有碎片进入干粉灭火剂输送管道中。

6.4.2.2 密封要求

按7.5.2规定的方法进行密封试验,试验过程中应无气泡泄漏。

试验压力为0.9倍爆破压力,压力保持时间5 min。

6.4.2.3 耐盐雾腐蚀性能

按7.11规定的方法进行盐雾腐蚀试验,释放膜片不应有明显的腐蚀损坏,试验后动作压力应符合6.4.2.1的规定。

6.4.3 释放阀

6.4.3.1 工作压力

释放阀的工作压力不应小于系统最大工作压力。

6.4.3.2 材料

释放阀的动作部件及与之配合部分应采用不锈钢或铜合金等耐腐蚀性能的金属材料制造。

6.4.3.3 密封要求

按7.5.3规定的方法进行密封试验,试验过程中应无气泡泄漏。

试验压力为系统最大工作压力,压力保持时间5 min。

6.4.3.4 强度要求

按7.3规定的方法进行液压强度试验,释放阀应无变形、渗漏和损坏。

试验压力为系统最大工作压力的1.5倍,压力保持时间5 min。

6.4.3.5 工作可靠性要求

按7.6.1规定的方法进行工作可靠性试验，释放阀(包括辅助控制部分)的动作应灵活、可靠，不应出现任何故障和结构的损坏(阀门正常工作时允许损坏的零件除外)。

6.4.3.6 耐盐雾腐蚀性能

按7.11规定的方法进行盐雾腐蚀试验，释放阀不应有明显的腐蚀损坏。试验后释放阀的密封性能应符合6.4.3.3的规定，工作可靠性应符合6.4.3.5的规定。

6.5 贮气瓶组

6.5.1 一般要求

贮气瓶组一般包括驱动气瓶组和启动气瓶组，二者均应采用钢质无缝气瓶，其设计、制造和检验应符合GB 5099的规定。

最高使用温度条件下，贮气瓶组内压力不应大于贮气瓶的公称工作压力。

6.5.2 充装介质要求

采用氮气或其他惰性气体作为驱动气体的系统，瓶组内气体充装压力由设计决定，气体的含水率不应大于15 mL/m^3。

采用二氧化碳作为驱动气体的系统，瓶组内二氧化碳充装量不应大于0.6 kg/L，二氧化碳的含水率不应大于0.5 μg/g。

6.5.3 密封要求

按7.5.2规定的方法进行气密性试验，瓶组应无气泡泄漏。

试验压力为贮气瓶公称工作压力，压力保持时间5 min。

6.5.4 抗振性能

按7.7规定的方法进行振动试验，瓶组任何部件不应产生结构损坏。充装氮气或其他惰性气体的瓶组，气体压力损失不应大于充装压力的0.25%；充装二氧化碳的瓶组，二氧化碳净重损失不应大于充装量的0.125%。试验后自动启动容器阀，不应出现任何故障。

6.5.5 温度循环泄漏要求

按7.12规定的方法进行温度循环泄漏试验，充装氮气或其他惰性气体的瓶组，气体压力损失不应大于充装压力的0.25%；充装二氧化碳的瓶组，二氧化碳净重损失不应大于充装量的0.125%。试验后自动启动容器阀，不应出现任何故障。

6.6 容器阀

6.6.1 材料

容器阀体及内部机械零件应采用耐使用介质腐蚀的金属材料制造。

6.6.2 工作压力

贮气瓶型干粉灭火系统驱动气瓶组容器阀工作压力不应低于驱动气瓶的公称工作压力。

贮压型干粉灭火系统容器阀工作压力不应低于系统最大工作压力。

6.6.3 强度要求

按7.3规定的方法进行液压强度试验，容器阀不应有变形、渗漏和损坏。

试验压力为工作压力的1.5倍，压力保持时间5 min。

6.6.4 超压要求

按7.4规定的方法进行液压超压试验，容器阀不应有破裂现象。

试验压力为工作压力的3倍，压力保持时间5 min。

6.6.5 密封要求

按7.5.3规定的方法进行密封性能试验，容器阀在关闭状态下应无气泡泄漏；容器阀在开启状态下各连接密封部位的气泡泄漏量不应超过每分钟20个。

试验压力为工作压力的1.1倍，压力保持时间5 min。

6.6.6 工作可靠性要求

按7.6.1规定的方法进行工作可靠性试验,容器阀(包括辅助控制部分)的动作应灵活、可靠,不应出现任何故障和结构的损坏(阀门正常工作时允许损坏的零件除外)。

6.6.7 耐盐雾腐蚀性能

按7.11规定的方法进行盐雾腐蚀试验,容器阀及其附件不应有明显的腐蚀损坏。试验后容器阀的密封性能应符合6.6.5的规定,工作可靠性应符合6.6.6的规定。

6.6.8 手动操作要求

容器阀应有机械应急启动功能,按7.10规定的方法进行手动操作试验,应符合下列要求:

a) 手动操作力不应大于150 N;

b) 指拉操作力不应大于50 N;

c) 指推操作力不应大于10 N;

d) 所有手动操作位移均不应大于300 mm。

6.6.9 标志

容器阀明显部位应永久性标出:生产单位或商标、型号规格、工作压力。

6.7 单向阀

6.7.1 标志

单向阀明显部位应永久性标出:生产单位或商标、型号规格、工作压力、介质流动方向。

6.7.2 工作压力

驱动气体流通管路单向阀工作压力不应低于驱动气瓶的公称工作压力。

启动气体流通管路单向阀工作压力不应低于启动气瓶的公称工作压力。

6.7.3 材料

单向阀及其内部机械零件应采用不锈钢、铜合金制造,也可以用强度、耐腐蚀性能不低于上述材质的其他金属材料制造。

弹性密封垫、密封剂及相关部件应采用长期与介质接触而不损坏或变形的材料制造。

6.7.4 强度要求

按7.3规定的方法进行液压强度试验,单向阀及其附件应无渗漏、变形或损坏。

试验压力为1.5倍工作压力,压力保持时间为5 min。

单向阀正向和反向强度要求相同。

6.7.5 正向密封要求

按7.5.3规定的方法进行气密性试验,单向阀应无气泡泄漏。

试验压力为工作压力,压力保持时间为5 min。

6.7.6 反向密封要求

按7.5.3规定的方法进行反向气密性试验,在工作压力下,单向阀应无气泡泄漏。

6.7.7 超压要求

按7.4规定的方法进行液压超压试验,单向阀及其附件不得有破裂现象。

试验压力为3倍工作压力,压力保持时间为5 min。

单向阀正向和反向超压要求相同。

6.7.8 工作可靠性要求

按7.6.2规定的方法进行工作可靠性试验,单向阀应能承受100次"开启-关闭"动作试验,其开启、关闭动作应灵活、准确,不得出现任何故障或结构损坏。

6.7.9 开启压力要求

按7.14规定的方法进行试验,单向阀的开启压力不得超过生产单位公布值。在开启压力下阀的动作应准确、可靠。

6.7.10 耐盐雾腐蚀性能

按7.11规定的方法进行盐雾腐蚀试验,单向阀及其附件不得有明显的腐蚀损坏。试验后单向阀的反向密封性能应符合6.7.6的规定,其工作可靠性按6.7.8的规定试验时,应能准确、可靠的动作。

6.8 驱动控制装置

驱动控制装置应符合GA 61的要求。

6.9 集流管

6.9.1 工作压力

集流管工作压力不应低于驱动气瓶的公称工作压力。

6.9.2 材料

集流管应采用无缝管制造,材质应具有耐腐蚀性能或将其内外表面做防腐蚀镀层处理。

6.9.3 强度要求

按7.3规定的方法进行液压强度试验,集流管应无渗漏、变形或损坏。

试验压力为1.5倍工作压力,压力保持时间为5 min。

6.9.4 密封要求

按7.5.2规定的方法进行气密性试验,集流管应无气泡泄漏。

试验压力为工作压力,压力保持时间为5 min。

6.10 连接管

6.10.1 工作压力

驱动气体流通管路连接管工作压力不应低于驱动气瓶的公称工作压力。

启动气体流通管路连接管工作压力不应低于启动气瓶的公称工作压力。

6.10.2 材料

连接管宜采用高压软管,亦可采用耐压强度、抗冲击振动能力相当的金属管材。

连接管应选用耐使用介质腐蚀的材料制造。

6.10.3 强度要求

按7.3规定的方法进行液压强度试验,连接管应无渗漏、变形或损坏。

试验压力为1.5倍工作压力,压力保持时间为5 min。

6.10.4 密封要求

按7.5.2规定的方法进行气密性试验,连接管应无气泡泄漏。

试验压力为工作压力,压力保持时间为5 min。

6.10.5 非金属连接管耐热空气老化性能

按7.15规定的方法进行热空气老化试验,非金属软管不得有裂纹等损坏。试验后非金属软管的强度和密封要求应满足6.10.3和6.10.4的规定。

试验温度140 ℃,试验时间240 h。

6.11 安全防护装置

6.11.1 一般要求

干粉贮存容器、容器阀、集流管上应设有安全阀或膜片式安全泄放装置(以下简称"安全泄放装置")等安全防护装置。

6.11.2 安全阀

6.11.2.1 工作压力

干粉贮存容器上安全阀的工作压力不应小于系统最大工作压力。

集流管上安全阀的工作压力不应小于驱动气瓶公称工作压力。

6.11.2.2 整定压力

安全阀的整定压力由系统设计确定,按7.8规定的方法进行试验,其整定压力偏差应符合下列要求：

a) 当0.5 MPa<整定压力≤2.3 MPa时，整定压力偏差为±3%整定压力；

b) 当2.3 MPa<整定压力≤7.0 MPa时，整定压力偏差为±0.07 MPa。

6.11.2.3 **强度要求**

按7.3规定的方法进行液压强度试验，安全阀阀体应无变形和渗漏现象。

试验压力为1.5倍工作压力，压力保持时间5 min。

6.11.2.4 **密封要求**

按7.5.4规定的方法进行气密性试验，阀门出口处应无气泡泄漏。

试验压力为0.9倍整定压力，压力保持时间5 min。

6.11.2.5 **耐盐雾腐蚀性能**

按7.11规定的方法进行盐雾腐蚀试验，安全阀各部位不应有明显的腐蚀损坏。试验结束后，分别进行整定压力试验和密封试验，结果应分别符合6.11.2.2和6.11.2.4的要求。

6.11.3 **安全泄放装置**

6.11.3.1 **动作压力**

按7.13规定的方法进行试验，安全泄放装置动作压力应符合下列要求：

a) 驱动气瓶组容器阀和集流管上安全泄放装置泄放动作压力设定值不应小于1.25倍驱动气瓶公称工作压力，但不大于驱动气瓶强度试验压力的95%。泄压动作压力范围为设定值×(1±0.05)。

b) 启动气瓶组容器阀泄放动作压力设定值不应小于1.25倍启动气瓶公称工作压力，但不大于启动气瓶强度试验压力的95%。泄压动作压力范围为设定值×(1±0.05)。

c) 干粉贮存容器或容器阀上的安全泄放装置泄放动作压力设定值不应小于1.25倍系统最大工作压力，但不大于1.5倍系统最大工作压力。泄压动作压力范围为设定值×(1±0.05)。

6.11.3.2 **密封要求**

按7.5.2规定的方法进行密封试验，试验过程中应无泡式泄漏。

试验压力为0.9倍动作压力，压力保持时间5 min。

6.11.3.3 **耐盐雾腐蚀性能**

按7.11规定的方法进行盐雾腐蚀试验，安全泄放装置不应有明显的腐蚀损坏。试验结束后，进行动作压力试验，结果应符合6.11.3.1的要求。

6.12 **检漏装置**

6.12.1 **一般要求**

系统应设有检漏装置。惰性气体宜采用压力显示器检漏；二氧化碳气体宜采用称重方法检漏。

6.12.2 **压力显示器**

6.12.2.1 **一般要求**

贮压型干粉灭火系统的压力显示装置应具有防止粉堵的有效保护措施。电接点压力表性能应符合JB/T 9273的要求。

6.12.2.2 **基本性能**

6.12.2.2.1 压力显示器工作温度应不小于6.1.1规定的温度范围。

6.12.2.2.2 压力显示器测量范围上限应不小于最大工作压力的1.1倍。

6.12.2.2.3 按7.20规定的方法进行试验，示值误差应符合下列要求：

a) 贮存压力点示值误差应不大于贮存压力的±4%；

b) 最大工作压力点示值误差应不大于贮存压力的±8%；

c) 最小工作压力点示值误差应不大于贮存压力的±8%；

d) 零点和测量范围上限的示值误差应不大于贮存压力的±15%。

6.12.2.3 **标度盘要求**

6.12.2.3.1 标度盘的零位、贮存压力、最大工作压力、最小工作压力和测量范围上限的位置应有刻度和数字标志。

6.12.2.3.2 标度盘的最大工作压力与最小工作压力范围用绿色表示，零位至最小工作压力范围、最大工作压力至测量上限范围用红色表示。

6.12.2.3.3 标度盘上应标出：生产单位或商标、产品适用介质、法定计量单位(MPa)、计量标志等。

6.12.2.4 **强度密封要求**

6.12.2.4.1 按7.5.5规定的方法进行密封试验，压力显示器不得出现气泡泄漏。

6.12.2.4.2 按7.3规定的方法进行液压强度试验，压力显示器承受2倍最大工作压力的试验压力，保持压力5 min不得有渗漏或损坏现象。

6.12.2.4.3 按7.4规定的方法进行超压试验，压力显示器承受4倍最大工作压力的试验压力，保持压力5 min，其任何零部件不得被冲出。

6.12.2.5 **耐盐雾腐蚀性能**

按7.11规定的方法进行盐雾腐蚀试验，压力显示器不应产生影响性能的损坏，试验后压力显示器指针应升降平稳，压力显示器的示值基本误差应符合6.12.2.2的规定。

6.12.2.6 **耐交变负荷性能**

按7.21规定的方法进行交变负荷试验，交变频率为0.1 Hz，交变幅度为贮存压力的40%至最大工作压力，交变次数为1 000次。试验后，压力表贮存压力的示值误差不应超过贮存压力的±4%。

6.12.3 **称重装置**

6.12.3.1 **报警功能**

安装在灭火系统中的称重装置应有泄漏上限报警功能，按7.18规定的方法进行试验，当充装气体泄漏量达到质量损失5%时，应能可靠报警。

6.12.3.2 **耐高低温性能**

称重装置在7.19规定的最高工作温度和最低工作温度环境中分别放置8 h后，其报警功能应符合6.12.3.1的规定。

6.12.3.3 **过载要求**

按7.23规定的方法进行试验，称重装置承受两倍瓶组质量的静载荷(充装气体按最大充装密度计算)，保持15 min，不得损坏。试验后报警功能应符合6.12.3.1的规定。

6.13 **选择阀**

6.13.1 **一般要求**

选择阀应是具备手动、自动控制双重功能的快速打开型阀门。阀门应保证流通部分口径不小于阀门入口内径的95%。

6.13.2 **标志**

在选择阀明显部位应永久性标出：生产单位或商标、型号规格、工作压力、介质流动方向。

6.13.3 **材料**

选择阀体及内部机械零件应采用不锈钢、铜合金制造，也可以用强度、耐腐蚀性能不低于上述材质的其他金属材料制造。

6.13.4 **工作压力**

选择阀的工作压力不应小于系统最大工作压力。

6.13.5 **强度要求**

按7.3规定的方法进行液压强度试验，阀门及其附件不应有变形、渗漏、裂纹或其他损坏。

试验压力为系统最大工作压力的1.5倍，压力保持时间5 min。

6.13.6 超压要求

按7.4规定的方法进行液压超压试验，阀门及其附件不应破裂。

试验压力为系统最大工作压力的3倍，压力保持时间5 min。

6.13.7 密封要求

按7.5.3规定的方法进行气密性试验，选择阀在关闭状态下应无气泡泄漏；选择阀在开启状态下各连接密封部位的气泡泄漏量不应超过每分钟20个。

试验压力为系统最大工作压力，压力保持时间5 min。

6.13.8 工作可靠性要求

按7.6.1规定的方法试验时，阀门的动作应灵活、准确可靠、不应出现任何故障和结构的损坏（阀门正常工作的零件损坏除外）。

6.13.9 阀门局部阻力损失

按7.25规定的方法进行试验，试验结果与生产单位公布值相比，其差值不应超过公布值的±10%。

6.13.10 耐盐雾腐蚀性能

按7.11规定的方法进行盐雾腐蚀试验，选择阀及其附件不应有明显的腐蚀损坏。试验后选择阀的密封性能应符合6.13.7的规定，工作可靠性应符合6.13.8的规定。

6.13.11 手动操作要求

按7.10的方法进行手动操作试验，应符合下列要求：

a） 手动操作力不大于150 N；

b） 手动操作行程不大于300 mm。

6.14 燃气发生器

6.14.1 燃气发生器发火装置基本参数

按7.26规定的方法进行试验，发火装置的下列参数应与生产单位提供的参数一致：

a） 最小发火电流；

b） 安全电流；

c） 最小工作电压。

6.14.2 强度要求

按7.3规定的方法进行强度试验，试验过程中燃气发生器应无破裂和宏观变形等影响正常使用的缺陷。

试验压力为系统最大工作压力的1.5倍，压力保持时间5 min。

6.14.3 超压要求

按7.4规定的方法进行超压试验，试验过程中壳体应无破裂。

试验压力为系统最大工作压力的3倍，压力保持时间5 min。

6.14.4 抗振性能

按7.7规定的方法进行试验，试验过程中燃气发生器不应产生裂纹、变形等影响正常工作的缺陷，试验后燃气发生器能正常动作。

6.14.5 防潮性能

按7.27规定的方法进行试验，发火药盒的发火率应为100%。

6.14.6 可靠性要求

按7.6.3规定的方法进行试验，在发火电流条件下，置信度为95%的置信区间内发火装置的发火率不应小于99.9%。除非在生产或设计中证实其他分布更适用，应使用正态或高斯分布进行计算。

6.14.7 时效性能

按7.28规定的方法进行试验，燃气发生器发火装置在90 ℃±2 ℃的温度条件下试验90 d，试验后发火装置能正常动作。

6.14.8 压力特性

按7.29规定的方法进行压力特性试验，实测数据不应超过生产单位提供数据的±10%。

6.15 信号反馈装置

6.15.1 一般要求

安装在干粉贮存容器或输粉管路上的信号反馈装置应有防止粉堵的措施。

6.15.2 动作要求

6.15.2.1 信号反馈装置的动作压力应不大于0.5倍系统最小工作压力。当信号反馈装置安装在减压装置后时，其动作压力应不大于减压装置后压力的50%。

6.15.2.2 按7.24规定的方法进行动作试验，信号反馈装置在大于等于动作压力下可靠动作100次；在小于等于0.8倍动作压力下不应动作。试验后信号反馈装置触点的接触电阻应符合6.15.8的规定。

6.15.3 强度要求

按7.3规定的方法进行液压强度试验，信号反馈装置不得损坏。

试验压力为系统最大工作压力，压力保持时间5 min。

6.15.4 密封要求

按7.5.2规定的方法进行气密性试验，信号反馈装置不应产生气泡泄漏。

试验压力为系统最大工作压力，压力保持时间为5 min。

6.15.5 耐电压性能

信号反馈装置接线端子与外壳之间的耐电压性能，按7.16规定的方法进行试验，不得出现表面飞弧、扫掠放电、电晕或击穿现象。

额定工作电压大于50 V时，试验电压为1 500 V(有效值)，50 Hz；

额定工作电压小于等于50 V时，试验电压为500 V(有效值)，50 Hz。

6.15.6 绝缘要求

按7.17规定的方法进行试验，在正常的大气条件下，信号反馈装置的接线端子与外壳之间的绝缘电阻应大于20 MΩ。

6.15.7 耐盐雾腐蚀性能

按7.11规定的方法进行盐雾腐蚀试验，信号反馈装置不应有明显的腐蚀损坏。试验后，信号反馈装置动作要求应符合6.15.2的规定；触点接触电阻应符合6.15.8的规定。

6.15.8 触点接触电阻

按7.22规定的方法进行试验，在正常大气条件下，信号反馈装置触点接触电阻不应大于0.1 Ω，动作试验和腐蚀试验后不应大于0.5 Ω。

6.16 减压阀

6.16.1 工作压力

减压阀工作压力不应低于驱动气瓶公称工作压力。

6.16.2 强度要求

按7.3规定的方法进行液压强度试验，试验过程中，阀体不应有渗漏现象。

试验压力为工作压力的1.5倍，压力保持时间5 min。

6.16.3 密封要求

按7.5.3规定的方法进行密封试验，试验过程中减压阀密封部位应无泄漏。

试验压力为工作压力，压力保持时间5 min。

6.16.4 流量要求

设定减压阀入口压力为驱动气体工作压力，其流量应满足干粉灭火系统的增压时间不大于20 s。

6.16.5 耐盐雾腐蚀性能

按7.11规定的方法进行盐雾腐蚀试验，试验后阀体不应有起层、剥落和可见的点蚀凹坑等腐蚀破坏。试验后的减压阀密封性能应符合6.16.3的规定。

6.17 喷嘴

6.17.1 标记

喷嘴上应设有永久性标记,标有生产单位或商标、型号规格、应用方式等。

6.17.2 材料

喷嘴的各部分应由耐使用介质腐蚀材料制造,其中喷孔部分必须由耐腐蚀的金属材料制造。

6.17.3 工作压力

喷嘴的工作压力应大于0.1 MPa。

6.17.4 单孔直径

喷嘴的单孔直径不应小于6 mm。

6.17.5 防护帽

喷嘴应装配防护帽以防止潮气或杂物进入管道内。喷放干粉时,防护帽应能够被吹掉、打开或打穿。

6.17.6 耐热和耐压性能

按7.30规定的方法进行试验,试验压力为系统最大工作压力。试验后,喷嘴不应有裂纹、变形或其他损坏。

6.17.7 耐冲击性能

按7.31规定的方法进行试验,试验后,喷嘴不应有裂纹、变形或其他损坏。

6.17.8 耐盐雾腐蚀性能

按7.11规定的方法进行盐雾腐蚀试验,喷嘴不应有明显的腐蚀损坏。试验后喷嘴的耐热和耐压性能应符合6.17.6的规定。

6.17.9 局部应用喷嘴

6.17.9.1 布粉性能

按7.32规定的方法进行试验,实测喷嘴的布粉密度与生产单位公布值相比,其差值不应超过公布值的10%。

6.17.9.2 防飞溅性能

按7.33规定的方法进行试验,试验过程中试验盘内水滴不应飞溅出试验盘外。

6.17.10 全淹没喷嘴布粉性能

按7.34规定的方法进行试验,试验罐的灭火时间不应大于30 s。各受粉盘内干粉的质量与其平均值偏差不应超过±10%。

6.18 干粉软管卷盘

6.18.1 外观

软管卷盘表面应进行耐腐蚀处理,涂漆部分的漆层应均匀,无明显划痕和碰伤。焊缝应平整均匀、焊接牢固,无烧穿、疤瘤等。

6.18.2 工作压力

干粉软管卷盘的工作压力不应小于系统最大工作压力。

6.18.3 密封要求

按7.5.2规定的方法进行密封试验,试验过程中软管卷盘任何部位应无气泡泄漏。

试验压力为工作压力,压力保持时间5 min。

6.18.4 强度要求

按7.3规定的方法进行强度试验,软管卷盘各零部件不应产生影响正常使用的变形和脱落。试验后软管卷盘应能正常使用。

试验压力为工作压力的1.5倍,压力保持时间5 min。

6.18.5 转动性能

软管卷盘软管的拉出力不应大于 200 N。

6.18.6 干粉枪

干粉枪性能应符合 GB 25200 的规定。

采用超细干粉灭火剂的干粉系统，干粉枪的喷射强度不应小于生产单位公布值。

6.18.7 软管

6.18.7.1 外观

软管外表应无裂纹、破损、划伤和局部隆起。

6.18.7.2 工作压力

软管的工作压力不应小于系统最大工作压力。

6.18.7.3 材料

软管应采用耐介质腐蚀的材料制造。

6.18.7.4 强度要求

按 7.3 规定的方法进行强度试验，试验后软管不应产生变形等影响正常工作的缺陷。

试验压力为工作压力的 1.5 倍，压力保持时间为 5 min。

6.18.7.5 超压要求

按 7.4 规定的方法进行超压试验，试验后软管应无破裂。

试验压力为工作压力的 3 倍，压力保持时间 5 min。

6.18.7.6 耐低温性能

按 7.35 规定的方法进行试验，连接软管应无脆裂现象。试验后连接软管的强度性能应符合 6.18.7.4 的要求。

6.19 干粉炮

干粉炮性能应符合 GB 19156 的规定。

采用超细干粉灭火剂的干粉系统，干粉炮的有效喷射率和有效射程不应低于生产单位公布值。

7 试验方法

7.1 试验要求

7.1.1 试验环境条件

除另行注明外，本章规定的试验应在下列条件下进行，即：

a) 环境温度：15 ℃～35 ℃；

b) 相对湿度：45%～75%；

c) 大气压力：86 kPa～106 kPa；

d) 风速：不大于 3 m/s。

7.1.2 测试仪表要求

温度测量仪表：精度不低于±2%（如果采用热电偶进行温度测量，热电偶应为 K 型，直径不大于 1 mm）；

秒表：分度值 0.1 s；

称重仪器：精度 1/1 000。

7.2 外观质量

对照设计图样和相关技术文件资料，目测检查样品。

7.3 强度试验

7.3.1 液压强度试验装置用液压源应具备消除压力脉冲的稳压功能，压力测量仪表的精度不低于 1.6 级，试验装置的升压速率应在使用压力范围内可调。

7.3.2 燃气发生器强度试验时，生产单位应提供未开孔的燃气发生器样品进行强度试验。

7.3.3 干粉软管卷盘软管强度试验时，软管的长度不小于1 m。

7.3.4 将被检样品进口与液压强度试验装置相联，阀类样品应处于开启状态，排除连接管路和样品腔内空气后，封闭样品所有出口。以不大于0.5 MPa/s的速率缓慢升压至试验压力，保持压力至规定时间后泄压，检查样品。

7.4 超压试验

7.4.1 试验设备与7.3的规定相同，干粉软管卷盘软管超压试验时，软管的长度不小于1 m。

7.4.2 将被检样品进口与试验装置相联，要求试验台有安全防护措施，排除连接管路和样品腔内空气后，封闭样品所有出口。以不大于0.5 MPa/s的升压速率缓慢升压至试验压力，保持压力至规定时间后泄压，检查样品。

7.5 密封试验

7.5.1 试验要求

7.5.1.1 气压密封试验装置用氮气或压缩空气，压力测量仪表的精度不低于1.6级，试验装置的气压源应满足升压速率在使用压力范围内可调。

7.5.1.2 检漏试验用水温度不应低于5 ℃。

7.5.2 干粉贮存容器、释放膜片、贮气瓶组、安全泄放装置、集流管、连接管、信号反馈装置、干粉软管卷盘气密性试验

将被检样品进口与气压源相联，封闭样品其他出口，以不大于0.5 MPa/s的升压速率缓慢升压至试验压力。将样品浸入水中，样品至液面深度不小于0.3 m，在规定的压力保持时间内检查样品渗漏情况。

7.5.3 容器阀、选择阀、释放阀、减压阀、单向阀气密性试验

试验条件和试验程序与7.5.2相同，容器阀、选择阀、释放阀、减压阀、单向阀处于关闭状态。

将容器阀、选择阀、释放阀、减压阀、单向阀置于开启状态，重复上述试验。

7.5.4 安全阀气密性试验

试验系统的布置如图1所示。除漏气引出管外，安全阀其他部位应同外界处于完全密闭状态。漏气引出管的内径为6 mm，其出口端应平行于水面并低于水面13 mm。调节阀进口压力并使之保持在密封压力，观察阀门出口端，记录试验结果。

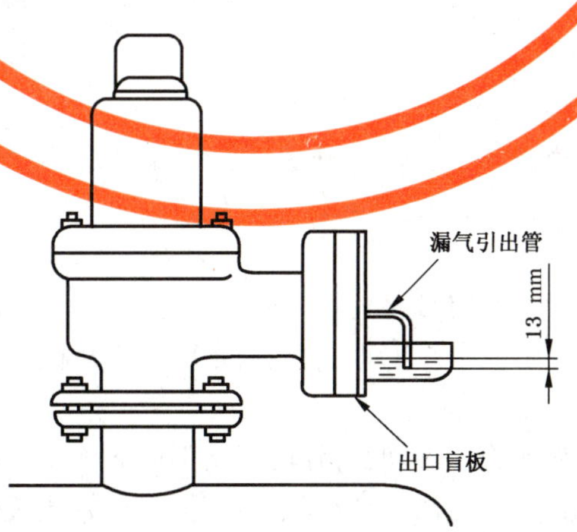

图1 安全阀密封试验布置图

7.5.5 压力显示器气密性试验

将被检样品安装在试验管路上，充压至测量上限的2/3，保持7 d后浸入水中10 min，样品至液面深度不小于0.3 m。记录试验结果。

7.6 工作可靠性试验

7.6.1 容器阀、选择阀、释放阀的工作可靠性试验

7.6.1.1 容器阀、选择阀、释放阀的工作可靠性试验在专用试验装置上进行。气源采用压缩空气或氮气;专用试验容器的容积和驱动器工作状态应满足被试阀门在启动后完全开启的需要,被试阀门出口须连接与出口公称直径相同,长度不超过 0.5 m 的直管和一个等效孔径不小于 3 mm 的喷嘴。

7.6.1.2 将被试阀门安装在专用试验容器上,连接好控制驱动部件,并使之在规定条件下工作,按下述程序进行:

a) 给被试阀门充压至工作压力 p,保压时间不小于 5 s;

b) 启动控制驱动部件,使被试阀门开启;

c) 待专用试验容器内压力降至小于 0.5 MPa 时,关闭被试阀门;

d) 再向被试阀门充压,继续下一循环。

被试阀门在正常工作时允许破坏的零件,在每个循环试验后及时更换。

7.6.1.3 在常温 20 ℃± 5 ℃下,上述循环试验重复进行 100 次,将试验装置和样品移入温度试验箱内,在最低和最高工作温度下各进行 10 次。试验前样品在试验环境中放置时间,首次试验不低于 2 h,其余试验应使样品自身温度与试验箱内温度充分平衡。

7.6.2 单向阀工作可靠性试验

试验在常温下进行,气源采用压缩空气或氮气,顺序给单向阀正、反向交变充压至贮存压力 p,使阀门达到完全开启或关闭状态,正、反向切换频率不大于每分钟 30 次。完成 100 次开启-关闭循环试验后,检查阀门。

7.6.3 燃气发生器发火装置的工作可靠性试验

试验样品数量至少为 30 只,根据正态分布或高斯分布求出置信度为 95%的置信区间,即发火装置的发火电流范围。实测发火装置发火电流应在计算的发火电流范围内,且发火装置的发火率不小于 99.9%。

7.7 振动试验

将被测样品以直立状态紧固在振动台的夹紧装置中,启动振动台。试验时,应按 X、Y、Z 三个垂直坐标轴线方向依次改变振动方向进行试验。试验条件如下:

a) 位移幅值:0.8 mm;

b) 频率:20 Hz;

c) 振动时间:每个方向 2 h。

7.8 安全阀整定压力

试验系统布置与安全阀的密封试验相同。升高阀进口压力,当压力达到开启压力的 90%以后,升压速度不应大于 0.01 MPa/s,观察并记录安全阀的开启压力。

7.9 塑料、橡胶件的热稳定性试验

将干粉贮存容器的所有塑料、橡胶件取出,置于 60 ℃±3 ℃的温度箱内,在此环境中保持 500 h 后取出,再放到 20 ℃±5 ℃的环境中保持 5 h,取出检查,观察并记录试验结果。

7.10 手动操作试验

7.10.1 被检阀门处于最大工作压力状态,测力计的精度不应低于 2.5 级。

7.10.2 将被测阀门的手动操作机构与测力计相联,通过测力计启动被检阀门。记录最大操作力,测量并记录最大操作行程。

7.11 盐雾腐蚀试验

7.11.1 试验在喷雾式盐雾腐蚀箱中进行。试验用盐水溶液质量浓度为 20%,密度 1.126 g/cm^3～1.157 g/cm^3。

7.11.2 将样品清除油渍,封堵阀类部件的进出口,以防止试验盐雾进入内腔。按正常使用位置悬挂在

试验箱工作室中间部位。工作室温度控制在 35 ℃±2 ℃。从被测样品上滴下的溶液不能循环使用。在工作室内至少应从两处收集盐雾，以调节试验过程中的喷雾速率和试验用盐水溶液的浓度，每80 cm^2的收集面积，连续收集 16 h，每小时应收集 1.0 mL～2.0 mL 盐溶液，其质量浓度应为 19%～21%。

7.11.3 试验周期 10 d，连续喷雾。试验结束后，将样品用清水清洗并置于温度 20 ℃±5 ℃、相对湿度不超过 70%的环境中自然干燥 7 d，检查样品的腐蚀情况。

7.12 温度循环泄漏试验

7.12.1 瓶组按设计充压至贮存压力。称重用试验设备的最小分度值不应大于样品中气体允许损失量上限的 1/3。

7.12.2 采用压力损失作判断时，样品上须安装（或更换）检验用精密压力测量仪表。将被检样品置于恒温室中，温度控制在 25 ℃±1 ℃，放置 24 h 后读取被检瓶组压力值。采用质量损失作判断的样品只记录称重值，无恒温要求，试验在温度试验箱中进行。

7.12.3 将瓶组分别在系统（或装置）最高使用温度和最低使用温度下间隔放置 24 h，共进行三次循环试验。

7.12.4 上述循环试验后，将被检样品置于 25 ℃±5 ℃环境中放置 24 d，然后重复上述温度循环试验，再将被检样品置于 25 ℃±5 ℃环境中放置 24 d 后结束该试验。

7.12.5 试验后，被检瓶组压力值读取和称重的程序要求与试验前相同。以自动方式启动瓶组，记录试验结果。

7.13 安全泄放装置动作试验

7.13.1 安全泄放装置动作试验用设备与 7.3 液压强度试验设备相同，其中压力测量仪表应有瞬时记录功能，如选用压力表应带有停针机构。

7.13.2 将被检样品进口与试验装置相联，排除连接管路和样品内腔的空气后，封闭样品的所有出口。以不大于 0.5 MPa/s 的速率缓慢升压至安全泄压装置动作。记录此时压力。

7.14 单向阀开启压力试验

7.14.1 单向阀开启压力试验采用 7.5.3 规定的气密性试验装置，压力表的精度不低于 0.4 级。

7.14.2 将被测阀门的进口与试验装置相联，阀门处于正向关闭状态。控制装置缓慢升压，记录气体喷出时的压力，即为开启压力值，试验次数不少于三次，记录试验结果。

7.15 热空气老化试验

7.15.1 非金属连接管热空气老化试验在热空气老化试验箱内进行。

7.15.2 按生产单位提供的弯曲半径将被试非金属连接管弯成 90°，置于热空气老化试验箱工作室中，样品之间、样品与箱壁间不应接触。

7.15.3 试验温度为 140 ℃±5 ℃，试验时间为 14 d。若样品不能承受该温度而发生软化时，允许在较低温度条件下进行加长时间试验，试验持续时间按下式计算：

$$D = 229\ 000\ e^{0.069\ 3t} \qquad \cdots\cdots(1)$$

式中：

D——试验持续时间，单位为天(d)；

t——试验温度，单位为摄氏度(℃)。

老化试验后取出样品，在常温下空气环境中冷却 24 h 检查，观察并记录试验结果。

7.16 耐电压试验

试验采用耐电压测试仪，试验电压 0 V～1 500 V 连续可调。试验电压设定后自动升压，升压速率为 100 V/s ～500 V/s，定时 60 s±5 s，到达设定时间后自动降压，观察并记录试验结果。

7.17 绝缘电阻试验

试验采用绝缘电阻测试仪（也可用兆欧表或摇表），试验电压直流 500 V，测量范围 0 Ω～500 MΩ。测试时应保证触点接触可靠，试验引线间绝缘电阻足够大，观察并记录试验结果。

7.18 称重装置报警功能试验

采用重物或砝码模拟瓶组质量，逐步缓慢减少质量直至报警，记录质量减少数值。

7.19 高低温试验

称重装置的高低温试验分别在高温试验箱和低温试验箱中进行，试验箱温度控制精度±2 ℃，达到设定温度后计算试验时间。试验结束后立即进行功能检查，观察并记录试验结果。

7.20 示值基本误差检验

7.20.1 检验用压力源采用活塞压力计，当油压造成示值滞后过大时应采用气体压力源。作为检验用压力表精度不得低于0.4级。

7.20.2 被检压力显示器处于正常工作位置，示值检验在升压过程和降压过程各进行两次，观察并记录试验结果。

7.21 压力显示器交变负荷试验

将压力显示器安装在交变负荷试验台上。调整交变频率、交变幅度，然后进行1 000次的交变试验，观察并记录试验结果。

7.22 信号反馈装置触点接触电阻试验

可用数字毫欧表直接测出信号反馈装置触点接触电阻，也可以测取触点间电流和电压降，计算出触点的接触电阻。所用电工仪表的精度不低于1.5级，取连续五次测量平均值，观察并记录试验结果。

7.23 称重装置过载试验

将称重装置按工作位置安装在支架上，使其承受相当于两倍瓶组(含充装气体)质量的重物或拉力，保持15 min，除去载荷后检查样品状况和报警功能，观察并记录试验结果。

7.24 信号反馈装置动作试验

7.24.1 将被检样品按工作位置安装在试验装置上，接通气压源，连好动作指示灯。缓慢升压至信号反馈装置动作，记录压力值。反复测试五次，其平均值为动作压力。

7.24.2 调整供气压力使其大于或等于信号反馈装置动作压力，重复动作试验100次，检查样品动作状况。

7.24.3 调整供气压力为0.8倍信号反馈装置动作压力，持续3 min，检查样品动作状况。

7.25 局部阻力损失——等效长度测定法

7.25.1 等效长度试验装置在图2试验装置上进行，压差测量采用压差计或压力传感器，试验介质为清水，水温应不小于5 ℃。

7.25.2 试验管路中须建立雷诺数至少1×10^5的流态，可通过调整水流速实现。

雷诺数Re由式(2)计算得出：

$$Re = sd/(V_F \cdot \mu) \quad \cdots\cdots(2)$$

式中：

s——管道中水的流速，单位为米每秒(m/s)；

d——管道的实际内径，单位为米(m)；

V_F——水的比容，单位为立方米每千克(m^3/kg)；

μ——水的动力黏度，单位为千克每米秒(kg/m·s)。

调节进水口压力使流速满足雷诺数Re要求，开启排气阀排除容器腔内空气，流速稳定后，测取水流量Q、压差p、管道内径d等参数，按式(3)和式(4)计算等效长度L。

$$L = L_X - (a + b) \quad \cdots\cdots(3)$$

$$L_X = \frac{p \times c^{1.85} \times (d \times 10^3)^{4.87}}{6.05 \times 10^{10} \times Q^{1.85}} \quad \cdots\cdots(4)$$

式中：

L——样品的等效长度，单位为米(m)；

L_X——样品和试验管道的等效长度，单位为米(m)；
p——压差值，单位为帕(Pa)；
d——管道的实际内径，单位为米(m)；
c——测量管路粗糙度系数，镀锌管取120；
Q——水流量，单位为升每分钟(L/ min)。

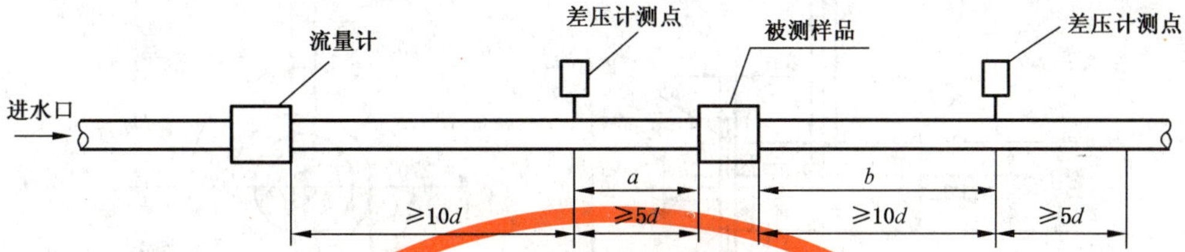

图2 等效长度试验装置

7.26 燃气发生器基本参数测试

7.26.1 最小发火电流

将发火装置两引线分别接在恒流源两端，在额定工作电压下，调节电流输出直至发火装置动作，记录发火装置发火电流值，试验样品数量为10具。

7.26.2 安全电流

将发火装置两引线分别接在恒流源两端，在额定工作电压下，给发火装置通以生产单位提供的最大监视电流，通电时间不少于5 min，观察发火装置动作状况。

7.27 防潮性能试验

取一杯子(应能装下点火药盒)注入5 ℃～40 ℃的清水，把数量不少于10个点火药盒完全浸入水中，静置24 h后取出，立即进行点火试验，观察并记录试验结果。

7.28 时效试验

将燃气发生器在90 ℃±2 ℃温度试验箱中放置90 d。取出后立即进行最小发火电流条件下的动作可靠性试验，试验样品数量为5具。观察并记录试验结果。

7.29 压力特性试验

将燃气发生器与干粉贮存容器按设计要求组装，干粉贮存容器和灭火剂量均由生产单位提供。干粉贮存容器上装有可监测容器内压力的测量设备。启动燃气发生器，测定干粉贮存容器内的压力与时间的变化，记录试验结果。

7.30 耐热和耐压试验

7.30.1 将喷嘴安装在高温试验箱内的管道上，喷嘴通过管道与处于室温下的标准干粉贮存容器相连。

7.30.2 标准罐是内装灭火剂10 kg，充装量为0.65 kg/L的椭球贮罐，贮罐应设补气系统，使喷嘴处压力符合6.17.6规定。

7.30.3 高温试验箱内温度为400 ℃±10 ℃，喷嘴在此温度下恒温5 min，然后打开阀门，直到干粉喷完为止。观察并记录试验结果。

7.31 耐冲击试验

7.31.1 喷嘴耐冲击试验装置如图3所示，锤头、摆杆、钢轮毂和配重块通过滚动轴承、转动轴安装在固定架上。锤头材质为铝合金，锤头打击面应有足够的硬度以防止打击时造成损伤，锤头打击面与水平成60°。

7.31.2 将被试喷嘴按图3所示位置安装在试验装置上，调整喷嘴高度使冲击在锤头打击面的中心线上形成，此时锤头运动速度为1.8 m/s±0.15 m/s，冲击能量为2.7 J。

单位为毫米

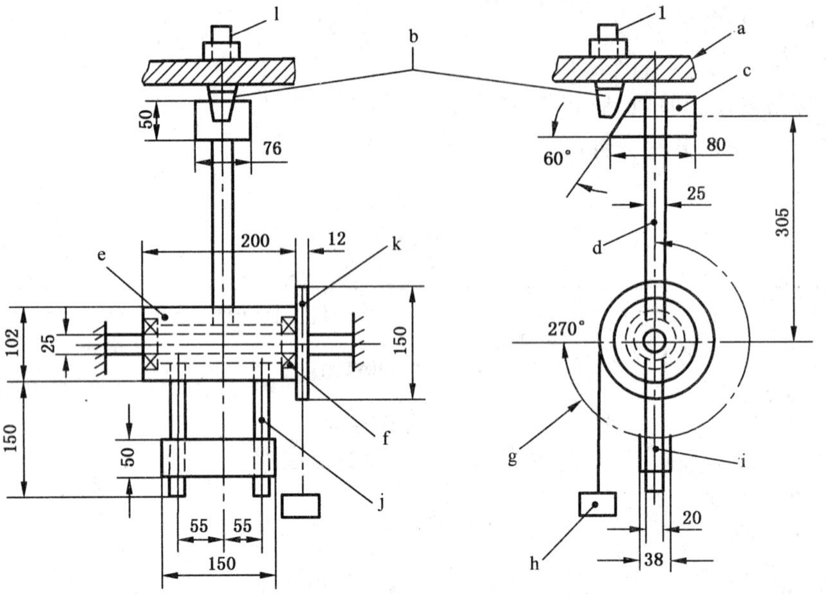

a——安装板；

b——喷嘴；

c——锤头；

d——摆杆；

e——钢轮毂；

f——球轴承；

g——转动 270°；

h——工作重锤；

i——配重块；

j——配重臂；

k——滑轮；

l——调节杆。

图 3 喷嘴耐冲击试验装置

7.32 局部应用喷嘴布粉性能试验

7.32.1 试验场所为边长不小于被测喷嘴保护半径 4 倍的正方形，试验采用单只喷嘴进行，喷嘴类型、安装位置、管道尺寸和长度均由生产单位提供。在喷嘴保护范围内均匀布置若干集粉盒，集粉盒的间距不大于 0.5 m。每个集粉盒的面积不大于 0.5 m×0.5 m，高度为 50 mm±5 mm。干粉罐内充装设计用量的干粉灭火剂。

7.32.2 按设计要求将喷嘴与系统正确连接，手动启动系统进行喷射干粉灭火剂，待喷射结束后，测定每个集粉盒的集粉量，绘制喷嘴布粉性能曲线。

7.33 防飞溅性能试验

7.33.1 试验应在室内或室外进行，风速不应大于 2 m/s。

7.33.2 贮压型干粉灭火系统，试验前将按额定充装量、额定工作压力的灭火剂贮存容器组件在最高使用温度下放置 16 h 以上。贮气瓶型干粉灭火系统的驱动气瓶组在最高使用温度下放置 16 h 以上。

7.33.3 试验根据生产单位提供的参数，系统应在允许的最短管路、最小管径、最少弯头及喷嘴最小安装高度的条件下进行，并在系统输送管路上安装可手动开启关闭的快开型阀门。

7.33.4 试验盘长度和宽度均为 1.0 m，高度为 200 mm，试验盘内装水，水面距离试验盘沿口高度为 100 mm，试验盘放置在能提供最大喷射流量喷嘴的下方。手动启动灭火系统释放干粉灭火剂，待干粉灭火剂喷放 5 s 后，手动关闭输粉管路上的快开型阀门。观察试验盘内的水有无飞溅。观察并记录试验结果。

7.34　全淹没喷嘴布粉性能试验

7.34.1　试验应在室内进行。试验空间体积不小于 100 m^3，高度不小于 3.5 m。试验罐为钢质圆形，内径 75 mm 至 90 mm，高度不小于 100 mm，壁厚不小于 2 mm，试验罐底部垫水，上部正庚烷高度为 50 mm，液面距试验罐口 10 mm～20 mm。集粉盒面积不大于 0.5 m×0.5 m，高度为 50 mm±5 mm，集粉盒的壁厚不小于 2 mm。

7.34.2　将四个试验罐置于试验空间四墙面对角位置，两上两下交错放置。下角试验罐置于地面上，距墙 50 mm。上角试验罐口距吊顶 300 mm，距墙 50 mm。当灭火剂喷射流动直接影响试验罐火焰正常燃烧时，可在垂直于灭火剂喷射流动方向上安装挡板消除对火焰的直接影响。将集粉盒均匀布置在试验空间地面上，集粉盒的间距不应大于 0.5 m。

7.34.3　系统按设计要求充装灭火剂和驱动气体，将喷嘴与干粉供应源相连接，试验喷嘴数量由生产单位设计确定，使系统处于准工作状态。手动启动灭火系统，记录试验罐的灭火时间。待干粉喷射结束后，测量各集粉盒内干粉质量，记录试验结果。

7.35　耐低温试验

试验软管的长度不应小于 5 m，将软管按实际使用的半径弯曲盘放在低温试验箱内。试验温度为系统最低工作温度，试验时间为 24 h。试验后进行相应试验并记录试验结果。

7.36　系统外观检查

目测系统外表，记录观察试验结果。

7.37　系统结构检查

7.37.1　利用测力计和游标卡尺测量系统机械应急操作机构的操作力、操作行程及保险装置的解脱力。记录相关试验数值。

7.37.2　记录其他结构性能的检查结果。

7.38　全淹没灭火试验

7.38.1　试验准备

7.38.1.1　试验空间：试验空间的体积不应小于 100 m^3，其长、宽不小于 4 m，高度不小于 3.5 m。试验空间若设泄压口，应设在 3/4 空间高度以上或顶部。

7.38.1.2　灭火系统：灭火系统设计由生产单位提供。试验应在生产单位提供的最大管路条件下进行，即系统所使用的管路最长、弯头数最多、最大管径。试验前，应保证驱动气体瓶组（贮气瓶型干粉灭火系统）或系统（贮压型干粉灭火系统）在最低使用温度下放置 16 h。

7.38.1.3　喷嘴布置：试验用喷嘴数量及布置位置由生产单位设计确定。

7.38.1.4　测试方法：试验过程采用热电偶或其他可以监视到火源的方法观察灭火情况。

7.38.2　A 类火全淹没灭火试验

7.38.2.1　木材采用云杉、冷杉或密度相当的松木，含水率 9%～13%。木垛由四层构成，每层 4 根方木。方木横截面为 50 mm×50 mm，长 300 mm±20 mm。木垛层间呈直角交错放置，每层的方木之间间隔均匀摆成正方形，将方木及层间钉起来形成木垛。每个木垛由高度为 150 mm 的支架支撑放置。

7.38.2.2　将三个木垛置于试验空间内灭火剂最难到达的位置。木垛底部使用 113 g 报纸，在木垛和报纸上浇入 400 mL 工业酒精，然后点燃木垛，预燃 4 min，关闭试验空间所有开口，手动启动灭火系统灭火。试验结果应符合 6.2.8.1 的规定。

7.38.3　B 类火全淹没灭火试验

7.38.3.1　试验罐为钢质圆形，内径 75 mm 至 90 mm，高度不小于 100 mm，壁厚不小于 2 mm。油盘为钢质正方形，面积 0.25 m^2±0.02 m^2，高 106 mm，钢板厚 6 mm。

7.38.3.2　燃料为正庚烷，其馏分：

a)　初馏点：+90 ℃；

b)　50%：+93 ℃；

c) 干点：+96.5 ℃；

d) 密度(+15.6 ℃)：700 kg/m³±50 kg/m³。

7.38.3.3 试验罐底部垫水，上部正庚烷高度为 50 mm，液面距试验罐口 10 mm～20 mm。将四个试验罐置于试验空间四墙面对角位置，两上两下交错放置。下角试验罐置于地面上，距墙 50 mm。上角试验罐口距吊顶 300 mm，距墙 50 mm。油盘内加入 12.5 L 正庚烷，油盘底部垫水，液面距油盘上沿 50 mm，将油盘置于试验空间内灭火剂最难到达的位置。

7.38.3.4 点燃试验罐及油盘，预燃 30 s，关闭试验空间所有开口，手动启动灭火系统灭火。记录试验结果。

7.39 局部应用灭火试验

7.39.1 A 类火局部应用灭火试验

7.39.1.1 灭火系统设计由生产单位提供。

7.39.1.2 试验系统应在生产单位提供的最大管路条件下进行，即系统所使用的管路最长、弯头数最多、最大管径。试验前，应保证驱动气体瓶组(贮气瓶型干粉灭火系统)或系统(贮压型干粉灭火系统)在最低使用温度下放置 16 h。

7.39.1.3 试验模型、喷嘴类型、喷嘴数量及喷嘴布置位置均由生产单位确定。

7.39.2 B 类火局部应用灭火试验

7.39.2.1 灭火系统设计由生产单位提供。

7.39.2.2 试验系统应在生产单位提供的最大管路条件下进行，即系统所使用的管路最长、弯头数最多、最大管径。试验前，应保证驱动气体瓶组(贮气瓶型干粉灭火系统)或系统(贮压型干粉灭火系统)在最低使用温度下放置 16 h。

7.39.2.3 试验模型、喷嘴类型、喷嘴数量及喷嘴布置位置均由生产单位确定，记录试验结果。

8 检验规则

8.1 检验分类、检验项目和试验程序

8.1.1 型式检验

8.1.1.1 有下列情况之一时，应进行型式检验：

a) 新产品试制定型鉴定；

b) 正式投产后，如产品结构、材料、工艺、关键工序的加工方法有重大改变，可能影响产品的性能时；

c) 发生重大质量事故时；

d) 产品停产一年以上，恢复生产时；

e) 质量监督机构提出要求时。

8.1.1.2 产品型式检验项目应按表 2 的规定进行。

8.1.2 出厂检验

产品出厂检验项目不应少于表 2 规定的项目。

8.1.3 试验程序按附录 A～附录 N、附录 P～附录 T 的规定。

8.2 抽样方法

部件采用随机抽样，系统由随机抽取的部件样品组装构成。样品数量按附录 A～附录 N、附录 P～附录 T 的规定。

8.3 抽样方法和样品数量

8.3.1 型式检验

部件的抽样基数不应少于附录 A～附录 N、附录 P～附录 T 规定的样品数量的五倍。部件采用一

次性随机抽样，系统由随机抽取的部件样品组装构成。

8.3.2 出厂检验

部件的抽样基数由生产单位根据实际生产量自定，系统由随机抽取的部件样品组装构成。样品数量结合表2和附录A～附录N、附录P～附录T的要求确定。

8.4 检验结果判定

8.4.1 型式检验

系统和部件全部合格，该产品为合格；系统和部件若出现不合格，则该产品为不合格。

系统或部件的型式检验项目全部合格，该系统或部件为合格。出现A类项目不合格，则该系统或部件为不合格。B类项目不合格数大于等于2，该系统或部件为不合格。C类项目不合格数大于等于4，该系统或部件为不合格。若已有一项B类项目不合格时，C类项目不合格数大于等于2，该系统或部件判为不合格。

8.4.2 出厂检验

系统或部件出厂检验项目全部合格，该系统或部件为合格。有一项A类项目不合格，则该系统或部件为不合格。若有B类项目或C类项目不合格，允许加倍抽样检验，仍有不合格项，即判该系统或部件不合格。

9 使用说明书编写要求

使用说明书应按GB/T 9969进行编写，使用说明书应至少包括下列内容：

a) 系统简介(主要是工作原理)；

b) 系统主要性能参数；

c) 系统示意图；

d) 系统操作程序；

e) 部件的名称、型号规格、主要性能参数、安装使用及维护说明、注意事项；

f) 灭火剂灌装方法；

g) 售后服务；

h) 制造单位名称、详细地址、邮编和电话。

表2 型式检验项目、出厂检验项目及不合格类别

部件名称	检验项目	型式检验项目	出厂检验项目		不合格类别		
			全检	抽检	A类	B类	C类
系统	外观质量	★	★	—	—	—	★
	结构要求	★	—	★	—	★	—
	组合分配系统动作程序	★	—	★	—	★	—
	系统铭牌	★	★	—	—	★	—
	灭火剂要求	★	★	—	—	★	—
	全淹没灭火系统有效喷射时间	★	—	★	—	★	—
	干粉剩余率	★	—	★	—	★	—
	A类火全淹没灭火性能	★	—	—	★	—	—
	B类火全淹没灭火性能	★	—	—	★	—	—
	A类火局部应用灭火性能	★	—	—	★	—	—
	B类火局部应用灭火性能	★	—	—	★	—	—

表 2（续）

部件名称		检验项目	型式检验项目	出厂检验项目		不合格类别		
				全检	抽检	A类	B类	C类
干粉贮存容器		外观质量	★	★	—	—	—	★
		容器壁厚	★	—	★	—	★	—
		强度要求	★	★	—	★	—	—
		超压要求	★	—	—	—	★	—
		密封要求	★	★	—	★	—	—
		抗振性能	★	—	—	—	★	—
		塑料和橡胶件的热稳定性	★	—	★	—	★	—
		充装量	★	★	—	★	—	—
		其他要求	★	★	—	★	—	—
粉贮存容器出口释放装置	释放膜片	一般要求	★	★	—	★	—	—
		动作要求	★	—	★	★	—	—
		密封要求	★	★	—	—	★	—
		耐盐雾腐蚀性能	★	—	—	—	—	★
	释放阀	工作压力	★	★	—	—	★	—
		材料	★	★	—	—	★	—
		密封要求	★	★	—	★	—	—
		强度要求	★	★	—	★	—	—
		工作可靠性要求	★	—	★	★	—	—
		耐盐雾腐蚀性能	★	—	—	—	—	★
贮气瓶组		一般要求	★	★	—	—	★	—
		充装介质要求	★	★	—	—		★
		密封要求	★	★	—	★	—	—
		抗振性能	★	—	—	—	★	—
		温度循环泄漏要求	★	—	★	—	★	—
容器阀		材料	★	—	★	—	★	—
		工作压力	★	★	—	—	★	—
		强度要求	★	★	—	★	—	—
		超压要求	★	—	—	—	★	—
		密封要求	★	★	—	★	—	—
		工作可靠性要求	★	—	★	★	—	—
		耐盐雾腐蚀性能	★	—	—	—	—	★
		手动操作要求	★	—	★	—	—	★
		标志	★	★	—	—	—	★

表 2（续）

部件名称		检验项目	型式检验项目	出厂检验项目		不合格类别		
				全检	抽检	A类	B类	C类
单向阀		标志	★	★	—	—	—	★
		工作压力	★	★	—	—	★	—
		材料	★	—	★	—	★	—
		强度要求	★	★	—	★	—	—
		正向密封要求	★	★	—	—	★	—
		反向密封要求	★	★	—	★	—	—
		超压要求	★	—	—	—	★	—
		工作可靠性要求	★	—	★	—	★	—
		开启压力要求	★	—	★	—	—	★
		耐盐雾腐蚀性能	★	—	—	—	—	★
驱动控制装置		符合 GA 61 要求						
集流管		工作压力	★	★	—	—	★	—
连接管		材料	★	—	★	—	★	—
		强度要求	★	★	—	★	—	—
		密封要求	★	★	—	—	★	—
		工作压力	★	★	—	—	★	—
		材料	★	—	★	—	★	—
		强度要求	★	★	—	★	—	—
		密封要求	★	★	—	—	★	—
		非金属连接管耐热空气老化性能	★	—	—	—	—	★
安全防护装置	安全阀	工作压力	★	★	—	—	★	—
		整定压力	★	—	★	★	—	—
		强度要求	★	★	—	★	—	—
		密封要求	★	★	—	★	—	—
		耐盐雾腐蚀性能	★	—	—	—	—	★
	安全泄放装置	动作压力	★	—	★	★	—	—
		密封要求	★	★	—	—	★	—
		耐盐雾腐蚀性能	★	—	—	—	★	—
检漏装置	检漏装置	一般要求	★	—	—	★	—	—
	压力显示器	一般要求	★	—	—	—	—	★
		基本性能	★	★	—	★	—	—
		标度盘要求	★	★	—	—	★	—
		强度密封要求	★	—	★	—	★	—
		耐腐蚀性能	★	—	—	—	—	★
		耐交变负荷性能	★	—	★	—	—	★

表 2（续）

部件名称		检验项目	型式检验项目	出厂检验项目		不合格类别		
				全检	抽检	A类	B类	C类
检漏装置	称重装置	报警功能	★	★	—	—	★	—
		耐高低温性能	★	—	—	—	—	★
		过载要求	★	—	★	—	—	★
选择阀		一般要求	★	★	—	—	★	—
		标志	★	★	—	—	—	★
		材料	★	—	★	—	★	—
		工作压力	★	★	—	—	★	—
		强度要求	★	★	—	★	—	—
		超压要求	★	—	—	—	★	—
		密封要求	★	★	—	★	—	—
		工作可靠性要求	★	—	★	★	—	—
		阀门局部阻力损失	★	—	★	—	—	★
		耐盐雾腐蚀性能	★	—	—	—	—	★
		手动操作要求	★	—	★	—	—	★
燃气发生器		燃气发生器发火装置基本参数	★	—	★	★	—	—
		强度要求	★	★	—	★	—	—
		超压要求	★	—	—	★	—	—
		抗振性能	★	—	—	—	★	—
		防潮性能	★	—	★	—	★	—
		可靠性要求	★	—	★	★	—	—
		时效性能	★	—	★	—	★	—
		压力特性	★	—	★	★	—	—
信号反馈装置		一般要求	★	★	—	—	—	★
		动作要求	★	★	—	—	★	—
		强度要求	★	★	—	—	★	—
		密封要求	★	★	—	—	—	★
		耐电压要求	★	—	★	—	—	★
		绝缘要求	★	—	★	—	—	★
减压阀		耐腐蚀性能	★	—	—	—	—	★
		触点接触电阻	★	—	★	—	—	★
		工作压力	★	★	—	—	★	—
		强度要求	★	★	—	★	—	—
		密封要求	★	★	—	★	—	—
		流量要求	★	—	★	★	—	—
		耐盐雾腐蚀性能	★	—	—	—	—	★

表 2（续）

部件名称	检验项目	型式检验项目	出厂检验项目		不合格类别		
			全检	抽检	A类	B类	C类
喷嘴	标记	★	★	—	—	—	★
	材料	★	—	★	—	★	—
	工作压力	★	★	—	—	★	—
	单孔直径	★	★	—	—	★	—
	防护帽	★	—	★	—	★	—
	耐热和耐压性能	★	—	—	—	★	—
	耐冲击性能	★	—	—	—	★	—
	耐盐雾腐蚀性能	★	—	—	—	—	★
	局部应用喷嘴布粉性能	★	—	★	★	—	—
	局部应用喷嘴防飞溅性能	★	—	★	★	—	—
	全淹没喷嘴布粉性能	★	—	★	★	—	—
干粉软管卷盘	外观	★	★	—	—	—	★
	工作压力	★	—	★	—	★	—
	密封要求	★	—	★	★	—	—
	强度要求	★	—	★	★	—	—
	转动性能	★	—	★	—	★	—
	干粉枪	符合 GB 25200 要求					
	软管外观	★	★	—	—	—	★
	软管工作压力	★	★	—	—	★	—
	软管材料	★	—	★	—	★	—
	软管强度要求	★	★	—	★	—	—
	软管超压要求	★	—	—	—	★	—
	软管耐低温性能	★	—	★	—	★	—
干粉炮	符合 GB 19156 要求						
注：“★”表示进行检验；“—”表示不进行检验。							

附 录 A
（规范性附录）
系统试验程序及样品数量

A.1 试验程序说明

A.1.1 试验序号

试验程序如下：

1） 外观质量(6.2.1)；
2） 结构(6.2.2)；
3） 组合分配系统动作程序(6.2.3)；
4） 系统铭牌要求(6.2.4)；
5） 灭火剂要求(6.2.5)；
6） 全淹没灭火系统有效喷射时间(6.2.6)；
7） 干粉剩余率(6.2.7)；
8） 灭火性能(6.2.8)。

A.1.2 说明

上述试验编号在图 A.1 中用方框中的数字表示，圆圈中的数字为试验所需的样品数。

A.2 试验程序图

试验程序图如图 A.1 所示。

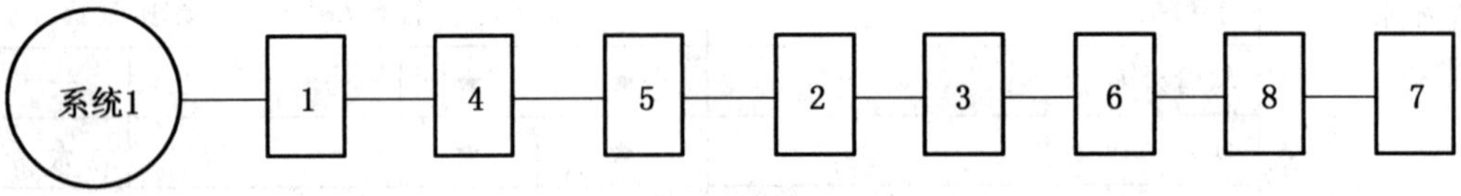

图 A.1 系统试验程序图

附 录 B
（规范性附录）
干粉贮存容器试验程序及样品数量

B.1 试验程序说明

B.1.1 试验序号

试验程序如下：

1） 外观质量(6.3.1)；
2） 容器壁厚(6.3.2)；
3） 水压强度(6.3.3)；
4） 超压要求(6.3.4)；
5） 密封要求(6.3.5)；
6） 抗振性能(6.3.6)；
7） 塑料和橡胶件的热稳定性(6.3.7)；
8） 充装量(6.3.8)；
9） 其他要求(6.3.9)。

B.1.2 说明

上述试验编号在图 B.1 中用方框中的数字表示，圆圈中的数字为试验所需的样品数。

B.2 试验程序图

试验程序图如图 B.1 所示。

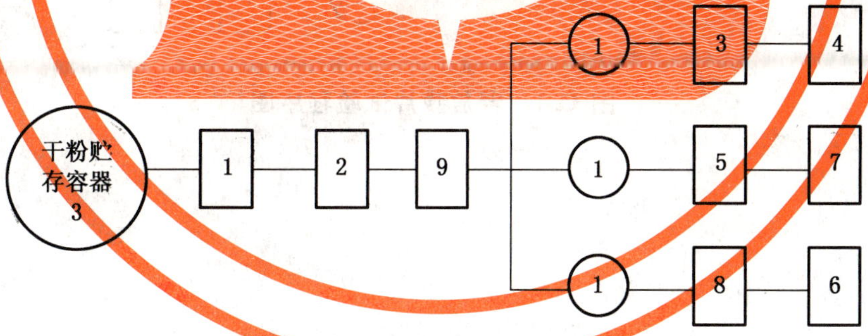

图 B.1 干粉贮存容器试验程序图

附　录　C
（规范性附录）
释放膜片试验程序及样品数量

C.1　试验程序说明

C.1.1　试验序号

试验程序如下：

1）　动作要求(6.4.2.1)；

2）　密封要求(6.4.2.2)；

3）　耐盐雾腐蚀性能(6.4.2.3)。

C.1.2　说明

上述试验编号在图 C.1 中用方框中的数字表示，圆圈中的数字为试验所需的样品数。

C.2　试验程序图

试验程序图如图 C.1 所示。

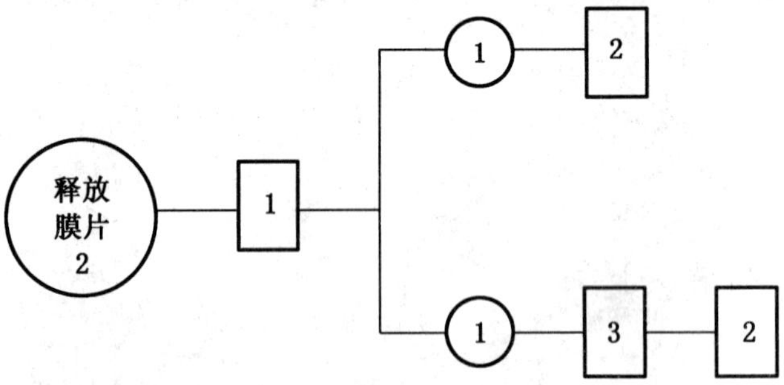

图 C.1　释放膜片试验程序图

附 录 D
（规范性附录）
释放阀试验程序及样品数量

D.1 试验程序说明

D.1.1 试验序号

试验程序如下：

1) 工作压力(6.4.3.1)；
2) 材料(6.4.3.2)；
3) 密封要求(6.4.3.3)；
4) 强度要求(6.4.3.4)；
5) 工作可靠性(6.4.3.5)；
6) 耐盐雾腐蚀性能(6.4.3.6)。

D.1.2 说明

上述试验编号在图 D.1 中用方框中的数字表示，圆圈中的数字为试验所需的样品数。

D.2 试验程序图

试验程序图如图 D.1 所示。

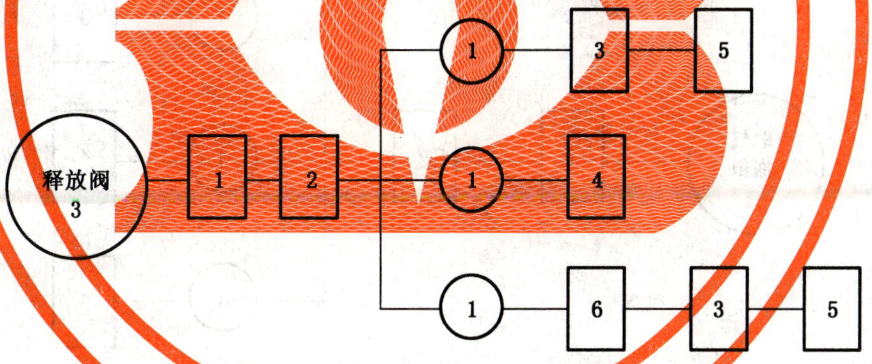

图 D.1 释放阀试验程序图

附 录 E
（规范性附录）
贮气瓶组试验程序及样品数量

E.1 试验程序说明

E.1.1 试验序号

试验程序如下：

1） 一般要求(6.5.1)；

2） 充装介质要求(6.5.2)；

3） 密封要求(6.5.3)；

4） 抗振性能(6.5.4)；

5） 温度循环泄漏要求(6.5.5)；

E.1.2 说明

上述试验编号在图 E.1 中用方框中的数字表示,圆圈中的数字为试验所需的样品数。

E.2 试验程序图

试验程序图如图 E.1 所示。

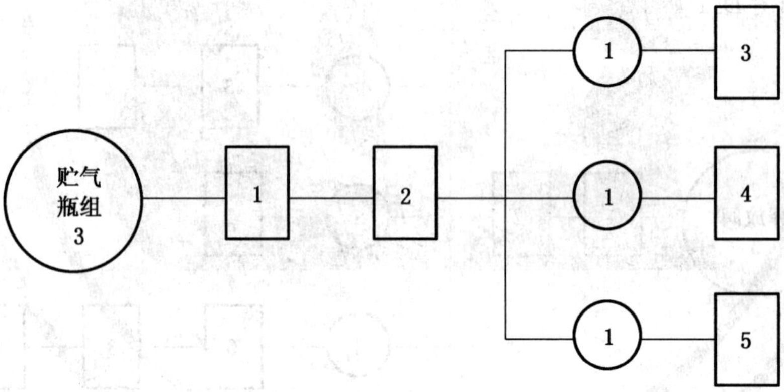

图 E.1 贮气瓶组试验程序图

附 录 F
（规范性附录）
容器阀试验程序及样品数量

F.1 试验程序说明

F.1.1 试验序号

试验程序如下：

1） 材料(6.6.1)；
2） 工作压力(6.6.2)；
3） 强度要求(6.6.3)；
4） 超压要求(6.6.4)；
5） 密封要求(6.6.5)；
6） 工作可靠性要求(6.6.6)；
7） 耐盐雾腐蚀性能(6.6.7)；
8） 手动操作要求(6.6.8)；
9） 标志(6.6.9)。

F.1.2 说明

上述试验编号在图 F.1 中用方框中的数字表示，圆圈中的数字为试验所需的样品数。

F.2 试验程序图

试验程序图如图 F.1 所示。

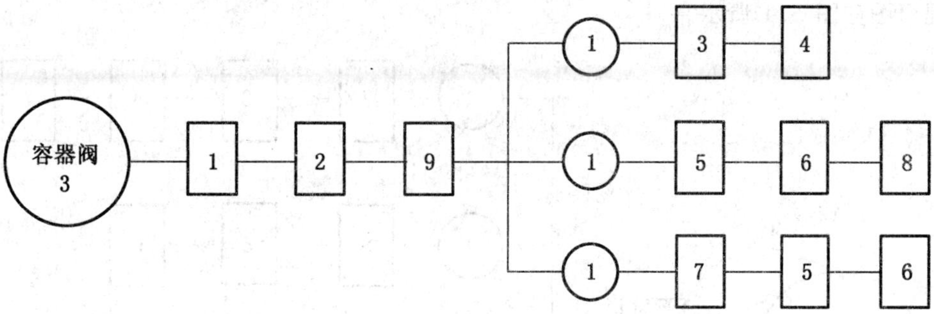

图 F.1 容器阀试验程序图

附 录 G
（规范性附录）
单向阀试验程序及样品数量

G.1 试验程序说明

G.1.1 试验序号

试验程序如下：

1） 标志(6.7.1)；

2） 工作压力(6.7.2)；

3） 材料(6.7.3)；

4） 强度试验(6.7.4)；

5） 正向气密性试验(6.7.5)；

6） 反向气密性试验(6.7.6)；

7） 超压试验(6.7.7)；

8） 工作可靠性试验(6.7.8)；

9） 开启压力试验(6.7.9)；

10） 盐雾腐蚀试验(6.7.10)。

G.1.2 说明

上述试验序号在图 G.1 中用方框中的数字表示，圆圈中的数字为试验所需的样品数。

G.2 试验程序图

试验程序图如图 G.1 所示。

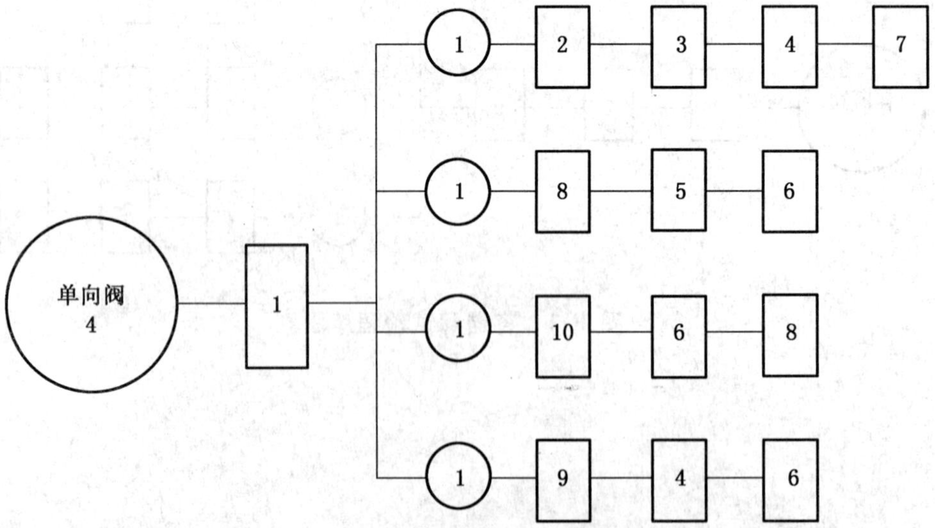

图 G.1 单向阀试验程序图

附 录 H
（规范性附录）
集流管试验程序及样品数量

H.1 试验程序说明

H.1.1 试验序号

试验程序如下：

1) 工作压力(6.9.1)；

2) 材料(6.9.2)；

3) 强度要求(6.9.3)；

4) 密封要求(6.9.4)。

H.1.2 说明

上述试验序号在图 H.1 中用方框中的数字表示，圆圈中的数字为试验所需的样品数。

H.2 试验程序图

试验程序图如图 H.1 所示。

图 H.1 集流管试验程序图

附 录 I
（规范性附录）
连接管试验程序及样品数量

I.1 试验程序说明

I.1.1 试验序号

试验程序如下：

1） 工作压力(6.10.1)；

2） 材料(6.10.2)；

3） 强度要求(6.10.3)；

4） 密封要求(6.10.4)；

5） 耐热空气老化要求(6.10.5)。

I.1.2 说明

上述试验序号在图 I.1 中用方框中的数字表示，圆圈中的数字为试验所需的样品数。

I.2 试验程序图

试验程序图如图 I.1 所示。

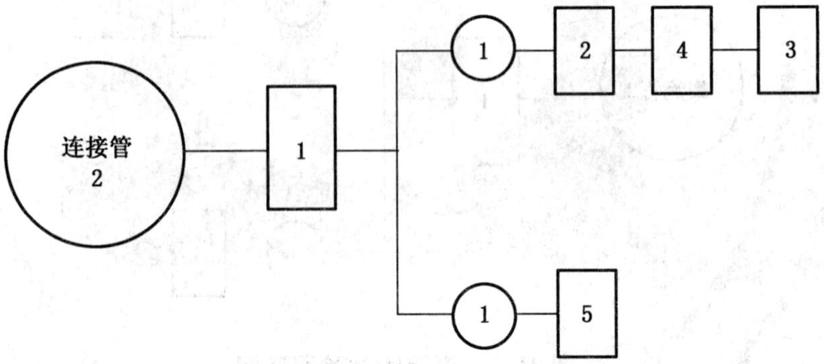

图 I.1 连接管试验程序图

附　录　J
（规范性附录）
安全阀试验程序及样品数量

J.1　试验程序说明

J.1.1　试验序号

试验程序如下：

1)　工作压力(6.11.2.1)；
2)　整定压力(6.11.2.2)；
3)　强度要求(6.11.2.3)；
4)　密封要求(6.11.2.4)；
5)　耐盐雾腐蚀性能(6.11.2.5)。

J.1.2　说明

上述试验编号在图J.1中用方框中的数字表示，圆圈中的数字为试验所需的样品数。

J.2　试验程序图

试验程序图如图J.1所示。

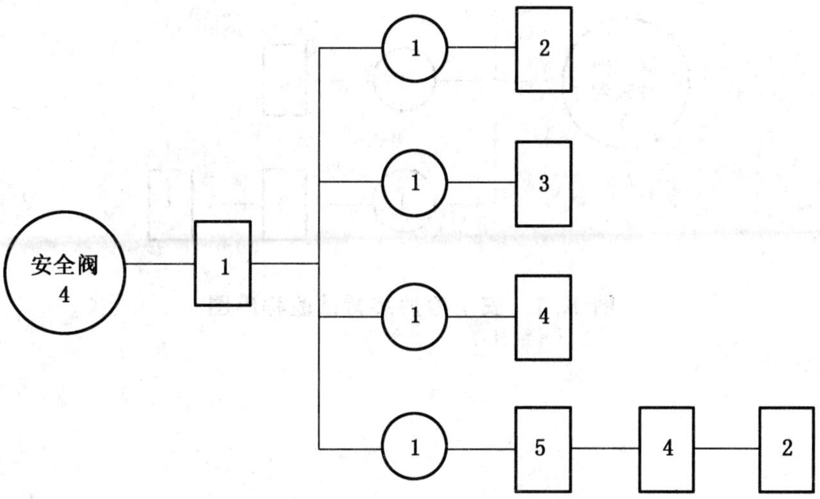

图J.1　安全阀试验程序图

附　录　K
（规范性附录）
安全泄放装置试验程序及样品数量

K.1　试验程序说明

K.1.1　试验序号

试验程序如下：

1)　动作压力(6.11.3.1)；

2)　密封要求(6.11.3.2)；

3)　盐雾腐蚀要求(6.11.3.3)。

K.1.2　说明

上述试验编号在图K.1中用方框中的数字表示，圆圈中的数字为试验所需的样品数。

K.2　试验程序图

试验程序图如图K.1所示。

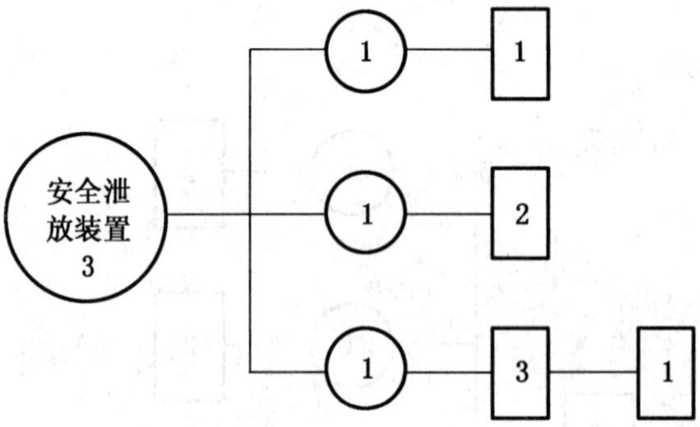

图 K.1　安全泄放装置试验程序图

附 录 L
（规范性附录）
压力显示器试验程序及样品数量

L.1 试验程序说明

L.1.1 试验序号

试验程序如下：

1） 基本性能（6.12.2.2）；
2） 标度盘要求（6.12.2.3）；
3） 密封性能（6.12.2.4）；
4） 强度要求（6.12.2.4）；
5） 超压要求（6.12.2.4）；
6） 耐盐雾腐蚀性能（6.12.2.5）；
7） 交变负荷试验（6.12.2.6）。

L.1.2 说明

上述试验序号在图 L.1 中用方框中的数字表示，圆圈中的数字为试验所需的样品数。

L.2 试验程序图

试验程序图如图 L.1 所示。

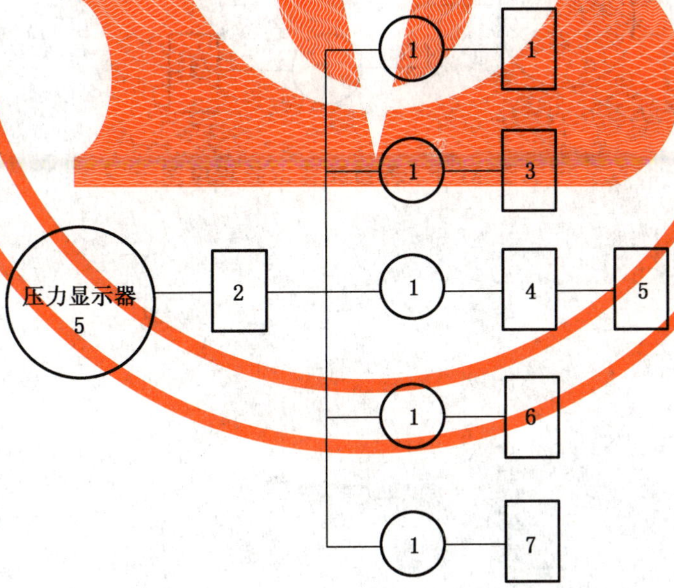

图 L.1 压力显示器试验程序图

附　录　M
（规范性附录）
秤重装置试验程序及样品数量

M.1　试验程序说明

M.1.1　试验序号

试验程序如下：

1）　报警功能(6.12.3.1)；

2）　耐高低温性能(6.12.3.2)；

3）　过载要求(6.12.3.3)。

M.1.2　说明

1）　上述试验序号在图 M.1 中用方框中的数字表示；

2）　圆圈中的数字为试验所需的样品数。

M.2　试验程序图

试验程序图如图 M.1 所示。

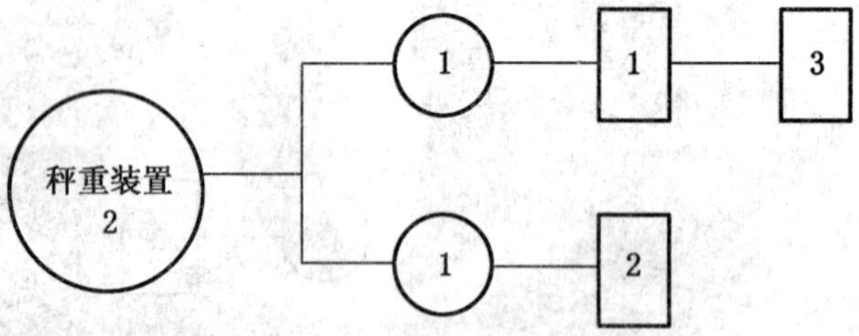

图 M.1　秤重装置试验程序图

附 录 N
（规范性附录）
选择阀试验程序及样品数量

N.1 试验程序说明

N.1.1 试验序号

试验程序如下：

1） 一般要求(6.13.1)；
2） 标志(6.13.2)；
3） 材料(6.13.3)；
4） 工作压力(6.13.4)；
5） 强度要求(6.13.5)；
6） 超压要求(6.13.6)；
7） 密封要求(6.13.7)；
8） 工作可靠性要求(6.13.8)；
9） 阀门局部阻力损失(6.13.9)；
10） 耐盐雾腐蚀性能(6.13.10)；
11） 手动操作要求(6.13.11)。

N.1.2 说明

上述试验编号在图N.1中用方框中的数字表示，圆圈中的数字为试验所需的样品数。

N.2 试验程序图

试验程序图如图N.1所示。

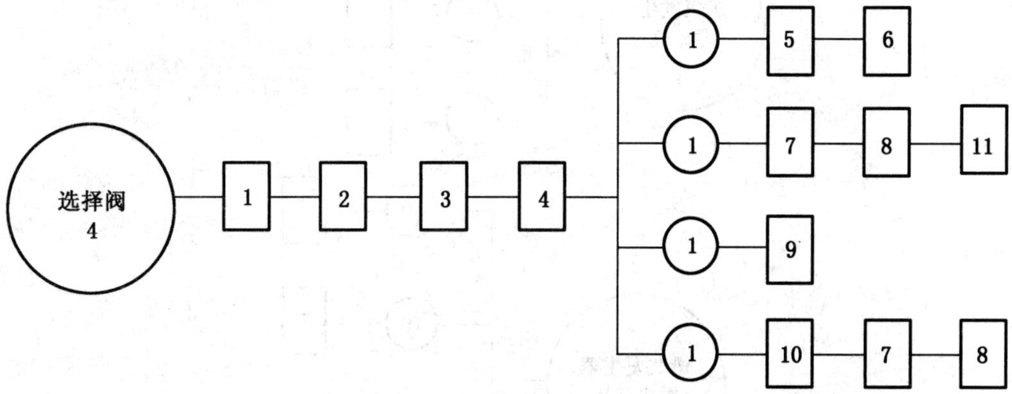

图 N.1 选择阀试验程序图

附 录 P
（规范性附录）
燃气发生器试验程序及样品数量

P.1 试验程序说明

P.1.1 试验序号

试验程序如下：

1） 燃气发生器发火装置基本参数(6.14.1)；
2） 强度要求(6.14.2)；
3） 超压要求(6.14.3)；
4） 抗振性能(6.14.4)；
5） 防潮性能(6.14.5)；
6） 可靠性要求(6.14.6)；
7） 时效性能(6.14.7)；
8） 压力特性(6.14.8)。

P.1.2 说明

上述试验编号在图 P.1 中用方框中的数字表示，圆圈中的数字为试验所需的样品数。

P.2 试验程序图

试验程序图如图 P.1 所示。

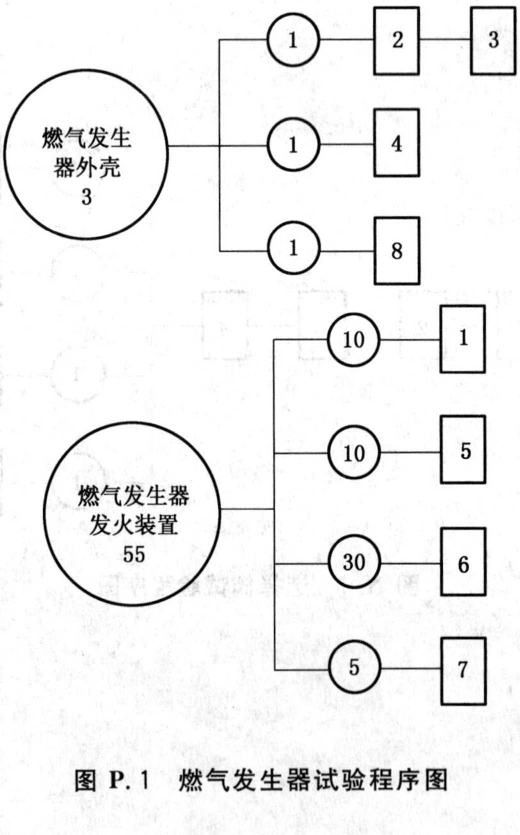

图 P.1 燃气发生器试验程序图

附 录 Q
（规范性附录）
信号反馈装置试验程序及样品数量

Q.1 试验程序说明

Q.1.1 试验序号

试验程序如下：

1） 一般要求(6.15.1)；
2） 动作要求(6.15.2)；
3） 强度要求(6.15.3)；
4） 密封要求(6.15.4)；
5） 耐电压性能(6.15.5)；
6） 绝缘要求(6.15.6)；
7） 耐盐雾腐蚀性能(6.15.7)；
8） 触点接触电阻(6.15.8)。

Q.1.2 说明

上述试验编号在图Q.1中用方框中的数字表示，圆圈中的数字为试验所需的样品数。

Q.2 试验程序图

试验程序图如图Q.1所示。

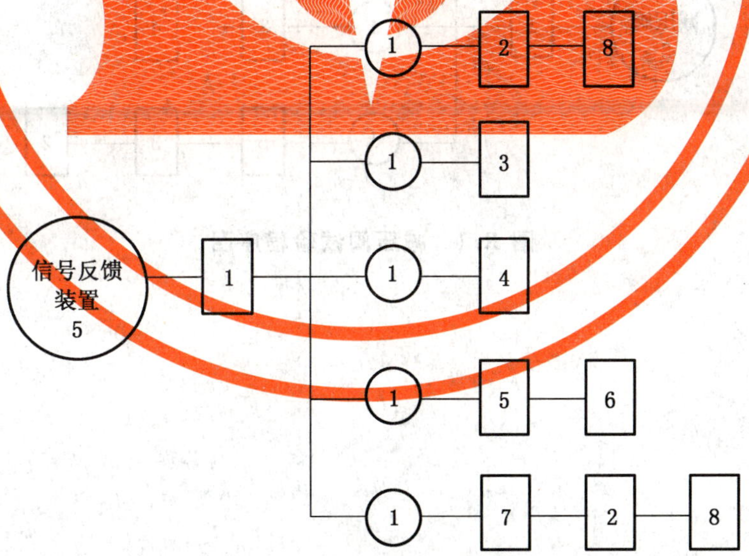

图Q.1 信号反馈装置试验程序图

附　录　R
（规范性附录）
减压阀试验程序及样品数量

R.1　试验程序说明

R.1.1　试验序号

试验程序如下：

1)　工作压力(6.16.1)；

2)　强度要求(6.16.2)；

3)　密封要求(6.16.3)；

4)　流量要求(6.16.4)；

5)　耐盐雾腐蚀性能(6.16.5)。

R.1.2　说明

上述试验编号在图 R.1 中用方框中的数字表示，圆圈中的数字为试验所需的样品数。

R.2　试验程序图

试验程序图如图 R.1 所示。

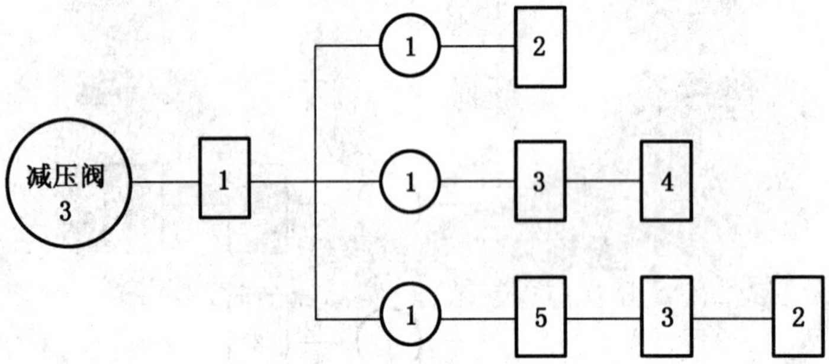

图 R.1　减压阀试验程序图

附 录 S
（规范性附录）
喷嘴试验程序及样品数量

S.1 试验程序说明

S.1.1 试验序号

试验程序如下：

1） 标记(6.17.1)；
2） 材料(6.17.2)；
3） 工作压力(6.17.3)；
4） 单孔直径(6.17.4)；
5） 防护帽(6.17.5)；
6） 耐热和耐压性能(6.17.6)；
7） 耐冲击性能(6.17.7)；
8） 耐盐雾腐蚀性能(6.17.8)；
9） 局部应用喷嘴布粉性能(6.17.9.1)；
10） 局部应用喷嘴防飞溅性能(6.17.9.2)；
11） 全淹没喷嘴布粉性能(6.17.10)。

S.1.2 说明

上述试验编号在图 S.1 中用方框中的数字表示，圆圈中的数字为试验所需的样品数。

S.2 试验程序图

试验程序图如图 S.1 所示。

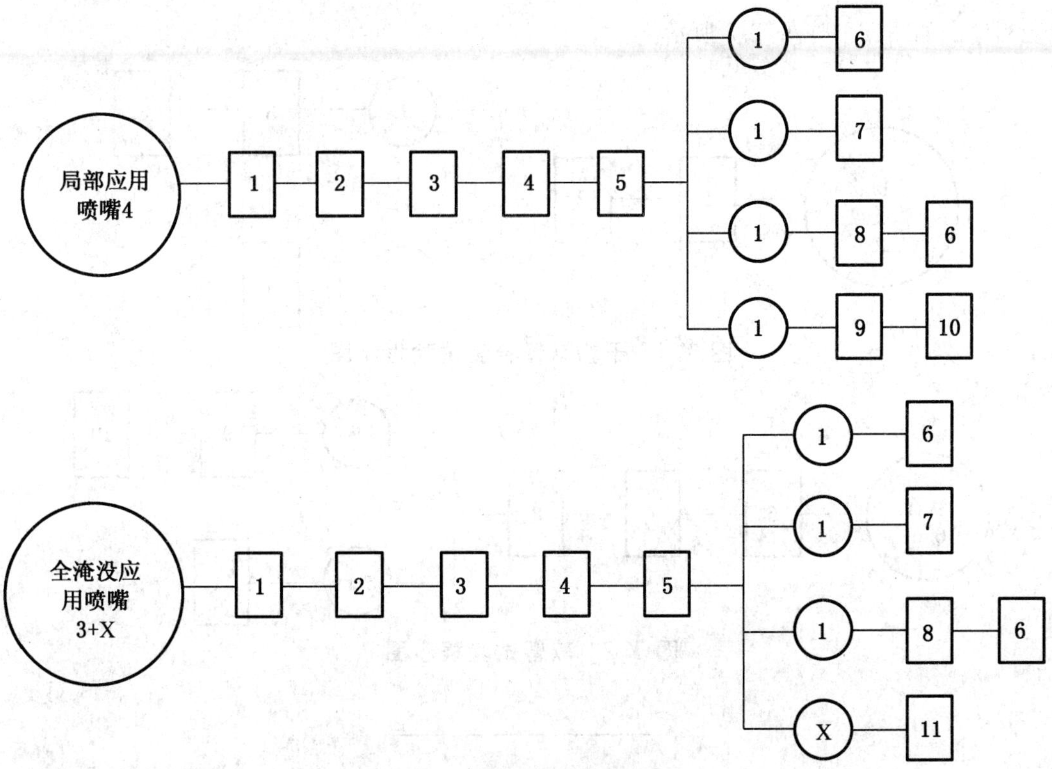

图 S.1 喷嘴试验程序图

附 录 T
（规范性附录）
干粉软管卷盘试验程序及样品数量

T.1 试验程序说明

T.1.1 试验序号

试验程序如下：

1） 外观（6.18.1）；

2） 工作压力（6.18.2）；

3） 密封要求（6.18.3）；

4） 强度要求（6.18.4）；

5） 转动性能（6.18.5）；

6） 软管外观（6.18.7.1）；

7） 软管工作压力（6.18.7.2）；

8） 软管材料（6.18.7.3）；

9） 软管强度要求（6.18.7.4）；

10） 软管超压要求（6.18.7.5）；

11） 软管耐低温性能（6.18.7.6）。

T.1.2 说明

上述试验编号在图 T.1～图 T.2 中用方框中的数字表示，圆圈中的数字为试验所需的样品数。

T.2 试验程序图

试验程序图如图 T.1～图 T.2 所示。

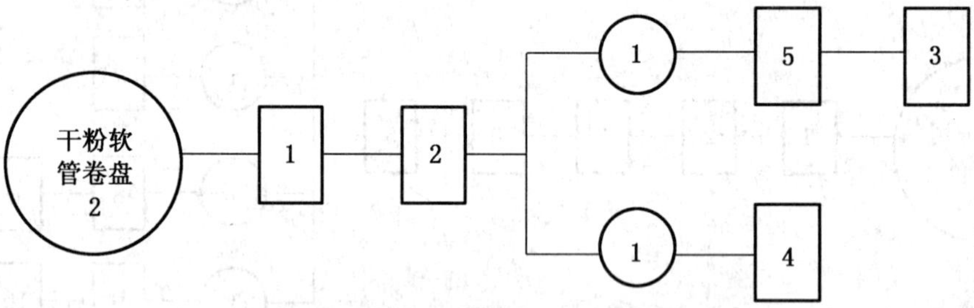

图 T.1 干粉软管卷盘试验程序图

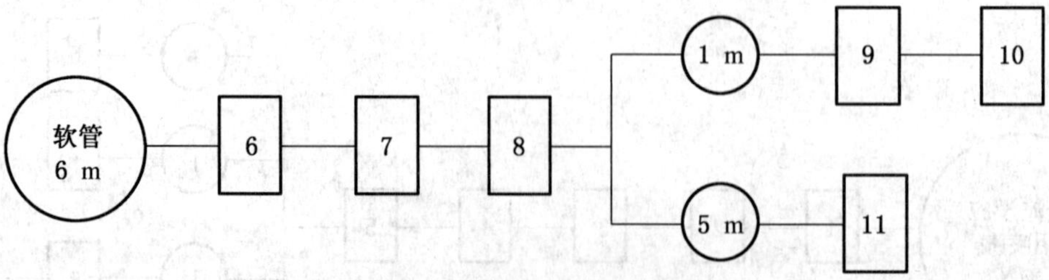

图 T.2 软管试验程序图